中国国家标准汇编

431

GB 24142～24182

（2009 年制定）

中国标准出版社 编

中国标准出版社

北 京

图书在版编目(CIP)数据

中国国家标准汇编：2009年制定.431：GB 24142～24182/中国标准出版社编.—北京：中国标准出版社，2010

ISBN 978-7-5066-6006-8

Ⅰ.①中… Ⅱ.①中… Ⅲ.①国家标准-汇编-中国-2009 Ⅳ.①T-652.1

中国版本图书馆CIP数据核字（2010）第166747号

中国标准出版社出版发行
北京复兴门外三里河北街16号
邮政编码:100045

网址 www.spc.net.cn
电话:68523946 68517548
中国标准出版社秦皇岛印刷厂印刷
各地新华书店经销

*

开本 880×1230 1/16 印张 39 字数 1 153 千字
2010年10月第一版 2010年10月第一次印刷

*

定价 220.00 元

ISBN 978-7-5066-6006-8

9 787506 660068 >

出 版 说 明

1.《中国国家标准汇编》是一部大型综合性国家标准全集。自1983年起，按国家标准顺序号以精装本、平装本两种装帧形式陆续分册汇编出版。它在一定程度上反映了我国建国以来标准化事业发展的基本情况和主要成就，是各级标准化管理机构，工矿企事业单位，农林牧副渔系统，科研、设计、教学等部门必不可少的工具书。

2.《中国国家标准汇编》收入我国每年正式发布的全部国家标准，分为"制定"卷和"修订"卷两种编辑版本。

"制定"卷收入上一年度我国发布的、新制定的国家标准，顺延前年度标准编号分成若干分册，封面和书脊上注明"20××年制定"字样及分册号，分册号一直连续。各分册中的标准是按照标准编号顺序连续排列的，如有标准顺序号缺号的，除特殊情况注明外，暂为空号。

"修订"卷收入上一年度我国发布的、修订的国家标准，视篇幅分设若干分册，但与"制定"卷分册号无关联，仅在封面和书脊上注明"20××年修订-1，-2，-3，……"字样。"修订"卷各分册中的标准，仍按标准编号顺序排列(但不连续)；如有遗漏的，均在当年最后一分册中补齐。需提请读者注意的是，个别非顺延前年度标准编号的新制定的国家标准没有收入在"制定"卷中，而是收入在"修订"卷中。

读者配套购买《中国国家标准汇编》"制定"卷和"修订"卷则可收齐上一年度我国制定和修订的全部国家标准。

3. 由于读者需求的变化，自1996年起，《中国国家标准汇编》仅出版精装本。

4. 2009年我国制修订国家标准共3 158项。本分册为"2009年制定"卷第431分册，收入国家标准GB 24142～24182的最新版本。

中国标准出版社

2010年8月

目　　录

ICS 59.080.40
G 42

中华人民共和国国家标准

GB/T 24142—2009

橡胶涂覆织物 变压器用胶囊和隔膜

Rubber coated fabrics—Rubber capluse and diaphragm for transformer

2009-06-15 发布　　　　2010-02-01 实施

中华人民共和国国家质量监督检验检疫总局
中国国家标准化管理委员会　发布

前　言

本标准由中国石油和化学工业协会提出。

本标准由全国橡胶与橡胶制品标准化技术委员会涂覆制品分技术委员会(SAC/TC 35/SC 10)归口。

本标准的起草单位:沈阳橡胶研究设计院、凯迪西北橡胶有限公司。

本标准主要起草人:陈涛、姜祥平、赵尤。

橡胶涂覆织物
变压器用胶囊和隔膜

1 范围

本标准规定了变压器用胶囊和隔膜的结构、技术要求、试验方法、检验规则和标志、包装、运输、贮存要求。

本标准适用于工作温度为－40 ℃～＋90 ℃，用橡胶涂覆织物制成的变压器储油柜用胶囊和变压器储油柜、互感器、油位器用隔膜。

2 规范性引用文件

下列文件中的条款通过本标准的引用而成为本标准的条款。凡是注日期的引用文件，其随后所有的修改单(不包括勘误的内容)或修订版均不适用于本标准，然而，鼓励根据本标准达成协议的各方研究是否可使用这些文件的最新版本。凡是不注日期的引用文件，其最新版本适用于本标准。

GB/T 528　硫化橡胶或热塑性橡胶　拉伸应力应变性能的测定(GB/T 528—2009，ISO 37:2005，IDT)

GB/T 531.1　硫化橡胶或热塑性橡胶　压入硬度试验方法　第1部分:邵氏硬度计法(邵尔硬度)(GB/T 531.1—2008，ISO 7619-1:2004，IDT)

GB/T 1690　硫化橡胶或热塑性橡胶耐液体试验方法(GB/T 1690—2006，ISO 1817:2005，MOD)

GB/T 3512　硫化橡胶或热塑性橡胶　热空气加速老化和耐热试验(GB/T 3512—2001，eqv ISO 188:1998)

GB/T 18426　橡胶或塑料涂覆织物　低温弯曲试验(GB/T 18426—2001，idt ISO 4675:1990)

HG/T 2580　橡胶或塑料涂覆织物　拉伸强度和拉断伸长率的测定(HG/T 2580—2008，ISO 1421:1998，IDT)

HG/T 2581.1—2009　橡胶或塑料涂覆织物　耐撕裂性能的测定　第1部分:恒定速率撕裂法(ISO 4674-1:2003，NEQ)

HG/T 3047　橡胶或塑料涂覆织物　透气性的测定(HG/T 3047—2004，ISO 7229:1997，IDT)

HG/T 3050.3　橡胶或塑料涂覆织物　整卷特性的测定　第3部分:测定厚度的方法(HG/T 3050.3—2001，ISO 2286-3:1998，IDT)

HG/T 3052　橡胶或塑料涂覆织物　涂覆层粘合强度测定方法(HG/T 3052—2008，ISO 2411:2000，IDT)

3 结构

3.1　除另有规定外胶囊的结构应如图1、图2所示;隔膜的结构应如图3和图4所示。

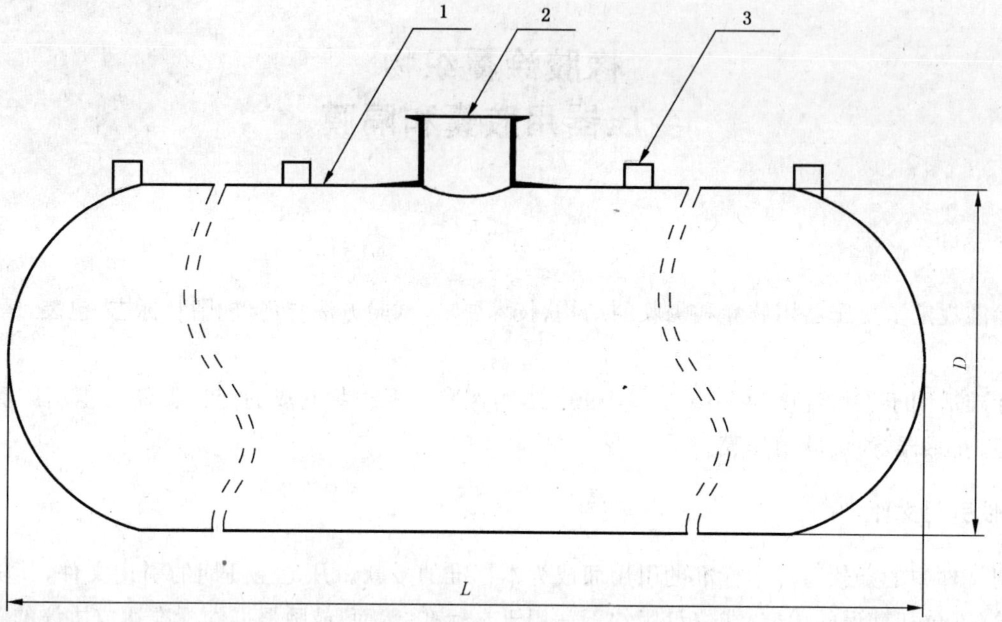

1——涂覆织物构成的囊体；
2——橡胶嘴；
3——吊带；
D——直径；
L——长度。

图 1 胶囊结构示意图(主视)

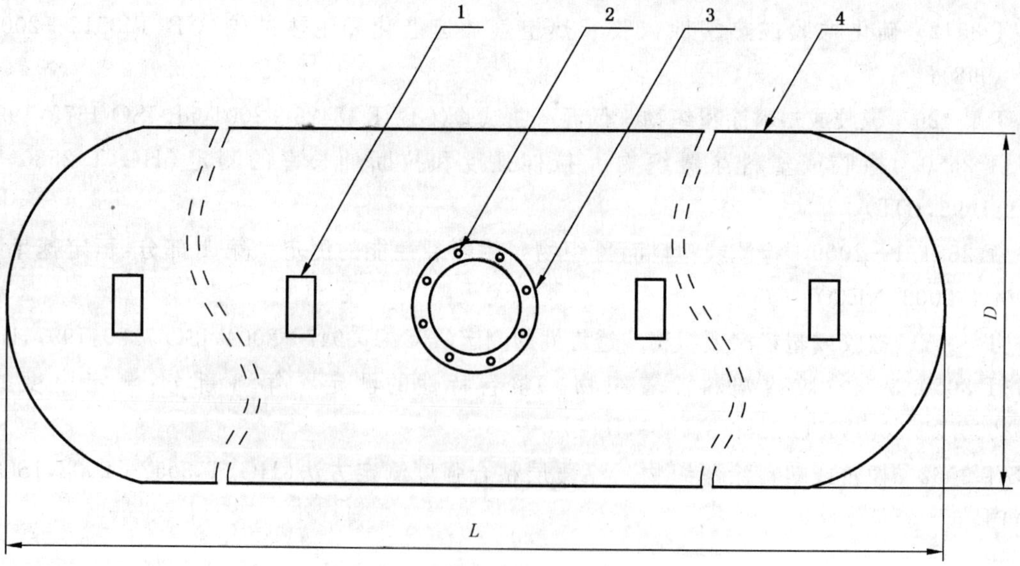

1——吊带；
2——法兰连接孔；
3——橡胶嘴；
4——涂覆织物构成的囊体；
D——胶囊直径；
L——胶囊长度。

图 2 胶囊结构示意图(俯视)

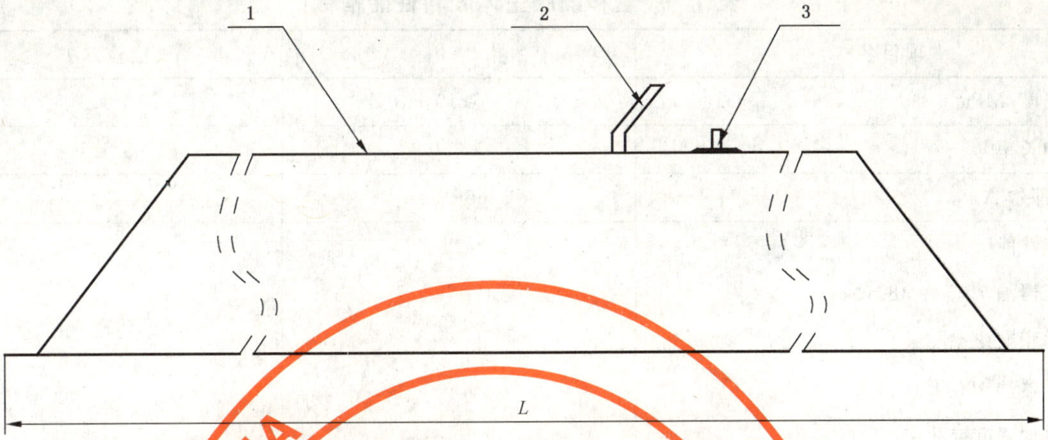

1——涂覆织物构成的隔膜主体；
2——橡胶嘴；
3——金属拉杆；
L——长度。

图 3　隔膜结构示意图(主视)

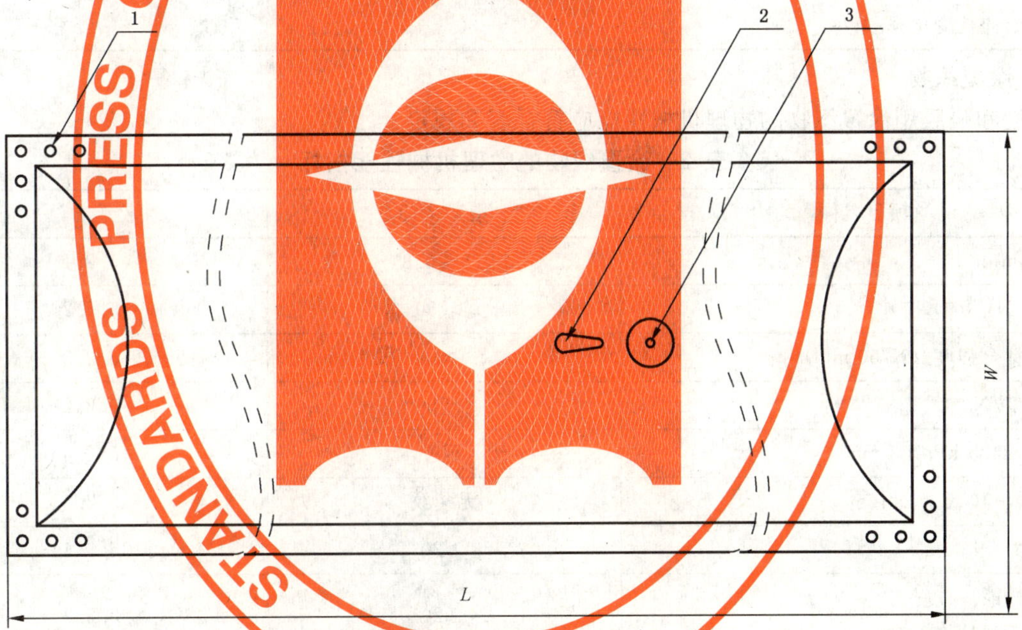

1——安装孔；
2——橡胶嘴；
3——金属拉杆；
L——隔膜长度；
W——宽度。

图 4　隔膜结构示意图(俯视)

3.2　胶囊和隔膜由橡胶涂覆织物制造而成，制造涂覆织物的纺织物应能满足产品的功能要求。

4　技术要求

4.1　材料

4.1.1　胶料

胶囊和隔膜用胶料的物理机械性能应符合表 1 的规定。

表 1 胶囊和隔膜主体胶料性能指标

项目名称	指　标	检验方法
拉伸强度/MPa	≥10	5.1.1
拉断伸长率/%	≥300	5.1.1
硬度(邵尔 A)	65±5	5.1.2
耐液体性能 变压器油 70 ℃×48 h 体积变化率/% 变压器油 100 ℃×24 h 拉伸强度变化率/% 拉断伸长变化率/%	 −8～+8 −20～+20 −25～+25	5.1.3
热空气老化性能 热空气 100 ℃×72 h 拉伸强度变化率/% 拉断伸长变化率/%	 −25～+25 −30～+30	5.1.4

4.1.2 **涂覆织物**

胶囊和隔膜用涂覆织物的物理机械性能应符合表 2 规定。

表 2 涂覆织物的物理机械性能指标

项目名称	指　标	检验方法
厚度/mm	0.5～0.8[a]	5.2.1
拉断力/N	≥750	5.2.2
涂覆层粘合强度/(N/50 mm)	≥50	5.2.3
搭接强度/N	≥750	5.2.2
透气性,24.5 kPa×3 min	不透	5.2.4
耐寒性,−40 ℃×2 h	无裂纹	5.2.5
撕裂强力/N	≥20	5.2.6
油扩散性能 变压器油 60 ℃×120 h,g/(m^2·d)	≤20	5.2.7
[a] 对厚度有特殊要求时应在合同中规定。		

4.2 **成品**

4.2.1 **外观**

胶囊和隔膜外观质量要求应符合表 3 的规定。

表 3 胶囊和隔膜外观质量要求

外　观	要　求
表面	应保持清洁、平整、光滑;不允许存在针眼、织物断裂、露布、气泡、开胶、离层、毛边、死皱
压痕	允许有轻微垫布印痕,压延印痕,不应露布
折皱	允许少量卷取活折存在
拼接	除双方约定不允许有拼接的部位外允许搭接,搭接强度应符合 4.1.2 表 2 中规定

表 3（续）

外　观	要　求
修补	直径在 800 mm 以下，长度在 1 000 mm 以下，允许修补 2 处；直径在 800 mm 以上，长度在 1 000 mm 以上允许修补 3 处，长度每增加 1 000 mm 修补处相应增加 1 处，但每只最多修补不超过 5 处，且每块不能大于 100 cm^2，不允许重叠修补。修补后补疤处应平整、牢固强度应符合 4.1.2 中搭接强度规定

4.2.2　规格尺寸

胶囊和隔膜的外型、规格尺寸应符合合同规定图样要求。若图样中无尺寸公差要求，胶囊尺寸公差为−1%～+5%，隔膜尺寸公差为−1%～+2%。

4.2.3　气密性

4.2.3.1　胶囊按 5.3.2 试验时不应有漏气现象。

4.2.3.2　隔膜在有试验设备的条件下，试验时不应有漏气现象。

5　试验方法

5.1　胶料性能的测定

5.1.1　胶料拉伸强度、拉断伸长率按 GB/T 528 进行试验。

5.1.2　胶料硬度按 GB/T 531.1 进行试验。

5.1.3　胶料耐液体性能按 GB/T 1690 进行试验。

5.1.4　胶料耐热空气老化性能按 GB/T 3512 进行试验。

5.2　涂覆织物性能的测定

5.2.1　涂覆织物厚度按 HG/T 3050.3 进行测量。

5.2.2　涂覆织物拉伸强度、搭接强度按 HG/T 2580 进行试验。其中搭接强度按以下方法制备样品：取与成品同批次和相同工艺的涂覆织物，按经向与经向、纬向与纬向、经向与纬向和经向与纬向夹成 45°角，并且按成品生产时相同工艺要求分别搭接，并在与成品相同的硫化条件下硫化后，制成 500 mm×450 mm 的样品以备试验取用。

5.2.3　涂覆织物粘合强度按 HG/T 3052 进行试验。

5.2.4　涂覆织物透气性按 HG/T 3047 进行试验。

5.2.5　涂覆织物耐寒性能按 GB/T 18426 进行试验。

5.2.6　涂覆织物耐撕裂性能按 HG/T 2581.1—2009 中裤形撕裂法进行试验。

5.2.7　涂覆织物油扩散按本标准附录 A 规定试验方法进行试验。

5.3　成品要求试验方法

5.3.1　外观和尺寸

成品的外观和尺寸采用目视法和用精度为 1 mm 的量具检验。

5.3.2　气密性能试验

在室温和无约束的状态下向胶囊和隔膜内缓缓充入压缩空气，停放 20 min 稳压至 1.0 kPa±0.01 kPa(100 mm±10 mm 水柱)，并推荐浸水或酌情在其外表面涂上肥皂水，观察有无气泡，检查可疑漏点。其中压力用精度为±0.02 kPa 的压力表或其他等效的测量工具测量。

6　检验规则

6.1　检验分类

胶囊和隔膜的检验分为型式检验和例行检验。

6.2　型式检验

6.2.1　发生下列情况之一时应进行型式检验：

a) 新产品或老产品转厂生产时的试制定型鉴定；

b) 正式生产后，如材料、工艺有较大的变化，可能影响产品性能；

c) 产品停产1年后，恢复生产；

d) 例行检验结果与上次型式检验有较大差异；

e) 正常生产，每年进行1次；

f) 国家产品质量监督机构提出型式检验的要求。

6.2.2 型式检验项目见表4。

表4 胶囊和隔膜检验项目

序号	项目名称		本标准章条		例行检验		型式检验
			技术要求	试验方法	检验	抽样频率	
1	主体胶料	拉伸强度	4.1.1	5.1.1	○	每批一次	○
2		拉断伸长率	4.1.1	5.1.1	○		○
3		硬度(邵尔A)	4.1.1	5.1.2	○		○
4		耐液体性能 变压器油70 ℃×24 h 胶料体积变化率	4.1.1	5.1.3	○		○
5		耐液体性能 变压器油100 ℃×72 h 拉伸强度和拉断伸长变化率	4.1.1	5.1.4	○	每月一次	○
6		热空气老化性能 拉伸强度和拉断伸长变化率	4.1.1	5.1.4	○		○
7	涂覆织物	厚度	4.1.2	5.2.1	○	每批一次	○
8		拉断力	4.1.2	5.2.2	○		○
9		涂覆层粘合强度	4.1.2	5.2.3	○		○
10		搭接强度	4.1.2	5.2.3	○		○
11		透气性	4.1.2	5.2.4	○		○
12		耐寒性能	4.1.2	5.2.5	○	每月一次	○
13		撕裂强力	4.1.2	5.2.6	—	—	○
14		油扩散性能 变压器60 ℃×120 h	4.1.2	5.2.7	—	—	○
15	成品	外观	4.2.1	5.3.1	○	100%	○
16		尺寸	4.2.2	5.3.1	○		○
17		气密性能	4.2.3	5.3.2	○		○
○:应进行检验的项目；—:不进行检验的项目。							

6.3 例行检验

6.3.1 检验的项目及检验频次

产品的例行检验在产品出厂前进行，检验合格并贴上合格证后方可出厂。例行检验的项目及检验频次列于表4。

6.3.2 组批、抽样

6.3.2.1 成品每一件为一批。

6.3.3.2 制造胶囊和隔膜用的胶料十辊为一批；胶囊和隔膜用涂覆织物以连续生产500 m为一批。逐批随机抽取样品。

6.3.3 判定规则

对胶料和涂覆织物性能，其中有任何一项不合格时，应在同一批中取双倍试样重复该项试验，复验仍不合格者，允许该批胶料和涂覆织物改为逐辊和逐卷全项试验，不合格者剔除。对成品性能，任何一项不合格则为不合格。

7 标志、包装、运输、贮存

7.1 标志

每个产品的外表面应按合同约定图样规定的部位上有明显、耐久的标志，除特殊规定外标志的内容至少包括：

a) 制造厂代号或名称；

b) 产品名称及标准编号；

c) 产品型号、规格；

d) 制造日期。

7.2 包装、运输

产品应有规则的、平服折叠，用塑料袋或纸箱包装。包装应牢固、可靠，保证产品在搬动和运输中的安全。包装上应注明产品名称、规格、数量、包装日期、制造厂名、厂址等内容。

包装内应附有产品合格证。

7.3 贮存

产品应存放在温度为 0 ℃～28 ℃，相对湿度不大于 80%库房内，应避免阳光直射，避免与酸、碱、油类及有机溶剂等影响产品质量的物质接触，距热源 1 m 以外，并防止机械损伤，不应摞列堆放或在其上堆放重物。贮存期为半年。

附　录　A
（规范性附录）
杯法油扩散性能的测定

A.1　概述

本试验是测定涂覆织物在一定温度和规定时间下油扩散性能的试验。

A.2　试样

A.2.1　试样为直径 64 mm 的圆形薄片。

A.2.2　试样的厚度一般按涂覆织物厚度。

A.2.3　试样表面应平整光滑，不应有杂质、气泡等缺陷。

A.3　试验仪器

A.3.1　扩散杯，结构见图 A.1。

单位为毫米

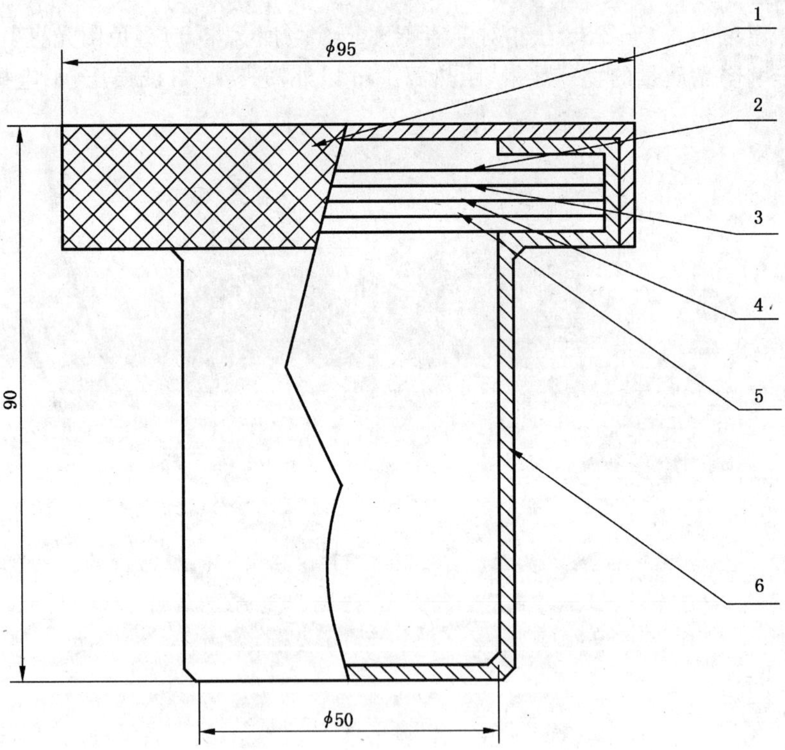

1——杯盖；
2——金属铜垫圈；
3——密封垫；
4——试样；
5——密封垫；
6——杯体。

图 A.1　扩散杯结构

A.3.2 天平：最大称量为1 kg，精度为0.001 g。

A.3.3 恒温箱，带有鼓风设备。

A.3.4 厚度计，精度为0.01 mm。

A.4 试验步骤

A.4.1 剪裁试样，试验面朝下并测量试片厚度。

A.4.2 取3个干净的扩散杯(A.3.1)分别注入130 mL试验介质使液面距试样约15 mm，装上试片拧紧杯盖。

A.4.3 将这3个扩散杯倒置于指定温度的恒温箱内的支架上，并确保试片的表面暴露于空气中，使油进行扩散。

A.4.4 经48 h后，取出扩散杯，在干净的环境中正立停放(30～60)min，冷却至室温，用天平进行称量，记录W_{48}。

A.4.5 重复A.4.3和A.4.4，经120 h后，称量其质量记为W_{120}。

A.4.6 耐油扩散率F[g/(m^2·d)]按下式计算：

$$F=\frac{W_{48}-W_{120}}{3}\times 510=170(W_{48}-W_{120})$$

式中：

W_{48}——48 h油扩散量，单位为克(g)；

W_{120}——120 h油扩散量，单位为克(g)；

510——常数$\left(\approx\frac{1}{\pi R^2}\right)$，单位为每平方米(m^{-2})。

注：其中R为有效工作面积，半径为25 mm。

A.4.7 试样不应少于3个，经取舍后代表同试验品性能的不应少于2个，取其算术平均值，其允许偏差为±10%。

ICS 83.060
G 40

中华人民共和国国家标准

GB/T 24143—2009/ISO 19004:2004

橡胶与橡胶制品
试验方法灵敏度的确定

Rubber and rubber products—
Determination of the sensitivity of test methods

(ISO 19004:2004,IDT)

2009-06-15 发布　　2010-02-01 实施

中华人民共和国国家质量监督检验检疫总局
中国国家标准化管理委员会　发布

前　言

本标准等同采用国际标准 ISO 19004:2004《橡胶与橡胶制品　试验方法灵敏度的确定》(英文版)。

为便于使用,本标准做了下列编辑性修改:

——“本国际标准”一词改为“本标准”;

——用小数点“.”代替作为小数点的逗号“,”;

——删除了国际标准前言;

——删除了 A.1.3 中“T_{max}/T_{min}”的表达,该符号在上下文都没有专门定义;

——附录 B 中各表格出现的缩略符号 Avg、Var、S dev、Std 和 Coeff. Var(CV)分别用中文“平均值”、“方差”、“标准差”、“标准”和“变异系数”代替。

本标准的附录 A、附录 B 和附录 C 为资料性附录。

本标准由中国石油和化学工业协会提出。

本标准由全国橡胶与橡胶制品标准化技术委员会(SAC/TC 35)归口。

本标准起草单位:广东省计量科学研究院。

本标准主要起草人:汤昌社、陈明华。

引　言

通过试验可确定材料、工艺及成品的技术参数，便于作出决策。随着橡胶及橡胶制品物理和化学性质的试验方法数量的不断增长，需要以定量的途径来选择高质量或有技术优势的试验方法（甚至是最高质量的方法），此标准所规定的程序可用来实现此目的。

过去常用精密度指标评价试验方法的优劣，精密度常表示为特定试验区域内测量标准差的若干倍。虽然精密度是试验灵敏度表达中不可缺少的量，但由于没有考虑试验方法对被确定属性（或要素）的鉴别力（敏感度），这一概念又不能完整地描述试验灵敏度（只包含所需信息的一半）。

由于两试验方法测量标准差的比值或方差的比值均不能反映鉴别力，用任何基于以上两种比值的方法来定量确定两试验方法的相对灵敏度都是无效的。当两试验方法的测量结果呈直接正比或反比关系，用变异系数（已对均值进行归一化）的比值才有可能有效确定相对灵敏度。若两试验方法呈非线性关系，又或者线性关系的截距不为0，变异系数的比值与本标准定义的试验灵敏度也并不等同（可参考附录B.1.4）。

本标准进一步规范了为定义并确定试验灵敏度所需的术语和概念，充足的背景信息体现了本标准具备坚实的数学和概念上的基础，使其在物理和化学试验领域具备广阔的应用前景。本标准重点参考了文献[1]和[2]的相关方法与技术。

本标准首先给出通用术语的定义并对测量过程作简要的回顾，然后给出试验灵敏度的基本概念。定义了两类试验灵敏度（绝对和相对），根据被测属性的范围，又可分为以下两级灵敏度：

a）　限定被测属性范围的灵敏度（1级）；

b）　扩展范围的灵敏度（2级）。

对于扩展范围灵敏度，无论是绝对还是相对，又存在以下两型试验灵敏度：

1）　在被测量值范围内保持一致或相等的灵敏度（1型）；

2）　非一致的灵敏度，即在所选范围内，灵敏度大小依赖于被测属性值的大小（2型）。

附录A是本标准的重要部分，它推荐使用线性回归分析法来确定试验灵敏度，并介绍如何确定试验灵敏度的精密度。

附录B也是重要的附件，它给出了两个计算相对试验灵敏度的例子：

a）　限定范围或抽样检查试验灵敏度；

b）　扩展范围非一致试验灵敏度。

附录C给出了标尺变换的背景信息，通常用于扩展范围试验灵敏度的确定。也给出了一个简单分析化学试验方法的绝对灵敏度的导出过程。

橡胶与橡胶制品
试验方法灵敏度的确定

警告——使用本标准的人员应有正规实验室工作的实践经验。本标准并未指出所有可能的安全问题。使用者有责任采取适当的安全和健康措施，并保证符合国家有关法规规定的条件。

1 范围

本标准介绍如何确定橡胶与橡胶制品典型的物理和化学性质试验方法的灵敏度，也适用于炭黑填料性质的试验方法。

试验灵敏度定义为试验方法对待测基本属性的鉴别力与表示为标准差的测量误差的比值，常描述为“信噪比”。

本标准不讨论痕量分析中阈值(最小值)检测限的灵敏度。

2 规范性引用文件

下列文件中的条款通过本标准的引用而成为本标准的条款。凡是注日期的引用文件，其随后所有的修改单(不包括勘误的内容)或修订版均不适用于本标准，然而，鼓励根据本标准达成协议的各方研究是否可使用这些文件的最新版本。凡是不注日期的引用文件，其最新版本适用于本标准。

GB/T 6379(所有部分)　测量方法与结果的准确度(正确度与精密度)[ISO 5725(所有部分)，IDT]

GB/T 14838　橡胶与橡胶制品　试验方法标准精密度的确定(GB/T 14838—2009，ISO/TR 9272:2005，IDT)

3 术语和定义

GB/T 6379 确立的以及下列术语和定义适用于本标准。

注：许多没有在其他标准出现的特殊术语或定义对本标准而言是必需的，本章依据从简单到复杂的系统顺序相继对其进行说明。简单的术语可用于定义更为复杂的术语，这使得相关定义更简洁明了。考虑到上下文衔接以及便于理解，本标准必需的一些关键概念则在其他相关章条中被引入并定义。

3.1

基本属性　fundamental property (FP)

用试验方法进行确定或评定的固有属性(或要素)。

3.2

被测属性　measured property (MP)

利用测量仪器确定的属性。

注：它和基本属性关系为：$MP = f \times FP$(可通过试验确定)。

3.3

参考物质　reference material (RM)

在被测属性的测量中，被选来作为两个或多个试验方法的共用标准或基准的材料(或其他物质)。

注：每个试验方法的期望值，也就是指定的参考值，可能是已知的(从其他来源获取)，也可能是未知的。

3.4

校准物质　calibration material (CM)

被选来作为标准或基准参考物质的材料(或其他物质)，对某一试验方法具有完整备案的基本属性

(FP)参考值。

注 1：校准物质(或连同其他具有已备案 FP 参考值的类似材料)可用来校准特定试验方法或用来确定试验灵敏度。

注 2：具备完整备案的 FP 参考值意味着同样可信的 MP 值可从关系式 MP＝f×FP 获得。然而除非 f=1,对任何校准物质而言 MP 值与 FP 值都不相等。

3.5

试验区域　test domain

进行试验的操作条件。

注：它包括对试样或试片的制备、所用仪器(校准、调整、设置)、所选试验人员及周围环境的描述。

3.6

局部试验　local testing

其试验领域由某一场所或者实验室构成,常进行质量控制和内部研发或者评估程序等工作。

3.7

全局试验　global testing

其试验区域包含两个或多个国内或国际的场所和实验室,常进行产商-用户试验,产品验收和实验室间试验方案等工作。

3.8

试验灵敏度　test sensitivity

反映试验方法某方面技术优势的导出量,通常表示为以下两量的比值:(1)基本属性 FP 单位改变量所引起的被测属性 MP 改变量(也就是"信号");(2)被测属性 MP 测量中的标准差(也就是"噪声")。

注 1：严格地讲这是绝对灵敏度的定义(见 6.2)。FP 的变化可以是两次实际测量间的差异或两个选定基本属性值的差。被测属性 MP 与基本属性 FP 的关系可用公式 MP＝f×FP 来表示。

注 2：尽管引言中已给出概念上简化了的试验灵敏度的定义,这一更详细的量化定义也仍显扼要,但这对于初步的讨论是有用的。

4　测量过程

4.1　测量过程包括以下三部分:

a)　需确定的化学或物理属性;

b)　一个(化学或物理的)测量体系;

c)　产生被测量值的步骤或技术;

待测基本属性 FP 具有两相关内容:

——可取特定范围数值的被测量 MP;

——FP 与 MP 的通用关系式 MP＝f×FP。

所用步骤或技术在材料或系统的属性值范围内应是适用的。

4.2　基本属性应是一种被定义的性质,如某组分在材料所占百分比,又或者是由测量过程本身单独定义的性质。后者的被测属性与基本属性是相同的,即 MP＝FP 或 f=1。

关系式 MP＝f×FP 应是单调的,也即每一 MP 值应有唯一的 FP 值与之对应。这对许多试验方法或测量操作都是常见的情形,例如橡胶模量的确定。这一关系式对特定的测量过程或试验方法应是专用的,而且,如果用不同测量过程或试验方法来确定该基本属性,其关系式通常是不同的。

5　灵敏度概念的深入说明

5.1　试验区域

应建立任何潜在的试验灵敏度确定程序的范围。

若是局部试验,应在一间实验室或一处场所进行测量。

对全局试验，应进行实验室间试验方案(ITP)，每一参与实验室均应两次或多次重复确定试验灵敏度，最终汇总各实验室结果获取实验室间平均试验灵敏度。在全局试验的 ITP 过程中，每一次试验灵敏度的确定都定义为计算试验灵敏度估计值所必需的一整套操作。

关于所得试验灵敏度值的精密度评定，可参见附录 A 和 GB/T 14838。

5.2 绝对试验灵敏度(1类)

5.2.1 1类是绝对试验灵敏度 ATS，“绝对”一词表明被测属性与基本属性具有某种关系，根据该关系可由 MP 值直接得出 FP 值。确定这一种灵敏度需用两项或多项校准物质(CM)，分别具有不同的已备案 FP 值。

5.2.2 绝对试验灵敏度与以下两种属性有关，见图1：

——基本属性(标准或者要素)FP，其值由所使用校准物质确定；

——被测属性 MP，可对校准物质进行试验获得 MP。

基本属性与被测属性的关系可能是非线形的。对一特定试验过程，FP_1 对应 MP_1，FP_2 对应 MP_2。如图1选定关系曲线的一段用 A 和 B 两点表示，其斜率 K 可近似由公式 $K=\Delta(MP)/\Delta(FP)$ 得到。如果 AB 范围内 MP 的标准差 σ_{MP} 为常数，绝对试验灵敏度 ψ_A 定义见式(1)：

$$\psi_A = \frac{|K|}{\sigma_{MP}} \qquad \cdots\cdots\cdots\cdots(1)$$

上式表明在选定的感兴趣区域内斜率绝对值 $|K|$ 的增大可令试验灵敏度增大，被测属性的测量越精密，灵敏度也会增大。只要为每一种试验方法都建立一个关系式 $MP=f\times FP$，就可用 ψ_A 作为技术优势标准来选择合适的试验方法以测量基本属性 FP。

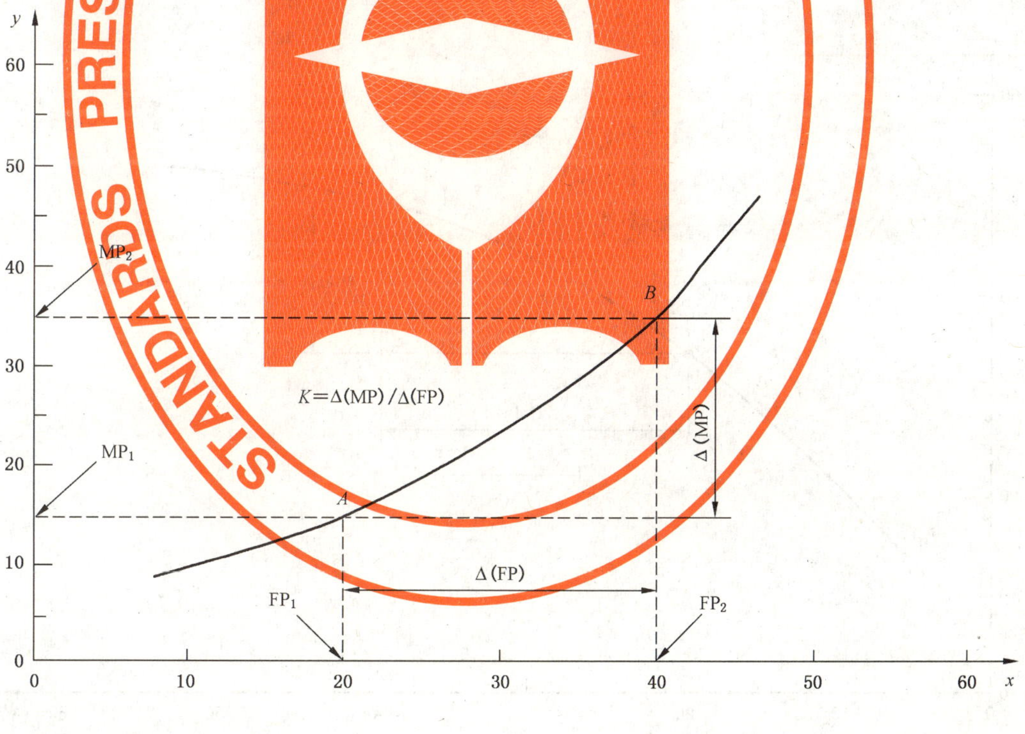

x——基本属性，FP；

y——被测属性，MP。

图1 被测属性和基本属性的关系

5.2.3 在 MP 或 FP 值的较大范围内绝对试验灵敏度不一定为常数，只有在特定范围内 MP 与 FP 呈直接(非转换)线性关系且标准差 σ_{MP} 为常量试验灵敏度才为常数。假定 FP 与 MP 呈单调关系，绝对试验灵敏度 ψ_A 可用以下两方法确定：

a) 利用两项或多项具有不同已知基本属性值的校准物质；

b) 利用 MP 和 FP 之间的理论关系式。

5.2.4 对于普遍情形,可用更正式的数学微分形式表示绝对试验灵敏度,此时不牵涉用 Δ(MP) 和 Δ(FP) 表示的斜率近似值。当使用微分时,$K=|d(MP)/d(FP)|$,K 是曲线上某一点切线的斜率。

附录 C 根据以上更正式的理论基础扼要给出一简单的分析试验方法绝对灵敏度的导出过程。

5.2.5 绝对灵敏度的确定要求 MP 与 FP 之间存在明确的关系,可通过以下任一方法获知该关系:

a) 利用具有不同 FP 值的多项校准物质进行经验性确定,每一 FP 值均有被认可的独立机构出具的证书证明。MP 与 FP 之间的关系用实验来确定,因而是经验性方法。

b) 对于特定条件下允许计算 FP 校准值的测量系统,可依据科学理论的原则,利用 MP 与 FP 之间的已知关系进行理论评估。本标准不讨论此种方法,仅局限于经验性方法。

5.3 相对试验灵敏度(2 类)

5.3.1 相对试验灵敏度(也就是 2 类)反映两试验方法相比较的结果,采用两项或多项具有不同被测属性值的参考物质作为试验标准。这种灵敏度用于评价不能确定基本属性的物理试验方法。

对于典型的物理试验方法,用校准物质来确定 MP 和 FP 之间的关系通常是不可行,也不可能的。绝大部分物理试验方法的首要目的是以被测属性值为基础作简单的比较,这种情况下不可能确定绝对试验灵敏度。

5.3.2 如果不能确定绝对试验灵敏度,确定两个或多个试验方法的相对灵敏度却是可能的,且不需知道每一试验方法中 MP 与 FP 的关系。假定两试验方法的绝对灵敏度均已知,便可非常简单直接地证明以上论断。图 2 给出两试验方法的关系,被测属性 MP_1 和 MP_2 分别对应方法 1 和方法 2。

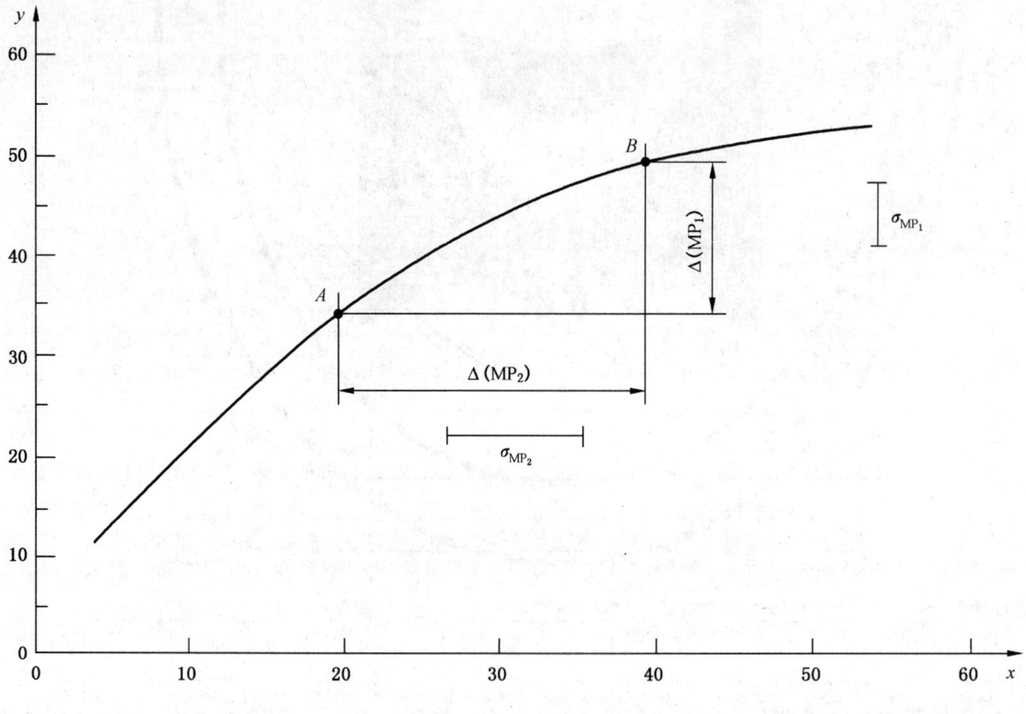

x——被测属性 MP_2;

y——被测属性 MP_1。

图 2 两被测属性的关系

K_1,σ_{MP1},K_2 和 σ_{MP2} 由以下 ψ_{A1} 和 ψ_{A2} 的表达式[式(2)、式(3)]给出:

$$\psi_{A1}=\frac{|K_1|}{\sigma_{MP_1}} \qquad \cdots\cdots(2)$$

和

$$\psi_{A2}=\frac{|K_2|}{\sigma_{MP2}} \quad\quad (3)$$

为了比较两方法，ψ_{A1}和ψ_{A2}的比值可由式(2)和式(3)得出，即式(4)：

$$\frac{\psi_{A1}}{\psi_{A2}}=\frac{\left|\frac{K_1}{K_2}\right|}{\frac{\sigma_{MP1}}{\sigma_{MP2}}}=\frac{|K_0|\times\sigma_{MP2}}{\sigma_{MP1}} \quad\quad (4)$$

使用$K_0(K_0=K_1/K_2)$的绝对值(不考虑符号)是为了得到正的比值。

5.3.3 图2给出MP_1和MP_2的关系，用$\Delta(MP_1)/\Delta(MP_2)$近似表示斜率，$\sigma_{MP1}$和$\sigma_{MP2}$的值分别用垂直和水平的线段表示，$K_0$可由式(5)得到：

$$K_0=\left|\frac{K_1}{K_2}\right|=\frac{\frac{\Delta(MP_1)}{\Delta(FP)}}{\frac{\Delta(MP_2)}{\Delta(FP)}}=\frac{\Delta(MP_1)}{\Delta(MP_2)} \quad\quad (5)$$

虽然基本属性值FP未知，但它对MP_1与MP_2而言是相等的，只须用$\Delta(MP_1)/\Delta(MP_2)$的绝对值(不考虑符号)表示$K_0$。

因此K_0的确定不依赖于基本属性，但应满足以下两条件：

——知道MP_1与MP_2间满足的经验性关系；

——用同一套参考物质对MP_1与MP_2进行测量，每一参考物质具有不同的已知或未知FP值。

方法1与方法2相比较所得相对试验灵敏度$\psi_{R(T_1/T_2)}$可表示为两方法试验灵敏度的比值，如式(6)：

$$\psi_{R(T_1/T_2)}=\frac{\frac{\Delta(MP_1)}{\Delta(MP_2)}}{\frac{\sigma_{MP_1}}{\sigma_{MP_2}}}=\frac{|K_0|\times\sigma_{MP_2}}{\sigma_{MP_1}} \quad\quad (6)$$

除非为避免混淆，可省掉附加项(T_1/T_2)，此时ψ_R表示方法1(分子)与方法2(分母)的比较。

5.3.4 如果ψ_R大于1，方法1就比方法2灵敏；如果ψ_R小于1，方法2就比方法1灵敏。

除非MP_1与MP_2呈线性关系且在试验范围内比值$(\sigma_{MP_1}/\sigma_{MP_2})$是常量，一般而言相对试验灵敏度只适用于特定中间范围的MP_1和MP_2值。可用比差值项$\Delta(MP_1)$和$\Delta(MP_2)$更正式的数学微分形式来表达相对试验灵敏度(参见附录C)。

5.4 试验灵敏度的级别和型别

5.4.1 对两类试验灵敏度中的任一类别，都有两级灵敏度(1级和2级)，对2级又有两型试验灵敏度。

5.4.2 1级是限定范围或"抽样检查"试验灵敏度。

这是一类通过用两项或三项校准物质来确定基本属性值进而评估绝对试验灵敏度的程序，或者是通过两项或三项参考物质对相对试验灵敏度进行的评估。本质上这是对选定被测属性范围内的抽查。

5.4.3 2级是扩展范围试验灵敏度，能更全面评价MP与FP或MP_1与MP_2在实质部分或整个工作范围内的关系，与常规的试验相对应。

确定2级绝对试验灵敏度需要若干项校准物质：推荐是4～6项，对每一项校准物质进行若干次MP的测量。

确定2级相对试验灵敏度也需要若干项参考物质：推荐是4～6项，对每一项参考物质进行若干次MP的测量

5.4.4 在较宽被测属性值范围内，2级试验灵敏度不一定是常数，因而又有两型灵敏度：

a) 1型灵敏度在全试验范围内保持一致或说保持为常数，这要求比值$\sigma_{MP_1}/\sigma_{MP_2}$在此范围内为一常数。

b) 2型灵敏度在试验范围内不一致，其值依赖于被测属性MP_1或MP_2。比值$\sigma_{MP_1}/\sigma_{MP_2}$通常可表

示为被测属性(作为 x 变量)MP_1 或 MP_2 的线性函数。

6 确定试验灵敏度的步骤

6.1 初始决策

6.1.1 概述

确定试验灵敏度的第一步需要对一些预备事项进行决策,如 6.1.2～6.1.5 所列内容,在进行实际的测量前这些决策都是必需的。随后的步骤均依赖于 6.1.2～6.1.5 所作的决策,以局部试验程序为基础,这些步骤在本标准 6.2～6.5 中依次给出:

——对绝对试验灵敏度,6.2 给出了抽样检查程序所需步骤,6.3 给出了扩展范围程序所需步骤。

——对相对试验灵敏度,6.4 针对抽样检查程序,6.5 针对扩展范围程序。

注:尽管对实施 6.2～6.5 这 4 个程序的说明有些重复,但这种安排使得标准使用者可直接获取与待确定试验灵敏度相关的章条。关于综合评价计划的建议可参见附录 A 的 A.2。

6.1.2 待评价试验方法

选择待评价试验方法,大多数试验会有两个或多个方法。即使对绝对试验灵敏度,方法之间的比较也可能是最终的目的。确保每一试验方法的步骤都是明确定义且完好备案的。

6.1.3 试验区域

明确试验灵敏度程序的范围:只在一个实验室或场所进行的局部试验,或牵涉众多国内外实验室或场所的全局试验。

6.1.4 试验灵敏度的类别

选择试验灵敏度的类别:1 类是绝对试验灵敏度,2 类是相对试验灵敏度。

6.1.5 试验灵敏度的级别

选择待确定灵敏度的级别:1 级是限定范围或抽样检查的试验灵敏度,2 级是扩展范围试验灵敏度。

对属于 2 级的绝对或相对试验灵敏度,其值在所研究范围内不一定一致,因而有必要编辑一表格以记录 ψ_A 与基本属性的关系或 ψ_R 与被测属性的关系。

6.2 限定范围或抽样检查绝对试验灵敏度

6.2.1 概述

选择至少两项或更多校准物质(CM)。各 CM 被测属性(MP)值的差异应足够大以利于 K 的准确确定(见 5.2.2)。为确定灵敏度,应在足够准确度范围内获知每一 CM 的基本属性(FP)值,这意味着每一 CM 的 FP 证书值不确定度只有 MP 值不确定度的四分之一或更少。若 MP 与 FP 的关系呈曲线或定义不完善,至少需要 3 项 CM 以保证灵敏度确定的结果令人满意。

6.2.2 重复测量 MP 的次数

对每一 CM 进行足够次数的重复测量以建立 MP 均值的较佳估计值和测量过程的标准差。最少需重复 4 次,5 次或 6 次更好。对每一 CM 的每一组 MP 测量值计算其标准差。对所有 CM 计算平均或合并方差,其平方根定义为 σ_{MP}。

6.2.3 建立 MP 和 FP 的关系

确定每一种试验方法的 K 值(见 5.2.2)。

6.2.4 绝对试验灵敏度的计算

利用 $|K|$ 与 σ_{MP} 值,通过 5.2.2 中的式(1)计算每种试验方法的绝对试验灵敏度 ψ_A。如果需同时评价若干试验方法,应把各试验方法的 ψ_A 值列成表格便于查询使用。

6.3 扩展范围绝对试验灵敏度

6.3.1 概述

选择所用校准物质(CM)的数量。为更好地确定扩展范围试验灵敏度,至少需 4 项 CM,但 5 项或 6 项更好。所选 CM 应涵盖整个测量范围,各 CM 的 FP 值应大致呈等间隔。为确定灵敏度,应在足够准确度范围内获知每一 CM 的基本属性值，这意味着每一 CM 的 FP 证书值不确定度只有 MP 值不确定度的四分之一或更少。

6.3.2 **重复测量 MP 的次数**

对每一 CM 进行足够次数的重复测量以建立 MP 均值的较佳估计值和测量过程的标准差。最少需重复 4 次，5 次或 6 次更好。对每一 CM 的每一组 MP 测量值，计算其方差与标准差。

6.3.3 **MP 测量的标准差**

确定每一 CM 的 MP 标准差和 MP 均值间是否存在某种关系（线性或其他）。如果某一种在统计学意义上显著的关系存在，那么在被检范围内 ψ_A 非一致，随 MP 或 FP 值变化。此时计算 ψ_A 应考虑这种变化：在被检范围内建立 σ_{MP} 与 MP 的回归方程 $\sigma_{MP}=a_0+a_1(MP)$，系数 a_0 与 a_1 用回归分析的方法确定（假定该关系近似线性）。

如果 MP 标准差和 MP 均值间不存在显著性关系，可对所有 CM 计算平均或合并方差，其平方根定义为 σ_{MP}。

6.3.4 **建立 MP 和 FP 的关系**

作 MP 和 FP 的关系图并检查其性质（线性或曲线），理想的结果是线性关系。对曲线关系，可对某一变量或两个变量同时进行标尺转换得到线性关系，适用的转换方法可参见附录 C。根据目视一旦得到满意的线性关系即可进行线性回归分析（参见附录 A）。计算拟合直线的常数 b_0，斜率（系数 b），相关系数 R（或 R^2）和标准差（或估计值的标准差）$\sigma_{y,x}$。确定每种试验方法 MP 与 FP 关系曲线的斜率 K 即回归系数 b（见 5.2.2）。

6.3.5 **一致绝对试验灵敏度的计算**

如果 σ_{MP} 在 MP 值范围内保持不变（常数），用 MP 测量的合并标准差作为 σ_{MP}，计算结果为保持一致的试验灵敏度。

6.3.6 **非一致（非独立）绝对试验灵敏度的计算**

若 σ_{MP} 是 MP 的函数（对所有在用的 CM），5.2.2 中式(1)的分母会随 MP 变化，此时需把 σ_{MP} 表示成 6.3.3 中的形式：$a_0+a_1(MP)$，式中 a_0 与 a_1 值用回归分析法确定。在此情形 ψ_A 为非一致（非独立）绝对试验灵敏度，作一报表给出全试验范围内若干选定 MP 值对应的 ψ_A 值。若同时评价若干试验方法可作一报表给出每一试验方法在某一 MP 参考值（如 MP 范围内的中值）对应的 ψ_A 值，这有利于在同一基础上对各个方法的试验灵敏度进行比较。

6.4 **限定范围或抽样检查相对试验灵敏度**

6.4.1 **概述**

选用两项（或多项）参考物质（RM），不必知道每一 RM 的 FP 证书值，掌握其近似值已足够。各 RM 被测属性（MP）值的差应足够大以保证斜率 K_0 的确定，如 5.3.3 式(5)所示。如果 MP 和 FP 的关系呈曲线或不能很好地确定，最少需要 3 项参考物质来准确地确定灵敏度。

6.4.2 **重复测量 MP 的次数**

各试验方法均对每一 RM 进行足够次数的重复测量以建立 MP 均值的较佳估计值和测量过程的标准差。最少需重复 4 次，5 次或 6 次更好，尤其是对限定范围灵敏度的评估。对每一试验方法计算每一组 MP 重复测量值的标准差和遍历所有 RM 的合并方差。试验方法 T_1 合并方差的平方根定义为 σ_{MP_1}，同理试验方法 T_2 的定义为 σ_{MP_2}。

6.4.3 **建立 MP_1 和 MP_2 之间的关系**

根据 5.3.3 中式(5)所给 $\Delta(MP)$ 值确定斜率 K_0，这只是针对使用两项 RM 的情形。若使用 3 项 RM，可假定 MP_1 与 MP_2 大致呈线性关系并用回归分析法确定其斜率。

6.4.4 **相对试验灵敏度的计算**

对每种试验方法用 $|K_0|$ 和比值 $\sigma_{MP_1}/\sigma_{MP_2}$ 根据 5.3.3 中式(6)计算 ψ_R。若需评价多个试验方法可选

其中一个作为参考,即所有相对试验灵敏度计算的 T_2(T_1/T_2 比的分母)。此时对 3 个试验方法将有 3 个 ψ_R 值:方法 1 相对方法 2 的 $\psi_{R(T_1/T_2)}$,方法 3 相对方法 2 的 $\psi_{R(T_3/T_2)}$ 及被定义为 1.00 的 $\psi_{R(T_2/T_2)}$。把 $\psi_{R(T_1/T_2)}$ 与 $\psi_{R(T_3/T_2)}$ 值分别与 1.00 比较可确定哪个试验方法最灵敏。

6.5 扩展范围相对试验灵敏度

6.5.1 概述

选择需使用参考物质(RM)的数量。为更好地确定扩展范围灵敏度,至少需 4 项 RM,5 项或 6 项更好。所选 RM 应涵盖全试验范围并且各 RM 的 MP 值应大致呈等间隔,因此应掌握各 RM 的 MP 或 FP 近似值。

6.5.2 重复测量 MP 的次数

对每一 RM 进行足够次数的重复测量以建立每一试验方法标准差的较佳估计值。最少需重复 4 次,5 次或 6 次更好。若需评价多于 2 个试验方法,选其中一个作为参考以利于比较所有试验方法的 ψ_R。对每一试验方法,计算每一组 MP 重复测量值的方差和标准差。

6.5.3 MP 测量的标准差

对每一试验方法,确定其标准差(对每一 RM)与任一试验方法或同时与两试验方法所对应 MP 是否具有某种关系(线性或其他),把这作为前提参考信息。接下来计算每一 RM 的 $\sigma_{MP1}/\sigma_{MP2}$ 并确定该比值是否某一试验方法所对应 MP 的函数。如果某种在统计学意义上显著的关系存在,那么 ψ_R 在被检范围内不一致,其值随 MP 改变。建立回归方程 $\sigma_{MP_1}/\sigma_{MP_2}=a_0+a_1(\mathrm{MP})$,$a_0$ 和 a_1 由回归分析法确定(假定该关系近似线性)。

6.5.4 建立 MP_1 与 MP_2 的关系

下一步需寻找两 MP 间的关系。将对于所有 RM 具有较小合并方差的 MP 作为 x 变量,另一 MP 作为 y 变量,作关系图并检验其性质(线性或曲线)。理想的结果是一线性关系,若是曲线关系可对某一变量或两变量同时进行标尺转换得到线性关系。附录 C 给出适用的转换方法。

6.5.5 K_0 的估算

根据目视一旦得到满意的线性关系(原始的或转换过的)即可计算拟合直线的常数 b_0,斜率(系数 b),相关系数 R(或 R^2)和标准差(或估计值的标准差)$\sigma_{y,x}$(参见附录 A)。5.3.3 中式(5)给出的斜率 K_0 与回归系数 b 相等。

6.5.6 一致相对试验灵敏度的计算

如果在 MP 值范围内 $\sigma_{MP_1}/\sigma_{MP_2}$ 保持不变(常数),由合并方差得出总平均 $\sigma_{MP_1}/\sigma_{MP_2}$ 并计算一致相对试验灵敏度 ψ_R。

6.5.7 非一致(非独立)相对试验灵敏度的计算

若 $\sigma_{MP_1}/\sigma_{MP_2}$ 随任一被测属性而改变,此时需把 5.3.3 中式(6)的分母表示成 6.3.3 中的形式:$\sigma_{MP_1}/\sigma_{MP_2}=a_0+a_1(\mathrm{MP})$,这里假定线形关系是较好的近似。$a_0$ 与 a_1 用回归分析法确定,MP 应是标尺转换后数值。此时 ψ_R 为非一致(非独立)试验灵敏度,作一表格列出全试验范围内若干选定 MP 值对应的 ψ_R。若同时评价几个试验方法,作一表格列出每一试验方法在某一 MP 参考值(例如 MP 范围内的中值)对应的 ψ_R,这有利于在同一基础上对所有方法的试验灵敏度进行比较。

7 试验灵敏度报告

由于灵敏度具有不同类别、级别和型别,应出具确定试验灵敏度结果的报告。报告需要包括:

a) 本标准名称及编号;

b) 被研究的试验方法;

c) 所用 CM 或 RM,FP 证书值或近似 MP 值;

d) 要确定的试验灵敏度的类别:绝对或相对;

e) 要确定的试验灵敏度的级别:限定范围(抽样检查)或扩展范围(需给出相应范围);

f) 所得灵敏度的型别:一致或非一致(非独立的);

g) 所作的任何标尺转换;

h) 包括一个或多个一致或非一致(非独立)试验灵敏度的表格;

i) 试验灵敏度的标准差,如其已确定;

j) 研究日期。

附 录 A
（资料性附录）
线性回归分析的背景信息和试验方法灵敏度的精密度

A.1 线性回归分析

A.1.1 一旦找到 MP_1 和 FP 或 MP_1 和 MP_2 间明显的线性关系（若有需要可进行标尺转换）便可判断拟合直线的好坏。判断标准并不严格，但对多数情形一级近似已足够。作以下两量的比值：

a) 作为 x 变量的 MP 的合并测量方差（包括所有的校准物质或参考物质）；

b) 回归估计值的方差（估计值标准差的平方）。

若以上两方差的比值等于或小于 4 便可认为该拟合直线是可接受的，采用该线性关系可合理估算斜率 K 或 K_0。若该比值大于 4，则应寻找更合适的拟合关系式。

A.1.2 经典回归分析的一个假定条件是相对于 y 变量 x 值的误差为 0 或非常小。由于两被测属性的测量都存在误差，典型相对试验灵敏度的确定过程并不符合该条件。解决该矛盾的方法是选择对所有校准物质或参考物质具有最小合并方差的被测属性作为 x 变量，这使得在 MP 与 FP 或 MP_1 与 MP_2 的线性回归分析中所得斜率也即 b 参数的估计值误差最小。

A.1.3 大多数相对试验灵敏度的确定都需先选定某一被测属性作为比较的标准，也即参数 $\psi_{R(T_1/T_2)}$ 中的 T_2，当然也就是作为 x 变量的被测属性。若 T_2 的合并方差比 T_1 大，应令 $x=T_1=MP_1$，$y=T_2=MP_2$，再做回归分析得到斜率 b_{T_2/T_1}，该系数的倒数作为 b_{T_1/T_2} 的最佳估计值。这种处理方式使得 x 变量对 b 参数估计值的不利影响降低。如果两被测属性中较大合并方差与较小合并方差的比小于 4，两种方式得出的 b 系数的差别不大。

A.2 试验灵敏度的精密度

A.2.1 试验灵敏度的确定需以试验所测参数为基础，因此灵敏度估计值的精密度取决于各参数的精密度。

对 ψ_A，有 2 个参数决定其精密度：MP_1 与 FP 关系的斜率 K 以及标准差 σ_{MP}。

对 ψ_R，有 3 个参数决定其精密度：MP_1 与 MP_2 关系的斜率 K_0 以及标准差 σ_{MP_1}、σ_{MP_2}。

利用随机误差传递方程有可能把所测参数不确定度与 ψ_A 和 ψ_R 的不确定度联系起来，然而本标准不讨论该方面内容，原因有 2 个：

a) 该方面内容超出本标准范围；

b) 不一定能得出 ψ_A 和 ψ_R 实际不确定度的真正估计值。

A.2.2 ψ_A 和 ψ_R 不确定度的来源体系包括分步操作的变化以及测量本身的变化。

任何 ψ_A 和 ψ_R 的不确定度依赖于：

a) 所用的校准物质或参考物质；

b) 这些物质的状况（不论 RM 或 CM）；

c) 试验操作人员；

d) 实验室内的操作条件（这些条件会影响仪器校准的准确度）。

应充分考虑以上各因素，使 ψ_A 和 ψ_R 不确定度的评定更可靠。

A.3 试验灵敏度、不确定度或置信水平的确定

A.3.1 概述

推荐用以下步骤确定试验灵敏度，不确定度或置信水平。

A.3.2 局部试验灵敏度的确定

对局部的绝对或相对试验灵敏度，重复足够次数确定 ψ_A 或 ψ_R 以获得其标准差的较佳估计值。若能在一天内充分评估 ψ_A 或 ψ_R，可在几天时间内重复 4 次确定灵敏度(包括一系列完整的操作)。这是获得试验灵敏度标准差所需的最少次数，6 或 6 次以上则更好。

用这些标准差估计值计算置信区间或对差值 ψ_A-1 或 ψ_R-1 进行统计学显著性检验(t-检验)，可用更复杂的新复极差法(Duncan 新法)比较两个以上的 ψ_A 或 ψ_R。

A.3.3 全局试验灵敏度的确定

全局试验灵敏度的确定应遵循实验室间精密度的程序和协议(见 ISO/TR 9272)。某一实验室应选出一个或更多熟练的工作成员负责组织全局试验方案。选出若干熟练掌握试验方法的实验室。为各种参考物质等份保留足够数量的样品并送样至各参与实验室。每一实验室应使用所提供参考物质在本标准基础上相隔一星期独立 2 次确定试验灵敏度(应完成所有步骤)，所得数据能用 ISO/TR 9272 所介绍步骤进行分析。根据以上试验能得出 ψ_A 或 ψ_R 的全局平均值和实验室间不确定度或平均值的置信限。

附 录 B
（资料性附录）
确定相对试验灵敏度的两个例子

B.1 例 1:加工试验方法——限定范围(抽样检查)相对灵敏度的确定

B.1.1 此例子确定了 3 个不同加工试验方法的限定范围或抽样调查相对试验灵敏度。多于 2 个试验方法的使用利于阐明灵敏度多重比较的一般步骤。表 B.1 和表 B.2 给出了相关数据和计算。3 个用于产生加工数的加工方法分别用 P_1、P_2、P_3 表示,采用 2 项参考物质(RM_1 和 RM_2),每一方法对每一参考物质重复 4 次试验得到加工数字 R_1 至 R_4。表 B.1 列出了每一方法对每一参考物质进行重复试验所得加工数字的平均值、方差和标准差;还列出了每一方法的合并(平均)方差,合并标准差以及用百分比表示的变异系数。

表 B.1 3 种加工试验方法限定范围相对灵敏度的确定——方法 P_1、P_2、P_3 对 RM_1 和 RM_2 的基本"加工数"

RM	加工试验方法 1						
	R_1	R_2	R_3	R_4	平均值	方差	标准差
RM_1	4.50	4.65	4.60	4.70	4.61	0.005 47	0.074
RM_2	3.10	3.00	2.90	3.10	3.03	0.006 87	0.083
				Δ	−1.59		
				平均值	3.82		
合并值						0.006 17	0.079
变异系数,%($\sigma_1=0.079$)					2.06		
RM	加工试验方法 2						
	R_1	R_2	R_3	R_4	平均值	方差	标准差
RM_1	9.10	8.90	9.30	9.00	9.08	0.021 88	0.148
RM_2	12.10	12.30	11.90	12.10	12.10	0.020 00	0.141
				Δ	3.03		
				平均值	10.59		
合并值						0.020 94	0.145
变异系数,%($\sigma_2=0.145$)					1.37		
RM	加工试验方法 3						
	R_1	R_2	R_3	R_4	平均值	方差	标准差
RM_1	10.10	10.30	9.90	9.80	10.03	0.036 88	0.193
RM_2	14.20	14.10	14.30	14.00	14.15	0.012 50	0.112
				Δ	4.13		
				平均值	12.09		
合并值						0.024 69	0.157
变异系数,%($\sigma_3=0.157$)					1.30		

注:Δ=RM_2 平均加工数−RM_1 平均加工数;
$\sigma_1=P_1$ 合并标准差,$\sigma_2=P_2$ 合并标准差,$\sigma_3=P_3$ 合并标准差。

表 B.2　3 种工艺试验方法限定范围相对灵敏度的确定——计算所得参数与 P_1、P_2、P_3 的 ψ_R 值

试验方法	Δ	合并标准差	$K_{0(1,2)}$	$K_{0(3,2)}$	σ_1/σ_2	σ_3/σ_2	ψ_R
P_1	−1.59	0.079	−0.525		0.545		0.96
P_2	3.03	0.145					1.00
P_3	4.14	0.157		1.363		1.083	1.26

$K_{0(1,2)}=\Delta_1/\Delta_2$

$K_{0(3,2)}=\Delta_3/\Delta_2$

$\psi_{R(P_1/P_2)}=K_{0(1,2)}/(\sigma_1/\sigma_2)=|(-1.59/3.03)|/(0.079/0.145)=0.96$

$\psi_{R(P_3/P_2)}=K_{0(3,2)}/(\sigma_3/\sigma_2)=|(4.13/3.03)|/(0.157/0.145)=1.26$

B.1.2　表 B.2 列出了各计算所得参数和相对试验灵敏度 ψ_R 值，给出了每一试验方法的 Δ 值：Δ＝（RM_2 平均加工数－RM_1 平均加工数），这与标准正文中的 ΔMP 值对应。列出了合并标准差，比值 Δ_1/Δ_2 与 $K_{0(1,2)}$ 相等（此处下方的 1 和 2 对应 P_1 和 P_2），Δ_3/Δ_2 与 $K_{0(3,2)}$ 相等（此处下方的 3 和 2 对应 P_3 和 P_2）。也给出了比值 σ_1/σ_2 和 σ_2/σ_3，此处 σ_1、σ_2 和 σ_3 分别为 P_1、P_2 和 P_3 的合并标准差。

B.1.3　用以上数值可计算 P_1 相对于 P_2 的试验灵敏度 $\psi_{R(P_1/P_2)}$ 和 P_3 相对于 P_2 的 $\psi_{R(P_3/P_2)}$。发现 $\psi_{R(P_1/P_2)}=0.96$，$\psi_{R(P_3/P_2)}=1.26$。为在同一比较标尺考察 3 个加工试验方法，参考方法 P_2 的试验灵敏度设为 1 即 $\psi_{R(P_2/P_2)}=1$。表 B.2 最后一列给出 P_1 和 P_3 相对于 P_2 的比较值 ψ_R。P_1、P_2 的相对灵敏度 $\psi_{R(P_1/P_2)}$ 和 $\psi_{R(P_2/P_2)}$ 分别为 0.96 和 1.00，彼此很接近，只相差 4%。而 P_3 是最灵敏的方法，$\psi_{R(P_3/P_2)}=1.26$，因此 P_3 比 P_2 灵敏度高 26%。

B.1.4　P_1、P_2、P_3 的变异系数（2.06，1.37，1.30）可用于确定 3 个工艺试验方法只基于精密度的技术优势指标，技术优势同变异系数成反比，即系数越高则技术优势越小。P_1、P_2、P_3 的变异系数倒数分别为 0.49，0.73 和 0.77。与 ψ_R 类似，当这 3 个变异系数倒数以同一标准（P_2）比较时可得一系列比值，即与 P_1/P_2、P_2/P_2 和 P_3/P_2 相对应的 0.67，1.00 和 1.05。虽然这些精密度技术优势指标表明工艺试验方法 P_3 最好 P_1 最差（假定数值差异在统计学意义上显著），与用 ψ_R 值 0.96，1.00 和 1.26 得出的结论定性相同，但定量上却有很大的不同。这表明对以上特定的试验方法，变异系数（标准差和方差）无法定量地反映试验灵敏度大小。

B.1.5　标准正文提到 ψ_R 估计值受采样和固有的试验误差影响。P_1 和 P_2 的 ψ_R 值相差的 0.04 有可能落在试验误差期望值范围内，两工艺试验方法灵敏度的差异可能不具统计学显著性。另一方面 P_3 和 P_2 的差值 0.26 可能具有统计学显著性，为准确描述 ψ_R 值的统计学显著性，需在几天时间内重复足够次数按完整的程序确定 ψ_R，获得若干 ψ_R 估计值（4 个或更多）以便根据通用的统计程序确定各个试验方法 ψ_R 均值的差异。

B.2　例 2：柔量和模量试验方法——扩展范围相对灵敏度的确定

B.2.1　此例确定了为评估橡胶诸如硫化程度等特性的两种不同物理属性试验方法的相对灵敏度。方法 1 确定柔量，即测量试样在固定或恒定力作用下的变形或应变。方法 2 确定模量，即测量在固定（恒定）的拉伸或应变下的应力。在一定测量范围内确定每一试验方法的 ψ_R 大小：高柔量对应低模量，反之亦然。表 B.3～表 B.5 给出灵敏度确定程序的相关数据。利用两种方法的应变应力特性对涵盖一定柔量和模量值范围，并用 A～F 标记的 6 项参考物质进行试验。每种方法对每项参考物质重复测量 4 次，用 R_1～R_4 表示。表 B.3 给出了重复测量值，平均值和标准差。

表 B.3 柔量与模量试验方法扩展范围相对灵敏度的确定——测量数据

RM	柔量						模量					
	R_1	R_2	R_3	R_4	平均值	标准差	R_1	R_2	R_3	R_4	平均值	标准差
A	8.30	8.25	8.15	8.30	8.25	0.070 7	5.45	5.52	5.52	5.53	5.51	0.037 0
B	28.55	27.55	29.50	28.15	28.44	0.818 9	2.74	2.82	2.72	2.77	2.76	0.043 5
C	11.25	11.02	11.35	11.25	11.22	0.139 9	4.56	4.64	4.61	4.63	4.61	0.035 6
D	14.15	13.95	13.71	13.95	13.94	0.180 0	4.12	4.18	4.20	4.17	4.17	0.034 0
E	24.65	23.60	24.83	25.10	24.55	0.656 6	3.09	3.14	3.06	3.04	3.08	0.043 5
F	20.25	19.40	19.27	20.00	19.73	0.470 4	3.49	3.55	3.59	3.49	3.53	0.049 0
平均值或合并值	17.86	17.30	17.80	17.79	17.69		3.91	3.98	3.95	3.94	3.94	

表 B.4 对数转换数据

RM	对数柔量							
	R_1	R_2	R_3	R_4	平均值	方差	标准差	变异系数/%
A	0.919	0.916	0.911	0.919	0.916	0.000 013 9	0.003 73	0.41
B	1.456	1.440	1.470	1.449	1.454	0.000 155 2	0.012 46	0.86
C	1.051	1.042	1.055	1.051	1.050	0.000 029 4	0.005 43	0.52
D	1.151	1.145	1.137	1.145	1.144	0.000 031 5	0.005 61	0.49
E	1.392	1.373	1.395	1.400	1.390	0.000 137 9	0.011 74	0.85
F	1.306	1.288	1.285	1.301	1.295	0.000 106 2	0.010 31	0.80
平均值或合并值	1.212	1.201	1.209	1.211	1.208	0.000 079 1	0.008 21	0.65
RM	对数模量							
	R_1	R_2	R_3	R_4	平均值	方差	标准差	变异系数/%
A	0.736	0.742	0.742	0.743	0.741	0.000 008 6	0.002 93	0.39
B	0.438	0.450	0.435	0.442	0.441	0.000 046 5	0.006 82	1.54
C	0.659	0.667	0.664	0.666	0.664	0.000 011 3	0.003 36	0.51
D	0.615	0.621	0.623	0.620	0.620	0.000 012 6	0.003 56	0.57
E	0.490	0.497	0.486	0.483	0.489	0.000 036 8	0.006 07	1.24
F	0.543	0.550	0.555	0.543	0.548	0.000 036 2	0.006 02	1.10
平均值或合并值	0.580	0.588	0.584	0.583	0.584	0.000 025 3	0.004 79	0.89

表 B.5 排序后对数转换数据

RM	对数柔量							
	R_1	R_2	R_3	R_4	平均值	方差	标准差	变异系数/%
A	0.919	0.916	0.911	0.919	0.916	0.000 013 9	0.003 73	0.41
C	1.051	1.042	1.055	1.051	1.050	0.000 029 4	0.005 43	0.52
D	1.151	1.145	1.137	1.145	1.144	0.000 031 5	0.005 61	0.49
F	1.306	1.288	1.285	1.301	1.295	0.000 106 2	0.010 31	0.80
E	1.392	1.373	1.395	1.400	1.390	0.000 137 9	0.011 74	0.85
B	1.456	1.440	1.470	1.449	1.454	0.000 155 2	0.012 46	0.86
平均值或合并值	1.212	1.201	1.209	1.211	1.208	0.000 079 1	0.008 21	0.65
RM	对数模量							
	R_1	R_2	R_3	R_4	平均值	方差	标准差	变异系数/%
B	0.438	0.450	0.435	0.442	0.441	0.000 046 5	0.006 82	1.54
E	0.490	0.497	0.486	0.483	0.489	0.000 036 8	0.006 07	1.24
F	0.543	0.550	0.555	0.543	0.548	0.000 036 2	0.006 02	1.10
D	0.615	0.621	0.623	0.620	0.620	0.000 012 6	0.003 56	0.57
C	0.659	0.667	0.664	0.666	0.664	0.000 011 3	0.003 36	0.51
A	0.736	0.742	0.742	0.743	0.741	0.000 008 6	0.002 93	0.39
平均值或合并值	0.580	0.588	0.584	0.583	0.584	0.000 025 3	0.004 79	0.89

B.2.2 图 B.1 表明模量和柔量间存在倒数曲线关系，每项参考物质所得 4 次重复测量值都已标明在图上。为得到线性关系以方便确定 ψ_R 需对模量和柔量数据进行标尺转换，表 B.4 给出对数转换后被测属性的平均值、方差、标准差和变异系数。图 B.2 表明对数柔量和对数模量具有相当好的线性关系。根据附录 C 内容，对柔量和模量原始数据进行转换不改变相对灵敏度大小。

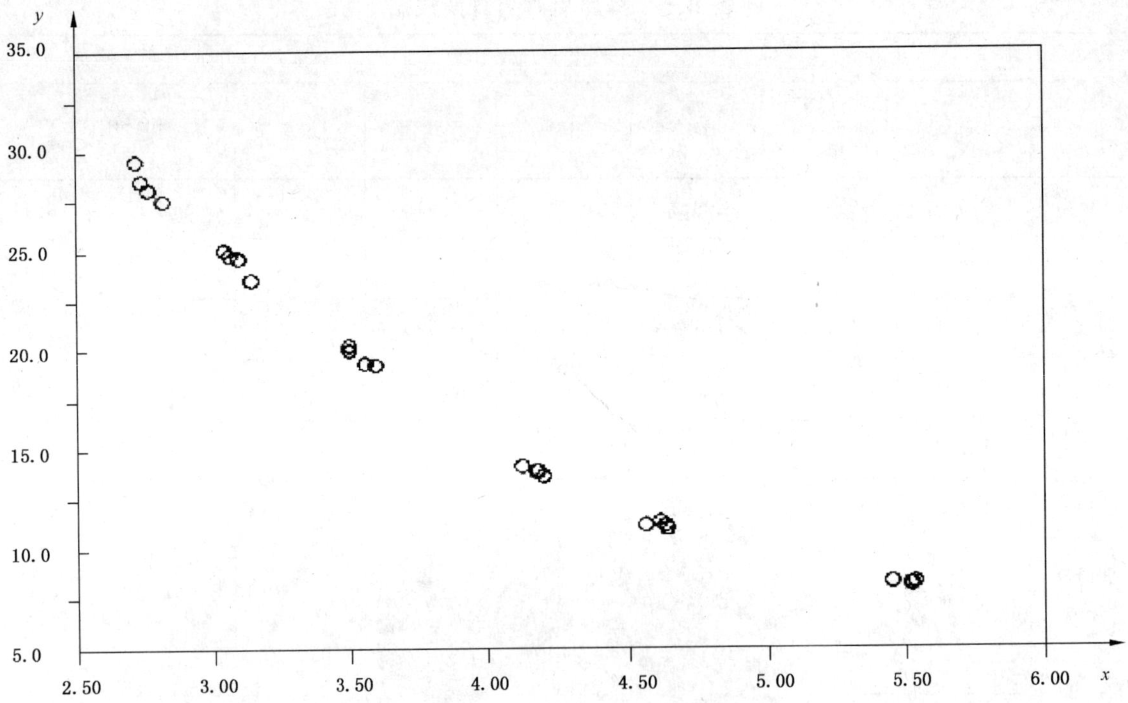

x——模量；

y——柔量。

图 B.1 柔量和模量关系

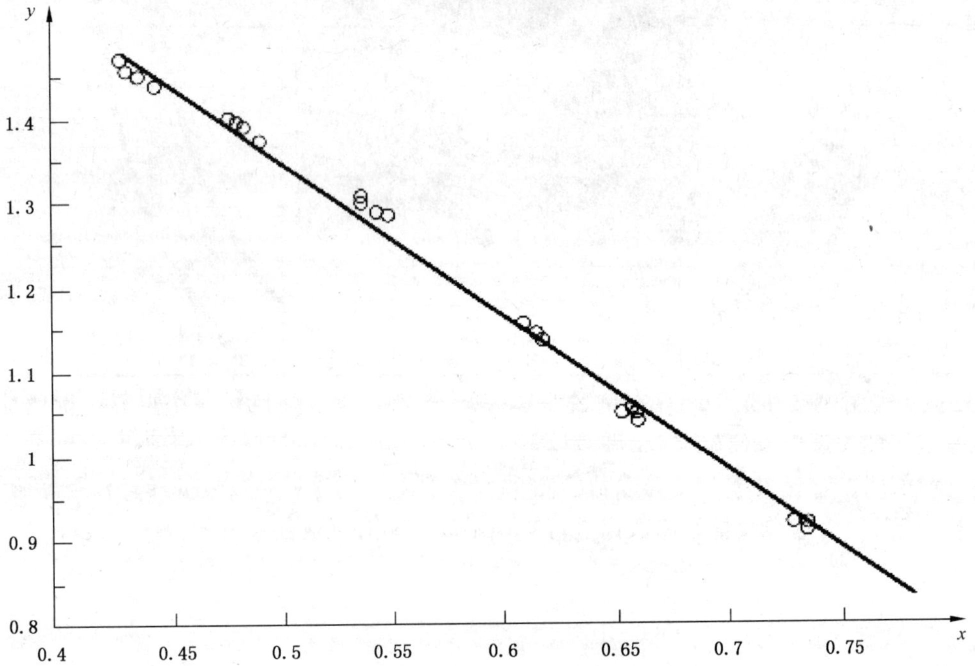

x——对数模量；

y——对数柔量。

$R^2=0.995$　　样本点＝24　　$y=2.28-1.84x$

图 B.2 对数柔量和对数模量关系

B.2.3 表 B.5 是对表 B.4 进行排序后的结果(按参考物质对数柔量和对数模量平均值由低到高的顺序)。可看出方差、标准差和变异系数(来自每一 RM 的 4 次重复测量值)随柔量的增大而增大,相反的,随模量的增大而减小。从以上 B.2.2 有关对数转换的讨论也可看出方差与 RM 均值的这种依赖关系。以下有关测量范围内非一致 ψ_R 的内容将继续讨论这种关系。

B.2.4 为便于进行线性回归分析,用表 B.6 与表 B.7 给出每一参考物质 4 次重复测量的对数数据。由于两物理属性都具有试验误差,这里灵敏度的确定(与其他灵敏度的确定一样)并不满足“x 变量 0 误差”的回归条件。附录 A 建议选择对所有在用 RM 具有较小合并方差的被测属性作为 x 变量以解决这一矛盾。

表 B.6 K_0 的计算

RM	对数模量	对数柔量	线形回归计算
A	0.736	0.919	计算 1:y=对数柔量;x=对数模量
	0.742	0.916	
	0.742	0.911	
	0.743	0.919	回归分析结果: 常数: 2.28 y 估计值标准差: 0.013 3 R^2: 0.995 样本数: 24 自由度: 22 x—系数 $b_{C/M}$: −1.844 系数标准差: 0.026
B	0.438	1.456	
	0.450	1.440	
	0.435	1.470	
	0.442	1.449	
C	0.659	1.051	
	0.667	1.042	
	0.664	1.055	
	0.666	1.051	
D	0.615	1.151	计算 2:y=对数模量;x=对数柔量
	0.621	1.145	
	0.623	1.137	
	0.620	1.145	回归分析结果: 常数: 1.236 y 估计值标准差: 0.007 2 R^2: 0.995 样本数: 24 自由度: 22 x—系数 $b_{M/C}$: −0.540 系数标准差: 0.007 7
E	0.490	1.392	
	0.497	1.373	
	0.486	1.395	
	0.483	1.400	
F	0.543	1.306	
	0.550	1.288	
	0.555	1.285	
	0.543	1.301	
合并方差	0.000 025 3	0.000 079 1	$b_{M/C}$的倒数(=1/−0.540): −1.853;
合并标准差	0.005 03	0.008 89	因此 K_0=1.84(绝对值)
方差比	3.13		见 B.2.6 的讨论

表 B.7 标准差比值 σ_1/σ_2 的计算

<table>
<tr><th rowspan="2">RM</th><th colspan="2">对数柔量</th><th colspan="2">对数模量</th><th>σ_1/σ_2</th><th rowspan="8">回归分析结果：
$y=\sigma_1/\sigma_2$；x=对数模量
常数： 2.76
y 估计值标准差： 0.098 0
R^2： 0.854
样本数： 6
自由度： 4
x—系数： −1.89
系数标准差： 0.391</th></tr>
<tr><th>平均值</th><th>标准差</th><th>平均值</th><th>标准差</th><th></th></tr>
<tr><td>A</td><td>0.916</td><td>0.003 73</td><td>0.741</td><td>0.002 93</td><td>1.28</td></tr>
<tr><td>B</td><td>1.454</td><td>0.012 46</td><td>0.441</td><td>0.006 82</td><td>1.83</td></tr>
<tr><td>C</td><td>1.050</td><td>0.005 43</td><td>0.664</td><td>0.003 36</td><td>1.61</td></tr>
<tr><td>D</td><td>1.144</td><td>0.005 61</td><td>0.620</td><td>0.003 56</td><td>1.58</td></tr>
<tr><td>E</td><td>1.390</td><td>0.011 74</td><td>0.489</td><td>0.006 07</td><td>1.94</td></tr>
<tr><td>F</td><td>1.295</td><td>0.010 31</td><td>0.548</td><td>0.006 02</td><td>1.71</td></tr>
<tr><td colspan="3">σ_1——对数柔量标准差；
σ_2——对数模量标准差。</td><td colspan="4">定义方程：$\sigma_1/\sigma_2=2.76-1.89\times$对数模量</td></tr>
</table>

B.2.5 表 B.4 表明对数柔量的合并方差为 0.000 079 1，对数模量合并方差为 0.000 025 3，即柔量方差是模量方差的 3.13 倍，因此模量应作为 x 变量。虽不严格要求，表 B.6 也给出了如附录 A 所讨论的双回归计算。这里有两组线性回归计算结果：第一组以对数柔量为 y，对数模量为 x；第二组以对数模量为 y，对数柔量为 x。表 B.6 给出第一组的 x 回归系数（即斜率）用 $b_{C/M}$ 表示，第二组的用 $b_{M/C}$ 表示，这里 C=compliance（柔量），M=modulus（模量）。

B.2.6 $b_{C/M}$ 值为 −1.844，$b_{M/C}$ 值为 −0.540。两个 b 系数应互为倒数，则 $b_{M/C}$ 的倒数为 $b_{C/M}$ 的第二个估计值，即 1/0.540 = −1.853。−1.844 与 −1.853 的差异反映了模量作为 x 变量与柔量作为 x 变量各自的方差对斜率估计值的影响。两方差的比值并不比 1 大很多，所以两估计值也相当接近。b 系数更好的估计值为被采用的 −1.84（修约值）。斜率（b 系数）与标准正文出现的 $d(MP_1)/d(MP_2)$（或 $\Delta MP_1/\Delta MP_2$）相等，因而也同 K_0 相等。

B.2.7 表 B.7 计算先前标准讨论过的比值 $\sigma_{MP_1}/\sigma_{MP_2}$。该比值在表中用 σ_1/σ_2 表示，其中 σ_1 表示对数柔量的标准差，σ_2 表示对数模量的标准差。表 B.7 还给出每一参考物质对数柔量和对数模量的平均值和标准差，σ_1 和 σ_2 比值。图 B.3 表示对数柔量标准差与对数柔量的关系，图 B.4 表示对数模量标准差与对数模量的关系。与所期望一致，两图的斜率相反。图 B.5 与图 B.6 表明比值 σ_1/σ_2 也分别是对数柔量和对数模量的线性函数，两函数仍具有相反的斜率。表 B.7 右边部分给出 σ_1/σ_2 与对数模量的线性回归分析结果。x 系数斜率为 −1.89，常数为 2.76。

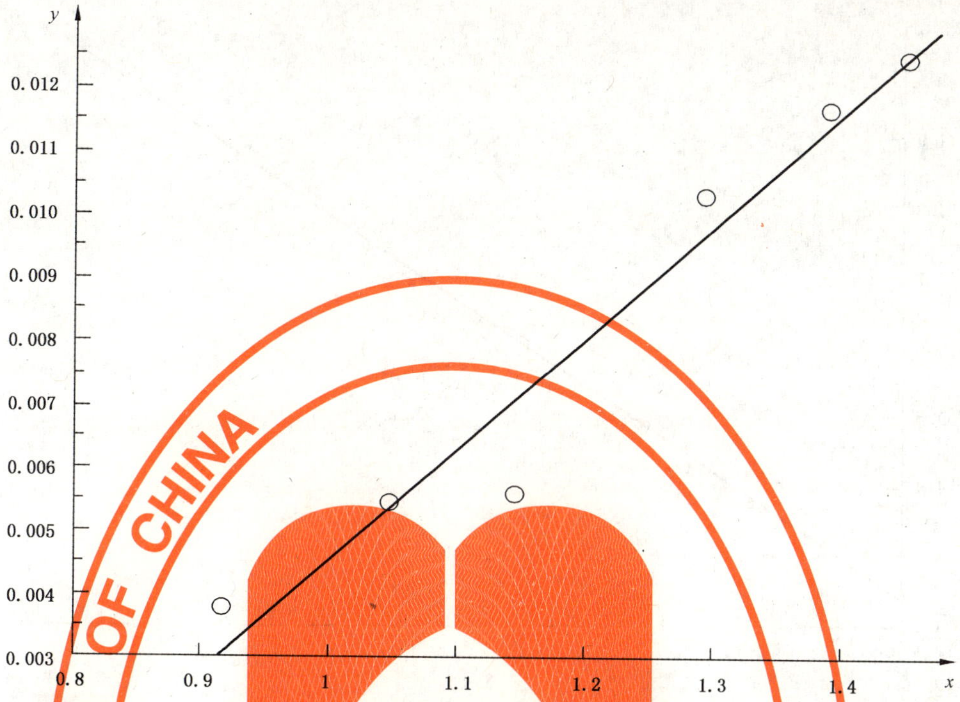

x——对数柔量；
y——对数柔量标准差。
$R^2=0.956$　　样本点=6　　$y=-0.013+0.176x$

图 B.3　对数柔量标准差和对数柔量关系

x——对数模量；
y——对数模量标准差。
$R^2=0.912$　　样本点=6　　$y=0.0132-0.0144x$

图 B.4　对数模量标准差和对数模量关系

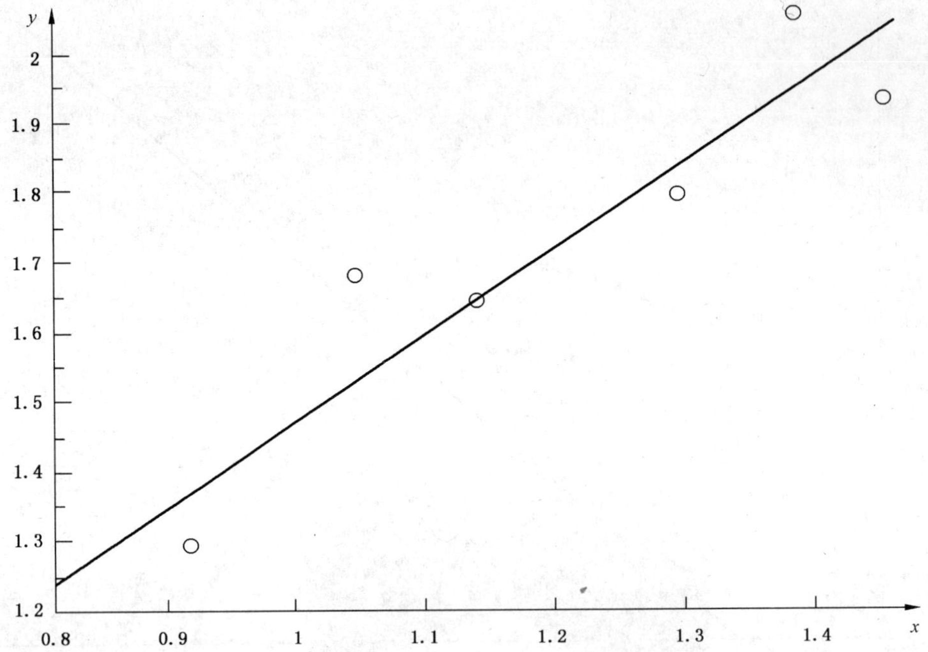

x——对数柔量；

y——σ_1/σ_2。

$R^2=0.859$　　样本点=6　　$y=0.42+1.02x$

图 B.5　对数柔量标准差和对数模量标准差的比值(σ_1/σ_2)与对数柔量的关系

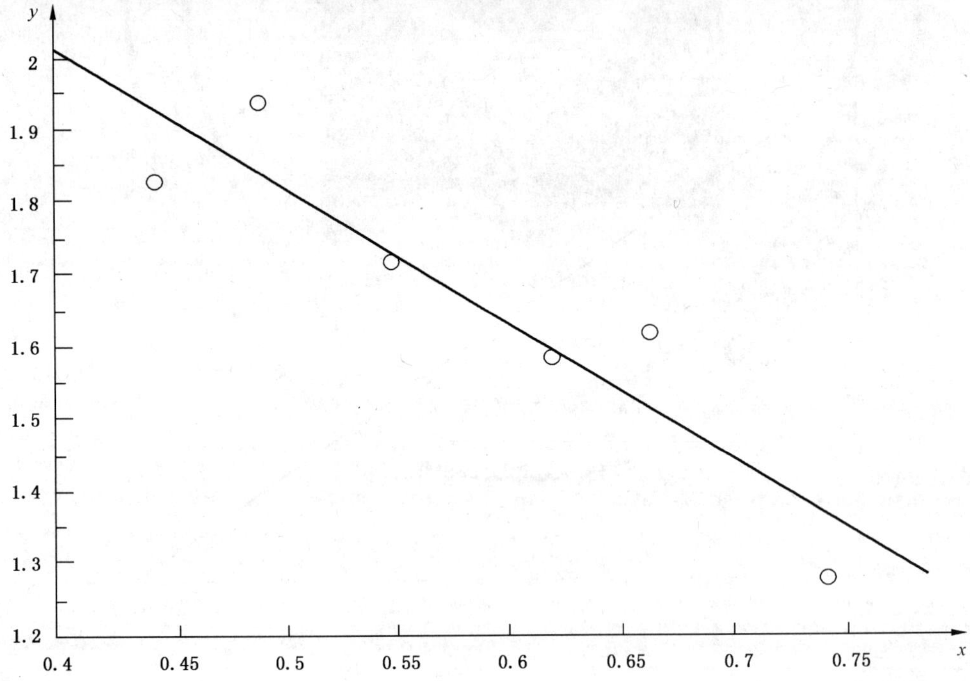

x——对数模量；

y——σ_1/σ_2。

$R^2=0.854$　　样本点=6　　$y=2.76-1.89x$

图 B.6　对数柔量标准差和对数模量标准差的比值(σ_1/σ_2)与对数模量的关系

B.2.8 相对试验灵敏度 $\psi_{R(T1/T2)}$ 或 $\psi_{R(C/M)}$ 等于 $|K_0|/(\sigma_1/\sigma_2)$，这里 T_1 表示柔量，T_2 表示模量。由于比值 σ_1/σ_2 随柔量或模量而改变，$\psi_{R(C/M)}$ 不具有固定或恒定值，是对数模量的函数：

$$\psi_{R(C/M)} = |K_0| / (2.76 - 1.89 \times \text{对数模量})$$

表 B.8 给出试验范围内选定对数模量值对应的 $\psi_{R(C/M)}$。在对数模量为最低的 0.04 时(高柔量)，$\psi_{R(C/M)}$ 为 0.92，即模量试验方法比柔量试验方法略为灵敏。随着模量增高，$\psi_{R(C/M)}$ 增加至大于 1，柔量试验方法比模量试验方法灵敏。在对数模量为最高的 0.80 时，柔量方法比模量方法灵敏 47%。

表 B.8 相对试验灵敏度的计算

对数模量	$\psi_{C/M}$
0.40	0.92
0.50	1.01
0.60	1.13
0.70	1.28
0.80	1.47

定义方程：

$$\psi_{C/M} = \frac{|K_0| \times \sigma_2}{\sigma_1} = \frac{1.84}{2.76 - 1.89 \times \text{对数模量}}$$

B.2.9 与例 1 中抽样检查的相对灵敏度一样，表 B.8 中每一个扩展范围 $\psi_{R(C/M)}$ 值都是由整个试验灵敏度确定过程产生的一个估计值，该过程使用了 6 项参考物质，对每项参考物质进行了 4 次重复测量。为对 $\psi_{R(C/M)}$ 进行不确定度或置信限评定，有必要重复足够次数确定相对试验灵敏度，便于在选定模量或柔量水平计算可靠的 $\psi_{R(C/M)}$ 标准差。

附 录 C
（资料性附录）
标尺转换的背景信息与一种简单分析试验方法绝对灵敏度的导出

C.1 标尺转换

C.1.1 MP 标尺转换这一操作很重要，可用来为 MP_1 与 MP_2 建立线性关系。线性关系简化了试验灵敏度的确定。本附录论证标尺转换操作不影响相对试验灵敏度 ψ_R 的大小。若两试验方法可用以下两不同关系式表示：

$$MP_1 = f_1 \times FP; MP_2 = f_2 \times FP \qquad (C.1)$$

ψ_R 由式(C.2)给出[即 5.3.3 中的式(6)]：

$$\psi_R = \frac{\dfrac{\Delta(MP_1)}{\Delta(MP_2)}}{\dfrac{\sigma_{MP_1}}{\sigma_{MP_2}}} = \frac{|K_0| \times \sigma_{MP_2}}{\sigma_{MP_1}} \qquad (C.2)$$

接下来用微分代替 Δ，即：

$$\psi_{R(T_1/T_2)} = \frac{\dfrac{d(MP_1)}{d(MP_2)}}{\dfrac{\sigma_{MP_1}}{\sigma_{MP_2}}} = \frac{|K_0| \times \sigma_{MP_2}}{\sigma_{MP_1}} \qquad (C.3)$$

以下将比较 MP_1 对 MP_2 的关系与 MP_2 对 MP_3 的关系，为避免混淆这里用了符号 T_1/T_2。

C.1.2 若出于某原因要对 MP_1 进行转换，可用式(C.4)给出转换关系：

$$MP_3 = f_3 \times MP_1 \qquad (C.4)$$

根据定义，MP_3 相对 MP_2 的试验灵敏度为：

$$\psi_{R(T_3/T_2)} = \frac{\dfrac{d(MP_3)}{d(MP_2)}}{\dfrac{\sigma_{MP_3}}{\sigma_{MP_2}}} = \frac{|K_0| \times \sigma_{MP_2}}{\sigma_{MP_3}} \qquad (C.5)$$

因为 MP_1 与 MP_2 相关，MP_3 也与 MP_2 相关。对式(C.4)中的 MP_2 求微分可得：

$$\frac{d(MP_3)}{d(MP_2)} = \frac{d(f_3 \times MP_1)}{d(MP_2)} \qquad (C.6)$$

重新表达式(C.6)右边部分可得：

$$\frac{d(MP_3)}{d(MP_2)} = \frac{d(f_3 \times MP_1)}{d(MP_2)} = \frac{d(f_3 \times MP_1)}{d(MP_1)} \times \frac{d(MP_1)}{d(MP_2)} \qquad (C.7)$$

根据误差传播律，MP_3 试验误差与 MP_1 试验误差关系为：

$$\sigma_{MP_3} = \left|\frac{d(f_3 \times MP_1)}{d(MP_1)}\right| \times \sigma_{MP_1} \qquad (C.8)$$

把式(C.7)与式(C.8)代入式(C.5)并采用绝对值形式，$\psi_{R(T_3/T_2)}$ 可用式(C.9)表示：

$$\psi_{R(T3/T2)} = \frac{\left|\dfrac{d(f_3 \times MP_1)}{d(MP_1)} \times \dfrac{d(MP_1)}{d(MP_2)}\right|}{\left|\dfrac{d(f_3 \times MP_1)}{d(MP_1)} \times \dfrac{\sigma_{MP_1}}{\sigma_{MP_2}}\right|} \qquad (C.9)$$

简化为：

$$\psi_{R(T_3/T_2)} = \frac{\left|\frac{d(MP_1)}{d(MP_2)}\right|}{\frac{\sigma_{MP_1}}{\sigma_{MP_2}}} \qquad \cdots\cdots\cdots\cdots\cdots\cdots\cdots\cdots\cdots\cdots\cdots\cdots\cdots\cdots\cdots\cdots\cdots\cdots\cdots\cdots\cdots\cdots\cdots\cdots\cdots\cdots\cdots\cdots\cdots\cdots\cdots\cdots\cdots\cdots\cdots\cdots\cdots\cdots\cdots\cdots\cdots\cdots\cdots\cdots\cdots(C.10)$$

式(C.10)所给比值与初始表达式(C.3)关于 T_1/T_2 的比较所给的比值相同，MP_1 到 MP_3 的转换没有改变相对于 MP_2 的灵敏度。同样可推理 MP_2 的任何转换也不改变相对灵敏度大小。因此对任一参与比较的试验方法所对应 MP 进行的标尺转换均不改变相对灵敏度 ψ_R 的大小。

C.1.3 被测属性的转换常是一个"试错法"的反复过程，典型的做法是对 MP_1 或 MP_2 或两个同时进行对数转换以获得线性关系，也常用取平方根的做法。转换往往还可以减少由于被测属性潜在的非正态分布造成的不利影响，也可以令参考物质属性值在被检范围内的变化趋于稳定。

C.2 一种简单分析试验方法的灵敏度的导出

C.2.1 在诸如分析化学领域的测量技术中，为确定一种材料或组分，往往需对某个与该种材料或组分含量直接成比例的量进行评估。例如在橡胶总含硫量的经典分析中，由进行适当的化学反应后沉淀所得硫酸钡的含量来确定硫含量。本条款的讨论针对用简单的化学试验方法来定量分析某一组分，在某些情况下所讨论方法也适用于简单的物理试验。

C.2.2 某母体材料中化学组分 A 可通过以下方法确定：用 A(以母体材料溶液的形式)与反应物生成载体化合物 C，A 在 C 的比例由化学反应计量比决定。从溶液分离后，用称重法测定载体化合物。母体材料(样品)中 A 的百分含量(m_A)为：

$$m_A = 100 \times \frac{m_C}{m_S} \times \frac{\{A\}}{\{C\}} \qquad \cdots\cdots(C.11)$$

此处：

m_C——所测得 C 的质量；

m_S——所用母体(样品)材料的质量；

$\{A\}$——化学反应中生成 C 所需 A 的化学当量；

$\{C\}$——C 的化学当量。

式(C.11)可重写为：

$$m_A = 100 R_M R_{EM} \qquad \cdots\cdots(C.12)$$

此处：

$R_M = m_C/m_S$，所测 C 的质量与样品质量的比；

$R_{EM} = \{A\}/\{C\}$，A 与 C 化学当量的比。

根据式(C.12)A 含量的标准差用%可表示为：

$$\sigma_A = 100 R_{EM} \sigma_{RM} \qquad \cdots\cdots(C.13)$$

此处：

σ_A——A 含量的标准差；

σ_{RM}——R_M(即 m_C/m_S)的测量标准差。

C.2.3 式(C.13)表明当 R_{EM} 很小且 R_M(载体化合物 C 与样品的质量比)的测量标准差很小时，A 的测量精密度提高。

由式(C.12)可用 A 表示 R_M：

$$R_M = \frac{m_A}{100 R_{EM}} \qquad \cdots\cdots(C.14)$$

式(C.14)表明 R_M(y 轴)与 m_A(x 轴)的关系是一条截距为零的直线，斜率为 $1/100R_{EM}$，若用 K 表

示斜率,则 $1/K=100R_{EM}$,式(C.13)可以写为:

$$\sigma_{A}=\frac{\sigma_{RM}}{K} \qquad \text{(C.15)}$$

当比值 σ_{RM}/K 很小或者 K/σ_{RM} 很大时,可以得到很高的 A 的精密度。因为比值 K/σ_{RM} 越大对被分析组分的测量就越敏感,这个比值被定义为试验灵敏度,用 K 的绝对值(不考虑符号)由式(C.16)给出:

$$\text{绝对试验灵敏度}=\psi_{A}=|K|/\sigma_{RM} \qquad \text{(C.16)}$$

这样,试验方法技术优势不但要求被测属性 R_M 有小的标准差,也要求 R_M 对 A 的变化有高的变化率,也就是要求对 A 的细微变化有较高的鉴别或探测能力,鉴别力越大,K 就越大。在该附录的讨论中,R_M 相当于标准正文术语中的 MP,A 相当于 FP。

参 考 文 献

[1] Mandel,J. ,and Stiehler,R. D. :Journal of Research of National Bureau of Standard,53,No. 3. September (1954).

注：也可参见 Precision Measurement and calibration—Statistical Concepts and procedures. Special Publication 300, Vol 1,National Bureau of Standards (1969) ("The National Bureau of Standard"现改名为 "the National Institute for Standard and Technology")。

[2] Mandel,J. :The Statistical Analysis of Experimental Data. Chapters 13 and 14,Interscience Publishers (John Wiley & Sons) (1964).

[3] ASTM D 6600-00,Standard Practice for Evaluating Test Sensitivity for Rubber Test Methods.

ICS 13.220.10;83.140.40
G 42

中华人民共和国国家标准

GB/T 24144—2009/ISO 14557:2002

消防软管 橡胶和塑料吸引软管和软管组合件

**Fire-fighting hoses—
Rubber and plastics suction hoses and hose assemblies**

(ISO 14557:2002,IDT)

2009-06-15 发布　　2010-02-01 实施

中华人民共和国国家质量监督检验检疫总局
中国国家标准化管理委员会　发布

前　言

本标准等同采用国际标准 ISO 14557:2002《消防软管　橡胶和塑料吸引软管和软管组合件》(英文版)。

本标准等同翻译 ISO 14557:2002。

本标准第 2 章引用的 GB/T 7528 是修改采用国际标准 ISO 8330:1998,本标准所涉及的词汇与国际标准一致。

为便于使用,本标准还作了下列编辑性修改:

a) “本国际标准”一词改为“本标准”;

b) 用小数点“.”代替作为小数点的逗号“,”;

c) 删除国际标准引言、前言;

d) 增加一个参考文献,因在 6.6 注中 GB/T 18424—2001 是作为资料性内容引用的,所以将其列入参考文献。

本标准附录 A、附录 B、附录 C、附录 D、附录 E 为规范性附录,附录 F 为资料性附录。

本标准由中国石油和化学工业协会提出。

本标准由全国橡胶与橡胶制品标准化技术委员会软管分技术委员会(SAC/TC 35/SC 1)归口。

本标准负责起草单位:平顶山市矿益胶管制品有限责任公司。

本标准主要起草人:梁西正、董秋生、白鹏、胡海潮。

引　言

本标准主要适用于人工向泵供应未加压水的消防吸引软管。

消防软管 橡胶和塑料吸引软管和软管组合件

1 范围

本标准规定了消防用橡胶和塑料吸引软管的要求和试验方法。

注1：所有压力以兆帕表示。1 MPa=10 bar。

本标准还规定了对软管组合件的要求。软管组合件系指已经装配有管接头的软管，装配是由软管制造厂进行的（见第8章）。

A型（橡胶）软管适用于−20 ℃最低温度，B型（热塑性塑料）软管适用于−10 ℃最低温度。

注2：在低于上述规定的温度下使用的软管可按制造厂与采购方的商定供应。在这种情况下，低温曲挠试验（见6.3）应在规定的温度下进行。

2 规范性引用文件

下列文件中的条款通过本标准的引用而成为本标准的条款。凡是注日期的引用文件，其随后所有的修改单（不包括勘误的内容）或修订版均不适用于本标准，然而，鼓励根据本标准达成协议的各方研究是否可使用这些文件的最新版本。凡是不注日期的引用文件，其最新版本适用于本标准。

GB/T 5563 橡胶和塑料软管及软管组合件 静液压试验方法（GB/T 5563—2006，ISO 1402:1994，IDT）

GB/T 5564—2006 橡胶和塑料软管 低温曲挠试验（ISO 4672:1997，IDT）

GB/T 5565 橡胶或塑料增强软管和非增强软管 弯曲试验（GB/T 5565—2006，ISO 1746:1998，IDT）

GB/T 5567 橡胶和塑料软管及软管组合件 耐吸扁性能的测定（GB/T 5567—2006，ISO 7233:1991，IDT）

GB/T 7528 橡胶和塑料软管及软管组合件 术语（GB/T 7528—2002，ISO 8330:1998，MOD）

GB/T 9573 橡胶、塑料软管及软管组合件 尺寸测量方法（GB/T 9573—2003，ISO 4671:1999，IDT）

GB/T 9575 工业通用橡胶和塑料软管 内径尺寸及公差和长度公差（GB/T 9575—2003，ISO 1307:1992，IDT）

GB/T 14905 橡胶和塑料软管 各层间粘合强度的测定（GB/T 14905—2009，ISO 8033:2006，IDT）

GB/T 24134—2009 橡胶和塑料软管 静态条件下耐臭氧性能的评价（ISO 7326:2006，IDT）

ISO 176:1976 塑料 增塑剂损失的测定 活性炭法

3 术语和定义

GB/T 7528确立的术语和定义适用于本标准。

4 分类

4.1 型别（软管结构）

A型软管应含有：

a) 厚度均匀、适当同心度和无孔洞、孔隙和其他缺陷的橡胶内衬层；

b） 用任何适当方法均匀铺放的纺织物增强层；

c） 均匀一致铺放的用能使软管达到规范要求的金属材料制造的一根或多根埋置钢丝螺旋线；

d） 耐臭氧、质量无缺陷和厚度均匀的橡胶外覆层。

B型软管应由可曲挠的热塑性塑料材料构成，由埋置在其中的刚性聚合物材料螺旋线支撑。软管壁的增强层和可曲挠组件应固定，并应无裂纹、孔隙、杂质或其他缺陷。

4.2 软管端

软管端应与符合相关国家标准的吸引软管接头相匹配。

注：在A型软管使用柔软管端或无钢丝管端的情况下，管端应在无钢丝部分和埋置的钢丝螺旋线第一圈的外面包覆一层额外的浸胶纺织物增强层。

软管端应冠封或密封，以防水侵入。

规定柔软管端或无钢丝管端的尺寸可由制造厂与采购方商定。

5 尺寸、公差和最大质量要求

5.1 内径和最大质量要求

软管尺寸和公差，当按GB/T 9573测量时，应符合表1的要求。软管每单位长度质量应符合表1要求。

表1 内径、内径公差和单位长度最大质量

内径/mm	内径公差/mm	单位长度质量/kg/m	
		A型	B型
45	−0.2～+1.0	2.0	1.0
50	−0.2～+1.0	2.3	1.6
52	−0.2～+1.0	2.3	1.6
65	−0.2～+1.5	3.2	2.0
70	−0.2～+1.5	3.7	2.6
75	−0.2～+1.5	4.1	3.0
76	−0.2～+1.5	4.1	3.0
90	−0.2～+1.5	6.0	4.0
100	−0.2～+1.5	6.7	4.5
102	−0.2～+1.5	6.7	4.5
110	−0.2～+1.5	7.0	4.7
125	−0.5～+2.0	7.8	5.0
140	−0.5～+2.0	8.9	6.0
150	−0.5～+2.0	11.0	8.0

5.2 长度和长度公差

供应的软管总长度应符合采购方的要求，并应以米表示。长度公差应符合GB/T 9575的要求。固定软管单位长度的公差应由采购方与制造厂商定。

6 成品软管的性能要求

6.1 静液压要求

注：以下列出的静液压要求仅适用于吸引软管。用于排水等用途的软管，由供应商和制造者协商规定更高的爆破压力和验证压力。

6.1.1 验证压力下的变形

当在表 2 所示温度和压力下按 GB/T 5563 进行试验时，软管应不爆破或呈现任何泄漏、龟裂、突然变形或其他失效迹象。

6.1.2 爆破压力

当在表 2 所示温度和压力下按 GB/T 5563 进行试验时，软管应不爆破。应试验 3 根软管，每根长 1 m。

表 2 验证压力和最小爆破压力

性能	试验温度(23±2)℃		试验温度(55±2)℃	
	A 型	B 型	A 型	B 型
验证压力/MPa	0.3	0.3	—	0.15
最小爆破压力/MPa	0.6	0.6	—	0.3

6.2 粘合强度(仅 A 型软管)

当按照 GB/T 14905 试验时，内衬层与增强层和外覆层与增强层之间的粘合强度应不小于 2.0 kN/m。

6.3 低温曲挠性

热塑性塑料软管应在 −10 ℃下，橡胶软管应在 −20 ℃下。按 GB/T 5564—2006 方法 B 进行试验。

注：在低于上述规定的温度下使用的软管应在规定的温度下进行试验。

6.4 耐臭氧性能(仅 A 型软管)

按 GB/T 24134—2009 方法 3 放大两倍观察时，软管外覆层不应有龟裂迹象。

6.5 耐弯曲试验

当使用 10 倍于内径的最小半径的曲度按 GB/T 5565 进行试验时，软管不应出现任何永久变形或任何明显龟裂迹象。

6.6 耐紫外性能(氙弧灯)(仅 B 型软管)

注：当获得更多经验时，将在本标准下次修订时增加根据 GB/T 18424 的耐紫外性能试验和要求。

6.7 加热时质量损失(仅 B 型软管)

当按 ISO 176:1976 方法 B 进行试验时，结构中所使用的曲挠性热塑性材料的质量损失应不大于 4%。

6.8 耐真空性能

当按 GB/T 5567 进行试验时，软管应无明显的离层、凹陷或塌瘪迹象。试样应在试验前调节 4 h。试验期间，所有型别软管试样应放置在(23±2)℃的水槽中，而 B 型软管还需放置在(55±2)℃的水槽中。软管内压应降到 0.004 MPa 绝对压力(低于大气压 0.097 MPa)，真空应保持 10 min。

6.9 耐压力脉冲性能(仅 B 型软管)

当按附录 A 进行试验时，在最少 10 000 次周期之前试样不应泄漏或破裂。如果在距试样其中一端一个直径长度之内失效，那么该次试验应作废，而应再试验一个试样。

6.10 增强层耐断裂性能(仅 B 型软管)

当按附录 B 进行试验时，聚合物增强层应经历严重弯曲而无明显龟裂。

6.11 环境温度曲挠性

当按附录 C 进行试验时，软管组合件中心处的垂度应不小于表 3 所示的相应值。

表 3　曲挠试验的最小垂度

内径/ mm	最小垂度/ mm
45	450
50	450
52	450
65	400
70	380
75	380
76	380
90	380
100	380
102	380
110	380
125	330
140	330
150	330

6.12　曲挠时耐真空性能

当按附录 D 进行试验时，软管组合件应无明显损坏或任何永久变形。

7　标志

每根软管应至少一次明显地永久地标志下列内容：

a）　制造厂名称和商标；

b）　本标准的编号和日期；

c）　软管型别和内径；

d）　制造季和年；

e）　低温曲挠性试验温度，如果低于 A 型或 B 型软管规定的温度；

f）　如适用，批准编号和证明机构或其编号。

示例：KY-GB/T 24144—2009 A50-4Q/2010

8　软管组合件

注 1：有时不是制造厂供应装配有管接头的软管组合件。在这种情况下，购买方应明了这不在本标准范围之内，应通过其他手段保证软管组合件的可靠性已经验证。

在软管接头是由软管制造厂装配的情况下，软管组合件的可靠性应由制造厂在向采购方交付之前按附录 E 进行试验，不应有泄漏，软管和管接头结合部不应有松动。

注 2：软管制造厂应用符合使用国家相关国家标准或法律要求的管接头装配软管。

附 录 A
（规范性附录）
脉冲压力试验

A.1 试样

应试验至少 3 根带有管接头的软管试样。管接头之间的净距离应至少为软管内径的 5 倍。

A.2 试验设备

一套试验装置能够施加一种可在预定水平释放，迟延一固定时间，然后能够重复脉冲周期的液压内压的环路。脉冲周期应符合图 A.1 的压力-时间要求。一套适合的试验装置应符合图 A.2。

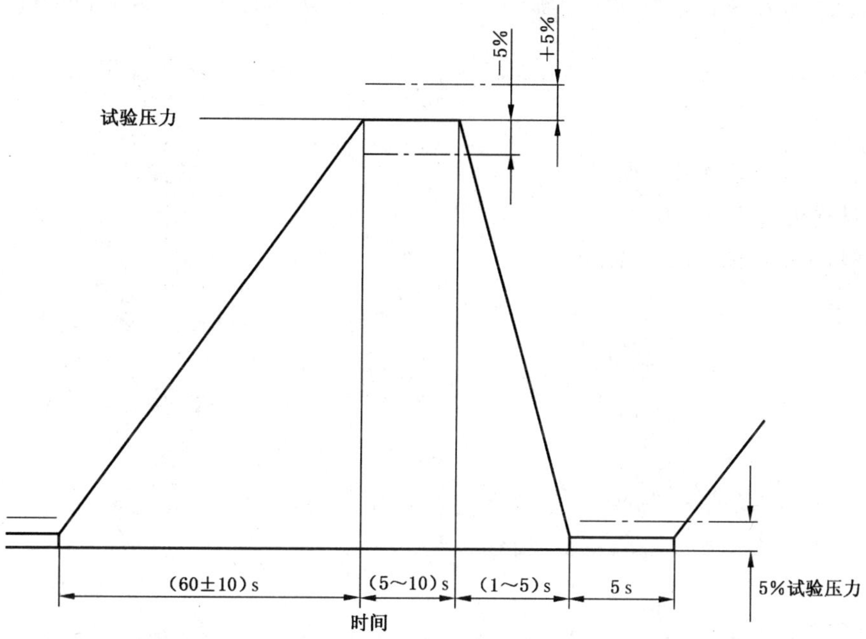

图 A.1 压力脉冲周期

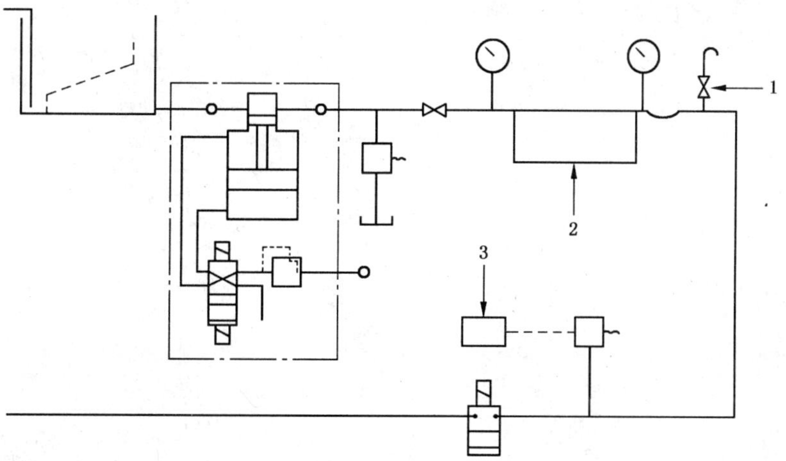

1——放气阀；
2——试样；
3——定时器。

图 A.2 适合的脉冲试验回路

A.3 试验流体

试验流体应为可适当染色的水。

A.4 调节

在软管制造之后 24 h 以内不应进行试验。试样应在试验前在(23±2)℃下调节至少 3 h。

注：调节的 3 h 可包括在制造后的 24 h 之内。

A.5 程序

将试样以平直状态连接到试验装置上，并确保试验流体和环境条件的温度都为(23±2)℃。排除试样中所有空气，并施加 10 000 次脉冲循环。

试验周期(见图 A.1)的最大压力应为 0.18 MPa。

注：由于该试验时间长，允许有短时间的中断。试验可从中断点恢复，但是这应在试验报告中加以说明。

A.6 试验报告

试验报告应包括下列内容

a) 少于 10 000 次的失效周期；

b) 每个试样失效的位置和方式；

c) 如适用，所使用的试验流体和染料。

附 录 B
（规范性附录）
增强层耐断裂性能试验（仅 B 型软管）

B.1 试样

每根试样应含有 3 条增强螺旋线，并沿其长度方向切成两瓣，切口轮廓清晰。应试验 3 个试样。

B.2 试验设备

硬木条或方金属条，其方形剖面符合表 B.1 所示的相应值。

表 B.1 增强层耐断裂性能试验用方块尺寸

软管内径/mm	方块宽度/mm
45	29
50	31
52	31
65	34
70	36
75	37
76	37
90	41
100	44
102	44
110	47
125	49
140	51
150	53

B.3 调节

在制造后 24 h 以内不应进行试验。试样应在试验前在(23±2)℃下调节 3 h。

注：调节的 3 h 可包括在制造后 24 h 之内。

B.4 程序

张开试样，将其沿长度方向放置在与其内径（见表 B.1）相应的方块上，如图 B.1 所示。将这种状态保持 336 h（批试样）或 4 个月（型别试验），以适合为准。在(23±2)℃下进行该试验。反向弯曲试样，使切割面碰到一起，直到外表面相接触，检查螺旋线是否断裂（见图 B.1）。

B.5 试验报告

如适用，试验报告应说明每个试样无失效或失效的位置和性质。

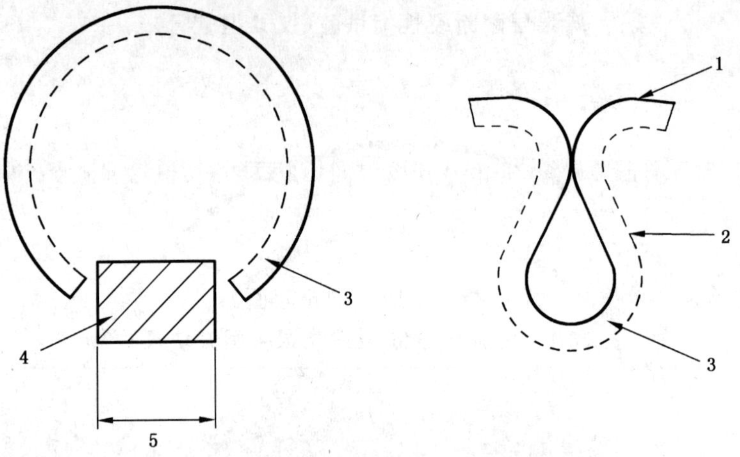

1——外表面；
2——内表面；
3——试样；
4——试验块；
5——方块宽度。

图 B.1 增强层断裂试验

附　录　C
（规范性附录）
曲挠性试验

C.1　试样

试样应为一根软管和适合的管接头，所装配的软管组合件总长度为(2 500±25)mm。

C.2　试验设备

C.2.1　吊绳，将试样悬挂在横梁下至少 600 mm 处。

C.2.2　直规，至少试样长度。

C.2.3　重物或力，能施加 450 N。

C.2.4　尺或钢卷尺。

C.3　程序

在(23±2)℃试验温度下，用吊绳环绕管接头将试样悬挂起来。将试样放置成当静止状态时形成一弧形，整个试验期间吊绳呈垂直状态(见图 C.1)。在软管内径等于或大于 125 mm 的情况下，在试样的中间加一适当的重物，施加垂直向下的 450 N 的力，必要时重新调节吊绳。

注：较小内径的软管不加重物。

横跨管接头的顶部放置一直规作为基准线，测量基准线与软管弧形中间部位的上表面之间垂直距离的垂度。

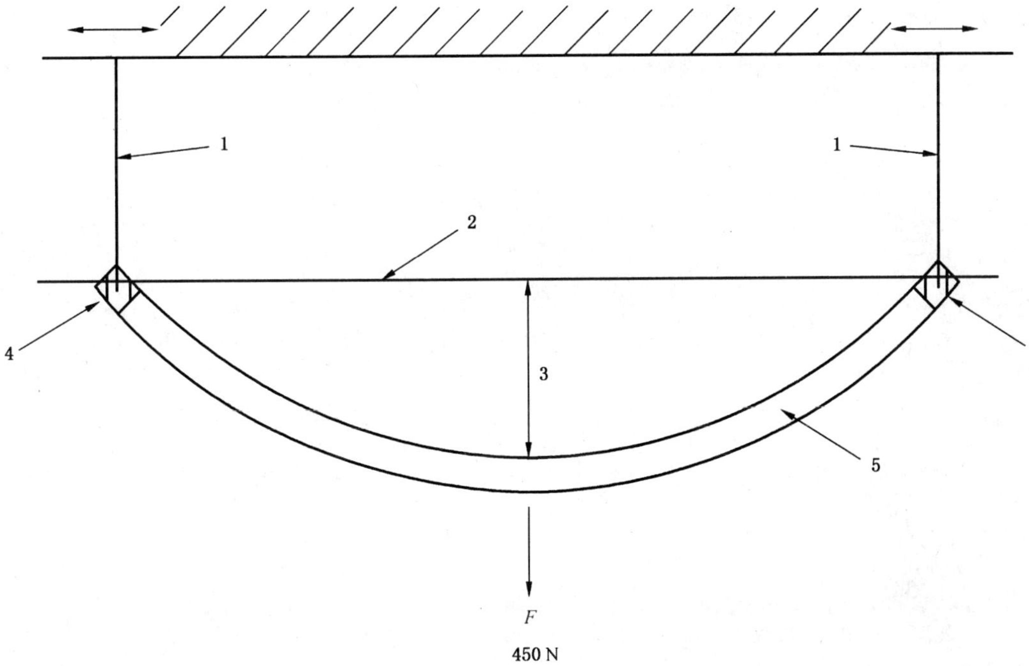

1——吊绳；
2——直规；
3——垂度；
4——软管接头；
5——试样。

图 C.1　曲挠试验设备

C.4 试验报告

试验报告应包括下列内容：

a） 软管组合件全称；

b） 软管制造日期；

c） 组合件的垂度和长度；

d） 试验日期；

e） 试验结束时在软管上的观测结果。

附 录 D
（规范性附录）
曲挠时耐真空性能试验

D.1 试样

试样应为一根软管和适合的管接头，所装配的软管组合件总长度为(2 500±25)mm。

D.2 试验设备

D.2.1 平台，一个边缘呈圆形，25 mm 半径。

D.2.2 重物或力，相当于两个试样的质量。

D.2.3 真空源。

D.3 程序

称重试样。将一个管接头固定在平台(D.2.1)上，使试样的一半长度通过平台圆形边缘向下垂悬，而另一半呈水平状态。将重物(D.2.2)或当量力连接到另一个管接头上。在(23±2)℃下，施加一低于大气压 0.097 MPa，即绝对值 0.004 MPa 的真空度，保持 5 min，将压力返回到大气压，将试样放置在平的表面上，检查是否有变形或损坏迹象。

D.4 试验报告

试验报告应包括下列内容：

a) 软管组合件全称；

b) 软管制造日期；

c) 连接到软管组合件上的重物或力；

d) 试验日期；

e) 试验结束时在软管上的观测结果。

附 录 E
（规范性附录）
软管组合件试验

E.1 试样

应使用装配有管接头的软管组合件作为试样。

E.2 程序

将压力升到表2所示的验证压力，保持1 min，在此期间检查是否有管接头松动或泄漏。

释放压力，使组合件松弛1 min，再将压力升到表2所示的验证压力，再保持1 min，仔细检查管接头是否松动或泄漏。

释放压力，再次检查。

注：可使用以统计学为基础的取样计划，以提供在某一批中的软管符合本要求的证明。

附 录 F
（资料性附录）
试验频次

表F.1给出本标准建议的试验项目。

型式试验是为确定软管设计和制造方法达到标准全面要求而进行的试验，它们应每当软管结构或材料改变时或者每三年重复一次，以首先发生的为准。

批试验是对从每个生产批中抽出的软管或软管样品所进行的试验。

生产试验是对每根生产软管所进行的试验。

表 F.1 建议的试验项目

所试验的尺寸/性能（相关条款编号）	型式试验	批试验	生产试验
内径(5.1)	×	×	×
长度公差(5.2)	×	×	×
最大质量(5.1)	×	×	N.A
验证压力(6.1.1)	×	×	N.A
爆破压力(6.1.2)	×	×	N.A
粘合强度(6.2)	×	×	N.A
低温曲挠性(6.3)	×	×	N.A
耐臭氧性能(6.4)	×	×	N.A
弯曲(6.5)	×	×	N.A
加热时质量损失(6.7)	×	N.A	N.A
耐真空性能(6.8)	×	×	N.A

表 F.1（续）

所试验的尺寸/性能 （相关条款编号）	型式试验	批试验	生产试验
压力脉冲(6.9)	×	N. A	N. A
增强层耐断裂性能(6.10)	×	×	N. A
环境温度曲挠性(6.11)	×	×	N. A
曲挠时耐真空性能(6.12)	×	N. A	N. A
软管组合件(若适用)(8)	×	×	×
×——适用;N. A——不适用。			

参 考 文 献

[1] GB/T 18424—2001 橡胶和塑料软管 氙弧灯曝晒 颜色和外观变化的测定(eqv ISO 11758:1995)

ICS 75.180.10;83.140.40
G 42

中华人民共和国国家标准

GB/T 24145—2009

旋转钻探和减震用橡胶软管和软管组合件 规范

Rubber hoses and hose assemblies for rotary drilling and vibration application—Specification

(ISO 6807:2003, MOD)

2009-06-15 发布　　2010-02-01 实施

中华人民共和国国家质量监督检验检疫总局
中国国家标准化管理委员会 发布

前　言

本标准修改采用 ISO 6807:2003《旋转钻探和振动用橡胶软管和软管组合件　规范》(英文版)。

本标准根据 ISO 6807:2003 重新起草。

本标准与 ISO 6807:2003 的条款变化如下:

将国际标准的 5.2 内容进一步细分为 5.2.1～5.2.4;将国际标准的 6.1 内容细分为 6.1.1 和 6.1.2,并增加了 6.1.3 和 6.1.4 内容;在 9.1 中增加 i)项内容。

本标准与 ISO 6807:2003 的技术性差异及其原因在附录 A 中进行了说明。

为便于使用,本标准还做了下列编辑性修改:

a) "本国际标准"一词改为"本标准";

b) 用小数点"."代替作为小数点的逗号",";

c) 将国际标准中的工作压力"bar"改为"MPa",1 bar=0.1 MPa;

d) 删除国际标准的前言;

e) 因本标准引用的 GB/T 262—1998《石油产品苯胺点测定法》在标准中不是规范性要求,而是资料性引用,所以作为参考文献列在正文后。

本标准的附录 B 和附录 C 为规范性附录,附录 A 和附录 D 为资料性附录。

本标准由中国石油和化学工业协会提出。

本标准由全国橡胶与橡胶制品标准化技术委员会软管分技术委员会(SAC/TC 35/SC 1)归口。

本标准起草单位:莱州市橡塑厂、青岛橡六胶管有限公司、河北欧亚特种胶管有限公司、广东省燕达橡塑制品厂、山东龙口特种胶管有限公司。

本标准主要起草人:张德传、徐锦诚、张洪民、刘刚、孙连仲、冯华儿、张祥利。

引　言

在地质和石油旋转钻探中，需要通过高压将大容量流体泥浆输送到钻头上，采用旋转式钻探软管及软管组合件在泥浆输送管路中用作柔性连接件。

旋转钻探软管用在立管顶端与上下运行的旋转节之间。海洋泥浆输送软管用在驳船与海洋钻井平台之间的高压泥浆输送，长度通常大于13.5 m。

减震软管较短(9 m或以下)，用在泵与钻井架即立管岐管之间，以适应不同轴性并隔离振动。

在对产品的称呼上，国内习惯将其称为“旋转钻井设备水龙带"、“钻探胶管”。在国际上，美国石油协会组织将其称为泥浆管(本标准中的A级、B级、C级、D级和E级)和水泥管(F级、G级)，均属于本标准的范围。

旋转钻探和减震用橡胶软管和软管组合件 规范

警告——使用本标准的人员应熟悉正规的实验室操作规程。本标准无意涉及因使用本标准可能出现的所有安全问题。制定相应的安全和健康制度并确保符合国家法规是使用者的责任。

1 范围

本标准规定了用于输送水基和(或)油基泥浆的纺织物和钢丝(绳)增强的橡胶软管和软管组合件的要求,泥浆最高温度为 82 ℃,以高压大容量泵压输送在旋转钻探设施中,泥浆按 GB/T 262 试验时最小苯胺点为 66 ℃。

本标准适用于在—20 ℃～+52 ℃之间的环境温度下(根据买方需要由补充要求加以改变的除外)使用的耐老化和耐热带条件的软管。

本标准不适用于预定用于气体的软管。

2 规范性引用文件

下列文件中的条款通过本标准的引用而成为本标准的条款。凡是注日期的引用文件,其随后所有的修改单(不包括勘误的内容)或修订版均不适用于本标准,然而,鼓励根据本标准达成协议的各方研究是否可使用这些文件的最新版本。凡是不注日期的引用文件,其最新版本适用于本标准。

GB/T 528 硫化橡胶或热塑性橡胶 拉伸应力应变性能的测定(GB/T 528—2009,ISO 37:2005,IDT)

GB/T 1690—1992 硫化橡胶耐液体试验方法(neq ISO 1817:1985)

GB/T 3512 硫化橡胶或热塑性橡胶 热空气加速老化和耐热试验(GB/T 3512—2001,eqv ISO 188:1998)

GB/T 5563—2006 橡胶和塑料软管及软管组合件 静液压试验方法(ISO 1402:1994,IDT)

GB/T 5565—2006 橡胶或塑料增强软管和非增强软管 弯曲试验(ISO 1746:1998,IDT)

GB/T 5567—2006 橡胶和塑料软管及软管组合件 耐吸扁性能的测定(ISO 7233:1991,IDT)

GB/T 7528 橡胶和塑料软管及软管组合件 术语(GB/T 7528—2002,ISO 8330:1998,MOD)

GB/T 7762 硫化橡胶或热塑性橡胶 耐臭氧龟裂 静态拉伸试验(GB/T 7762—2003,ISO 1431-1:1989,MOD)

GB/T 9253.2 石油天然气工业 套管、油管和管线管螺纹的加工、测量和检验[GB/T 9253.2—1999,idt API Spec 5B:1996(第 14 版)]

GB 9573 橡胶、塑料软管及软管组合件尺寸测量方法(GB/T 9573—2003,ISO 4671:2007,IDT)

GB/T 9576 橡胶和塑料软管及软管组合件 选择、贮存、使用和维护指南(GB/T 9576—2001,idt ISO 8331:2007)

GB/T 9867—2008 硫化橡胶或热塑性橡胶耐磨性能的测定(旋转辊筒式磨耗机法)(ISO 4649:2002,IDT)

3 术语和定义

GB/T 7528 确立的术语和定义适用于本标准。

4 分类

软管和软管组合件按使用的最大工作压力分为七个等级,见表 1。

表 1 依据最大工作压力确定的等级

等 级	最大工作压力/MPa	验证压力/MPa
A	10.3	20.6
B	13.8	27.6
C	27.6	55.2
D	34.5	69.0
E	51.7	103.4
F	69.0	103.4
G	103.4	155

5 材料和结构

5.1 软管

软管内衬层应由耐油、耐水橡胶构成。

软管增强层应由纺织物和(或)钢丝(绳)材料构成。

软管外覆层应由耐油、耐磨和耐天候老化的橡胶构成，表面沿其长度方向应有一条彩色带，以便于软管的使用安装。

5.2 软管组合件

5.2.1 金属接头由优质碳素结构钢或合金结构钢加工制造。

5.2.2 金属接头应在软管制造中装入或制造后扣压、缩压到管体上。

5.2.3 金属接头的外连接部分应符合 GB/T 9253.2 规定的螺纹(外螺纹)。

5.2.4 当装配有由壬、法兰等其他外部连接件时，根据制造厂和买方的商定，只要在外部连接件安装在位的情况下，组合件按表 1 进行了压力试验，在软管组合件上就可以保留“GB/T 24145”标志。

5.2.5 金属接头质量和外部连接件应能追溯到材质批次和加工过程。

注：保证接头适合于预定压力并且连接件与任何装配在组合件上的固定的或活动的紧固件相匹配，是制造厂和买方的责任。

6 尺寸和公差

6.1 内径和弯曲半径

6.1.1 按 GB/T 9573 方法进行测量时，软管的内径、内径公差、最小弯曲半径应符合表 2 给出的值。

表 2 内径和最小弯曲半径

内 径	等 级	内径公差/mm	最小弯曲半径/m
38	A、B、C、D	±1.20	0.6
45	A、B、C、D	±1.20	0.7
51	A、B、C、D、E	±1.20	0.9
	F		1.2
	G		1.4
63	A、B、C、D	±1.20	0.9
	E、F		1.2
	G		1.5

表 2(续)

内　　径	等　　级	内径公差/mm	最小弯曲半径/m
76	C、D、E	±1.40	1.2
	F		1.5
	G		1.6
89	C、D、E	±1.40	1.4
	F		1.5
	G		1.6
102	C、D、E	±1.60	1.4
	F		1.5
	G		1.8
127	C、D	±1.6	1.6
	E、F		1.8
152	C、D	±2.0	1.7
	E		1.9

6.1.2　各个等级用的金属接头端部外连接件的尺寸应符合表 3。

表 3　端部连接件的尺寸

软管内径 *D*	公称螺纹或由壬规格 *T*	等　　级
38 mm　(1½ in)	60.3 mm　(2⅜ in)	A、B、C、D、F、G
45 mm　(1¾ in)	60.3 mm　(2⅜ in)	A、B、C、D、F、G
51 mm　(2 in)	63.5 mm　(2½ in)	A、B、C、D、F、G
63.5 mm　(2½ in)	76 mm　(3 in)	A、B、C、D、E、F、G
76 mm　(3 in)	102 mm　(4 in)	C、D、E、F、G
89 mm　(3½ in)	102 mm　(4 in)	C、D、E
102 mm　(4 in)	127 mm　(5 in)	C、D、E、F
127 mm　(5 in)	127 mm　(5 in)	C、D、E
152 mm　(6 in)	152 mm　(6 in)	C、D、E

6.1.3　选择的外部连接件要适合于软管总成的压力要求，采用螺纹连接的工作压力不应超过 34.5 MPa，超过 34.5 MPa 的软管总成，可采用由壬或法兰作为外部连接件，外部连接件可采用焊接到软管接头上或与软管接头做成一体。

6.1.4　如果连接是通过焊接完成的，应对接头和连接件末端的焊接和热影响区进行无损伤检验。

6.2　长度

软管组合件的长度(*L*)应从一接头端部到另一接头端部(见图 1)测量的长度，最终长度应在静液压试验(见 8.3)之后测定。

成品长度的公差应如下：

6 m 及以下的组合件　　　　±64 mm；

超过 6 m 的组合件　　　　±1%。

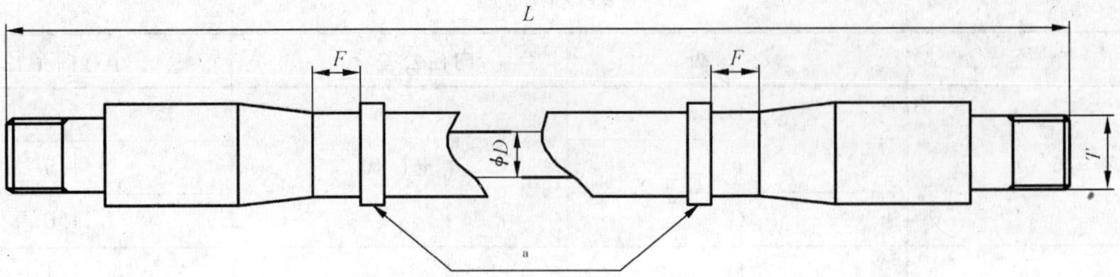

T——表 3 规定的螺纹、由壬和法兰规格；

L——总长度，mm；

D——内径，mm；

F——对于旋转软管，从接头内侧端测量(见 9.1)，该值应为 152 mm～457 mm；

对于振动器软管，从接头内侧端测量(见 9.1)，该值应为 152 mm～254 mm；

[a] 软管制造厂应在软管上标志“安全卡箍位置”。

图 1　软管组合件尺寸

7　橡胶材料的物理性能

试验应由内衬层或外覆层所使用的混炼胶制备的与软管制备相同硫化程度的标准试样进行。

当按表 4 所给出的相应方法进行测定时，物理性能应达到表 4 给出的要求。

表 4　胶料的物理性能

性　能		单　位	要　求	试验方法
拉伸强度				
内衬层	最小	MPa	10.0	GB/T 528
外覆层	最小	MPa	7.5	
拉断伸长率				
内衬层	最小	%	300	GB/T 528
外覆层	最小	%	250	
加速老化后内衬层和外覆层性能变化率				GB/T 3512
拉伸强度	最大	%	−30	空气中 100 ℃下 7 d
拉断伸长率	最大	%	−50	
耐臭氧性能(仅外覆层)			放大 7 倍，无龟裂	GB/T 7762 50×10^{-8}体积分数，40 ℃，10%伸长率，72 h
耐油性能，体积溶胀				GB/T 1690—1992
内衬层	最大	%	40	2 号标准油，100 ℃下 7 d
外覆层	最大	%	75	
耐磨性能，相对体积损失				GB/T 9867—2008，方法 A
内衬层	最大	mm^3	250	试样：模制试片或模制试样
外覆层	最大		250	1 号参比胶料

8　软管/软管组合件使用性能要求

8.1　弯曲半径(软管和软管组合件)

当按 GB/T 5565—2006 方法 A 进行试验时，软管和软管组合件应能达到与表 2 所给出的弯曲半径值而不遭受任何结构损坏。

8.2 爆破压力(软管组合件)

当按 GB/T 5563 和附录 B 进行试验时,软管组合件应达到表 5 给出的要求。

表 5 爆破压力的要求

等 级	最小爆破压力/MPa
A	25.8
B	34.5
C	69
D	86.3
E	129.3
F	155.3
G	232.7

8.3 软管组合件静液压试验

每根软管组合件,应使用附录 B 所述的方法,按表 1 所给出的该等级相应的工作压力和验证压力进行试验。软管组合件应达到下列要求:

a) 在相应的最大工作压力下,组合件在任一方向上扭转不应超过每米 3°。

b) 在相应的最大工作压力下,组合件在水平或垂直方向上变形移动不应超过相当于一个软管外径的距离。

c) 在相应的最大工作压力下,软管组合件缩短或伸长不应超过其原始长度的 2%。

d) 在相应的验证压力下,不应有泄漏。在检验压力降低到零之后,在漂白土(水合硅酸铝镁)中有潮湿迹象应作为重新检验和重新试验的原因。当重新试验再次显示出在漂白土中有潮湿迹象,该组合件应予以拒收。

e) 静液压试验之后,最终长度应达到 6.2 的要求。

f) 压力试验结果,应记录在图表或图形上,由制造厂家保存至少 10 年。

8.4 软管组合件真空试验

当按 GB/T 5567—2006 方法 B 在−0.08 MPa 压力下试验 10 min 时,软管内衬层不应出现脱层、起泡现象。

9 标志

9.1 软管

软管应在两端距离各 1 200 mm 之内明显牢固地标志至少下列内容:

a) 制造厂的名称或商标和独有的序列号;

b) 本标准编号;

c) 内径,mm;

d) 压力等级字母,例如 C;

e) 最大工作压力,MPa;

f) 制造的月和年,例如 0608;

g) 应在每条胶管的两端明确标志“在此安装安全卡箍”(见图 1);

h) 软管组合件全长有纵向彩色标识带;

i) 按照厂家和买方的要求,可在软管上标有附加信息,如 API 标志、编号、保险标志等内容。

标志应用鲜明颜色的标牌压印或者硫化到外覆层中。

实例:制造厂名或商标/GB/T 24145/ϕ63 mm/C 级/27.6 MPa/0608

9.2 接头

无论采用软管制造时装入式或制造后的扣压式、缩压式，钢制接头上应标志制造厂的名称或商标和独有的序列号，以及钢的熔炼批次号。上述内容应用冲模打印在接头的适当位置上。

10 贮存

软管和软管组合件贮存应符合 GB/T 9576 的要求。

11 型式试验

各种型号的胶管应进行型式试验，以便提供证据证明，所有材料、结构要求和本标准的所有要求均已为软管设计和制造方法所达到。对于给定压力等级，型式试验应至少每五年，或者每当制造厂、设计或材料出现变化时，对制造厂范围内的每一设计等级的最大规格进行一次。

如果制造厂能够提供独立团体签署的详细证明证据，包括软管材料的全面技术说明、软管制造规范（包括接头装配）和所有试验结果，并且证明软管组合件结构、材料和制造规范仍然与原来试验和鉴定的组合件相同，每五年重复这一试验可以取消。

12 试验项目

型式试验和例行试验以及这两类试验所要求的次数在附录 C 中做了规定。

例行试验是在发运之前对所有软管组合件要求进行的试验。

型式试验是确认产品达到本标准所有要求的试验。

生产验收试验是为控制制造质量建议进行的试验。

生产验收试验在附录 D 中做了规定。附录 D 规定的次数只做指南用。

13 试验报告

对于制造厂供应的每根软管组合件，要求有一个试验报告。该报告应至少包括下列内容：

a) 所供应的组合件的完整标识，包括接头；

b) 压力试验（见 B.1.9 和 B.2.2）、弯曲试验（见 8.1）（当适用时）和真空试验（见 8.4）的结果；

c) 型式试验的日期和为此目的所试验的软管组合件的规格和等级。

附 录 A
（资料性附录）
本标准与 ISO 6807:2003 的技术差异及其原因

表 A.1 给出了本标准与 ISO 6807:2003 的技术差异及其原因的一览表。

表 A.1 本标准与 ISO 6807:2003 的技术差异及其原因

本标准的章条编号	技术性差异	原 因
标准名称	将震动改为减震	便于理解
引言	增加了产品的习惯名称及对应关系	便于对应
2	引用标准中，用等同采用 API Spec 5B:1996（第 14 版）的 GB/T 9253.2—1999 代替 ISO 10422。	ISO 10422:1993 已于 2004 年 5 月 25 日被国际标准化组织撤销，API Spec 5B:1996（第 14 版）的技术内容与 ISO 10422:1993 等同
表 1	增加了 F 级 、G 级两个级别和对应的压力值	技术发展和 API 标准 7K 要求
5.2	金属接头材质译文中为碳钢和不锈钢，不锈钢强度不宜用作接头，应为碳钢和合金结构钢	编辑性修改
表 2	内径增加了 38、45、127 和 152 四个规格，细化了最小弯曲半径，增加了各个内径的压力等级	技术发展和 API 标准 7K 要求
表 3	增加了 38、45、127 和 152 四个规格	技术发展和 API 标准 7K 要求
表 5	增加了 F 级、G 级两个级别	技术发展和 API 标准 7K 要求
表 5	根据 API 标准 7K 内容增加了 F 级、G 级的爆破压力值	技术发展和 API 标准 7K 要求
6.1.3	增加了“选择的外部连接件要适合于软管总成的压力要求，采用螺纹连接的工作压力不应超过 34.5 MPa，超过 34.5 MPa 的软管总成，可采用由壬或法兰作为外部连接件，外部连接件可采用焊接到软管接头上或与软管接头做成一体。”	API 标准 7K 要求
6.1.4	增加了“如果连接是通过焊接完成的，应对接头和连接件末端焊接和热影响区进行无损坏性检验。”	API 标准 7K 要求
8.3	增加了 f)项“压力试验结果，应记录在图表或图形上，由制造厂家保存至少 10 年。”	API 标准 7K 要求
9.1	增加了 i)项“按照厂家和买方的要求，可以在软管上标有附加信息，如 API 标志、编号、保险标志等内容。”	技术发展和 API 标准 7K 要求

附 录 B
（规范性附录）
压力试验

B.1 静液压试验

B.1.1 尽可能直地将软管组合件展开。测量总长度。封闭端部，注入水，排除所有空气。施加(0.20～0.55)MPa 压力。

B.1.2 在每个接头的顶部做标记，供其后观测扭转用。在接头和相邻的软管外覆层部件轻轻地涂敷漂白土（水含硅酸铝镁），供其后观测泄漏用。

B.1.3 施加 3.5 MPa 压力，检查组合件是否泄漏。需要时加以纠正，继续进行 B.1.4。

B.1.4 将压力升到与所试验软管组合件等级相应的工作压力，保持最少 3 min。记录任何扭转、其他变形、暂时性伸长和（或）泄漏的程度。

B.1.5 尽可能迅速地继续将压力升到与所试验的软管组合件等级相应的验证压力。达到试验压力的时间从初始加压算起不应超过 30 min。

B.1.6 将这一压力保持最少 3 min。

B.1.7 将压力降到工作压力，再保持 20 min，然后将压力降到零。

B.1.8 目视检验组合件是否损坏，例如变形，并测量最终长度（见 6.2）。计算与 B.1.1 中测量的相比长度的永久性变化。

B.1.9 在试验报告（见第 13 章）中包括下列内容：

a) 所试验的软管组合件的完整标识；

b) B.1.1、B.1.3、B.1.4 和 B.1.8 所进行的测量结果。

B.2 爆破压力试验

B.2.1 完成上述静液压试验和最小弯曲半径试验（见 8.1）之后，将软管组合件在一适当的地方（厚壁特制容器，或者大的开阔场地，软管组合件用砂袋围起来，尤其是在接头周围）尽可能平直地展开，重复步骤 B.1.1。

B.2.2 按 GB/T 5563—2006 中 7.3 和 6.2.2 以大约 0.15 MPa/s～0.5 MPa/s 的速率将压力升高，直到软管组合件失效。在试验报告中记录失效部位和形式，以及失效瞬间的压力。

附 录 C
（规范性附录）
型式试验和例行试验的项目

型式试验和例行试验所要求的项目在表 C.1 中给出。

表 C.1 型式试验和例行试验

性 能	参 看	型式试验	例行试验
胶料的试验			
内衬层拉伸强度和拉断伸长率	表 4	×	N. A
外覆层拉伸强度和拉断伸长率	表 4	×	N. A
加热老化后性能的变化	表 4	×	N. A
内衬层耐液体性能	表 4	×	N. A
外覆层耐液体性能	表 4	×	N. A
内衬层耐磨性能	表 4	×	N. A
外覆层耐磨性能	表 4	×	N. A
耐臭氧性能，仅外覆层	表 4	×	N. A
软管（在适用于制造方法的情况下）			
内径	6.1	×	N. A
最小弯曲半径	8.1	×	N. A
软管组合件			
静液压试验	8.3，B.1	×	×
扭转	8.3a)	×	×
工作压力下水平移动	8.3b)	×	×
暂时性伸长	8.3c)	×	×
永久性伸长和最终长度	8.3e)	×	×
最小弯曲半径	8.1	×	×
内衬层耐真空性能	8.4	×	×
最小爆破压力	表 5，B.2	×	N. A
×——要进行的试验，N. A——不适用。 注：爆破压力试验需要专门的设施（即厚壁容器，带有加保护装置的观察和控制岗位；或者大的开阔场地，试验中的组合件周围有砂袋）。			

附　录　D
（资料性附录）
生产验收试验项目

生产验收试验是每批或每10批进行的试验，如表D.1所示。一批规定为5 000 m软管或者20 000 kg内衬层和/或外覆层胶料。

表D.1　生产验收试验的建议项目

性　　能	生产验收试验	
	每批	每10批
胶料的试验		
内衬层拉伸强度和拉断伸长率	×	×
外覆层拉伸强度和拉断伸长率	×	×
加热老化后性能的变化	N. A	×
内衬层耐液体性能	N. A	×
外覆层耐液体性能	N. A	×
内衬层耐磨性能	×	×
外覆层耐磨性能	×	×
耐臭氧性能，仅外覆层	N. A	×
软管（在适合于制造方法的情况下）		
内径	×	×
最小弯曲半径	×	×
软管组合件		
静液压试验	×	×
扭转	×	×
工作压力下水平移动	×	×
暂时性伸长	×	×
永久性伸长和最终长度	×	×
最小弯曲半径	×	×
内衬层耐真空性能	×	×
最小爆破压力	N. A	N. A
×——要进行的试验；N. A——不适用。 注：软管组合件的批试验可以作为例行试验进行（见附录B）。		

参 考 文 献

[1] GB/T 262—1988 石油产品苯胺点测定法(neq ISO 2977:1974)
[2] ISO 14693 石油和天然气工业 钻井和井辅助设备
[3] API Spec 7K:2006 钻井和井口操作设备规范

ICS 83.140.40
G 42

中华人民共和国国家标准

GB/T 24146—2009/ISO 6806:1992

用于油燃烧器的橡胶软管和软管组合件 规范

Rubber hoses and hose assemblies for use in oil burners—Specification

(ISO 6806:1992,IDT)

2009-06-15 发布 2010-02-01 实施

中华人民共和国国家质量监督检验检疫总局
中国国家标准化管理委员会 发布

前言

本标准等同采用 ISO 6806:1992《用于油燃烧器的橡胶软管和软管组合件　规范》(英文版)。

本标准等同翻译 ISO 6806:1992。

为便于使用,本标准作了下列编辑性修改:

a) “本国际标准”一词改为“本标准”;

b) 用小数点“.”代替作为小数点的逗号“,”;

c) 删除国际标准前言;

d) 保留国际统一压力计量单位:“MPa”,删除:“bar”和“毫巴”二个计量单位及其以“bar”和“毫巴”标注的数字。

本标准的附录 A、附录 B、附录 C 和附录 D 是规范性附录。

本标准由中国石油和化学工业协会提出。

本标准由全国橡胶与橡胶制品标准化技术委员会软管分技术委员会(SAC/TC 35/SC 1)归口。

本标准起草单位:广东省燕达橡塑制品厂。

本标准主要起草人:冯华儿、温珍朋。

本标准为首次发布。

用于油燃烧器的橡胶软管和软管组合件 规范

1 范围

本标准规定了用于油燃烧器的橡胶软管和软管组合件的最低要求。

本标准规定了两种型别的软管组合件：

1型：用于流出和回流而不插入在油燃烧器泵与雾化连接件之间的软管组合件，最大工作压力1.0 MPa，最高油温100 ℃。

2型：插入在油燃烧器泵与雾化连接件之间的软管组合件，工作压力4.0 MPa，最高油温100 ℃。

注：对于油燃烧器装置以外的应用，本标准规定的软管组合件未经专门评价不应使用。

2 规范性引用文件

下列文件中的条款通过本标准的引用而成为本标准的条款。凡是注日期的引用文件，其随后所有的修改单(不包括勘误的内容)或修订版均不适用于本标准，然而，鼓励根据本标准达成协议的各方研究是否可使用这些文件的最新版本。凡是不注日期的引用文件，其最新版本适用于本标准。

GB/T 528 硫化橡胶或热塑性橡胶 拉伸应力应变性能的测定(GB/T 528—2009，ISO 37:2005，IDT)

GB/T 3683.1—2006 橡胶软管及软管组合件 钢丝编织增强液压型 规范 第1部分：油基流体适用(ISO 1436-1:2001，IDT)

GB/T 5563 橡胶和塑料软管及软管组合件 静液压试验方法(GB/T 5563—2006，ISO 1420:1994，IDT)

GB/T 5564—2006 橡胶和塑料软管 低温曲挠试验(ISO 4672:1997，IDT)

GB/T 6031 硫化橡胶或热塑性橡胶硬度的测定(10～100 IRHD)(GB/T 6031—1998，idt ISO 48:1994)

GB/T 9573 橡胶、塑料软管及软管组合件尺寸测量方法(GB/T 9573—2003，ISO 4671:1999，IDT)

GB/T 9575 工业通用橡胶和塑料软管内径尺寸及公差和长度公差(GB/T 9575—2003，ISO 1307:1992，IDT)

GB/T 24134 橡胶和塑料软管 静态条件下耐臭氧性能的评价(GB/T 24134—2009，ISO 7326:2006，IDT)

ISO 188[1] 硫化橡胶 加速老化或耐热性能试验

ISO1817:1985[2] 硫化橡胶 液体影响的测定

3 结构

符合本标准的软管应由如下二者之一构成：

a) 内部光滑的橡胶内衬层和外部防腐的金属编织层；

b) 内部光滑的橡胶内衬层，由一层纺织物或防腐金属编织层构成的增强层和橡胶外覆层。

---

1) 根据ISO 188:1998转化的国家标准是GB/T 3512—2001。

2) 根据ISO 1817:1985转化的国家标准是GB/T 1690—1992。

软管装配有永久性的管接头。两个接头和金属编织层应具有适当的防腐性能。所使用的金属对橡胶组份不应有任何劣化作用。

4 尺寸和公差

4.1 内径

按 GB/T 9575,软管内径应符合表1所示的公称内径和公差。

表1 公称内径

单位为毫米

公称内径	公差
5	±0.5
6.3	±0.75
8	
10	
12.5	
16	
20	
25	±1.25

4.2 弯曲半径

软管的最小弯曲半径不应小于表2所规定的(弯曲半径在弯曲部位内侧测量)。

表2 最小弯曲半径

单位为毫米

公称内径	最小弯曲半径
5	50
6.3	60
8	75
10	80
12.5	105
16	120
20	145
25	165

4.3 内衬层和外覆层的厚度

当按 GB/T 9573 进行测量时,内衬层和外覆层的最小厚度应分别不小于1.7 mm 和1.3 mm。

5 内衬层和外覆层的物理性能要求

当按表3中规定的试验方法进行测量时,内衬层和外覆层的物理性能应符合表3的要求。

表3 内衬层和外覆层的物理性能要求

性能	要求		试验方法
拉伸强度(内衬层和外覆层)	最小	8 MPa	GB/T 528
拉断伸长率(内衬层和外覆层)	最小	250%	GB/T 528

表 3（续）

性能		要求	试验方法
热老化：			ISO 188
拉伸强度变化(内衬层和外覆层)	最大	30%	(100±1)℃×72 h
拉断伸长率变化(内衬层和外覆层)	最大	35%	(100±1)℃×72 h
耐油性能：			ISO 1817:1985
体积变化：			在 3 号油中(72_{-2}^{0})h
—内衬层		(−5～+15)%	1 型：(70±1)℃
—外覆层		(−5～+60)%	2 型：(125±2)℃
硬度变化[a]：			
—内衬层		±10 IRHD	GB/T 6031
a 没有规定初始硬度，但是有油浸泡后硬度变化的限度，以保证使用具有适度耐油的内衬层。			

6 软管和软管组合件的物理性能要求

6.1 静液压试验

6.1.1 验证压力试验

当按 GB/T 5563 规定的方法在表 4 规定的验证试验压力下进行试验时，软管组合件不应出现泄漏、变形或管接头松动的迹象。

表 4 静液压力要求

单位为兆帕

参数	压力要求	
	1 型	2 型
最大设计工作压力	1.0	4.0
验证压力	2.0	8.0
最小爆破压力	4.0	16

6.1.2 爆破试验

当按 GB/T 5563 进行试验时，软管组合件在达到表 4 给出的最小爆破压力之前不应出现泄漏或失效的迹象。

6.2 油溶胀

当按附录 A 进行试验时，软管内径减小不应超过 10%。

6.3 外压试验

当按附录 B 进行试验时，软管外径减小不应超过 6%。

6.4 低温曲挠性

当在(−40±2)℃温度下按 GB/T 5564—2006 方法 B 进行试验后，再按 6.1 进行验证压力试验时，软管不应龟裂并不应出现泄漏迹象。

6.5 可燃性

当按附录 C 进行试验时，软管不应出现泄漏迹象。

6.6 耐臭氧性能(仅外覆层)

当按 GB/T 24134 进行试验时，应无龟裂迹象。

6.7 脉冲试验

当按附录 D 进行试验时，30 000 次周期之后应无泄漏或损坏。

7 标志

符合本标准要求的软管组合件应标志下列内容：

a) 本标准编号；

b) 公称内径；

c) 型别号；

d) 制造厂的标志或标记；

e) 制造的季和年。

附　录　A
（规范性附录）
油溶胀的测定

按 GB/T 9573 测量至少 500 mm 长软管的内径。向软管组合件内注入 ISO 1817:1985 规定的 3 号油，封闭两端，在 100 ℃下调节 28 d。然后，重新测量软管内径，并与初始值对比，用百分比变化表示结果。

附 录 B
(规范性附录)
耐外压的测定

测量长度约 500 mm 的软管组合件的管接头之间的自由长度 l。封闭一端，将另一端连接到压力容器里面的连接器上。将连接器另一端连接到经校准的玻璃立管上(见图 B.1)。

向软管组合件和立管中注入水，无存留空气，关闭压力容器。在 70 ℃下调节 1 h。在压力容器内施加(0.06 ±0.005) MPa 的压力，5 min 后，读取立管中弯液面水平的变化 Δh。

使用下式计算软管组合件内径的减小，用百分比表示：

$$\frac{d_k^2 \times \Delta h}{d_s^2 \times l} \times 100$$

式中：

d_k——立管内径，单位为毫米(mm)；

d_s——软管内径，单位为毫米(mm)；

Δh——软管弯液面水平的变化，单位为毫米(mm)；

l——软管的自由长度，单位为毫米(mm)。

立管的内径应加以选择，以便使试验后的弯液面不高出软管组合件最低点以上 150 mm。

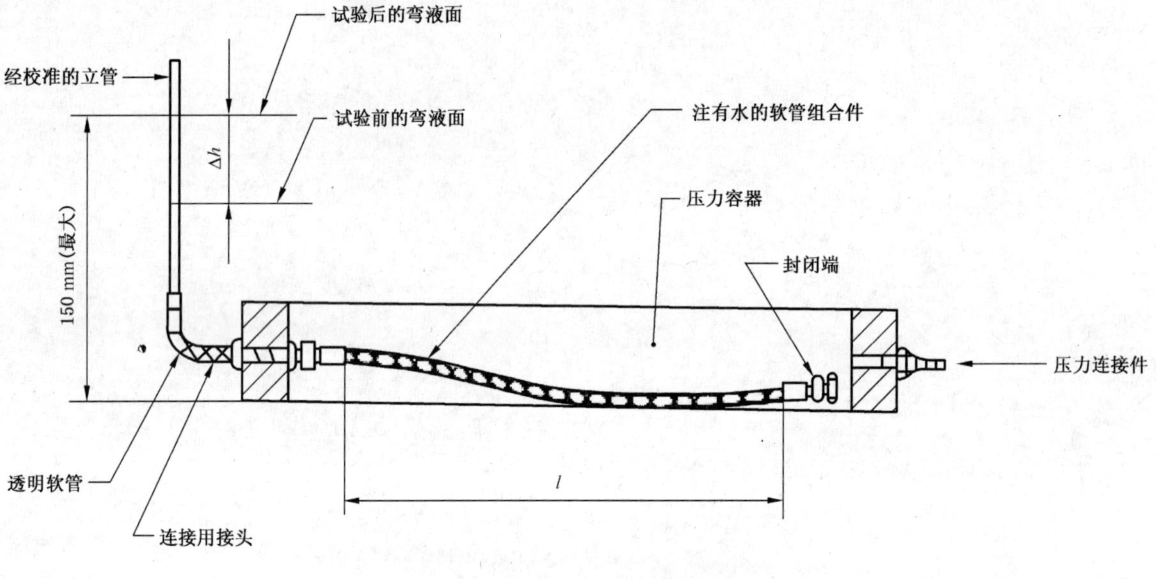

图 B.1 测定耐外压的装置

附 录 C
(规范性附录)
可燃性的测定

将一根长度约 1 000 mm 的软管组合件一端封闭，向其内注入大约 90%容积的 ISO 1817:1985 规定的 3 号油，并将其连接到水压立管上。按图 C.1 所示弯曲该组合件，并使用实验夹具将其固定在这一位置上。

向组合件施加内水压。1 型软管组合件的水压应为 0.5 MPa；2 型软管组合件应为 4.0 MPa。

将软管组合件的最低弯曲部位暴露于本生灯火焰 5 min，本生灯燃烧丙烷气，温度为(675±75)℃。灯管的公称内径应为 10 mm。关闭空气入口。输送到本生灯的丙烷气的压力应约为 5 kPa。使用平截头锥体形的灯嘴，以稳定火焰。

警告——注意因软管未达到本试验要求而可能出现的火灾危险。应采取适当的预防措施，限制火的蔓延，保证失效时人员的安全。

单位为毫米

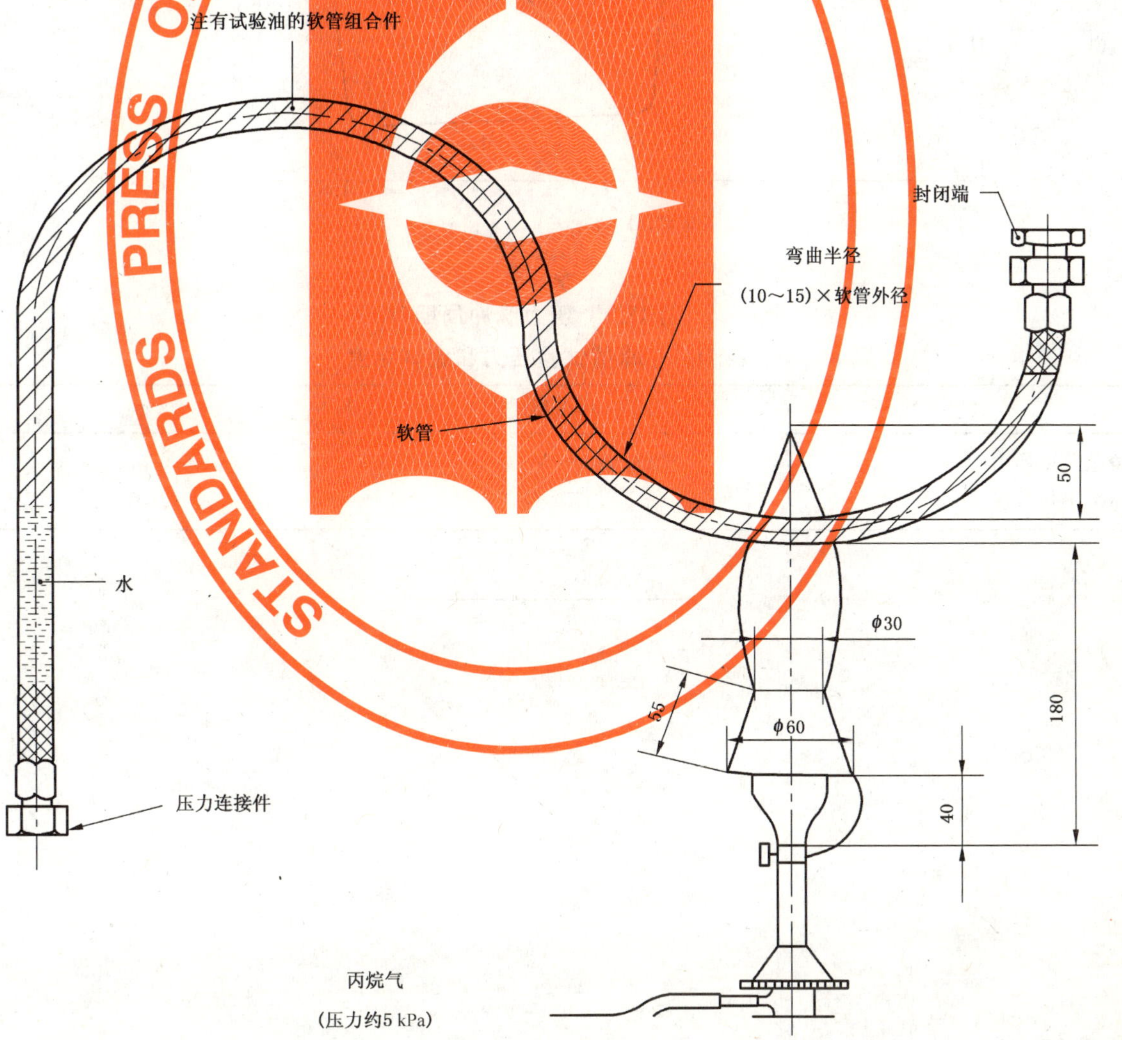

图 C.1 可燃性试验装置

附　录　D
（规范性附录）
压力脉冲试验

应试验二根长度等于软管外径20倍(最小250 mm)的软管组合件。使每根组合件承受(0.04±0.01)Hz的内压力脉冲。压力周期应如图D.1所示。试验流体应为ISO 1817:1985规定的3号油或GB/T 3683.1规定的流体。每根软管组合件应以8倍于软管外径的半径弯曲180°,安装在试验装置上。峰值试验压力和试验流体温度应如表D.1规定。

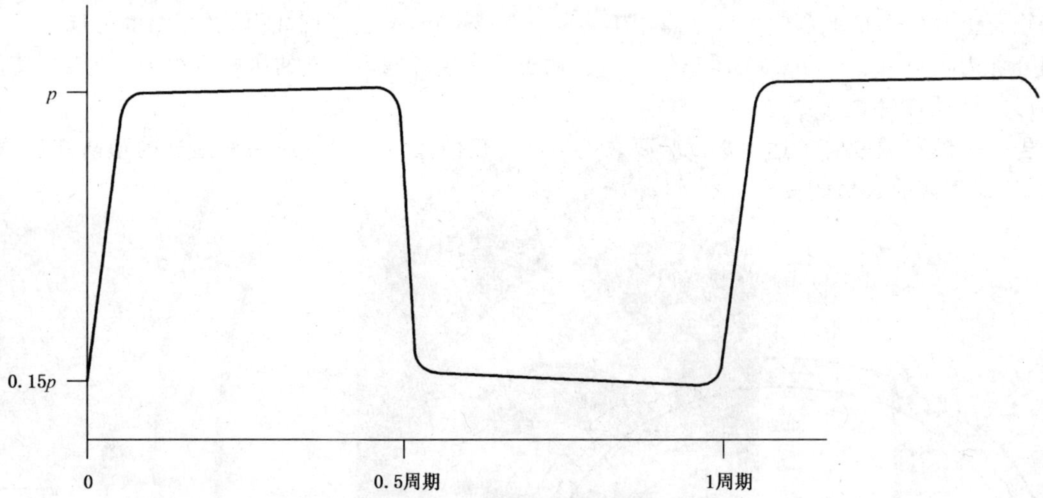

图 D.1　压力脉冲周期

表 D.1　峰值试验压力和流体温度

试验参数	1型	2型
峰值试验压力，p	1.5 MPa	6.0 MPa
试验流体温度	70 ℃	125 ℃

ICS 87.040
G 51

中华人民共和国国家标准

GB/T 24147—2009

水性紫外光(UV)固化树脂　水溶性不饱和聚酯丙烯酸酯树脂

Waterborne ultraviolet curable resin—Water soluble unsaturated polyester acrylate resin

2009-06-15 发布　　2010-02-01 实施

中华人民共和国国家质量监督检验检疫总局
中国国家标准化管理委员会　发布

前 言

本标准由中国石油和化学工业协会提出。

本标准由全国涂料和颜料标准化技术委员会(SAC/TC 5)归口。

本标准起草单位:山东聊城齐鲁特种涂料有限责任公司、中海油常州涂料化工研究院。

本标准主要起草人:王兴民、赵玲、段洪东、黄逸东、王福忠。

水性紫外光(UV)固化树脂　水溶性不饱和聚酯丙烯酸酯树脂

1　范围

本标准规定了水溶性不饱和聚酯丙烯酸酯树脂的要求、试验方法、检验规则、标志、包装和贮存等内容。

本标准主要适用于水性UV固化油墨,也可以用于涂料和粘合剂领域。

2　规范性引用文件

下列文件中的条款通过本标准的引用而成为本标准的条款。凡是注日期的引用文件,其随后所有的修改单(不包括勘误的内容)或修订版均不适用于本标准,然而,鼓励根据本标准达成协议的各方研究是否可使用这些文件的最新版本。凡是不注日期的引用文件,其最新版本适用于本标准。

GB/T 1725　色漆、清漆和塑料　不挥发物含量的测定(GB/T 1725—2007,ISO 3251:2003,IDT)

GB/T 1728—1979　漆膜、腻子膜干燥时间测定法

GB/T 2794—1995　胶粘剂粘度的测定

GB/T 3186　色漆、清漆和色漆与清漆用原材料取样(GB/T 3186—2006,ISO 15528:2000,IDT)

GB/T 8170　数值修约规则与极限数值的表示和判定

GB/T 9750　涂料产品包装标志

GB/T 13491—1992　涂料产品包装通则

GB/T 14518—1993　胶粘剂的pH值测定

GB 18582—2008　室内装饰装修材料　内墙涂料中有害物质限量

3　要求

产品性能应符合表1的要求。

表1　要求

项　目		要　求
外观		无色或微黄色透明液体
pH值		8～10
不挥发物/%	≥	60
黏度		商定
水稀释稳定性		无絮凝,能形成均匀透明液体
光固化时间/s	≤	10
挥发性有机化合物含量(VOC)/(g/L)	≤	100

4　取样

按GB/T 3186的规定取样,也可按商定方法取样。取样量根据检验需要确定。

5 试验方法

5.1 外观

将试验样品放在洁净的玻璃烧杯中，在光线充足情况下目测。

5.2 pH 值

按 GB/T 14518—1993 的规定进行。

5.3 不挥发物

按 GB/T 1725 的规定进行。称样量(1±0.1)g，烘烤温度和时间(105±2)℃/3 h。

5.4 黏度

按 GB/T 2794—1995 中旋转黏度计法的规定进行。

5.5 水稀释稳定性

将试样用蒸馏水稀释到不挥发物约为 3%，静置 5 min 后目视观察是否有絮凝现象，以及能否形成均匀透明的液体。

5.6 光固化时间

5.6.1 仪器和试剂

5.6.1.1 天平：精确至 0.001 g。

5.6.1.2 线棒涂布器：规格为 25，与其对应的缠绕钢丝直径为 0.25 mm。

5.6.1.3 1 000 W 紫外灯。

5.6.1.4 铜版纸：70 g/m^2。

5.6.1.5 光引发剂。

5.6.2 光固化时间的测定

取 5 g 树脂溶液，在其中加入规定量的光引发剂。搅拌均匀后用线棒涂布器涂于铜版纸上，于紫外灯下 10 cm 处垂直照射，记录漆膜刚干燥时消耗的时间，以秒(s)表示。漆膜干燥的判断按 GB/T 1728—1979 中第 3 章甲法进行。

5.7 挥发性有机化合物含量(VOC)

按 GB 18582—2008 中附录 A 和附录 B 的规定进行测试，测试结果的计算按附录 A 中 A.7.2 进行。

6 检验规则

6.1 检验分类

6.1.1 产品检验分出厂检验和型式检验。

6.1.2 出厂检验项目包括外观、pH 值、不挥发物、黏度、水稀释稳定性、光固化时间。

6.1.3 型式检验项目包括本标准所列的全部技术要求。在正常生产情况下，每年至少检验一次。

6.2 检验结果的判定

6.2.1 检验结果的判定按 GB/T 8170 中修约值比较法进行。

6.2.2 应检项目的检验结果均达到本标准要求时，该试验样品为符合本标准要求。

7 标志、包装和贮存

7.1 标志

按 GB/T 9750 的规定进行。

7.2 包装

按 GB/T 13491—1992 中二级包装要求的规定进行。

7.3 贮存

产品贮存时应保证通风、干燥，防止日光直接照射并应隔绝火源，远离热源。

ICS 83.080.01
G 31

中华人民共和国国家标准

GB/T 24148.1—2009/ISO 3672-1:2000

塑料 不饱和聚酯树脂(UP-R) 第1部分:命名系统

Plastics—Unsaturated-polyester resins (UP-R)—
Part 1: Designation system

(ISO 3672-1:2000, IDT)

2009-06-15 发布 2010-02-01 实施

中华人民共和国国家质量监督检验检疫总局
中国国家标准化管理委员会 发布

前言

GB/T 24148《塑料　不饱和聚酯树脂(UP-R)》分为以下9部分:

——第1部分:命名系统;

——第2部分:试样制备和性能测定;

——第3部分:技术要求;

——第4部分:黏度的测定;

——第5部分:固体含量测定;

——第6部分:130 ℃反应活性测定;

——第7部分:室温条件下凝胶时间测定;

——第8部分:铂钴比色法测定颜色;

——第9部分:总体积收缩率测定。

本部分为GB/T 24148的第1部分,等同采用ISO 3672-1:2000《塑料　不饱和聚酯树脂(UP-R)　第1部分:命名方法》(英文版),为了便于使用,本部分做了下列编辑性修改:

——将“本国际标准”改为“本部分”,将“ISO 3672的本部分”改为“本部分”;

——删除了ISO 3672-1:2000的前言;

——增加了国家标准前言;

——把“规范性引用文件”一章所列的国际标准用对应的我国国家标准代替;

——用我国的小数点符号“.”代替国际标准中的小数点符号“,”;

——根据我国国情,删除1.5内容。

本部分由中国石油和化学工业协会提出。

本部分由全国塑料标准化技术委员会塑料树脂通用方法及产品分会(SAC/TC 15/SC 4)归口。

本部分负责起草单位:天津合材树脂有限公司、常州天马集团有限公司、国家合成树脂质量监督检验中心。

本部分参加起草单位:广东省番禺福田化工有限公司、华东理工大学华昌聚合物有限公司、江苏亚邦涂料股份有限公司、江苏富菱化工有限公司、浙江天和树脂有限公司。

本部分主要起草人:肖淑红、王绪江、徐大云、王建东、赵平、辛智敏、侯锐钢、姚元省、马越群、李增敏。

塑料　不饱和聚酯树脂(UP-R)
第1部分:命名系统

1　范围

1.1　GB/T 24148的本部分建立了用字符组命名不饱和聚酯树脂(UP-R)的系统。

1.2　根据基础聚合物的参数、填充/增强材料(类型和含量)、预定的加工方法、规定的性能和用于命名的特征性能的分类方法来区分不同类型的UP-R。

1.3　本部分适用于通用的液态和固态的不饱和聚酯树脂。

1.4　命名相同的材料不一定有同样的性能。本部分不提供特定材料具体应用和/或加工方法可能要求的工程数据、性能数据或加工条件的数据。如果需要这样的附加性能,应该按照本部分第2部分规定的试验方法测定这些性能。

2　规范性引用文件

下列文件中的条款通过GB/T 24148的本部分的引用而成为本部分的条款。凡是注日期的引用文件,其随后所有的修改单(不包括勘误的内容)或修订版均不适用于本部分,然而,鼓励根据本部分达成协议的各方研究是否可使用这些文件的最新版本。凡是不注日期的引用文件,其最新版本适用于本部分。

GB/T 1844.1—2008　塑料　符号和缩略语　第1部分:基础聚合物及其特征性能(ISO 1043-1:2001,IDT)

GB/T 1844.2—2008　塑料　符号和缩略语　第2部分:填充及增强材料(ISO 1043-2:2000,IDT)

GB/T 2035—2008　塑料术语及其定义(ISO 472:1999,IDT)

GB/T 24148.2—2009　塑料　不饱和聚酯树脂(UP-R)　第2部分:试样制备和性能测定(ISO 3672-2:2000,IDT)

GB/T 24148.6—2009　塑料　不饱和聚酯树脂(UP-R)　第6部分:130 ℃反应活性测定(ISO 14848:1998,IDT)

ISO 2535:2001　塑料　不饱和聚酯树脂　室温条件下凝胶时间测定

ISO 3219:1993　塑料　液态或乳液态或悬浮分散体系的聚合物/树脂　使用规定剪切率的旋转式黏度计测定黏度

3　术语和定义、缩略语

GB/T 2035—2008和GB/T 24148.2—2009中确立的以及下列术语和定义、缩略语适用于本部分。

3.1

UP-R

不饱和聚酯树脂的缩写。

4　命名方法

4.1　总则

本部分根据下面的标准模式,建立命名系统:

命名						
说明组	鉴别组					
	国家标准号	单项组				
		字符组 1	字符组 2	字符组 3	字符组 4	字符组 5

本命名由注释为“R”(树脂)的可选的说明组和由国家标准号以及单项组所组成的鉴别组构成。为使命名明确,单项组细分成 5 个字符组,各字符组由下列内容组成:

字符组 1:标识组

第 1 项:按 GB/T 1844.1—2008 的符号,标识该基础聚合物;

第 2 项:按 GB/T 1844.2—2008 的符号,标识填充/增强材料的性质;

第 3 项:按 GB/T 1844.2—2008 的符号,标识填充/增强材料的形状;

第 4 项:按表 1 的符号,标识填充/增强材料的质量分数。

字符组 2:加工方法

预定的不饱和聚酯树脂的加工方法,按表 2 标识。

字符组 3:性能

第 1 项:按表 3 的符号,标识规定性能;

第 2 项:特征性能 1——按 ISO 3219:1993 测定的 23 ℃时的黏度;

第 3 项:特征性能 2——按 ISO 2535-2001 测定的室温下的凝胶时间或按 GB/T 24148.6—2009 测定的 130 ℃下的反应活性。

字符组 4 和字符组 5(可选的):附加要求

单项组的第一个符号应该是连字符,字符组之间用逗号分开。

如果一个字符组不用,用“×”(不使用)代替,但这仅仅是在后面有其他字符组时应用。

为了标识,同时其后没有跟随其他字符组,则可省略字符组 1 和字符组 2 之间的逗号。

如果不需要,就不必填写字符组。

4.2 字符组 1

第 1 项:连字符之后,按 GB/T 1844.1—2008 的符号 UP 标识不饱和聚酯树脂。

混合物和改性物按 GB/T 1844.1—2008 命名。

在不饱和聚酯树脂中使用填充/增强材料时,命名需引用下列信息:

第 2 项:按表 1 标识填充/增强材料的性质;

第 3 项:按表 1 标识填充/增强材料的形状;

第 4 项:按表 1 标识填充/增强材料的质量分数。

特别要注意:

——同样的字母代号用于第 2 项和第 3 项时具有不同的含义;

——当仅需要指明第 3 项,则第 2 项需要用“×”(不使用)代替。

表 1 字符组 1 中使用的字母代号和数字代号

第 2 项 填充/增强材料的性质 (按 GB/T 1844.2—2008)		第 3 项 填充/增强材料的形状 (按 GB/T 1844.2—2008)		第 4 项 质量分数 $w(m/m)$/ %	
				05	$w<7.5$
		B	球状、珠粒状	10	$7.5\leqslant w<12.5$

表 1（续）

第 2 项 填充/增强材料的性质 （按 GB/T 1844.2—2008）		第 3 项 填充/增强材料的形状 （按 GB/T 1844.2—2008）		第 4 项 质量分数 $w(m/m)$/ %	
C	碳	C	片、切片	15	$12.5 \leqslant w < 17.5$
D	三水合氧化铝	D	细粒、粉状	20	$17.5 \leqslant w < 22.5$
E	黏土			25	$22.5 \leqslant w < 27.5$
		F	纤维	30	$27.5 \leqslant w < 32.5$
G	玻璃	G	研磨粉	35	$32.5 \leqslant w < 37.5$
K	碳酸钙			40	$37.5 \leqslant w < 42.5$
L1	纤维素			45	$42.5 \leqslant w < 47.5$
L2	棉			50	$47.5 \leqslant w < 52.5$
M	矿物			55	$52.5 \leqslant w < 57.5$
P	云母			60	$57.5 \leqslant w < 62.5$
Q	硅			65	$62.5 \leqslant w < 67.5$
R	再生材料			70	$67.5 \leqslant w < 72.5$
S	合成的；有机的	S	鳞片、薄片	75	$72.5 \leqslant w < 77.5$
T	滑石			80	$77.5 \leqslant w < 82.5$
W	木（材）			85	$82.5 \leqslant w < 87.5$
X	未规定	X	未规定	90	$87.5 \leqslant w < 92.5$
Z	其他	Z	其他	95	$92.5 \leqslant w < 97.5$
注：材料混合物和（或）其形状，以其相应的代号用“+”号相连接，并用圆括弧括起来表示。例如：一个由 20%玻璃纤维（GF）和 20%矿物粉（MD）组成的混合填料，可表示为（GF20+MD20）或（GF+MD）20。					

4.3 字符组 2

在该字符组中，按表 2 规定的字母代号和数字代号标识加工的方法。

在字符组 2 中，用来指明预定加工方法的字母代号和数字代号应当仔细选择。某些牌号的材料可能使用一种以上的方法加工，例如，既可使用压塑（Q）也可使用注塑（M），这样的牌号应命名为“通用”（G）型。专用的加工方法的命名专供特殊改性树脂使用。

表 2 字符组 2 使用的字母代号和数字代号

A	粘接成型	N	无压成型
A1	胶	N1	浇铸
A2	胶泥	N2	连续浸渍
A3	组合料（纤维、砂、耐磨粒料）	N3	手糊
A4	PVC-PMMA 增强缠绕	N4	包覆
A5	树脂水泥	N5	层合
C	涂覆	N6	喷附
C1	粉末涂覆	N7	纤维缠绕

表 2（续）

C2	胶衣涂覆	P	拉挤
C3	纸张处理	Q	压塑
F	发泡	T	传递模塑
G	通用	W	湿法成型
L	熔融浸渍	X	未规定
M	注塑	Z	其他
M1	注压		

4.4 字符组 3

4.4.1 概述

在本字符组中，用字母代号或字母加数字代号作为第 1 项表示规定性能（见 4.4.2），而第 2 项和第 3 项表示特征性能（见 4.4.3 和 4.4.4），第 2 项和第 3 项前面有一条斜线。

如果一个特征性能值落在或接近范围的极限值，制造商应指明命名该材料的是哪个范围。如果因为制造的公差，其后的个别试验值落在极限值的任一侧，命名不受影响。

无论何时当只需要指明第 2 项和/或第 3 项时，第 1 项和/或第 2 项要用“×”（不使用）代替。

4.4.2 第 1 项：规定性能

按表 3 的字母代号或字母加数字代号标识任何规定性能。

表 3　字符组 3 中第 1 项（规定性能）使用的字母代号和数字代号

C	化学性能	P	加工性能
C1	耐化学性	P1	触变性
C2	耐水解性	P2	低挥发
C3	低温交联	P3	含脱模剂
C4	低压交联	R	含再生材料
C5	预促进	S	表面性能
E	电性能	S1	通用
F	耐燃性（改善燃烧性能）	S2	低收缩
F1	自熄性	S3	低轮廓
F2	阻燃性	S4	零收缩
L	光和气候稳定性	S5	耐磨性
M	力学性能	S6	自润滑
M1	改善冲击性	T	热性能（耐温性）
M2	改善弯曲强度	W	吸水性
N	接触食品性	X	未规定
O	光学性能	Z	其他
O1	半透明性		
O2	不透明性		
O3	低色号		

4.4.3 第 2 项:特征性能 1——黏度

按表 4 中的字母加数字代号标识该特征性能,但不适用于固态的不饱和聚酯树脂。

黏度应按 ISO 3219:1993 来测定。

4.4.4 第 3 项:特征性能 2——130 ℃反应活性或室温下的凝胶时间

按表 4 中的字母加数字代号标识该特征性能,但不适用于固态的不饱和聚酯树脂。

高温成型的树脂按 GB/T 24148.6—2009 测定反应活性。

室温成型的树脂按 ISO 2535:2001 测定凝胶时间。

表 4　字符组 3 中第 2 项(黏度)和第 3 项(反应活性或凝胶时间)使用的字母代号和数字代号

性能	字母代号	范围和数字代号						
黏度 ν/(Pa·s)	V	$\nu<0.3$ 1	$0.3\leqslant\nu<0.5$ 2	$0.5\leqslant\nu<0.85$ 3	$0.85\leqslant\nu<1.5$ 4	$1.5\leqslant\nu<2.5$ 5	$\nu\geqslant2.5$ 6	触变性 7
凝胶时间 t/(min) 反应活性 t(min)从起始温度(80 ℃)到最高温度的时间	R	$t<1$ 1	$1\leqslant t<2$ 2	$2\leqslant t<3$ 3	$3\leqslant t<6$ 4	$6\leqslant t<9$ 5	$9\leqslant t<20$ 6	$t\geqslant20$ 7

4.5 字符组 4 和字符组 5

在这些字符组中,包括了供需双方专门协商一致的附加要求。

5 命名示例

5.1 总则

按第 4 章建立的命名系统,给出下面的通用形式:

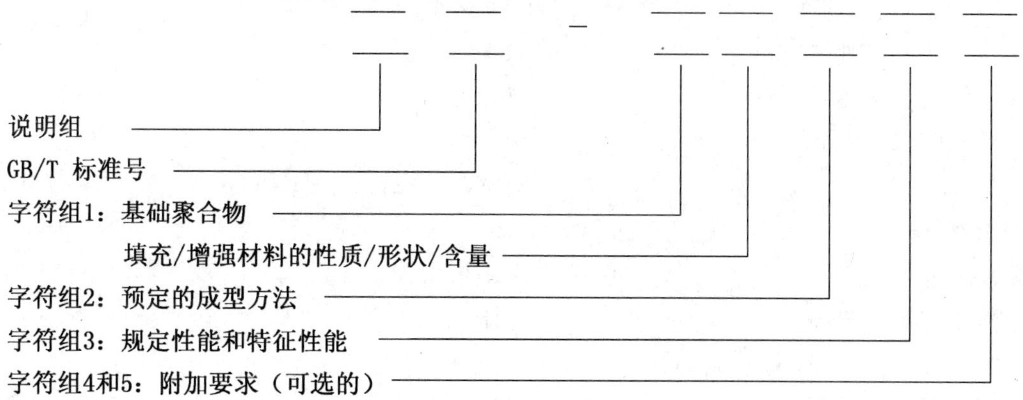

5.2 示例

例 1

	R GB/T 24148.1-UP,C2,C2/V1/R6
说明组:树脂	R
GB/T 标准号	GB/T 24148.1
字符组 1:不饱和聚酯	UP
非增强/不含填充	…
字符组 2:用于胶衣涂覆	C2

字符组 3:改进的耐水解性	C2
黏度:0.2 Pa·s	V1
凝胶时间:12 min	R6
字附组 4 和 5:未使用	…

例 2

R GB/T 24148.1-UP,Q,M1/V3/R5

说明组:树脂	R
GB/T 标准号	GB/T 24148.1
字符组 1:不饱和聚酯	UP
非增强/不含填充	…
字符组 2:压塑	Q
字符组 3:改善冲击性	M1
黏度:0.6 Pa·s	V3
反应活性:7 min	R5
字符组 4 和 5:未使用	…

例 3

R GB/T 24148.1-UP(MD40),N3,P2/V7/R6

说明组:树脂	R
GB/T 标准号	GB/T 24148.1
字符组 1:不饱和聚酯	UP
含有 40%填充(矿物粉)	MD40
字符组 2:无压成型(手糊)	N3
字符组 3:低挥发	P2
黏度:触变性	V7
反应活性:15 min	R6
字符组 4 和 5:未使用	…

例 4

R GB/T 24148.1-UP(QB05),N,C5/V7/R7

说明组:树脂	R
GB/T 标准号	GB/T 24148.1
字符组 1:不饱和聚酯	UP
含有<7.5%填充(硅石)	QB05
字符组 2:无压成型	N
字符组 3:预促进	C5
黏度:触变性	V7
反应活性:>20 min	R7
字符组 4 和 5:未使用	…

ICS 83.080.01
G 31

GB

中华人民共和国国家标准

GB/T 24148.2—2009/ISO 3672-2:2000

塑料　不饱和聚酯树脂(UP-R)
第2部分:试样制备和性能测定

Plastics—Unsaturated-polyester resins (UP-R)—
Part 2:Preparation of test specimens and determination of properties

(ISO 3672-2:2000,IDT)

2009-06-15 发布　　2010-02-01 实施

中华人民共和国国家质量监督检验检疫总局
中国国家标准化管理委员会　发布

前言

GB/T 24148《塑料 不饱和聚酯树脂(UP-R)》分为以下9部分:

——第1部分:命名系统;

——第2部分:试样制备和性能测定;

——第3部分:技术要求;

——第4部分:黏度的测定;

——第5部分:固体含量测定;

——第6部分:130 ℃反应活性测定;

——第7部分:室温条件下凝胶时间测定;

——第8部分:铂钴比色法测定颜色;

——第9部分:总体积收缩率测定。

本部分为GB/T 24148的第2部分,等同采用ISO 3672-2:2000《塑料 不饱和聚酯树脂(UP-R) 第2部分:试样制备和性能测定》(英文版),为了便于使用,本部分做了下列编辑性修改:

——将“本国际标准”改为“本标准”,将“ISO 3672的本部分”改为“本部分”;

——删除了ISO 3672-2:2000的引言;

——删除了ISO 3672-2:2000的前言;

——增加了国家标准的前言;

——把“规范性引用文件”一章所列的部分国际标准用对应的我国国家标准代替;

——用我国的小数点符号“.”代替国际标准中的小数点符号“,”。

本部分由中国石油和化学工业协会提出。

本部分由全国塑料标准化技术委员会塑料树脂通用方法及产品分会(SAC/TC 15/SC 4)归口。

本部分负责起草单位:天津合材树脂有限公司、浙江天和树脂有限公司、国家合成树脂质量监督检验中心、常州天马集团有限公司。

本部分参加起草单位:广东省番禺福田化工有限公司、华东理工大学华昌聚合物有限公司、江苏亚邦涂料股份有限公司、江苏富菱化工有限公司。

本部分主要起草人:肖淑红、王绪江、李增敏、张鹏升、王建东、赵平、徐大云、辛智敏、侯锐钢、姚元省、马越群。

塑料　不饱和聚酯树脂(UP-R)
第2部分:试样制备和性能测定

警告——使用GB/T 24148本部分的人员,应具有熟练的普通实验室的经验。本部分并未涉及与使用有关的全部安全问题,使用者有责任制定适当的安全和卫生健康措施,并保证与相关管理条例一致。

1　范围

GB/T 24148的本部分规定了不饱和聚酯树脂试样制备方法和测定性能所用的试验方法。规定了试验材料的处理要求,以及模塑前试验材料和试验前试样的状态调节。

交联的不饱和聚酯树脂的性能,可从ISO 10350-1:1998的通用试验方法中选择。本部分也包括了不饱和聚酯树脂广泛使用的试验方法或具有特殊意义的其他试验方法(用于未交联树脂成型的特殊性能)。

为了获得可重复的和可比较的试验结果,必须采用本部分规定的试验方法、样品制备、状态调节程序和试样尺寸。

对于以不饱和聚酯树脂为基材的产品,现有的有关性能测定和试样制备的其他标准,可作为参考。

2　规范性引用文件

下列文件中的条款通过GB/T 24148的本部分的引用而成为本部分的条款。凡是注日期的引用文件,其随后所有的修改单(不包括勘误的内容)或修订版均不适用于本部分,然而,鼓励根据本部分达成协议的各方研究是否可使用这些文件的最新版本。凡是不注日期的引用文件,其最新版本适用于本部分。

GB/T 1033.1—2008　塑料　非泡沫塑料密度的测定　第1部分:浸渍法、液体比重瓶法和滴定法(ISO 1183-1:2004,IDT)

GB/T 1034—2008　塑料　吸水性的测定(ISO 62:2008,IDT)

GB/T 1040.1—2006　塑料　拉伸性能的测定　第1部分:总则(ISO 527-1:1993,IDT)

GB/T 1040.2—2006　塑料　拉伸性能的测定　第2部分:模塑和挤塑塑料的试验条件(ISO 527-2:1993,IDT)

GB/T 1041—2008　塑料　压缩性能的测定(ISO 604:2002,IDT)

GB/T 1043.1—2008　塑料　简支梁冲击性能的测定　第1部分:非仪器化冲击试验(ISO 179-1:2000,IDT)

GB/T 1408.1—2006　绝缘材料电气强度试验方法　工频下试验(IEC 60243-1:1998,IDT)

GB/T 1410—2006　固体绝缘材料体积电阻率和表面电阻率试验方法(IEC 60093:1980,IDT)

GB/T 1634.2—2004　塑料　负荷变形温度的测定　第2部分:塑料、硬橡胶和长纤维增强复合材料(ISO 75-2:1993,IDT)

GB/T 2406.2—2009　塑料　用氧指数法测定燃烧行为　第2部分:室温试验(ISO 4589-2:1996,IDT)

GB/T 2408—2008　塑料　燃烧性能的测定　水平法和垂直法(IEC 60695-11-10:1999,IDT)

GB/T 2918—1998　塑料试样状态调节和试验的标准环境(idt ISO 291:1997)

GB/T 4207—2003　固体绝缘材料在潮湿条件下相比电痕化指数和耐电痕化指数的测定方法(IEC 60112:1979,IDT)

GB/T 5169.17—2008　电工电子产品着火危险试验　第17部分:500 W火焰试验方法

(IEC 60695-11-20:2003,IDT)

GB/T 6283—2008　化工产品中水分含量的测定　卡尔·费休法(通用方法)(ISO 760:1978,IDT)

GB/T 7193—2008　不饱和聚酯树脂试验方法(ISO 2554:1997,IDT)

GB/T 9281.1—2008　透明液体　加氏颜色等级评定颜色　第1部分:目视法(ISO 4630:2004,IDT)

GB/T 9284—1988　色漆和清漆用漆基　软化点的测定　环球法(eqv ISO 4625:1980)

GB/T 9341—2008　塑料　弯曲性能的测定(ISO 178:2001,IDT)

GB/T 11546.1—2008　塑料　蠕变性能的测定　第1部分:拉伸蠕变(ISO 899-1:2003,IDT)

GB/T 11997—2008　塑料　多用途试样(ISO 3167:2002,IDT)

GB/T 12007.3—1989　环氧树脂总氯含量测定方法(idt ISO 4615:1979)

GB/T 15223—2008　塑料　液体树脂　用比重瓶法测定密度(ISO 1675:1985,IDT)

GB/T 19466.2—2004　塑料　差示扫描量热法(DSC)　第2部分:玻璃化转变温度的测定(ISO 11357-2:1999,IDT)

GB/T 21775—2008　闪点的测定　闭杯平衡法(ISO 1523:2002,IDT)

GB/T 24148.6—2009　塑料　不饱和聚酯树脂(UP-R)　第6部分:130 ℃反应活性测定(ISO 14848:1998,IDT)

ISO 2114:2000　塑料用聚酯树脂、色漆和清漆用漆基　部分酸值和总酸值的测定

ISO 2535:2001　塑料　不饱和聚酯树脂　室温条件下凝胶时间测定

ISO 2577:1984　塑料　热固性模塑料　收缩率的测定

ISO 2719:1988　闪点的测定　闭杯法

ISO 2818:1994　塑料　试样的机加工制备

ISO 3219:1993　塑料　液态或乳液态或悬浮分散体系的聚合物/树脂　使用规定剪切率的旋转式黏度计测定黏度

ISO 3521:1997　塑料　不饱和聚酯和环氧树脂　总体积收缩率的测定

ISO 4901:1985　不饱和聚酯树脂增强塑料　残余苯乙烯单体含量测定方法

ISO 6271.1:2004　透明液体　以铂-钴等级评定颜色　第1部分:目测法

ISO 6603-2:2000　塑料　硬质塑料冲孔性能的测定　第2部分:仪器冲击

ISO 10350-1:1998　塑料　可比单点数据的获得和表示　第1部分:模塑材料

ISO 11359-2:1999　塑料　热力学分析(TMA)　第2部分:线性热膨胀系数和玻璃化转变温度的测定

IEC 60250:1969　测量电气绝缘材料在工频、音频、高频(包括米波波长在内)下电容率和介质损耗因数的推荐方法

EN 59:1977　玻璃纤维增强塑料　巴柯尔硬度试验方法

3　试样制备

3.1　总则

本程序适用于制备测定交联树脂性能用的试样。

试样都应采用相同的加工条件和相同的制备程序。

试样应由经浇铸而成的交联树脂板材切取,在不饱和聚酯树脂为数众多的可能应用范围中,选择不含任何填充或增强材料的树脂制备试样,以得到交联聚合物的固有性能。

本程序仅用于测定由液体不饱和聚酯树脂制得的交联树脂性能。

固体UP R试样应按照树脂供方说明书进行制备。

按表2中试验要求,热固性树脂板材厚度应为2 mm、3 mm和4 mm几种规格,应制备足够数量以

满足测定这些性能的需要。

3.2 材料预处理

浇铸前,树脂样品一般不需要处理。如果需要预处理,应按照生产厂推荐的方法进行处理。

树脂在使用前应放在防潮的容器中。

3.3 板材制备

3.3.1 设备

3.3.1.1 平板模具:大约 6 mm 厚,尺寸约 300 mm×350 mm。

3.3.1.1.1 两块玻璃板。

3.3.1.1.2 两块抛光的不锈钢板。

注:可以用其他材料,如钢或硅橡胶制作模具。

3.3.1.2 垫片:厚度为 2 mm、3 mm 和 4 mm。

3.3.1.3 硅橡胶或乳胶接缝条:直径 5 mm。

3.3.1.4 夹持板材用的装置。

3.3.1.5 除去反应混合物中气泡的装置(见 3.3.3):宜使用离心分离器,或能使板材/接缝条/垫片组成的装置处于静态真空之下的真空干燥器。

3.3.1.6 搅拌器:用于混合反应混合物(如玻璃棒)。

3.3.1.7 玻璃烧杯:容量 500 mL。

3.3.1.8 天平:精确度 0.1 g。

3.3.1.9 烘箱:能控制在不饱和聚酯树脂后处理选定的温度。

3.3.2 试剂

3.3.2.1 引发剂:不饱和聚酯树脂专用,如:34%(质量分数)2,4-戊二酮过氧化物(乙酰丙酮过氧化物)的邻苯二甲酸二甲酯溶液。

3.3.2.2 聚合反应用促进剂:不饱和聚酯树脂专用,如:含 1%(质量分数)钴的 2-乙基己酸钴(Ⅱ)溶液。

3.3.2.3 外脱模剂:不影响不饱和聚酯树脂的性能。

3.3.3 操作步骤

在平板上(3.3.1.1.1 或 3.3.1.1.2)涂覆一薄层外脱模剂(3.3.2.3),抛光使之发亮,以保证所产生的固化树脂板材具有高质量的表面光洁度。

将硅橡胶或乳胶接缝条和选定的垫片(2 mm,3 mm 或 4 mm)放置在两块平板之间,如图 1 所示。用适宜的夹子夹持组合件,并保持垂直位置。

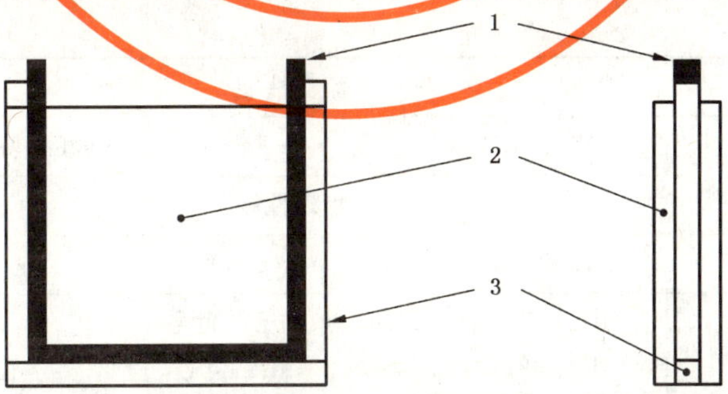

1——接缝条;

2——玻璃板或钢板;

3——垫片。

图 1 制备板材的设备

用天平(3.3.1.8),在玻璃烧杯(3.3.1.7)中称量200 g不饱和聚酯树脂,加入2 g促进剂溶液(3.3.2.2),用搅拌器(3.3.1.6)混合均匀,尽量避免引入气泡。

注1:如果不饱和聚酯树脂中已含有预促进剂,则不必再加促进剂。

然后,将3 g过氧化物溶液(3.3.2.1)加入玻璃烧杯中,用搅拌器(3.3.1.6)搅拌均匀,避免引入气泡。

过氧化物溶液需要在低温(5℃)条件下贮存,例如放在冰箱里。在这种情况下,溶液在使用前应在室温保持6 h。

警告——严禁将引发剂和促进剂混合在一起,因为会产生爆炸性混合物。应将每个组分分别地混入聚酯树脂中。

注2:本部分中所使用的促进剂和引发剂的类型和加入比例是参考性条件,有关各方可根据具体情况商定其他条件。

使用离心分离器或真空干燥器(3.3.1.5)除去反应混合物中的气泡。然后仔细地将反应混合物注入由平板/接缝条/垫片组成的容器中,注意尽量避免引入气泡。将充有反应混合物的组件垂直地放在真空干燥器(3.3.1.5)中,并按要求的时间施以静态真空,以除去所有气泡。

将组件保持垂直位置24 h,进行交联反应。

然后,打开模具取出浇铸板材。

为了更准确地测定树脂的固有性能,对试样进行补充的热处理(后固化)。

对室温成型(不加热模具或不温度调节模具)的树脂,按下述方法进行后处理:

——将不饱和聚酯树脂浇铸板材放在两块抛光的不锈钢板(3.3.1.1.2)之间;

——在环境温度下放置24 h,然后在烘箱(3.3.1.9)中40 ℃下加热16 h。

对高温成型(>60 ℃)的树脂,按下述方法进行后处理:

——将不饱和聚酯树脂浇铸板材放在两块抛光的不锈钢板之间。

——在环境温度下放置24 h,然后在烘箱中40 ℃下加热16 h,随后120 ℃下加热2 h。

3.4 试样的切割

按ISO 2818:1994的规定由制备的板材(2 mm、3 mm或4 mm厚)切取试样。

4 试样的状态调节

除非另有规定,在测定表1和表2中的性能之前,试样应按照GB/T 2918—1998的规定,在温度(23±2)℃和相对湿度(50±10)%条件下状态调节至少16 h。

表1 工艺性能

	性能	标准	单位	试验条件和附加说明
1	流变性能			
1.1	黏度	ISO 3219:1993	Pa·s	(液态UP)在已知剪切速率下测量
2	物理性能			
2.1	密度	GB/T 15223—2008	g/mL	
2.2	色号	GB/T 9281.1—2008 ISO 6271.1:2004	加德纳色号 铂-钴色号	加德纳色度 铂-钴色度(hazen)
2.3	闪点	GB/T 21775—2008 ISO 2719:1988	℃ ℃	适用于闪点不高于65 ℃的树脂 适用于闪点高于65 ℃的树脂
2.4	软化点	GB/T 9284—1988	℃	环球法(固态UP)
3	化学性能			

表 1（续）

	性　能	标　准	单　位	试验条件和附加说明
3.1	酸值 羟值	ISO 2114:2000 GB/T 7193—2008	以每克试样消耗的氢氧化钾毫克数表示	
3.2	挥发物含量	有关各方商定	质量分数/%	
3.3	含水量	GB/T 6283—2008	质量分数/%	
3.4	卤素含量	GB/T 12007.3—1989	质量分数/%	
4	交联的相关性能			
4.1	凝胶时间	GB/T 24148.6—2009	min	凝胶时间的测定为 25 ℃
	反应活性	ISO 2535:2001	℃,min	
4.2	总体积收缩率	ISO 3521:1997	体积分数,%	

表 2　固有性能和试验条件

	性　能	符号	标　准	试样类型 （尺寸/mm）	单位	试验条件和附加说明	
1	流变性能						
1.1	模塑收缩率	S_{Mo}	ISO 2577:1984	120×120×2	%	记录彼此垂直的两个方向的平均值	
2	机械性能						
2.1	拉伸模量	E_t	GB/T 1040.1—2006 GB/T 1040.2—2006	GB/T 11997—2008 A 型	MPa	测试速度 1 mm/min	
2.2	拉伸断裂应力	σ				测试速度 5 mm/min	
2.3	断裂拉伸应变	ε_B			%	测试速度 5 mm/min	
2.4 2.5	拉伸蠕变模量	$E_{tc}1$ $E_{tc}10^3$	GB/T 11546.1—2008		MPa	1 h 1 000 h	应变<0.5%
2.6	弯曲模量	E_f	GB/T 9341—2008	80×10×4	MPa	测试速度 2 mm/min	
2.7	弯曲强度	σ_{fM}					
2.8	简支梁冲击强度	α_{cU}	GB/T 1043.1—2008	80×10×4 机加工成 V 型缺口 r=0.25	kJ/m²	侧向冲击	
2.9	简支梁缺口冲击强度	α_{cA}					
2.10 2.11	多轴冲击行为	F_M W_P	ISO 6603-2:2000	60×60×4	N J	最大力 总能量	冲锤速度 4.4 m/s 冲锤直径 20 mm 润滑冲头
3	热性能						
3.1	玻璃化转变温度	T_g	GB/T 19466—2004		℃	10 ℃/min	
3.2 3.3	负荷变形温度(HDT)	$T_f1.8$ $T_f0.45$	GB/T 1634.2—2004	80×10×4	℃	1.8 0.45	最大表面应力 MPa

表 2（续）

	性能	符号	标准	试样类型 （尺寸 mm）	单位	试验条件和附加说明
3.4	线膨胀系数	α_p α_n	ISO 11359-2:1999	按 GB/T 11997—2008 制备	$℃^{-1}$	记录温度在 23 ℃～55 ℃间的正割值
3.5	燃烧性能	B50/3	GB/T 2408—2008	125×13×3		记录类别：V-0、V-1、V-2、HB40 或都不是
3.6		B500/3	GB/T 5169.17—2008	≥150×≥150×3		记录类别：5VA 或 5VB 或都不是
3.7	氧指数		GB/T 2406.2—2009	80×10×4		使用 A 法：顶面引燃
4	电性能					
4.1 4.2	相对电容率	ε_r100 ε_r1M	IEC 60250:1969	≥60×≥60×2		100 Hz 1 MHz 对边缘效应进行补偿
4.3 4.4	损耗因数	$\tan\delta100$ $\tan\delta1M$				100 Hz 1 MHz
4.5	体积电阻率	ρ_e	GB/T 1410—2006		Ω·m	
4.6	表面电阻率	σ_e			Ω	
4.7	电气强度	E_B	GB/T 1408.1—2006		kV/mm	利用直径 20 mm 的圆型电极，浸在符合 GB/T 2536—1990 的变压器油中，升压速率为 2 kV/s
4.8	相比电痕化指数	CTI	GB/T 4207—2003	按 GB/T 11997—2008 制备 ≥15×≥15×4		利用 A 溶液
5	其他性能					
5.1 5.2	吸水性	w_W w_H	GB/T 1034—2008	厚度≥1	%	在 23 ℃水中的饱和值 在 23 ℃及相对湿度 50%时的饱和值
5.3	密度	ρ	GB/T 1033.1—2008	4 mm 厚的板	kg/m^3	用于本部分时，GB/T 1033.1—2008 所规定的三种方法是等效的

5 性能测定

5.1 在表 1、表 2 和表 3 中所述的性能，涉及：

——未交联的树脂（不饱和聚酯树脂的工艺性能）（这些性能列于表 1）。

——交联的树脂（不饱和聚酯树脂的固有性能）（这些性能列于表 2 和表 3）。

5.2 在测定固有性能时，应按照 ISO 10350-1:1998 中所列的表述结果、标准、及附加说明和注释。除非表 2 中另有明确说明，所有试验都应按照 GB/T 2918—1998 在温度(23±2)℃和相对湿度(50±10)%条件下进行。

表 2 按照 ISO 10350-1:1998 采集数据，表中所列的各项性能都是适合以不饱和聚酯树脂为基体的产品的那些性能，这些性能对比较不同热固性和热塑性塑料所得的数据是有用的。

表 3 包含表 2 中没有的那些性能，这些性能可能对不饱和聚酯树脂具有实际意义。

表 3　附加的(非“标准”)性能和测试条件

	性　能	符号	标　准	试样类型 (尺寸/mm)	单位	试验条件和 附加说明
1	流变和加工性能					
1.1	巴柯尔硬度		EN 59:1977		巴柯尔单位	
2	力学性能					
2.1	压缩强度		GB/T 1041—2008		MPa	
2.2	压缩模量	E_c	GB/T 1041—2008		GPa	
3	其他性能					
3.1	残留苯乙烯单体含量		ISO 4901—1985		质量分数/%	气相色谱法

ICS 83.080.01
G 31

中华人民共和国国家标准

GB/T 24148.4—2009

塑料　不饱和聚酯树脂(UP-R) 第4部分:黏度的测定

Plastics—Unsaturated polyester resin—Part 4:Determination of viscosity

(ISO 3219:1993,Plastics—Polymers/resins in the liquid state or as emulsions or dispersions—Determination of viscosity using a rotational viscometer with defined shear rate, MOD)

2009-06-15 发布　　　　2010-02-01 实施

中华人民共和国国家质量监督检验检疫总局
中国国家标准化管理委员会　发布

前　言

GB/T 24148《塑料　不饱和聚酯树脂(UP-R)》分为以下9部分：

——第1部分：命名系统；

——第2部分：试样制备和性能测定；

——第3部分：技术要求；

——第4部分：黏度的测定；

——第5部分：固体含量测定；

——第6部分：130 ℃反应活性测定；

——第7部分：室温条件下凝胶时间测定；

——第8部分：铂钴比色法测定颜色；

——第9部分：总体积收缩率测定。

本部分为GB/T 24148的第4部分，修改采用ISO 3219:1993《塑料　液态或乳液态或分散状的聚合物/树脂　使用规定剪切速率的旋转式黏度计测定黏度》(英文版)，附录C列出了本部分章条编号与ISO 3219:1993的章条编号对照表。

本部分做了如下技术性修改：

——范围仅适用于液态不饱和聚酯树脂(见第1章)；

——对操作步骤做了较详细的说明(见第7章)；

——把"规范性引用文件"一章所列的国际标准用对应的我国国家标准代替。

为便于使用，本部分作了下列编辑性修改：

——把"本国际标准"一词改为"本部分"，把"ISO 3219本部分"改为"GB/T 24148本部分"或"本部分"；

——删除了ISO 3219:1993的前言；

——增加了国家标准的前言；

——用我国的小数点符号"."代替国际标准中的小数点符号","。

本部分的附录A和附录B为规范性附录，附录C为资料性附录。

本部分由中国石油和化学工业协会提出。

本部分由全国塑料标准化技术委员会塑料树脂通用方法和产品分会(SAC/TC 15/SC 4)归口。

本部分负责起草单位：浙江天和树脂有限公司、天津合材树脂有限公司、国家合成树脂质量监督检验中心。

本部分参加起草单位：广东省番禺福田化工有限公司、江苏亚邦涂料股份有限公司、华东理工大学华昌聚合物有限公司、江苏富菱化工有限公司、常州天马集团有限公司。

本部分主要起草人：张鹏升、李增敏、肖淑红、王绪江、王建东、赵平、辛智敏、侯锐钢、杨晨、朱锐、徐大云。

塑料　不饱和聚酯树脂(UP-R)
第4部分:黏度的测定

1　范围

GB/T 24148的本部分规定了不饱和聚酯树脂黏度测定方法。

本部分适用于采用具有规定剪切速率的旋转黏度计测定液态不饱和聚酯树脂黏度。

2　规范性引用文件

下列文件中的条款通过GB/T 24148的本部分的引用而成为本部分的条款。凡是注日期的引用文件,其随后所有的修改单(不包括勘误的内容)或修订版均不适用于本部分,然而,鼓励根据本部分达成协议的各方研究是否可使用这些文件的最新版本。凡是不注日期的引用文件,其最新版本适用于本部分。

GB/T 2918—1998　塑料试样状态调节和试验的标准环境(idt ISO 291:1997)

GB 3102.3—1993　力学的量和单位(eqv ISO 31-3:1992)

3　原理

用具有规定特性的旋转黏度计根据所用的剪切速率和得到的剪切应力测量液态样品的黏度。

黏度 η 用式(1)定义:

$$\eta=\frac{\tau}{\dot{\gamma}} \qquad \cdots\cdots(1)$$

式中:

η——黏度,单位为帕斯卡秒(Pa·s);

τ——剪切力,单位为帕斯卡(Pa);

$\dot{\gamma}$——剪切速率,单位为每秒(s^{-1})。

根据国际单位制(SI)黏度的单位为帕斯卡秒(Pa·s)

$$1\ Pa\cdot s=1\ N\cdot s/m^2$$

注1:符号与GB 3102.3—1993《力学的量和单位》一致。

注2:如果黏度依赖于测定所用剪切速率,即 $\eta=f(\dot{\gamma})$,液体称为非牛顿型液体。液体所具有的黏度与剪切速率无关则称为牛顿型液体。

4　仪器

4.1　旋转黏度计

4.1.1　测量系统

测量系统应包括两个刚性对称的同轴表面,其间放入待测黏度的流体。其中一个表面以恒定角速度旋转,而另一表面则保持静止。测量系统应能确定每次测量的剪切速率。

扭矩测量装置应与其中一个表面连接,这样可以测定为克服流体的黏滞阻力所需的扭矩。

适宜的测量系统为同轴圆筒系统和锥板系统。

测量系统的尺寸应满足附录A和附B规定的条件,其设计可确保所有测量类型和所有通用型号仪器的测量区域具有相似的几何尺寸。

4.1.2 基础仪器

基础仪器应设计成能安装可供选择的转子和定子，以形成一系列规定的旋转频率（逐级地或连续地变化），并且能测定与之对应的扭矩，反之亦然（即：产生一个规定的扭矩并测量与之对应的旋转频率）。

仪器的扭矩测定精度应在满刻度量程的2%以内。在仪器的正常工作范围内，仪器的旋转频率精度应在测定值的2%以内。黏度测定的重复性应在±2%。

注：就所使用的不同测量系统和旋转频率来说，大多数商品仪器都有一个黏度测量范围，其最小范围为$(10^{-2} \sim 10^{3})$Pa·s。

不同仪器的剪切速率的范围差别很大，应根据所需测量的黏度和剪切速率的范围来选择一个特定的基础仪器和适合的测量系统。

4.2 温度控制装置

液体循环浴的温度或电加热器的温度在(0～50)℃范围内时，应能保持恒定在±0.2 ℃，在超过这个温度范围时，应能保持恒定在±0.5 ℃。

更精确的测量则需要更高的准确度（如±0.1 ℃）。

4.3 温度计

温度计的精度应为±0.05 ℃。

5 取样

取样方法，包括样品的任何特殊制备和加入黏度计的方法应在所测产品的试验标准中规定。

样品中不应含有任何可见杂质和气泡。

如样品易吸潮或含有挥发性成分，应密闭样品容器以尽量减少对黏度测量的影响。

6 试验条件

6.1 校准

黏度计应定期校准，例如通过测量扭矩参数或采用已知黏度的参考流体（牛顿型流体）。如果在方法的精确度范围内，通过参考流体的测定值的直线不通过坐标系的原点，应根据制造商的说明书更彻底地检查操作步骤和仪器。

用于校准的标准流体的黏度应在待测样品的黏度范围内。

6.2 试验温度

由于黏度与温度相关，对比试验应在相同的温度下进行。如果需要在室温条件下进行测定，测定温度应选择23.0 ℃±0.2 ℃。

更进一步的细节应在所测产品的测试标准中规定。

注1：在测量期间热被释放到样品中。牛顿型流体在绝热试验条件下，热分散速率由$\eta \cdot \dot{\gamma}^2$（单位 W/m³）给出，并且可能引起样品温度升高。

6.3 剪切速率的选择

对于所有牛顿型产品规定一个剪切速率，非牛顿型产品采用4个剪切速率，绘出黏度对剪切速率的坐标图。

为了能比较由不同仪器测定的黏度，推荐从以下数据组成的系列中选择剪切速率。

1.00 s^{-1}　2.50 s^{-1}　6.30 s^{-1}　16.0 s^{-1}　40.0 s^{-1}　100 s^{-1}　250 s^{-1}

或

1.00 s^{-1}　2.50 s^{-1}　5.00 s^{-1}　10.0 s^{-1}　25.0 s^{-1}　50.0 s^{-1}　100 s^{-1}

及以这些值乘以或除以100的数据。

如果给定的基础仪器不容许选择这些值，则应从黏度曲线上选择剪切速率值。

对于非牛顿型流体，测量应从低剪切速率开始，逐渐增加速度直至达到最大速度，然后降低速度，再在低的剪切速率下进一步测定。

注2：以这种方式可以确定触变性和震凝性，虽然只是定性的。

对触变性和震凝性流体，测定条件应在所测产品的标准中规定。

测定前，在黏度计中的试料应有足够的时间恢复任何触变性结构，这个时间依特定样品的性质而定。

如果在增加和降低剪切速率下的读数呈无规则变化，可以取两个读数的平均值。如果观察到稳定的变化，对于触变性体系，两个值都应记录。

7 操作步骤

除非所测产品的测试标准另有规定，应根据附录A或附录B进行三次测定，每次使用同一样品的新部分。

对于测定黏度的计算，见附录A或附录B。

7.1 按需要的剪切速率选择固定筒、转筒(子)及转速。

7.2 把试样装入固定筒，将温度调到23 ℃，然后把固定筒放入温度为23.0 ℃±0.2 ℃的恒温浴中，(或将试样倒入黏度计的测定容器，容器连接23.0 ℃±0.2 ℃的恒温装置)浴面应比试样面略高。

7.3 将黏度计转筒(子)垂直浸入试样中心，浸入深度应符合黏度计的规定，同时开始计时。

7.4 在整个测定过程中，应将试样温度控制在23.0 ℃±0.2 ℃，当转筒(子)浸入试样中达8 min时，开启马达，转筒(子)旋转2 min后读数，读数后关闭马达，停留1 min后再开启马达，旋转1 min后第二次读数。

7.5 每测定一个试样后，应将黏度计转筒(子)等用溶剂清洗干净。

8 结果表示

使用仪器附带的操作手册或明细表或计算图给出的关系计算黏度 η，以 Pa·s 表示。计算三次测定结果的算术平均值。

当表述黏度值时，在括号内给出黏度测定所用的温度和剪切速率，例如：

$$\eta(23\ ℃, 1\,600\ s^{-1}) = 4.25\ Pa \cdot s$$

当采用不同温度和剪切速率测定黏度时，用坐标曲线表示这些关系。

9 精密度

由于尚未得到实验室间试验数据，故未知本试验方法的精密度。如果得到上述数据，则在下次修订时加上精密度说明。

10 试验报告

试验报告应包含以下内容：

a) 注明采用本部分；

b) 所测样品的必要标识；

c) 取样日期；

d) 测试的温度；

e) 样品制备说明；

f) 所用黏度计测量系统的描述；

g) 由所有的以帕(Pa)表示的剪切力 τ 和以秒的倒数表示的剪切速率 $\dot{\gamma}$ 的对应值绘制的黏度曲线；

h) 在单点测量情况下的黏度(包括进行测定时的温度和剪切速率)(见第8章)；

i) 在触变性和震凝性流体的情况下的条件(如斜坡时间和总剪切力);

j) 测量时间(即达到所需剪切力后并在连续读数之前的时间段);

k) 每个单独的黏度测定结果,以帕斯卡秒(Pa·s)或毫帕斯卡秒(mPa·s)表示,及这些结果的算术平均值;

l) 任何采用本部分但与本部分有区别的试验条件。例如使用了不同尺寸的测量系统;

m) 测试日期。

附 录 A
（规范性附录）
同轴圆筒黏度计

A.1 系统特性

测量系统包括一个杯（即封底的外筒）和一个悬锤（即如图 A.1 所示的带轴的内筒），悬锤可以作为转子，而杯作为定子，反之亦可。

A.2 计算方法

剪切力 τ 和剪切速率 $\dot{\gamma}$ 在同轴圆筒旋转黏度计的环状截面上不是常数，而是从里到外降低（Searle 型）或与之相反（Conette 型）。此外，$\dot{\gamma}$ 的变化也依赖于测试材料的流变性。

作为“表观”值计算 τ 和 $\dot{\gamma}$ 是非常方便的。表观值不会发生在测量系统本身的表面（即：在外半径 r_e 或内半径 r_i），而是发生在一定距离的环形区域内。其表现为（理论和经验两者）以式（A.2）和式（A.3）叙述计算的表观值 τ_{rep} 和 $\dot{\gamma}_{rep}$。其非常近似的描述了局限幂律指数（local power law index）范围为 0.3～2 的流体的流动特性。

剪切力以帕斯卡（Pa）表示，根据在内筒（即在半径 r_i）或外筒（即在半径 r_e）测量的扭矩 M 采用式（A.1）和式（A.2）计算。这两个半径以米表示：

$$\tau_i = \frac{M}{2\pi L r_i^2 C_L}; \qquad \tau_e = \frac{M}{2\pi L r_e^2 C_L} \quad \cdots\cdots\cdots\cdots(\text{A.1})$$

$$\tau_{rep} = \frac{\tau_i + \tau_e}{2} = \frac{1+\delta^2}{2\delta^2} \times \tau_i = \frac{1+\delta^2}{2} \times \tau_e = \frac{1+\delta^2}{2\delta^2} \times \frac{M}{2\pi L r_i^2 C_L} \quad \cdots\cdots\cdots\cdots(\text{A.2})$$

其中：除上述所提到的量外，

M——扭矩，单位为牛顿米（N·m）；

L——内筒长度，单位为米（m）；

C_L——用于计算测量系统底表面扭矩效应的底部效应校正系数（该校正系数依赖于测量系统的几何结构和流体的流变性，而且对于每一个测量系统的几何结构类型都必须进行实验测定）；

δ——外筒与内筒半径之比；

表观剪切速率以弧度每秒表示，按式（A.3）计算：

$$\dot{\gamma}_{rep} = \omega \times \frac{1+\delta^2}{\delta^2 - 1} \quad \cdots\cdots\cdots\cdots(\text{A.3})$$

其中 ω 为角速度，以弧度每秒表示。

如果旋转频率 n 以转每分表示则：

$$\omega = \frac{2\pi n}{60} = 0.104\,7n$$

A.3 标准几何结构（见图 A.1）

与一个给定黏度计配套的测量系统类型的尺寸应根据以下比值，以保证对所有的操作和基础仪器形体相似的流动区域：

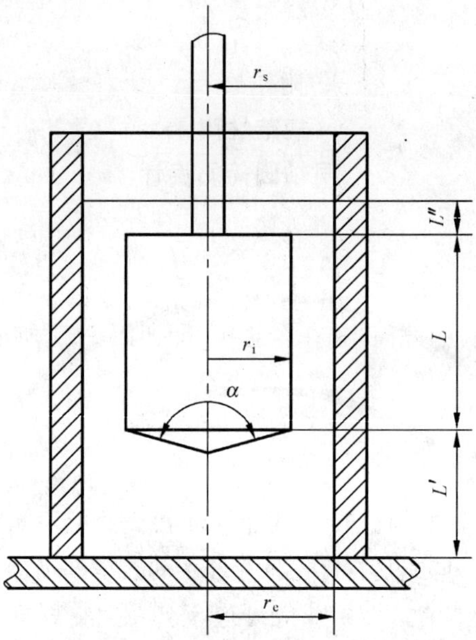

$\delta = \frac{r_e}{r_i} = 1.0847$

$\frac{L}{r_i} = 3$

$\frac{L'}{r_i} = 1$

$\frac{L''}{r_i} = 1$

$\frac{r_s}{r_i} = 0.3$

$\alpha = 120°$

δ——外筒与内筒半径之比；

r_e——外筒半径；

r_i——内筒半径；

L——内筒长度；

L'——内筒的底边与外筒底部的距离；

L''——轴插入部分的长度；

r_s——轴半径；

α——内筒底部圆锥顶角。

注1：内筒底部的圆锥应能轻易插入装满待测液体的杯筒中，并且不能形成气泡。

注2：同轴圆筒系统需要精确地调整内外筒的轴线。

图 A.1 同轴圆筒系统标准几何结构

样品的体积只与半径 r_i 有关，由式(A.4)给出：

$$V = 8.17r_i^3 \quad \cdots\cdots\cdots\cdots(A.4)$$

对于具有这种标准几何结构的测量系统，底部效应校正系数 C_L 与半径 r_i 无关，对牛顿型流体：

$$C_L = 1.10$$

可作为一个经验值。对于非牛顿型流体，C_L 不是常数，但与剪切速率 $\dot{\gamma}$ 和流体的流变性有关。

注3：对于细薄流体的剪切，在一定剪切速率下 C_L 可以达到1.2。对于黏塑性流体存在一个塑变值，在低剪切速率下 C_L 值可达1.28。

采用 $C_L = 1.10$(牛顿型流体)，$\delta^2 = 1.17657$ 和 $\tau_{rep} = 0.925\tau_i = 1.088\tau_e$，如果表观剪切力 τ_{rep} 以 Pa 表示，扭矩 M 以牛顿米(N·m)表示，表观剪切速率 $\dot{\gamma}_{rep}$ 和角速度 ω 以弧度每秒表示，内径 r_i 以米表示，

而旋转频率以分钟的倒数表示，则得到以下数学关系式：

$$\tau_{rep} = 0.0446 \times \frac{M}{r_i^3} \qquad \cdots\cdots (A.5)$$

$$\dot{\gamma}_{rep} = 12.33\omega = 1.291n \qquad \cdots\cdots (A.6)$$

A.4 其他几何结构

如果由于任何原因导致无法使用标准几何结构，也可以选择其他尺寸的测量系统。为了使用 A.2 给出的计算方法，应满足以下要求：

$$\delta = \frac{r_e}{r_i} \leqslant 1.2$$

$$\frac{L}{r_i} \geqslant 3 \qquad \frac{L'}{r_i} \geqslant 1$$

$$90^\circ \leqslant \alpha \leqslant 150^\circ$$

底部效应校正系数 C_L 与具有标准几何结构的 C_L 有所不同(通常较高)。

注 4：选择窄环(如 $\delta \leqslant 1.2$)，可保证简单且容易量化的表观黏度非常接近，其显示为在对应的剪切速率下表观黏度值与真实值仅有微小差异(≤3.5%)。对于标准的几何结构，通常误差更小。

A.5 结果的处理

具有线性刻度的矩形坐标系内，绘制从仪器读取的扭矩与对应的旋转频率 n 的平面图。

绘出一条经过坐标原点的光滑曲线，读取曲线上扭矩和旋转频率值并且用以下公式将它们转化为对应的剪切力和剪切速率值：

式(A.2)或式(A.5)用于剪切力 τ；

式(A.3)或式(A.6)用于剪切速率 $\dot{\gamma}$。

如有可能，选择这些 τ 或 $\dot{\gamma}$ 值以形成一个几何级数，这些量对应为曲线 $\tau = f(\dot{\gamma})$。

如果该曲线为通过原点的直线，黏度可以表示为由斜率给出的单值，即任意一对值($\tau, \dot{\gamma}$)的比率 $\tau/\dot{\gamma}$。

如果曲线为非线性，可以读取 τ 和 $\dot{\gamma}$ 的对应值，并且将比值 $\tau/\dot{\gamma}$ 绘成对应 τ 和 $\dot{\gamma}$ 的剪切力——黏度或剪切速率——黏度[黏度函数 $\eta(\tau)$ 或 $\eta(\dot{\gamma})$]曲线。

所有测量值和计算值修约至三位有效数字，如

$$\dot{\gamma} = 42.8\ s^{-1}; \eta = 0.318\ Pa \cdot s;$$

$$\tau = 13.6\ Pa; \theta = 23.0\ ^\circ C$$

附 录 B
（规范性附录）
锥 板 系 统

B.1 系统特征

测量系统包括一个旋转锥体，旋转轴和静止板（如图 B.1）。锥体与底平面的夹角 α 应尽可能得小，最好不要超过 1°，但绝不能超过 4°，当角度超过 1°时，在测试报告中应予以指出，锥板系统的优势在于：在这样一个小的角度中沿锥形间隙里的剪切速率可认为是恒定的。

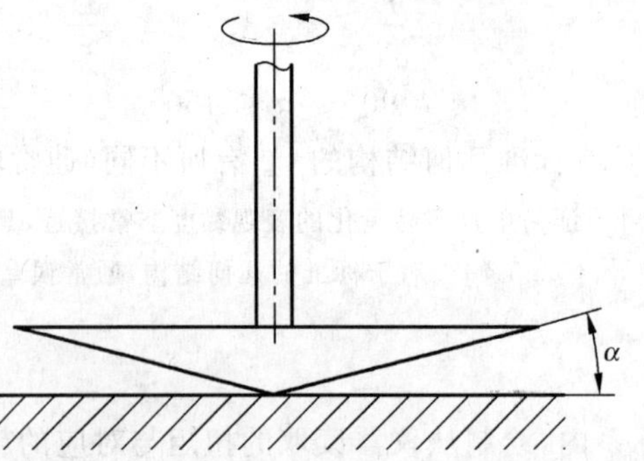

图 B.1 锥板系统

B.2 计算方法

如果 $\alpha \leqslant 0.05$ rad（即 $\alpha \leqslant 3°$），式（B.1）和式（B.2）可用于计算剪切力 τ 和剪切速率 $\dot{\gamma}$。

$$\tau = \frac{3M}{2\pi r^3} \qquad \text{(B.1)}$$

$$\dot{\gamma} = \frac{\omega}{\alpha}; \qquad \text{(B.2)}$$

式中：

M——转矩，单位为牛顿米（N·m）

$\dot{\gamma}$——锥形半径，单位为米（m）

α——锥体与板夹角（1rad＝180°/π）

ω——角速度（rad/s）

为了避免锥形体与板接触产生摩擦，可以使用平头锥。如果待测流体包含有固体粒子时，这个结构也适合使用。

锥板系统要求垂直于板的锥形轴准确对准，同时也要求锥的顶点与板准确接触（或在平头锥的情况下，间隙要精确安放）。

锥与板的间隙充分填充结合也很重要（既不要填充过度也不要填充不足）。

注：需考虑间隙长度随温度的变化。

附　录　C
（资料性附录）
本部分章条编号与 ISO 3219:1993 的章条编号对照

表 C.1 给出了本部分章条编号与 ISO 3219:1993 的章条编号对照一览表。

表 C.1　本部分章条编号与 ISO 3219:1993 章条编号对照

本部分章条编号	对应的 ISO 3219:1993 标准章条编号
1　范围	1　范围
2　规范性引用文件	2　规范性引用文件
3　原理	3　原理
4　仪器	4　仪器
4.1～4.3　黏度计、温度控制装置、温度计	4.1～4.3　黏度计、温度控制装置、温度计
5　取样	5　取样
6　试验条件	6　试验条件
6.1～6.3　校准、试验温度、剪切速率的选择	6.1～6.3　校准、试验温度、剪切速率的选择
7　操作步骤	6.4　操作步骤
7.1～7.5	—
8　结果表示	7　结果表示
9　精密度	—
10　试验报告	8　试验报告
附录 A	附录 A
附录 B	附录 B
附录 C	—

ICS 83.080.01
G 31

中华人民共和国国家标准

GB/T 24148.6—2009/ISO 14848:1998

塑料　不饱和聚酯树脂(UP-R)
第6部分:130 ℃反应活性测定

Plastics—Unsaturated-polyester resins—
Part 6: Determination of reactivity at 130 ℃

(ISO 14848:1998,IDT)

2009-06-15 发布　　2010-02-01 实施

中华人民共和国国家质量监督检验检疫总局
中国国家标准化管理委员会　发布

前　言

GB/T 24148—2009《塑料　不饱和聚酯树脂(UP-R)》分为以下9部分：

——第1部分：命名系统；

——第2部分：试样制备和性能测定；

——第3部分：技术要求；

——第4部分：黏度的测定；

——第5部分：固体含量测定；

——第6部分：130 ℃反应活性测定；

——第7部分：室温条件下凝胶时间测定；

——第8部分：铂钴比色法测定颜色；

——第9部分：总体积收缩率测定。

本部分为GB/T 24148的第6部分，等同采用ISO 14848:1998《塑料　不饱和聚酯树脂130 ℃反应活性测定》，为便于使用，作部分编辑性修改：

——将“本国际标准”改为“本部分”；

——删除了ISO 14848:1998的前言；

——增加了国家标准前言；

——用我国的小数点符号“.”代替国际标准中的小数点符号“,”。

本部分的附录A为资料性附录。

本部分由中国石油和化学工业协会提出。

本部分由全国塑料标准技术委员会塑料树脂通用方法及产品分会(SAC/TC 15/SC 4)归口。

本部分负责起草单位：江苏富菱化工有限公司、华东理工大学华昌聚合物有限公司、国家合成树脂质量监督检验中心。

本部分参加起草单位：上海新天和树脂有限公司、天津市合材树脂有限公司、江苏亚邦涂料股份有限公司、常州天马集团有限公司、广东省番禺福田化工有限公司。

本部分主要起草人：马越群、朱锐、侯锐钢、王建东、赵平、张鹏升、肖淑红、杨晨、徐大云、辛智敏。

塑料　不饱和聚酯树脂(UP-R)
第6部分:130 ℃反应活性测定

1　范围

GB/T 24148 的本部分规定了测定不饱和聚酯树脂反应活性的方法：

——在 130 ℃油浴加热不饱和聚酯树脂和引发剂的溶液时，树脂温度的上升所需时间。

- 从 80 ℃升高到 140 ℃。
- 从 80 ℃升高到最大温度。

——反应所达到的最大温度。

——该反应的速度可以通过试验所得的温度-时间曲线的拐点处正切值来表示。

本方法特别适合于测定成型温度超过 100 ℃的不饱和聚酯树脂。

注：测试结果和测试条件密切联系。本部分尽可能精确的来定义这些条件，包括以下条件：

a)　待测树脂的质量和形状(如试管直径，试管中树脂高度)；

b)　样品在油浴中的加热速率。例如，用一种低热容液体(乙二醇，硅油)可导致较低的加热速率；

c)　所用温度仪的类型。响应比热电偶慢，或具有过大热敏元件的电阻探头的温度仪，都是不适用的。

d)　插入待测树脂的热敏元件的位置，包括高度和试管轴线的相对位置。

e)　引发剂的性质。

2　规范性引用文件

下列文件中的条款通过 GB/T 24148 的本部分的引用而成为本部分的条款。凡是注日期的引用文件，其随后所有的修改单(不包括勘误的内容)或修订版均不适用于本部分，然而，鼓励根据本部分达成协议的各方研究是否可使用这些文件的最新版本。凡是不注日期的引用文件，其最新版本适用于本部分。

ISO 3219:1993　塑料　液态或乳态或分散状的聚合物/树脂黏度　使用规定剪切率的旋转式黏度计测定

ISO 15038:1999　塑料　有机过氧化物交联热固性不饱和聚酯树脂活性氧含量

3　原理

不饱和聚酯树脂的交联固化可以通过加入引发剂并加热实现。

本方法通过将质量比 100∶1 的树脂和引发剂混合均匀后置于试管中，并将试管置于 130 ℃的浴槽中恒温：

——记录反应温度随时间变化的情况。

——通过曲线上最大倾角处的正切值，并用来表征反应速率。

4　试剂

4.1　引发剂：过氧化苯甲酸叔丁酯，纯度大于 96%(活性氧含量大于 7.9%——按 ISO 15038:1999)。

注：勿在下列温度下储存过氧化苯甲酸叔丁酯(熔点 8 ℃)

——低于 10 ℃(避免结晶)；

——高于 30 ℃(避免变质)。

5 仪器

5.1 恒温浴槽：容积(4～5)L，内装硅油(23 ℃时黏度在 100 mPa·s～500 mPa·s，按 ISO 3219:1993 测定)。温度恒定为 130 ℃±1 ℃，配有恒温器，循环泵和距试管(5.2)100 mm 的搅拌器。搅拌充分以保证整个浴槽温度均匀。

5.2 硼硅玻璃试管：内径 18 mm，长度不小于 180 mm，壁厚 1.2 mm±0.2 mm，与中心定位装置配合使用。

5.3 J 型铁康铜热电偶：外套 1.5 mm 宽的保护套，线粗 0.25 mm±0.01 mm，结合处最大直径 0.54 mm(响应时间 28/100 s)，插入直径 1.6 mm 距热电偶底部 170 mm 的金属套管内，并与装备了自动冷源补偿的温度记录仪相连(见图 1)。

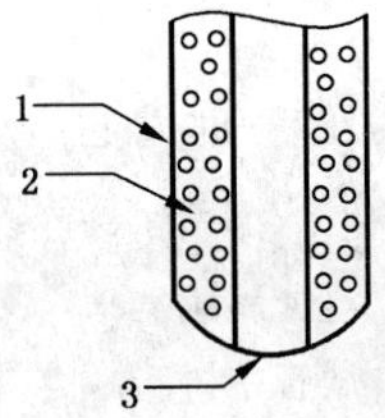

1——保护套；
2——绝缘材料；
3——接合处。

图 1 热电偶

5.4 图形记录仪：精度 1 ℃，制图速度 60 mm/min；或者配备计算机数据分析系统。

5.5 中心定位装置：直径(18.00－0.04)mm，用聚四氟乙烯制成，支撑热电偶，使之位于测试管中心(见图 2)。

5.6 天平：精确至 0.01 g。

5.7 秒表。

5.8 烧杯：容积 150 mL。

5.9 表面皿。

5.10 玻璃棒。

单位为毫米

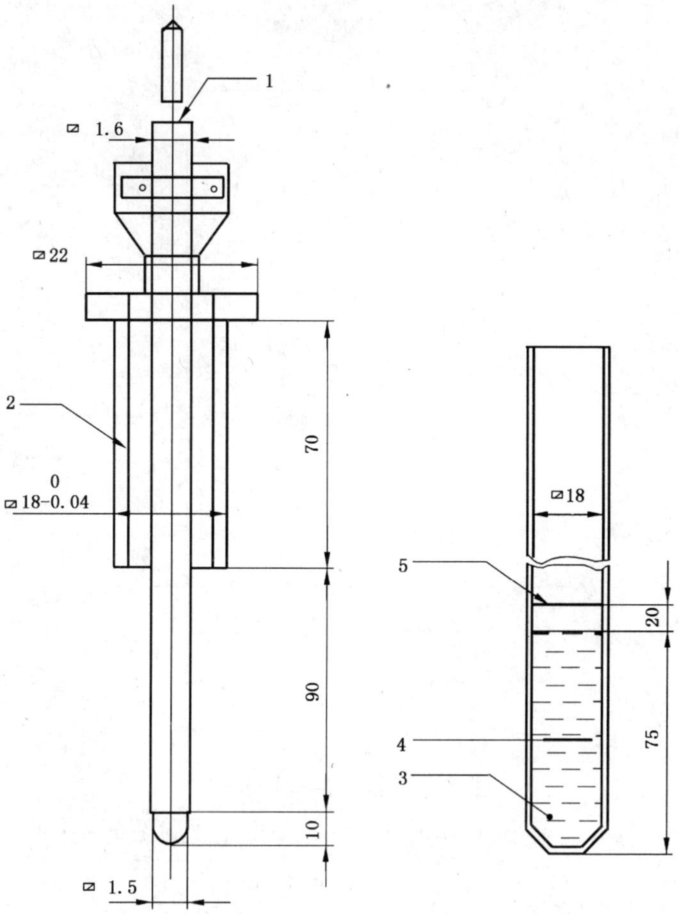

1——金属护套；
2——通气口；
3——树脂-引发剂混合液；
4——热电偶位置；
5——硅油液位。

图 2　中心装置

6　操作步骤

6.1　在 23 ℃±2 ℃下先称量烧杯(5.8)，然后再在烧杯中称量 100 g±0.1 g 树脂。

6.2　按照引发剂(4.1)：树脂为 1∶100 的质量比加入引发剂，并用玻璃棒(5.10)搅拌均匀。

6.3　将烧杯盖上表面皿(5.9)静置 45 min±5 min。然后将混合液注入试管中至液面高度为 75 mm±2 mm。装好中心定位装置并插入热电偶。将试管放入恒温油浴中，保持温度 130 ℃，确保管中树脂液面低于浴槽中硅油液面 20 mm。

警示：为保持测试结果的可重复性，中心定位装置每六个月应校对一次，以保证其尺寸变化在允许公差范围内。若不行，则需更换中心定位装置。

6.4　记录整个反应过程随时间变化的温度曲线(见图 3)。

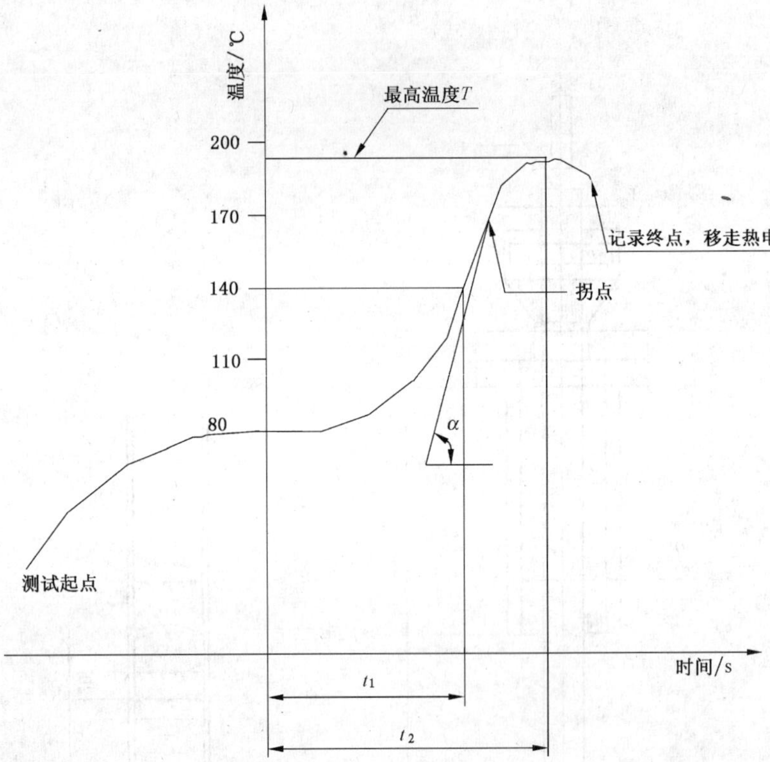

图 3 典型温度-时间曲线

6.5 测试完毕，当记录仪停止记录时立刻取出热电偶和中心定位装置，以避免树脂固化黏附在热电偶上。

6.6 重复试验至少两次。

7 结果表示

树脂的反应活性可以通过以下参数来表征：

——反应过程达到的最高温度 T(单位为摄氏度，℃)。

——反应中温度从 80 ℃升高到 140 ℃所用的时间 t_1(单位为秒，s)。

——反应中温度从 80 ℃升高到最高温度所用的时间 t_2(单位为秒，s)。

另外，记录仪所画的温度-时间曲线图拐点处的斜率($\tan\alpha$)表示反应速率(℃/s)(见图 3)。

测算每一个测定的参数，并算出其算术平均值。

8 精密度

由于尚未得到实验室试验数据，故未知本试验方法的精密度。如果得到上述数据，则在下次修订时加上精密度说明。

注：相应的 ISO 精密度见附录 NA。

9 试验报告

试验报告应包括以下内容：

a) 注明采用本部分；

b) 试样所需的详细说明；

c) 如果系统温度非 130 ℃，要标明。

d） 所用热电偶的型号；

e） 依据第7章得出的结果；

f） 本部分中未规定的操作细节，以及可能影响到最终结果的细节；

g） 试验日期与试验地点。

附 录 A
（资料性附录）
相应 ISO 标准的试验精密度数据

根据 1996 年在法国进行的循环实验，表 A.1 给出了由本试验方法计算得到的精密度。

表 A.1 精密度数据

	$t_1 \leqslant 60$ s			60 s $< t_2 \leqslant 120$ s		
	T	t_1	t_2	T	t_1	t_2
r	2%	14%	12%	2%	8%	7.5%
R	3%	16%	19%	4%	11%	15%

r＝可重复性

R＝再现性

置信水平 95%

ICS 83.080.20
G 32

中华人民共和国国家标准

GB/T 24149.1—2009

塑料　汽车用聚丙烯(PP)专用料
第1部分:保险杠

Plastics—Polypropylene(PP) compound for automobile—
Part 1:Bumper

2009-06-15 发布　　2010-02-01 实施

中华人民共和国国家质量监督检验检疫总局
中国国家标准化管理委员会　发布

前言

GB/T 24149《塑料　汽车用聚丙烯(PP)专用料》目前分为以下四个部分：

——第1部分：保险杠；

——第2部分：仪表板；

——第3部分：门内板；

——第4部分：其他。

本部分为GB/T 24149的第1部分。

本部分的附录A为资料性附录。

本部分由中国石油和化学工业协会提出。

本部分由全国塑料标准化技术委员会石化塑料树脂产品分会(SAC/TC 15/SC 1)归口。

本部分负责起草单位：金发科技股份有限公司。

本部分参加起草单位：北京聚菱燕塑料有限公司、上海普利特复合材料股份有限公司、广州毅昌科技股份有限公司、长安汽车股份有限公司、奇瑞汽车股份有限公司。

本部分主要起草人：罗忠富、黄达、陈广强、刘奇祥、程伟、张鹰、张新、吴春明、宁凯军、李建军、王晓、史荣波。

塑料　汽车用聚丙烯(PP)专用料
第1部分:保险杠

1　范围

GB/T 24149的本部分规定了汽车保险杠用聚丙烯(PP)专用料的分类与命名、要求、试验方法、检验规则、标志、包装、运输及贮存等。

本部分适用于以耐冲击共聚聚丙烯树脂为主,与弹性体、矿物粉及其他助剂按一定比例通过共混制成的、用于制造汽车保险杠的聚丙烯专用料。

2　规范性引用文件

下列文件中的条款通过GB/T 24149的本部分的引用而成为本部分的条款。凡是注日期的引用文件,其随后所有的修改单(不包括勘误的内容)或修订版均不适用于本部分,然而,鼓励根据本部分达成协议的各方研究是否可使用这些文件的最新版本。凡是不注日期的引用文件,其最新版本适用于本部分。

GB/T 1033.1—2008　塑料　非泡沫塑料密度的测定　第1部分:浸渍法、液体比重瓶法和滴定法(ISO 1183-1:2004,IDT)

GB/T 1040.2—2006　塑料　拉伸性能的测定　第2部分:模塑和挤塑塑料的试验条件(ISO 527-2:1993,IDT)

GB/T 1043.1—2008　塑料　简支梁冲击性能的测定　第1部分:非仪器化冲击试验(ISO 179-1:2000,IDT)

GB/T 1634.2—2004　塑料　负荷变形温度的测定　第2部分:塑料、硬橡胶和长纤维增强复合材料(ISO 75-2:2003,IDT)

GB/T 2546.1—2006　塑料　聚丙烯(PP)模塑和挤出材料　第1部分:命名系统和分类基础(ISO 1873-1:1995,MOD)

GB/T 2546.2—2003　塑料　聚丙烯(PP)模塑和挤出材料　第2部分:试样制备和性能测定(ISO 1873-2:1997,MOD)

GB/T 2547—2008　塑料　取样方法

GB/T 2918—1998　塑料试样状态调节和试验的标准环境(idt ISO 291:1997)

GB/T 3682—2000　热塑性塑料熔体质量流动速率和熔体体积流动速率的测定(idt ISO 1133:1997)

GB/T 8170—2008　数值修约规则与极限数值的表示和判定

GB/T 9341—2008　塑料　弯曲性能的测定(ISO 178:2001,IDT)

GB/T 9345.1—2008　塑料　灰分的测定　第1部分:通用方法(ISO 3451-1:1997,IDT)

GB/T 15596—2009　塑料在玻璃下日光、自然气候或实验室光源暴露后颜色和性能变化的测定(ISO 4582:2007,IDT)

GB/T 16422.1—2006　塑料试验室光源暴露试验方法　第1部分:总则(ISO 4892-1:1999,IDT)

GB/T 16422.2—1999　塑料试验室光源暴露试验方法　第2部分:氙弧灯(idt ISO 4892-2:1994)

GB/T 17037.1—1997　热塑性塑料材料注塑试样的制备　第1部分:一般原理及多用途试样和长条试样的制备(idt ISO 294-1:1996)

GB/T 17037.4—2003 塑料 热塑性塑料材料注塑试样的制备 第4部分:模塑收缩率的测定(ISO 294-4:2004,IDT)

QC/T 15—1992 汽车塑料制品通用试验方法

SH/T 1541—2006 热塑性塑料颗粒外观试验方法

3 命名

3.1 总则

汽车保险杠用聚丙烯(PP)专用料按照GB/T 2546.1—2006规定,并按以下方法进行命名:

<table>
<tr><td rowspan="3">命名方式</td><td colspan="3">命名</td></tr>
<tr><td colspan="3">特征项目组</td></tr>
<tr><td>字符组1</td><td>字符组2</td><td>字符组3</td></tr>
</table>

字符组彼此间用逗号“,”隔开。其中:

字符组1:按照GB/T 2546.1—2006中3.1规定,耐冲击的共聚聚丙烯材料以代号“PPB”表示;

字符组2:按照GB/T 2546.1—2006中3.2规定,注塑级的聚丙烯材料以代号“M”表示;

字符组3:特征性能,见3.2。

3.2 特征性能

在这个字符组中,分别采用两个数字组成的代号表示密度(见3.2.1)、熔体质量流动速率(见3.2.2)的范围。代号之间用一个连字符“-”隔开。

如果特性值落在或接近某档界限,生产者应说明该材料按某档命名。如果以后由于生产过程的容许限使个别试验值落在界限值上或界限的另一侧,命名不受影响。

3.2.1 密度

本部分将密度的可能值分为五档,各档用表1规定的两个数字组成的代号表示。

表1 密度使用的代号

代号	密度/(g/cm³)
00	≤0.93
10	>0.93且≤0.99
15	>0.99且≤1.03
20	>1.03且≤1.10
30	>1.10

3.2.2 熔体质量流动速率

本部分将熔体质量流动速率的可能值分为五档,各档用表2规定的两个数字组成的代号表示。

表2 熔体质量流动速率使用的代号

代号	熔体质量流动速率范围/(g/10 min)
06	≤7
10	>7且≤13
18	>13且≤23
30	>23且≤37
35	>37

3.3 示例

某种汽车保险杠用聚丙烯材料，用于注塑，密度为 0.97 g/cm^3（10），熔体质量流动速率为 10 g/10 min(10)。该材料命名如下：

PPB，M，10—10

字符组1：聚丙烯代号

字符组2：注塑

字符组3：密度

熔体质量流动速率

4 要求

4.1 汽车保险杠用聚丙烯(PP)专用料颗粒的外观为粒径均匀、带有颜色，一般为黑色，也可为其他颜色。汽车保险杠用聚丙烯(PP)专用料应无杂色粒、无污染粒。

4.2 汽车保险杠用聚丙烯(PP)专用料的其他技术要求见表 3。

表 3 汽车保险杠用聚丙烯(PP)专用料技术要求

序号	项目		单位	PPB,M,00—10	PPB,M,00—18	PPB,M,10—10	PPB,M,10—18	PPB,M,10—30	PPB,M,15—10	PPB,M,15—18	PPB,M,15—30	PPB,M,20—10	PPB,M,20—18	PPB,M,20—30
1	密度		g/cm³	0.89<ρ≤0.93		0.93<ρ≤0.99			0.99<ρ≤1.03			1.03<ρ≤1.10		
2	灰分(质量分数)		%	0～5		5～13			12～18			17～27		
3	熔体质量流动速率		g/10 min	10±3	18±5	10±3	18±5	30±7	10±3	18±5	30±7	10±3	18±5	30±7
4	拉伸屈服应力		MPa	≥17	≥16	≥17	≥17	≥16	≥17	≥16	≥16	≥17	≥17	≥16
5	弯曲模量		MPa	≥800	≥700	≥950	≥950	≥900	≥1 100	≥1 100	≥1 100	≥1 250	≥1 250	≥1 250
6	负荷变形温度		℃	≥70	≥70	≥75	≥75	≥70	≥80	≥80	≥80	≥85	≥85	≥85
7.1	简支梁缺口冲击强度	23 ℃	kJ/m²	≥35	≥35	≥35	≥30	≥30	≥35	≥30	≥25	≥35	≥30	≥25
7.2		−30 ℃	kJ/m²	≥3.5	≥3.5	≥3.5	≥3.0	≥3.0	≥3.5	≥3.0	≥2.5	≥3.5	≥3.0	≥2.5
8.1	色差	氙灯暴露[a]	—	ΔE≤3.0										
8.2	外观		—	表面无粉化、破裂或龟裂、变形等异常										
9	耐化学性		—	无溶解、膨胀、波纹、褶皱、裂纹、剥落、起泡等										
10	模塑收缩率		%	供方提供										

[a] 仅对应用于暴露在光线下的制件，在 340 nm 累计辐照能量为 2 500 kJ/m²。

5 试验方法

5.1 试验结果判定

试验结果采用修约值判定法，应按 GB/T 8170—2008 规定进行。

5.2 注塑试样的制备

汽车保险杠用聚丙烯(PP)专用料注塑试样的制备见 GB/T 2546.2—2003 中 3.2 的规定。

用 GB/T 17037.1—1997 中的 A 型模具制备的试样，即符合 GB/T 1040.2—2006 中 1A 型试样，B 型模具制备为 80 mm×10 mm×4 mm 的长条试样。

用 GB/T 17037.4—2003 中的 D2 型模具制备的 60 mm×60 mm×2 mm 试样。

5.3 试样的状态调节和试验的标准环境

试样的状态调节按 GB/T 2918—1998 的规定进行，状态调节的条件为温度 23 ℃±2 ℃，调节时间至少 40 h 但不超过 96 h。

试验应在 GB/T 2918—1998 规定的标准环境下进行，环境的温度为 23 ℃±2 ℃、相对湿度为 50%±10%。

5.4 颗粒外观

按 SH/T 1541—2006 的规定进行。

5.5 密度

试样为按 5.2 制备的 A 型注塑试样的中间部分。

试样的状态调节按 5.3 规定进行。

按 GB/T 1033.1—2008 中的 A 法规定进行。

5.6 灰分

试验按 GB/T 9345.1—2008 规定进行，采用直接燃烧法(A 法)，灼烧温度为 850 ℃±50 ℃。

5.7 熔体质量流动速率

按 GB/T 3682—2000 中 A 法规定进行。试验条件为 M(温度：230 ℃、负荷：2.16 kg)。试验时，在装试样前应用氮气吹扫料筒 5 s～10 s，氮气压力为 0.05 MPa。

注：试验前，使用有证标准样品校准仪器，可保证试验数据的可靠性。

5.8 拉伸屈服应力

试样为按 5.2 制备的 1A 型试样。

试样的状态调节和试验的标准环境按 5.3 规定进行。

试验按 GB/T 1040.2—2006 规定进行，试验速度为 50 mm/min。

5.9 弯曲模量

试样为按 5.2 制备的 80 mm×10 mm×4 mm 长条试样。

试样的状态调节和试验的标准环境按 5.3 规定进行。

试验按 GB/T 9341—2008 规定进行，试验速度为 2 mm/min。

5.10 负荷变形温度

试样为按 5.2 制备的 80 mm×10 mm×4 mm 长条试样。

试样的状态调节和试验的标准环境按 5.3 规定进行。

试验按 GB/T 1634.2—2004 中的 B 法(负荷为 0.45 MPa)规定进行。试验时，加热装置的起始温度应处于(20～23) ℃之间。加热升温速率为 120 ℃/h±10 ℃/h。

5.11 简支梁缺口冲击强度

试样为按 5.2 规定制备的 80 mm×10 mm×4 mm 长条试样。样条应在注塑后的 1 h～4 h 内加工缺口，缺口类型为 GB/T 1043.1—2008 中的 A 型。加工缺口后的样条为简支梁缺口冲击试验的试样。

试样的状态调节按 5.3 规定进行。

试验按 GB/T 1043.1—2008 规定进行。低温试验时，经状态调节后的试样应在 −30 ℃ 的低温环境中放置至少 1 h，每次冲击应在 10 s 内完成。

5.12 色差和外观

试样按 GB/T 16422.1—2006 标准规定执行。

色差和外观试验前，按 GB/T 16422.2—1999 标准方法 A 进行氙灯暴露试验，使用水冷却氙弧灯装置。测试阶段和测试条件见表 4 和表 5。如果双方协商一致，也可采用其他试验条件，但试验报告应注明。

试验按 GB/T 15596—2009 规定的方法进行。

表 4 测试阶段

序号	阶段	光照	黑暗	喷水
1	1	—	60 min	前后均喷水
2	2	40 min	—	不喷水
3	3	18 min	—	前面喷水
4	4	62 min	—	不喷水

表 5 测试条件

序号	控制参数	暗周期——测试阶段 1		光照周期——测试阶段 2,3,4	
		设定值	公差[a]	设定值	公差[a]
1	辐照度	—	—	0.51 W/(m^2·nm)[b]	±0.02 W/(m^2·nm)
2	黑标温度	38 ℃	±3 ℃	65 ℃	±3 ℃
3	箱体温度(干球)	38 ℃	±3 ℃	38 ℃	±3 ℃
4	相对湿度	95%	±5%	50%	±10%

[a] 喷淋水阶段上述的公差值不适用。

[b] 推荐采用 340 nm 辐照度 0.51 W/(m^2·nm)的光谱辐照强度，如果仪器采用宽光谱带控制方式则应采用不同的辐照度。

5.13 耐化学性

按 QC/T 15—1992 中 5.5.3.2 中 A 法规定进行。

5.14 模塑收缩率

试样为按 5.2 中 D2 型模具制备的试样。

试验按照 GB/T 17037.4—2003 规定进行，或按双方协商办法进行测试。

6 检验规则

6.1 检验分类与检验项目

汽车保险杠用聚丙烯(PP)专用料的检验可分为定型检验、型式检验和出厂检验三类。

定型检验时应进行氙灯暴露试验后的色差和外观、耐化学性以及模塑收缩率的测定。

型式检验项目为第 4 章的所有项目。

出厂检验项目至少应包含颗粒外观、密度、熔体质量流动速率、简支梁缺口冲击强度(23 ℃)、弯曲模量和拉伸屈服应力等项目。

6.2 组批规则与抽样方案

6.2.1 组批规则

汽车保险杠用聚丙烯(PP)专用料由同一生产线上、相同原料、相同工艺所生产的同一牌号的产品组批,生产厂也可按一定生产周期或储存料仓为一批对产品进行组批。产品以批为单位进行检验和验收。

6.2.2 抽样方案

汽车保险杠用聚丙烯(PP)专用料可在料仓的下料口抽样,也可根据生产周期等实际情况确定具体的抽样方案。

包装后产品的取样应按 GB/T 2547—2008 规定进行。

6.3 判定规则和复验规则

6.3.1 判定规则

汽车保险杠用聚丙烯(PP)专用料应由生产厂的质量检验部门按照本标准规定的试验方法进行检验,依据检验结果和企业标准中的技术要求对产品作出质量判定,并提出证明。

产品出厂时,每批产品应附有产品质量检验合格证。合格证上应注明产品名称、牌号、批号、执行标准,并盖有质检专用章和检验员章。

6.3.2 复验规则

检验结果若某项指标不符合本标准要求时,可重新取样对该项目进行复验。以复验结果作为该批产品的质量判定依据。

7 标志

汽车保险杠用聚丙烯(PP)专用料的外包装上应有明显的标志。标志内容可包括:商标、生产厂名称、标准号、产品名称、牌号、生产日期、批号和净含量等。

8 包装、运输及贮存

8.1 包装

汽车保险杠用聚丙烯(PP)专用料可用内衬聚乙烯薄膜的聚丙烯编制袋或其他包装形式。包装材料应保证在运输、码放、贮存、运输时不被污染和泄漏。

每袋产品的净含量可为 25 kg 或其他。

8.2 运输

汽车保险杠用聚丙烯(PP)专用料为非危险品。在运输和装卸过程中严禁使用铁钩等锐利工具,切忌抛掷。运输工具应保持清洁、干燥并备有厢棚或苫布。运输时不得与沙土、碎金属、煤炭及玻璃等混合装运,更不可与有毒及腐蚀性或易燃物混装。严禁在阳光下暴晒或雨淋。

8.3 贮存

汽车保险杠用聚丙烯(PP)专用料应贮存在通风、干燥、清洁并保持有良好消防设施的仓库内,不得与腐蚀品、易燃品一起贮存,且堆放平整。贮存时,应远离热源,并防止阳光直接照射,严禁在露天堆放,防止暴晒。汽车用聚丙烯材料树脂应有贮存期的规定,一般从生产之日起,不超过 12 个月。

附 录 A
（资料性附录）
汽车保险杠用聚丙烯(PP)专用料国标牌号与市场牌号对照表

本部分发布时，国内市场常见的汽车保险杠用聚丙烯(PP)专用料国标牌号与市场牌号对照表见表A.1。

表 A.1 汽车保险杠用聚丙烯(PP)专用料国标牌号与市场牌号对照表

序号	本部分牌号	市场常见牌号
1.	PPBM 00—10	ABP—2116 C6540L—5B
2.	PPBM 00—18	ABP—0520 CN3025B C6540L—5H
3.	PPBM 10—10	ABP—1010 C3531T—1
4.	PPBM 10—18	ABP—1012 C3531T—08
5.	PPBM 10—30	ABP—1028 C3531T—HF
6.	PPBM 15—10	ABP—1507 C3322T—B
7.	PPBM 15—18	ABP—1520 CN3045 C3322T—1S
8.	PPBM 15—30	CN—BP1 C3322T—1H
9.	PPBM 20—10	ABP—2017 C3322T—4
10.	PPBM 20—18	ABP—2018 ABP—2020 C3322T—1JS
11.	PPBM 20—30	ABP—2036 CN—BP7S C3322T—HF

ICS 83.080.20
G 32

中华人民共和国国家标准

GB/T 24150—2009

塑料　阻燃抗冲击聚苯乙烯专用料

Plastics—Flame retardant impact-resistant polystyrene compound

2009-06-15 发布　　　　2010-02-01 实施

中华人民共和国国家质量监督检验检疫总局
中国国家标准化管理委员会 发布

前　言

本标准的附录 A 为资料性附录。

本标准由中国石油和化学工业协会提出。

本标准由全国塑料标准化技术委员会石化塑料树脂产品分会(SAC/TC 15/SC 1)归口。

本标准负责起草单位:金发科技股份有限公司。

本标准参加起草单位:广州毅昌科技股份有限公司、上海普利特复合材料股份有限公司、工业和信息化部电子第五研究所、康佳集团股份有限公司、TCL 王牌电器股份有限公司、四川长虹模塑科技有限公司。

本标准主要起草人:叶南飚、王林、刘奇祥、董风、易拥军、宁凯军、李建军、张祥福、蒋春旭、宋宏春、刘永忠。

本标准为首次发布。

塑料　阻燃抗冲击聚苯乙烯专用料

1　范围

本标准规定了阻燃抗冲击聚苯乙烯专用料的分类命名、要求、试验方法、检验规则、标志、包装、运输和贮存等。

本标准适用于以抗冲击聚苯乙烯为基体，加入阻燃剂及其他添加剂等，通过熔融共混形成的阻燃抗冲击聚苯乙烯专用料。该材料主要用于制造电器产品。

2　规范性引用文件

下列文件中的条款通过本标准的引用而成为本标准的条款。凡是注日期的引用文件，其随后所有的修改单(不包括勘误的内容)或修订版均不适用于本标准，然而，鼓励根据本标准达成协议的各方研究是否可使用这些文件的最新版本。凡是不注日期的引用文件，其最新版本适用于本标准。

GB/T 1033.1—2008　塑料　非泡沫塑料密度的测定　第1部分：浸渍法、液体比重瓶法和滴定法(ISO 1183-1:2004,IDT)

GB/T 1040.2—2006　塑料　拉伸性能的测定　第2部分：模塑和挤塑塑料的试验条件(ISO 527-2:1993,IDT)

GB/T 1634.2—2004　塑料　负荷变形温度的测定　第2部分：塑料、硬橡胶和长纤维增强复合材料(ISO 75-2:2003,IDT)

GB/T 1843—2008　塑料　悬臂梁冲击强度的测定(ISO 180:2000,IDT)

GB/T 1844.1—2008　塑料　符号和缩略语　第1部分：基础聚合物及其特征性能(ISO 1043-1:2001,IDT)

GB/T 1844.4—2008　塑料　符号和缩略语　第4部分：阻燃剂(ISO 1043-4:1998,IDT)

GB/T 2547—2008　塑料　取样方法

GB/T 2918—1998　塑料试样状态调节和试验的标准环境(idt ISO 291:1997)

GB/T 3682—2000　热塑性塑料熔体质量流动速率和熔体体积流动速率的测定(idt ISO 1133:1997)

GB/T 5169.16—2008　电工电子产品着火危险试验　第16部分：试验火焰50 W水平与垂直火焰试验方法(IEC 60695-11-10:2003,IDT)

GB/T 5169.17—2008　电工电子产品着火危险试验　第17部分：试验火焰500 W火焰试验方法(IEC 60695-11-20:2003,IDT)

GB/T 8170—2008　数值修约规则与极限数值的表示和判定

GB/T 9341—2008　塑料　弯曲性能的测定(ISO 178:2001,IDT)

GB/T 17037.1—1997　热塑性塑料材料注塑试样的制备　第1部分：一般原理及多用途试样和长条试样的制备(idt ISO 294-1:1996)

GB/T 18964.2—2003　塑料　抗冲击聚苯乙烯(PS-I)模塑和挤出材料　第2部分：试样制备和性能测定

SH/T 1541—2006　热塑性塑料颗粒外观试验方法

SJ/T 11363—2006　电子信息产品中有毒有害物质的限量要求

SJ/T 11365—2006　电子信息产品中有毒有害物质的检测方法

3 分类与命名

3.1 总则

阻燃抗冲击聚苯乙烯专用料的分类与命名基于下列标准模式：

命名			
特征项目组			
字符组 1	字符组 2	字符组 3	字符组 4

命名由表示特征项目组的四个字符组构成：

字符组 1：按照 GB/T 1844.1—2008 规定抗冲击聚苯乙烯代号 PS-I(见 3.2)。

字符组 2：特征性能熔体质量流动速率(*MFR*)(见 3.3)。

字符组 3：有关阻燃剂类型的信息(见 3.4)。

字符组 4：燃烧类别(见 3.5)。

字符组之间用逗号隔开。

3.2 字符组 1

该字符组是 GB/T 1844.1—2008 规定的抗冲击聚苯乙烯树脂代号“PS-I”。

3.3 字符组 2

熔体质量流动速率(*MFR*)的测定按 GB/T 3682—2000 规定进行。试验条件选用 H(温度：200 ℃、负荷：5 kg)。

按照可能出现的数值，将熔体质量流动速率分为三个范围，每个范围用两个数字组成的数字代号表示，见表 1。

表 1 字符组 2 中熔体质量流动速率使用的代号及范围

代号	熔体质量流动速率(*MFR*)的范围/(g/10 min)
05	≤8
10	>8～14
15	>14

3.4 字符组 3

阻燃抗冲击聚苯乙烯专用料按照所添加的阻燃剂类型不同进行分类。

a) 多溴联苯/多溴联苯醚类(PBBs/PBDEs)：指采用多溴联苯/多溴联苯醚类(PBBs/PBDEs)和锑类协效剂复配体系为阻燃剂的阻燃抗冲击聚苯乙烯专用料。

b) 非多溴联苯/多溴联苯醚类(Non-PBBs/PBDEs)：指采用除多溴联苯/多溴联苯醚类(Non-PBBs/PBDEs)以外的其他卤系和锑类协效剂复配阻燃剂的阻燃抗冲击聚苯乙烯专用料。

c) 无卤类(Halogen-free)：指采用无卤阻燃剂的阻燃抗冲击聚苯乙烯专用料。

按照 GB/T 1844.4—2008，阻燃剂类型代号的规定见表 2。

表 2 字符组 3 中阻燃剂类型的代号

代号	定　义
FR(19)	多溴联苯/多溴联苯醚类(PBBs/PBDEs)和锑类协效剂复配阻燃体系
FR(17)	除多溴联苯/多溴联苯醚类(Non-PBBs/PBDEs)以外的其他芳香类卤系和锑类协效剂复配阻燃体系
FR(40)	无卤有机磷系阻燃体系(Halogen-free)

3.5 字符组 4

该字符组是燃烧类别的代号。

根据 GB/T 5169.16—2008 规定的燃烧类别，50 W 水平燃烧试验方法燃烧类别代号为 HB，50 W 垂直燃烧试验方法燃烧类别代号分别为 V-0、V-1、V-2。

根据 GB/T 5169.17—2008 规定的燃烧类别，500 W 垂直燃烧试验方法燃烧类别代号为 5VA、5VB。

3.6 示例

某多溴联苯/多溴联苯醚和锑类协效剂类(FR(19))的阻燃抗冲击聚苯乙烯专用料，燃烧类别为 V-0，熔体质量流动速率的范围为 4 g/10 min～8 g/10 min(05)。该材料命名如下：

PS-I，05，FR(19)，V-0

字符组 1：抗冲击聚苯乙烯树脂代号

字符组 2：熔体质量流动速率范围代号

字符组 3：阻燃剂类型

字符组 4：燃烧类别代号

命名：PS-I，05，FR(19)，V-0

4 要求

4.1 阻燃抗冲击聚苯乙烯专用料为颜色均一的颗粒，无杂质。一般为深灰和黑色，也可为其他颜色。本产品应含有必要的添加剂，添加剂应均匀分散。

4.2 不同类别的阻燃抗冲击聚苯乙烯专用料，其他的技术要求也可能不同。

4.2.1 HB 类阻燃抗冲击聚苯乙烯专用料的其他技术要求见表 3。

4.2.2 V-2 类阻燃抗冲击聚苯乙烯专用料的其他技术要求见表 4。

4.2.3 V-1 类阻燃抗冲击聚苯乙烯专用料的其他技术要求见表 5。

4.2.4 V-0 类阻燃抗冲击聚苯乙烯专用料的其他技术要求见表 6。

4.2.5 5V 类阻燃抗冲击聚苯乙烯专用料的其他技术要求见表 7。

表 3 HB 类阻燃抗冲击聚苯乙烯专用料的技术要求

序号	项　目	单 位	PS-I，05，FR(19)，HB	PS-I，05，FR(17)，HB
1	颗粒外观(色粒)	个/kg	由供方提供的数据	
2	密度(ρ)	g/cm³	由供方提供的数据	
3	熔体质量流动速率(MFR)	g/10 min	≤8	
4.1	拉伸屈服应力(σ_y)	MPa	≥21	
4.2	拉伸断裂应变(ε_B)	%	≥30	
5.1	弯曲强度(σ_{fM})	MPa	≥38	
5.2	弯曲模量(E_f)	MPa	≥2 000	
6	悬臂梁缺口冲击强度	kJ/m²	≥8	
7	负荷变形温度(T_f1.8)	℃	≥70	
8	燃烧性(B50/3)		HB	

表 4 V-2 类阻燃抗冲击聚苯乙烯专用料的技术要求

序号	项目	单位	PS-I,05,FR(17),V-2	PS-I,05,FR(40),V-2	PS-I,10,FR(17),V-2
1	颗粒外观(色粒)	个/kg	由供方提供的数据		
2	密度(ρ)	g/cm^3	由供方提供的数据		
3	熔体质量流动速率(MFR)	g/10 min	≤8	≤8	8<MFR≤14
4.1	拉伸屈服应力(σ_y)	MPa	≥22	≥30	≥20
4.2	拉伸断裂应变(ε_B)	%	≥30	≥20	≥25
5.1	弯曲强度(σ_{fM})	MPa	≥38	≥40	≥34
5.2	弯曲模量(E_f)	MPa	≥2 000	≥2 300	≥1 800
6	悬臂梁缺口冲击强度	kJ/m^2	≥9	≥10	≥7.5
7	负荷变形温度(T_f1.8)	℃	≥70	≥65	≥67
8	燃烧性(B50/3)		V-2		

表 5 V-1 类阻燃抗冲击聚苯乙烯专用料的技术要求

序号	项目	单位	PS-I,05,FR(19),V-1	PS-I,10,FR(17),V-1
1	颗粒外观(色粒)	个/kg	由供方提供的数据	
2	密度(ρ)	g/cm^3	由供方提供的数据	
3	熔体质量流动速率(MFR)	g/10 min	≤8	8<MFR≤14
4.1	拉伸屈服应力(σ_y)	MPa	≥22	≥20
4.2	拉伸断裂应变(ε_B)	%	≥30	≥25
5.1	弯曲强度(σ_{fM})	MPa	≥38	≥34
5.2	弯曲模量(E_f)	MPa	≥2 000	≥1 800
6	悬臂梁缺口冲击强度	kJ/m^2	≥9	≥7.5
7	负荷变形温度(T_f1.8)	℃	≥70	≥67
8	燃烧性(B50/3)		V-1	

表 6 V-0 类阻燃抗冲击聚苯乙烯专用料的技术要求

序号	项目	单位	PS-I,05,FR(19),V-0	PS-I,05,FR(17),V-0	PS-I,05,FR(40),V-0	PS-I,10,FR(19),V-0	PS-I,10,FR(17),V-0	PS-I,15,FR(17),V-0
1	颗粒外观(色粒)	个/kg	由供方提供的数据					
2	密度(ρ)	g/cm^3	由供方提供的数据					
3	熔体质量流动速率(MFR)	g/10 min	≤8		≤8	8<MFR≤14		>14
4.1	拉伸屈服应力(σ_y)	MPa	≥21		≥25	≥20		≥18
4.2	拉伸断裂应变(ε_B)	%	≥30		≥17	≥25		≥20
5.1	弯曲强度(σ_{fM})	MPa	≥38		≥40	≥34		≥30
5.2	弯曲模量(E_f)	MPa	≥2 000		≥2 100	≥1 800		≥1 700
6	悬臂梁缺口冲击强度	kJ/m^2	≥9		≥10	≥7.5		≥6
7	负荷变形温度(T_f1.8)	℃	≥70		≥65	≥67		≥65
8	燃烧性(B50/3)		V-0					

表 7 5V 类阻燃抗冲击聚苯乙烯专用料的技术要求

序号	项 目	单 位	PS-I,05,FR(17),5V
1	颗粒外观(色粒)	个/kg	由供方提供的数据
2	密度(ρ)	g/cm^3	由供方提供的数据
3	熔体质量流动速率(MFR)	g/10 min	≤8
4.1	拉伸屈服应力(σ_y)	MPa	≥20
4.2	拉伸断裂应变(ε_B)	%	≥30
5.1	弯曲强度(σ_{fM})	MPa	≥38
5.2	弯曲模量(E_f)	MPa	≥2 000
6	悬臂梁缺口冲击强度	kJ/m^2	≥9
7	负荷变形温度(T_f1.8)	℃	≥70
8	燃烧性(B500/3)		5VA/5VB

4.3 产品的环保要求

产品的环保要求应满足 SJ/T 11363—2006 对有毒或有害物质的控制的规定。

5 试验方法

5.1 试验结果的判定

试验结果采用修约值判定法,应按 GB/T 8170—2008 规定进行。

5.2 试样制备

阻燃抗冲击聚苯乙烯专用料注塑试样的制备见 GB/T 18964.2—2003 中 3.2 的规定。

用 GB/T 17037.1—1997 中的 A 型模具制备符合 GB/T 1040.2—2006 中 1A 型试样,B 型模具制备 80 mm×10 mm×4 mm 长条试样。

用于测定燃烧性的试样可用符合尺寸要求的模具制备注塑试样。

5.3 试样的状态调节和试验的标准环境

试样的状态调节应按 GB/T 2918—1998 的规定进行。状态调节的条件为温度 23 ℃±2 ℃,相对湿度 50%±10%,时间至少 16 h。

所有试验都应在 GB/T 2918—1998 规定的标准试验环境下进行,温度 23 ℃±2 ℃,相对湿度为 50%±10%。

5.4 颗粒外观

按 SH/T 1541—2006 中的规定进行。

5.5 密度

试样为按 5.2 制备的 1A 型试样的中间部分。

试样的状态调节按 5.3 规定进行。

测试按 GB/T 1033.1—2008 规定进行,采用 A 法。

5.6 熔体质量流动速率(*MFR*)

按 GB/T 3682—2000 中 A 法或 B 法规定进行。试验条件 H(温度:200 ℃、负荷:5 kg)。

5.7 拉伸性能

试样为按 5.2 制备的 1A 型试样。

试样的状态调节按 5.3 规定进行。

测试按 GB/T 1040.2—2006 规定进行,试验速度为 50 mm/min。

5.8 弯曲性能

试样为按5.2制备的80 mm×10 mm×4 mm长条试样。

试样的状态调节按5.3规定进行。

测试按GB/T 9341—2008规定进行,试验速度为2 mm/min。

5.9 悬臂梁缺口冲击强度

试样为按5.2制备的80 mm×10 mm×4 mm长条试样。样条应在注塑后的1 h~4 h内加工缺口,缺口类型为A型。

试样的状态调节按5.3规定进行。

测试按GB/T 1843—2008规定进行。

注:下次修订时,悬臂梁缺口冲击强度将由简支梁缺口冲击强度代替。

5.10 负荷变形温度

试样为按5.2制备的80 mm×10 mm×4 mm长条试样。

试样的状态调节按5.3规定进行。

测试按GB/T 1634.2—2004中的A法(负荷为1.80 MPa)规定进行。试验时,加热装置的起始温度应低于27 ℃。加热升温速率为120 ℃/h±10 ℃/h。

5.11 燃烧性

试样为按5.2制备的试样。50 W火焰试验推荐尺寸为125 mm×13 mm×3 mm,500 W火焰试验推荐尺寸为150 mm×150 mm×3 mm。也可按照需方要求的其他厚度的试样进行测试。仲裁时采用试样厚度为3.0 mm。

试样的状态调节按5.3规定进行。

50 W火焰试验按GB/T 5169.16—2008的规定进行,500 W火焰试验按GB/T 5169.17—2008的规定进行。

5.12 有毒有害物质

按SJ/T 11365—2006规定的方法进行。

6 检验规则

6.1 检验分类与检验项目

阻燃抗冲击聚苯乙烯专用料产品的检验可分为型式检验和出厂检验两类。

第4章中所有的项目为型式检验项目。

各类阻燃抗冲击聚苯乙烯专用料产品出厂检验至少应包括熔体质量流动速率、悬臂梁缺口冲击强度、燃烧性和密度。

6.2 组批规则与抽样方案

6.2.1 组批规则

阻燃抗冲击聚苯乙烯专用料以同一生产线上、相同原料、相同工艺所生产的同一牌号的产品组批,生产厂也可按一定生产周期或储存料仓为一批对产品进行组批。产品以批为单位进行检验和验收。

6.2.2 抽样方案

阻燃抗冲击聚苯乙烯专用料可在料仓的下料口抽样,也可根据生产周期等实际情况确定具体的抽样方案。

包装后产品的取样应按GB/T 2547—2008规定进行。

6.3 判定规则和复验规则

6.3.1 判定规则

阻燃抗冲击聚苯乙烯专用料应由生产厂的质量检验部门按照本标准规定的试验方法进行检验,依据检验结果和本标准中的技术要求对产品作出质量判定,并提出证明。

产品出厂时，每批产品应附有产品质量检验合格证。合格证上应注明产品名称、牌号、批号、执行标准，并盖有质检专用章和检验员章。

6.3.2 复验规则

检验结果若某项指标不符合本标准要求时，可重新取样对该项目进行复验。以复验结果作为该批产品的质量判定依据。

7 标志

阻燃抗冲击聚苯乙烯专用料的外包装袋上应有明显的标志。标志内容可包括：商标、生产厂名称和地址、标准号、产品名称、牌号、生产日期、批号和净含量等。

8 包装、运输及贮存

8.1 包装

阻燃抗冲击聚苯乙烯专用料采用双层包装袋(外层为牛皮纸袋，内层用聚乙烯包装袋)或其他包装形式。包装袋的封口应保证产品在贮存、运输时不被污染。包装袋要防尘、防潮。每袋产品的净含量可为 25 kg 或其他。

8.2 运输

阻燃抗冲击聚苯乙烯专用料为非危险品。在运输和装卸过程中严禁使用铁钩等锐利工具，切忌抛掷。运输工具应保持清洁、干燥并备有厢棚或苫布。运输时不得与沙土、碎金属、煤炭及玻璃等混合装运，更不可与有毒及腐蚀性或易燃物混装。

8.3 贮存

阻燃抗冲击聚苯乙烯专用料应贮存在干燥、通风良好的仓库内，不应露天堆放，防止暴晒；不得与腐蚀品、易燃品一起贮存，且堆放平整。贮存时，应远离热源，并防止阳光直接照射。

阻燃抗冲击聚苯乙烯专用料应有贮存期的规定，一般从生产之日起，不超过 12 个月。

附　录　A
（资料性附录）
阻燃抗冲击聚苯乙烯专用料国家标准命名与企业商品名对照

表 A.1 给出了国内常见阻燃抗冲击聚苯乙烯专用料国家标准命名与企业商品名对照一览表。

表 A.1　阻燃抗冲击聚苯乙烯专用料国家标准命名与企业商品名对照

序号	国家标准命名	企业商品名
1	PS-I,05,FR(19),HB	HIPS-550
2	PS-I,05,FR(17),HB	HIPS-5197,APTFFHPS-1112
3	PS-I,05,FR(17),V-2	FRHIPS-8002
4	PS-I,05,FR(40),V-2	FRHIPS-722
5	PS-I,10,FR(17),V-2	403AF,HFH-405
6	PS-I,05,FR(19),V-1	FRHIPS-301
7	PS-I,10,FR(17),V-1	FRHIPS-351
8	PS-I,05,FR(19),V-0	FRHIPS-113,6075,PH88E,HFH400,HS10F
9	PS-I,05,FR(17),V-0	S5230R
10	PS-I,05,FR(40),V-0	FRHIPS-702,FRHIPS-720
11	PS-I,10,FR(19),V-0	40AF
12	PS-I,10,FR(17),V-0	FRHIPS-960,FRHIPS-980,VS51,S5230RW,APTFHPS-1106
13	PS-I,15,FR(17),V-0	VE-1890K
14	PS-I,05,FR(17),5V	FRHIPS-930,F5,6335

ICS 83.080.20
G 32

中华人民共和国国家标准

GB/T 24151—2009

塑料 玻璃纤维增强阻燃聚对苯二甲酸丁二醇酯专用料

Plastics—Glass fiber reinforced and flame retardant poly (butylenes terephthalate) compound

2009-06-15 发布 2010-02-01 实施

中华人民共和国国家质量监督检验检疫总局
中国国家标准化管理委员会 发布

前 言

本标准由中国石油和化学工业协会提出。

本标准由全国塑料标准化技术委员会石化塑料树脂产品分会(SAC/TC 15/SC 1)归口。

本标准负责起草单位:金发科技股份有限公司。

本标准参加起草单位:广州毅昌科技股份有限公司、江阴济化新材料有限公司、聚赛龙工程塑料有限公司、浙江阳光集团有限公司、中国石油化工股份有限公司北京化工研究院。

本标准主要起草人:陈大华、李翰卿、谢飞鹏、宁凯军、刘奇祥、李建军、朱文、薛惠振、郝源增、甘华祥、刘玉春。

本标准为首次发布。

塑料　玻璃纤维增强阻燃聚对苯二甲酸丁二醇酯专用料

1 范围

本标准规定了玻璃纤维增强阻燃聚对苯二甲酸丁二醇酯专用料的分类命名、要求、试验方法、检验规则、标志、包装、运输和贮存等。

本标准适用于以聚对苯二甲酸丁二醇酯为基体，加入阻燃剂，玻璃纤维和(或)协效剂及其他添加剂等，通过熔融共混形成的玻璃纤维增强阻燃聚对苯二甲酸丁二醇酯专用料。该材料主要用于制造家电、汽车、照明等应用领域的电子电气产品。

2 规范性引用文件

下列文件中的条款通过本标准的引用而成为本标准的条款。凡是注日期的引用文件，其随后所有的修改单(不包括勘误的内容)或修订版均不适用于本标准，然而，鼓励根据本标准达成协议的各方研究是否可使用这些文件的最新版本。凡是不注日期的引用文件，其最新版本适用于本标准。

GB/T 1033.1—2008　塑料　非泡沫塑料密度的测定　第1部分：浸渍法、液体比重瓶法和滴定法(ISO 1183-1:2004,IDT)

GB/T 1040.2—2006　塑料　拉伸性能的测定　第2部分：模塑和挤塑塑料的试验条件(ISO 527-2:1993,IDT)

GB/T 1408.1—2006　绝缘材料电气强度试验方法　第1部分：工频下试验(IEC 60243-1:1998,IDT)

GB/T 1410—2006　固体绝缘材料体积电阻率和表面电阻率试验方法(IEC 60093:1980,IDT)

GB/T 1634.2—2004　塑料　负荷变形温度的测定　第2部分：塑料、硬橡胶和长纤维增强复合材料(ISO 75-2:1993,IDT)

GB/T 1843—2008　塑料　悬臂梁冲击强度的测定(ISO 180:2000,IDT)

GB/T 1844.1—2008　塑料　符号和缩略语　第1部分：基础聚合物及其特征性能(ISO 1043-1:2001,IDT)

GB/T 1844.2—2008　塑料　符号和缩略语　第2部分：填充及增强材料(ISO 1043-2:2000,IDT)

GB/T 1844.4—2008　塑料　符号和缩略语　第4部分：阻燃剂(ISO 1043-4:1998,IDT)

GB/T 2547—2008　塑料　取样方法

GB/T 2918—1998　塑料试样状态调节和试验的标准环境(idt ISO 291:1997)

GB/T 5169.16—2008　电工电子产品着火危险试验　第16部分：试验火焰50 W水平与垂直火焰试验方法(IEC 60695-11-10:2003,IDT)

GB/T 8170—2008　数值修约规则与极限数值的表示和判定

GB/T 9341—2008　塑料　弯曲性能的测定(ISO 178:2001,IDT)

GB/T 17037.1—1997　热塑性塑料材料注塑试样的制备　第1部分：一般原理及多用途试样和长条试样的制备(idt ISO 294-1:1996)

SH/T 1541—2006　热塑性塑料颗粒外观试验方法

SJ/T 11363—2006　电子信息产品中有毒有害物质的限量要求

SJ/T 11365—2006　电子信息产品中有毒有害物质的检测方法

3 分类与命名

3.1 总则

玻璃纤维增强阻燃聚对苯二甲酸丁二醇酯专用料的分类与命名基于下列标准模式：

命名			
特 征 项 目 组			
字符组 1	字符组 2	字符组 3	字符组 4

命名由表示特征项目组的四个字符组构成：

字符组 1：按照 GB/T 1844.1—2008 规定聚对苯二甲酸丁二醇酯树脂代号 PBT(见 3.2)。

字符组 2：玻璃纤维增强材料标称含量(见 3.3)。

字符组 3：有关阻燃剂类型的信息(见 3.4)。

字符组 4：有关材料颜色的信息(见 3.5)。

字符组之间用逗号隔开。

3.2 字符组 1

该字符组是 GB/T 1844.1—2008 规定的聚对苯二甲酸丁二醇酯树脂代号“PBT”。

3.3 字符组 2

玻璃纤维增强材料的代号按 GB/T 1844.2—2008 规定。在这个字符组中，用两个字母代号 GF 表示增强材料的类型为玻璃纤维，紧接着字母(不空格)，在位置 3 和位置 4 用两个数字为代号表示其质量分数，具体规定见表 1。

表 1 字符组 2 中玻璃纤维质量分数使用的代号及范围

数字代号	玻璃纤维质量分数的范围/ %
05	>5～8
10	>8～12.5
15	>12.5～17.5
20	>17.5～22.5
25	>22.5～27.5
30	>27.5

3.4 字符组 3

玻璃纤维增强阻燃聚对苯二甲酸丁二醇酯专用料按照所添加的阻燃剂类型不同进行分类。

a) 多溴联苯/多溴联苯醚类(PBBs/PBDEs)：指采用多溴联苯/多溴联苯醚类(PBBs/PBDEs)和锑类协效剂复配体系为阻燃剂的玻璃纤维增强阻燃聚对苯二甲酸丁二醇酯专用料。

b) 非多溴联苯/多溴联苯醚类(Non-PBBs/PBDEs)：指采用除多溴联苯/多溴联苯醚类(Non-PBBs/PBDEs)以外的其他卤系和锑类协效剂复配阻燃剂的玻璃纤维增强阻燃聚对苯二甲酸丁二醇酯专用料。

c) 无卤类(Halogen-free)：指采用无卤阻燃剂的玻璃纤维增强阻燃聚对苯二甲酸丁二醇酯专用料。按照 GB/T 1844.4—2008，阻燃剂类型代号的规定见表 2。

表 2 字符组 3 中阻燃剂类型的代号

代号	定义
FR(19)	多溴联苯/多溴联苯醚类(PBBs/PBDEs)和锑类协效剂复配阻燃体系
FR(17)	除多溴联苯/多溴联苯醚类(Non-PBBs/PBDEs)以外的其他芳香类卤系和锑类协效剂复配阻燃体系
FR(40)	无卤有机磷系阻燃体系(Halogen-free)

3.5 字符组 4

颜色的代号由两位字母组成,NC 表示本色,MC 表示除本色之外的其他颜色。

3.6 示例

某多溴联苯/多溴联苯醚和锑类协效剂的复配体系(FR(19))的玻璃纤维增强阻燃聚对苯二甲酸丁二醇酯专用料本色材料(NC),添加玻璃纤维增强,玻璃纤维的质量分数为 30%(GF30)。该材料命名如下:

PBT,GF30,FR(19),NC

字符组 1:聚对苯二甲酸丁二醇酯代号——PBT

字符组 2:玻璃纤维质量分数 30%——GF30

字符组 3:阻燃剂类型代号——FR(19)

字符组 4:本色——NC

命名:PBT,GF30,FR(19),NC

4 要求

4.1 玻璃纤维增强阻燃聚对苯二甲酸丁二醇酯专用料为颜色均一的颗粒,本产品应含有必要的添加剂,添加剂应均匀分散。

4.2 不同类别的玻璃纤维增强阻燃聚对苯二甲酸丁二醇酯专用料,其他的技术要求也可能不同。

4.2.1 本色玻璃纤维增强卤素阻燃聚对苯二甲酸丁二醇酯专用料的其他技术要求见表 3。

4.2.2 除本色之外其他着色玻璃纤维增强卤素阻燃聚对苯二甲酸丁二醇酯专用料的其他技术要求见表 4。

4.2.3 本色玻璃纤维增强无卤阻燃聚对苯二甲酸丁二醇酯专用料的其他技术要求见表 5。

4.2.4 除本色之外其他着色玻璃纤维增强无卤阻燃聚对苯二甲酸丁二醇酯专用料的其他技术要求见表 6。

表 3 本色玻璃纤维增强卤素阻燃聚对苯二甲酸丁二醇酯专用料的技术要求

序号	项目	单位	PBT,GF05,FR(m),NC	PBT,GF10,FR(m),NC	PBT,GF15,FR(m),NC	PBT,GF20,FR(m),NC	PBT,GF25,FR(m),NC	PBT,GF30,FR(m),NC
1	颗粒外观(色粒)	个/kg	供方提供的数据					
2	密度(ρ)	g/cm³	≤1.48	≤1.53	≤1.58	≤1.63	≤1.67	≤1.70
3	拉伸断裂应力(σ_B)	MPa	≥50	≥60	≥80	≥85	≥95	≥105
4	弯曲强度(σ_{fM})	MPa	≥85	≥100	≥125	≥135	≥150	≥155
5	悬臂梁缺口冲击强度	kJ/m²	≥4.0	≥4.5	≥5.0	≥5.5	≥6.0	≥6.5
6	负荷变形温度(T_f1.8)	℃	≥120	≥140	≥170	≥175	≥185	≥190

表 3（续）

序号	项　　目	单位	PBT,GF05,FR(*m*),NC	PBT,GF10,FR(*m*),NC	PBT,GF15,FR(*m*),NC	PBT,GF20,FR(*m*),NC	PBT,GF25,FR(*m*),NC	PBT,GF30,FR(*m*),NC
7	燃烧性(B50/3)		V-0					
8	电气强度	kV/mm	≥17	≥17	≥19	≥19	≥19	≥19
9	表面电阻率(σ_e)	Ω	≥1.0×10^{15}	≥1.0×10^{15}	≥1.0×10^{15}	≥1.0×10^{15}	≥1.0×10^{15}	≥1.0×10^{15}
注：*m* 为两位数字，表示卤素阻燃剂类型，如 FR(17)表示芳香族类溴系阻燃剂(除多溴联苯和多溴联苯醚之外)和锑类协效剂的复配体系。								

表 4　除本色之外其他着色玻璃纤维增强卤素阻燃聚对苯二甲酸丁二醇酯专用料的技术要求

序号	项　　目	单位	PBT,GF05,FR(*m*),MC	PBT,GF10,FR(*m*),MC	PBT,GF15,FR(*m*),MC	PBT,GF20,FR(*m*),MC	PBT,GF25,FR(*m*),MC	PBT,GF30,FR(*m*),MC
1	颗粒外观(色粒)	个/kg	供方提供的数据					
2	密度(ρ)	g/cm^3	≤1.48	≤1.53	≤1.58	≤1.63	≤1.67	≤1.70
3	拉伸断裂应力(σ_B)	MPa	≥45	≥55	≥60	≥65	≥70	≥80
4	弯曲强度(σ_{fM})	MPa	≥80	≥95	≥100	≥110	≥115	≥120
5	悬臂梁缺口冲击强度	kJ/m^2	≥3.5	≥4.0	≥4.5	≥5.0	≥5.5	≥6.5
6	负荷变形温度(T_f1.8)	℃	≥120	≥140	≥170	≥175	≥185	≥190
7	燃烧性(B50/3)		V-0	V-0	V-0	V-0	V-0	V-0
8	电气强度	kV/mm	≥17	≥17	≥19	≥19	≥19	≥19
9	表面电阻率(σ_e)	Ω	≥1.0×10^{15}	≥1.0×10^{15}	≥1.0×10^{15}	≥1.0×10^{15}	≥1.0×10^{15}	≥1.0×10^{15}
注：*m* 为两位数字，表示卤素阻燃剂类型，如 FR(17)表示芳香族类溴系阻燃剂(除多溴联苯和多溴联苯醚之外)和锑类协效剂的复配体系。								

表 5　本色玻璃纤维增强无卤阻燃聚对苯二甲酸丁二醇酯专用料的技术要求

序号	项　　目	单位	PBT,GF15,FR(*n*),NC	PBT,GF20,FR(*n*),NC	PBT,GF25,FR(*n*),NC	PBT,GF30,FR(*n*),NC
1	颗粒外观(色粒)	个/kg	供方提供的数据			
2	密度(ρ)	g/cm^3	≤1.47	≤1.53	≤1.56	≤1.60
3	拉伸断裂应力(σ_B)	MPa	≥60	≥65	≥70	≥80
4	弯曲强度(σ_{fM})	MPa	≥95	≥100	≥110	≥120
5	悬臂梁缺口冲击强度	kJ/m^2	≥4.5	≥5.0	≥5.5	≥6.0
6	负荷变形温度(T_f1.8)	℃	≥170	≥175	≥185	≥190
7	燃烧性(B50/3)		V-0	V-0	V-0	V-0
8	电气强度	kV/mm	≥19	≥19	≥19	≥19
9	表面电阻率(σ_e)	Ω	≥1.0×10^{15}	≥1.0×10^{15}	≥1.0×10^{15}	≥1.0×10^{15}
注：*n* 为两位数字，表示无卤阻燃剂类型，如 FR(40)表示无卤有机磷系阻燃剂。						

表 6 除本色之外其他着色玻璃纤维增强无卤阻燃聚对苯二甲酸丁二醇酯专用料的技术要求

序号	项 目	单位	PBT,GF15,FR(*n*),MC	PBT,GF20,FR(*n*),MC	PBT,GF25,FR(*n*),MC	PBT,GF30,FR(*n*),MC
1	颗粒外观(色粒)	个/kg	供方提供的数据			
2	密度(ρ)	g/cm^3	≤1.47	≤1.53	≤1.56	≤1.60
3	拉伸断裂应力(σ_B)	MPa	≥50	≥55	≥65	≥70
4	弯曲强度(σ_{fM})	MPa	≥80	≥85	≥95	≥105
5	悬臂梁缺口冲击强度	kJ/m^2	≥4.0	≥4.5	≥5.0	≥5.5
6	负荷变形温度(T_f1.8)	℃	≥170	≥175	≥185	≥190
7	燃烧性(B50/3)		V-0	V-0	V-0	V-0
8	电气强度	kV/mm	≥19	≥19	≥19	≥19
9	表面电阻率(σ_e)	Ω	≥1.0×10^{15}	≥1.0×10^{15}	≥1.0×10^{15}	≥1.0×10^{15}
注:*n* 为两位数字,表示无卤阻燃剂类型,如 FR(40)表示无卤有机磷系阻燃剂。						

4.3 产品的环保要求

产品的环保要求应满足 SJ/T 11363—2006 对有毒或有害物质的控制的规定。

5 试验方法

5.1 试验结果的判定

试验结果采用修约值判定法,应按 GB/T 8170—2008 规定进行。

5.2 试样制备

注塑试样按 GB/T 17037.1—1997 规定进行,并使用表 7 规定的条件。注塑前,材料应在 120 ℃的温度下至少干燥 6 h。

表 7 试样的注塑条件

熔体温度/℃	模具温度/℃	平均注射速率/(mm/s)	保压时间/s	全循环时间/s
250±5	60±20	200±100	20±5	40±5

用 GB/T 17037.1—1997 中的 A 型模具制备符合 GB/T 1040.2—2006 中 1A 型试样,B 型模具制备 80 mm×10 mm×4 mm 长条试样。

用于测定燃烧性(推荐尺寸为 125 mm×13 mm×3 mm)的试样可用符合尺寸要求的模具注塑制备。

用于测定电气强度(推荐尺寸为≥80 mm×≥80 mm×2 mm)和表面电阻率(推荐尺寸为≥80 mm×≥80 mm×3 mm)的试样可用符合尺寸要求的模具注塑制备。

5.3 试样的状态调节和试验的标准环境

试样的状态调节应按 GB/T 2918—1998 的规定进行。状态调节的条件为温度 23 ℃±2 ℃,相对湿度 50%±10%,时间至少 16 h。

所有试验都应在 GB/T 2918—1998 规定的标准试验环境下进行,温度 23 ℃±2 ℃,相对湿度为 50%±10%。

5.4 颗粒外观

按 SH/T 1541—2006 中的规定进行。

5.5 密度

试样为按5.2制备的1A型注塑试样的中间部分。

试样的状态调节按5.3规定进行。

测试按GB/T 1033.1—2008规定进行,采用A法。

5.6 拉伸断裂应力

试样为按5.2制备的1A型试样。

试样的状态调节按5.3规定进行。

测试按GB/T 1040.2—2006规定进行,试验速度为5 mm/min。

5.7 弯曲强度

试样为按5.2制备的80 mm×10 mm×4 mm长条试样。

试样的状态调节按5.3规定进行。

测试按GB/T 9341—2008的规定进行,试验速度为2 mm/min。

5.8 悬臂梁缺口冲击强度

试样为按5.2制备的80 mm×10 mm×4 mm长条试样。样条应在注塑后的1 h～4 h内加工缺口,缺口类型为A型。

试样的状态调节按5.3规定进行。

测试按GB/T 1843—2008的规定进行。

注:下次修订时,悬臂梁冲击强度将由简支梁缺口冲击强度代替。

5.9 负荷变形温度

试样为按5.2制备的80 mm×10 mm×4 mm长条试样。

试样的状态调节按5.3规定进行。

测试按GB/T 1634.2—2004中的A法(负荷为1.80 MPa)规定进行。试验时,加热装置的起始温度应低于27 ℃。加热升温速率为120 ℃/h±10 ℃/h。

5.10 燃烧性

试样可为按5.2制备的推荐尺寸为125 mm×13 mm×3 mm的注塑试样,也可按照需方要求的其他厚度的试样进行测试。仲裁时采用试样厚度为3.0 mm。

试样的状态调节按5.3规定进行。

测试按GB/T 5169.16—2008规定进行,采用50 W垂直火焰试验方法。

5.11 电气强度

试样为按5.2制备的推荐尺寸为≥80 mm×≥80 mm×2 mm的试样。

试样的状态调节按5.3规定进行。

测试按GB/T 1408.1—2006规定进行。

5.12 表面电阻率

试样为按5.2制备的推荐尺寸为≥80 mm×≥80 mm×3 mm的试样。

试样的状态调节按5.3规定进行。

测试按GB/T 1410—2006规定进行。

5.13 有毒有害物质的测定

按SJ/T 11365—2006规定的方法进行。

6 检验规则

6.1 检验分类与检验项目

玻璃纤维增强阻燃聚对苯二甲酸丁二醇酯专用料产品的检验可分为型式检验和出厂检验两类。

第4章中所有的项目为型式检验项目。

各类玻璃纤维增强阻燃聚对苯二甲酸丁二醇酯专用料产品出厂检验至少应包含拉伸断裂应力、悬臂梁缺口冲击强度、弯曲强度、燃烧性。

6.2 组批规则与抽样方案

6.2.1 组批规则

玻璃纤维增强阻燃聚对苯二甲酸丁二醇酯专用料由同一生产线上、相同原料、相同工艺所生产的同一牌号的产品组批，生产厂也可按一定生产周期或储存料仓为一批对产品进行组批。产品以批为单位进行检验和验收。

6.2.2 抽样方案

玻璃纤维增强阻燃聚对苯二甲酸丁二醇酯专用料可在料仓的下料口抽样，也可根据生产周期等实际情况确定具体的抽样方案。

包装后产品的取样应按 GB/T 2547—2008 规定进行。

6.3 判定规则和复验规则

6.3.1 判定规则

玻璃纤维增强阻燃聚对苯二甲酸丁二醇酯专用料应由生产厂的质量检验部门按照本标准规定的试验方法进行检验，依据检验结果和本标准中的要求对产品作出质量判定，并提出证明。

产品出厂时，每批产品应附有产品质量检验合格证。合格证上应注明产品名称、牌号、批号、执行标准，并盖有质检专用章和检验员章。

6.3.2 复验规则

检验结果若某项指标不符合本标准要求时，可重新取样对该项目进行复验。以复验结果作为该批产品的质量判定依据。

7 标志

玻璃纤维增强阻燃聚对苯二甲酸丁二醇酯专用料的外包装袋上应有明显的标志。标志内容可包括：商标、生产厂名称和地址、标准号、产品名称、牌号、生产日期、批号和净含量等。

8 包装、运输及贮存

8.1 包装

玻璃纤维增强阻燃聚对苯二甲酸丁二醇酯专用料采用双层包装袋(外层为牛皮纸袋，内层用聚乙烯包装袋)或其他包装形式。包装袋的封口应保证产品在贮存、运输时不被污染。包装袋要防尘、防潮。每袋产品的净含量可为 25 kg 或其他。

8.2 运输

玻璃纤维增强阻燃聚对苯二甲酸丁二醇酯专用料为非危险品。在运输和装卸过程中严禁使用铁钩等锐利工具，切忌抛掷。运输工具应保持清洁、干燥并备有厢棚或苫布。运输时不得与沙土、碎金属、煤炭及玻璃等混合装运，更不可与有毒及腐蚀性或易燃物混装。

8.3 贮存

玻璃纤维增强阻燃聚对苯二甲酸丁二醇酯专用料应贮存在干燥、通风良好的仓库内，不应露天堆放，防止暴晒；不得与腐蚀品、易燃品一起贮存，且堆放平整。贮存时，应远离热源，并防止阳光直接照射。

玻璃纤维增强阻燃聚对苯二甲酸丁二醇酯专用料应有贮存期的规定，一般从生产之日起，不超过 12 个月。

ICS 61.060
Y 78

中华人民共和国国家标准

GB/T 24152—2009

篮排球专业运动鞋

Sport footwear for basketball and volleyball

2009-06-15 发布　　2010-02-01 实施

中华人民共和国国家质量监督检验检疫总局
中国国家标准化管理委员会　发布

前　言

本标准的附录 A 为规范性附录。

本标准由中国石油和化学工业协会提出。

本标准由全国橡胶与橡胶制品标准化技术委员会胶鞋分技术委员会(SAC/TC 35/SC 9)归口。

本标准起草单位:上海回力鞋业有限公司、青岛双星集团技术开发中心、中华人民共和国莆田出入境检验检疫局、安踏(中国)有限公司、国辉(中国)有限公司、福建泉州匹克体育用品有限公司、福建省莆田市华丰鞋业有限公司、莆田艾力艾鞋服有限公司。

本标准主要起草人:周耀辉、沙淑芬、唐振华、李苏、丁国斯、许景南、蔡金辉、章金銮、王刚、林伟、沈但理。

篮排球专业运动鞋

1 范围

本标准规定了篮排球专业运动鞋的要求、试验方法、检验规则及标志、包装、运输、贮存。

本标准适用于体育运动穿着的各种款式的篮、排球专业运动鞋。

2 规范性引用文件

下列文件中的条款通过本标准的引用而成为本标准的条款。凡是注日期的引用文件，其随后所有的修改单(不包括勘误的内容)或修订版均不适用于本标准，然而，鼓励根据本标准达成协议的各方研究是否可使用这些文件的最新版本。凡是不注日期的引用文件，其最新版本适用于本标准。

GB/T 191 包装储运图示标志(GB/T 191—2008,ISO 780:1997,MOD)

GB/T 533—2008 硫化橡胶或热橡塑性橡胶 密度的测定(ISO 2781:2007,IDT)

GB/T 2941—2006 橡胶物理试验方法试样制备和调节通用程序(ISO 23529:2004,IDT)

GB/T 3293.1 鞋号(GB/T 3293.1—1998,idt ISO 9407:1991)

GB/T 3903.1 鞋类通用检验方法 耐折试验方法

GB/T 21396—2008 鞋类 成鞋试验方法 帮底粘合强度(ISO 17708:2003,IDT)

GB/T 24129—2009 胶鞋、运动鞋外底不留痕试验方法

HG/T 2198—1991 硫化橡胶物理试验方法的一般要求

HG/T 3780—2005 鞋类静态防滑性能试验方法

QB/T 2884—2007 鞋类 外底试验方法 耐磨性(ISO 20871:2001,IDT)

ISO 17699:2003 鞋类 帮面和衬里试验方法 水汽渗透和吸收

3 要求

3.1 鞋号、型号

产品的鞋号按 GB/T 3293.1 的规定执行。

产品的鞋楦尺寸及型号由产、需双方协商选定。

3.2 物理性能

物理性能应符合表 1 要求。

表 1 物理性能项目和指标

检验部位	项目		指标	
外底	密度/(g/cm³)	≤	白色	1.24
			非白色	1.16
	相对体积磨耗量/mm³	≤	130	
	防滑性能(静态摩擦系数)	≥	0.70	
	不留痕性能/级	≥	4～5	
鞋帮	水汽的渗透性能[a]/[mg/(cm²·h)]	≥	0.70	

表 1（续）

<table>
<tr><th>检验部位</th><th colspan="2">项　目</th><th colspan="2">指　标</th></tr>
<tr><td rowspan="5">整　鞋</td><td rowspan="2">帮底粘合强度[b]/(N/mm)</td><td rowspan="2">≥</td><td>橡胶与帮</td><td>4.0</td></tr>
<tr><td>微孔材料与帮</td><td>2.5</td></tr>
<tr><td>整鞋曲挠性能</td><td>≥</td><td colspan="2">6 万次，无裂痕、无裂面、无开胶(开胶深度≤1 mm)</td></tr>
<tr><td rowspan="2">减震性能[c]，G 值</td><td rowspan="2">≤</td><td>前掌</td><td>38</td></tr>
<tr><td>后掌</td><td>18</td></tr>
</table>

[a] 当鞋帮材料不符合取样要求时，不进行该项目的试验。

[b] 若试验时产生材料破坏，则帮底的粘合强度应不小于 2.0 N/mm。

[c] 该项目为型式试验项目。

4　试验方法

4.1　试验条件

按照 GB/T 2941—2006、HG/T 2198—1991 规定执行。试样试验前放置时间不应少于 8 h。

4.2　密度试验

按照 GB/T 533—2008 规定执行，取外底前后掌着力部位材料进行试验。

4.3　相对体积磨耗量试验

按照 QB/T 2884—2007 规定执行，取外底前后掌着力部位材料进行试验。

4.4　防滑性能试验

按照 HG/T 3780—2005 中的 8.2.1 规定执行。

4.5　减震性能试验

按照附录 A 规定执行，最大参考能量值的标准值定为 7.0 J。

4.6　外底不留痕试验

按照 GB/T 24129—2009 规定执行。

4.7　整鞋曲挠性能试验

按照 GB/T 3903.1 规定执行，无割口。

4.8　帮底粘合性能试验

按照 GB/T 21396—2008 规定执行。

4.9　鞋帮的水汽渗透性能试验

按照 ISO 17699:2003 规定执行。

5　检验规则

5.1　组批规则：以同品种、生产条件基本相同，1 d～6 d 产量为一检查批，最大批量不超过 10 000 双。

5.2　每检查批中，任意抽取满足检验所需的最低数量样品作为物理性能试验。第一次检验结果若不符合本标准规定时，应在该批产品中加倍抽取样品，对其不符合规定的项目进行复试。复试仍有以上项目不合格，则判定该批鞋不合格。

6　标志

6.1　产品标志

每双鞋应有商标持有者名称或制造商名称的标志。每只鞋应有下列标志：

a) 鞋号；

b) 商标。.

6.2 包装标志

内包装应有下列标志：

a) 品名；

b) 鞋号；

c) 商标；

d) 执行标准编号；

e) 质量等级；

f) 色别；

g) 主要帮材及底材的材质；

h) 生产日期；

i) 商标持有者名称和制造商名称、地址、邮政编码；

j) 进口鞋类应标明原产地国或地区名以及代理商或经销商在国内依法注册的名称、地址和邮政编码。

6.3 外包装标志

外包装应有下列标志：

a) 怕热、怕湿标志，按 GB/T 191 中规定执行；

b) 品名、色别或货号；

c) 鞋号；

d) 商标；

e) 执行标准号及名称；

f) 数量；

g) 质量等级；

h) 总质量(重量)；

i) 体积；

j) 生产日期；

k) 商标持有者名称和制造商名称、地址和邮政编码。

7 包装

7.1 内包装

应采用具有保护产品功能的包装，每双鞋用纸盒、纸袋或其他环保材料包装，盒内鞋用纸或布袋隔离。

7.2 外包装

应保护产品内包装不受损坏，外包装使用瓦楞纸板箱。

7.3 封口捆扎

应采用有效的方式保证外包装坚固，根据纸箱结构、体积、质量(重量)采取有效封口、箱盖粘合和捆扎措施。

8 运输与贮存

8.1 运输中应防止重压，避免雨淋受潮，不应与油、酸、碱类物质、挥发性溶剂或其他腐蚀性物品放在一起。

8.2　贮存在干燥通风的库房内，不应露天存放、阳光直射，并远离热源 1 m 以外。

8.3　贮存时应置于离地 20 cm 以上的垫架上堆垛，离墙距 20 cm 以上。不应与油、酸、碱类物质、挥发性溶剂或其他腐蚀性物品同库贮存。

8.4　贮存保管期不应超过 2 年，每半年应抽查 1～2 次，以检查产品、包装是否有异常。

附 录 A
（规范性附录）
运动鞋减震性能试验方法

A.1 仪器

A.1.1 仪器由两个主要部分组成及冲击能量的提供和测量

第一部分是固定平台装置用于固定试样。第二部分是冲击装置(见图 A.1),是通过指定的物块从特定的高度下落给试样提供最大的能量,即采用适当的方法给予试样最大的能量和负载时间(如采用液压、气压、机械或重力)。

A.1.1.1 固定平台装置

固定平台装置由坚硬平坦表面构成,用于在冲击过程中固定试样。试样支撑物应对着力提供的方向,具有一平面以提供跟试样底部的完全接触,直径≥76 mm。这个支撑物的中心应正对冲击头,刚度参考动力传递物理学。

固定平台装置的质量是下落物块质量的 20 倍以上,且≥170 kg。

可通过一些适当的工具使得试样牢固地固定在固定平台装置上,在负载过程中试样不会横向移动且通过与冲击头接触给试样面积的预加应力不应超过 5%。

注 1:采用具有弹性的绳子或带子将试样固定在试样支撑物上。

A.1.1.2 冲击装置

冲击头为直径 45 mm±0.1 mm 平坦的圆柱体,见图 A.1 和图 A.2。冲击头的棱边倒钝 R1.0 mm±0.25 mm,是为了避免试样被边缘刮破。冲击头中心与冲击物块中心及固定平台装置中心应在同一直线上,见图 A.2。

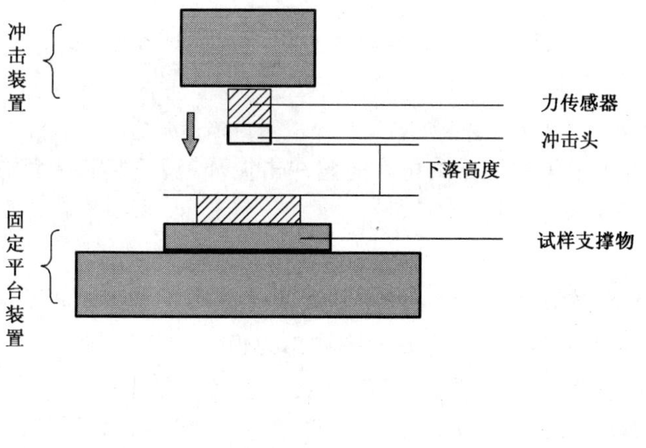

图 A.1 设备

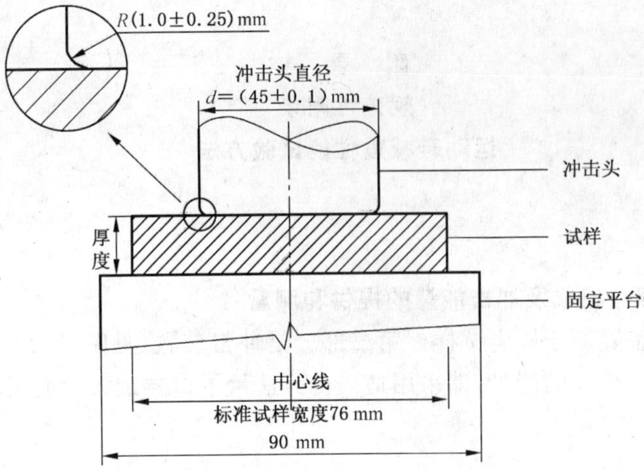

图 A.2 尺寸与摆放

A.1.1.2.1 试验仪器应循环地对试样进行压缩、冲击(满负载和无负载当作一个循环)。

A.1.1.3 冲击能量

通过一指定的物块从特定的高度下落来获取最大的冲击能量 7 J±0.7 J。物块的质量为 8.5 kg±0.1 kg,落下高度为 50 mm±2.5 mm。物块的质量包括了冲击头和传感器的质量,且冲击头的质量不应超过 0.2 kg,可选用 6061 号铝合金来实现。

注 2:施加的最大能量取决于试样的形变,形变随着试样的厚度而变化,受运动鞋主要材料系统的影响,本试验方法中试样的最大位移变化范围在 5 mm～15 mm 之间。

A.1.1.3.1 测出冲击装置对试样施压的速率,精度为 0.02。

A.1.1.3.2 通过测量自由落体在第一个冲击循环时的冲击速率,应在自由落体理论速率的±2%之内,以避免下落物块的相对能量损失,理论速率采用公式$(2gh)^{0.5}$获得,g 为重力加速度,h 为落下高度。

A.1.1.3.3 刚刚冲击时的速率(第 26 个冲击循环)取决于试样的原始厚度,第一个冲击循环的速率在 0.94 m/s～1.02 m/s 之间。

A.1.1.3.4 该台仪器应能够对试样进行每间隔(2±1)s 时间的冲击循环(满负载到无负载为一个循环)。

注 3:满负载和无负载的速度是通过最初的冲击速率和试样内在的减震性能控制的,到达力量峰值的典型时间为 10 ms～20 ms。

A.1.2 数据的获得和显示

数据的获得和显示由所采用的仪器测量在完整冲击循环(满负载和无负载)中的力和位移的系统构成,这个系统也产生了力和位移的相对关系。

A.1.2.1 力感应系统

力的传感器具有十分高的频率,一般与校准系统同时使用于调节力的灵敏性。这个感应器应固定牢固,以便能在冲击装置中心轴线的±2.5 mm 内测出力值。

A.1.2.1.1 力传感器品种有:应变计量器装置、电压传感器和加速计。力传感器感应区域与试样之间的冲击头质量会影响到力或加速度的数据,用于转换感应器电压值的校准要素的使用应进行调节以说明冲击头质量的影响。

A.1.2.1.2 力传感器应能够测量压力值到 3.5 kN,力的峰值取决于试样的厚度与材料的性质,采用本方法对一典型的中底材料的冲击负载应小于 2 kN。

A.1.2.1.3 该系统要求的最小可接受的频率为 500 Hz,将冲击头缚在力传感器上可减少共振频率。因此,该正常的频率要求是应用于冲击头与力传感器上,而不是用于固定平台装置的力平台上。该正常频率的要求可应用于从力传感器直到信号的记录和显示的使用仪器的一系列连接在一起的工具上。

A.1.2.1.4　最小的可接受的力或加速度的采样频率为 1 000 Hz(测量辨析率为 1 ms)。

A.1.2.1.5　力传感器应在测量的力峰值在真实值的±3%内时使用。

A.1.2.2　**位移感应系统**

一个用于在满负载和无负载冲击时监控移动装置位移的手段。可通过将传感器或电位计直接敷在系统上实现该要求,照相或眼力也可用于测量位移。试样厚度为 5 mm～30 mm 时其位移值范围在 5 mm～15 mm 之间。

A.1.2.2.1　该系统要求的最小可接受的频率为 500 Hz,该正常频率的要求可应用于位移传感器直到信号的记录和显示的使用仪器的一系列连接在一起的工具上。

A.1.2.2.2　最小的可接受的位移的采样频率为 1 000 Hz(测量辨析率为 1 ms)。

A.1.2.2.3　位移的报告值应在真实值的±3%内,见 A.1.3。

A.1.2.2.4　位移可通过适当的微处理器系统当作速度、冲击的质量(重量)和相对时间的力(加速度)数据的一个函数来进行计算。

注 4:当位移是通过传感器直接测出时,要注意避免摩擦引起的能量损失,见 A.1.1.2.1。

A.1.2.3　**记录和显示仪器**

记录和显示仪器采用合适的手段将数据从力和位移感应系统上记录和显示出来,要预防由于感应特征可能引起的使得显示的数据有极小的失真。

A.1.2.3.1　该记录仪器适用于步骤 A.1.2.1.3～A.1.2.1.5 和 A.1.2.2.1～A.1.2.2.3 中的力和位移感应系统要求。

A.1.2.3.2　该仪器应不仅能够把力当作位移的一个函数显示,而且能够将力和位移当作一个共同的时间衡量的一个函数显示,也便于将试样吸收的能量的计算当作时间或位移的一个函数显示,首选的数据显示见图 A.3 说明。

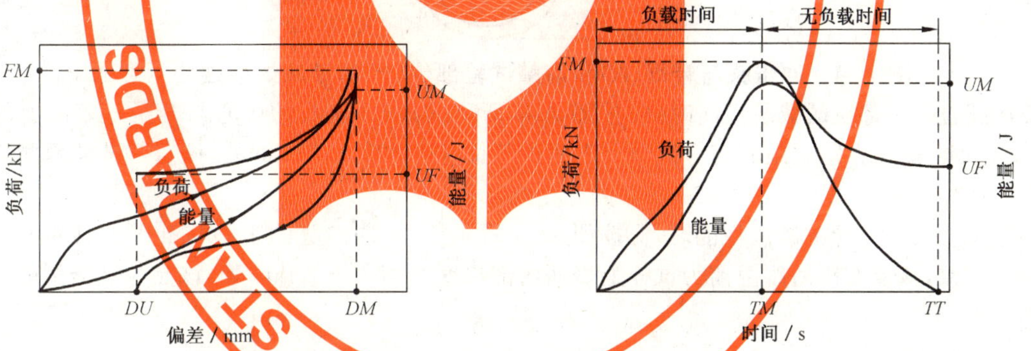

描　述	数据参数			
	时间	负荷	能量	偏差
压缩循环第一个一半结束时	*TM*	*FM*	*UM*	*DM*
压缩循环完成时	*TT*	—	*UF*	*DU*

图 A.3　减震性能试验典型的数据显示

A.1.3　**设备的校准**

每两个月应对所有的机械和电子设备进行校准。

A.2　试样

A.2.1　**试样的制备**

冲击试验样品沿着鞋帮切开从鞋子上分离开,鞋帮上较低的那一部分(减震系统上表面上方

10 mm±5 mm 部分)除非会干扰物块的下落,否则不能被去除。

注 5:在试验四周边缘的鞋帮材料,在帮面的切除过程中能防止对减震系统的干扰,应保留鞋底和鞋帮之间的粘合(会影响减震性能),且可当作对减震系统中任何粘合松动部件的固定装置,减震系统一般都位于鞋子的内部(例如中底)。

A.2.2 试样形状

减震系统试验部位的平面应平整,且大致为圆形,直径最少为 65 mm±2 mm,这个平面的中心应对着冲击头的中心,这样当冲击头与试样接触时,冲击头边缘与试样边缘之间在四周都有不小于 10 mm±1 mm 的间距。

注 6:试样的形状随在试验下对鞋子的设计而改变,鞋子的形状是影响减震性能的一个因素,而这个因素可能被本试验方法检出,所以并未规定标准的试样形状。不同形状、厚度和尺码的试样测得的结果没有可比性。

A.2.3 试样的摆放

在试验机上摆放试样如图 A.4 所示。

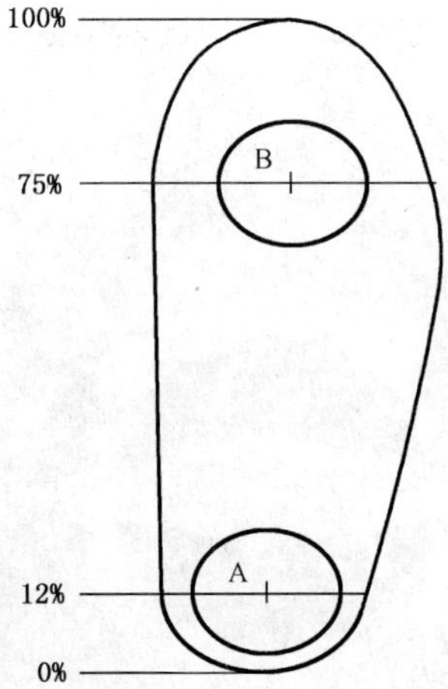

图 A.4 冲击头与鞋跟(A)和前掌试验部位(B)的鞋底试样摆放示意图

a) 试验鞋跟部位的减震性能时,应按图 A.4 所示摆放,冲击头的中心与鞋子上表面上的一点相一致,该点在距后跟距离为试样上表面内部长度的 12%±2 mm 处,该点与试样两侧边的距离相等;

b) 试验前掌部位的减震性能时,应按图 A.4 所示摆放,冲击头的中心与鞋子上表面上的一点相一致,该点在距后跟距离为试样上表面内部长度的 75%±2 mm 处,该点与试样两侧边的距离相等。

A.3 试验步骤

A.3.1 依据材料的规格或有利害关系的部位的要求进行调节测试样;

A.3.2 在温、湿度调节过程中不应将试样堆放;

A.3.3 调节温、湿度环境,标准的测试实验室温度为(23±2)℃,除非有特殊指出,如果发生争执,公差应为±1 ℃。

A.3.4 试样试验前应放置在描述的标准温湿度环境中 4 h,或试样本身达到描述的温度。测试样从调节环境中移出,在另一环境下要在 10 s 内进行负载循环。

A.3.5 按步骤 A.2.3 将试样摆放在试验机上。

A.3.6 施加在试样上的最大能量应在参考值的±10%之内,对于正常穿用过程中经受中等冲击的鞋子施加 5 J 的能量,经受强冲击的鞋子施加 7 J 的能量,如果选用不同于 5 J 或 7 J 的能量,要在试验报告中予以说明备注。

注 7:冲击试验的目的是模拟鞋子在正常穿用过程中减震系统经受的能量、压力和负载速度等参数,对于一般用途的运动鞋,5 J 的参考能量是较为适合的;然而,参考能量值也可能随着待测鞋子的型号以及被测部位(鞋跟或前掌)的不同而改变;鞋子在正常穿用过程中减震系统经受中等冲击的,推荐参考能量值为 5 J,包括跑步鞋(鞋跟)和多用途保健鞋(鞋跟和前掌);对于经受强冲击的,推荐参考能量值为 7 J,包括篮球鞋、网球鞋和排球鞋等。本试验方法不适用于在正常穿用过程中不经受中等冲击或强冲击的鞋子,这类鞋子包括训练走路和有氧运动的。

A.4 计算

A.4.1 采用力

位移的相对关系和适当的因数换算系数算出以下几个数值:

a) 力的峰值(*FM*),单位为 N(或磅);

b) 最大位移(*DM*),单位为 mm(或英寸);

c) 提供的最大能量(*UM*),在产生位移峰值的点上,单位为 J(或英寸-磅);

d) 滞后能量(*UF*)——在力峰值后的点上,此时力值为零,单位为 J(或英寸-磅);

e) 时间(*TM*)——在位移峰值产生的点上,单位为 ms。

A.4.2 规格化

力和位移峰值的值应规格化以便提供更合适的值进行比较评估,计算的要素参考提供的最大能量值 7 J。根据 *F*、*D* 和 *U* 的弹性关系规划计算。

$$X(\text{规划}) = X(UR/UM)^{1/2}$$

X——*FM* 或 *DM* 的值;

UR——参考能量 7 J;

UM——测出的最大提供能量,在 *UR* 值的±10%以内。

注 8:带有补偿实验室技术和不同材料内在的位移性质的实际变化程度是正常化的。

注 9:虽然在线性弹性结构上是正常的,当 *UM* 值在范围之内时,典型的没有弹性的中底材料也可能会产生小于±3%的错误。

A.4.3 峰值 *G*

用冲击过程中下落物块冲击头的峰值加速度来计算,以重力单位来表示:

$$G = A/g$$

A——峰值加速度;

g——重力加速度,$g = 9.81\ \text{m} \cdot \text{s}^{-2}$。

当使用力传感器时,峰值加速度可依据下式计算:

$$A = -F/M$$

A——峰值加速度;

F——力传感器记录的峰值;

M——冲击块的质量(重量)。

A.5 报告

试验报告应包括如下内容:

a) 试验鞋子的详细说明,包括型号、鞋号或尺码、来源、制造商代码和外形等;

b) 试样的尺寸和厚度;

c) 试验仪器的来源和型号;

d) 施加的最大参考能量值;

e) 一组五次冲击数据的平均值;

符合标准的峰值、最大位移、时间、施加的最大能量值以及滞后能量率等参数;

f) 峰值 *G*。

ICS 83.060
G 40

中华人民共和国国家标准

GB/T 24153—2009

橡胶及弹性体材料　N-亚硝基胺的测定

Rubber and elastomer materials—Determination of N-nitrosamines

2009-06-15 发布　　　　2010-02-01 实施

中华人民共和国国家质量监督检验检疫总局
中国国家标准化管理委员会　发布

前 言

本标准的附录 A 为规范性附录，附录 B 为资料性附录。

本标准由中国石油和化学工业协会提出。

本标准由全国橡胶与橡胶制品标准化技术委员会(SAC/TC 35)归口。

本标准起草单位：福建莆田出入境检验检疫局、沈阳橡胶研究设计院、福建泉州出入境检验检疫局。

本标准主要起草人：童玉贵、程群、林碧芬、李亦军、刘惠春、林中。

橡胶及弹性体材料　N-亚硝基胺的测定

警告：使用本标准的人员应有正规实验室工作的实践经验。本标准并未指出所有可能的安全问题。使用者有责任采取适当的安全和健康措施，并保证符合国家有关法规规定的条件。

1　范围

本标准规定了采用气相色谱-质量选择检测器(GC-MSD)测定橡胶及弹性体材料中12种N-亚硝基胺(见附录A)含量的方法。

本标准适用于橡胶、弹性体材料及其制品。

2　原理

试样用甲醇超声波提取，提取液浓缩后过C_{18}固相萃取小柱净化，样液进气相色谱-质量选择检测器(GC-MSD)进行测定，采用全扫描检测进行定性，选择离子进行外标法定量。

3　试剂和材料

除另有规定外，所用试剂均为色谱纯。

3.1　甲醇，经空白试验检查无干扰物质存在。

3.2　C_{18}固相萃取小柱：500 mg/3 mL。

3.3　标准储备液：分别准确称取适量的每种N-亚硝基胺标准品，用甲醇分别配制成浓度为200 mg/L的标准储备液，装于棕色试剂瓶中，在低于5 ℃冰箱中保存，有效期3个月。

注：N-亚硝胺类物质易被紫外线分解，萃取液或标准溶液宜避免暴露于日光或荧光灯等光源下。样品或标准溶液宜用铝箔包裹或用棕色瓶贮存于温度低于5 ℃的暗处。

3.4　标准工作溶液：根据需要取适量体积的标准储备液(3.3)进行混合，再用甲醇稀释成适用浓度的标准工作溶液，装于棕色试剂瓶中，现配现用。

4　仪器和设备

4.1　气相色谱仪：配有质量选择检测器(MSD)。

4.2　超声波发生器：工作频率40 kHz。

4.3　旋转蒸发仪：配有真空表(可显示真空度至10 kPa)。

4.4　固相萃取装置：配有真空泵。

4.5　旋涡混匀器。

4.6　锥形瓶：棕色，具磨口塞，100 mL。

4.7　浓缩瓶：棕色，150 mL。

4.8　离心管：棕色，10 mL。

5　分析步骤

5.1　试样制备及提取

取有代表性的试样，用适当工具碎至边长为3 mm以下的颗粒，混匀。从以上混匀后的试样中称取5.0 g(精确至0.01 g)试料，置于锥形瓶(4.6)中，加入30 mL甲醇(3.1)，于超声波发生器(4.2)中超声提取30 min。提取液移入浓缩瓶(4.7)中，再往锥形瓶中加入20 mL甲醇，重复提取一次，合并提取液。浓缩瓶置于旋转蒸发仪(4.3)上，控制真空度在21.3 kPa～16.3 kPa，于35 ℃水浴中缓慢浓缩至稍少于

4.5 mL。取下浓缩瓶，于旋涡混匀器(4.5)上充分旋转振荡 1 min(以便于瓶壁上所粘附物质溶入提取液)，然后将浓缩瓶中样液移入 5 mL 棕色容量瓶中。另取 0.5 mL 甲醇淋洗浓缩瓶壁，于旋涡混匀器上充分旋转振荡 1 min 后，移入容量瓶合并，用甲醇定容至 5 mL，摇匀。

5.2 净化

将 C_{18} 固相萃取小柱(3.2)置于固相萃取装置(4.4)上，用 5 mL 甲醇预淋洗 C_{18} 小柱，弃去流出液。准确吸取 2.0 mL 样液(见 5.1)注入小柱，流出液收集于离心管(4.8)中；待样液液面下降至小柱填料的上层面时，再加入 2 mL 甲醇进行洗脱，收集合并全部流出液于离心管中。然后用缓慢的氮气流吹至 2 mL，样液摇匀后装入棕色进样小瓶，密封冷藏保存待测。

5.3 测定

5.3.1 气相色谱-质谱测定条件

由于测试结果取决于所用仪器，因此不可能给出色谱分析的通用参数。下面给出的操作参数已被证明是可行的，仅作为测定时的参考：

a) 毛细管色谱柱：DB-5MS　30 m×0.25 mm×0.25 μm，或相当者；

b) 柱温：$38\ ℃(4\ \text{min}) \xrightarrow{8\ ℃/\text{min}} 83\ ℃(4\ \text{min}) \xrightarrow{15\ ℃/\text{min}} 300\ ℃(6\ \text{min})$；

c) 进样口温度：260 ℃；

d) 质谱接口温度：280 ℃；

e) 载气：氦气(纯度≥99.999%)，流量：1.0 mL/min；

f) 电离方式：EI；

g) 电离能量：70 eV；

h) 质量扫描范围：35 amu～260 amu；

i) 进样方式：不分流进样；

j) 进样量：1 μL。

5.3.2 气相色谱-质谱分析定性及定量

分别取 1 μL 标准工作溶液(3.4)与样液(见 5.2)注入色谱仪进行测定。如果样液与标准工作溶液的总离子流图中，在相同保留时间有色谱峰出现，通过比较样品与标准品的特征离子进行定性，用选择离子监测方式进行外标法定量。

根据样液中被测物的含量情况，选定浓度相近的标准工作溶液，对标准工作溶液与样液等体积参插进样测定，标准工作溶液和样液中每种 N-亚硝基胺的响应值均应在仪器检测的线性范围内。

注 1：如果样液的检测响应值超出仪器检测的线性范围，可适当稀释后测定。

注 2：在上述分析条件下，12 种 N-亚硝基胺标准品的气相色谱-质谱总离子流图参见附录 B。

6 结果计算

样品中每种 N-亚硝基胺的含量，由式(1)计算：

$$X_i = \frac{A_i \times c_i \times V}{A_{is} \times m} \quad \cdots\cdots(1)$$

式中：

X_i——试样中 N-亚硝基胺 i 的含量，单位为毫克每千克(mg/kg)；

A_i——样液中 N-亚硝基胺 i 的峰面积；

A_{is}——标准工作液中 N-亚硝基胺 i 的峰面积；

c_i——标准工作液中 N-亚硝基胺 i 的浓度，单位为微克每毫升(μg/mL)；

V——样液(见 5.1)的定容体积，单位为毫升(mL)；

m——样液(见 5.1)代表的试样质量，单位为克(g)。

计算结果表示到小数点后一位。当结果超过 100 mg/kg 时，表示到个位。

7 测定低限

本方法的测定低限为0.5 mg/kg。

8 试验报告

试验报告至少应给出以下内容：

a) 本标准编号；

b) 样品描述；

c) 试验结果；

d) 偏离本标准的差异；

e) 试验日期。

附 录 A
(规范性附录)
12种N-亚硝基胺名称及其标准品的GC/MS选择定量离子

表 A.1

序号	N-亚硝基胺名称	英文名称	化学文摘编号(CAS No.)	化学分子式	定量离子/amu
1	N-亚硝基二甲基胺	N-nitroso dimethylamine	62-75-9	$C_2H_6N_2O$	74
2	N-亚硝基甲基乙基胺	N-nitroso methyl-ethylamine	10595-95-6	$C_3H_8N_2O$	88
3	N-亚硝基二乙基胺	N-nitroso diethylamine	55-18-5	$C_4H_{10}N_2O$	102
4	N-亚硝基吡咯烷	N-nitroso pyrrolidine	930-55-2	$C_4H_8N_2O$	100
5	N-亚硝基-N-甲基苯胺	N-nitroso-N-methylaniline	614-00-6	$C_7H_8N_2O$	106
6	N-亚硝基吗啉	N-nitroso morpholine	59-89-2	$C_4H_8N_2O_2$	56
7	N-亚硝基二丙基胺	N-nitroso dipropylamine	621-64-7	$C_6H_{14}N_2O$	70
8	N-亚硝基哌啶	N-nitroso piperidine	100-75-4	$C_5H_{10}N_2O$	114
9	N-亚硝基-N-乙基苯胺	N-nitroso-N-ethylaniline	612-64-6	$C_8H_{10}N_2O$	106
10	N-亚硝基二丁基胺	N-nitroso dibutylamine	924-16-32	$C_8H_{18}N_2O$	84
11	N-亚硝基二苯基胺	N-nitroso-diphenylamine	86-30-6	$C_{12}H_{10}N_2O$	169
12	N-亚硝基二苄胺	N-nitroso dibenzylamine	5336-53-8	$C_{14}H_{14}N_2O$	91

附 录 B
（资料性附录）
N-亚硝基胺标准品的GC/MS总离子流图

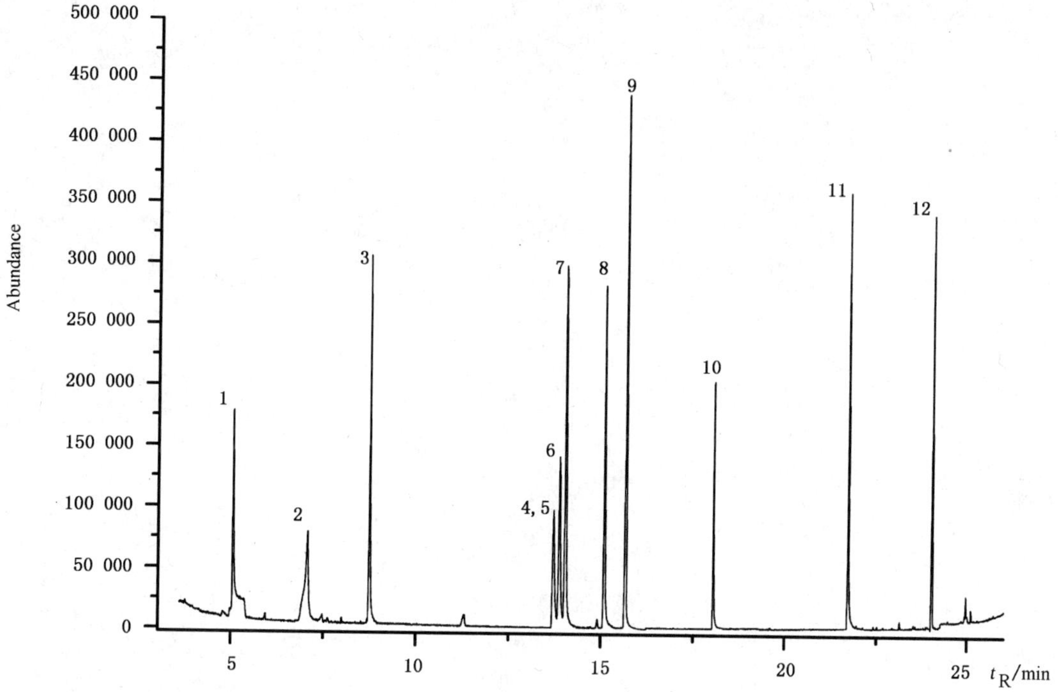

1——N-亚硝基二甲基胺
2——N-亚硝基甲基乙基胺
3——N-亚硝基二乙基胺
4——N-亚硝基吡咯烷
5——N-亚硝基-N-甲基苯胺
6——N-亚硝基吗啉
7——N-亚硝基二丙基胺
8——N-亚硝基哌啶
9——N-亚硝基-N-乙基苯胺
10——N-亚硝基二丁基胺
11——N-亚硝基二苯基胺
12——N-亚硝基二苄胺

图 B.1 N-亚硝基胺标准品的GC/MS总离子流图

ICS 67.040
X 80

GB

中华人民共和国国家标准

GB/T 24154—2009

运动营养食品通则

General standard for sports nutrition food

2009-05-19 发布　　　　2009-12-01 实施

中华人民共和国国家质量监督检验检疫总局
中国国家标准化管理委员会　发布

前　言

本标准的附录 A 为规范性附录，附录 B 为资料性附录。

本标准由全国特殊膳食标准化技术委员会提出并归口。

本标准起草单位：北京康比特体育科技股份有限公司、中国食品发酵工业研究院、国家体育总局运动医学研究所、中国食品科学技术学会运动营养食品分会、雅培制药有限公司。

本标准主要起草人：焦颖、黄序、杨则宜、陈岩、李惠宜、石磊、贺刚、田红梅、逄金柱、白厚增。

运动营养食品通则

1 范围

本标准规定了运动营养食品的产品分类、要求、试验方法、能量和碳水化合物的计算以及标签。

本标准适用于运动营养食品的生产及市场流通。

2 规范性引用文件

下列文件中的条款通过本标准的引用而成为本标准的条款。凡是注日期的引用文件，其随后所有的修改单(不包括勘误的内容)或修订版均不适用于本标准，然而，鼓励根据本标准达成协议的各方研究是否可使用这些文件的最新版本。凡是不注日期的引用文件，其最新版本适用于本标准。

GB 2760　食品添加剂使用卫生标准

GB/T 5009.3　食品中水分的测定

GB/T 5009.4　食品中灰分的测定

GB/T 5009.5　食品中蛋白质的测定

GB/T 5009.6　食品中脂肪的测定

GB 13432　预包装特殊膳食用食品标签通则

GB 14880　食品营养强化剂使用卫生标准

GB/T 22224　食品中膳食纤维的测定　酶重量法和酶重量法-液相色谱法

3 术语和定义

下列术语和定义适用于本标准。

3.1

运动营养食品　sports nutrition food

补充或满足人体运动特殊需求的营养物质的食品。

4 产品分类

4.1 分类原则

按人体运动对能量和营养物质的不同需求，划分运动营养食品的类别。

4.2 类别

4.2.1 补充能量类

以碳水化合物为主要成分，并能够快速、持续提供能量的运动营养食品。

4.2.2 控制能量类

含有较低能量和较低脂肪，能够满足人体减控体重需求的运动营养食品。

4.2.3 补充蛋白质及其水解物类

补充蛋白质、肽、氨基酸和(或)其衍生物，适于有修复机体组织、增长肌肉需求的人群食用的运动营养食品。

4.2.4 补充维生素、矿物质类

补充人体运动损耗的维生素、矿物质的运动营养食品。

4.2.5 补充恢复运动性疲劳的营养物质类

补充缓解中枢神经系统或外周机体疲劳的营养物质的运动营养食品。

4.2.6 复合营养物质类

能够满足人体运动的基本营养需求的运动营养食品，如代餐或加餐类运动营养食品。

4.2.7 其他类

4.2.1～4.2.6 未包括的运动营养食品。

5 要求

5.1 基本要求

5.1.1 各类运动营养食品应符合 5.1.2～5.1.5 的规定。

5.1.2 产品中不应含有世界反兴奋剂机构禁用物质。

5.1.3 产品中的食品添加剂应符合 GB 2760 中相同或相近产品允许添加的种类。

5.1.4 产品中添加营养强化剂的种类和每日推荐摄入量应符合附录 A 的规定。

5.1.5 生产运动营养食品的企业应建立良好操作规范(GMP)体系或危害分析与关键控制点(HACCP)体系。

5.2 各类产品要求

5.2.1 补充能量类

应符合表 1 的规定。

表 1

项目		指标		
		液态或半固态产品	固态产品	冲调饮用的产品
能量/(kJ/100 g)或(kJ/100 mL)	≥	150	1 500	150×n[a]
碳水化合物的能量占产品总能量的比例/%	≥	65		
[a] 产品标签标明的稀释倍数。				

5.2.2 控制能量类

应符合表 2 的规定。

表 2

项目		指标		
		液态或半固态产品	固态产品	冲调饮用的产品
能量/(kJ/100 g)或(kJ/100 mL)	≤	80	300	80×n[a]
脂肪的能量占产品总能量的比例/%	≤	25		
[a] 产品标签标明的稀释倍数。				

5.2.3 补充蛋白质及其水解物类

5.2.3.1 补充蛋白质类产品的蛋白质来源，其经消化率修正的氨基酸评分不应低于 0.5。几种常见食品的经消化率修正的氨基酸评分可参考附录 B。

5.2.3.2 产品中蛋白质的含量应符合表 3 的规定。

表 3

项目		指标		
		液态或半固态产品	固态产品	冲调饮用的产品
蛋白质/(g/100 g)或(g/100 mL)	≥	4	25	50

5.2.4 补充维生素、矿物质类

所添加的维生素、矿物质的种类及每日推荐摄入量应符合附录 A 的规定。

5.2.5 复合营养物质类

应符合表 4 的规定。

表 4

项　　目		指　　标
蛋白质的能量占产品总能量的比例/%	≥	12
脂肪的能量占产品总能量的比例/%	≤	30
能量/(kJ/100 g)	≥	800

5.2.6 其他类

应符合运动营养食品的基本要求。

6 试验方法

6.1 蛋白质

按 GB/T 5009.5 规定的方法测定。

6.2 脂肪

按 GB/T 5009.6 规定的方法测定。

7 能量和碳水化合物的计算

7.1 能量的计算

能量 X 按式(1)计算：

$$X = A_1 \times B_1 + A_2 \times B_2 + A_3 \times B_3 + A_4 \times B_4 \qquad \cdots\cdots(1)$$

式中：

X——能量值，单位为千焦每百克(kJ/100 g)；

A_1——碳水化合物的质量分数，%；

B_1——碳水化合物的能量系数，单位为千焦每克(B_1=17 kJ/g)；

A_2——蛋白质的质量分数，%；

B_2——蛋白质的能量系数，单位为千焦每克(B_2=17 kJ/g)；

A_3——脂肪的质量分数，%；

B_3——脂肪的能量系数，单位为千焦每克(B_3=37 kJ/g)；

A_4——膳食纤维的质量分数，%；

B_4——膳食纤维的能量系数，单位为千焦每克(B_4=8 kJ/g)。

7.2 碳水化合物的计算

碳水化合物的质量分数 A_1 按式(2)计算：

$$A_1 = 100 - (A_2 + A_3 + A_4 + A_5 + A_6) \qquad \cdots\cdots(2)$$

式中：

A_1——碳水化合物的质量分数，%；

A_2——蛋白质的质量分数，%；

A_3——脂肪的质量分数，%；

A_4——膳食纤维的质量分数，%；

A_5——水分的质量分数，%；

A_6——灰分的质量分数，%。

其中水分按 GB/T 5009.3 规定的方法测定；灰分按 GB/T 5009.4 规定的方法测定；膳食纤维按 GB/T 22224 规定的方法测定。

8 标签

8.1 产品标签应符合 GB 13432 的规定。

8.2 在标签的主要展示面,用显著字体标示“运动营养食品”,并按第 4 章的规定标注产品类别。

8.3 运动营养食品标签不得声称该类产品对某种疾病具有缓解、治疗或治愈作用。

附 录 A
（规范性附录）
营养强化剂使用规则

运动营养食品可以添加表 A.1 中的一种或多种营养强化剂。

表 A.1 所列营养强化剂的来源应符合 GB 14880 的规定。

表 A.1 运动营养食品添加营养强化剂的种类和每日推荐摄入量

营养强化剂的种类	每日推荐摄入量
维生素 A/μg RE	120～1 000
维生素 D/μg	1.5～12.5
维生素 E/mg α-TE	2.1～150
维生素 K/μg	20～100
维生素 B_1/mg	0.2～20
维生素 B_2/mg	0.2～20
维生素 B_6/mg	0.2～10
维生素 B_{12}/μg	0.4～10
维生素 C/mg	15～500
叶酸/μg	60～400
烟酸/mg	2.1～30
胆碱/mg	75～1 500
生物素/μg	4.5～100
泛酸/mg	0.8～20
钙/mg	150～1 500
钾/mg	300～3 000
镁/mg	53～500
铁/mg	2.3～25
锌/mg	1.7～25
硒/μg	7.5～150
铜/mg	0.3～1.5
碘/μg	22.5～100
锰/mg	0.5～3.0
磷/mg	105～1 000
左旋肉碱/g	1～4
牛磺酸/g	1～6

附 录 B
（资料性附录）
不同来源蛋白质的经消化率修正的氨基酸评分（PDCAAS）

不同来源蛋白质的经消化率修正的氨基酸评分（PDCAAS）见表 B.1。

表 B.1 不同来源蛋白质的经消化率修正的氨基酸评分（PDCAAS）

食品种类	经消化率修正的氨基酸评分（PDCAAS）[a]
乳清蛋白	1.14
酪蛋白	1.00
鸡蛋白	1.00
蛋清粉	1.00
牛乳分离蛋白	1.00
大豆分离蛋白	1.00
浓缩大豆蛋白	0.99
牛肉	0.92
豌豆粉	0.69
燕麦片	0.57
花生粉	0.52

[a] 经消化率修正的氨基酸评分方法，可参照 GB/T 20371—2006 的附录 A。

参 考 文 献

[1] GB/T 20371—2006 食品工业用大豆蛋白

ICS 43.080.01
T 47

中华人民共和国国家标准

GB 24155—2009

电动摩托车和电动轻便摩托车安全要求

Electric motorcycles and electric mopeds—Safety specifications

2009-06-25 发布 2010-01-01 实施

中华人民共和国国家质量监督检验检疫总局
中国国家标准化管理委员会 发布

前　言

本标准的全部技术内容为强制性。

本标准由国家发展和改革委员会提出。

本标准由全国汽车标准化技术委员会归口。

本标准负责起草单位：中国汽车技术研究中心、国家机动车产品质量监督检验中心（上海）。

本标准参加起草单位：国家电动自行车产品质量监督检验中心、中国轻骑集团有限公司、天津清源电动车辆有限公司、浙江钱江摩托股份有限公司、中国嘉陵工业股份有限公司（集团）、浙江星月神电动车有限公司、上海安乃达驱动技术有限公司、中国群升集团浙江千禧工贸有限公司。

本标准主要起草人：赵静炜、缪文泉、吴建国、王业明、李文军、赵春明、叶建军、黄金权、王强、贾爱萍、姚湘江。

电动摩托车和电动轻便摩托车
安全要求

1 范围

本标准规定了电动摩托车和电动轻便摩托车特殊的安全要求。

本标准适用于电动摩托车和电动轻便摩托车(定义见 GB/T 24158)(除特殊说明外,以下简称电动摩托车)。

2 规范性引用文件

下列文件中的条款通过本标准的引用而成为本标准的条款。凡是注日期的引用文件,其随后所有的修改单(不包括勘误的内容)或修订版均不适用于本标准,然而,鼓励根据本标准达成协议的各方研究是否可使用这些文件的最新版本。凡是不注日期的引用文件,其最新版本适用于本标准。

GB 4208—1993 外壳防护等级(IP 码)(eqv IEC 529:1989)

GB/T 5359.1 摩托车和轻便摩托车术语 车辆类型(GB/T 5359.1—1996,neq ISO 3833:1977)

GB/T 19596—2004 电动汽车术语(ISO 8713:2002,NEQ)

GB/T 24158 电动摩托车和电动轻便摩托车 通用技术条件

3 术语和定义

GB/T 19596 和 GB/T 5359.1 确立的以及下列术语和定义适用于本标准。

3.1

电器 electrical appliance

电动机及其控制器组件、动力蓄电池组件和充电组件的统称。

4 要求

4.1 一般要求

4.1.1 除满足本标准规定的特殊安全要求外,应符合摩托车和轻便摩托车相关安全标准的要求。

4.1.2 电器所产生的热量不应造成燃烧、材料变质或人员烫伤。

4.1.3 电控调速单元的设计应避免由于非正常操作或无操作而引起的火灾、交通事故或触电危险。

4.1.4 动力蓄电池在正常安装位置条件下,表面不得有电解液渗漏或溅出。

4.2 电器要求

4.2.1 动力蓄电池

4.2.1.1 动力蓄电池箱应均匀散热和通风,电路中应设有过热保护,同时在结构设计上应保证安装在电动摩托车上的动力蓄电池产生的有害气体不会储存于电动摩托车内部的角落。

4.2.1.2 动力蓄电池和动力电路系统应设有保护装置。该装置应能在电动摩托车制造厂规定的过流、欠压、过充电与动力蓄电池连接的电路出现短路的情况下,自动断开与动力蓄电池的连接电路。该装置的响应时间应由电动摩托车制造厂根据动力蓄电池参数、动力蓄电池和电路发生过流、欠压或短路的防护方式来确定。

4.2.2 带电部分(定义见 GB/T 19596—2004 中 3.1.2.3.3)的触电防护

4.2.2.1 标称电压不高于 36 V(DC)和 12 V(AC)的带电部分本标准不做要求。

注 1:使用脉冲电压时,取 10 ms 以上的最大电压值为工作电压,若峰值持续时间均小于 10 ms 时则取其均方根值。

4.2.2.2 标称电压高于 36 V(DC)和 12 V(AC)的带电部分应使用绝缘包覆即基本绝缘(定义见

GB/T 19596—2004 中3.1.3.3.5)或加以隔离密封以防止直接接触(定义见 GB/T 19596—2004 中 3.1.3.3.3)。

4.2.2.3 带电部分的绝缘材料应能满足标称电压及温度的要求。带电部件的绝缘包覆应只能通过毁坏才能被拆除。绝缘油漆、涂料、胶水、瓷釉等类似材料都不能用作绝缘包覆(基本绝缘)。

4.2.2.4 带电部分的隔离密封应使用具有适当强度(制造厂规定)的护板、护盖、保护架等以防止直接接触。这些防护装置应牢固可靠,且耐机械冲击,其中人员乘坐及放置物品的空间的隔离防护装置不可以在不使用工具或无意识的情况下被打开、拆除;其他部位则应标示警告符号,警告符号见图 1。

4.2.2.5 不得含有裸露的导线、接线端、连接单元。车上布线应加以保护,不得接触毛刺、散热片等,同时应有效防止电线与运动部件的接触,以免损坏布线绝缘;通过绝缘导线的金属孔其表面要光滑、圆整且配有套管。

4.2.2.6 各单元之间的连接导线,不应受到过度的拉力;方向把与车架之间的连接不应因正常转动而损坏导线的绝缘。

4.2.3 外露可导电部分(定义见 GB/T 19596—2004 中 3.1.2.3.5)的触电保护

4.2.3.1 标称电压低于 60 V(DC)和 25 V(AC)的电路,其外露可导电部分本标准不做要求。

4.2.3.2 所有外露可导电部件全部连接以维持电位均衡。其连接方式可以为 a)以电线连接;b)经由螺丝与金属车架连接。

4.2.3.3 用一个 0.2 A 以上的电流通过任何两个外露可导电部件,至少 5 s,测其电压降。根据电流和电压降计算得到的电阻值不超过 0.1 Ω。

注 2:测量时应注意避免测量试具的触点与外露可导电部件之间的接触电阻和导线电阻,否则会影响试验结果。

4.2.3.4 除电动摩托车的辅助电路外,各电路的绝缘电阻应大于 2 MΩ,绝缘电阻测量方法按照 5.1 进行。

4.2.3.5 电器电路进行耐电压测试时不应发生火花或介电质破坏,试验方法按照 5.2 进行。

4.2.3.6 按照 5.4 进行各项防水试验后,均应立即测量电路的绝缘电阻(电动摩托车仍是湿的),绝缘电阻值应大于 500 Ω/标称电压 V;静置 24 h 后再次测试应大于 1 000 Ω/标称电压 V。

4.2.4 电动摩托车与充电电源连接要求

4.2.4.1 电动摩托车与充电电源连接时不可通过电动摩托车自身的驱动系统使其移动,充电连接所使用的元件应具有可终止连接以中断电流,而不会造成任何物体损坏的功能。

4.2.4.2 与充电电源连接的系统中可能带电的部件,在任何操作情况下均应有适当的防护装置,以防止直接接触。

4.2.5 过流保护装置

若电动摩托车的设计功能在辅助装置(例如充电器、电力转换器)损坏时无法控制由电池流往该装置的电流,则应该在电路的任一端设置过流保护装置。

4.2.6 电动机过载保护

电动机在额定电压及充分运转的状态下,应能承受 2.5 倍额定电流,持续 1 min 的短时过载。重新启动后应无运转异常。

4.3 机械安全要求

4.3.1 起动

4.3.1.1 应通过一个钥匙开关起动电动摩托车。

4.3.1.2 驱动系统运转时或电动摩托车处于"可行驶状态"时,钥匙应不能被取下。

"可行驶状态":在这种状态,当使用加速装置时,电动摩托车能够行驶。

4.3.2 行驶和停车

4.3.2.1 电动摩托车应通过一个明显的信号装置提示驾驶员车辆可以起步行驶,这个信号装置可以是 GB/T 4094.2 中规定的"运行准备就绪"信号装置。

4.3.2.2 当电动摩托车停车时，如果驱动系统仍处于“可行驶状态”，或只通过一个操作动作就可使电动摩托车处于“可行驶状态”时，则应通过一个信号（声学或光学信号）明显地提醒驾驶员。

4.3.2.3 动力蓄电池的剩余电量低于一定值时，应通过一个明显的信号装置（例如声或光信号）进行显示，所显示的剩余电量的最低值由电动摩托车制造厂规定，并应满足下列要求：

a) 能够使电动摩托车通过其自身的驱动系统使其行驶至少 3 km；

b) 如果动力蓄电池作为辅助电路的直接电源时，其最小的剩余电量应能为照明系统提供满足相关标准规定所需的电量（例如：转向、晚间必要的照明）。

4.3.2.4 如果电动摩托车装有在紧急情况时（例如：某部件过热）可限制其性能的装置，其动作时应通过一个明显的信号通知电动摩托车使用者。

4.4 标志和警示语

4.4.1 动力蓄电池及容易接触的带电部件的防护罩等应清楚地标注图 1 规定的标志，标志应清晰牢固。

注：底色为黄色，边框和符号为黑色。

图 1 高压警告/电击危险标志

4.4.2 动力蓄电池上应清晰可见地注明其化学类型、标称电压、额定容量以便识别。

4.4.3 分体式动力蓄电池充电器应标明“仅在室内使用，谨防雨淋！”的警示语。

5 试验方法

5.1 试验一般要求

a) 除另有规定，试验均应按出厂时的状态尽可能在同一样品上进行，该样品应能承受全部有关试验。

如果从器具的设计上已明显可以看出不适于进行某种试验，则该试验可不进行，并做好记录。

b) 对任何可运动部件的试验，应将其置于正常使用中可能出现的最不利的位置。

c) 试验前，电动摩托车进行 3 km～5 km 的行驶试验，检查电动摩托车的工作状况。

5.2 绝缘电阻的测量

5.2.1 绝缘电阻测量时应先将电动摩托车放置在下列环境中 8 h：

温度：23 ℃±5 ℃，

湿度为(90^{+10}_{-5})% ，

气压为 86 kPa～106 kPa。

5.2.2 使用适当的测量仪器（例如：兆欧表）测量外露可导电部件与动力蓄电池任一极间的绝缘电阻时，应使用不小于动力蓄电池标称电压的直流电压，测量连接外露可导电部件与动力蓄电池的任一极，持续一段时间，至获得稳定的读数为止。

5.2.3 测量电器电路的绝缘电阻时，应使用不小于该电路工作电压的直流电压，测量连接该电路与金属车架，持续一段时间，至获得稳定的读数为止。

5.2.4 测量电源电路的绝缘电阻时应不包括动力蓄电池。

5.3 耐电压试验

5.3.1 断开辅助电池及所有其他电器电路与金属车架间的导电连接。若测试电路的带电部件与金属车架间有无法承受测试电压的电子元件，则可以将其拆除。

5.3.2 测量电源电路时应不包括动力蓄电池。

5.3.3 依测试电路的工作电压 U_0 及绝缘防护型式，在表 1 中选定测试电压，使用 50 Hz～60 Hz 的交流电压连接测试电路与外露可导电部件，持续 1 min。

表 1 测试电压

测试电路的工作电压 U_0(AC)/V	各绝缘形式所使用的测试电压 U(AC)/V		
	基本绝缘	附加绝缘	双重绝缘或加强绝缘
48 以下	500	—	—
48～110	1 000	$2U_{max}+2\ 250$	$2U_{max}+3\ 250$
110 以上	$2U_{max}+1\ 000$ 至少 1 500	$2U_{max}+2\ 750$	$2U_{max}+3\ 750$
注：U_{max}是设备的最大工作电压。			

5.4 防水试验

5.4.1 洗车测试

本试验是模拟电动摩托车正常清洗的情况，不包括使用高压水枪等特殊冲洗。电动摩托车制造商应在用户使用说明书中详细规定特殊清洗的条件。

本试验使用 GB 4208—1993 中 IPX5 的软管喷嘴，见图 2，使用干净水，以 12.5 L/min 的流量沿车身各接缝喷水，喷嘴与车身接缝距离为 3 m，移动速度为 0.1 m/s。

5.4.2 雨淋测试

本试验是模拟电机元件舱以及电动三轮摩托车带乘客舱、货物舱的可打开部件处于开启状态时，突然下起大暴雨的情况。

本试验使用 GB 4208—1993 中 IPX3 的喷头，见图 3，使用干净水，按照图中的距离以 10 L/min 流量，尽可能通过喷头有规则的移动，喷淋电动摩托车 5 min。

5.4.3 涉水测试

本试验是模拟电动摩托车经过发大水的街道或水洼的情况。电动摩托车以 20 km/h 的速度，在水深 10 cm 的水池中，行驶 500 m。如果水池长度小于 500 m，可往返进行，但总的时间（包括在水池外的时间）应小于 10 min。

5.4.4 防水试验后，进行绝缘电阻和耐击穿电压测试，应满足 4.2.3.5 和 4.2.3.6 的要求。

6 说明书

每辆车必须附有用户使用说明书，说明书上应特别注明电动摩托车的使用、维护等特殊的要求，至少包括：

a) 应在说明书首页注明“使用前请仔细阅读说明书，未了解电动摩托车的特性前，请不要使用”；

b) 特别说明“如果电源损坏或充电系统出故障，应到制造厂指定的维修店更换和维修”；

c) 电动机、控制器、动力蓄电池的正确使用和保养方法；

d) 充电器的正确使用方法；

e) 驾驶人员的要求。

单位为毫米

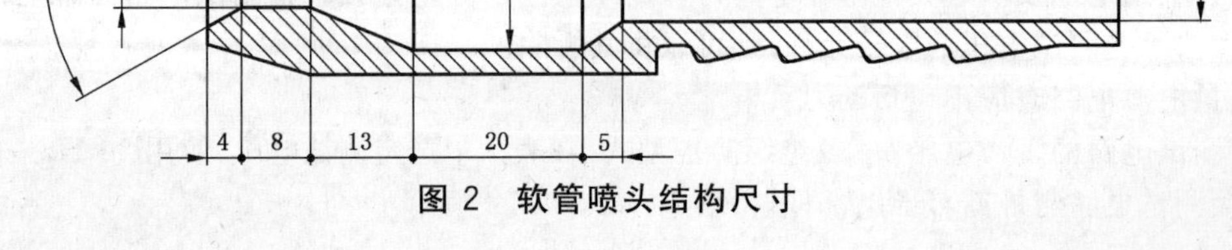

图 2 软管喷头结构尺寸

单位为毫米

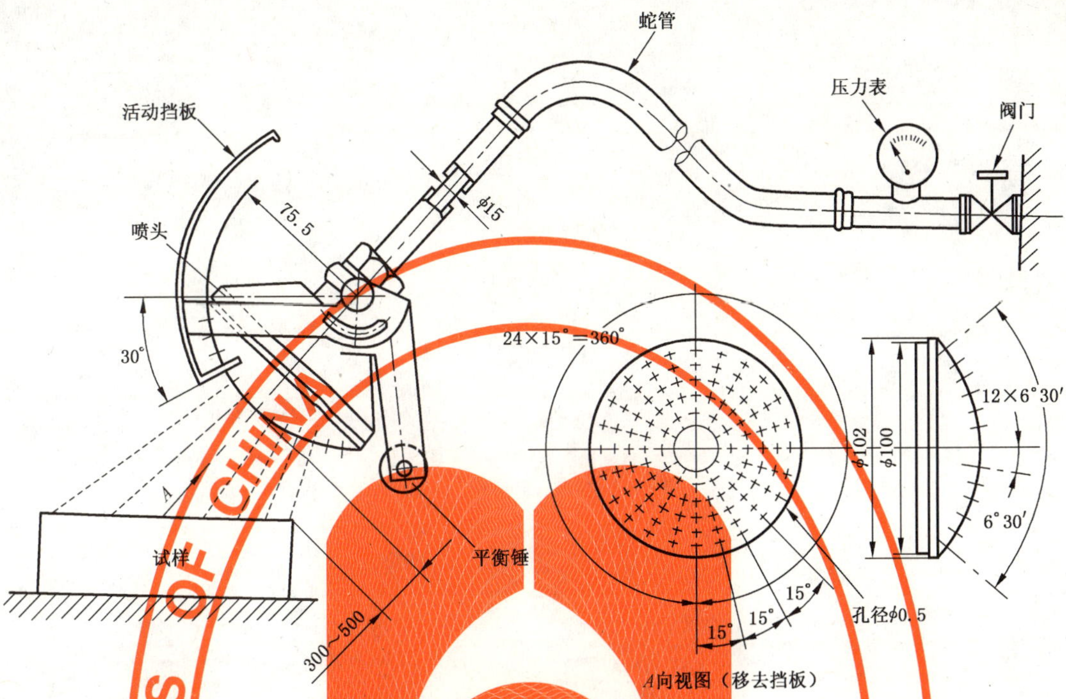

图中：φ0.5 的孔 121 个，其中一个在中央
　　　里面 2 圈每圈 12 个孔，间距 30°
　　　外面 4 圈每圈 24 孔，间距 15°
　　　活动挡板：铝，喷头：黄铜

图 3　喷头结构尺寸

ICS 43.080.01
T 47

中华人民共和国国家标准

GB/T 24156—2009

电动摩托车和电动轻便摩托车动力性能　试验方法

Electric motorcycles and electric mopeds—Power performance—Test methods

2009-06-25 发布　　2010-01-01 实施

中华人民共和国国家质量监督检验检疫总局
中国国家标准化管理委员会　发布

前 言

本标准的附录A为规范性附录,附录B为资料性附录。

本标准由国家发展和改革委员会提出。

本标准由全国汽车标准化技术委员会归口。

本标准负责起草单位:中国汽车技术研究中心、国家机动车产品质量监督检验中心(上海)。

本标准参加起草单位:中国轻骑集团有限公司、国家电动自行车产品质量监督检验中心、中国群升集团浙江千禧工贸有限公司、中国嘉陵工业股份有限公司(集团)、浙江星月神电动车有限公司、浙江钱江摩托股份有限公司、天津清源电动车辆有限公司、上海安乃达驱动技术有限公司。

本标准主要起草人:赵静炜、许立宇、何云堂、王业明、黄晓东、姚湘江、黄金权、王 强、叶建军、赵春明、贾爱萍等。

电动摩托车和电动轻便摩托车
动力性能　试验方法

1　范围

本标准规定了电动摩托车和电动轻便摩托车动力性能试验方法。包括最高车速、加速性能、爬坡能力的试验方法。

本标准适用于以储能蓄电池为唯一动力来源的电动摩托车和电动轻便摩托车（定义见 GB/T 24158，除特殊说明外，以下简称电动摩托车）。

2　规范性引用文件

下列文件中的条款通过本标准的引用而成为本标准的条款。凡是注日期的引用文件，其随后所有的修改单（不包括勘误的内容）或修订版均不适用于本标准，然而，鼓励根据本标准达成协议的各方研究是否可使用这些文件的最新版本。凡是不注日期的引用文件，其最新版本适用于本标准。

GB/T 5359.1　摩托车和轻便摩托车术语　车辆类型（GB/T 5359.1—1996，neq ISO 3833：1977）

GB/T 5378　摩托车和轻便摩托车道路试验总则

GB/T 18385—2005　电动汽车　动力性能　试验方法（ISO 8715：2001，MOD）

GB/T 19596　电动汽车术语（GB/T 19596—2004，ISO 8713：2002，NEQ）

GB/T 24158　电动摩托车和电动轻便摩托车　通用技术条件

3　术语和定义

GB/T 5359.1 和 GB/T 19596 确立的术语和定义适用于本标准。

4　试验通则

4.1　试验车辆准备

4.1.1　试验车辆应按照使用维护说明书及有关技术文件，在进行试验前走合 100 km。

4.1.2　试验车辆的机械运动部件，应按照制造厂的规定涂抹润滑油。

4.1.3　试验车辆轮胎气压及机械运动部件用润滑油黏度应符合制造厂的规定。

4.1.4　试验车辆试验时的加载质量（无特殊规定的）按照 GB/T 5378 的规定。

4.1.5　试验车辆用动力蓄电池为出厂一年内，充、放电次数在 50 次以内的完全充电电池；使用全新动力蓄电池时，按照制造厂提供的充电程序进行完全充电。如果制造厂未规定充电程序，则按 GB/T 18385—2005 中 5.1 的规定进行。

4.1.6　除必需的设备和车辆日常操纵部件外，试验车辆的照明及信号装置及辅助装置应关闭。

4.1.7　试验开始前电池在（25±5）℃的温度下静置 8 h。

4.1.8　若试验车辆上安装测试仪器，应尽量减少对各轮载荷分布的影响，并应尽量减小风阻影响。

4.2　试验仪器

试验仪器的要求符合 GB/T 5378 的规定。

4.3　试验场所

4.3.1　整车性能试验，按照各试验项目的需求，可在道路上或底盘测功机上进行。

4.3.2　试验道路应为沥青或混凝土的直线道路，路面应平坦、干燥、整洁，试验时不致引起轮胎打滑。

4.3.3 除特殊规定外，试验路段应尽量水平，其中纵向坡度不允许超过1%，且任意两点之间的高度差不超过1 m，横向坡度不超过3%。

4.4 **驾驶员**

驾驶员的要求应符合GB/T 5378的规定。整个试验过程中，驾驶员骑姿应尽可能保持不变。

4.5 **试验要求**

4.5.1 试验时，室内温度应在(25±5)℃以内，室外温度应在(25±10)℃以内，平均风速在3 m/s以下，室外试验不能在雨天或雾天进行。

4.5.2 本试验规程中所提及的设备、质量、胎压及其他数据如未注明其测量误差的，其误差值均为±5%以内。

4.5.3 为减少试验误差，进行道路试验时，应进行往、返两个方向。如果道路试验与底盘测功机试验结果有差异的，以道路试验数据为准。

4.5.4 无特殊说明的，下列各项试验方法的试验条件按照本章的规定执行。

5 试验方法

5.1 **试验程序**

如果各项试验连续进行，按下列顺序安排试验：

——试验车辆准备(见4.1)；

——最高车速试验(见5.2)；

——加速性能试验(见5.3)；

——爬坡能力试验(见5.4)。

以上每项试验开始时，动力蓄电池的充电状态是前一个试验后的状态(更换试验场地过程中，避免消耗动力蓄电池电量)，最高车速试验开始时动力蓄电池处于完全充电状态。

如果各项试验都分别单独进行，各项试验的试验条件按照第4章的规定，并按5.2.2.3的规定对车辆进行预热。各项试验开始时，动力蓄电池处于完全充电状态。

5.2 **最高车速试验**

5.2.1 试验条件

5.2.1.1 需符合第4章试验通则的相关要求。

5.2.1.2 在试验道路上设置测试区，测试区的长度至少为200 m，在此测试区的两端应有足够长的助行区域和保证安全停车的辅助区域，并能够双向行驶。

5.2.2 试验方法

5.2.2.1 本试验可以在道路上也可在底盘测功机上进行。

5.2.2.2 按照4.1.4的规定对试验车辆加载。

5.2.2.3 以30 km/h(最高车速达不到30 km/h，则以最高车速进行)的车速首先行驶6 km后进行试验。

5.2.2.4 道路试验

5.2.2.4.1 试验时，试验车辆在助行区域加速行驶，在到达测试区前保持最高车速，保持最高车速通过测试区，测量通过测试区的时间t_1。

5.2.2.4.2 随即在同路段进行反方向试验t_2，测定次数往返为一次，试验应至少连续进行三次。

5.2.2.4.3 每次试验取往返行程车速的算术平均值，按式(1)计算每次试验结果：

$$V = 3.6\ L/t \qquad \cdots\cdots(1)$$

式中：

V——平均车速，精确到一位小数，单位为千米每小时(km/h)；

L——测试区长度，单位为米(m)；

t——往返试验所测时间的算术平均值$(t_1+t_2)/2$，单位为秒(s)。

5.2.2.4.4 每次试验所测得的平均车速的最低值和最高值之差不得大于最低值的3%，否则应追加测试次数，舍去偏散较远的值。

5.2.2.4.5 试验最终核定的最高车速为各次试验测得的平均车速的算术平均值，数值精确到一位小数。

5.2.2.4.6 在进行5.2.2.4.1，5.2.2.4.2时，可以采用测速仪直接测量通过测试区的最高车速，然后按照5.2.2.4.4～5.2.2.4.5的规定计算最高车速。

5.2.3 底盘测功机试验

5.2.3.1 按照附录A设定底盘测功机，并将试验车辆置于在底盘测功机上。

5.2.3.2 试验车辆在底盘测功机上以最高车速运转，直接读取车速。连续试验三次，最高车速为三次试验测得车速的平均值。三次测量的车速值需满足5.2.2.4.4的规定。

5.2.4 试验数据和结果记录在表B.1。

5.3 加速性能试验

5.3.1 试验条件

5.3.1.1 需符合第4章试验通则规定的相关要求。

5.3.1.2 在试验道路上设置测试区，在此测试区的两端应有足够长的辅助行驶区，测试区的长度按表1规定，并在测试区标明测试点，标示点设为距始点30 m、100 m、200 m、400 m处，或其他点设立测试标点。

表1 加速性能试验测试区的长度

单位为米

车型 / 试验项目	电动轻便摩托车		电动摩托车	
	二轮	三轮	二轮	三轮
起步加速性能	100	200	200	400

5.3.2 试验方法

5.3.2.1 本试验可以在道路上也可在底盘测功机上进行。

5.3.2.2 按照4.1.4的规定对试验车辆加载。

5.3.2.3 道路试验

5.3.2.3.1 试验时，试验车辆停于加速测试区始点外0.5 m处(以前轮压线为准)。试验开始时，以最低挡(速)起步，进行急加速，迅速通过试验区，用自动计时装置或秒表测定试验车辆从始点到终点所用的时间。每次试验应往返进行，连续试验两次(测定次数往返为一次)，求出两次往返测定时间的平均值。

5.3.2.3.2 根据5.3.2.3.1求出的测定时间的平均值，用式(2)求出始点到各标点的加速度，数值精确到一位小数。

$$a=\frac{2S}{t^2} \qquad \cdots\cdots(2)$$

式中：

a——加速度，单位为米每二次方秒(m/s^2)；

S——起点至各标点的距离，单位为米(m)；

t——起点至各标点的时间，单位为秒(s)。

5.3.2.3.3 试验数据及结果记录到表B.2。

5.3.2.4 底盘测功机试验

5.3.2.4.1 按照附录A设定底盘测功机，并按照要求将试验车辆置于在底盘测功机上。

5.3.2.4.2 试验车由静止状态，进行急加速，直接读取到达30 m、100 m、200 m、400 m的时间。连续试验三次。

5.3.2.4.3 按照5.3.2.3.2计算加速度，并按5.3.2.3.3的要求进行记录。

5.4 爬坡能力试验

本项目主要规定了最大爬坡度试验方法。同时也提供了定速爬坡、定坡度爬坡的试验方法。

a) 最大爬坡度试验：可以决定车辆最大的爬坡坡度。

b) 定速爬坡试验：可以决定车辆在一定速度下，最大的爬坡坡度。

c) 定坡度爬坡试验：可以决定车辆在定坡度爬坡时的稳定车速。

5.4.1 试验条件

5.4.1.1 满足第4章试验通则的相关要求。

5.4.1.2 按照4.1.4的规定对试验车辆加载。

5.4.1.3 试验场所

5.4.1.3.1 最大爬坡度试验，应有人工防滑的陡峭斜坡或是自然的坚硬泥土、草地斜坡路面，其坡度最好能与制造厂预估的车辆最大爬坡角度相近，而所使用的测量区域，为10 m长的均匀斜坡，且在测量区域的前端应设置起动车道。

5.4.1.3.2 定速爬坡试验、定坡度爬坡试验在底盘测功机上进行。

5.4.2 试验方法

5.4.2.1 最大爬坡度试验

5.4.2.1.1 试验车辆的起始挡位为车辆前进挡的最低挡位。

5.4.2.1.2 试验车辆置于试验区内，车辆的加速器，需位于最大开度位置，也就是在最大驱动力的状态。

5.4.2.1.3 试验时，车辆应以低于5 km/h的速度，从起动车道向测量区域前进，车辆能于8 s(或更短)时间内，通过测量区域，则此测量区域的坡度，即为车辆的最大爬坡角度。

5.4.2.1.4 如果没有适当的试验坡度，则试验车辆可以在不同的负载下进行(或增或减)，获得其最大驱动力，则最大的爬坡角度可以下式表示：

$$F_{max} = M_0 \times g \times \sin\theta_0 = M \times g \times \sin\theta_{max} \qquad \cdots\cdots(3)$$

$$\tan\theta_{max} = \tan\left\{\sin^{-1}\left(\frac{M_0}{M}\sin\theta_0\right)\right\} \qquad \cdots\cdots(4)$$

式中：

F_{max}——最大驱动力，单位为牛顿(N)；

M_0——试验车辆的实际质量，单位为千克(kg)；

g——重力加速度，单位为米每二次方秒(m/s^2)；

θ_0——试验时斜坡角度，(°)；

M——试验车辆的试验质量，单位为千克(kg)；

θ_{max}——最大爬坡角度，(°)。

5.4.2.2 定速爬坡试验

5.4.2.2.1 将试验车辆置于底盘测功机上。

5.4.2.2.2 底盘测功机设定为定速控制模式，让底盘测功机反带试验车辆至设定车速。

5.4.2.2.3 车速达到设定速度稳定后，加速器全开，待试验车辆再度稳定后，记录试验车辆输出的功率P，由此输出功率，按照下列公式计算出此车速下的最大爬坡角度。

$$P_1 = CV^2 \qquad \cdots\cdots(5)$$

$$P = P_1 + P_2 \qquad \cdots\cdots(6)$$

$$P_2 = M \times \sin\theta \times V \times 9.8 \qquad \cdots\cdots(7)$$

$$\theta = \sin^{-1}\left(\frac{P - P_1}{9.8 \times M \times V}\right) \qquad \cdots\cdots(8)$$

式中：

P_1——前进功率，单位为瓦(W)；

C——底盘测功机的模拟负载参数，单位为千克(kg)；

V——设定速度，单位为千米每小时(km/h)；

P——加速器全开时试验车辆爬坡输出功率；

P_2——克服下滑功率；

M——试验质量，单位为千克(kg)；

θ——爬坡角度，(°)。

5.4.2.3　定坡度爬坡试验

5.4.2.3.1　将试验车辆置于底盘测功机。

5.4.2.3.2　将底盘测功机依据爬坡的角度，设定爬坡负载系数。

5.4.2.3.3　试验车辆起步后，加速器全开，使试验车辆车速达到设定车速以上的稳定值。

5.4.2.3.4　若试验车辆起步后，在 30s 内无法上升至设定车速，则停机降低底盘测功机的爬坡负载系数(即降低爬坡角度)再行试验。

5.4.2.3.5　设定车速指试验车辆所能稳定操纵的最低车速或试验者指定的试验车速。

5.4.2.4　试验数据及结果记录在表 B.3。

附 录 A
（规范性附录）
底盘测功机的基本设定和当量惯量的设定

A.1 底盘测功机的基本特性

底盘测功机的主要特性如下：

功率吸收曲线方程：从 12 km/h 的初速度起，底盘测功机应以±15%的准确度再现电动摩托车在水平道路上、风速尽可能接近 0 m/s 行驶时电动机发出的功率。否则，功率吸收装置和测功机的内部摩擦所吸收的功率(P_A)为：

当 $0 < v \leqslant 12$ km/h 时：

$$0 \leqslant P_A < Kv_{12}^3 + 5\%Kv_{12}^3 + 5\%P_{v_{50}}$$

当 $v > 12$ km/h 时：

$$P_A = Kv^3 \pm 5\%Kv^3 \pm 5\%P_{v_{50}}$$

不得为负值(校验方法见 A.2)。

式中：

K——底盘测功机特性值；

v——车速，单位为千米每小时(km/h)；

$P_{v_{50}}$——车速为 50 km/h 时吸收的功率，单位为千瓦(kW)。

当量惯量：以 10 kg 的整数倍取值，也可用等效的电模拟惯量代替；

转鼓直径应不小于 400 mm；

转鼓上应装有可回零的转数计以测量实际行驶的距离；

也可按滑行法等方法设定底盘测功机阻力曲线；

如果采用滑行法等其他方法设定底盘测功机阻力曲线，应在检验报告中予以说明。

A.2 底盘测功机的校准

A.2.1 原理

本方法通过测量转鼓的减速时间来计算吸收功率。系统的动能被功率吸收装置和测功机的摩擦所消耗。本方法忽略了由电动摩托车质量而引起的转鼓内部摩擦的变化。

A.2.2 底盘测功机的校准试验程序

A.2.2.1 底盘测功机加上与试验电动摩托车质量相应的惯量模拟系统。

A.2.2.2 根据本附件中 A.3 规定的方法调整功率吸收装置。

A.2.2.3 使转鼓运转至 $v+10$ km/h 的速度。

A.2.2.4 脱开转鼓驱动系统，使转鼓自由减速。

A.2.2.5 记录转鼓从 $v+0.1v$ 减速到 $v-0.1v$ 所用的时间。

A.2.2.6 用下式计算吸收功率：

$$P_A = 0.2 \times \frac{mv^2}{t} \times 10^{-3}$$

式中：

P_A——测功机吸收的功率，单位为千瓦(kW)；

m——当量惯量，单位为千克(kg)；

v——上述 A.2.2.3 规定的试验速度，单位为米每秒(m/s)；

t——转鼓从 $v+0.1v$ 减速到 $v-0.1v$ 所用的时间，单位为秒(s)。

A.2.2.7 在 10 km/h～50 km/h 的范围内，以 10 km/h 为间隔，重复上述 A.2.2.3～A.2.2.6 所述的过程。

A.2.2.8 画出吸收功率与车速之间的关系曲线。

A.2.2.9 检查该曲线是否在本附件中图 A.1 给出的偏差范围内。

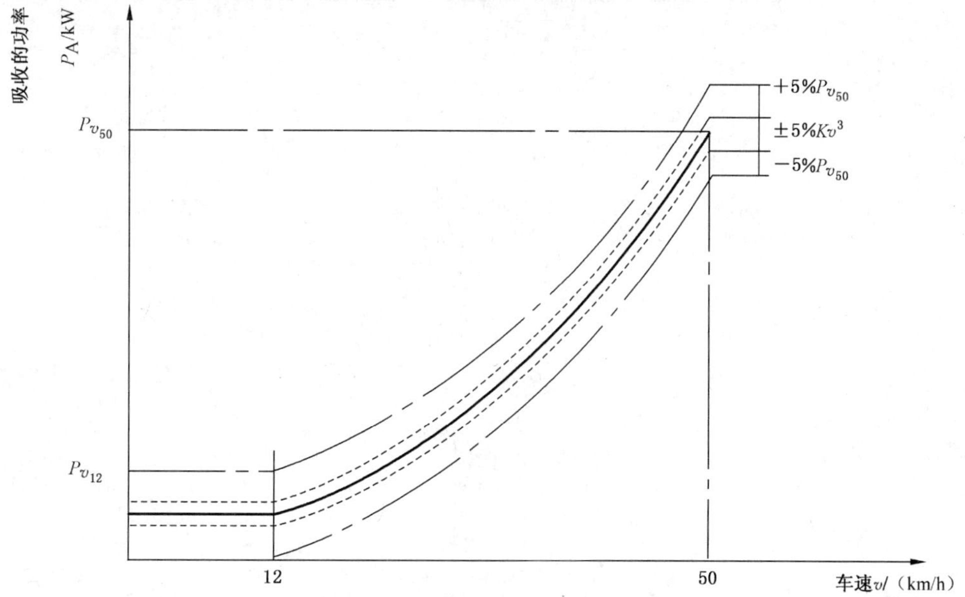

图 A.1 吸收功率与车速之间的关系曲线

A.3 底盘测功机当量惯量的调整

按表 A.1 给出的限值调整飞轮，以得到代表电动摩托车基准质量对应的旋转质量的总惯量。

表 A.1 等效惯性质量

车辆基准质量 R/kg	当量惯量/kg
$R\leqslant105$	100
$105<R\leqslant115$	110
$115<R\leqslant125$	120
$125<R\leqslant135$	130
$135<R\leqslant145$	140
$145<R\leqslant165$	150
$165<R\leqslant185$	170
$185<R\leqslant205$	190
$205<R\leqslant225$	210
$225<R\leqslant245$	230
$245<R\leqslant270$	260
$270<R\leqslant300$	280
$300<R\leqslant330$	310
$330<R\leqslant360$	340

表 A.1（续）

车辆基准质量 R/kg	当量惯量/kg
$360<R\leqslant395$	380
$395<R\leqslant435$	410
$435<R\leqslant475$	—

附　录　B
（资料性附录）
试验记录表

表 B.1　最高车速试验

试验方法：□ 道路试验　□ 底盘测功机

试验车辆制造厂________试验车型________整车整备质量________kg

试验日期________试验场地________天气________气压________kPa

风向________风速________m/s　气温________℃　跑道坡度________%

轮胎规格________轮胎气压：前______kPa　后______kPa　加载质量________

动力蓄电池充电状态(开始)______动力蓄电池类型________动力蓄电池V，Ah/　h×　个

试验开始里程表读数________试验员________驾驶员________

试验次数	行驶方向	测试距离 m	所用时间 s		最高车速 km/h
			测量值	平均值	
第 1 次	往				
	返				
第 2 次	往				
	返				
第 3 次	往				
	返				

表 B.2　加速性能试验

试验方法：□ 道路试验　□ 底盘测功机

试验车辆制造厂________试验车型________整车整备质量________kg

试验日期________试验场地________天气________气压________kPa

风向________风速________m/s　气温________℃　跑道坡度________%

轮胎规格________轮胎气压：前______kPa　后______kPa　加载质量________

动力蓄电池充电状态(开始)______动力蓄电池类型________动力蓄电池V，Ah/　h×　个

试验开始里程表读数________试验员________驾驶员________

试验次数	行驶方向	30 m 区间			100 m 区间			200 m 区间			400 m 区间		
		所需时间 t/s		加速度 a/(m/s²)	所需时间 t/s		加速度 a/(m/s²)	所需时间 t/s		加速度 a/(m/s²)	所需时间 t/s		加速度 a/(m/s²)
		实测值	平均值		实测值	平均值		实测值	平均值		实测值	平均值	
第 1 次	往												
	返												
第 2 次	往												
	返												

表 B.3 爬坡车速试验

试验方法：□ 道路试验 □ 底盘测功机

试验车辆制造厂________试验车型________整车整备质量________kg

试验日期________试验场地________天气________气压________kPa

风向________风速________m/s 气温________℃ 跑道坡度________%

轮胎规格________轮胎气压：前____kPa 后____kPa 加载质量________

动力蓄电池充电状态(开始)____动力蓄电池类型________动力蓄电池V，Ah/ h× 个

试验开始里程表读数________试验员________驾驶员________

试验次数	定速爬坡					定坡度爬坡		最大爬坡								
	模拟负载参数 C/kg	输出功率 P/W	设定车速 V/(km/h)	加载质量 M/kg	计算 θ/(°)	爬坡负载系数	设定车速 V/(km/h)	厂定最大爬坡角度 $\theta_{厂}$/(°)	加载质量 M/kg	试验增减质量 ΔM kg	斜坡角度 θ_0/(°)	坡度距离/m	爬坡时间/s	平均速度/(km/h)	计算最大爬坡坡度 θ_{max}/(°)

ICS 43.080.01
T 47

中华人民共和国国家标准

GB/T 24157—2009

电动摩托车和电动轻便摩托车能量消耗率和续驶里程 试验方法

Electric motorcycles and electric mopeds—Energy consumption and range—Test procedures

2009-06-25 发布 2010-01-01 实施

中华人民共和国国家质量监督检验检疫总局
中国国家标准化管理委员会 发布

前　言

本标准的附录A为规范性附录。

本标准由国家发展和改革委员会提出。

本标准由全国汽车标准化技术委员会归口。

本标准负责起草单位:国家机动车产品质量监督检验中心(上海)、中国汽车技术研究中心。

本标准参加起草单位:浙江星月神电动车有限公司、国家电动自行车产品质量监督检验中心、中国嘉陵工业股份有限公司(集团)、中国群升集团浙江千禧工贸有限公司、宁波哈利斯顿机电有限公司、中国轻骑集团有限公司、上海安乃达驱动技术有限公司、浙江钱江摩托股份有限公司、天津清源电动车辆有限公司。

本标准主要起草人:缪文泉、赵静炜、李维菁、王强、黄晓东、黄金权、姚湘江、陈明均、王业明、贾爱萍、叶建军、赵春明。

电动摩托车和电动轻便摩托车能量消耗率和续驶里程 试验方法

1 范围

本标准规定了电动摩托车和电动轻便摩托车能量消耗率和续驶里程的试验方法。

本标准适用于以储能蓄电池为唯一动力来源的电动摩托车和电动轻便摩托车(定义见GB/T 24158)(除特殊说明外,以下简称“电动摩托车”)。

2 规范性引用文件

下列文件中的条款通过本标准的引用而成为本标准的条款。凡是注日期的引用文件,其随后所有的修改单(不包括勘误的内容)或修订版均不适用于本标准,然而,鼓励根据本标准达成协议的各方研究是否可使用这些文件的最新版本。凡是不注日期的引用文件,其最新版本适用于本标准。

GB/T 5378 摩托车和轻便摩托车道路试验总则

GB 14622 摩托车排气污染物排放限值及测量方法(工况法)

GB/T 17883—1999 0.2S级和0.5S级静止式交流有功电度表(eqv IEC 60678:1992)

GB 18176 轻便摩托车排气污染物排放限值及测量方法(工况法)

GB/T 18385 电动汽车动力性能试验方法

GB/T 19596 电动汽车术语(GB/T 19596—2004,ISO 8713:2002,NEQ)

GB/T 24156—2009 电动摩托车和电动轻便摩托车 动力性能 试验方法

GB 24155 电动摩托车和电动轻便摩托车 安全要求

GB/T 24158 电动摩托车和电动轻便摩托车 通用技术条件

3 术语和定义

GB/T 19596、GB/T 5359.1和GB 24158确立的术语和定义适用于本标准。

3.1

试验车质量 test mass of electric motorcycle

电动摩托车整车整备质量与试验所需附加质量的和。其中:

a) 两轮电动摩托车和两轮电动轻便摩托车的附加质量(包括试验仪器与驾驶员质量)为75 kg ± 5 kg;

b) 三轮电动摩托车和三轮电动轻便摩托车的附加质量为额定载荷(厂定最大有效载荷)。

3.2

能量消耗率 energy consumption

电动摩托车从动力蓄电池完全充电状态开始,按设定工况作续驶里程试验。试验结束后,用配套的充电装置(或其他符合同样要求的充电装置)重新充电至试验前存量。期间所充电能除以总行驶里程所得到的商为电动摩托车的能量消耗率,单位为Wh/km。

3.3

续驶里程 range

电动摩托车从动力蓄电池完全充电状态开始,按工况法、等速法行驶,直到设定的试验终止条件,能连续行驶的最大距离为电动摩托车的续驶里程,单位为km。

4 测量参数的准确度

试验用测量仪器的分辨率、准确度应符合表1规定。

表1 试验仪器的分辨率和准确度

测量参数	单位	分辨率	准确度
时间	s	0.1 s	±0.1 s
距离	m	1 m	±0.1%
温度	℃	1 ℃	±1 ℃
速度	km/h	0.1 km/h	±1%
质量	kg	1 kg[a]	±0.5%
能量	Wh	0.2S(见 GB/T 17883)	0.2S(见 GB/T 17883)
[a] 如果在底盘测功机上试验，质量分辨率要求按 GB 18176 及 GB 14622 的规定。			

5 试验条件

5.1 车辆条件

试验车辆按下列要求准备：

a) 试验前至少用所配套的动力蓄电池磨合行驶100 km。

b) 试验车辆应依据3.1的规定加载。如果试验在底盘测功机上进行，按 GB 18176 或 GB 14622 规定的试验车质量加载。

c) 在环境状况下，车辆轮胎气压应符合产品使用说明书的规定。

d) 润滑油黏度应符合产品使用说明书的规定。

e) 关闭车上的照明、信号装置以及辅助设备(另有特殊要求时除外)。

f) 除用于驱动用途外的所有储能系统(电能、液压等)都按规定充足能量。

5.2 环境条件

试验环境应符合以下要求：

a) 室内试验在(25±5)℃范围内进行；

b) 室外试验在(25±10)℃范围内进行；

c) 室外试验时平均风速不超过3 m/s，阵风最大风速不超过8 m/s；

d) 相对湿度不大于95%。

5.3 驾驶员驾驶要求

驾驶员需按 GB/T 5378 的相关要求驾驶车辆。

6 试验方法

6.1 试验步骤

通过一次试验同时测定能量消耗率和续驶里程。试验程序如下：

a) 动力蓄电池按6.3.1完全放电后按6.3.2规定充电，测量电网所消耗的能量；

b) 按循环工况或等速进行续驶里程试验；

c) 再次为动力蓄电池充电至原来存量，测量电网消耗的能量；

d) 由续驶里程和再次充电量计算能量消耗率。

如果需要在两个工作步骤之间移动车辆，不允许使用车上的动力，也不允许使用回收制动能量等方法给车辆补充能量。

6.2 续驶里程试验的终止

发生以下情况之一，即需停车终止试验：

a) 车辆配装的仪器或指示器指示驾驶员停车；

b) 工况法试验时最高车速达不到设计最高车速的70%或即时车速、时间超出规定公差累计超过4 s；

c) 等速试验时行驶速度持续达不到设计最高车速的70%。

6.3 动力蓄电池的初次充电

6.3.1 初次充电前，试验车辆的动力蓄电池需经完全放电，即在环形跑道或底盘测功机上以最高车速的70%±5%车速稳定行驶，直至发生下列情况之一：

a) 车辆配装的仪器或指示器指示驾驶员停车；

b) 车速达不到最高车速的65%。

6.3.2 除非车辆制造厂或动力蓄电池制造厂另有规定，动力蓄电池应在完全放电后按GB/T 24156规定的方法初次充电至充满状态。

6.4 车辆道路阻力的设定

在道路上试验时，载荷按3.1的规定。在底盘测功机上试验时，按附录A的规定设定底盘测功机当量惯量及车辆道路模拟阻力。

6.5 续驶里程试验

6.5.1 一般规定

续驶里程试验有工况法、等速法二种方法。

在动力蓄电池充电结束后4 h之内应开始试验。

6.5.2 工况法试验工况（速度、时间）的公差

试验循环的即时速度和测试时间的误差应该在图1给出的公差范围内。

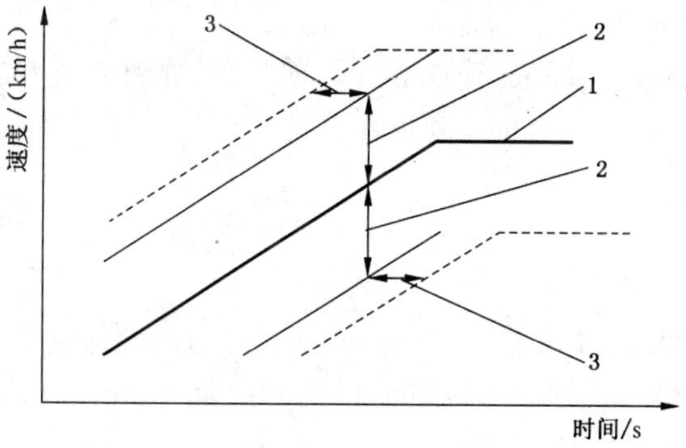

1——基准曲线；

2——速度公差；

3——时间公差。

图1 试验工况的公差

图示各点的速度公差为±2 km/h，时间公差为±1 s。在每组行驶循环中超出上述公差范围的累计时间不得超过4 s，并需在试验报告中注明。

6.5.3 工况法

工况法续驶里程试验只在底盘测功机上进行，续驶至发生6.2a)、b)所述情况，结束试验。电动轻便摩托车按GB 18176，电动摩托车按GB 14622的规定设置道路阻力。

除有其他规定外，工况法试验期间不允许停车3次以上，累计时间不得超过15 min。

试验结束后，记录续驶里程 $D_{等速}$（单位km，修约到一位小数）。同时记录所用的时间（单位min）。

报告中需记录试验期间车辆的最高车速、平均车速、停车次数和停车时间。

6.5.4 等速法

等速法续驶里程试验可以在道路或者底盘测功机上进行。二种试验的结论有分歧时以道路试验为准。

——道路试验的试验条件应符合 GB/T 5378 的规定。车速为设计最高车速的 70%,公差±2 km/h。试验过程中不允许停车 3 次以上,累计时间不超过 15 min。续驶至发生 6.2a)、c)所述情况。

——在底盘测功机进行等速法续驶里程试验时,电动轻便摩托车按 GB 18176,电动摩托车按 GB 14622 的规定设置道路阻力。试验过程中不允许停车 3 次以上,累计时间不超过 15 min。续驶直至发生 6.2a)、c)所述情况。

试验结束后,记录续驶里程 $D_{等速}$(单位 km,修约到一位小数)。同时记录所用的时间(单位 min)。

报告中需记录试验期间平均车速、停车次数和停车时间。

6.6 动力蓄电池再次充电

在完成 6.5 所规定的续驶里程试验后 2 h 之内,按照与 6.3 所规定的初次充电同样的方法对动力蓄电池充电至与初次充电同样的充满状态。在电网与车辆充电器之间连接能量测量装置,测量电网所输能量 E。

注:如果电网断电,其断开的时间应该根据停电时间,适当延长相应时间。车辆制造厂和检测机构的技术服务部门应该探讨充电的有效性,确认整个试验的有效性。

6.7 能量消耗率的计算

使用下式计算能量消耗率 C(工况法为 $C_{工况}$,等速法为 $C_{等速}$),单位 Wh/km。一般修约到整数。

$$C = \frac{E}{D}$$

式中:

E——再次充电时来自电网的能量(工况法为 $E_{工况}$,等速法为 $E_{等速}$),单位为瓦时(Wh);

D——试验期间行驶的总里程(工况法为 $D_{工况}$,等速法为 $D_{等速}$)单位为千米(km)。

6.8 续驶里程与能量消耗率的评定

如果在底盘测功机上先后按工况法、等速法进行试验,可分别记录下工况法续驶里程 $D_{工况}$ 和等速法续驶里程 $D_{等速}$,然后按下式折算出当量续驶里程 $D_{当量}$:

$$D_{当量} = \alpha_D D_{工况} + (1 - \alpha_D) D_{等速}$$

式中:α_D 为工况法续驶里程的加权系数,取 $\alpha_D = 0.6$。等速法的加权系数为$(1 - \alpha_D)$。

分别按 6.7 的规定计算出二种试验的能量消耗率 $C_{工况}$ 和 $C_{等速}$,然后按下式折算出当量能量消耗率 $C_{当量}$。

$$C_{当量} = \alpha_C C_{工况} + (1 - \alpha_C) C_{等速}$$

式中:α_C 为工况法能量消耗率的加权系数,取 $\alpha_C = 0.6$。等速法的加权系数为$(1 - \alpha_C)$。

附 录 A
（规范性附录）
底盘测功机的基本设定和当量惯量的设定

A.1 概述

6.5.3 规定了在底盘测功机上按变工况测试电动摩托车、电动轻便摩托车的续驶里程和能量消耗率的方法。

本附录规定该试验的循环工况、底盘测功机及其校正、试验前测功机和受试车的准备。

A.2 轻便电动摩托车工况法试验的运行循环

运行循环见图 A.1 及表 A.1。

图 A.1 所示仅适用于设计最高车速等于 50 km/h 的车辆。设计最高车速低于 50 km/h 的车辆将速度控制手柄置于全开位置即可。

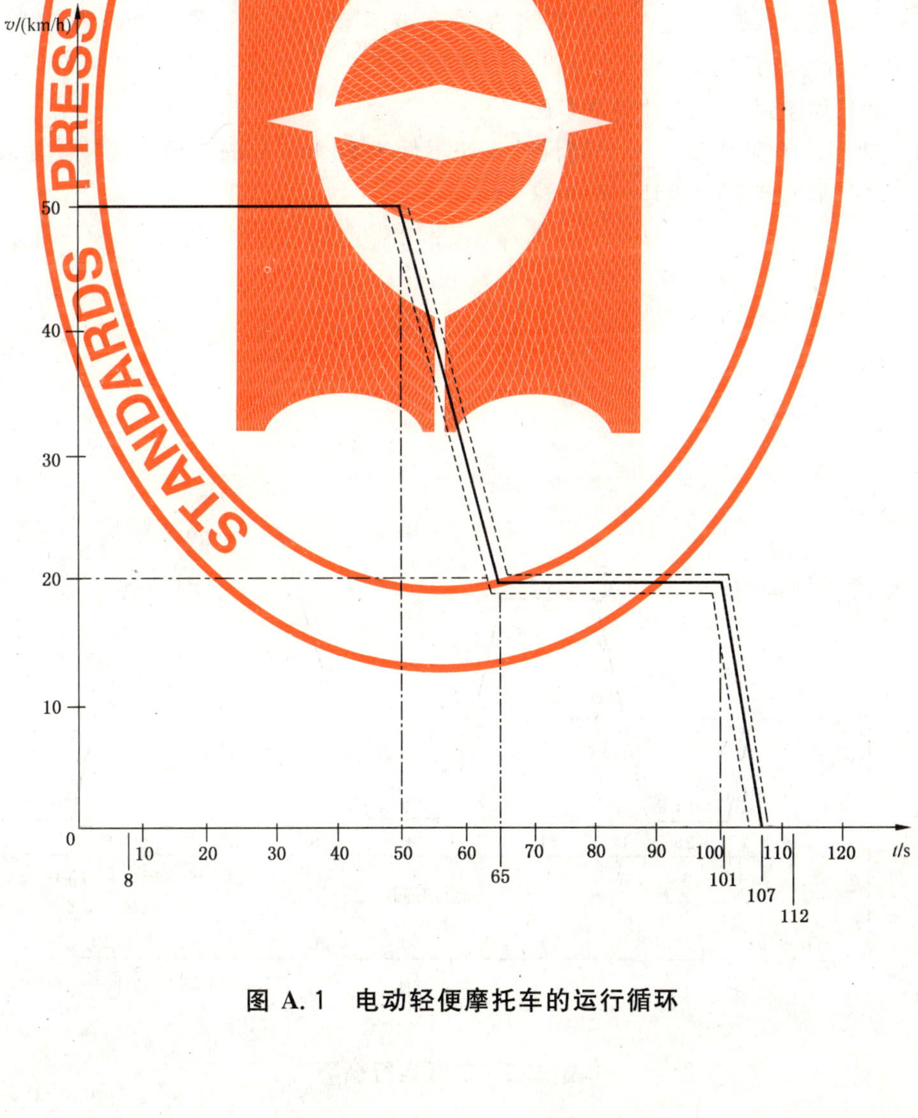

图 A.1 电动轻便摩托车的运行循环

表 A.1 轻便电动摩托车的运行循环

操作序号	操作	加速度 m/s²	速度 km/h	操作时间 s	累计时间 s
1	停车		0	8	8
2	加速	速度控制全开	0→max	自然	
3	等速	速度控制全开	max	—	50
4	减速	−0.56	max→20	15	65
5	等速		20	36	101
6	减速	−0.93	20→0	6	107
7	停车		0	5	112

由 6 个小循环组成一个大循环。

A.3 电动摩托车的运行循环

A.3.1 循环工况

运行循环分市区运行循环(见图 A.2 及表 A.2)和市郊运行循环(见图 A.3 及表 A.3)二部分。

图 A.2 及表 A.2 仅适用于 70%最高设计车速不低于 50 km/h 的车辆。70%设计最高车速低于 50 km/h 的车辆只加速到 70%设计最高车速。

图 A.3 及表 A.3 仅适用于 70%最高设计车速不低于 90 km/h 的车辆。70%设计最高车速低于 90 km/h 的车辆只加速到 70%设计最高车速。

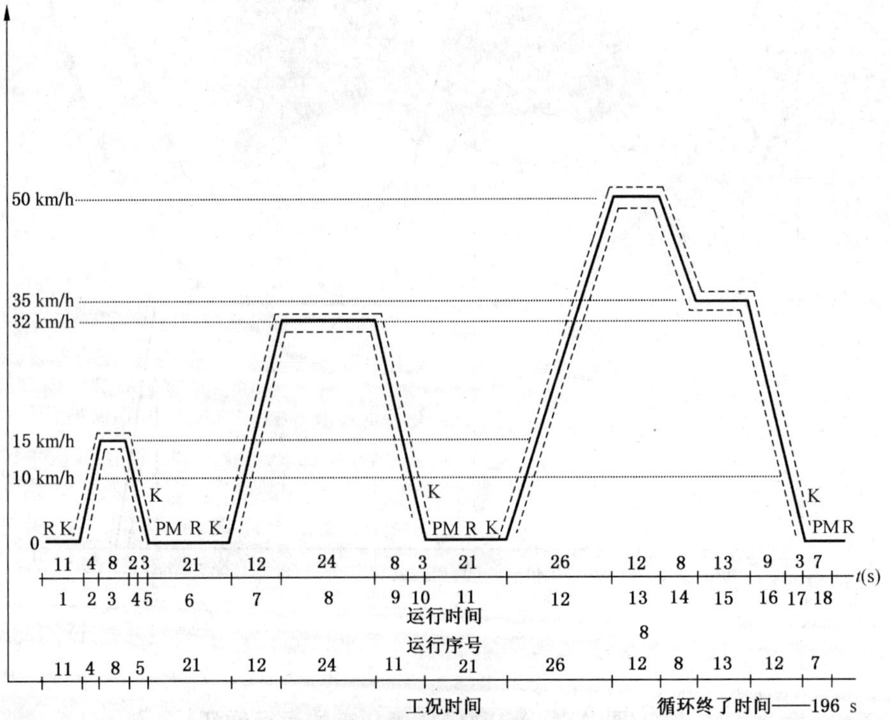

图 A.2 市区运行循环

表 A.2 市区运行循环

操作序号	操作	加速度/(m/s²)	速度/(km/h)	操作时间/s	累计时间/s
1	停车		0	11	11
2	加速	1.04	0→15	4	15
3	等速		15	8	23
4	减速	−0.69	15→10	2	25
5	减速	−0.92	10→0	3	28
6	停车			21	49
7	加速	0.74	0→32	12	61
8	等速		32	24	85
9	减速	−0.75	32→10	8	93
10	减速	−0.92	10→0	3	96
11	停车			21	117
12	加速	0.53	0→50	26	143
13	等速		50	12	155
14	减速	−0.52	50→35	8	163
15	等速		35	13	176
16	减速	−0.68	35→10	9	185
17	减速	−0.92	10→0	3	188
18	停车			7	195
注：如果有挡位，应按摩托车制造厂提供的规范换挡。					

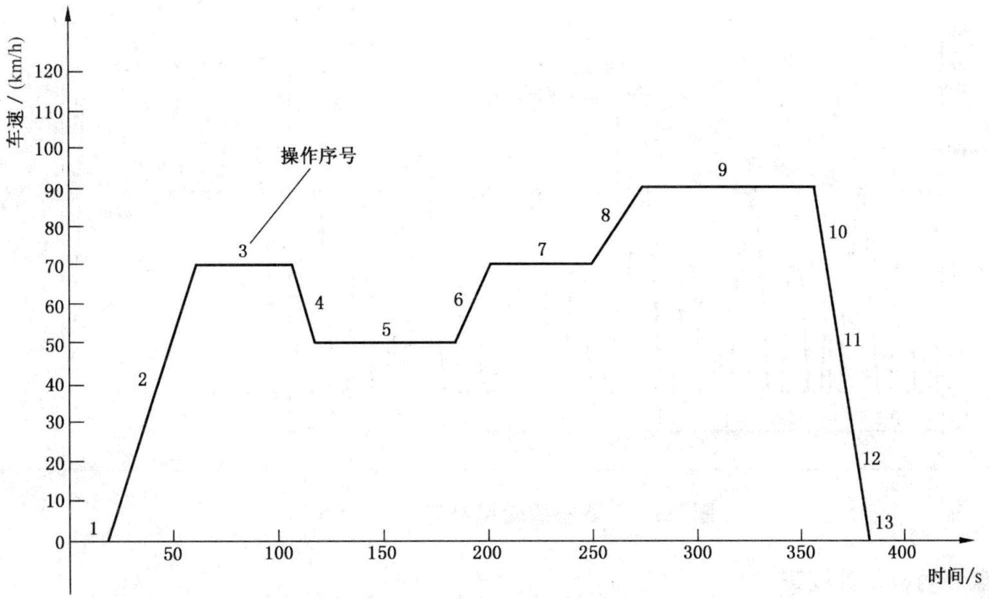

图 A.3 市郊运行循环

表 A.3 市郊运行循环

操作序号	操作	加速度/(m/s²)	速度/(km/h)	操作时间/s	累计时间/s
1	停车		0	20	20
2	加速	0.47	0→70	41	61
3	等速		70	50	111
4	减速	−0.69	70→50	8	119
5	等速		50	69	188
6	加速	0.43	50→70	13	201
7	等速		70	50	251
8	加速	0.24	70→90	23.1	274.1
9	等速		90	84	358.1
10	减速	−0.69	90→80	3.9	362
11	减速	−1.04	80→50	8	370
12	减速	−1.39	50→0	10	380
13	停车		0	20	400

最高车速低于 100 km/h 的两轮摩托车和所有三轮摩托车的运行循环仅由市区运行循环组成，6 个市区运行循环为一大循环。

最高车速大于等于 100 km/h 的两轮摩托车则由 6 个市区运行循环和 1 个市郊运行循环组成一个大循环，如图 A.4 所示。

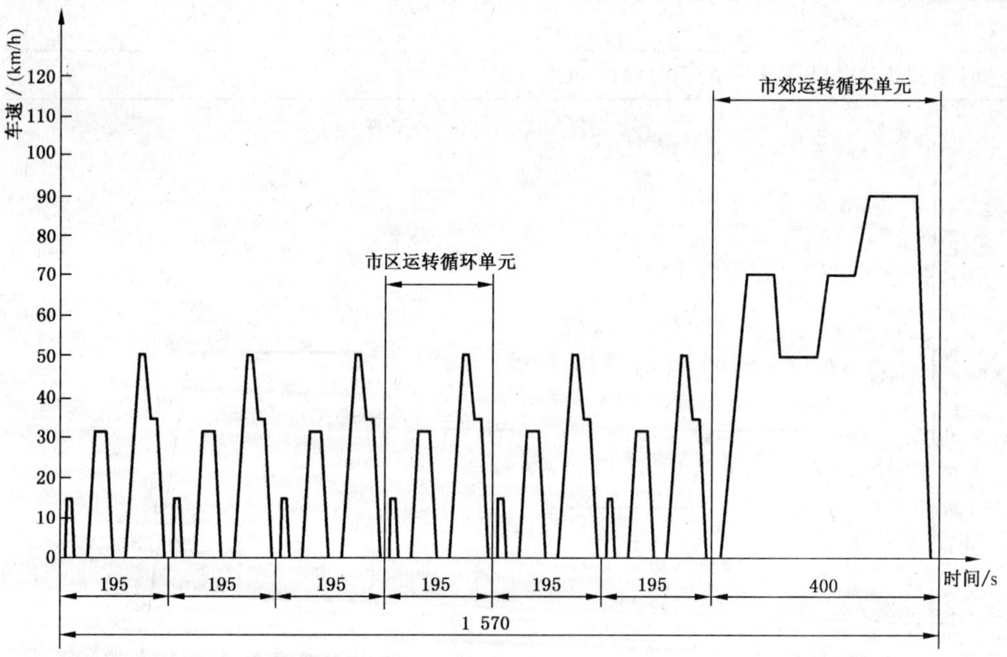

图 A.4 高速两轮摩托车的运行循环

A.4 底盘测功机及其校正

底盘测功机的基本要求见 GB/T 24156—2009 中 A.1。

A.5 试验其他要求

A.5.1 台架试验车辆冷却系统的调整

台架试验车辆冷却系统也可按下列情况调整：

台架试验的冷却系统应能在摩托车运转时维持其电机、控制器等组件的温度接近在道路上行驶时的温度。

A.5.2 电动摩托车调整

A.5.2.1 轮胎压力一般调整至产品使用说明书所规定的(道路行使时的)使用压力。如果滚轮的直径小于 500 mm，轮胎压力可增加 30%～50%。

A.5.2.2 驱动轮上的载荷与载一名 75 kg 驾驶员在正常道路上行驶时的载荷相差不超过±3 kg。

轻便摩托车试验时底盘测功机的特殊调整要求。

应调整功率吸收装置，以速度控制手柄全开时轻便摩托车在底盘测功机上的速度等于其在道路上可能达到的最大速度(±1 km/h 的偏差)，该道路上可能达到的最大速度与制造企业标定的最大速度之差不大于±2 km/h。

A.6 试验操作提示

A.6.1 正式试验前可进行预演，以熟悉如何控制速度和制动。

A.6.2 试验时电动摩托车需水平放置。

A.6.3 加速时，速度控制手柄置于适当位置，必要时使用变速器以尽快地达到目标速度。

最高速度的等速阶段控制手柄保持在全开位置。20 km/h 等速阶段固定速度控制手柄位置。

减速时，速度控制手柄置于完全关闭位置。若自然减速过程比规定时间长，应使用车辆制动器，以按上述规定工况运行；若自然减速过程比规定时间短，可等速运行一段时间，并入其后的等速运行或停车等待来恢复理论循环(此时不要求在 6.5.2 图 1 所给出的公差范围内)。如果采用底盘测功机制动减速，应在检验报告中予以说明。

ICS 43.080.01
T 47

中华人民共和国国家标准

GB/T 24158—2009

电动摩托车和电动轻便摩托车通用技术条件

Electric motorcycles and electric mopeds—General specifications

2009-06-25 发布　　2010-01-01 实施

中华人民共和国国家质量监督检验检疫总局
中国国家标准化管理委员会　发布

前　言

本标准的附录 A 为规范性附录，附录 B 为资料性附录。

本标准由国家发展和改革委员会提出。

本标准由全国汽车标准化技术委员会归口。

本标准负责起草单位：国家机动车产品质量监督检验中心（上海）、中国汽车技术研究中心。

本标准参加起草单位：浙江钱江摩托股份有限公司、中国群升集团浙江千禧工贸有限公司、上海安乃达驱动技术有限公司、中国轻骑集团有限公司、中国嘉陵工业股份有限公司（集团）、宁波哈利斯顿机电有限公司、国家电动自行车产品质量监督检验中心、天津清源电动车辆有限公司、浙江星月神电动车有限公司。

本标准主要起草人：姜勇、赵静炜、赵丽娜、叶建军、姚湘江、贾爱萍、王业明、黄金权、陈明均、黄晓东、赵春明、王强等。

电动摩托车和电动轻便摩托车通用技术条件

1 范围

本标准规定了电动摩托车和电动轻便摩托车的术语和定义、型号编制方法、要求、试验方法、检验规则以及标志、包装、运输与贮存的要求。

本标准适用于电动摩托车和电动轻便摩托车(除特殊说明外,以下简称电动摩托车)。

2 规范性引用文件

下列文件中的条款通过本标准的引用而成为本标准的条款。凡是注日期的引用文件,其随后所有的修改单(不包括勘误的内容)或修订版均不适用于本标准,然而,鼓励根据本标准达成协议的各方研究是否可以使用这些文件的最新版本。凡是未注日期的引用文件,其最新版本均适用于本标准。

GB/T 191 包装储运图示标志(GB/T 191—2000,ISO 780:1997,EQV)

GB/T 5359.2 摩托车和轻便摩托车术语 车辆性能

GB/T 5359.3 摩托车和轻便摩托车术语 两轮车尺寸(GB/T 5359.3—1996,neq ISO 6725:1981)

GB/T 5359.4 摩托车和轻便摩托车 两轮车零部件名称

GB/T 5359.5 摩托车和轻便摩托车术语 两轮车质量(GB/T 5359.5—1996,neq ISO 6726:1988)

GB/T 5359.6 摩托车和轻便摩托车术语 三轮车质量(GB/T 5359.6—1996,neq ISO 9132:1990)

GB/T 5359.7 摩托车和轻便摩托车术语 三轮车尺寸

GB/T 5373 摩托车和轻便摩托车尺寸和质量参数测定方法

GB/T 5374 摩托车和轻便摩托车可靠性试验方法

GB/T 5375 摩托车和轻便摩托车型号编制方法

GB/T 5378 摩托车和轻便摩托车道路试验方法

GB/T 5382 摩托车和轻便摩托车制动力要求及试验方法

GB 5948 摩托车白炽丝光源前照灯配光性能

GB 7258 机动车运行安全技术条件

GB/T 10405 控制电机型号命名方法

GB 11564 机动车回复反射器

GB/T 13384 机电产品包装通用技术条件

GB 14023 车辆、船和由内燃机驱动的装置 无线电骚扰特性 限值和测量方法(GB 14023—2006,IEC/CISPR 12:2005,IDT)

GB 15365 摩托车操纵件、指示器及信号装置的图形符号(GB 15365—1994,eqv ISO 6727:1981)

GB/T 15367 摩托车和轻便摩托车 三轮车零部件名称

GB 15742 机动车用喇叭的性能要求及试验方法

GB 16735 道路车辆 车辆识别代号(VIN)(GB 16735—2004,ISO 3779:1983,MOD)

GB 17352　摩托车和轻便摩托车后视镜及其安装要求

GB 17353　摩托车和轻便摩托车转向锁止防盗装置

GB 17510　摩托车光信号装置配光性能

GB 18100　两轮摩托车及轻便摩托车照明和光信号装置的安装规定

GB/T 18387　电动车辆的电磁场辐射强度的限值和测量方法宽带 9 kHz～30 MHz

GB/T 18411　道路车辆　产品标牌

GB 19152　轻便摩托车前照灯配光性能

GB/T 19596　电动汽车术语(GB/T 19596—2004,ISO 8713:2002,NEQ)

GB 20073　摩托车和轻便摩托车制动性能要求及试验方法

GB 20074　摩托车和轻便摩托车外部凸出物

GB 20075　摩托车乘员扶手

GB 24155　电动摩托车和电动轻便摩托车　安全要求

GB/T 24156　电动摩托车和电动轻便摩托车　动力性能　试验方法

GB/T 24157　电动摩托车和电动轻便摩托车　能量消耗率和续驶里程　试验方法

QC/T 67　摩托车喇叭声级测量方法

QC/T 742　电动汽车用铅酸蓄电池

QC/T 743　电动汽车用锂离子蓄电池

QC/T 744　电动汽车用金属氢化物镍蓄电池

QC/T 792　电动摩托车和电动轻便摩托车用电动机及其控制器

3　术语和定义

GB/T 5359.2～5359.7、GB/T 15367 和 GB/T 19596 中所确立的及下列术语和定义适用于本标准。

3.1

电动摩托车　electric motorcycle

由电力驱动的摩托车。分为电动两轮摩托车和电动三轮摩托车：

a)　电动两轮摩托车：由电力驱动的，最高设计车速大于 50 km/h 的两轮摩托车。

b)　电动三轮摩托车：由电力驱动的，最高设计车速大于 50 km/h，整车整备质量不超过 400 kg 的三轮摩托车。

3.2

电动轻便摩托车　electric moped

由电力驱动的轻便摩托车。分为电动两轮轻便摩托车和电动三轮轻便摩托车。

a)　电动两轮轻便摩托车：由电力驱动的，具备下列条件之一的两轮摩托车：

——最高设计车速大于 20 km/h 且不大于 50 km/h；

——整车整备质量大于 40 kg 且最高设计车速不大于 50 km/h。

b)　电动三轮轻便摩托车：由电力驱动的，最高设计车速不大于 50 km/h 且整车整备质量不超过 400 kg 的三轮轻便摩托车。

4　型号编制方法

4.1　电动摩托车型号由企业(或商标)代号、规格代号、电动摩托车代号、类型代号、设计顺序号、改进代号组成，如下所示。

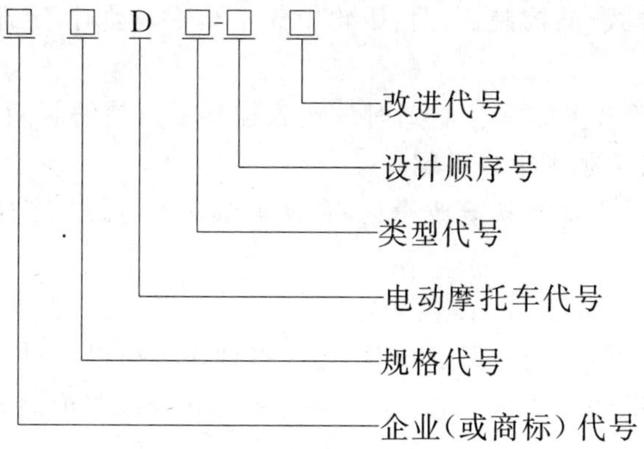

4.2 各代号分别选用具有代表意义的汉语拼音首位大写字母或大写英文字母及阿拉伯数字表示。

4.2.1 企业(或商标)代号

采用企业(或商标)名称中两个或三个汉字的大写汉语拼音首位字母表示。

4.2.2 规格代号

电动摩托车驱动电机额定功率的代号。用数字直接表示,以瓦(W)为单位的电动摩托车驱动电机的额定功率。

4.2.3 电动摩托车代号

用大写字母 D 表示。

4.2.4 类型代号

电动摩托车所属分类的代号,按 GB/T 5375 的规定。

4.2.5 设计顺序号

企业(或商标)名称的代号、规格代号、类型代号相同的基本型车辆的设计顺序号。用阿拉伯数字 1、2、3……依次表示电动摩托车的设计顺序,当设计序号为 1 时应省略。设计序号用间隔符号“-”与前面的电动摩托车类型代号隔开。

4.2.6 改进代号

车辆改进的序号,用于区别车辆的特征、系列。用大写英文字母表示(其中 I、O、Q 字母不能使用)。

4.3 型号编制示例

例:轻骑牌商标,电动机额定输出功率 500 W,第三次设计、第六次改进的电动两轮轻便踏板摩托车。

QQ500DQT-3F

5 要求

5.1 基本要求

5.1.1 应按经规定程序批准的图样和技术文件制造,并应符合本标准的规定。

5.1.2 车辆识别代号(VIN)应符合 GB 16735 和 GB 7258 的规定。

5.1.3 电动摩托车的主要尺寸及质量参数应符合图样、设计文件的规定,整车外廓尺寸应符合 GB 7258 的规定。

5.1.4 电动摩托车安全要求应符合 GB 24155 的规定。

5.1.5 蓄电池应符合 QC/T 742、QC/T 743、QC/T 744 的规定。

5.1.6 蓄电池充电器应有过充电保护功能。

5.1.7 电动机总成应符合 QC/T 792 的规定。

5.1.8 控制器除应符合 QC/T 792 的规定外还应符合下列规定:

a) 淋雨或使用高压清洗系统冲洗后仍能正常工作。

b) 控制器应有制动电气联锁功能,车辆在加速器与制动同时运行时不应产生意外的驱动或加速。

c) 具有行驶定速装置(无论采取何种定速方式)的控制器,前、后轮中任一车轮制动时,定速装置应立即失效,电动机不再输出动力。

d) 具有电机(磁)制动装置的控制器,该制动装置应能在制动时缓慢施加制动力辅助制动,电动机不应因突加激磁电流而骤停,从而导致车辆侧滑或甩尾。

e) 电动轻便摩托车所用的控制器在技术特性上应有防篡改设计,必须确保车辆的最高车速符合标准要求。

5.1.9 电动摩托车标牌的固定位置及型式应符合 GB/T 18411 的规定。

电动摩托车的产品标牌上需标明品牌、整车型号、制造年月、生产厂名及产地所在国以及电动机型号(按 GB/T 10405 的规定)、电动机额定输出功率、额定电压。电动正三轮摩托车还应标明车辆识别代号、装载质量或乘坐人数。

5.1.10 制造厂应在随车技术文件中提供电动摩托车的主要技术参数及性能指标(项目见附录 A,制造厂可根据需要增加)。

5.2 性能要求

5.2.1 动力性能要求

最高车速、加速性能、爬坡能力、能量消耗率、续驶里程、电动机额定输出功率应符合第 2 章所引用的相关标准及产品企业标准的规定。

5.2.2 防漏电(绝缘性能)要求

防漏电能力(绝缘性能)应符合 GB 24155 的规定。

5.2.3 转向装置

电动两轮摩托车和电动两轮轻便摩托车转向轮的向左、向右转角不大于 48°;

电动三轮摩托车和电动三轮轻便摩托车转向轮的向左、向右转角不大于 45°。

5.2.4 车速表

电动摩托车和电动轻便摩托车必须安装车速里程表,车速表指示值误差应符合 GB 7258 的规定。

5.2.5 操纵件、指示器及信号装置

5.2.5.1 操纵件、指示器及信号装置的图形符号应符合 GB 15365 的规定。

5.2.5.2 应装备一个能让操作者坐在驾驶位置上易见的运行准备就绪的信号装置(电源指示灯)。

当动力蓄电池与控制电路处连接状态时(该状态应由钥匙开关实现),指示信号呈绿色,显示控制器已经打开。此时,旋转加速手柄即可向电动机供电。指示信号应与钥匙开关联动。

5.2.5.3 应装有蓄电池剩余电能指示装置,该装置应符合 GB 24155 的规定。

5.2.6 喇叭性能

喇叭应具有连续发声功能,并符合 GB 7258 和 GB 15742 的规定。

5.2.7 后视镜

后视镜及其安装要求应符合 GB 17352 和 GB 7258 的规定。

5.2.8 前照灯性能

5.2.8.1 电动摩托车的前照灯配光性能应符合 GB 5948 的要求;电动轻便摩托车的前照灯配光性能应符合 GB 19152 的要求。

5.2.8.2 电源系统处完全充电状态时,电动摩托车前照灯远光光束的发光强度应符合 GB 7258 的规定。

5.2.8.3 前照灯及前照灯光束照射位置应符合 GB 7258 的规定。

5.2.9 光信号装置要求

5.2.9.1 灯具应安装牢靠,完好有效,不得因车辆震动而松脱、损坏、失效或改变光照方向。所有灯光开关应安装牢固、开关自如,不得因车辆震动而自行动作。开关的位置应便于驾驶员操纵。

5.2.9.2 电动摩托车的光信号装置的安装应符合 GB 18100 的规定。

5.2.9.3 光信号装置配光性能应符合 GB 17510 的规定。

5.2.10 回复反射器

5.2.10.1 电动摩托车回复反射器的安装应符合 GB 18100 的规定。应能保证夜间在回复反射器正前方 150 m 处用汽车前照灯照射，在照射位置能确认反射器的反射光。

5.2.10.2 回复反射器的性能要求应符合 GB 11564 的规定。

5.2.11 驻车性能

驻车装置应符合 GB 7258 和 GB/T 5378 的规定。

5.2.12 侧倾稳定角

电动三轮摩托车的侧倾稳定角应符合 GB 7258 的规定。

5.2.13 转向锁止防盗装置

转向锁止防盗装置应符合 GB 17353 的规定。

5.2.14 乘员扶手

乘员扶手应符合 GB 20075 的规定。

5.2.15 外部凸出物

外部凸出物应符合 GB 20074 的规定。

5.2.16 制动性能

制动性能应符合 GB 7258 和 GB 20073 的规定。

5.2.17 无线电骚扰特性

无线电骚扰特性应符合 GB/T 18387、GB 14023 的规定。

5.2.18 可靠性

可靠性行驶里程按 GB/T 5374 的规定。可靠性试验结束后，试验车辆的车架等结构件不得存在变形、开裂等损坏情况。轴传动的车轮，其车轮叉架、车轴的刚度和强度应满足本标准整车振动行驶性能试验与设计使用寿命的要求，5.2.1 所列的主要性能技术指标下降应不超过技术条件所规定 5%。

5.3 装配质量要求

5.3.1 一般装配要求

5.3.1.1 装配应符合产品图样及技术文件的要求，不得错装、漏装。

5.3.1.2 标牌应固定装在明显位置。配套电动机的生产厂、型号规格、功率等应与该车型技术文件(产品标准、产品使用说明书、合格证等)的内容相符。

5.3.1.3 润滑部位应按产品图样或技术文件的规定加注润滑剂。

5.3.1.4 紧固件装配应牢固可靠。重要螺纹连接的扭紧力矩应符合产品图样及技术文件的规定。自锁螺母不得错装一般螺母。带开口销、带翅锁片装置的螺母不得漏装开口销、锁片。

5.3.1.5 操纵机构的零部件应能灵活运动，可靠复位，不得受干涉。

5.3.1.6 覆盖件装配应可靠，不得因车辆震动而脱落。

5.3.2 对称性和外廓尺寸要求

5.3.2.1 方向把和导流板等左右对称零部件两侧离地高度的差应不大于 10 mm。

5.3.2.2 电动正三轮摩托车的驾驶室和车厢等左右对称零部件两侧离地高度的差应不大于 20 mm。

5.3.2.3 电动两轮摩托车、电动边三轮摩托车主车前轮中心平面对后轮中心平面的偏差应不大于 10 mm。

5.3.2.4 电动正三轮摩托车前轮中心平面对两后轮对称中心平面的偏差应不大于 20 mm。

5.3.2.5 整车外廓尺寸公差应不大于名义尺寸的±3%。

5.3.3 动力蓄电池安装要求

动力蓄电池的安装应符合 GB 24155 的规定。

5.3.4 **转向机构装配要求**

5.3.4.1 车辆应设置转向限位装置。

5.3.4.2 方向把应能灵活转动，无阻滞现象，转动至极限位置都不得与其他部件发生干涉。制动器、操纵机构应能调节，调节余量应不小于调节量的三分之一。操纵拉索、仪表软轴、电缆、制动软管等的长度应略有裕度，不得在方向把转动时被夹持，不应影响相关零件的正常工作。

5.3.4.3 方向柱应无轴向窜动。

5.3.4.4 在平坦、硬实、干燥和清洁路面直线行驶不得跑偏，骑行时方向把不应有振摆、路感不灵或其他异常现象。

5.3.5 **制动机构装配要求**

5.3.5.1 电动摩托车的行车制动，制动手柄、制动踏板的空行程应符合产品图样及技术文件要求，产品图样及技术文件无规定时按下列要求：

a) 鼓式制动手柄的空行程(离支点 150 mm 处)一般为 10 mm～20 mm；

b) 液压盘式制动手柄的空行程(离支点 150 mm 处)一般为 5 mm～10 mm；

c) 制动踏板的空行程一般为 20 mm～30 mm。

5.3.5.2 制动手柄或制动踏板应在全行程的 3/4 以内达到最大制动效能，当停止施加作用力时，制动力应能随之消失。控制力大小应符合 GB 7258 的规定。

5.3.5.3 行驶过程中不得有自行制动。

5.3.6 **传动机构装配要求**

5.3.6.1 电动机安装应牢固可靠，应能正常工作，运行时不应有异响、抖动。

5.3.6.2 链传动机构的传动链条应能灵活运转，无异常声响。其下垂度应符合产品图样或技术文件的规定。

5.3.6.3 带传动机构的传动带应能灵活运转，无卡滞或打滑松脱。

5.3.6.4 轴传动机构的传动轴应能灵活运转，无异常声响。

5.3.7 **行驶机构装配要求**

5.3.7.1 车轮总成中的轮辋的端面圆跳动和径向圆跳动都不应大于 3 mm。

5.3.7.2 轮胎胎冠上花纹的深度应不小于 1.6 mm，轮胎型号标记应符合相关国家标准的规定。

5.3.7.3 辐板式车轮紧固件完整齐全，应按技术文件规定的扭紧力矩紧固。

5.3.7.4 行驶中减震器不得卡滞或有异常声响，左右减震器弹簧的刚度应保持基本一致。

5.3.8 **仪表和电气设备装配要求**

5.3.8.1 灯具、信号、仪表和电气设备装置及其开关应安装牢靠，完好有效，行驶中不得因车辆震动而松脱、损坏或失效。所有开关不得因车辆震动而自行开关。

5.3.8.2 所有电气导线应捆扎成束、布置整齐、固定卡紧，插接件应连接可靠，无松脱。

5.3.8.3 电气仪表应工作正常，绝缘应可靠，无短路，蓄电池无泄漏及腐蚀现象。

5.3.8.4 车速里程表应能正常工作，软轴不得打滑、松脱。

5.3.9 **安全防护装置装配要求**

5.3.9.1 转向锁止防盗装置，应安装牢固可靠，能有效锁止。

5.3.9.2 后视镜安装应牢固可靠，并能有效保持其位置。当行人等接触后视镜时，应具有缓和冲击的功能。

5.3.9.3 座垫应安装可靠，无松脱。

5.3.10 **电动三轮摩托车装配要求**

5.3.10.1 电动边三轮摩托车边斗，电动正三轮摩托车厢体、驾驶室应牢固地安装在车架上，不能因震动而松动。

5.3.10.2 电动边三轮摩托车的边车前束及主车外倾应符合产品图样或技术文件的要求。

5.3.10.3 封闭式厢体的电动正三轮摩托车车门和车窗应能轻便启闭，门锁应牢固可靠，不得自行开启，门窗应良好密封。

5.3.10.4 敞开式电动正三轮摩托车厢体的挡板和地板应平整。座椅和扶手应安装牢固。

5.4 外观要求

5.4.1 电动摩托车需外观整洁，各零部件应完好无缺损，联结件连接牢固。

5.4.2 覆盖件应合缝平整、间隙均匀，无明显错位。

5.4.3 涂层表面应光滑、平整、色泽均匀、结合牢固，外露表面不应有明显的麻坑、斑点、杂色、裂痕、气泡、划伤、流痕。非外露表面不应有露底或明显的流痕、裂痕。

5.4.4 镀层表面色泽应均匀，不应有烧黑、鼓泡、剥落、锈蚀、露底、毛刺或划伤。

5.4.5 塑料件表面色泽应均匀，无明显划伤、飞边、凹凸不平。

5.4.6 焊缝应平整、均匀，不应有漏焊、虚焊、夹渣、裂纹、气孔及飞溅物等缺陷，如有高出工作表面的焊瘤、焊渣必须修平。

5.4.7 座垫应丰满，缝边或折边清晰，曲面光滑，无皱折、褪色、破损。

5.4.8 贴花应平整、光滑，无气泡、翘边或明显的错位。

6 试验方法

6.1 主要尺寸及质量参数测定

主要尺寸及质量参数按 GB/T 5373 规定的方法测定。

6.2 前后轮中心平面偏差值测定

6.2.1 测定条件

车辆处整车干质量状态，量具读数分辨率不大于 0.5 mm。

6.2.2 测定方法

将车辆前、后轮同时置于支承面上，后轮中心平面垂直于支承面，前轮处直线行驶状态。以后轮中心平面（正三轮车以两后轮的对称中心平面）为基准，测量前轮中心面对基准面的最大偏离。

6.3 电器部件试验

6.3.1 电器系统检测

目测电器系统是否安装到位，接线的极性是否正确，电线是否可能在运动时与其他零部件相碰擦。用手拉测力器检查电线连接是否牢固。

6.3.2 蓄电池密封性检查

目测。

6.3.3 蓄电池标称电压测量

蓄电池充足电后，静置 2 h，用直流电压表测量其端电压，允许测量值比规定的标称值高出 15%。

6.3.4 制动断电装置试验

在蓄电池和电动机回路上串接一直流电流表，接通动力电路让电动机驱动车轮，然后紧握制动闸把，观察电流表是否断流。

6.3.5 欠压、过流保护功能试验

a) 按制造厂的说明书，按额定电压给电动机接上电源，然后逐渐降低电压，到说明书所标明的欠压值时观察欠压保护装置是否动作；

b) 在蓄电池和电动机回路上串接一直流电流表，接通电路，当电流增大到说明书所标明的过流状态时观察电流表是否断流或限流。

6.4 性能试验

6.4.1 动力性能参数分别按以下规定测试：

6.4.1.1 最高车速试验按 GB/T 24156 规定的方法测试。

6.4.1.2 爬坡能力试验按 GB/T 24156 规定的方法测试。

6.4.1.3 加速性能试验按 GB/T 24156 规定的方法测试。

6.4.1.4 能量消耗率试验按 GB/T 24157 规定的方法测试。

6.4.1.5 续驶里程试验按 GB/T 24157 规定的方法测试。

6.4.1.6 电动机额定输出功率试验按 QC/T 792 规定的方法测试。

6.4.2 绝缘性能测量

绝缘性能按 GB 24155 的规定检查绝缘电阻。

6.4.3 转向装置检查

转向装置按 GB 7258 的有关规定检查。

6.4.4 车速表指示值校核

车速表指示值按 GB/T 5378 规定的方法校核。

6.4.5 操纵件、指示器及信号装置的图形符号的核对

6.4.5.1 按 GB 15365 的规定核对操纵件、指示器及信号装置的图形符号。

6.4.5.2 电源指示灯用目测方法判定。

6.4.5.3 按 GB 24155 的规定检查蓄电池剩余电能指示装置。

6.4.6 喇叭

6.4.6.1 喇叭性能按 GB 15742 规定的方法测试。

6.4.6.2 喇叭声级按 GB 15742、GB 7258 和 QC/T 67 规定的方法测试。

6.4.7 后视镜检查

后视镜及其安装要求按 GB 17352 和 GB 7258 的有关规定检查。

6.4.8 前照灯性能试验

6.4.8.1 前照灯远光发光强度、近光防眩性能、明暗截止线高度按 GB 7258 的有关规定测试。

6.4.8.2 前照灯配光性能按 GB 5948 规定的方法测试。

6.4.9 光信号装置检查

光信号装置的安装按 GB 7258 中的有关规定检查。光信号装置的配光性能按 GB 17510 规定的方法测试。

6.4.10 回复反射器检查

回复反射器按 GB 11564 的规定检查。

6.4.11 驻车性能试验

驻车性能试验按 GB/T 5378 规定的方法测试。

6.4.12 侧倾稳定角检查

电动三轮摩托车的侧倾稳定角按 GB/T 5378 的规定检查。

6.4.13 转向锁止防盗装置检查

转向锁止防盗装置按 GB 17353 的规定检查。

6.4.14 乘员扶手检查

乘员扶手按 GB 20075 的规定检查。

6.4.15 外部凸出物检查

外部凸出物按 GB 20074 的规定检查。

6.4.16 制动性能试验

制动力按 GB/T 5382 的有关规定测试，制动性能按 GB 20073 的有关规定测试。

6.4.17 无线电骚扰特性试验

无线电骚扰特性按 GB/T 18387、GB 14023 规定的方法测试。

6.4.18 整车可靠性试验

整车可靠性试验按 GB/T 5374 规定的方法进行。允许企业用等同于或高于 GB/T 5374 要求的方法,本标准附录 B 给出一个可参考的整车台架振动行驶试验方法。

6.5 装配质量检查

6.5.1 紧固件拧紧力矩的检查

在车辆走合行驶前检查紧固件拧紧力矩并在行驶 100 km 后复查。

凡技术文件提出拧紧力矩要求的紧固件,用扭矩扳手顺拧紧方向平稳地逐渐增大扭矩,读取开始旋动瞬时的力矩。有开口销或锁紧垫片的螺母及处不易检查部位的紧固件,可以用固定扳手凭手感检查其是否已被拧紧。

其余紧固件,用固定扳手凭手感检查。

6.5.2 渗、漏液的检查

车辆走合前将制动器、减震器等需要检查的部位擦拭干净,在车辆走合行驶 100 km 期间定期检查渗、漏液与否。

受检车辆以设计最高车速的 50%~70%速度行驶,每行驶 50 km 后停车检查各密封部位。停车 10 min 内如有液体下滴判为漏液;如有液迹而并未下滴判为渗液。累计行驶 100 km 后复查。

6.5.3 外观质量检查

采用目视或手感方法,有争议时可采用标准样件或样板。

7 检验规则

7.1 出厂检验

电动摩托车应经检验合格,并由制造厂质量检验部门出具合格证明后方可出厂。

7.1.1 检验项目

电动摩托车出厂检验项目如下:

a) 装配调整质量

——重要紧固件(电动机安装螺栓、方向柱螺母、前后减震器螺母、前后边轮轴螺母及其他在图样和技术文件中规定了拧紧力矩的紧固件)的拧紧力矩;

——转动方向把时制动器、控制器的操纵拉索有无牵阻或被夹持;

——前后轮中心平面的偏差;

——灯具、仪表、喇叭能否正常工作;

——蓄电池有无渗漏液;

——电动机运行时有无异常响声。

b) 性能

——制动力及制动力平衡(电动三轮摩托车);

——前照灯远光发光强度及近光光束明暗截止线转角或中点的高度;

——车速表示值误差。

c) 外观

d) 行驶试验

包括起动、转向、制动等动作。行驶里程一般为 3 km~10 km,抽查数量由质量检验部门根据质量稳定情况决定,每天不少于 2 辆。如有一项不合格,加倍抽查该项,如再有一辆不合格,当天生产的车辆全数检查该项。

7.1.2 订货方有权按出厂检验项目,抽查待出厂的车辆。

7.2 型式检验

7.2.1 发生下列情况之一时应进行型式检验。

a) 新产品或者产品转厂生产的试制定型鉴定；

b) 正式生产后，如结构、材料、工艺重大改变可能影响产品质量时；

c) 产品停产3年以上恢复生产时；

d) 上级质量监督部门提出定型检验要求时。

7.2.2 型式检验项目

a) 涉及环保、安全、防盗的项目；

b) 整车动力性能指标；

c) 整车主要尺寸及质量参数；

d) 装配调整质量及外观质量；

e) 整车可靠性试验。

7.2.3 抽样

型式认证检验，生产一致性检验按认证主管部门或质量监督机构规定抽样。

8 标志

8.1 车辆标志应符合5.1.2和5.1.9规定。

8.2 包装箱标志应包括下列内容：

a) 产品名称或型号；

b) 制造商名称及地址；

c) 数量；

d) 总质量；

e) 包装箱外廓尺寸；

f) 出厂日期；

g) 执行产品标准号；

h) 应有“易碎物品”、“怕雨”、“向上”、“堆码层数极限”等储运图形标志，其标志应符合GB/T 191的规定；

i) 电动摩托车型号、电动机型号、电动机功率、车型颜色、VIN代码。

9 包装

9.1 包装箱应牢固可靠，标记清晰，其要求应符合GB/T 13384的有关规定。

9.2 包装、入库的电动摩托车应按整车油封技术文件进行油封。整车油封期一般自出厂日起半年，用户有特殊要求时，可适当延长。

9.3 出厂的电动摩托车应附有产品合格证、使用说明书、装箱清单及保修单(或保修手册)。

10 运输与贮存

10.1 电动摩托车在运输车上应牢靠固定，并采取有效的防雨措施，不得碰伤及损坏产品。

10.2 包装箱在运输途中不得倾斜。

10.3 电动摩托车应储存在通风、干燥、清洁、防雨、防晒的库房内，不得与易燃品、化学腐蚀品等有害物品同库存放。堆放不应超过包装箱允许的堆码层数。

附 录 A
（规范性附录）
主要技术规格项目

制造厂应在随车技术文件中提供电动摩托车的主要技术规格，项目如表A.1所示。

表A.1 主要技术规格

序 号	项目分类	技术规格项目	单 位
1	整车参数	长×宽×高	mm
2		轴距	mm
3		轮距	mm
4		最小离地间隙	mm
5		整车整备质量	kg
6		额定载质量	kg
7		制动器型式(前/后)	—
8		制动操纵方式(前/后)	—
9		轮辋型式(前/后)	—
10		轮胎规格(前/后)	—
11		轮胎气压(前/后)	kPa
12		传动方式	—
13	电器部件参数	电动机型号	—
14		商标	—
15		型式	—
16		生产单位	—
17		额定电压	V
18		额定转速	r/min
19		额定输出转矩	N·m
20		额定输出功率	kW
21		蓄电池类型	—
22		蓄电池额定容量	Ah
23		蓄电池标称电压	V
24		百公里耗电量	kW·h/100 km
25		欠压保护值	V
26		过流保护值	A
27		充电器输入电源电压/频率	V/Hz
28	主要性能指标	最高车速	km/h
29		续驶里程	km
30		爬坡能力	(°)
31		加速性能(0～100 m)	s

附　录　B
（资料性附录）
整车台架振动行驶试验方法

B.1　概述

本附录给出了一种电动摩托车和电动轻便摩托车整车台架振动行驶试验的推荐方法。

B.2　试验设备

试验在摩托车底盘测功机上进行。底盘测功机应满足 GB/T 24156 中附录 A 的要求。

受试车辆的驱动轮与转鼓接触。在转鼓上安装对称的凸块(如图 B.1 所示)，凸块外圆弧高出转鼓 10 mm，凸块外圆弧的半径应尽可能大圆弧过渡，以减小车辆驱动轮在转鼓上转动时产生切线方向的冲击力。

单位为毫米

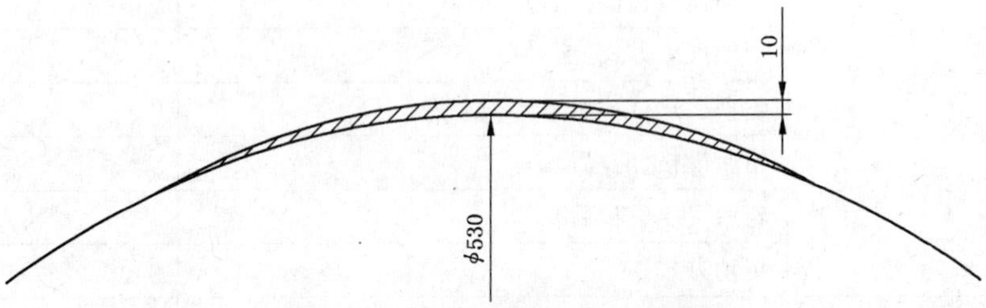

图 B.1　转鼓凸块安装示意图

B.3　底盘测功机上的运行循环

每个大循环由 11 个小循环组成，每个小循环行驶 6 km。试验总里程按 GB/T 5374 的规定进行。

在前 9 个小循环中每一循环停车 4 次，每次停车 15 s；5 次减速，从循环速度减至 15 km/h，然后加速至表 B.1 所规定的最高车速(如图 B.2 所示)。如果受试车辆的最高车速小于表 B.1 所规定的最高车速，加速至受试车辆的最高车速。

第 10 个小循环受试车辆以 70 km/h 等速运行。如果受试车辆的最高车速小于 70 km/h，按受试车辆的最高车速运行；如果受试车辆的最高车速大于 120 km/h，以 90 km/h 等速运行。

第 11 个小循环从起始点起以最大加速度加速至 70 km/h，行驶 3 km 后减速并停车 15 s，然后又以最大加速度加速至 70 km/h 运行直至循环结束。如果受试车辆的最高车速小于 70 km/h，只加速至受试车辆的最高车速；如果受试车辆的最高车速大于 120 km/h，加速至 90 km/h。

表 B.1　各个循环的最高车速

循　环	循环最高车速/(km/h)
1	65
2	45
3	65
4	65
5	55
6	45
7	55
8	70
9	55
10	70
11	70

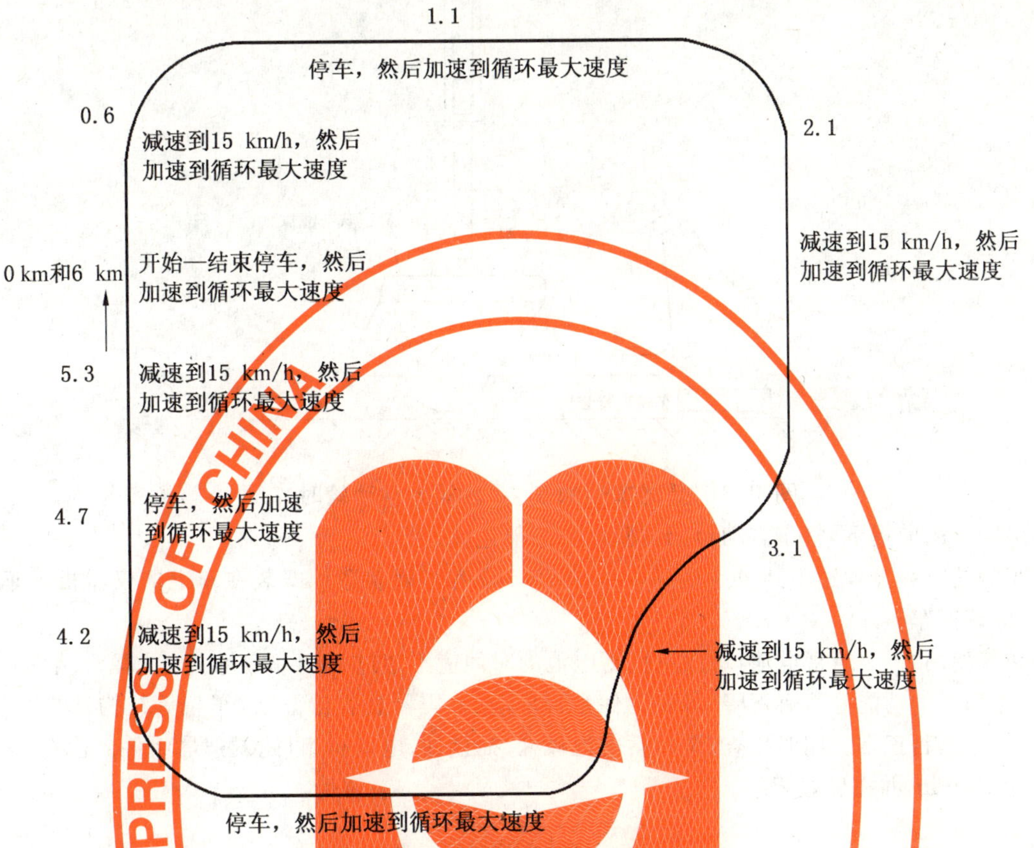

图 B.2　前 9 个试验循环

B.4　试验条件

a）试验应在室温 25 ℃±5 ℃，相对湿度小于 95%的条件下进行。

b）试验前应对照受试车辆的电气安全标志、使用维修说明书（包括电气线路图、注意事项）的内容核查电器件的工作状况。

c）检查受试车辆的蓄电池、电动机、充电组件的型式试验报告是否在有效期内。必要时重复检验。

d）核对受试车辆的 VIN 编号、电动机型号、蓄电池型号及首次充电日期。

e）关闭受试车辆的照明、信号装置以及辅助设备（试验有特别要求时除外）。

f）尽可能采用自动驾驶仪按预先设置的运行规范自动驾驶，如由人工操作，驾驶员及受试车辆的载质量应符合 GB/T 5378 的要求。

g）受试车辆的负载、轮胎气压及摩擦副用润滑油的黏度都应符合车辆制造厂的规定。

h）受试车辆的车况应良好，试验前至少已走合行驶 100 km。

i）底盘测功机转鼓上的对称凸块应安装牢固，旋转过程中不可松动。

B.5　试验方法

用车轮夹紧装置把受试车辆的非驱动轮紧固在底盘测功机上，驱动轮的轮轴与底盘测功机转鼓轴处于同一垂直平面内，固定试验用的配载伸缩套筒龙门架，砝码载荷配重着力于车辆座垫的中部（如图 B.3 所示）。

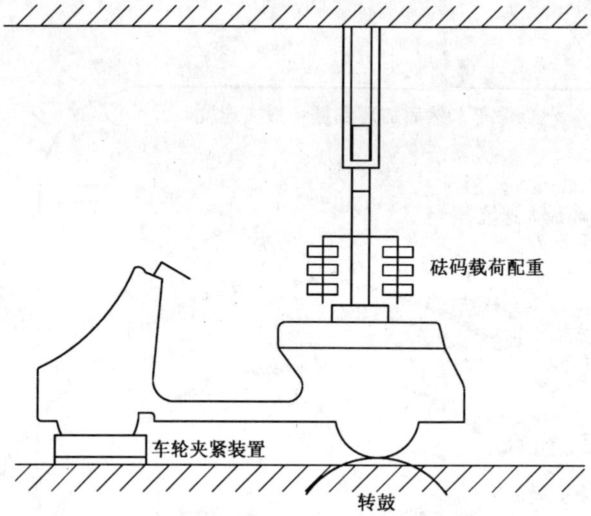

图 B.3　受试车辆的安装(后轮为驱动轮时)

在确保安全的前提下,整车震动台架试验应尽可能连续进行。

受试车辆的行驶速度达不到设计最高车速的70%或者车辆制造厂安装在车上的仪器指示车辆应该停止时,应该停车。

允许交替使用2～3组蓄电池,每次更换蓄电池的时间应不超过15 min。每1个大循环结束后应检查各总成、零部件的功能是否有下降,各紧固件是否松动,减震器是否渗漏液,车架等结构件是否变形、开裂,轮胎气压是否正常。同时检查、调整蓄电池极柱、插接件、电动机组件、调速器组件。检查、保养时间应不超过15 min,并需做好记录。

ICS 23.020.30
J 74

中华人民共和国国家标准

GB 24159—2009

焊接绝热气瓶

Welded insulated cylinders

2009-06-25 发布 2010-04-01 实施

中华人民共和国国家质量监督检验检疫总局
中国国家标准化管理委员会 发布

前　言

本标准的全部技术内容为强制性。

本标准的范围、材料、设计等规定修改采用了美国运输部 DOT4L—1999《焊接绝热气瓶》。

本标准安全附件的泄放量计算参照美国压缩气体协会 CGA S-1.1《压力泄放装置标准　第1部分：压缩气瓶》的规定。

本标准结合我国国情，吸收采用了 GB 5100—1994《钢质焊接气瓶》及相关标准的规定。

本标准附录 A 为规范性附录，附录 B、附录 C 和附录 D 为资料性附录。

本标准由全国气瓶标准化技术委员会(SAC/TC 31)提出并归口。

本标准起草单位：宁波明欣化工机械有限责任公司、四川空分设备(集团)有限责任公司、北京天海工业有限公司、查特深冷设备(常州)有限公司。

本标准起草人：王竞雄、叶青、裘维平、易希朗、李敬琪、姚欣、徐惠新。

焊接绝热气瓶

1 范围

本标准规定了焊接绝热气瓶(以下简称气瓶)的定义、符号、型式、基本参数、材料、设计、制造、试验方法、检验规则、标志、包装、运输、存放等要求。

本标准适用于在正常环境温度(－40 ℃～60 ℃)下使用,贮存介质为液氧、液氮、液氩、二氧化碳和氧化亚氮低温液体,设计温度不低于－196 ℃,公称容积为10 L～450 L,工作压力为0.2 MPa～3.5 MPa可重复充装的立式气瓶。

2 规范性引用文件

下列文件中的条款通过本标准的引用而成为本标准的条款。凡是注日期的引用文件,其随后所有的修改单(不包括勘误的内容)或修订版均不适用于本标准,然而,鼓励根据本标准达成协议的各方研究是否可使用这些文件的最新版本。凡是不注日期的引用文件,其最新版本适用于本标准。

GB 150 钢制压力容器

GB/T 228 金属材料 室温拉伸试验方法(GB/T 228—2002,eqv ISO 6892:1998)

GB/T 229 金属材料 夏比摆锤冲击试验方法(GB/T 229—2007,ISO 148-1:2006,MOD)

GB/T 1804 一般公差 未注公差的线性和角度尺寸的公差(GB/T 1804—2000,eqv ISO 2768-1:1989)

GB/T 2653 焊接接头弯曲及压扁试验方法(GB/T 2653—2008,ISO 5173:2000,IDT)

GB/T 3280 不锈钢冷轧钢板和钢带

GB/T 4237 不锈钢热轧钢板和钢带

GB 7144 气瓶颜色标志

GB/T 9251 气瓶水压试验方法

GB/T 12137 气瓶气密性试验方法

GB/T 13005 气瓶术语

GB 15384 气瓶型号命名方法

GB/T 18443.2 低温绝热压力容器试验方法 真空度测量

GB/T 18443.3 低温绝热压力容器试验方法 漏率测量

GB/T 18443.4 低温绝热压力容器试验方法 漏放气速率测量

GB/T 18443.5 低温绝热压力容器试验方法 静态蒸发率测量

JB 4708 钢制压力容器焊接工艺评定

JB/T 4730.2 承压设备无损检测 第2部分:射线检测

JB/T 4744 钢制压力容器产品焊接试板的力学性能检验

JB/T 6896 空气分离设备表面清洁度

3 术语和定义、符号

3.1 术语和定义

GB/T 13005确立的以及下列术语和定义适用于本标准。

3.1.1

批量 lot

采用同一设计、同一材料、同一焊接工艺、同一绝热工艺,连续生产的气瓶内胆所限定的数量,称为内胆批量。

采用同一设计、连续生产的气瓶产品所限定的数量,称为产品批量。

3.1.2

内胆 inner containment vessel

贮存低温液体,并能承受工作压力的内壳体。

3.1.3

外壳 outer shell

形成和保护气瓶绝热空间的外壳体。

3.1.4

静态蒸发率 static evaporation rate

气瓶在盛装大于有效容积1/2低温液体时,静置达到热平衡后,24 h内自然蒸发损失的低温液体质量和容器有效容积下低温液体质量的百分比,换算为标准环境下(20 ℃,0.1 MPa)蒸发率值,单位为%/d。

3.1.5

净重 net weight

气瓶及其不可拆连接件的实际重量(包括阀门、管路系统)。

3.1.6

有效容积 effective volume

内胆允许的最大盛液容积。

3.1.7

真空夹层漏率 vacuum interspace leak rate

单位时间内漏入真空夹层的气体量,单位为Pa·m^3/s。

3.1.8

漏放气速率 leak and outgassing rate

气瓶夹层放气速率与漏率之和,单位为Pa·m^3/s。放气速率为常温状态下在给定时间间隔内,单位时间气瓶在真空夹层中各种材料解吸的气体量。

3.1.9

工作压力 service pressure

气瓶在正常工作情况下,内胆壳体顶部可能达到的最高压力。

3.1.10

壁应力 wall stress

气瓶内胆壁承受的应力。

3.1.11

总的热传递 total thermal transfer

相对于气瓶单位公称容积及贮存介质与环境温度每单位温差时,在单位时间内从周围大气通过绝热层、管道、颈管、支撑构件传递到贮存介质的热量,单位为J/(h·℃·L)。

3.1.12

总热传导系数 total thermal conductivity coefficient

周围环境通过绝热层、管道、颈管、支撑构件对贮存介质总的传热系数,单位为kJ/(h·m^2·℃)。

3.1.13

计算压力 calculating pressure

用于计算气瓶内胆壁厚和校核其壁应力的压力。

3.1.14

外壳材料的有效厚度 effective thickness

有效厚度指名义厚度减去腐蚀裕量和钢材厚度负偏差。

3.2 符号

下列符号适用于本标准：

a——封头曲面与样板的间隙，mm；

b——焊缝对口错边量，mm；

c——封头表面凹凸量，mm；

D——内胆公称直径，mm；

d——弯曲试验的弯轴直径，mm；

D_i——内胆封头或筒体的内直径，mm；

D_o——外壳封头或筒体的外直径，mm；

E——对接焊缝棱角高度，mm；

E_o——外壳材料弹性模量，MPa；

e——内胆或外壳筒体同一截面最大最小直径差，mm；

H——气瓶的高度，mm；

H_i——封头内凸面高度，mm；

h——封头直边高度，mm；

L——外壳两相邻支撑线之间的距离，当筒体部分没有加强圈，则取筒体的总长度加上每个凸形封头曲面深度的1/3，mm；

l——样板长度，mm；

n——弯轴直径与试样厚度的比值；

P——工作压力，MPa；

P_1——许用外压力，MPa；

P_c——计算压力，MPa(取工作压力的2倍)；

R——外壳封头的当量半径，mm；对于椭圆封头，$R=K_1D_O$；

S——内胆的设计壁厚，mm；

S_b——内胆筒体实测最小壁厚，mm；

S_e——外壳筒体的有效厚度，mm；

S_f——外壳封头成型后的最小厚度，mm；

S_n——内胆名义壁厚，mm；

S_k——拉力试样焊缝宽度，mm；

t——温度，℃；

U——总热传导系数，kJ/(h·m^2·℃)；

V——内胆公称容积，L；

A——断后伸长率，%；

η——静态蒸发率，%/d；

σ——壁应力，MPa；

R_m——抗拉强度，MPa；

$R_{p0.2}$——规定非比例延伸强度，MPa；

Δh_i——封头内高度(H_i+h)公差,mm;

$\pi\Delta D_i$——内圆周长公差,mm。

4 型式及基本参数

4.1 型式与产品型号

4.1.1 气瓶的型式为立式,见图1。

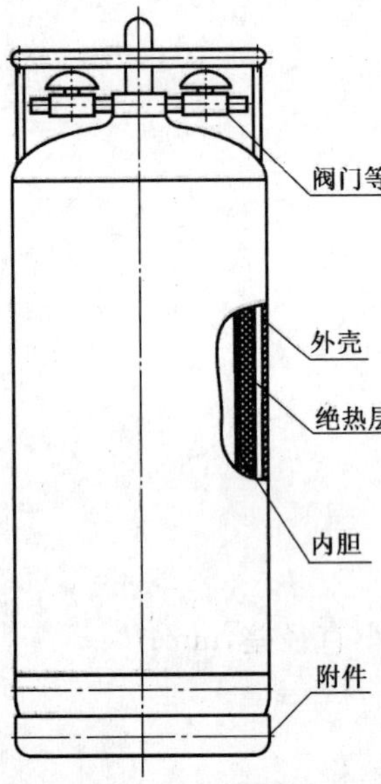

图1

4.1.2 气瓶的产品型号应按GB 15384进行命名,表示方法如下:

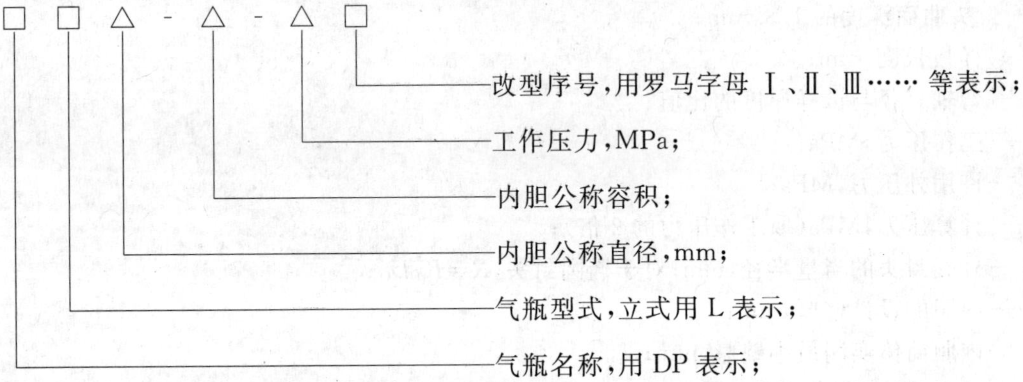

型号应用示例:DPL450-175-1.4Ⅱ。

表示公称容积为175 L,工作压力为1.4 MPa,内胆公称直径为450 mm,第二次改型的立式气瓶。

4.2 基本参数

4.2.1 气瓶公称容积V和内胆公称直径D按表1的规定。

表1

公称容积 V/L	10～25	25～50	50～150	150～200	200～450
内胆公称直径 D/mm	220～300	300～350	350～400	400～460	460～800

4.2.2 工作压力1.0 MPa～1.6 MPa气瓶的静态蒸发率按表2的规定,其他工作压力的气瓶静态蒸发率按设计图样规定。

4.2.3 气瓶真空夹层漏率和漏放气速率按表 2 规定。

表 2

公称容积 V/L	10	25	50	100	150	175	200	300	450
静态蒸发率 η/(≤%/d)	5.45	4.2	3.0	2.8	2.5	2.1	2.0	1.9	1.8
真空夹层漏率/(Pa·m³/s)	≤2×10^{-8}			≤6×10^{-8}					
漏放气速率/(Pa·m³/s)	≤2×10^{-7}			≤6×10^{-7}					
注 1：公称容积为推荐参考值。 注 2：静态蒸发率指液氮的静态蒸发率。									

4.2.4 气瓶内胆的壁厚计算压力为工作压力的 2 倍，压力试验压力为工作压力的 2 倍。

5 材料

5.1 材料的一般规定

5.1.1 气瓶的内胆材料应采用奥氏体型不锈钢，且应符合 GB/T 3280 或 GB/T 4237 等相应材料标准的规定。若采用国外材料时，应符合国外相应规范和标准的规定，力学性能不得低于国内标准相应材料的技术指标。

5.1.2 焊在内胆上所有的零部件，应采用与内胆材料性质相适应的奥氏体型不锈钢材料，并应符合相应技术标准的规定。

5.1.3 所采用的不锈钢焊接材料焊成的焊缝，其熔敷金属化学成分应与母材相同或相近，且抗拉强度不得低于母材抗拉强度规定值的下限。

5.1.4 材料(包括焊接材料)应具有材料生产单位提供的质量证明书原件。从非材料生产单位获得材料时，应同时取得材料质量证明书原件或加盖供材单位检验公章和经办人章的有效复印件。

5.1.5 内胆筒体和封头材料须按炉罐号进行化学成分复验和按批号进行力学性能复验，经复验合格的材料，应用无氯无硫的记号笔做材料标记。

5.1.6 外壳材料应采用奥氏体不锈钢或碳钢。

5.1.7 绝热材料及吸附材料应采用阻燃材料。

5.2 化学成分

内胆主体材料的化学成分及允许偏差按表 3 的规定。

表 3

%

化学成分	C	Mn	P	S	Si	Ni	Cr
含量(质量分数)	≤0.07	≤2.00	≤0.035	≤0.03	≤1.00	8.00～11.0	17.00～19.00
允许偏差	±0.01	±0.04	+0.005	+0.005	±0.05	±0.10	±0.20

5.3 力学性能

内胆主体材料的力学性能按表 4 规定。

表 4

抗拉强度 R_m	规定非比例延伸强度 $R_{p0.2}$	断后伸长率 A
≥520 MPa	≥205 MPa	≥40%

6 设计

6.1 一般规定

6.1.1 气瓶由内胆、外壳以及夹层中的绝热层和阀门管路系统组成。内胆与外壳之间的连接应能保持稳固，并能承受移运过程中的惯性载荷。内胆的组成应为三部分，即纵焊缝不得多于一条，环焊缝不得多于两条。不允许两片式结构。

6.1.2 气瓶应采用真空多层绝热方式，并进行传热计算，总的热传递不超过 2.09 J/(h·℃·L)。

6.2 内胆

6.2.1 封头设计

气瓶内胆的封头应是无缝的，凹面承受压力，形状为半球形或长短轴比为 2∶1 的标准椭圆形。

6.2.2 内胆壁厚

6.2.2.1 内胆的设计壁厚计算所依据的内压力为计算压力，即水压试验压力。

6.2.2.2 内胆设计壁厚不小于按式(1)计算的结果：

$$S = \frac{D_i}{2} \times \left(\sqrt{\frac{0.4P_c + \sigma}{\sigma - 1.3P_C}} - 1 \right) \qquad \cdots\cdots(1)$$

式中壁应力 σ 取下列各项中的最小值：

a) 310 MPa；

b) 按 8.2 测定的焊接接头的最小抗拉强度的 50%；

c) 按 8.1 测定的母材的最小抗拉强度的 50%；

d) 按 8.1 测定的母材的屈服强度；

e) 带纵缝内胆的壁应力不超过上述数值最低值的 85%。

6.2.3 内胆开孔

6.2.3.1 只准在封头上开孔，开孔应是圆形。开孔直径不得大于内径的 1/3 且不大于 76 mm，开孔位于以封头中心为中心 80%封头内直径的范围内。

6.2.3.2 内胆上的每一个开孔应焊装管接头，管接头与封头的连接应采用全焊透的焊接形式。

6.3 外壳

6.3.1 外壳应设置超压泄放装置。外壳筒体和封头壁厚的设计应满足许用外压力不小于 0.21 MPa 的要求。

6.3.2 外壳筒体壁厚按式(2)进行校核：

$$P_1 = \frac{2.6E_o(S_e/D_o)^{2.5}}{[(L/D_o) - 0.45(S_e/D_o)^{0.5}]} \qquad \cdots\cdots(2)$$

6.3.3 外壳封头壁厚按式(3)进行校核：

$$P_1 = 0.25E_0(S_f/R)^2 \qquad \cdots\cdots(3)$$

6.4 焊接接头

6.4.1 纵、环焊缝应采用全焊透对接型式。

6.4.2 纵焊缝不得有永久性垫板。

6.4.3 环焊缝允许采用永久性垫板或缩口结构。

6.4.4 连接到内胆封头或筒体上的所有附件，应采用熔化焊的方法，对于受压元件的焊接接头应保证全焊透。

6.4.5 钎焊和螺纹连接仅允许用于与内胆不直接相连的接头。

6.5 附件

6.5.1 安全附件

6.5.1.1 气瓶内胆应设置安全阀、爆破片、压力表等安全附件，且其应与内胆直接连通。

6.5.1.2 所选用的安全附件应满足相关标准的规定，并通过相关型式试验，保证产品的安全性。

6.5.1.3 安全阀、爆破片排放能力应满足安全泄放量的要求。安全泄放量的计算见附录A。安全阀的开启压力不大于工作压力的1.2倍，爆破片的爆破压力不大于工作压力的2倍。

6.5.1.4 压力表应采用禁油压力表，其量程为工作压力的(1.5～3)倍，精度不低于2.5级。

6.5.1.5 气瓶应装备满足低温液体充装、输出、排放等操作要求的阀门和液位计，阀门、液位计部件所用的密封件应与所盛装的介质相容。

6.5.2 其他附件

6.5.2.1 附件的结构设计和布置应便于操作及焊缝的检查。附件与气瓶的连接焊缝应避开气瓶的纵、环焊缝。附件的结构形状及其与气瓶的连接，应防止造成积液。

6.5.2.2 底座应保证气瓶直立时的稳定性。

6.5.2.3 当气瓶盛装介质后的总质量超过40 kg时，应考虑吊装附件。

6.5.2.4 应考虑气瓶阀门、管路和安全附件等的保护装置，避免易损。

7 制造

7.1 组批

气瓶按内胆组批进行制造，同时在内胆组批的基础上进行产品组批。即一个内胆批允许分组配制成几个产品组批。

7.2 焊接工艺评定

7.2.1 气瓶制造单位在改变内胆材料、焊接材料、焊接工艺、焊接设备时，投产前均应进行焊接工艺评定，焊接工艺评定除按本标准规定外，其余要求应符合JB 4708的规定。

7.2.2 焊接工艺评定可以在焊接工艺评定试板上进行，也可以直接在内胆筒体上进行。进行焊接工艺评定的焊缝，应能代表内胆的主要焊缝(纵、环、角焊缝)。

7.2.3 焊接工艺评定试板经外观检查应无咬边、裂纹、表面气孔、焊渣、凹坑、焊瘤等缺陷，试板焊缝经100%射线透照检测，检测结果应符合JB/T 4730.2标准Ⅱ级要求。

7.2.4 焊接工艺评定用的焊接接头试样数量规定如下：拉力试样2件，横向弯曲试样4件(面弯、背弯各2件)，内胆材料最低使用温度下低温冲击试样6件(焊缝、热影响区各3件)。

7.2.5 当内胆材料的厚度不小于2.5 mm时，应进行最低使用温度下的低温冲击试验；当内胆材料的厚度小于2.5 mm时免做。

7.2.6 焊接工艺评定试验结果要求如下：

a) 焊接接头试样无论断裂发生在任何位置，其实测抗拉强度均不得小于内胆材料标准规定值的下限。

b) 焊接接头低温冲击试样的冲击值应不小于表5的要求。

表5

试样尺寸/ mm	焊缝或热影响区每组三个试样的平均值/ J	单个试样的最小值/ J
10×10	20.4	13.6
10×7.5	17	11.6
10×5	13.6	9.5
10×2.5	6.8	4.8
注1：当焊缝或热影响区每组三个试样的平均值不小于上述单个试样的最小值时，且其中一个以上试样的冲击值低于要求的平均值，或一个试样的冲击值低于单个试样准许的最小值时，可再取焊缝或热影响区三个附加试样进行试验。每一个试样的冲击值均应不小于平均值的要求为合格。 注2：若由于试样本身的缺陷原因，允许重复取样进行试验。		

c) 焊接接头试样弯曲至180°时应无裂纹，试样边缘的先期开裂可以不计，但由夹渣或其他焊接缺陷引起的焊角开裂应判为不合格。

7.2.7 焊接工艺评定报告需由焊接责任工程师审核，制造单位技术总负责人批准。

7.3 筒体

7.3.1 筒体由钢板卷焊时，钢板的轧制方向应与筒体的环向一致。

7.3.2 筒体同一横截面最大最小直径差 e 不大于 $0.01D_i$。

7.3.3 筒体纵缝对口错边量 b 不大于 $0.1S_n$，见图2。

7.3.4 筒体纵焊缝棱角高度 E 不大于 $0.1S_n+2$ mm，见图3，用长度 l 为 $1/2D_i$，但不大于300 mm的样板进行测量。

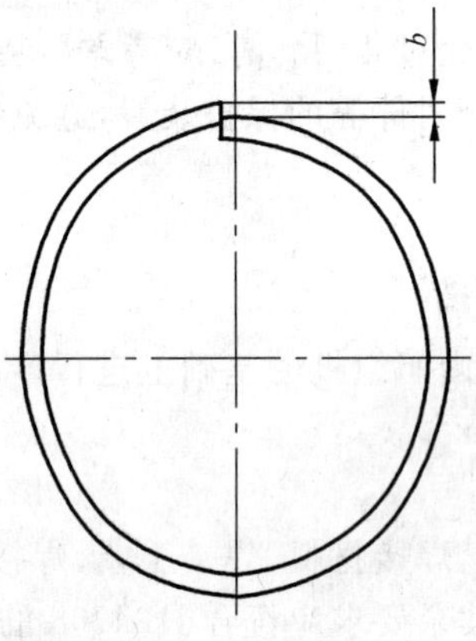

图2

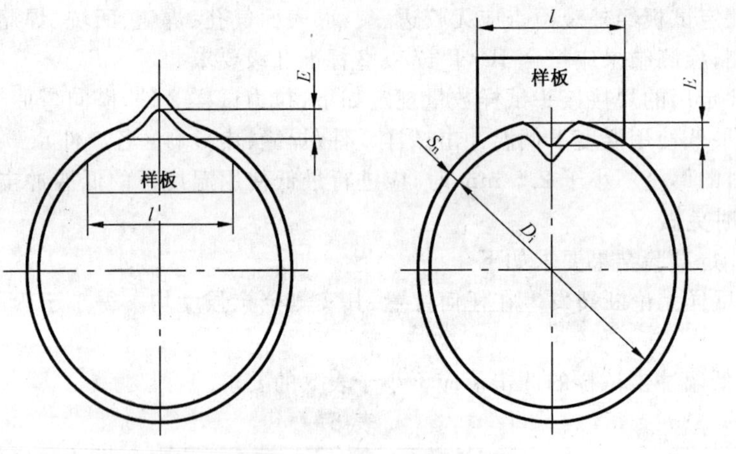

图3

7.4 封头

7.4.1 封头钢板不允许拼接。

7.4.2 封头最小厚度应不小于内胆筒体设计壁厚的90%，不得有突变。封头的形状与尺寸公差不得超过表6的规定，符号见图4所示。

表6

单位为毫米

公称直径 D	圆周长公差 $\pi\Delta D_i$	最大最小直径差 e	表面凹凸量 c	曲面与样板间隙 a	内高公差 Δh_i
＜400	±4.0	2	1	2	$^{+5}_{-3}$
400～800	±6.0	3	2	3	

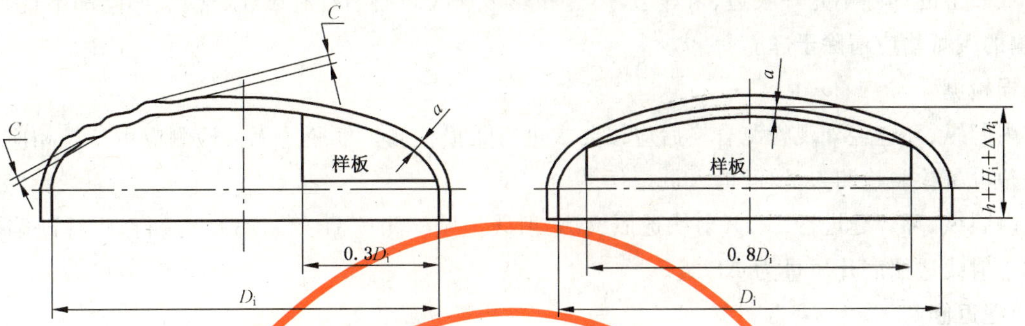

图 4

7.4.3 封头不得有裂纹、起皮、折皱等缺陷。

7.5 未注公差尺寸的极限偏差

未注公差尺寸的极限偏差按 GB/T 1804 的规定，具体要求如下：

a) 机械加工件为中等 m 级；

b) 非机械加工件为粗糙 c 级。

7.6 组装

7.6.1 气瓶的各零件组装前均应检查合格，且不准进行强力组装。

7.6.2 封头与筒体对接环缝对口错边量 b 不大于 $0.25S_n$，棱角高度 E 不大于 $0.1S_n+2$ mm，见图 5，检验尺的长度应不小于 150 mm。

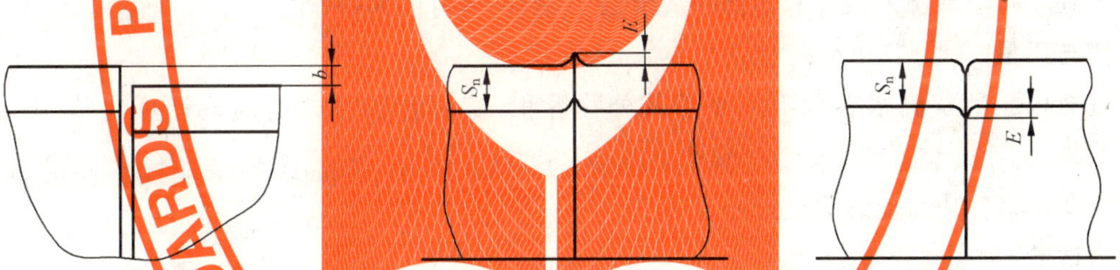

图 5

7.6.3 附件的组装应符合图样的规定。

7.7 内胆焊接的一般规定

7.7.1 气瓶的焊接，应由持有相应类别的“锅炉压力容器压力管道焊工资格”的人员担任。施焊后，焊缝应有可跟踪的标识和记录。

7.7.2 气瓶的纵、环焊缝焊接应采用自动气体保护焊，施焊工艺应严格按照评定合格的焊接工艺进行。

7.7.3 焊接坡口的形状和尺寸，应符合图样规定。坡口表面应清洁、光洁，不得有裂纹、分层、夹杂等缺陷。

7.7.4 焊接(包括焊缝返修)应在室内的专用场地上进行，焊接场地应保持清洁、干燥，地面应铺橡胶或木质垫板，零部件应放在铺有木板的架子上。

7.7.5 气瓶的焊接工作，应在相对湿度不大于 90%，温度不低于 0 ℃的室内进行。

7.7.6 施焊时，不得在瓶体上非焊接处引弧，纵焊缝应有引弧板和熄弧板。去除引、熄弧板时，应采用切除的方法，严禁使用敲击的方法，切除处应磨平。

7.8 焊缝外观

7.8.1 内胆对接焊缝的余高为 0 mm～1.5 mm，同一焊缝最宽最窄处之差不大于 3 mm。

7.8.2 角焊缝的几何形状应圆滑过渡到母材。

7.8.3 气瓶上的焊缝不允许咬边、未焊透，焊缝和热影响区表面不得有裂纹、气孔、凹陷和不规则突变，焊缝两侧的飞溅物应清除干净。

7.9 无损检测

7.9.1 内胆纵、环缝经外观检测合格后应按要求进行无损检测。气瓶的无损检测应由持有相应检测方法的"特种设备检验检测人员证"的人员担任。

7.9.2 内胆纵、环焊缝进行100%射线透照检测，射线透照检测按JB/T 4730.2进行，焊缝缺陷等级不低于Ⅱ级，射线透照底片质量为AB级。

7.10 焊缝返修

7.10.1 焊缝返修应按返修工艺进行，应由具有7.7.1规定资格的人员担任，返修部位应重新按7.8、7.9进行外观和无损检测。

7.10.2 内胆焊缝同一部位的返修次数不宜超过两次，如超过时，返修前须经制造单位技术总负责人批准。

7.10.3 返修次数和返修部位应记入产品生产检验记录，并在产品合格证中注明。

7.11 表面质量及清洁度

7.11.1 内胆及外壳的内外表面均应光滑，不得有裂纹、重皮、划痕等缺陷，否则应进行修磨，修磨处应圆滑光洁，且壁厚需满足6.2.2的要求。

7.11.2 内胆内外表面及所有接触介质的零部件应进行脱脂处理，符合JB/T 6896有关规定，并有良好的保护措施。

7.11.3 凡处于真空状况的表面和零部件应清洁干燥，不得有油污、灰尘。

7.12 容积与质量

7.12.1 气瓶内胆的实测水容积不应小于其公称容积，实测容积可以用理论计算代替，但不得有负偏差。

7.12.2 气瓶制造完毕后应逐只进行净重测定。

7.13 压力试验

7.13.1 气瓶的内胆经射线透照检测合格后应逐只进行压力试验，压力试验采用水压或气压试验，试验压力按4.2.4的规定，水压试验介质为清洁的水且氯离子含量应不超过25×10^{-6}，气压试验应采用干燥无油的空气或氮气。

7.13.2 气压试验应有安全措施。

7.13.3 在试验压力下保压应不少于30 s，内胆不得有宏观变形、泄漏和异常响声等现象，压力表量程为试验压力的(2.0～3.0)倍，精度不低于1.5级。

7.13.4 水压试验后应及时排清内胆与接管中的水，并使其干燥。

7.13.5 如果在压力试验中发现焊缝有泄漏，应按7.10的规定进行返修，返修合格后，重新按要求进行压力试验。

7.14 内胆焊接接头力学性能试验

7.14.1 气瓶内胆应每批取一只内胆进行焊接接头力学性能试验。对公称容积小于等于100 L的气瓶在内胆上取样，公称容积大于100 L的内胆允许在产品焊接试板上取样。

7.14.2 产品焊接试板应和受试内胆在同一块钢板(或同炉批钢板)上下料，作为受试内胆纵焊缝的延长部分与纵缝一起焊成，试板应标上受试内胆和焊工的代号，试板上的焊缝应进行外表检查和100%射线透照检测，并符合7.8和7.9的规定，焊接试板尺寸和试样取样的位置按图6。

单位为毫米

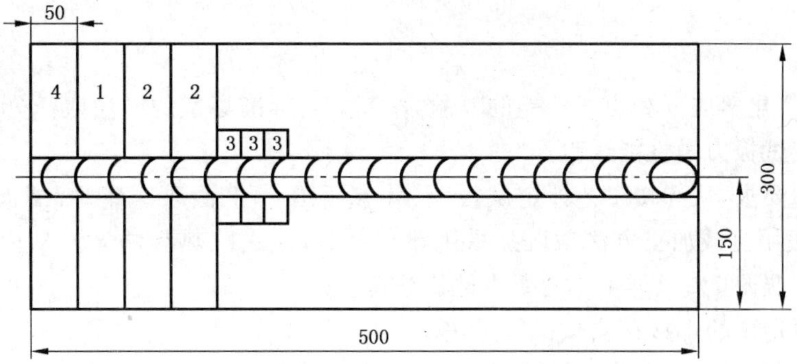

1——拉力试件；

2——弯曲试件；

3——冲击试件；

4——舍弃部分。

图 6

7.14.3 在气瓶内胆上取样的位置按图 7。

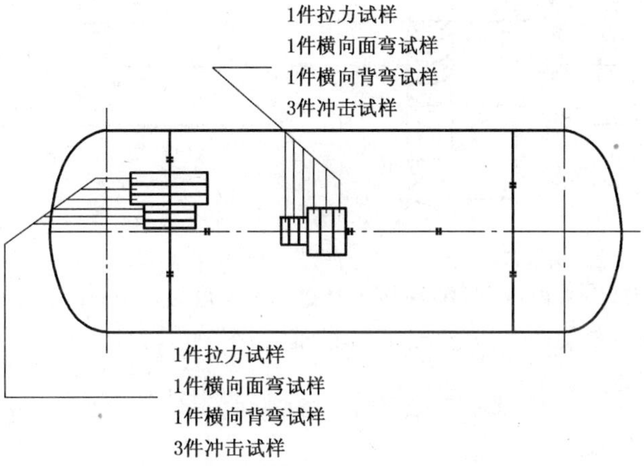

图 7

7.14.4 试样的焊缝截面应良好，不得有裂纹、未熔合、未焊透、夹渣和气孔等缺陷。

7.14.5 力学性能试验结果应符合 7.2.6 的要求。

7.15 绝热材料与吸附材料

7.15.1 绝热材料及吸附材料的选用应符合 5.1.7 和图样的规定。

7.15.2 绝热层包扎应牢固，不应出现溃散现象。

7.16 真空检漏

7.16.1 气瓶应逐只进行真空检漏，漏率应符合 4.2.3 的要求。

7.16.2 如果在真空检漏试验中发现焊缝有泄漏，可按 7.10 的规定进行返修，返修合格后，重新按7.13 的要求进行压力试验，合格后再按照要求进行真空检漏试验。

7.17 真空

气瓶充装液氮后，夹层真空度不低于 2×10^{-2} Pa。

7.18 管路气密性试验

气瓶的阀门及安全附件组装后应用干燥无油的洁净空气或氮气进行管路气密性试验，试验压力为工作压力，保压时间不少于 1 min。阀门、接头及安全附件等不得有泄漏现象。

7.19 最大充装量

气瓶的最大充装量应在设计图样和提供给用户的技术文件中注明。

8 试验方法

8.1 材料复验

气瓶不锈钢材料化学成分和力学性能的复验，按其材料标准规定的方法取样分析和试验。

8.2 焊接工艺评定试板力学性能试验

8.2.1 按7.2.2的要求，从焊接工艺评定试板(尺寸参照图6)上截取样坯时，试板两端舍去部分不少于50 mm，样坯一般用机械加工方法截取。采用热切割时，应去除热影响区。从内胆上用热切割截取样坯时(截取部位参照图7)，试样上不得留有热影响区。

8.2.2 焊接工艺评定用的焊接接头试样数量按7.2.4的规定。

8.2.3 试样的焊缝正面和背面，均应进行机械加工，使其与母材齐平，对于不平整的试样，可以用冷压法矫平。

8.2.4 试样制作和试验方法

8.2.4.1 拉力试样按图8加工，夹持部分长度根据试验机夹具确定，拉伸试验方法按GB/T 228进行。

单位为毫米

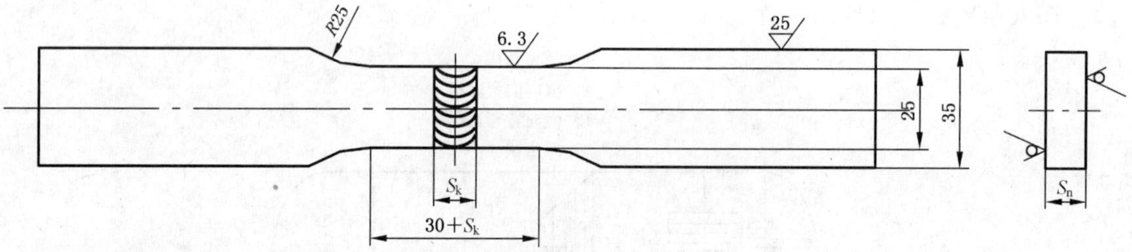

图8

8.2.4.2 弯曲试样宽度为38 mm，弯曲试验按GB/T 2653进行。试验时应使弯轴轴线位于焊缝中心，两支棍面间的距离应做到试样恰好不接触棍子两侧面(如图9)，弯轴直径 d 应为试样厚度的4倍，试验角度应符合7.2.6的规定。

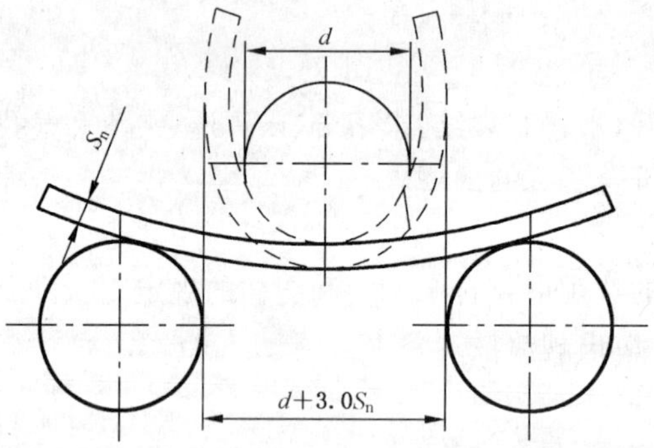

图9

8.2.4.3 冲击试样的尺寸采用10 mm×10 mm×55 mm标准试样，或采用厚度为7.5 mm、5 mm或2.5 mm的小试样，取样方法和要求按照JB/T 4744。焊缝冲击试样的缺口轴线应垂直于焊缝表面。热影响区冲击试样的缺口轴线，也应垂直于焊缝表面，且应位于母材热影响区最严重区域。低温冲击试验方法按GB/T 229进行。

8.2.4.4 当内胆材料的厚度不小于2.5 mm，但不足以制备2.5 mm的低温冲击试样时，应从符合5.1、5.2和5.3规定的厚度不超过3.2 mm的焊接试板上制备2.5 mm的试样，其试板材料的含碳量不得低于0.05%。该试板炉号可与该批内胆炉号不同，但应采用相同的焊接工艺，并进行相同的热处理。

8.3 焊缝无损检测

内胆纵、环焊缝无损检测按 JB/T 4730.2 进行。

8.4 焊接接头力学性能试验

8.4.1 从内胆上截取焊接接头试样:纵焊缝截取拉力、横向面弯和背弯试样各 1 件、低温冲击试样(缺口位于焊缝中心)3 件。如果环焊缝和纵焊缝采用不同的焊接方法(或焊接工艺),则还应从环焊缝处截取同样数量的试样,试板和样坯的截取部位见图 7。

8.4.2 从产品焊接试板上截取焊接接头试样:拉力试样 1 件,横向面弯和背弯试样各 1 件,冲击试样(缺口位置位于焊缝中心)3 件,样坯的截取部位见图 6。

8.4.3 从气瓶内胆上或产品焊接试板上截取样坯方法应符合 8.2.1 的规定。

8.4.4 焊接接头试样的加工应符合 8.2.3 的规定。

8.4.5 焊接接头试样的制作和试验方法

焊接接头拉力、弯曲和冲击试样的制作及其试验按 8.2.4 的规定进行。

8.5 内胆的压力试验

内胆的水压试验按 GB/T 9251 规定进行,气压试验的升压程序参照《压力容器安全技术监察规程》的要求进行。

8.6 管路的气密性试验

管路的气密性试验按 GB/T 12137 规定进行,试验介质为干燥、清洁无油的空气或氮气。

8.7 质量与容积的测定

8.7.1 采用称量法测定气瓶的净重和容积,质量单位千克(kg),容积单位升(L)。

8.7.2 称量应使用最大称量为实际称量的(1.5~3)倍的衡器,其精度应满足最小称量误差的要求。

8.7.3 质量和容积的测定应保留三位有效数字,其余数字对于质量应进 1,对于容积应舍去,示例如下:

示例

实测净重或容积	1.064 5	10.676	106.55
质量应取为	1.07	10.7	107
容积应取为	1.06	10.6	106

8.8 壁厚的测定

气瓶内胆壁厚的测定应使用超声波测厚仪测量。

8.9 外观检查

8.9.1 目测检查内胆和外壳的表面、焊缝外观及安全附件。

8.9.2 用白色、清洁、干燥的滤纸擦抹脱脂表面,纸上应无油脂痕迹和污物,与氧介质接触的表面应按 JB/T 6896 要求进行检查。

8.10 真空度的试验

真空度的试验方法按 GB/T 18443.2 规定进行。

8.11 真空检漏试验

真空检漏可采用氦质谱检漏的方法进行。

8.12 真空夹层漏率试验

真空夹层漏率的试验方法按 GB/T 18443.3 规定进行。

8.13 漏放气速率试验

漏放气速率的试验方法按 GB/T 18443.4 规定进行。

8.14 静态蒸发率试验

静态蒸发率的试验按 GB/T 18443.5 规定进行。

8.15 供气量测试

供气量可按附录B进行测试。

9 检验规则

9.1 材料检验

9.1.1 气瓶制造单位应按8.1的规定方法对内胆的材料,按炉罐号进行化学成分验证分析,按批号进行力学性能验证试验。

9.1.2 内胆材料的化学成分和力学性能试验复验结果应符合5.2和5.3的要求,若采用国外材料时,则应符合5.1.1的规定。

9.2 出厂检验

9.2.1 逐只检验

气瓶逐只检验应按表7规定项目进行。

9.2.2 批量检验

9.2.2.1 分批和抽样规则

以不多于200只内胆为一批,从每批抽取1只内胆取样进行焊接接头力学性能试验。

9.2.2.2 气瓶批量检验项目按表7的规定。其中静态蒸发率检测,每批产品抽检数量不少于3只。

9.2.3 复验规则

9.2.3.1 在批量检验中,如有不合格项目,应进行加倍复验。复验应在同一内胆或试板上进行,也可在同批内胆中重新取样进行焊接接头力学性能试验。

9.2.3.2 产品批量检验中进行静态蒸发率测试时,如有1只不合格,应从该批产品中再抽取数量不少于6只进行加倍复检;在进行加倍复检时,如果仍有1只不合格,则该批气瓶也应进行逐只检验。

9.2.3.3 在焊接接头力学性能试验中,如有证据证明是操作失误或试验设备失灵造成试验失败,则可在同一内胆上或原产品焊接试板上做第二次试验,第二次试验合格,则第一次可以不计。

9.2.3.4 焊接接头力学性能试验加倍复验仍不合格时,则该批气瓶内胆为不合格。

9.3 型式试验

9.3.1 首次批量投产前和停产逾六个月而重新投产的首批气瓶应按照9.3.2的要求进行型式试验。

9.3.2 提交同规格气瓶和内胆各一只,按表7的规定的项目进行型式试验。

表7

序号	检验项目		逐只检验	批量试验	型式试验	检验方法	判断依据
1	材料复验					8.1	9.1
2	筒体	最大最小直径差 e	△				7.3.2
3		纵焊缝对口错边量 b	△			7.3.3	7.3.3
4		纵焊缝棱角高度 E	△			7.3.4	7.3.4
5	封头	内圆周周长公差 $\pi\Delta D_i$	△				7.4.2
6		最大最小直径差 e	△				7.4.2
7		表面凹凸量 c	△			7.4.2	7.4.2
8		曲面与样板间隙 a	△			7.4.2	7.4.2
9		内高公差 Δh_i	△				7.4.2
10		外观	△				7.4.3
11		壁厚	△			8.8	7.4.2

表 7（续）

序号	检验项目	逐只检验	批量试验	型式试验	检验方法	判断依据
12	环焊缝对口错边量 b	△			7.6.2	7.6.2
13	环焊缝棱角高度 E	△			7.6.2	7.6.2
14	内胆、外壳表面质量	△			8.9	7.11
15	焊缝外观	△			8.9.1	7.8
16	气瓶壁厚	△			8.8	图样
17	纵、环焊缝无损检测	△			8.3	7.9.2
18	焊接接头力学性能		△		8.4	7.14.5
19	质量与容积	△			8.7	7.12
20	内胆压力试验	△			8.5	7.13
21	管路气密性试验	△			8.6	7.18
22	清洁度	△			8.9.2	7.11
23	真空度的试验			△	8.10	7.17
24	真空检漏	△			8.11	7.16
25	真空夹层漏率试验			△	8.12	4.2.3
26	漏放气速率试验			△	8.13	4.2.3
27	静态蒸发率试验		△	△	8.14	4.2.2
注：△表示检验该项目。						

9.3.3 当改变设计而影响气瓶的绝热性能时，应按照表 8 要求进行相关型式试验。

表 8

变更内容 / 型式试验项目	绝热系统材料或设计	内胆支撑结构	管道走向	材料类型	内胆壁厚	内胆直径	内胆容积
焊接接头力学性能				*	*		
真空度试验	*					*	*
真空夹层漏率试验	*					*	*
漏放气速率试验	*	*				*	*
静态蒸发率试验	*	*	*			*	*
注 1：* 表示需要进行的型式试验项目。 注 2：仅容积变化且变化率不超过已通过型式试验的受试瓶容积的 100%时可免做。							

10 标志、包装、运输、存放

10.1 气瓶应在明显部位装置固定铭牌，铭牌应包括以下内容：

a) 制造单位名称和制造许可证号码；

b) 气瓶编号；

c) 标准代号；

d) 公称容积；

e) 工作压力；

f) 内胆试验压力；

g) 充装介质；

h) 最大充装量；

i) 净重；

j) 检验和监检钢印；

k) 制造日期。

10.2 气瓶的字样、字色和色环等可参照 GB 7144 的有关规定。

10.3 气瓶出厂时应对内胆充装 0.01 MPa～0.05 MPa 干燥氮气，并关闭所有阀门。

10.4 气瓶的包装应根据图样规定或用户要求。

10.5 气瓶在运输和装卸过程中，要防止碰撞、受潮和损坏附件。

10.6 气瓶应存放在阴凉干燥处。

11 维修

11.1 气瓶的产权单位应对在用产品的使用安全负责。产权单位和使用单位应按照使用说明书的要求正确使用，并定期检查气瓶的各种安全附件，如压力表、安全阀、爆破片和调节器等并做好记录。

11.2 在使用过程中如果发现绝热性能降低或危及安全的异常现象及情况，应立即采取妥善措施导空瓶内所盛装的液体介质并停止使用。同时，应立即通知当地的气瓶检验单位或者气瓶的制造单位进行处理。

11.3 若产品在制造单位的保修期限内出现质量问题，应由相关维修单位负责维修；若产品在保修期限以外，应由产权单位和使用单位与制造单位协商解决。

11.4 产品修复后，修复单位应在气瓶上做出永久性标识，注明维修完成时间，并做好记录存档。

11.5 出厂文件

气瓶出厂时应至少有下列文件：

a) 产品合格证，见附录 C；

b) 批量检验质量证明书，见附录 D；

c) 产品使用说明书。

附　录　A
（规范性附录）
安全泄放量的设计计算

A.1　内胆安全阀排放能力计算

气瓶内胆安全阀排放能力及爆破片排放面积按照《压力容器安全技术监察规程》(99版)附件五进行计算。

A.2　最小安全泄放量计算

气瓶压力泄放装置所要求的最小安全泄放量计算参照美国CGA S-1.1—2001第5.9节进行。

A.2.1　当气瓶绝热层受损，压力泄放装置最小安全泄放量可以由式(A.1)确定：

$$Q_a = \frac{0.382(154.4 - t)G_i UA}{(649 - t)} \quad \cdots\cdots\cdots\cdots (A.1)$$

式中：

Q_a——折合成自由流空气的最小安全泄放量，单位为立方米每小时(m^3/h)；

t——在排放压力条件下的气体温度，单位为摄氏度(℃)，排放压力取1.2倍安全阀整定压力；

G_i——气瓶存装介质在排放压力条件下的气体系数，由表A.1查得；

U——总热传导系数，单位为千焦每小时平方米摄氏度[kJ/(h·m^2·℃)]。

U值是在绝热层遭到损坏，绝热层空间被存装气体或大气所充满，在此条件下取得的传热系数，取较大值。U值应在绝热层平均温度下确定(也可采用37.8℃)，U值可以通过上述条件下绝热层的热传导率(K_0值)除以绝热层厚度得到。

A——气瓶外表面总面积，单位为平方米(m^2)。

A.2.2　当气瓶绝热层受损，绝热层空间被存装气体或大气所充满，同时处于外部高温条件(试验环境或火灾)下，最小的安全泄放量可以由式(A.2)确定：

$$Q_a = G_i UA^{0.82} \quad \cdots\cdots\cdots\cdots (A.2)$$

式中：

Q_a——折合成自由流空气的最小安全泄放量，单位为立方米每小时(m^3/h)；

G_i——气瓶存装介质在额定的爆破压力下的气体系数，由表A.1查得；

U——总热传导系数，单位为千焦每小时平方米摄氏度[kJ/(h·m^2·℃)]。

U值是在绝热层遭到损坏，气瓶处于649℃外部高温条件(试验环境或火灾)下，绝热层空间被存装气体或大气所充满，在此条件下取得的传热系数，取较大值。U值可以通过上述条件下绝热层的热传导率(K_0值)除以绝热层厚度得到。

A——气瓶外表面总面积，单位为平方米(m^2)。

A.2.3　使用上述计算公式及表格时，不能直接换算成其他“单位”进行计算。

表 A.1 气瓶在额定爆破压力或泄放压力下的系数 G_i 值

介质	额定爆破压力或泄放压力		系数 G_i	
	英制 (psig)	公制 (kPa)	英制 (psig)	公制 (kPa)
液氩	100	690	10.2	5.95
	200	1 380	11.8	6.88
	300	2 070	13.8	8.05
	400	2 760	17.9	10.44
液氮	100	690	10.2	5.95
	200	1 380	11.8	6.88
	300	2 070	13.8	8.05
	400	2 760	17.9	10.44
液氧	100	690	10.2	5.95
	200	1 380	11.8	6.88
	300	2 070	13.8	8.05
	400	2 760	17.9	10.44

A.2.4 当额定的爆破压力比表 A.1 中所列的爆破压力值高时，系数 G_i 可以按照式(A.3)进行计算：

$$G_i = \frac{241(649 - T)}{LC}\sqrt{\frac{Z(T + 273)}{M}} \qquad \text{(A.3)}$$

式中：

L——在排放压力条件下气体的汽化潜热，单位为千焦每千克(kJ/kg)；

C——气体特性系数，可按照 GB 150 表 B.1 选取，表中 k 取 15 ℃大气压条件下气体的绝热指数(C_p/C_v)；

Z——气体压缩系数，可按照 GB 150 图 B.1 选取；

T——在排放压力条件下气体的温度，单位为摄氏度(℃)；

M——气体的摩尔质量。

附 录 B
（资料性附录）
供气量测试方法

B.1 测试用仪器

B.1.1 气体涡轮流量计

量程为被测气瓶的设计供气量的(1.5～3)倍，精度1.5级。

B.1.2 实验玻璃水银温度计

测量范围0 ℃～50 ℃，精度0.5 ℃。

B.1.3 弹簧管式压力表

量程为工作压力的(1.5～3.0)倍，精度1.5级。

B.2 测试条件

气瓶内充装50%有效容积的液氮。环境温度高于15 ℃，出口气体温度比环境温度最多低10 ℃，避免阳光直射。

B.3 测试方法

气瓶出口接测温测压附件，以测量工作温度和工作压力，串接气体涡轮流量计，流量计进口接一个节流阀，出口放空。连续放气稳定一段时间后开始记录流量。稳定时间按以下确定：公称容积≤100 L，稳定0.5 h～1 h；公称容积>100 L，稳定1 h～2 h。

B.4 计算供气量

供气量可以由式(B.1)和式(B.2)确定：

$$Q = Kq \quad \cdots\cdots(B.1)$$

$$K = \frac{P + 0.1013}{0.1013} \times \frac{273 + 20}{273 + t} \quad \cdots\cdots(B.2)$$

式中：

Q——供气量，单位为标准立方米每小时(Nm^3/h)；

q——流量计读数，单位为立方米每小时(m^3/h)；

P——压力表读数，单位为兆帕(MPa)；

t——温度计读数，单位为摄氏度(℃)。

附　录　C
（资料性附录）
产品合格证

产品合格证

××××公司
焊接绝热气瓶
产品合格证

气瓶型号________________

产品编号________________

产品批号________________

内胆批号________________

出厂日期________________

制造许可证________________

本产品的制造符合 GB 24159—2009《焊接绝热气瓶》和设计图样要求。经检验合格。

检验负责人（章）　　　　质量检验专用章

年　　月

主要技术数据：

公称容积________L　　工作压力________MPa

内胆内径________mm　　充装介质________

最大充装量________________kg

内胆筒体设计厚度________mm　　内胆封头设计厚度________mm

内胆筒体、封头钢板牌号________　　材料标准代号________

材料化学成分规定值/%

C______ S______ P______ Mn______ Si______ Ni______ Cr______

材料强度规定值：R_m =________MPa　　$R_{p0.2}$ =________MPa

气瓶净重________kg　　内胆水压试验压力________MPa

管路气密性试验压力________MPa　　内胆气压试验压力________MPa

内胆焊缝无损检测：依据标准________________

	纵焊缝	环焊缝
检测比例：	________	________
合格级别：	________	________
检测结果：	________	________

焊缝返修次数：

1 次：________处，2 次：________处，3 次：________处。

内胆焊缝返修部位展开图

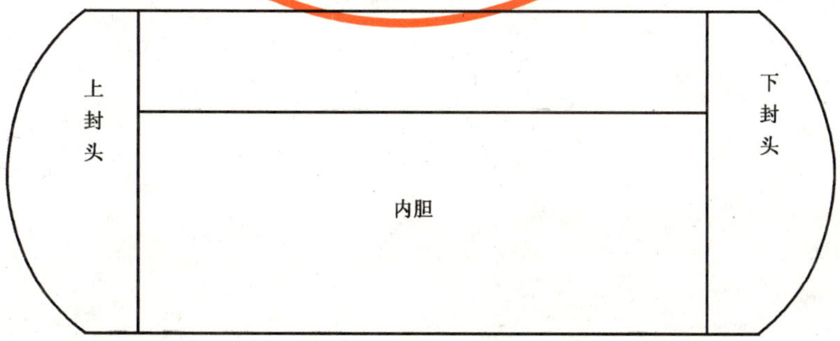

附　录　D
（资料性附录）
批量检验质量证明书

批量检验质量证明书

××××公司
焊接绝热气瓶
批量检验质量证明书

气瓶型号＿＿＿＿＿＿＿＿＿＿＿＿＿＿＿＿＿＿＿＿＿＿＿＿＿＿＿＿＿＿

充装介质＿＿＿＿＿＿＿＿＿＿＿＿＿＿＿＿＿＿＿＿＿＿＿＿＿＿＿＿＿＿

图　　号＿＿＿＿＿＿＿＿＿＿＿＿＿＿＿＿＿＿＿＿＿＿＿＿＿＿＿＿＿＿

产品批号＿＿＿＿＿＿＿＿＿＿＿＿＿内胆批号＿＿＿＿＿＿＿＿＿＿＿＿＿＿

出厂日期＿＿＿＿＿＿＿＿＿＿＿＿＿＿＿＿＿＿＿＿＿＿＿＿＿＿＿＿＿＿

制造许可证＿＿＿＿＿＿＿＿＿＿＿＿＿＿＿＿＿＿＿＿＿＿＿＿＿＿＿＿＿

本批气瓶产品共＿＿＿＿只，编号从＿＿＿＿＿＿＿＿号到＿＿＿＿＿＿＿＿号

本批气瓶内胆共＿＿＿＿只，编号从＿＿＿＿＿＿＿＿号到＿＿＿＿＿＿＿＿号，

其中不含＿＿＿＿＿＿＿＿＿＿＿＿＿＿＿＿＿＿＿＿＿＿＿＿＿＿＿＿＿＿

＿＿＿＿＿＿＿＿＿＿＿＿＿＿＿＿＿＿＿＿＿＿＿＿＿＿＿＿＿＿＿＿＿＿。

经检查和试验符合 GB 24159—2009《焊接绝热气瓶》的要求，为合格产品。

监察单位专用章　　　　　　　　　　制造单位检验专用章

监检员　　　　　　　　　　　　　　检验负责人

年　　月　　日　　　　　　　　　　年　　月　　日

制造单位地址　　　　　　　　　　　邮政编码

1. 主要技术数据

公称容积＿＿＿＿＿＿ L　　工作压力＿＿＿＿＿＿ MPa

内胆内径＿＿＿＿＿＿ mm　　内胆水压试验压力＿＿＿＿＿＿ MPa

内胆名义壁厚＿＿＿＿＿＿ mm　　内胆气压试验压力＿＿＿＿＿＿ MPa

内胆设计壁厚＿＿＿＿＿＿ mm

2. 批量抽检瓶的测量

抽检瓶号	实测容积/L	最小实测厚度/mm			
		内胆筒体	内胆封头	外壳筒体	外壳封头

3. 气瓶材料化学成分/%

牌号	C	Mn	P	S	Si	Ni	Cr
标准值							

4. 焊接材料

焊丝(条)牌号	焊丝(条)直径/mm

5. 焊缝检测（抽检瓶号：＿＿＿＿）

纵焊缝 100%射线检测，总长＿＿＿＿ mm，按 JB/T 4730.2 检测Ⅱ级合格。

环焊缝 100%射线检测，总长＿＿＿＿ mm，按 JB/T 4730.2 检测Ⅱ级合格。

返修 1 次＿＿＿＿处，2 次＿＿＿＿处，3 次＿＿＿＿处。

6. 力学性能试验

试验编号	抗拉强度 R_m/MPa	弯曲试验		低温冲击	
		横向面弯	横向背弯	冲击温度	冲击功
				℃	

7. 抽检瓶性能测试

抽检瓶号	静态蒸发率[%/d(LN_2)]

8. 抽检瓶返修部位(简图)

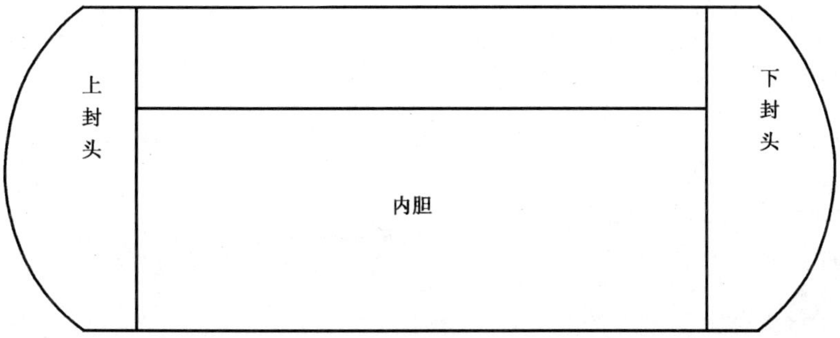

参 考 文 献

[1] GB 5100 钢质焊接气瓶
[2] GB/T 13005 气瓶术语
[3] 压力容器安全技术监察规程
[4] 气瓶安全监察规程

ICS 23.020.30
J 74

中华人民共和国国家标准

GB 24160—2009

车用压缩天然气钢质内胆环向缠绕气瓶

Hoop-wrapped composite cylinders with steel liner for the on-board storage of compressed natural gas as a fuel for automotive vehicles

(ISO 11439:2000, Gas cylinders—High pressure cylinders for the on-board storage of natural gas as a fuel for automotive vehicles, MOD)

2009-06-25 发布　　2010-01-01 实施

中华人民共和国国家质量监督检验检疫总局
中国国家标准化管理委员会　发布

前　言

本标准的全部内容为强制性。

本标准修改采用 ISO 11439:2000《气瓶　车用天然气高压气瓶》(英文版)有关 CNG-2 型气瓶部分。

本标准设计和试验部分根据 ISO 11439:2000 有关 CNG-2 型气瓶部分重新起草。为了更加适合我国国情,本标准在采用 ISO 11439:2000 有关 CNG-2 型气瓶部分时进行了修改。对缠绕气瓶公称容积及内胆材料进行了限制,并增加了对制造部分的技术要求。

本标准的附录 A 为规范性附录,附录 B 为资料性附录。

本标准由全国气瓶标准化技术委员会(SAC/TC 31)提出并归口。

本标准起草单位:北京天海工业有限公司、重庆益峰高压容器有限责任公司、大连市锅炉压力容器检验研究所。

本标准主要起草人:张增营、石凤文、杨明高、毛三品、解越美、韩冰、刘守正。

车用压缩天然气钢质内胆环向缠绕气瓶

1 范围

本标准规定了汽车用压缩天然气钢质内胆环向缠绕气瓶(以下简称:缠绕气瓶)的型式和参数、技术要求、试验方法、检验规则、标志、涂敷、包装、运输、储存等要求。

本标准适用于设计、制造公称工作压力为 20 MPa 或 25 MPa,公称水容积为 30 L～450 L,工作温度为－40 ℃～65 ℃,设计使用寿命为 15 年的缠绕气瓶。

按本标准制造的缠绕气瓶仅用于充装符合 GB 18047 的车用压缩天然气,用作汽车的燃料,固定在汽车上使用;使用条件中不包括因外力等引起的附加载荷。

2 规范性引用文件

下列文件中的条款通过本标准的引用而成为本标准的条款。凡是注日期的引用文件,其随后所有的修改单(不包括勘误的内容)或修订版均不适用于本标准,然而,鼓励根据本标准达成协议的各方研究是否可使用这些文件的最新版本。凡是不注日期的引用文件,其最新版本适用于本标准。

GB/T 222 钢的成品化学成分允许偏差

GB/T 223(全部) 钢铁及合金化学分析方法

GB/T 224 钢的脱碳层深度测定法(GB/T 224—2008,ISO 3887:2003,MOD)

GB/T 226 钢的低倍组织及缺陷酸蚀检验法

GB/T 228 金属材料 室温拉伸试验方法(GB/T 228—2002,eqv ISO 6892:1998)

GB/T 229 金属材料 夏比摆锤冲击试验方法(GB/T 229—2007,ISO 148-1:2006,MOD)

GB/T 232 金属材料 弯曲试验方法(GB/T 232—1999,eqv ISO 7438:1985)

GB/T 1458 纤维缠绕增强塑料环形试样力学性能试验方法

GB/T 2578 纤维缠绕增强塑料环形试样制作方法

GB/T 3362 碳纤维复丝拉伸性能试验方法

GB/T 4336 碳素钢和中低合金钢 火花源原子发射光谱分析方法(常规法)

GB/T 4612 塑料 环氧化合物 环氧当量的测定(GB/T 4612—2008,ISO 3001:1999,IDT)

GB/T 5777 无缝钢管超声波探伤检验方法(GB/T 5777—2008,ISO 9303:1989,MOD)

GB/T 7690.1 增强材料 纱线试验方法 第1部分:线密度的测定(GB/T 7690.1—2001,idt ISO 1889:1997)

GB/T 7690.3 增强材料 纱线试验方法 第3部分:玻璃纤维断裂强力和断裂伸长的测定(GB/T 7690.3—2001,idt ISO 3341:2000)

GB 8335 气瓶专用螺纹

GB/T 8336 气瓶专用螺纹量规

GB/T 9251 气瓶水压试验方法

GB/T 9252 气瓶疲劳试验方法

GB/T 12137 气瓶气密性试验方法

GB/T 13005 气瓶术语

GB/T 13298 金属显微组织检验方法

GB 15385 气瓶水压爆破试验方法

GB 16918 气瓶用爆破片技术条件

GB 18047 车用压缩天然气

GB/T 19466.2 塑料 差示扫描量热法(DSC) 第2部分:玻璃化转变温度的测定(GB/T 19466.2—2004,ISO 11357-2:1999,IDT)

3 术语和定义、符号

GB/T 13005确立的以及下列术语和定义适用于本标准。

3.1 术语和定义

3.1.1

公称工作压力 nominal working pressure

缠绕气瓶在基准温度(20 ℃)时的限定充装压力。

3.1.2

环向缠绕 hoop-wrap

浸渍树脂的连续纤维在内胆的筒体部分进行环向缠绕,纤维在内胆纵向方向不承载有效载荷。

3.1.3

缠绕气瓶 hoop-wrapped cylinder

金属内胆筒体部分的外侧环向缠绕浸渍树脂的连续纤维,经固化而制成的气瓶。

3.1.4

内胆 liner

对充装的气体起密封作用的缠绕气瓶内层无缝壳体。

3.1.5

批量 batch

内胆:系指采用同一设计条件,具有相同的公称直径、设计壁厚,用同一炉罐号钢,同一制造工艺制成,按同一热处理规范进行连续热处理的内胆的限定数量。

缠绕气瓶:系指采用同一设计条件,相同结构尺寸的合格内胆,相同复合材料,按相同工艺进行缠绕、固化的缠绕气瓶的限定数量。

3.1.6

自紧 auto-frettage

用于制造缠绕气瓶时对金属内胆的加压过程,使内胆应力超过其屈服点,以引起塑性变形。

注:自紧的结果,使缠绕气瓶内部在零压力时,纤维具有拉应力。

3.1.7

自紧压力 auto-frettage pressure

为分配内胆和缠绕层之间的应力而施加在缠绕气瓶内的压力。

3.1.8

纤维应力比 fiber stress ratio

缠绕气瓶最小设计爆破压力下纤维的应力与公称工作压力下纤维的应力之比。

3.2 符号

A 内胆材料断后伸长率,%;

D_o 内胆公称外径,mm;

D_f 冷弯试验弯心直径,mm;

E 人工缺陷长度,mm

p 公称工作压力,MPa;

p_h 水压试验压力,MPa;

p_m 缠绕气瓶的最大许用工作压力,MPa;

R_e　内胆材料热处理后的屈服强度保证值，MPa；
R_{ea}　内胆材料屈服强度实测值，MPa；
R_g　内胆材料热处理后的抗拉强度保证值，MPa；
R_m　内胆材料抗拉强度实测值，MPa；
S_{ao}　内胆筒体实测平均壁厚，mm；
T　人工缺陷深度，mm
V　公称水容积，L；
W　人工缺陷宽度，mm
a_o　拉伸试样的原始厚度，mm；
b_o　拉伸试样的原始宽度，mm；
l_o　拉伸试样的原始标距，mm；
α_{kV}　内胆材料冲击值，J/cm^2；
σ_c　缠绕层复合材料抗拉强度，MPa；
τ_s　缠绕层复合材料层间剪切强度，MPa。

4 型式和参数

4.1 型式

缠绕气瓶瓶体结构一般应符合图1所示的型式。

图1 结构型式

4.2 参数

4.2.1 缠绕气瓶的公称工作压力 p(20 ℃)应为 20 MPa 或 25 MPa。

4.2.2 公称水容积和内胆公称外径一般应符合表1的规定。

表1 公称水容积和内胆公称外径

项　目	数　值	允许偏差/%
公称水容积 V/L	30～450	$^{+5}_{-0}$
内胆公称外径 D_o/mm	ϕ165～ϕ406	±1

4.3 型号标记

型号标记由以下部分组成：

CNG2 - □ - □ - □ - □ □

- □（第五项）——瓶体结构型式（A 或 B）
- □（第四项）——公称工作压力，MPa
- □（第三项）——公称水容积，L
- □（第二项）——内胆公称外径，mm
- □（第一项）——纤维种类（G 表示玻璃纤维、C 表示碳纤维、A 表示芳纶纤维）
- CNG2——汽车用压缩天然气钢质内胆环向缠绕气瓶

示例：公称工作压力为 20 MPa，公称水容积为 50 L，内胆公称外径为 325 mm，纤维采用玻璃纤维，结构型式为 A 型的汽车用压缩天然气钢质内胆玻璃纤维环向缠绕气瓶，其型号标记为：CNG2-G-325-50-20A。

5 技术要求

5.1 一般要求

5.1.1 设计使用寿命

以本标准中规定的使用条件为基础的缠绕气瓶，其设计使用寿命为 15 年。

5.1.2 最大许用工作压力

本标准所规定的公称工作压力 p 是以 20 ℃为基准温度的限定充装压力，缠绕气瓶允许达到的最大许用工作压力 p_m 为公称工作压力 p 的 1.3 倍。

5.1.3 温度范围

5.1.3.1 气体温度

设计缠绕气瓶时应考虑气体温度变化的影响：

a) 在静止条件下，缠绕气瓶内气体的温度变化应处于－40 ℃～65 ℃范围之内；

b) 在充装和排放时，气体温度的变化可以超过－40 ℃～65 ℃的范围。

5.1.3.2 缠绕气瓶温度

设计缠绕气瓶时应考虑瓶体材料温度变化的影响：

a) 缠绕气瓶材料的温度变化应处于－40 ℃～82 ℃范围之内；

b) 当温度超过 65 ℃时，应仅限于瓶体局部，或在相当短的时间内。除了在 5.1.3.1b)条件下，缠绕气瓶的温度不得超过 65 ℃。

5.1.4 气体成分

应符合 GB 18047 的规定要求。

5.1.5 外表面

设计缠绕气瓶时，应考虑其连续承受机械损伤或化学侵蚀的能力。缠绕气瓶外表面应能适应下列工作环境：

a) 间断地浸入水中，或者道路溅水；

b) 车辆在海洋附近行驶，或者在用盐融化冰的路面上行驶；

c) 阳光中的紫外线辐射；

d) 砾石的冲击；

e) 接触酸和碱溶液、肥料；

f) 汽车用液体的侵蚀，包括汽油、液压油、电池酸、乙二醇和油；

g) 接触排放的废气。

5.2 材料

5.2.1 内胆材料

5.2.1.1 应是电炉或氧气转炉冶炼的无时效性镇静钢。

5.2.1.2 应选用优质铬钼钢。

5.2.1.3 应具有良好的低温冲击性能。

5.2.1.4 应符合其相应的国家标准或行业标准的规定，并有质量合格证明书。缠绕气瓶制造单位应按炉罐号进行各项指标的验证分析。

5.2.1.5 材料的化学成分限定如表2所示，其化学成分允许偏差应符合GB/T 222的规定。

5.2.1.6 钢坯低倍组织不允许有白点、残余缩孔、分层、气泡、异物和夹杂；中心疏松不应大于2.0级，偏析不应大于2.5级。

表2 钢材化学成分

%

元素	C	Si	Mn	Cr	Mo	S	P	S+P	Cu
含量（质量分数）	≤0.37	0.15～0.37	0.40～0.90	0.80～1.20	0.15～0.35	≤0.020	≤0.020	≤0.030	≤0.20

5.2.1.7 无缝钢管

5.2.1.7.1 钢管的直线度应不大于1.5 mm/m，圆度应不大于外径允许偏差的80%。

5.2.1.7.2 钢管的内外表面不得有裂纹、折叠、轧折、离层和结疤。若有缺陷必须完全清除，清除处应光滑，清除后的实际壁厚不得小于壁厚允许的最小值。

5.2.1.7.3 无缝钢管应由钢厂按GB/T 5777的规定逐根进行纵向和横向超声波探伤检验，应符合验收等级C5的规定。

5.2.2 缠绕层材料

5.2.2.1 树脂

5.2.2.1.1 浸渍材料可以是热固性或热塑性树脂。适合的基体材料有：环氧、改性环氧、聚脂和乙烯类热固性树脂和聚乙烯、聚酰胺热塑性树脂。

5.2.2.1.2 浸渍材料的性能和技术指标应符合相应的国家标准或行业标准的规定，并有质量合格证明书。

5.2.2.2 纤维

5.2.2.2.1 结构增强性的纤维材料类型应是玻璃纤维、芳纶纤维或碳纤维。

5.2.2.2.2 纤维材料应符合相应的国家标准或行业标准的规定，并有质量合格证明书。

5.2.2.2.3 如果采用碳纤维，设计上应采取防止缠绕气瓶金属部件产生电化学腐蚀的措施。

5.3 设计

5.3.1 一般规定

5.3.1.1 本标准不提供设计公式，但要求设计时进行适当的计算、分析和论证，以使缠绕气瓶能顺利地通过本标准所规定的材料、型式和批量等试验。

5.3.1.2 设计应保证缠绕气瓶在正常使用期间，由于承压部件质量退化而引起的失效模式为“未爆先漏”。如果金属内胆发生泄漏，只应是由于疲劳裂纹的扩展所致。

5.3.1.3 应对内胆材料的实测抗拉强度进行控制，热处理后内胆材料的最大抗拉强度不得超过880 MPa。设计时，内胆材料屈服强度的保证值应不超过抗拉强度保证值的90%。

5.3.1.4 缠绕气瓶水压试验压力 p_h 为公称工作压力 p 的1.5倍。

5.3.1.5 内胆最小设计爆破压力应为缠绕气瓶公称工作压力 p 的1.3倍。

5.3.1.6 缠绕气瓶最小设计爆破压力不应小于表3中的给定值。为保证在承受持续载荷和循环载荷条件下复合材料缠绕层的设计具有高度可靠性，纤维应力比应满足表3规定。

表 3 缠绕气瓶纤维应力比和最小设计爆破压力

纤维类型	纤维应力比	最小设计爆破压力/MPa
玻璃纤维	≥2.75	2.5p
芳纶纤维	≥2.35	2.35p
碳纤维	≥2.35	2.35p

5.3.1.7 应力分析

应采用能用于材料非线性分析的软件(专用计算机程序或有限元分析程序),建立计算复合材料力学性能的适当模型,对缠绕气瓶进行自紧压力、自紧后零压力、工作压力和最小设计爆破压力下的应力分析,确定缠绕层和内胆中的应力分布,纤维应力比应符合表 3 的规定。

5.3.2 端部结构

端部结构可采用半球形、椭圆形、碟形等凸形结构,允许缠绕气瓶在端部开瓶口,瓶口的中心线必须与缠绕气瓶的中心线一致。

5.3.3 瓶口螺纹应符合 GB 8335 的规定。瓶口的厚度,应能保证在承受紧阀的力偶矩和铆合颈圈的附加外力时不变形。

5.4 制造

5.4.1 内胆和缠绕气瓶制造应符合本标准规定,并应符合产品图样和有关技术文件的规定。

5.4.2 内胆一般采用下列制造方法:

a) 以钢坯为原料,经冲拔拉伸、收口制成;

b) 以无缝钢管为原料,经收底、收口制成。

5.4.3 内胆制造前应以材料的炉罐号对化学成分进行验证,分析方法按 GB/T 223 或 GB/T 4336 执行,结果应符合 5.2.1 要求。

5.4.4 内胆不允许进行焊接处理。

5.4.5 采用无缝钢管经收底制成的内胆应在收口前逐只进行底部密封性试验。

5.4.6 对内胆和缠绕气瓶的表面缺陷允许采用专用工具进行修磨。

5.4.7 制造应分批管理,内胆成品和缠绕气瓶成品均以不大于 200 只加上破坏性试验用内胆或缠绕气瓶数量为一个批。

5.4.8 热处理

5.4.8.1 内胆应通过连续加热炉进行整体热处理,热处理应按经评定合格的热处理工艺进行。淬火工艺可用油或水中加添加剂作为淬火介质。在水中加添加剂作为淬火介质时,内胆在介质中的冷却速度不应大于在 20 ℃水中冷却速度的 80%。

5.4.8.2 内胆热处理后应逐只进行无损检测。

5.4.9 缠绕气瓶制造前应对缠绕层材料按批进行确认,应符合 5.2.2 的要求。树脂的环氧当量应按 GB/T 4612 测定;纤维线密度(公制号数)应按 GB/T 7690.1 测定;纤维的断裂强力应按 GB/T 7690.3 或 GB/T 3362 测定。

5.4.10 缠绕和固化应按评定合格的工艺进行,并按 GB/T 19466.2 规定的方法对缠绕层复合材料进行玻璃化转变温度的测定。

5.4.11 应在缠绕气瓶水压试验前进行自紧处理。自紧压力应大于水压试验压力,且不大于按 5.3.1.7 计算的自紧压力的上限。

5.4.12 缠绕气瓶在水压试验后,应进行内表面处理。

5.4.13 瓶口螺纹的牙型、尺寸和公差,应符合 GB 8335 或相关标准的规定。

5.5 附件

5.5.1 瓶阀

5.5.1.1 瓶阀应有安全泄压装置，型式应为易熔合金塞和爆破片复合式结构。

5.5.1.2 爆破片的公称爆破压力为水压试验压力，允许偏差为$^{+10\%}_{-0}$；易熔塞的动作温度为 110 ℃±5 ℃，其余要求应符合相关标准的规定。

5.5.1.3 瓶阀上安全泄压装置的安全泄放量及泄放通径应按 GB 16918 进行设计计算，并应能保证缠绕气瓶在 6.2.10 所规定的火烧试验条件中安全泄压。

5.5.2 颈圈

如需装配，颈圈与瓶体的装配禁止用焊接方式。

5.5.3 瓶帽

如需装配，瓶帽宜采用可卸式结构。

5.5.4 采用螺纹连接的附件，其螺纹牙型、尺寸和公差应符合 GB 8335 或相关标准的规定。

6 试验方法

6.1 内胆

6.1.1 壁厚和制造公差

厚度应采用超声测厚仪测量，制造公差应采用标准的或专用的量具、样板进行检查。

6.1.2 底部密封性试验

采用适当的试验装置对内胆底部内表面中心区加压，加压面积至少应为内胆底部面积的 1/16，且加压区域直径至少为 20 mm，试验介质可为洁净的空气或氮气。加压到密封性试验压力后，至少应保压 1 min，保压期间在内胆底部外表面中心区涂刷肥皂液，观察是否有泄漏发生。

6.1.3 内、外观

目测检查，可借助于内窥灯或内窥镜检查内表面。

6.1.4 瓶口内螺纹

目测和用符合 GB/T 8336 标准或相应标准的量规检查。

6.1.5 内胆热处理后各项性能指标测定

6.1.5.1 取样

a) 取样部位见图 2 所示；

b) 试样应从筒体中部截取，采用实物扁试样；

c) 取样数量：拉伸试样 1 件，横向冲击试样 3 件，冷弯试样 4 件。

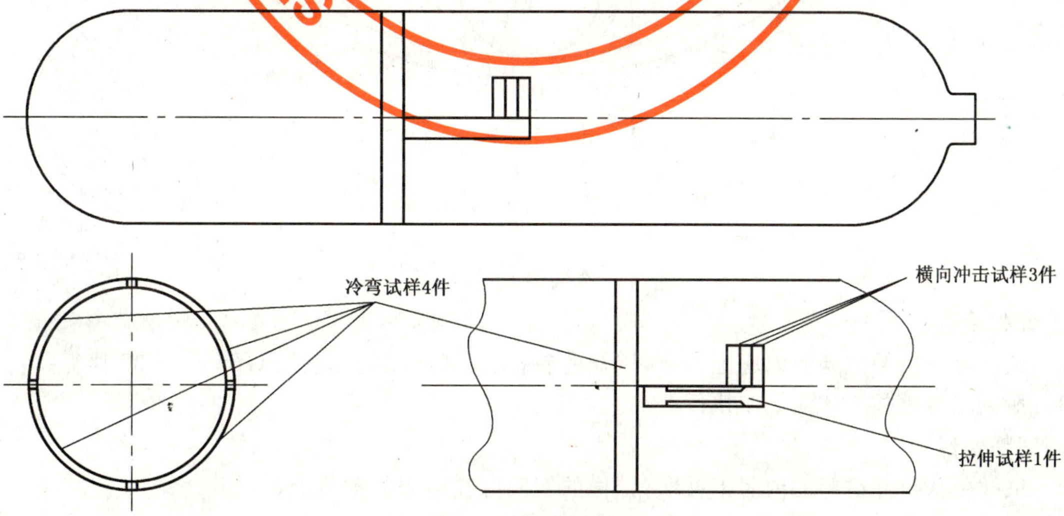

图 2 取样部位图

6.1.5.2 **拉伸试验**

a) 试验的测定项目包括:抗拉强度、屈服强度和断后伸长率;

b) 拉伸试样采用实物扁试样,试样制备形状见图 3;

c) 拉伸试样尺寸偏差和拉伸试验方法按 GB/T 228 执行。

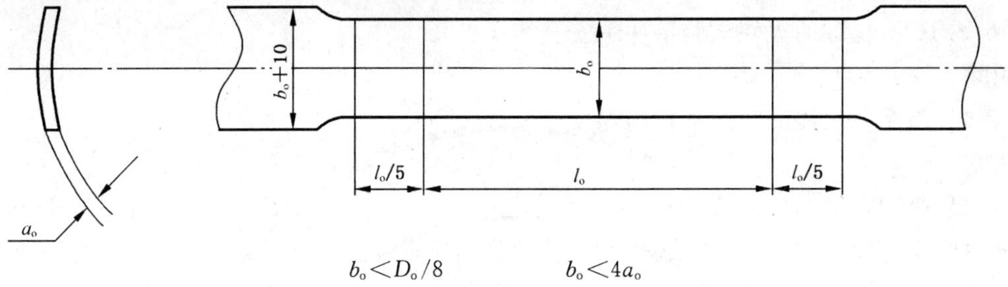

图 3 拉伸试样图

6.1.5.3 **冲击试验**

a) 规定以(3~5)mm×10 mm×55 mm、(5~7.5)mm×10 mm×55 mm 或(7.5~10)mm×10 mm×55 mm 带有 V 型缺口的横向试样作为标准试样;

b) 试样形状尺寸及偏差按 GB/T 229 执行;

c) 试验方法按 GB/T 229 执行。

6.1.5.4 **冷弯试验**

a) 圆环应从拉伸试验的内胆上用机械方法环向截取;

b) 圆环的宽度应为内胆壁厚的 4 倍,且不应少于 25 mm,将其等分成 4 条,任取 1 件试样进行冷弯试验,试验前应对该试样侧面进行加工,其表面粗糙度不应低于 12.5 μm,圆角半径应不大于 2 mm;

c) 试样制备和试验方法按 GB/T 232 执行,试样按图 4 进行弯曲。

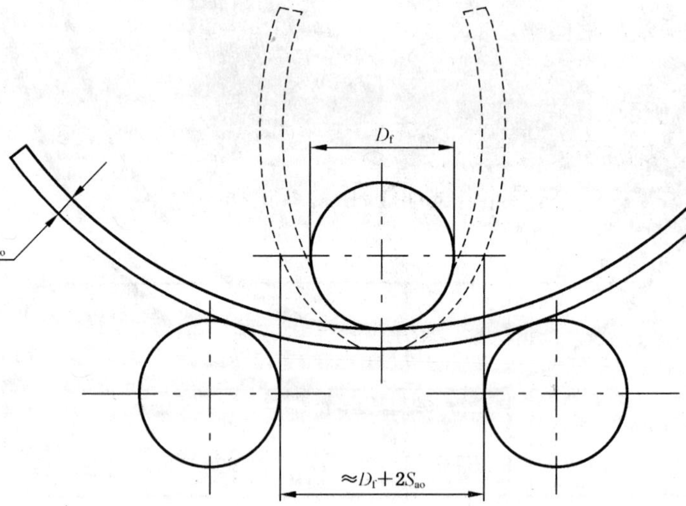

图 4 冷弯试验示意图

6.1.6 **金相检查**

a) 试样可从拉伸试验的内胆上截取,试样的制备、尺寸和试验方法按 GB/T 13298 执行;

b) 脱碳层深度按 GB/T 224 执行。

6.1.7 **底部解剖**

a) 试样可从拉伸试验的内胆上截取,试样的剖面应在内胆的轴线上;

b) 试样的高度尺寸应保证留有瓶体底部过度段以上的筒体部分;

c) 试验方法按 GB/T 226 执行。

6.1.8 无损检测

应采用自动超声检测，按附录 A 执行。

6.1.9 水压爆破试验

按 GB 15385 执行。

a) 管路中不应存有气体；

b) 升压速度应不大于 0.5 MPa/s；

c) 测出从开始到内胆爆破瞬间水的总压入量；

d) 自动绘制压力-时间和压力-进水量曲线。

6.2 缠绕气瓶

6.2.1 缠绕层力学性能

6.2.1.1 层间剪切强度

应采用按 GB/T 2578 规定制作的具有代表性的缠绕层的试样，试验有效试样数应不少于 3 个。

水煮沸 24 h 后，按 GB/T 1458 执行。

6.2.1.2 抗拉强度

应采用按 GB/T 2578 规定制作的具有代表性的缠绕层的试样，试验有效试样数应不少于 3 个。

按 GB/T 1458 执行。

6.2.2 缠绕层外观

目测检查。

6.2.3 水压试验

应采用外测法，试验方法按 GB/T 9251 执行。

6.2.4 水压爆破试验

按 GB 15385 执行。

a) 管路中不应存有气体；

b) 在超过设计压力 80%后的升压速度应不大于 1.4 MPa/s；如超过设计压力 80%后的升压速度大于 3.5 MPa/s，则应在设计的最小爆破压力下保压 5 s；

c) 测出从开始到缠绕气瓶爆破瞬间水的总压入量；

d) 自动绘制压力-时间或压力-进水量曲线。

6.2.5 气密性试验

按 GB/T 12137 执行。

6.2.6 常温压力循环试验

在常温条件下，按 GB/T 9252 进行压力循环试验。

a) 循环压力下限应不高于 2 MPa，循环压力上限应不低于缠绕气瓶的最大许用工作压力 p_m；

b) 压力循环速率不应超过每分钟 10 次。

6.2.7 极限温度压力循环试验

按如下步骤执行：

a) 将零压下的缠绕气瓶置于温度不低于 65 ℃、相对湿度不低于 95%的环境中 48 h。

b) 然后使缠绕气瓶在温度不低于 65 ℃、相对湿度不低于 95%的环境中按 GB/T 9252 进行压力循环试验，其中：

——循环压力下限应不高于 2 MPa，循环压力上限应不低于缠绕气瓶的最大许用工作压力 p_m；

——压力循环速率应不超过每分钟 10 次；

——压力循环至 7 500 次。

c） 再将缠绕气瓶置于低温环境中，测量并控制缠绕层外表面温度不高于－40 ℃。

d） 使缠绕气瓶在温度不高于－40 ℃的环境中按 GB/T 9252 进行压力循环试验，其中：

——循环压力下限应不高于 2 MPa，循环压力上限应不低于公称工作压力 p；

——压力循环速率不应超过每分钟 3 次；

——压力循环至 7 500 次。

e） 将缠绕气瓶按 6.2.4 规定进行水压爆破试验。

6.2.8 加速应力破裂试验

在温度不低于 65 ℃，缠绕气瓶加水压不低于最大许用工作压力 p_m 条件下，缠绕气瓶静置 1 000 h。然后按 6.2.4 规定进行水压爆破试验。

6.2.9 枪击试验

用 7.62 mm 的穿甲弹，穿透 1 只用压缩天然气或空气充压到公称工作压力 p 的缠绕气瓶。子弹应至少完全穿透缠绕气瓶的一侧瓶壁。子弹应以约 45°的角度射击瓶壁。

6.2.10 火烧试验

6.2.10.1 缠绕气瓶的放置

缠绕气瓶应水平放置，并使瓶体下侧在火源上方约 100 mm 处。应采用金属挡板防止火焰直接接触瓶阀和泄压装置。金属挡板不应直接接触泄压装置和瓶阀。

6.2.10.2 火源

火源长度 1.65 m，火焰分布均匀。在火源长度范围内，火焰应能触及缠绕气瓶下部及两侧的外表面。

6.2.10.3 温度和压力测量

至少用 3 只热电偶沿缠绕气瓶下侧均匀设置，以监控表面温度，其间隔距离不小于 0.75 m。

用金属挡板防止火焰直接接触热电偶，也可以将热电偶嵌入边长小于 25 mm 的金属块中。试验过程中，每间隔不大于 30 s 的时间，记录一次热电偶的温度和缠绕气瓶内的压力。

6.2.10.4 一般试验要求

用天然气或空气将缠绕气瓶加压到公称工作压力 p。

火烧试验时，应采取预防缠绕气瓶突然发生爆炸的措施。

点火后，火焰应迅速布满 1.65 m 的长度，并由缠绕气瓶的下部及两侧将其环绕。

点火后 5 min 内，至少应有 1 只热电偶指示温度达到 590 ℃，并在随后的试验过程中不得低于这一温度。

对于长度≤1.65 m 的缠绕气瓶，其中心位置应置于火源中心的上部。

对于长度＞1.65 m 的缠绕气瓶，按下列要求放置：

a） 如果缠绕气瓶的一端装有泄压装置，火源开始于缠绕气瓶的另一端。

b） 如果缠绕气瓶的两端都装有泄压装置，则火源应处于泄压装置间的中心位置。

c） 如果缠绕气瓶采用了绝热层附加保护，应在工作压力下进行两次火烧试验：一次是火源中心处于缠绕气瓶长度中间；另一次是用另外一只缠绕气瓶，使火源起始于缠绕气瓶两端中的一端。

6.2.11 裂纹容限试验

沿缠绕气瓶缠绕层外表面纵向方向加工两条缺陷，缺陷尺寸至少为：一条长度×深度为 25 mm×1.25 mm；另一条长度×深度为 200 mm×0.75 mm。然后按 GB/T 9252 进行压力循环试验。

a） 循环压力下限应不高于 2 MPa，循环压力上限应不低于缠绕气瓶的最大许用工作压力 p_m；

b） 压力循环速率应不超过每分钟 10 次；

c） 压力循环至缠绕气瓶失效或超过 15 000 次。

6.2.12 酸环境试验

用质量浓度为 30％的硫酸溶液（密度为：1.219 g/cm^3）浸渍在加水压至不低于缠绕气瓶的最大许

用工作压力 p_m 的缠绕气瓶缠绕层外表面 100 h，浸渍区域为 ϕ150 mm 直径范围。然后按 6.2.4 规定进行水压爆破试验。

6.2.13 未爆先漏试验

按 GB/T 9252 进行压力循环试验。

a) 循环压力下限应不高于 2 MPa，循环压力上限应不低于水压试验压力 p_h；

b) 压力循环速率应不超过每分钟 10 次；

c) 压力循环至缠绕气瓶失效或超过 45 000 次。

6.2.14 高温蠕变试验

在温度不低于 100 ℃，缠绕气瓶加水压至不低于最大许用工作压力 p_m 条件下，缠绕气瓶静置 200 h。然后按 6.2.3 和 6.2.4 规定进行水压试验和水压爆破试验。

7 检验规则

7.1 试验和检验判定依据

7.1.1 内胆

7.1.1.1 壁厚和制造公差

a) 壁厚偏差不应超过设计最小壁厚的 $^{+17\%}_{-\ 0}$；

b) 筒体外径偏差不应超过设计值的 ±1%；

c) 筒体的圆度在同一截面上测量其最大与最小外径之差不应超过该截面平均外径的 2%；

d) 筒体直线度不应超过瓶体长度的 2‰。

7.1.1.2 底部密封性试验

底部密封性试验压力为缠绕气瓶的公称工作压力 p，保压时间不少于 1 min，内胆底部不得有泄漏。

注：仅限结构型式 B，且采用钢管旋压收口成型的底部。

7.1.1.3 内、外观

a) 内胆筒体内、外表面应光滑圆整，不应有肉眼可见的裂纹、折叠、波浪、重皮、夹杂等影响强度的缺陷。对氧化皮脱落造成的局部圆滑凹陷和修磨后的轻微痕迹允许存在，但必须保证筒体设计壁厚。

b) 内胆端部内、外表面不应有肉眼可见的缩孔、皱褶、凸瘤和氧化皮，端部缺陷允许用机械加工方法清除，但必须保证端部设计厚度。

c) 内胆的端部与筒体必须圆滑过渡，肩部不允许有沟痕存在。

7.1.1.4 瓶口内螺纹

a) 螺纹的牙型、尺寸和公差应符合 GB 8335 或相关标准的规定；

b) 螺纹的螺距、牙型角、牙顶、牙底以及螺纹表面粗糙度应符合标准要求；

c) 自瓶口基面起有效螺距数不应少于 8 个螺距；

d) 螺纹基面位置的轴向变动量不应大于 1.5 mm。

7.1.1.5 内胆热处理后各项性能指标测定

7.1.1.5.1 内胆热处理后的力学性能值应符合表 4 要求。

表 4 内胆的力学性能

试验项目	热处理状态
	淬火后回火处理
实测屈强比 R_{ea}/R_m	≤0.92
实测抗拉强度 R_m/MPa	≥制造单位热处理后的保证值，且≤880 MPa

表 4（续）

试验项目		热处理状态		
		淬火后回火处理		
实测屈服强度 R_{ea}/MPa		≥制造单位热处理后的保证值		
断后伸长率 A/%		≥14		
冲击值 α_{kV}/(J/cm²)	试样宽度/mm	＞3～5	＞5～7.5	＞7.5～10
	试验温度/℃	−50		
	平均值	30	35	40
	单个试样最小值	24	28	32

7.1.1.5.2　冷弯试验

冷弯后的试样应无裂纹，弯心直径应符合表 5 规定。

表 5　冷弯试验弯心直径要求

实测抗拉强度 R_m/MPa	弯心直径 D_f
＞580～685	$4S_{ao}$
＞685～784	$5S_{ao}$
＞784～880	$6S_{ao}$

7.1.1.6　金相检查

a)　组织体应为回火索氏体；

b)　脱碳层深度：外壁不应超过 0.3 mm；内壁不应超过 0.25 mm。

7.1.1.7　底部解剖

经酸蚀后，断面试样上不应有肉眼可见的缩孔、气泡、未熔合、裂纹、夹层等缺陷。

注：仅限结构型式 B，且采用钢管旋压收口成型的底部。

7.1.1.8　无损检测

内胆热处理后按 6.1.8 进行无损检测，结果应符合附录 A 的要求。

7.1.1.9　水压爆破试验

a)　实测爆破压力不应低于内胆最小设计爆破压力；

b)　爆破后应无碎片，主破口起始点必须在筒体上；

c)　主破口应为塑性断裂，即断口边缘应有明显的剪切唇，断口上不应有明显的金属缺陷。

7.1.2　缠绕气瓶

7.1.2.1　缠绕层力学性能

7.1.2.1.1　缠绕层复合材料层间剪切强度 τ_s 不应低于 13.8 MPa。

7.1.2.1.2　缠绕层复合材料抗拉强度 σ_c 不应低于制造单位的保证值。

7.1.2.2　缠绕层外观

无白纱、纤维裸露、纤维断裂、树脂积瘤以及离层等缺陷。

7.1.2.3　水压试验

在水压试验压力下，保压时间不少于 30 s，压力表指针不应回降，瓶体不应泄漏或明显变形。泄压后容积残余变形率不应大于 5%。

水压试验报告中应包括缠绕气瓶实测水容积和质量，水容积和质量应保留一位小数。

例如：水容积或质量的实测值为：40.675；

水容积应表示为：40.6；

质量应表示为：40.7。

7.1.2.4 水压爆破试验

实测爆破压力不应低于最小设计爆破压力，破口的起始点应位于筒体部分。

7.1.2.5 气密性试验

气密性试验压力应为公称工作压力，保压时间不少于 1 min，瓶体、瓶阀和瓶体瓶阀连接处均不应泄漏。因装配而引起的泄漏现象，允许返修后重做试验。

7.1.2.6 常温压力循环试验

在按 6.2.6 规定压力循环至 15 000 次的过程中，瓶体不应泄漏或破裂。再加压循环至 45 000 次，允许泄漏失效，瓶体不得发生破裂。

注：对于结构型式 B，且采用钢管旋压收口成型的底部，在任何情况下其熔合部位不应泄漏。

7.1.2.7 极限温度压力循环试验

在按 6.2.7 规定进行加压循环过程中不应有纤维脱离、瓶体泄漏和破裂现象。

经极限温度压力循环后，其水压爆破压力不应低于 85% 的最小设计爆破压力。

7.1.2.8 加速应力破裂试验

按 6.2.8 规定进行加速应力破裂试验后，其水压爆破压力不应低于 85% 的最小设计爆破压力。

7.1.2.9 枪击试验

在按 6.2.9 规定枪击试验过程中，子弹至少穿过一侧瓶壁，瓶体不应破裂。

7.1.2.10 火烧试验

在按 6.2.10 规定进行火烧试验中，缠绕气瓶内气体应通过安全泄压装置泄放，且开始泄放压力应不小于缠绕气瓶的最大许用工作压力 p_m，缠绕气瓶不应发生爆炸。

7.1.2.11 裂纹容限试验

带规定缺陷的缠绕气瓶在按 6.2.11 规定先进行压力循环至 3 000 次的过程中，瓶体不应泄漏。再进行压力循环 12 000 次，允许泄漏失效，但不允许破裂。

7.1.2.12 酸环境试验

按 6.2.12 规定经酸环境试验后，其水压爆破压力不应低于 85% 的最小设计爆破压力。

7.1.2.13 未爆先漏试验

按 6.2.13 规定压力循环至瓶体泄漏失效，或压力循环超过 45 000 次。瓶体不得发生爆破。

注：对于结构型式 B，且采用钢管旋压收口成型的底部，在任何情况下其熔合部位不应泄漏。

7.1.2.14 高温蠕变试验

在按 6.2.14 规定进行高温蠕变后，其水压试验和爆破试验应分别符合 7.1.2.3 和 7.1.2.4 规定。

注：当玻璃化转变温度超过 102 ℃时，不需做此项试验。

7.2 型式试验

7.2.1 新设计的缠绕气瓶应按表 6 规定项目进行型式试验，型式试验的内胆及缠绕气瓶应具有代表性。若型式试验不合格，则不得投入批量生产，不得投入使用。

7.2.2 型式试验所需内胆的数量为：内胆热处理后各项性能指标测定 1 只；水压爆破试验 1 只。

7.2.3 型式试验所需缠绕气瓶的数量为：水压爆破试验 3 只；常温压力循环试验 2 只；未爆先漏试验 3 只；火烧试验 1 只；枪击试验 1 只；酸环境试验 1 只；裂纹容限试验 1 只；加速应力破裂试验 1 只；极限温度压力循环试验 1 只；高温蠕变试验 1 只(如需要)。

7.2.4 所有进行型式试验的内胆和缠绕气瓶在试验后都应进行销毁处理。

7.3 设计变更

设计变更允许减少型式试验项目。设计变更除应按表 6 规定项目进行批量试验和逐只检验外，还应按表 7 规定的项目重新进行型式试验。相对于设计原型进行了表 7 规定试验项目的气瓶，如果其长度减少小于等于 50%，则不需要重新进行型式试验；长度减少大于 50% 时，应按表 7 的规定增加相应的型式试验。除了长度变化以外的其他任何变化，均须针对设计原型重新进行型式试验。

7.4 批量试验

7.4.1 批量试验项目应按表6规定。

表6 试验和检验项目

项目名称		型式试验	出厂检验		试验和检验方法	判定依据
			批量试验	逐只检验		
内胆	壁厚	√		√	6.1.1	7.1.1.1
	制造公差	√		√	6.1.1	7.1.1.1
	底部密封性试验[a]	√		√	6.1.2	7.1.1.2
	内、外观	√		√	6.1.3	7.1.1.3
	瓶口内螺纹	√		√	6.1.4	7.1.1.4
	拉伸试验	√	√		6.1.5.2	7.1.1.5.1
	冲击试验	√	√		6.1.5.3	7.1.1.5.1
	冷弯试验	√	√		6.1.5.4	7.1.1.5.2
	金相检查	√	√		6.1.6	7.1.1.6
	底部解剖[a]	√	√		6.1.7	7.1.1.7
	无损检测	√		√	6.1.8	7.1.1.8
	水压爆破试验	√	√		6.1.9	7.1.1.9
缠绕气瓶	缠绕层层间剪切强度	√	√		6.2.1.1	7.1.2.1.1
	缠绕层抗拉强度	√	√		6.2.1.2	7.1.2.1.2
	缠绕层外观	√		√	6.2.2	7.1.2.2
	水压试验	√		√	6.2.3	7.1.2.3
	水压爆破试验	√	√		6.2.4	7.1.2.4
	气密性试验	√		√	6.2.5	7.1.2.5
	常温压力循环试验	√	√		6.2.6	7.1.2.6
	极限温度压力循环试验	√			6.2.7	7.1.2.7
	加速应力破裂试验	√			6.2.8	7.1.2.8
	枪击试验	√			6.2.9	7.1.2.9
	火烧试验	√			6.2.10	7.1.2.10
	裂纹容陷试验	√			6.2.11	7.1.2.11
	酸环境试验	√			6.2.12	7.1.2.12
	未爆先漏试验	√			6.2.13	7.1.2.13
	高温蠕变试验[b]	√			6.2.14	7.1.2.14

[a] 仅限于结构型式B，且采用钢管旋压收口成型的底部。

[b] 复合材料的玻璃化转变温度高于102 ℃时，可不进行此项试验。

7.4.2 批量试验所需内胆的数量为：内胆热处理后各项性能指标测定1只；水压爆破试验1只。

7.4.3 批量试验所需缠绕气瓶的数量为：水压爆破试验1只；常温压力循环试验1只。

7.4.4 常温压力循环试验频率

a) 初次，每批取1只缠绕气瓶，压力循环的总次数为不少于15 000次；

b) 如果连续 10 个生产批属同一设计族(即相似的材料和工艺,符合设计变更的限定条件,见 7.3),且压力循环试验的缠绕气瓶在上述 a)试验中,达到至少 22 500 次压力次循环后仍不产生泄漏或破裂,则压力循环可以减少到每 5 个生产批抽取 1 只缠绕气瓶;

c) 如果连续 10 个生产批属于同一设计族,且压力循环试验的缠绕气瓶在上述 a)试验中达到至少 30 000 次压力循环仍不产生泄漏或破裂,则压力循环试验可以减少到每 10 个生产批抽取 1 只缠绕气瓶;

d) 从最后一次压力循环试验起,中断超过 3 个月即失效;然后应从下一个生产批中抽取 1 只缠绕气瓶作压力循环试验,以保持上述 b)或 c)的减少的试验频率;

e) 如果减少了频率的试验 b)或 c)不符合要求的压力循环的次数(分别为 22 500 次和 30 000 次),则有必要重复 a)的批压力循环试验频率,至少为 10 个批,以重新建立 b)或 c)的减少的批压力循环试验频率。

如果缠绕气瓶在上述 a)、b)或 c)试验中,不能满足至少 15 000 次的要求,则应按 7.7 的程序处理,找出失效原因并纠正。然后再从该批中抽取 3 只缠绕气瓶,重复进行压力循环试验。如其中任 1 只缠绕气瓶未达到 15 000 次,则该批缠绕气瓶应报废。

表 7 设计变更需重新进行型式试验的试验项目

设计变更	试验项目								
	水压爆破试验	极限温度压力循环试验	常温压力循环试验	火烧试验	枪击试验	酸环境试验	裂纹容限试验	加速应力破裂试验	高温蠕变试验[a]
纤维材料制造厂	√	√	√					√	√
内胆材料	√	√	√	√	√	√	√	√	√
纤维材料	√	√	√	√	√	√	√	√	√
树脂材料		√			√	√	√	√	√
直径变化≤20%	√		√						
直径变化>20%	√	√	√	√	√		√		
长度变化≤50%				√[b]					
长度变化>50%	√		√	√[b]					
工作压力变化≤20%[c]	√		√						
端部结构	√		√						
瓶口螺纹尺寸	√		√						
保护层		√				√			
制造工艺	√		√						
瓶阀				√					

[a] 树脂玻璃化转变温度低于 102 ℃时,应进行此项试验。

[b] 仅限长度增加时。

[c] 仅限壁厚变化与压力变化成比例时。

7.5 逐只检验

对同一批次生产的每只缠绕气瓶或内胆均应进行逐只检验,检验项目按表 6 规定。

7.6 抽样规则

随机抽样进行,能代表成品缠绕气瓶或内胆性能的同批试样也可使用。

7.7 复验规则

如果试验结果不合格，按下列规定进行处理：

a) 如果不合格是由于试验操作异常或测量误差所造成，则应重新试验；如重新试验结果合格，则首次试验无效。

b) 如果试验操作正确，应找出试验不合格的原因：

1) 如确认不合格是由于热处理造成的，允许对所涉及的所有缠绕气瓶内胆重复热处理，但重复热处理次数不得多于两次；重新热处理的内胆应保证设计壁厚；经重复热处理的内胆应作为新批重新进行批量检验。

2) 如果不合格是由于热处理之外的原因造成的，则所有不合格的缠绕气瓶应报废。

8 标志、涂敷、包装、运输、储存

8.1 标志

8.1.1 内胆的材料移植号、热处理批号应永久性标记在瓶胆的口部或端部。

8.1.2 应对每只缠绕气瓶作清晰的永久性标记，字高不小于 8 mm，标记可在缠绕气瓶瓶肩部分打钢印标记或使用植入树脂层内的标签。

8.1.3 缠绕气瓶的标记项目应至少包括下列内容：

a) 制造单位名称或代号；

b) 缠绕气瓶编号；

c) 产品标准号；

d) 公称工作压力，MPa；

e) 充装介质名称；

f) 缠绕气瓶公称水容积，L；

g) 缠绕气瓶的制造年月。

8.1.4 标记必须明显、完整、清晰。

8.2 涂敷

8.2.1 缠绕气瓶在涂敷前，应清除其外表面的油污、锈蚀等杂物，且在干燥条件下涂敷。

8.2.2 涂层应均匀牢固，不得有气泡、漆痕、龟裂纹和剥落等缺陷。

8.3 包装

8.3.1 根据用户需要，如不带瓶阀出厂，则瓶口应采取可靠措施加以密封，以防止沾污。

8.3.2 应采取保护缠绕层和瓶阀的有效措施。

8.4 运输

8.4.1 缠绕气瓶的运输应符合运输部门的有关规定。

8.4.2 缠绕气瓶在运输和装卸过程中，应防止碰撞、受潮和损坏附件，尤其要防止缠绕层的划伤。

8.5 储存

缠绕气瓶应分类存放整齐。出厂前如储存六个月以上，则应采取可靠的防潮措施。

9 产品合格证、产品使用说明书和批量检验质量证明书

9.1 产品合格证

9.1.1 出厂的每只缠绕气瓶均应附有产品合格证，且应向用户提供产品使用说明书。

9.1.2 出厂产品合格证应至少包含以下内容：

a) 制造单位的名称；

b) 缠绕气瓶编号；

c) 水压试验压力；

d） 公称工作压力；

e） 气密性试验压力；

f） 内胆材料名称或牌号；

g） 纤维材料名称或牌号；

h） 树脂材料名称或牌号；

i） 实测空瓶质量(不含瓶阀、瓶帽)；

j） 实测水容积；

k） 出厂检验标记；

l） 制造年月；

m） 定期检验周期；

n） 产品标准号；

o） 缠绕气瓶的设计使用寿命(年)；

p） 制造单位制造许可证编号。

9.2 产品使用说明书

应至少包含以下内容：

a） 充装介质；

b） 公称工作压力；

c） 定期检验周期；

d） 设计使用寿命；

e） 产品的维护；

f） 安装使用注意事项。

9.3 批量检验质量证明书

9.3.1 批量检验质量证明书的内容，应包括本标准规定的批量检验项目，可参考附录B。

9.3.2 出厂的每批缠绕气瓶，均应附有批量检验质量证明书。该批缠绕气瓶有一个以上用户时，所有用户均应有批量检验证明书的复印件。

9.3.3 缠绕气瓶制造单位应妥善保存缠绕气瓶的检验记录和批量检验质量证明书的复印件(或正本)，保存时间不应少于15年。

附 录 A
（规范性附录）
超 声 检 测

A.1 范围

本附录规定了钢质内胆的超声检测方法。其他能够证明适用于钢质内胆制造工艺的超声检测技术也可以采用。

A.2 一般要求

A.2.1 超声检测设备应能实现对内胆筒体的自动检测，并至少能够检测到 A.4.2 规定的对比样管的人工缺陷，还应能够按照工艺要求正常工作并保证其精度。设备应有质量合格证书或检定认可证书。

A.2.2 从事超声检测人员都应按照《特种设备无损检测人员考核与监督管理规则》的要求取得超声检测资格；超声检测设备的操作人员应至少具有Ⅰ(初)级超声检测资格证书；签发检测报告的人员应至少具有Ⅱ(中)级超声检测资格证书。

A.2.3 待测内胆的内、外表面的都应达到能够进行准确的超声检测并可进行重复检测的条件。

A.2.4 应采用脉冲反射式超声检测，耦合方式可以采用接触法或浸液法。

A.3 检测方法

A.3.1 一般应使超声检测探头对内胆侧壁进行螺旋式扫查。探头扫查移动速率应均匀，变化在±10%以内。螺旋间距应小于探头的扫描宽度（至少应有 10%的重叠），保证在螺旋式扫查过程中实现100%检测。

A.3.2 应能检测到内胆侧壁纵向和横向缺陷。检测纵向缺陷时，声束在内胆侧壁内沿环向传播；检测横向缺陷时，声束在内胆侧壁内沿轴向传播；纵向和横向检测都应在内胆侧壁两个方向上进行。

A.3.3 对于内胆筒体与肩部或底部之间的环壳部位应在底部方向进行横向缺陷扫查。需检测部位，见图 A.1。在这个较厚部位，为检测到 5%壁厚的缺陷，超声灵敏度设置成＋6 dB。在这种情况下，或当检测内胆筒体与肩部或底部的环壳部位时，如果不能用自动检测，可以采用手工检测。

A.3.4 在超声检测每个班次的开始和结束时都应用对比样管校验设备。如果校验过程中设备未能检测到对比样管人工缺陷，则在上次设备校验后检测的所有合格内胆都应在设备校验合格后重新进行检测。

A.4 对比样管

A.4.1 应准备适当长度的对比样管，对比样管应与待测内胆具有相似的直径和壁厚范围、相同声学性能的材料。对比样管不得有影响人工缺陷的自然缺陷。

A.4.2 应在对比样管内外表面加工纵向和横向人工缺陷，这些人工缺陷应适当分开距离以便每个人工缺陷都能够清晰的识别。

A.4.3 人工缺陷尺寸和形状（见图 A.2 和图 A.3）应符合下列要求：

a) 人工缺陷长度 E 应不大于 50 mm

b) 人工缺陷宽度 W 应不大于 2 倍深度 T，当不能满足时可以取宽度 W 为 1.0 mm；

c) 人工缺陷深度 T 应等于钢瓶筒体设计壁厚 S 的 5%±0.75%，且深度 T 最小为 0.2 mm，最大为 1 mm，两端允许圆角；

d) 人工缺陷内部边缘应锐利，除了采用电蚀法加工，横截面应为矩形；采用电蚀法加工时，允许人工缺陷底部略呈圆形。

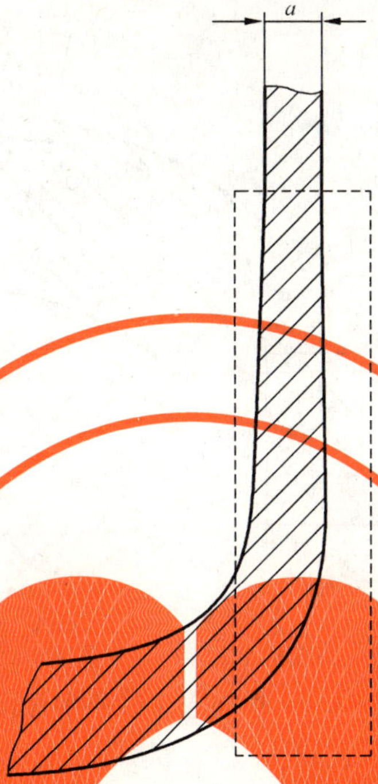

图 A.1 筒体/瓶底过渡区

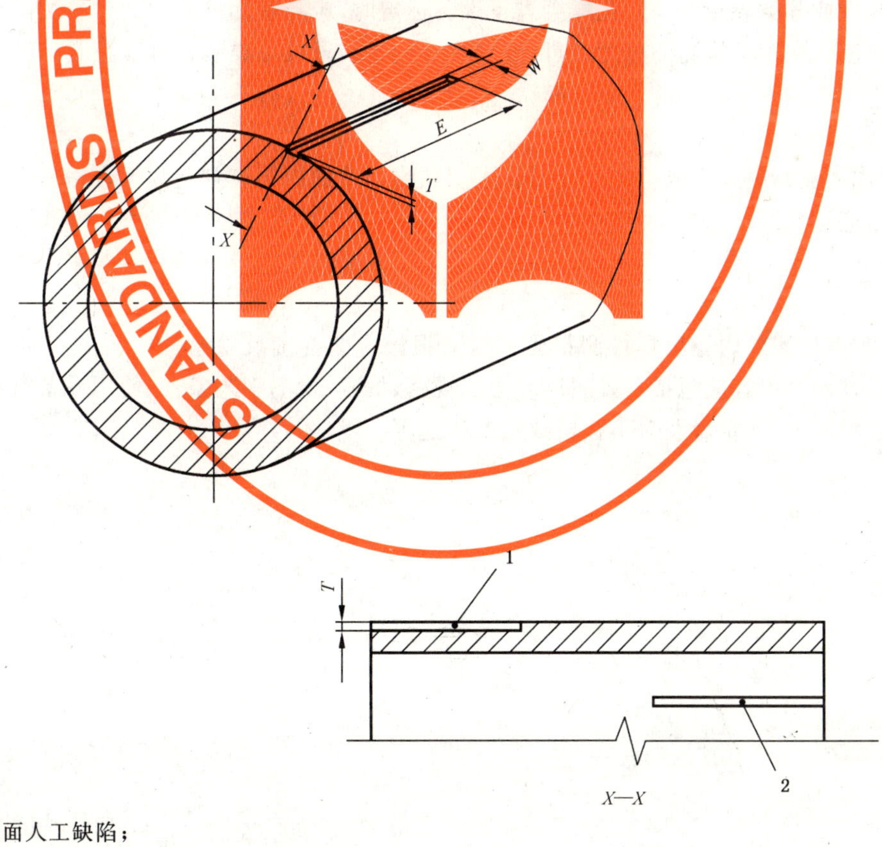

1——外表面人工缺陷；

2——内表面人工缺陷。

注：$T=(5\pm0.75)\%S$，且 $0.2\ \text{mm}\leqslant T\leqslant1.0\ \text{mm}$；$W\leqslant2T$，当不能满足时可取 $W=1.0\ \text{mm}$；$E\leqslant50\ \text{mm}$。

图 A.2 纵向人工缺陷示意图

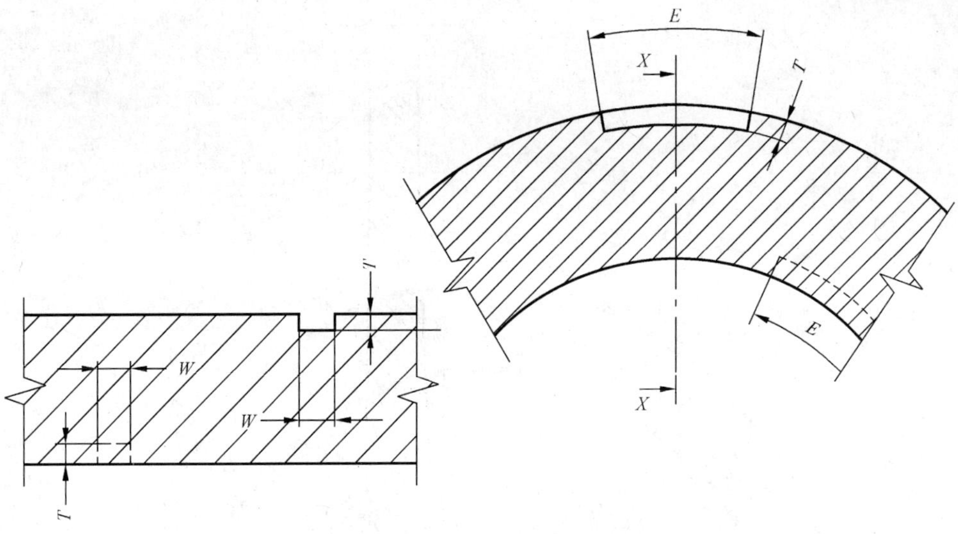

注：$T=(5\pm0.75)\%S$，且 0.2 mm$\leqslant T \leqslant$1.0 mm；$W\leqslant 2T$，当不能满足时可取 $W=1.0$ mm；$E\leqslant$50 mm。

图 A.3 横向人工缺陷示意图

A.5 设备标定

应用 A.4 规定的对比样管，调整设备能够从对比样管的内外表面对人工缺陷产生清晰的回波，回波的幅度应尽量一致。人工缺陷回波的最小幅度应作为钢瓶超声检测时的不合格标准，同时设置好回波观察、记录装置或分类装置。用对比样管进行设备标定时，应与实际检测内胆时采用同样的扫查移动方式、方向和速度。在正常检测的速度时，回波观察、记录装置或分类装置都应正常运转。

A.6 结果评定

检测过程中回波幅度大于或等于对比样管人工缺陷回波的内胆应判定为不合格。内胆表面缺陷允许清除；清除后应重新进行超声检测和壁厚检测。

A.7 检测报告

应对进行超声检测的内胆出具检测报告。检测报告应能准确反映检测过程并符合检测工艺的要求，具有可追踪性。其内容应包括：检测日期、内胆规格、批号、检测工艺条件、使用设备、检测数量、合格数和不合格数、检测者、评定者及对不合格缺陷的描述等。

附 录 B
（资料性附录）
车用压缩天然气钢质内胆环向缠绕气瓶批量检验质量证明书

缠绕气瓶型号：＿＿＿＿＿＿＿＿＿＿ 盛装介质：＿＿＿＿＿＿＿＿＿＿

制造许可证编号：＿＿＿＿＿＿＿＿＿＿ 制造单位：＿＿＿＿＿＿＿＿＿＿

生产批号：＿＿＿＿＿＿＿＿＿＿ 制造日期：＿＿＿＿＿＿＿＿＿＿

产品标准代号：＿＿＿＿＿＿＿＿＿＿ 产品图号：＿＿＿＿＿＿＿＿＿＿

本批缠绕气瓶共＿＿＿＿＿＿只，编号从＿＿＿＿＿＿号至＿＿＿＿＿＿号

注：本批合格缠绕气瓶中不包含下列瓶号：

B.1 主要技术数据

公称工作压力/MPa		水压试验压力/MPa	
公称水容积/L		气密性试验压力/MPa	
内胆公称直径/mm			

B.2 主体材料

类　　别	名称或牌号	规格或型号
内胆材料		
纤维材料		
树脂材料		

B.3 内胆材料化学成分

元素名称	C	Si	Mn	Cr	Mo	S	P	S+P	Cu
合格标准/%	≤0.37	0.15～0.37	0.40～0.90	0.80～1.20	0.15～0.35	≤0.020	≤0.020	≤0.030	≤0.20
实际含量/%									

B.4 力学性能

B.4.1 内胆材料

检验项目	抗拉强度 R_m/MPa	屈服强度 R_{ea}/MPa	断后伸长率 A/%	冲击值 α_{kV}/(J/cm^2)	冷弯(180°)
合格标准					合格
实测结果					

B.4.2 纤维/树脂复合材料

检验项目	抗拉强度 σ_c/MPa	层间剪切强度 τ_s/MPa
合格标准		
实测结果		

B.5 内胆金相检查

显微组织	脱碳层深度	
	外壁	内壁
回火索氏体		

B.6 内胆端部解剖检查

结构形状尺寸符合图纸要求,低倍组织合格。

B.7 水压爆破试验

B.7.1 内胆

编号:__________ 爆破压力:__________ 爆破口:塑性变形,无碎片。

B.7.2 缠绕气瓶

编号:__________ 爆破压力:__________

B.8 常温压力循环试验

缠绕气瓶编号:________ 循环压力上限:________ 循环压力下限:________

试验结果:常温加压循环至______次,瓶体无泄漏或爆破。

该批产品经检查和试验符合 GB 24160—2009 标准的要求,是合格产品。

监督检验单位(盖章): 制造单位(检验专用章):

监督检验员: 检验负责人:

年 月 日 年 月 日

ICS 23.020.30
J 76

中华人民共和国国家标准

GB 24161—2009

呼吸器用复合气瓶定期检验与评定

Periodic inspection and evaluation of composite cylinders for breathing apparatus

2009-06-25 发布　　2010-01-01 实施

中华人民共和国国家质量监督检验检疫总局
中国国家标准化管理委员会　发布

前　言

本标准的全部技术内容为强制性。

本标准参考了ISO 11623《纤维复合气瓶定期检验和测试》及美国压缩气体协会CGA C-6.2《纤维增加高压气瓶外观检查与评定》的部分内容。

本标准的附录A、附录B、附录C、附录D、附录E和附录F均为资料性附录。

本标准由全国气瓶标准化技术委员会(SAC/TC 31)提出并归口。

本标准起草单位:上海依格安全装备有限公司、大连市锅炉压力容器检验研究所、抚顺市锅炉压力容器检验研究所、山西虹安科技有限公司。

本标准主要起草人:干鹤翱、胡军、郭魁文、刘守正、李新文。

呼吸器用复合气瓶定期检验与评定

1 范围

本标准规定了呼吸器用碳纤维全缠绕铝合金内胆复合气瓶(以下简称:复合气瓶)定期检验与评定的基本方法和技术要求。

本标准适用于公称水容积不大于12 L、公称工作压力不大于30 MPa、用于充装呼吸气体、使用温度范围为-40 ℃~60 ℃并可重复充气的移动式复合气瓶。

本标准不适用于车用复合气瓶。

2 规范性引用文件

下列文件中的条款通过本标准的引用而成为本标准的条款。凡是注日期的引用文件,其随后所有的修改单(不包括勘误的内容)或修订版均不适用于本标准,然而,鼓励根据本标准达成协议的各方研究是否可使用这些文件的最新版本。凡是不注日期的引用文件,其最新版本适用于本标准。

GB/T 970.1 圆板牙 第1部分:圆板牙和圆板牙架的型式和尺寸(GB/T 970.1—2008,ISO 2568:1988,MOD)

GB/T 3464.1 机用和手用丝锥 第1部分:通用柄机用和手用丝锥(GB/T 3464.1—2007;ISO 529:1993,MOD)

GB/T 3934 普通螺纹量规 技术条件(GB/T 3934—2003,ISO 1502:1996,MOD)

GB/T 9251 气瓶水压试验方法

GB 12135 气瓶定期检验站技术条件

GB/T 12137 气瓶气密性试验方法

GB/T 13005 气瓶术语

GB 15382 气瓶阀通用技术条件

TSG Z7001 特种设备检验检测机构核准规则

气瓶安全监察规程

3 术语和定义

GB/T 13005确立的以及下列术语和定义适用于本标准。

3.1

呼吸器用碳纤维全缠绕铝合金内胆复合气瓶 full wrapped carban fibre reinforced composite cylinders with aluminum alloy liners for breathing apparatus

以铝合金材料为内胆,其外部采用浸渍树脂的连续碳纤维沿环向和纵向缠绕并固化作为承载层的复合气瓶。

3.2

磨损 abrasion damage

复合气瓶表面与其他粗糙物体反复磨擦而引起的一种表面损伤。表现为复合气瓶表面粗糙以及保护层或缠绕层厚度的减少等。

3.3

分层 delamination

撞击引起的缠绕层纤维束之间的分离、纤维束本身的分离或缠绕层与金属内胆外表面之间的分离。表现为发白的斑痕、表层下有中空的迹象等。

3.4

撞击损伤　impact damage

由于跌落或钝物击打而造成的缠绕层的裂纹、分层或划伤以及金属内胆变形等。

3.5

气瓶容积弹性变形量　EE,elastic expansion

气瓶容积实测的最大变形量减去残余变形量。

3.6

规定的气瓶容积弹性变形量　REE,rejection elastic expansion

1.1倍的批平均弹性变形量,标在气瓶标记中。

4　检验机构、检验周期与检验项目

4.1　检验机构

4.1.1　进行复合气瓶定期检验的检验机构,应具备符合GB 12135要求的条件,并按TSG Z7001经国家特种设备安全监督管理部门核准。

4.1.2　检验机构必须配备测试复合气瓶性能指标的专用试验仪器和设备:如气瓶内窥灯、低倍放大镜、电子天平、能塞入复合气瓶的内窥镜、直角尺、米尺、测深仪、符合GB/T 3934的M18×15-6H螺纹塞规、M18×1.5-6h螺纹环规或符合相应标准、与瓶阀螺纹相适应的其他规格螺纹塞规、螺纹环规等。

4.2　检验周期

4.2.1　复合气瓶的定期检验周期一般每三年检验一次。

4.2.2　在使用过程中,若发现复合气瓶有严重腐蚀、损伤或对其安全可靠性有怀疑时,应提前进行检验。

4.2.3　库存或停用时间超过一个检验周期的复合气瓶,启用前应进行检验。

4.3　检验项目

复合气瓶定期检验项目包括外观检查、内部检查、瓶口检查、水压试验、内部干燥、瓶阀检验和气密性试验。

5　检验准备

5.1　记录

5.1.1　逐只检查、登记复合气瓶制造标记和检验标记。并在《复合气瓶外观检查评估表》(见附录A)上详细记录如下内容:气瓶使用单位、检验日期、气瓶编号、气瓶水容积、公称工作压力、制造日期、水压试验日期、螺纹规格等。

5.1.2　对未取得国家特种设备安全监督管理部门制造许可的制造企业生产的复合气瓶、制造标记和检验标记模糊不清或关键项目不全又无据可查的复合气瓶登记后不予检验,按报废处理。

5.1.3　对超过设计使用年限的复合气瓶登记后不予检验,按报废处理。

5.1.4　对提前送检的复合气瓶,应查明原因,并作好记录。

5.2　复合气瓶内介质应为空气、氧气或氮氧混合气,对于瓶内介质不明、瓶阀无法开启的气瓶,应与待检瓶分别存放以待另行妥善处理。对于充装氧气的气瓶,试验时应严格禁油或试验后做脱脂处理。

5.3　气瓶阀拆除

如果复合气瓶内有压缩气体,应缓慢打开气瓶阀,进行放气,直至确认瓶内气体压力与环境压力一致时,将复合气瓶放在气瓶夹具上夹紧,用适当的方法卸下气瓶阀。

5.4　复合气瓶内外表面清洗

可用中性的清洗剂和水温不超过60℃的洁净水清洗复合气瓶内外表面的污垢、腐蚀物、疏松的表面保护层等有碍表面检查的杂物。

5.5 复合气瓶外部清理

检验人员应能看到整个复合气瓶的外表面情况。如果粘贴物掩盖了复合气瓶的损伤或可疑的损伤，应去除粘贴物。可疑损伤的迹象包括：标牌或粘贴物有划痕、明显的受冲击痕迹、机油等。有些粘贴物在水中会膨胀或吸水影响测试结果，必须清除。

5.6 复合气瓶内部清理

5.6.1 清除复合气瓶内部的任何杂物。

5.6.2 检查从复合气瓶中取出的所有杂物并记录在《复合气瓶外观检查评估表》中。

6 外观检查与评定

6.1 在水压试验前应进行外观检查，并在《复合气瓶外观检查评估表》中记录检查结果。

6.2 损伤程度分级

损伤程度分为三级：

一级损伤：指轻微的损伤，如保护层磨损或少量的玻璃纤维磨损、细微划伤和不明显的撞击痕迹。此类损伤不会对复合气瓶的安全性和继续使用产生不良影响，是正常和容许的，可继续使用（如图 F.2、图 F.5、图 F.7 和图 F.10）。

二级损伤：指磨损、划伤等比一级损伤更大的损伤，如图 F.3 所示的磨损。此类损伤应进行修补，修补后进行水压试验。如果水压试验时保护层修补处出现明显鼓包或脱落的复合气瓶应报废。

三级损伤：指超过二级损伤的磨损、划伤以及复合气瓶受撞击损伤或热损伤引起的结构损坏、化学品腐蚀损伤。此类损伤的复合气瓶应报废（如图 F.1、图 F.4、图 F.6、图 F.8、图 F.9 和图 F.11）。

6.3 判别标准

6.3.1 磨损

一级：深度小于 0.25 mm（如图 F.2）。

二级：深度大于 0.25 mm，达到玻璃纤维层，但碳纤维层未受损伤（如图 F.3）。

三级：超过二级损伤程度、碳纤维层受损伤（如图 F.4）。

6.3.2 划伤

一级：不管数量或方向，深度小于 0.25 mm（如图 F.5）。

二级：深度大于 0.25 mm，达到玻璃纤维层，但碳纤维层未受损伤。

三级：超过二级损伤程度、碳纤维层已暴露或已损伤（如图 F.6）。

6.3.3 撞击损伤

一级：玻璃纤维层出现白斑或出现面积不大于 50 mm^2 的分层（如图 F.7）。

二级：玻璃纤维外露，但碳纤维层未受损伤。

三级：表面产生面积较大的分层，碳纤维层暴露或复合气瓶的结构变形（如图 F.8 和图 F.9）。

6.3.4 分层

一级：发白斑痕局限于玻璃纤维层表面，且其面积不大于 50 mm^2。

二级：发白斑痕深度大于 0.25 mm，但碳纤维层未受损伤。

三级：超过二级损伤程度、碳纤维层已损伤。

6.3.5 结构损伤

三级：复合气瓶的原始结构发生改变，如复合气瓶圆弧面或筒体出现任何凹进、凸出的现象；内部目检显示金属内胆变形；与气瓶阀连接部分显现出扭曲变形等（如图 F.9）。

6.3.6 热损伤

一级：仅保护层被烟熏黑，可对外表面进行清洗处理（如图 F.10）。

三级:复合气瓶局部鼓包,碳纤维层有明显的热损伤、外形发生变形,金属内胆变形等(如图 F.11)。

6.3.7 化学品腐蚀损伤

三级:缠绕层受化学品的腐蚀损伤,应检查复合气瓶的外表面是否有化学品腐蚀的痕迹。如缠绕层部分变色、有污点或树脂发黏、不明化学品残留在复合气瓶的内外表面等(如 F.1)。

7 内部检查与评定

7.1 逐只检查复合气瓶内部对安全使用有影响的缺陷,凡属下列情况之一的受检瓶,按报废处理:

a) 在内表面有裂纹的复合气瓶;

b) 在内部有线性变形的复合气瓶;

c) 点腐蚀凹坑的估计深度大于 0.7 mm 的复合气瓶;

d) 线状腐蚀凹坑的估计深度大于 0.5 mm 的复合气瓶;

e) 分散性点腐蚀凹坑的估计深度大于 0.5 mm 的复合气瓶。

7.2 在《复合气瓶外观检查评估表》中记录上述缺陷存在的位置和检验结果。

8 瓶口检查与评定

8.1 取下密封圈,用肉眼或低倍放大镜逐只检查瓶口端面、密封圈的环槽和瓶口螺纹。凡属下列情况之一待试瓶,按报废处理:

a) 瓶口端面有裂纹的复合气瓶;

b) 密封圈的环槽有裂纹、凹坑等损伤的复合气瓶;

c) 从瓶口开始计数,连续有效螺纹数少于 12 牙的复合气瓶;

d) 有效螺纹中有裂纹或裂纹性缺陷的复合气瓶;

e) 有效螺纹中有超过 2 牙的缺口,且缺口长度已超过圆周的 1/5,深度已超过牙高的 1/3 的复合气瓶;

f) 缺口使有效螺纹数目少于 12 牙的复合气瓶。

8.2 瓶口螺纹的修复

瓶口螺纹存在轻度腐蚀、划伤和毛刺,可用符合 GB/T 3464.1 的 M18×1.5-6H 丝锥进行修复,然后用符合 GB/T 3934 的 M18×1.5-6H 螺纹塞规检验。对于其他规格的螺纹,应用符合相应标准的丝锥和螺纹塞规进行修复和检验。检验结果不合格时该复合气瓶应报废。

8.3 在《复合气瓶外观检查评估表》中记录瓶口的检查结果。

9 水压试验

9.1 待试瓶注满水后应在试验装置的室内静置 8 h 以上。试验前应用橡胶锤轻击待试瓶瓶体,排尽附着于瓶内壁的气泡,并用水注满。

9.2 待试瓶应逐只按 GB/T 9251 的要求进行外测法水压试验。

9.3 试验前测出待试瓶内与水套内试验用水的温度,待试瓶内与水套内试验用水的水温差应不大于 3 ℃。

9.4 水压试验压力应为待试瓶上标记的水压试验压力的 100%～103%,保压时间至少为 60 s。

9.5 水压试验过程中,瓶体出现渗漏、保压期间压力有回降现象的复合气瓶应报废。

9.6 在水压试验时,应同时测定容积残余变形率,对容积残余变形率超过 5%的复合气瓶应报废。对气瓶标记中有气瓶容积弹性变形量(REE)的,水压试验时应测定该气瓶的容积弹性变形量(EE),EE 值超过气瓶标记上的 REE 值的气瓶应报废。

10 内部干燥

10.1 干燥方法与要求

10.1.1 经水压试验合格的复合气瓶，必须逐只进行内部干燥。

10.1.2 将瓶口朝下倒立一段时间，待瓶内残留的水沥净，然后采用干燥空气吹扫、内加温或其他适当的方法进行内部干燥。

10.1.3 进行内部干燥时，温度应不超过 65 ℃；时间应足够长以保证瓶内完全干燥。

10.2 干燥状况检查

借助内窥镜或小灯泡观察瓶内干燥状况，如内壁已全面呈干燥状态，便可安装瓶阀。

11 瓶阀检验与安装

11.1 瓶阀检验

11.1.1 应对瓶阀螺纹的完整性进行检查，如有缺口、裂纹、螺纹不完整或断裂，该瓶阀应报废。

11.1.2 应对阀体进行检验，如有异常变形，该气瓶阀应报废。

11.1.3 螺纹变形的修复

与瓶口连接的螺纹由于跌落、撞击等造成螺纹变形，应使用符合 GB/T 970.1 的 M18×1.5-6h 圆板牙对瓶阀螺纹进行修复，然后用符合 GB/T 3934 的 M18×1.5-6h 螺纹环规检验。对于其他规格的螺纹应用符合相应标准的圆板牙和螺纹环规进行修复和检验。检验结果不合格时该瓶阀应报废。

11.1.4 瓶阀气密性试验

应逐只对瓶阀进行气密性试验。如有泄漏，应更换新的瓶阀。如需更换密封件等易损部件，必须得到瓶阀制造厂的书面授权且在其指导下进行，并且应按 GB 15382 的要求对阀门重新做气密性试验。

11.2 瓶阀装配

在瓶阀螺纹和密封圈上涂适量硅脂后，先用手把瓶阀旋入瓶口螺纹中，然后用气瓶夹夹紧复合气瓶，再用力矩扳手旋紧气瓶阀，力矩为 80 N·m～100 N·m。

注：对旋不进的瓶阀，不能强行旋入，应检查瓶阀螺纹。

12 气密性试验

12.1 瓶阀安装结束后的复合气瓶，应逐只进行气密性试验。

12.2 试验装置和试验方法应符合 GB/T 12137 的浸水法的要求。

12.3 气密性试验用的介质为空气，试验压力为复合气瓶的公称工作压力。

12.4 气密性试验时，在试验压力下瓶体泄漏的复合气瓶，应报废。

注：因瓶阀装配不当产生泄漏的复合气瓶，允许重新装配后再对其进行试验。

13 检验后的工作

13.1 检验标记

13.1.1 检验合格的复合气瓶，应参照《气瓶安全监察规程》逐只做好检验标记。

13.1.2 检验标记采用 39 mm×22 mm 的标签纸。

13.1.3 检验标记内容：

a) 检验单位代号；

b) 检验色标；

c) 检验日期(年、月)；

d) 下次检验日期(年、月)。

示例：

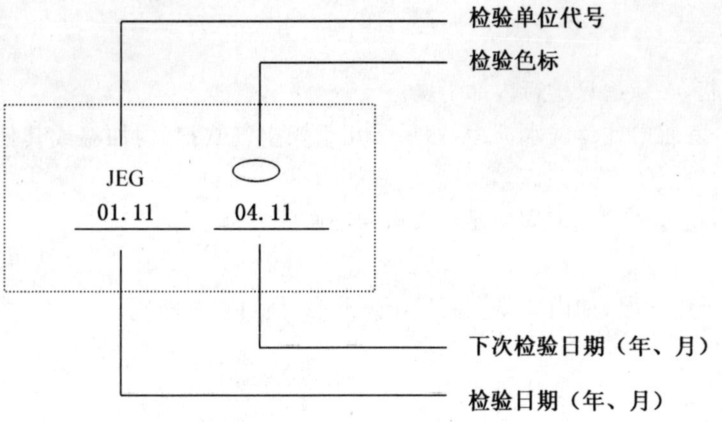

13.1.4　检验色标应符合《气瓶安全监察规程》的规定。

13.1.5　检验标记位置应在筒体上靠近瓶肩一端，呈圆周分布。各期的检验标记应有适当间隔，排列整齐。

13.1.6　检验标记字高 5 mm～10 mm，应与制造标记大体一致，字迹应清晰。

13.1.7　检验标记粘贴方法

严禁在复合气瓶上用打钢印的方法做检验标记。在复合气瓶上作检验标记的方法如下：

a)　用 400＃水砂纸在 13.1.5 规定位置的表面上轻微打磨，其面积约 45 mm×25 mm；

b)　把检验标签贴在打磨处，用透明的环氧树脂覆盖检验标签。

13.2　检验记录与报废处理

13.2.1　检验记录的保存

以下记录应用书面或电子文件形式保存：

a)　《复合气瓶外观检查评估表》；

b)　《气瓶水压试验装置检验表》见附录 B；

c)　《复合气瓶水压试验数据表》见附录 C；

d)　《复合气瓶定期检验报告》见附录 D；

e)　《复合气瓶报废通知书》见附录 E。

13.2.2　报废处理

报废的复合气瓶由检验员填写《复合气瓶报废通知书》，经技术负责人审查加盖检验单位印章后，交予复合气瓶产权单位归档并对报废复合气瓶进行压扁或锯断等破坏性处理。

附 录 A
（资料性附录）
复合气瓶外观检查评估表

复合气瓶外观检查评估表

气瓶使用单位		地址		邮政编码		电话					
气瓶水容积		气瓶颜色		气瓶编号		检验日期					
公称工作压力		制造日期		有无气体		有无瓶阀					
是否修理过											
水压试验日期											
外部检查											
热损伤迹象		有无划伤		有无磨损							
有无分层		有无异常变形									
外表面描述											
缺陷位置描述											
其他											
合格		待修复		判废							
内部检查											
有无气味		杂物的种类和数量									
内表面状况描述											
缺陷位置描述											
其他											
合格		待修复		判废							
瓶口螺纹检查											
螺纹规格		螺纹状况描述									
螺纹状况评估											
其他											
合格		待修复		判废							
气瓶阀检验											
气瓶阀编号		气瓶阀与气瓶连接螺纹状况描述									
气密状况描述											
爆破片是否更换	是		否								
复合气瓶状况											
合格气瓶		粘贴标签									
待修复气瓶		粘贴标签		清洗		修复		水压		丢弃	
其他建议											
报废气瓶		粘贴标签									
检验员		资格证号		日期							

附 录 B
（资料性附录）
气瓶外测法水压试验装置校验表

气瓶外测法水压试验装置校验表

标准瓶号：

校验日期 年/月/日	校验时间 —：—	检验压力/ MPa	标准容积 全变形值 ΔV_B/mL	实测容积 全变形值 ΔV/mL	容积残余 变形值/ mL	全变形 容积相对误差 $\delta \leqslant 1\%$	校验者	备注

说明：1. 标准容积全变形 ΔV_B(mL)，从标准瓶校准证书中获得。

2. 容积残余变形值(mL)，压力释放后的变形值应为零。

附　录　C
（资料性附录）
复合气瓶水压试验数据表

复合气瓶水压试验数据表

设备型号：　　标准瓶号：　　试验方法：外测法　　试验温度：　℃　试验日期：　年　月　日
产权单位：　　制造国别：　　制造单位：　　气瓶型号：　　气瓶水容积：　L　公称工作压力：　MPa

气瓶编号	出厂日期	水压试验压力/MPa	保压时间/s	容积全变形值（ΔV）/mL	容积残余变形值（$\Delta V'$）/mL	容积残余变形率/%	发生过何种瓶体异常现象	试验结果		试验者
								合格	不合格	

说明：1. 容积残余变形率＝[容积残余变形值（$\Delta V'$）/容积全变形值（ΔV）]×100%。
2. 复合气瓶的容积残余变形率≤5%为合格。
3. 复合气瓶的水压试验压力按受试瓶标签中规定的水压试验压力。
4. 对于试验无效的受试瓶若试验中已将压力升到受试瓶试验压力的90%以上时，应将试验压力提高0.7 MPa，或提高至原试验压力的1.1倍（取两者中的小值），重新进行试验。
5. 对于不合格复合气瓶，应注明处理方法，如重新测试、报废。

附 录 D
（资料性附录）
复合气瓶定期检验报告

复合气瓶定期检验报告

（　　）字　第　　号

________________：

根据《气瓶安全监察规程》和《呼吸器用复合气瓶定期检验与评定》的规定，经检验，你单位送检________________只复合气瓶，经本检验站检验，合格的复合气瓶，共________只，瓶号是：

____

____

____

____

特此通知。

检验员(签字或盖章)

单位技术负责人(签字或盖章)　　　　　　　　　　（检验单位章）

年　　月　　日

附 录 E
（资料性附录）
复合气瓶报废通知书

复合气瓶报废通知书

（ ）字 第 号

______________：

根据《气瓶安全监察规程》和《呼吸器用复合气瓶定期检验与评定》的规定，经检验，你单位______________复合气瓶共________只已报废（见报废气瓶情况表），对其中______________只已作破坏性处理，特此通知。

检验员：（签字或盖章）

单位技术负责人：（签字或盖章） （检验单位章：）

年 月 日

报废复合气瓶情况表

瓶号	制造单位	公称水容积	报废原因	处理结果
注：本表一式两份，检验单位存档一份，复合气瓶产权单位或所有者一份。				

附 录 F
（资料性附录）
复合气瓶损伤和典型修复图例

F.1 复合气瓶化学品腐蚀损伤

见图 F.1。

图 F.1 化学品腐蚀(报废)

F.2 复合气瓶磨损图例

见图 F.2、图 F.3、图 F.4。

图 F.2 一级磨损(允许的)

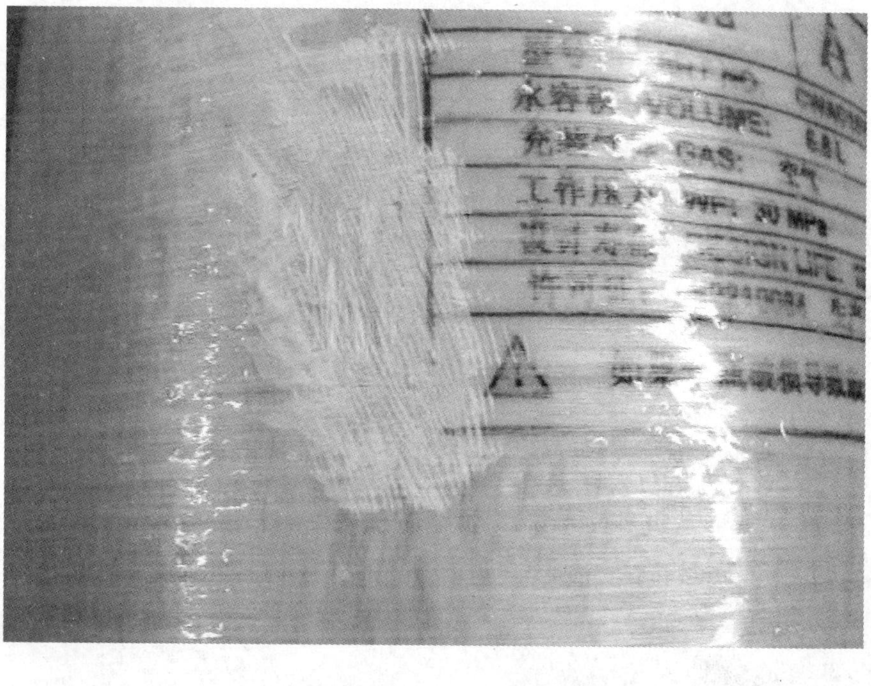

图 F.3 二级磨损(需修理和水压试验)

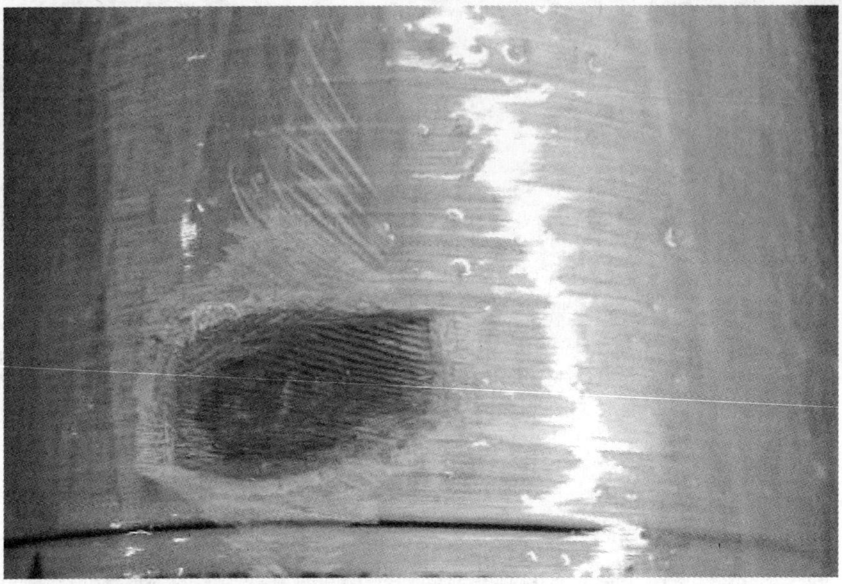

图 F.4 三级磨损(报废)

F.3 复合气瓶划伤图例

见图 F.5、图 F.6。

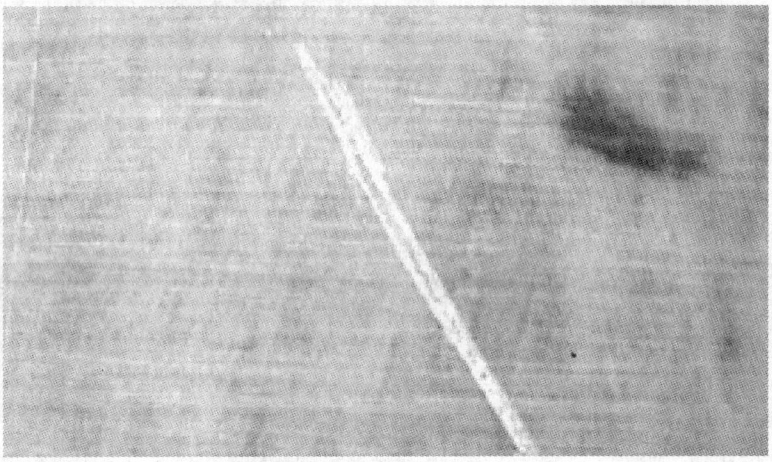

图 F.5 一级划伤(允许的)

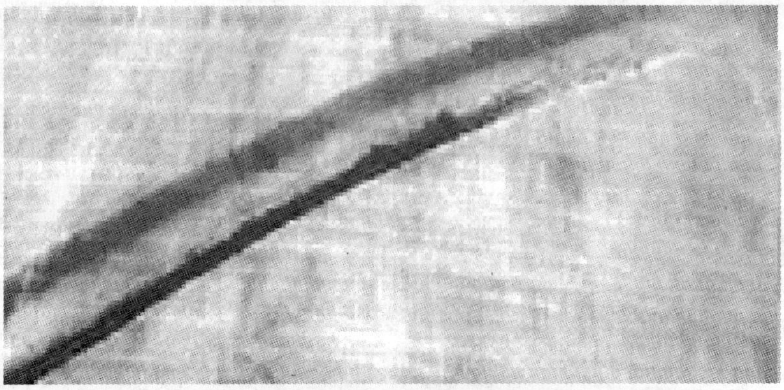

图 F.6 三级划伤(报废)

F.4 复合气瓶撞击损伤

见图 F.7、图 F.8、图 F.9。

图 F.7 一级撞击损伤(允许的)

图 F.8 三级撞击损伤(报废)

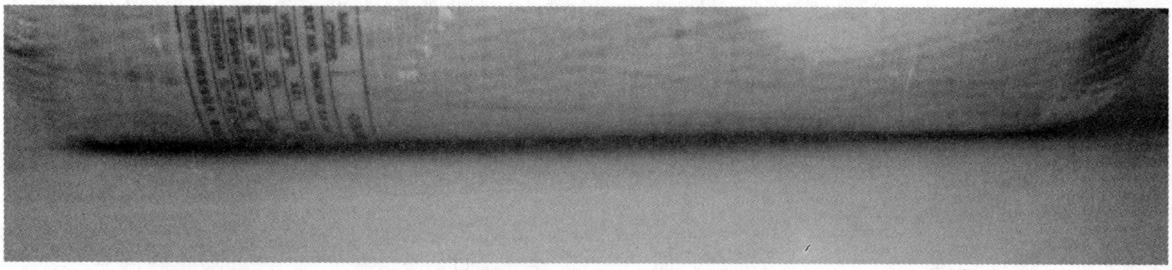

图 F.9 结构损伤(报废)

F.5 复合气瓶热损伤图例

见图 F.10、图 F.11。

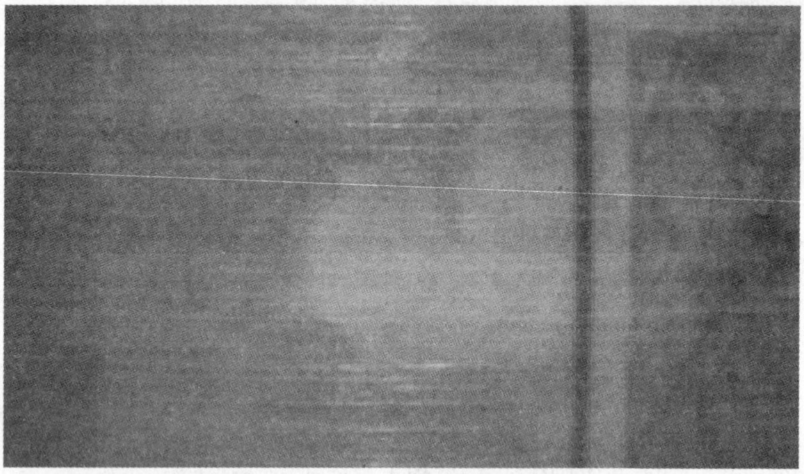

图 F.10 一级热损伤(允许)

图 F.11 三级热损伤(报废)

F.6 典型的修复方法

见图 F.12～图 F.17。

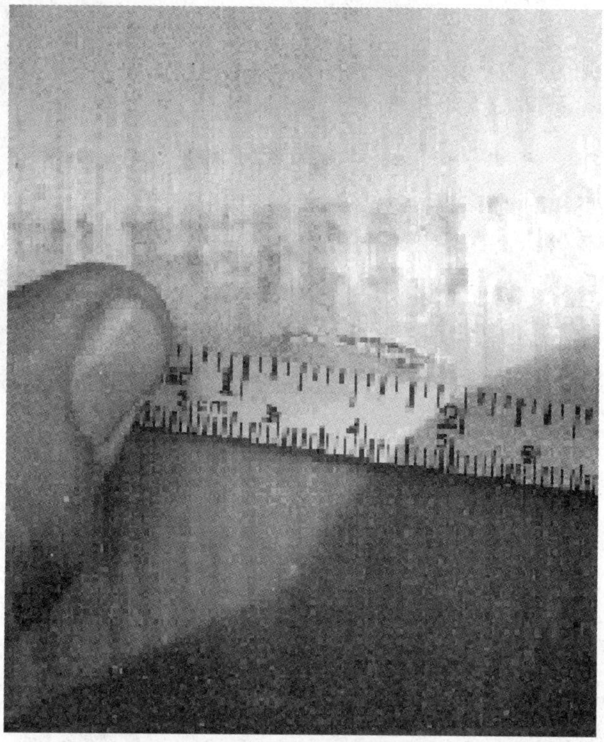

图 F.12 长度测量

图 F.13 深度测量

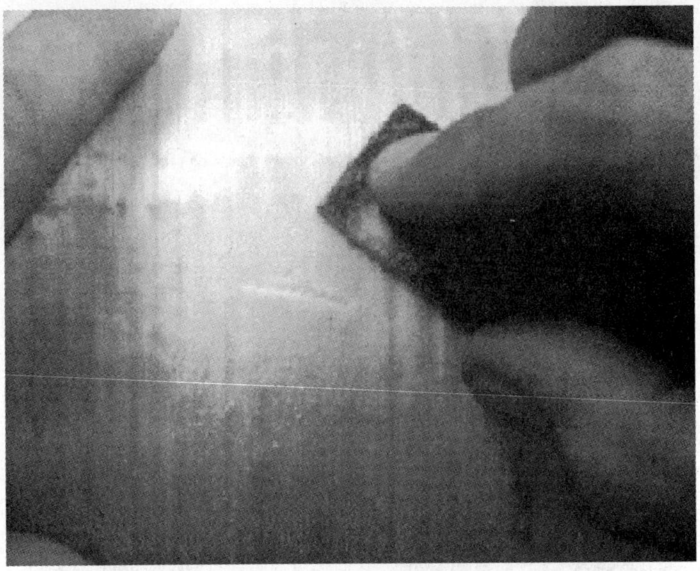

图 F.14 表面打磨

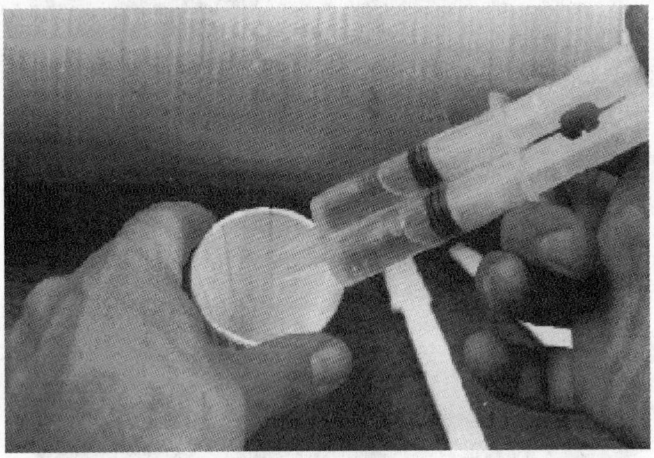

图 F.15 树脂混合

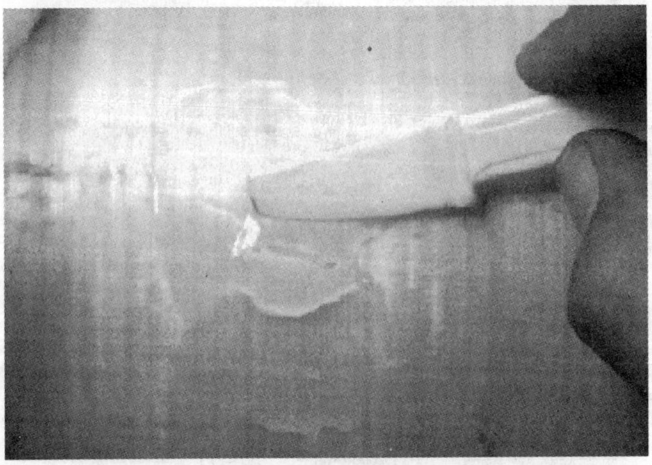

图 F.16 树脂修复

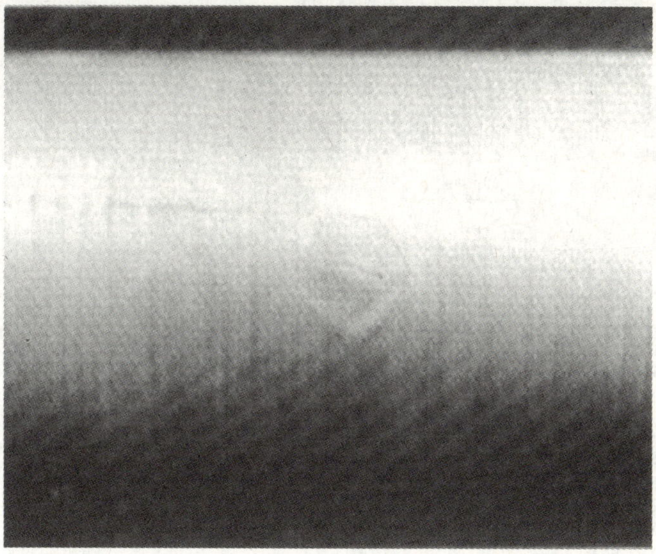

图 F.17 修复结束

ICS 23.020.30
J 74

中华人民共和国国家标准

GB 24162—2009

汽车用压缩天然气金属内胆纤维环缠绕气瓶定期检验与评定

Periodic inspection and evaluation of hoop wrapped fibre reinforced composite gas cylinders with metal liners of compressed natural gas for automotive vehicles

2009-06-25 发布　　2010-01-01 实施

中华人民共和国国家质量监督检验检疫总局
中国国家标准化管理委员会　发布

前　言

本标准的全部技术内容为强制性。

为确保汽车用天然气气瓶的安全使用，本标准参考采用了 ISO 19078：2006《汽车燃料用压缩天然气高压气瓶定期检验、评定与安装》有关术语表达和表面缺陷分类及检测方法，以及 GB 19533—2004《汽车用压缩天然气钢瓶定期检验与评定》有关瓶口螺纹检查、水压试验、瓶阀检验和气密性试验等检验方法。

本标准的附录 A 为资料性附录。

本标准由全国气瓶标准化技术委员会(SAC/TC 31)提出并归口。

本标准起草单位：大连市锅炉压力容器检验研究所、重庆益峰高压容器有限责任公司、成都天然气化工总厂。

本标准主要起草人：杨明高、胡军、赵红义、李斌、赵云峰。

汽车用压缩天然气金属内胆纤维环缠绕气瓶定期检验与评定

1 范围

本标准规定了汽车用压缩天然气金属内胆纤维环缠绕气瓶(以下简称:气瓶)的定期检验与评定的基本方法和技术要求。

本标准适用于公称工作压力为 20 MPa 或 25 MPa,公称水容积为 30 L～450 L,工作温度为－40 ℃～65 ℃的气瓶。

2 规范性引用文件

下列文件中的条款通过本标准的引用而成为本标准的条款。凡是注日期的引用文件,其随后所有的修改单(不包括勘误的内容)或修订版均不适用于本标准,然而,鼓励根据本标准达成协议的各方研究是否可使用这些文件的最新版本。凡是不注日期的引用文件,其最新版本适用于本标准。

GB 7144　气瓶颜色标志

GB 8335　气瓶专用螺纹

GB/T 8336　气瓶专用螺纹量规

GB/T 9251　气瓶水压试验方法

GB/T 10878　气瓶锥螺纹丝锥

GB 12135　气瓶定期检验站技术条件

GB/T 12137　气瓶气密性试验方法

GB/T 13005　气瓶术语

GB 15382　气瓶阀通用技术条件

TSG Z7001　特种设备检验检测机构核准规则

气瓶安全监察规程

3 术语和定义

GB/T 13005 确立的以及下列术语和定义适用于本标准。

3.1

磨损　abrasion

因磨擦使材料磨损或擦伤而引起气瓶或附件的损坏。

3.2

冲击伤　impact

强烈地撞击气瓶表面,可能会导致表面划伤、凿伤和凹痕等冲击伤。冲击也可能导致缠绕层出现分层损伤,这种损伤在外观检查时很难被发现。

3.3

龟裂　crazing

树脂部分出现不透明的"霜状"细裂纹。

3.4

划伤 cut

由尖锐器物进入气瓶表层而引起的损伤。

3.5

分层 delamination

在缠绕层之间发生分离的损伤。分层通常是由于过大的载荷垂直冲击缠绕层材料表面而引起的损伤。

3.6

外涂层 external coating

气瓶表面透明的或有颜色的用于防护瓶体或改善外观的涂层。

3.7

螺旋缠绕 helical

与气瓶轴向有一定夹角的圆周方向的缠绕。

3.8

环向缠绕 hoop direction

在气瓶圆柱部分进行环向缠绕。增强纤维束的缠绕方向与气瓶的纵向约成90°。

3.9

一级损伤 level 1 damage

在正常使用中发生的微小损伤。这种损伤对气瓶的安全没有构成有害的影响,可继续使用。在金属表面的涂层划伤或划痕没有明显深度,或缠绕层表面涂层和树脂有较小损伤,但没有明显纤维破损的现象均可判定为这类损伤。

3.10

二级损伤 level 2 damage

损伤程度比一级损伤严重,但可以进行修复。

3.11

三级损伤 level 3 damage

三级损伤的气瓶不能再继续使用也不能进行修复。

3.12

增强纤维 reinforcing fibres

在复合材料中的连续纤维束,如:碳纤维、芳纶纤维及玻璃纤维,在压力作用下起承载作用。

3.13

修复 repair

修理气瓶使其复原或达到一级损伤的程度。

3.14

树脂 resin

用于粘接和固定纤维在指定位置的材料。树脂通常是热塑性或热固性树脂。

3.15

应力腐蚀裂纹 SCC,stress corrosion cracking

由载荷和恶劣环境共同作用造成材料开裂。缠绕层会出现垂直于纤维的裂纹或裂纹群。

4 检验机构、检验周期与检验项目

4.1 检验机构及设备

从事气瓶定期检验的单位必须符合GB 12135的要求,并按TSG Z7001经国家特种设备安全监督管理部门核准。

场地、检验检测仪器和设备以及检测工具如内窥镜、灯、深度测厚仪、低倍放大镜、直角尺、卡尺、螺纹塞规和环规等应能满足所从事的检验检测工作。

4.2 检验周期

4.2.1 气瓶的定期检验周期不得超过三年。

4.2.2 在使用过程中，如遇到下列情况应提前进行检验：

a) 气瓶遇明火；

b) 气瓶长期暴露在高于 65 ℃的环境温度下；

c) 气瓶受到冲击；

d) 天然气汽车遭受碰撞；

e) 气瓶接触化学物质；

f) 发生异常的声响；

g) 确信气瓶已受到某种方式的损伤；

h) 对气瓶的安全可靠性产生怀疑。

4.2.3 库存或停用时间超过一个检验周期的气瓶，启用前应进行检验。

4.3 检验项目

气瓶定期检验项目包括外观检查、瓶口螺纹检查、水压试验、瓶阀检验、气密性试验。

5 检验准备

5.1 气瓶拆卸

气瓶的拆卸应由检验机构或有资质的安装单位负责。

5.2 记录

5.2.1 逐只检查记录气瓶制造标志和检验标志。记录内容包括国别、制造单位许可证号或单位代码、气瓶编号、制造年月、公称工作压力、水压试验压力、公称水容积、上次检验日期。

5.2.2 对未取得特种设备安全监督管理部门制造许可的制造企业生产的气瓶、制造标志不符合相应规程或制造标准规定的气瓶、制造标志模糊不清或项目不全导致无法评定的气瓶、有关政府文件规定不准再用的气瓶，登记后不予检验按报废处理。

5.2.3 自气瓶制造之日起，超过设计使用寿命的气瓶，登记后不予检验，按报废处理。对于按照规定办理使用登记的新投用气瓶，可以按其使用登记日期作为气瓶设计使用寿命的起始日期。

5.3 瓶内介质处理

对瓶内的介质，在保证安全、卫生和不污染环境的条件下，采用适当的方法(如抽真空或氮气置换等)将气体排净。

5.4 瓶阀拆卸与表面清理

5.4.1 确认瓶内压力与大气压力一致时，由检验机构负责拆下瓶阀。

5.4.2 对于瓶阀无法开启或拆下的气瓶，应与待检瓶分别存放以待另行妥善处理。

5.4.3 用不损伤瓶体金属以及缠绕层树脂和纤维的适当方法，将气瓶内外表面的污垢、腐蚀产物、沾染物等有碍外观检查的杂物以及外表面的疏松涂敷物清除干净。

6 外观检查与评定

6.1 检查与评定

6.2 表 1 列出了气瓶缠绕层的外观检查与评定要求。表 2 列出了气瓶金属部分的外观检查与评定要求。

表 1　缠绕层外观检查与评定

损伤类型	定义	评定			备注
		一级 合格	二级	三级 不合格	
划伤、擦伤、凿伤	由尖锐物体导致的材料损伤	深度小于 0.25 mm，无纤维曝露、割断和分离的现象	深度≥0.25 mm 且小于 1.25 mm 的损伤，但可根据制造厂的要求进行修复	深度大于 1.25 mm	如果缠绕气瓶的纤维没有割断或分离，是可以修复的
磨损	由于磨擦导致的区域磨薄	深度小于 0.25 mm，没有纤维曝露、割断和分离	深度≥0.25 mm 且小于 1.25 mm 的损伤，但可根据制造厂的要求进行修复	深度大于等于 1.25 mm 或纤维外露	如果缠绕气瓶的纤维没有割断或分离，是可以修复的
热、火损伤	区域发黑或成褐色	没有或能清洗掉	气瓶只被烟熏、气瓶缠绕层没有燃烧，缠绕气瓶被确认完好无损后，可继续使用；少量的褪色，可按制造厂的建议判定	确认气瓶承受了过热和火烧。缠绕层已永久碳化、褪色，并出现如下现象之一： ① 缠绕层变色、变黑、积碳和烧焦； ② 树脂材料缺损或是缠绕层纤维松动； ③ 表面涂层和标识因被火烧，变色、变黑； ④ 阀座扭曲变形	
气体泄漏	从缺陷处泄漏	无泄漏现象	—	试验确认有泄漏现象	
化学品浸蚀	气瓶受到能引起材料分解或破坏的化学品的作用	能清洗掉、没有残留物或影响，并且能够确认该化学品对瓶体材料没有损害	如果不能判别所接触化学品，对瓶体材料的影响也不清楚，应判定为三级损伤	材料永久变色；材料断裂或损伤；确认化学品对气瓶材料有影响；或不能确定材料是否已受影响	
自然老化	太阳紫外光线的影响	失去少量的光泽或者粉化	只涂层受影响而对纤维及树脂材料无影响，可以修复	纤维及树脂材料受影响	按制造厂的指导，重新涂覆后可复原或判定为一级损伤
发生碰撞、事故或着火；气瓶经受高热或不明热的作用	汽车发生事故、处于着火环境或在着火环境和高热源附近（汽车出现事故痕迹或热损伤）	在气瓶上没有可见的痕迹；车主知道未发生事故、着火或热源辐射	车主已知道并报告了碰撞、事故、着火或可能的热损伤；气瓶需要测试	汽车出现严重的损伤痕迹，或气瓶出现冲击和热损伤痕迹	气瓶在事故或暴露于火或热环境之后应立刻进行全面检查

表 1（续）

损伤类型	定义	评定			备注
		一级 合格	二级	三级 不合格	
冲击伤	缠绕气瓶材料受到冲击；在树脂上出现“霜状”状态和“击碎”状态	损伤区小于 1 cm^2，并且没有其他的损伤	损伤不明显，需要制造厂的建议	气瓶或内胆永久变形，或者霜状/损伤区域大于 1 cm^2	
应力腐蚀裂纹	材料接触化学品发生浸蚀，在应力作用下，纤维可能发生开裂或断裂	材料与化学品接触，但外观检查没发现影响	已知气瓶与化学品有接触，若判断纤维可能发生开裂，应判定为三级损伤	鉴别出纤维有应力腐蚀裂纹	

表 2　金属部分外观检查与评定

损伤类型	定义	评定			备注
		一级 合格	二级	三级 不合格	
划伤、擦伤、凿伤	由尖锐物体导致瓶体材料损伤，也包括锈损斑点之间的间距小于锈损斑点宽度的线腐蚀	深度小于0.25 mm	大于 1 级的损伤可以根据制造厂的要求打磨修复	深度大于 0.5 mm 或剩余壁厚小于设计壁厚	
凸起	出现可见的气瓶膨胀	没有	可能出现弓状变形，但不是凸起	可见或可检出的凸起	
点腐蚀	化学品、氧化或材料的锈蚀引起凹点	腐蚀处剩余壁厚大于等于设计壁厚	无法确定腐蚀处剩余壁厚	腐蚀处剩余壁厚小于设计壁厚	设计壁厚应由制造厂提供
线腐蚀	一系列的腐蚀点形成的一条窄线，腐蚀点间的距离比腐蚀点宽度更大	腐蚀处剩余壁厚大于等于设计壁厚且腐蚀长度小于 100 mm	无法确定腐蚀处剩余壁厚	腐蚀处剩余壁厚小于设计壁厚或腐蚀长度大于等于 100 mm	
面腐蚀	化学品、氧化或材料的锈蚀而引起局部区域材料失去	腐蚀处剩余壁厚大于等于设计壁厚且腐蚀面积小于外表面的 25%	无法确定腐蚀处剩余壁厚及腐蚀面积	腐蚀处剩余壁厚小于设计壁厚或腐蚀面积大于等于外表面的 25%	
凹陷	在气瓶上出现的既没有穿透也没有材料损失的变形，其深度大于外径的 1%	凹陷深度小于 1.6 mm，且其直径或长度大于 50 mm	无法确定凹陷尺寸	凹陷深度等于或大于 1.6 mm 或直径或长度小于 50 mm（不论深度多少）或两个同时存在	小而浅的凹陷比大而浅的凹陷更需关注。有尖锐的凹陷会使材料产生应力，降低气瓶的安全性

表 2（续）

损伤类型	定义	评定			备注
		一级 合格	二级	三级 不合格	
缠绕层材料下的金属腐蚀	在靠近缠绕层材料边缘，或从缠绕层材料表面判断其下内胆表面有金属腐蚀	没有发现	有从缠绕层材料下面泛到表面的腐蚀产物或在缠绕层材料边缘上有腐蚀产物； 发现有腐蚀迹象的气瓶应咨询制造厂	缠绕层材料边缘上的腐蚀，有三级损伤特征的线腐蚀	不要将气瓶腐蚀产物与来源于汽车部件的腐蚀沉积物混淆

6.3　损伤的证据

外观检查气瓶表面是确定气瓶损伤的主要方式。可能引起损伤的证据有如下各点：

——腐蚀；

——划伤；

——擦伤；

——凿伤；

——纤维暴露；

——凹坑；

——凸起；

——破裂；

——材料损失；

——气瓶表面褪色（积碳、碳化、化学品浸伤等）；

——暴露于热环境的痕迹；

——冲击或事故；

——表面材料的损耗。

6.4　损伤级别

无损伤或一级损伤不要求修复，可继续使用。二级损伤可修复或报废。三级损伤不能修复，三级损伤的气瓶必须报废。

6.5　缠绕层

6.5.1　划伤、擦伤和凿伤

不管其长度、数量或方向，深度小于 0.25 mm 的损伤都判定为一级损伤并可以验收。大于或等于 0.25 mm 深度的损伤判定为二级或三级损伤。当深度超过 1.25 mm，应判定为三级损伤。在一级和三级之间的损伤由检验人员判定合格或不合格。

损伤深度超过 0.25 mm 的划伤或凿伤的二级损伤可以在制造厂的指导下进行修复。

6.5.2　磨损

深度大于 1.25 mm 的磨损应判定为三级损伤。二级损伤可以在制造厂的指导下进行修复。

6.5.3　冲击损伤

冲击损伤可能引起断裂及缠绕层分层。与冲击载荷有关的表面损伤有凹痕、划伤、凿伤、刮伤、擦伤、剥落、刺穿、纤维断裂、纤维松动、树脂开裂、变色或外形改变等。有上述各种损伤迹象时应对气瓶表面进行仔细检查。

应对已知的受冲击区域及已检测到表面损伤的区域进行检查，以确定内壁是否受到损伤。内壁损伤的证据包含气瓶表面的永久变形，凹痕是严重内损伤的证据。出现这种类型损伤的气瓶要仔细检查，并判定是属于二级或三级损伤。气瓶壁的任何凸起都判定为三级损伤。

气瓶颜色出现局部变化。受到冲击的气瓶表面常常出现颜色局部变化。这种变化是由于缠绕层材料的分层、裂纹或开裂、或外部涂层的划伤所导致的颜色变化造成的。出现这类迹象的每个区域都应仔细检查，并判定是属于二级或三级损伤。

气瓶局部表面开裂。受到冲击的气瓶可能会在缠绕层材料表面出现圆形、椭圆形或线形的开裂。这种开裂也会导致颜色变化。出现这类损伤的每个区域都应仔细检查，并判定是属于二级或三级损伤。

可用硬币敲击来测试气瓶所受到的冲击损伤。使用一元硬币来测试可能受冲击损伤的部位，用手夹住硬币，用硬币边缘敲击缠绕层表面，仔细听所发出的声音。有冲击损伤的部位发出的声音与没有损伤的部位发出的声音会有明显的不同。

6.5.4 烧损和严重热损伤

气瓶因火烧或过热引起的严重损伤会使其外表面显现出脱色、变黑、碳化或积碳，甚至会失去树脂，引起缠绕气瓶的纤维松散。也会造成阀座烧熔或变形。轻微的火烧和热作用可能使涂层、标签碳化、脱色。出现了火烧痕迹或过热现象的气瓶应判定为三级损伤。

6.5.5 气体泄漏

出现气瓶壁气体泄漏的气瓶应判定为不合格。

6.5.6 化学品的浸蚀

化学品浸蚀造成气瓶表面损伤。这种损伤包括腐蚀、脱色、蚀点、凹点、斑点、膨胀、软化、应力腐蚀裂纹和树脂脱落。严重时，缠绕气瓶会出现纤维断裂或者松散。

当确认气瓶所沾染的已知化学品不会对气瓶造成损害时，应判定为一级损伤。

由化学品浸蚀缠绕气瓶所引起的斑点、膨胀、软化、树脂脱落、纤维松散或断裂都属于三级损伤。气瓶的金属部分由于化学品浸蚀出现凹点、腐蚀及氧化应按表1进行评定。

6.5.7 自然老化

气瓶长时间暴露在阳光、雨水和大气环境下，外部涂层会老化，其结果会引起外表面涂层变色退化。如果没有发生金属表面的腐蚀、或缠绕层纤维断裂、溃散，可以判定为一级或二级损伤。在完成了检验程序之后，属于二级损伤的表面应按规定的方法进行涂层修复。禁止使用电动刷子、喷砂或喷丸处理、电动抛光机、砂轮或化学脱层剂处理缠绕气瓶的表面。如果只是要消除松散和变质的表面涂层或只是打光表面，可用细砂纸打磨。

6.6 金属部分

6.6.1 腐蚀

6.6.1.1 概述

金属表面的腐蚀是指由于强酸或碱性的化学作用而引起气瓶壁厚的减小。以下是不同类型腐蚀的描述。

6.6.1.2 点腐蚀

点腐蚀是在很小的面积上减小壁厚。孤立的小尺寸的凹点不会对气瓶有很大损伤，应按如下标准评定：剩余壁厚大于等于设计壁厚的孤立的凹点属于一级损伤，剩余壁厚小于设计壁厚的凹点属于三级损伤。

6.6.1.3 线腐蚀

在腐蚀形成连续的状态或者当凹点相连成一条窄条或一条线，则称作线腐蚀。线腐蚀要比孤立的点腐蚀情况严重，并且可能发生在气瓶的任何位置上，应按如下标准评定：腐蚀处剩余壁厚小于设计壁厚或腐蚀长度大于等于 100 mm，应判定为三级损伤。

6.6.1.4 面腐蚀

面腐蚀是出现在气瓶比较大的表面区域上的腐蚀，它会减小气瓶的结构强度，应按如下标准评定：腐蚀处剩余壁厚小于设计壁厚或腐蚀面积大于等于外表面的25%时，则属于三级损伤。

6.6.1.5 缠绕层下的金属腐蚀

在缠绕层材料与金属边界上的形成的线状腐蚀，如有三级损伤特征应判定为三级损伤。

6.6.1.6 电解腐蚀

当气瓶和阀座与其他的导电材料接触时（如碳纤维与钢接触），可能会引起电解腐蚀。表1所列的腐蚀检测准则可用于判定这类腐蚀。

6.6.2 凸起

凸起是一种严重损伤，所有出现这种情况的气瓶应判定为三级损伤。

6.6.3 凹陷

大于或等于1.6 mm深的凹陷，或不管其深度多少，其最大直径或长度小于50 mm，或两种情况都存在，应判定为三级损伤。

6.6.4 磨损

应仔细地检查出现磨损痕迹的金属部分来确认磨损处的剩余壁厚不小于设计壁厚，否则应判定为三级损伤。

6.7 所有被判定为三级损伤和不合格的气瓶应报废。

7 瓶口螺纹检查与评定

7.1 用目测或低倍放大镜逐只检查螺纹有无裂纹、变形、腐蚀或其他机械损伤。

7.2 瓶口螺纹不得有裂纹性缺陷，但允许瓶口螺纹有不影响使用的轻微损伤，即允许有不超过2牙的缺口，且缺口长度不超过圆周的1/6，缺口深度不超过牙高的1/3。

7.2.1 对于瓶口锥螺纹的轻度腐蚀、磨损或其他损伤，可用符合GB/T 10878规定的丝锥修复。修复后用符合GB/T 8336的量规检验，检验结果不符合GB 8335时，该气瓶应报废。

7.2.2 对于直螺纹的轻度腐蚀、磨损或其他损伤可用符合其相应标准的丝锥进行修复。修复后用符合其相应标准的量规检验，检验结果不符合要求时，该气瓶应报废。

8 水压试验

8.1 气瓶必须逐只进行水压试验，水压试验装置、方法和安全措施应符合GB/T 9251的要求。

注：优选外测法。

8.2 试验压力为气瓶标记中气瓶的试验压力。

8.3 气瓶在试验压力下的保压时间不少于2 min。

8.4 水压试验时，缠绕层缺陷扩展、瓶体出现渗漏、明显变形或保压期间压力有回降现象（非因试验装置或瓶口泄漏引起）的气瓶应报废。

8.5 在水压试验时，应同时测定容积残余变形率。容积残余变形率超过10%的气瓶应报废。

8.6 在气瓶进行水压试验过程中，当压力升至试验压力的90%或90%以上时，如因故无法继续进行试验，应将试验压力提高0.7 MPa对受试瓶重新进行试验，但只能重试一次。试验压力不得超过自紧压力。

9 内部干燥

9.1 干燥方法与要求

9.1.1 经水压试验合格的气瓶，必须逐只进行内部干燥。

9.1.2 将瓶口朝下倒立一段时间，待瓶内残留的水沥净，然后采用干燥空气吹扫、内加温或其他适当的方法进行内部干燥。

9.1.3 内部干燥时，温度应不超过 65 ℃；时间应足够长以保证瓶内完全干燥。

9.2 干燥状况检查

借助内窥镜或小灯泡观察瓶内干燥状况，如内壁已全面呈干燥状态，便可安装瓶阀。

10 瓶阀检验与装配

10.1 应逐只对瓶阀进行检验、清洗，保证开闭自如、不得泄漏。

10.2 阀体和其他部件(爆破片和易熔塞等)应完整，不得有严重变形，螺纹不得有严重损伤，其要求可参照 7.2 的规定。

10.3 瓶阀应装配牢固并应保证其与瓶口连接的有效螺纹牙数和密封性能，其外露螺纹数不得少于(1～2)牙。扳紧扭矩为 200 N·m～300 N·m。

10.4 当瓶阀损坏时，应更换新的瓶阀。如需更换密封件等易损部件，必须得到瓶阀制造厂的书面授权且在其指导下进行。在装配瓶阀之前，应按 GB 15382 的要求对瓶阀进行气密性试验。更换的瓶阀，应选用与原瓶阀同一制造单位、同一型号的新瓶阀。或向气瓶制造厂咨询，选用已通过阀门型式试验以及该型号气瓶型式试验(火烧试验)的合格阀门。

11 气密性试验

11.1 气瓶水压试验合格后，应逐只进行气密性试验。试验装置、方法和试验用水应符合 GB/T 12137 的要求，试验压力为气瓶公称工作压力。

11.2 应用浸水法进行气密性试验。气瓶浸水保压时间 2 min，保压期间不应有泄漏现象。

11.3 气瓶气密性试验时，瓶体有泄漏现象的气瓶应报废。

11.4 试验过程中若试验装置或瓶阀产生泄漏时，应立即停止试验，待维修或重新装配后再试验。

11.5 试验后，气瓶表面的水应立即擦干，并抽真空处理或用氮气置换瓶内空气。

12 检验后的工作

12.1 定期检验合格的气瓶应按《气瓶安全监察规程》的规定打上检验标记或粘贴检验标签。

12.2 检验人员应将气瓶检验与评定结果填入《气瓶定期检验与评定报告》(见附录 A)。

12.3 报废气瓶由检验单位负责销毁，销毁方式为压扁或锯切并填写《气瓶报废通知书》通知气瓶产权单位。

12.4 对于检验合格的气瓶，外露金属部分应按有关标准的规定对气瓶重新喷涂颜色。

12.5 检验合格的气瓶应由检验机构或有资质的安装单位负责安装。

附 录 A
(资料性附录)
气瓶定期检验与评定报告

______________________________:

根据《气瓶安全监察规程》和 GB 24162—2009《汽车用压缩天然气金属内胆纤维环缠绕气瓶定期检验与评定》的规定,对你单位汽车用压缩天然气金属内胆纤维环缠绕气瓶共__________只,进行了检验,其中__________只合格,__________只报废(对报废气瓶已做破坏性处理,其报废原因见《气瓶报废通知书》)。

检验员:(签字)　　　　　　　　　　　　　　检验单位:(盖章)

检验单位技术负责人:(签字)　　　　　　　　检验日期:

标记									装车信息			检验与评定结论						备注
												外观检查						
国别	气瓶编号	气瓶制造单位代码	制造年月	公称工作压力	公称水容积	上次检验日期			气瓶初始装车日期	车辆标记号码	气瓶安装单位	缠绕层	金属内衬	螺纹检查	水压试验	瓶阀检验	气密性试验	

ICS 23.020.30
J 74

中华人民共和国国家标准

GB 24163—2009

站用压缩天然气钢瓶定期检验与评定

Periodic inspection and evaluation of steel cylinder for the storage of compressed natural gas for stations

2009-06-25 发布　　　　2010-04-01 实施

中华人民共和国国家质量监督检验检疫总局
中国国家标准化管理委员会　发布

前言

本标准正文及附录 A 的全部技术内容为强制性。

本标准的附录 A 为规范性附录，附录 B 为资料性附录。

本标准由全国气瓶标准化技术委员会(SAC/TC 31)提出并归口。

本标准起草单位：重庆益峰高压容器有限责任公司、新疆自治区锅炉压力容器检验所、上海比欧西气体工业有限公司、北京天海工业有限公司。

本标准主要起草人：李斌、李雪松、祝荣、胡传忠、毛三品。

站用压缩天然气钢瓶定期检验与评定

1 范围

本标准规定了站用压缩天然气钢瓶(以下简称钢瓶)定期检验与评定的基本方法和技术要求。

本标准适用于公称工作压力为25 MPa,公称容积为50 L～200 L,使用环境温度为－40 ℃～60 ℃的压缩天然气充气站用的储气钢瓶。公称容积小于50 L的钢瓶可参照本标准执行。

2 规范性引用文件

下列文件中的条款通过本标准的引用而成为本标准的条款。凡是注日期的引用文件,其随后所有的修改单(不包括勘误的内容)或修订版均不适用于本标准,然而,鼓励根据本标准达成协议的各方研究是否可使用这些文件的最新版本。凡是不注日期的引用文件,其最新版本适用于本标准。

GB 7144 气瓶颜色标志

GB 8335 气瓶专用螺纹

GB/T 8336 气瓶专用螺纹量规

GB/T 9251 气瓶水压试验方法

GB 10878 气瓶锥螺纹丝锥

GB 12135 气瓶定期检验站技术条件

GB/T 12137 气瓶气密性试验方法

GB 15382 气瓶阀通用技术条件

GB/T 18182 金属压力容器声发射检测及结果评价方法

JB/T 4730 承压设备无损检测

TSG Z7001 特种设备检验检测机构核准规则

气瓶安全监察规程

3 检验机构、检验周期与检验项目

3.1 检验机构

进行钢瓶定期检验的检验机构,必须符合GB 12135的要求,并按TSG Z7001经国家特种设备安全监督管理部门核准。

3.2 检验周期

3.2.1 钢瓶的定期检验每三年进行一次。定期检验中若发现钢瓶腐蚀较重的情况,可缩短检验周期。

3.2.2 在使用过程中,若发现钢瓶有严重腐蚀、损伤或对其安全可靠性有怀疑时,应及时将气瓶交检验机构,提前进行检验。

3.2.3 库存或停用时间超过一个检验周期的钢瓶,启用前应进行检验。

3.3 检验项目

钢瓶定期检验项目包括:外观检查、壁厚检查、音响检查、瓶口螺纹检查、内部检查、质量与容积测定、水压试验、瓶阀检验和气密性试验。

4 检验准备

4.1 记录

4.1.1 逐只检查记录钢瓶制造标志和检验标志。记录内容包括国别、制造单位名称代号、钢瓶编号、制造年月、公称工作压力、水压试验压力、实际容积、实际质量、设计壁厚、上次检验日期。

4.1.2 对未取得国家特种设备安全监督管理部门制造许可的制造企业生产的钢瓶、制造标志模糊不清或项目不全而又无据可查的钢瓶、有关政府文件规定不准再用的钢瓶，登记后不予检验按报废处理。

4.2 瓶内介质处理

在保证安全、卫生和不污染环境的条件下，采用适当的方法将瓶内的介质排净，然后用氮气进行置换。

4.3 瓶阀拆卸与表面清理

4.3.1 确认瓶内压力与大气压力一致时，由检验机构负责拆下瓶阀。

4.3.2 对于瓶阀无法开启的钢瓶，应与待检瓶分开存放以便另行妥善处理。

4.3.3 用不损伤瓶体金属的适当方法，将钢瓶内外表面的污垢、腐蚀产物、沾染物等有碍表面检查的杂物清除干净。

5 外观检查与评定

应逐只对钢瓶进行外观目测检查。检查其外表面是否存在凹陷、凹坑、鼓包、磕伤、划伤、裂纹、夹层、腐蚀、热损伤等缺陷。对有怀疑的部位可进行磁粉检测(或超声波检测)。

5.1 金属机械损伤的检查与评定

5.1.1 瓶体存在夹层、皱折、裂纹等缺陷时，必须打磨消除缺陷，打磨后的剩余壁厚不得小于设计壁厚。

5.1.2 瓶体磕伤、划伤、凹坑处的剩余壁厚小于设计壁厚的钢瓶应报废(测量方法见附录B)。

5.1.3 对未达到报废条件的缺陷，特别是线性缺陷或尖锐的机械损伤应进行修磨，使其边缘圆滑过渡，但修磨后的剩余壁厚不得小于设计壁厚。此规定亦适用于5.2.2。

5.2 凹陷的检查与评定

5.2.1 瓶体凹陷深度超过1.5 mm或大于凹陷短径1/35的钢瓶应报废(测量方法见附录B)。

5.2.2 瓶体凹陷中带有划伤或磕伤时，若其缺陷深度等于或大于5.1.2或5.2.1的规定，或缺陷深度虽小于5.1.2或5.2.1的规定，但其磕伤或划伤长度等于或大于凹陷短径，且凹陷深度超过1.0 mm，或凹陷深度大于凹陷短径的1/40，则该钢瓶应报废。

5.3 热损伤检查与评定

瓶体存在弧疤、焊迹或明火烧烤等热损伤而使金属受损的钢瓶应报废。

5.4 腐蚀的检查与评定

5.4.1 因腐蚀造成的壁厚减薄，其剩余壁厚不得小于设计壁厚。

5.4.2 因腐蚀严重，无法判断腐蚀程度的钢瓶应报废。

5.5 瓶体变形的检查与评定

测量瓶体，筒体的直线度超过瓶体长度4‰的钢瓶应报废。

6 壁厚检查与评定

6.1 检查要求

6.1.1 钢瓶应逐只进行测厚。

6.1.2 测厚仪的显示分辨率≤±0.1 mm。

6.2 评定

剩余壁厚小于设计壁厚的钢瓶应报废。

7 音响检查与评定

7.1 检查要求

7.1.1 外观检查合格的钢瓶，应逐只进行音响检查。

7.1.2 钢瓶在没有附加物或其他妨碍瓶体震动的情况下，用重约 250 g 的铜锤轻击瓶壁。

7.2 评定

如发出的音响清脆有力，余韵轻而长且有旋律感，则此项检验合格。音响十分混浊低沉，余韵重而短，并伴有破壳音响的钢瓶应报废。

8 瓶口螺纹检查与评定

8.1 检查内容与评定方法

8.1.1 用直接目测或借助低倍放大镜目测的方法逐只检查瓶口螺纹有无裂纹、变形、磨损、腐蚀或其他机械损伤。

8.1.2 瓶口螺纹不得有裂纹性缺陷，但允许瓶口螺纹有不影响使用的轻微损伤，即允许有不超过 2 牙的缺口，且缺口长度不超过圆周的 1/6，缺口深度不超过牙高的 1/3。

8.2 螺纹修复

对瓶口螺纹的轻度腐蚀、磨损或其他损伤，可用符合 GB 10878 规定的丝锥修复。修复后用符合 GB/T 8336 的量规检验，检验结果不符合 GB 8335，或自瓶口基面起有效螺距数少于 8 个螺距时，该钢瓶应报废。

9 内部检查与评定

9.1 工具

应用电压不超过 24 V、具有足够亮度的安全光源对钢瓶内部照明，逐只对钢瓶进行内部目测检查。必要时可使用光学内窥镜或其他辅助设备进行检查。

9.2 检查与评定

9.2.1 要注意内表面产生应力腐蚀裂纹的可能性，可借助音响检查或其他方法判断内表面是否存在应力腐蚀裂纹。

9.2.2 内表面有裂纹、皱折、夹层及瓶肩内有明显沟痕或皱折的钢瓶应报废。

9.2.3 内表面存在腐蚀缺陷的钢瓶，应参照 5.4.1、5.4.2 评定。

9.2.4 对内壁有腐蚀的部位应重点进行超声波检测或声发射检测。检测方法按 JB/T 4730 或 GB/T 18182 执行，合格标准为Ⅰ级。

10 质量与容积测定

10.1 数值处理

必须逐只对钢瓶进行质量(不含可拆附件)与容积测定。瓶重、容积应以三位有效数字表示。第四位数值，对于瓶重一律进位，对于容积一律舍去。

10.2 衡器要求

质量与容积测定用的衡器应保持准确，其最大称量值应为常用称量值的(1.5～3.0)倍。衡器的校验周期不得超过三个月。

10.2.1 当钢瓶实测质量小于制造钢印标记质量，且两者的差值大于制造钢印标记质量 3%时，应重新测定瓶壁最小厚度，最小壁厚小于设计壁厚的钢瓶应报废。对两者的差值大于制造钢印标记质量 5%的钢瓶应报废。

10.2.2 对质量测定合格的钢瓶，采用附录 A 规定的办法进行容积测定。

10.2.3 实测容积值小于制造钢印标记容积值的钢瓶，应根据容积测定记录将原制造钢印标记容积值改打为测定的容积值；实测容积值与制造钢印标记容积的差值大于制造钢印标记容积的 5%时钢瓶应报废。

11 水压试验

11.1 试验要求

11.1.1 必须按 GB/T 9251 逐只对钢瓶进行水压试验。应优先选用外测法测定容积残余变形率。

11.1.2 水压试验压力取 1.5 倍公称工作压力,钢瓶在试验压力下的保压时间不少于 2 min。

11.1.3 水压试验时,瓶体出现渗漏、明显变形或保压期间压力有回降现象(非因试验装置或瓶口泄漏)的钢瓶应报废。

11.1.4 在钢瓶进行水压试验时,应同时测定容积残余变形率。容积残余变形率超过 6%时,应重新测定瓶体的最小壁厚,其值小于设计壁厚的钢瓶应报废。容积残余变形率超过 10%的钢瓶应报废。

11.2 无效试验的处理

在钢瓶进行水压试验过程中,当压力升至试验压力的 90%或 90%以上时,如因故无法继续进行试验,应按 GB/T 9251 的规定采取提高试验压力的方法对试验无效的受试瓶再次进行试验。

12 内部干燥

12.1 干燥方法与要求

12.1.1 经水压试验合格的钢瓶,必须逐只进行内部干燥。

12.1.2 将瓶口朝下倒立一段时间,待瓶内残留的水沥净,然后采用干燥空气吹扫、内加温、外加温或其他适当的方法进行内部干燥。

12.1.3 用加温方法进行内部干燥时,通常控制温度不超过 200 ℃;时间应足够长以保证瓶内完全干燥。

12.2 干燥状况检查

借助内窥镜或小灯泡观察瓶内干燥状况,如内壁已全面呈干燥状态,便可安装瓶阀。

13 瓶阀检验与装配

13.1 瓶阀检验

13.1.1 应逐只检查瓶阀型号是否是站用天然气瓶瓶阀,并逐只对瓶阀进行检验和清洗,保证开闭自如、不泄漏。

13.1.2 阀体和其他部件不得有严重变形,螺纹不得有严重损伤,易熔塞不得凸出。

13.1.3 当瓶阀损坏时,应更换新的瓶阀。如需更换密封件等易损部件,必须得到瓶阀制造厂的书面授权且在其指导下进行。在装配瓶阀之前,应按 GB 15382 的要求对瓶阀进行气密性试验。

13.2 瓶阀装配

13.2.1 瓶阀应装配牢固,并应保证其与瓶口连接的有效螺纹牙数和密封性能,其外露螺纹数(1~2)牙。

13.2.2 更换的瓶阀上必须有安全泄放装置,型式为爆破片-易熔塞组合式。

14 气密性试验

14.1 试验要求

14.1.1 钢瓶经水压试验合格后,必须按 GB/T 12137 规定的浸水法逐只进行气密性试验。试验压力应为钢瓶公称工作压力。

14.1.2 浸水时间不少于 2 min,期间不得有泄漏现象。

14.1.3 充气过程中若充气装置发生故障或试验过程中瓶阀产生泄漏时,应立即停止试验,待维修或重新装配后再试验。

14.2 试验结果

对在试验压力下瓶体泄漏的钢瓶应报废。

15 检验后的工作

15.1 检验标记

定期检验合格的钢瓶，应按《气瓶安全监察规程》的规定打上或压印检验标志、喷涂检验色标。

15.2 钢瓶检验记录与报废处理

15.2.1 检验人员应将钢瓶检验与评定结果填入气瓶定期检验与评定记录。

15.2.2 报废钢瓶由检验单位负责销毁，销毁方式为压扁或锯切，并填写气瓶报废通知书通知钢瓶产权单位。

15.3 涂敷

钢瓶在检验合格后必须涂敷，涂敷前应清除表面油污、锈蚀等杂物，且在干燥的条件下方可涂敷。

钢瓶颜色为棕色，字样为“天然气”，字色红色，其他参照 GB 7144 执行。

附 录 A
（规范性附录）
钢瓶水容积测定方法

钢瓶容积测定，必须在清除瓶内锈蚀物和沾染物之后进行，以免造成误差，其测定方法如下。

A.1 将经过空瓶称重的钢瓶，瓶口朝上置于检验室的地坪上，向瓶内注满清水，静置 8 h（注入瓶内的清水应已在试验用水槽内静置 24 h）。其间应断续的用木锤自下而上轻敲瓶壁数次，并将瓶内每次下降的水补满，直至瓶口水面不再下降为止。

A.2 确认瓶内气泡排出，瓶口液面不再下降时，将钢瓶移至称重衡器上称出瓶与水的总质量。

A.3 以"瓶水总重"减去实测的空瓶质量得出瓶内容纳的水重，再乘以称重时瓶内水温下的每公斤水的体积数（见下表 A.1），即得出该钢瓶的现容积值。

表 A.1 不同水温下每公斤水的体积

温度/℃	体积/L	温度/℃	体积/L	温度/℃	体积/L	温度/℃	体积/L
5	1.000 00	14	1.000 73	23	1.002 24	32	1.004 97
6	1.000 03	15	1.000 87	24	1.002 69	33	1.005 30
7	1.000 07	16	1.001 03	25	1.002 94	34	1.005 63
8	1.000 12	17	1.001 20	26	1.003 20	35	1.005 98
9	1.000 19	18	1.001 38	27	1.003 47	36	1.006 33
10	1.000 27	19	1.001 57	28	1.003 75	37	1.006 69
11	1.000 37	20	1.001 77	29	1.004 05	38	1.007 06
12	1.000 48	21	1.001 99	30	1.004 35	39	1.007 43
13	1.000 60	22	1.002 21	31	1.004 66	40	1.007 82

附 录 B
（资料性附录）
凹陷、凹坑、磕伤和划伤深度值的测量方法

B.1 凹陷深度(*h*)的测量方法

以凹陷的弦为基准测量深度，量具为游标卡尺、直尺，直尺应沿钢瓶轴线放置，直尺长度应大于凹陷最大直径的三倍，如图 B.1 a)所示。

以凹陷处瓶体外圆周的弧为基准测量深度，量具为游标卡尺、弧形样板，弧形样板应沿圆周放置，样板弧长应大于钢瓶周长的 2/5，如图 B.1 b)所示。

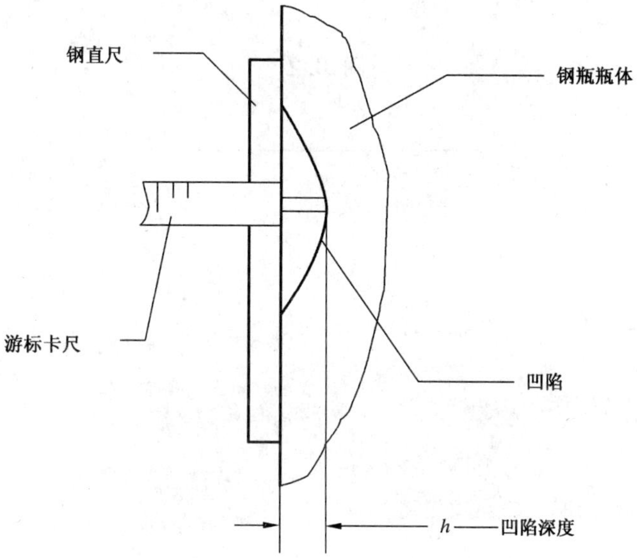

a)

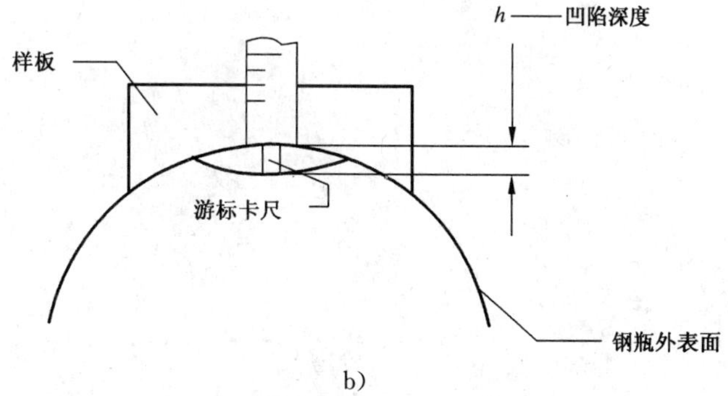

b)

图 B.1

B.2 凹坑、磕伤、划伤深度值的测量方法

可用下面两种方法中的任一种：

a) 凹坑、磕伤、划伤深度值以最深处为准，测量用的专用量具如图 B.2 所示。卡板的型面曲率半径应与钢瓶外廓相吻合，千分尺的针尖插入缺陷中测量其深度，针尖的楔角应≤30°，半径应≤0.25 mm。要定期校核千分尺的读数，以消除由于针尖磨损造成的误差。

b） 将软铅锤满凹坑、磕伤、划伤之中，取出软铅，用卡尺量得最大软铅高度即为凹坑、磕伤或划伤深度。

注：凹陷、凹坑、磕伤的周边，有时可见少许突起，使测量样板或直尺不能与基面（瓶体表面）完成贴合，此时应考虑由此引起的测量误差。

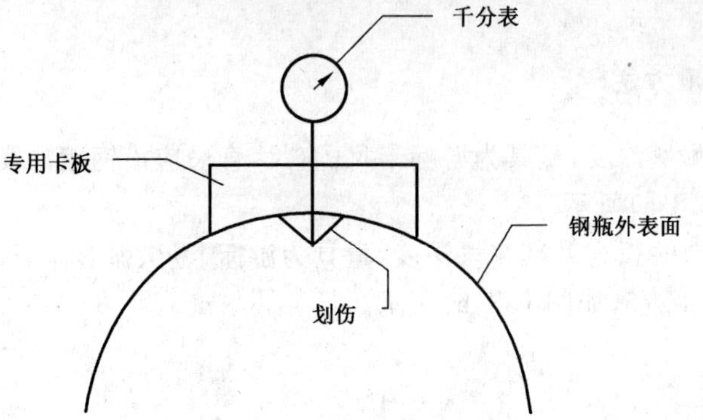

图 B.2

ICS 71.100.01;87.060.10
G 55

GB

中华人民共和国国家标准

GB/T 24164—2009

染料产品中多氯苯的测定

Determination of the content of polychloriznated benzenes in dye products

2009-06-25 发布 2010-04-01 实施

中华人民共和国国家质量监督检验检疫总局
中国国家标准化管理委员会 发布

前　言

本标准的附录 A 为规范性附录，附录 B 为资料性附录。

本标准由中国石油和化学工业协会提出。

本标准由全国染料标准化技术委员会(SAC/TC 134)归口。

本标准起草单位：沈阳化工研究院、中化天津公司、国家染料质量监督检验中心。

本标准主要起草人：季浩、杨凯、沈日炯、高峰、姬兰琴。

染料产品中多氯苯的测定

警告——使用本标准的人员应有正规实验室工作的实践经验。本标准并未指出所有可能的安全问题。使用者有责任采取适当的安全和健康措施,并保证符合国家有关法规规定的条件。

1 范围

本标准规定了染料产品中多氯苯(见附录A)的测定方法。

本标准适用于采用气相色谱-质谱法(GC-MS)或气相色谱法-电子捕获检测器(GC-ECD)对商品染料、染料制品、染料中间体和纺织印染助剂中多氯苯的测定。

2 规范性引用文件

下列文件中的条款通过本标准的引用而成为本标准的条款。凡是注日期的引用文件,其随后所有的修改单(不包括勘误的内容)或修订版均不适用于本标准,然而,鼓励根据本标准达成协议的各方研究是否可使用这些文件的最新版本。凡是不注日期的引用文件,其最新版本适用于本标准。

GB/T 6682—2008 分析实验室用水规格和试验方法(ISO 3696:1987,MOD)

GB/T 8170—2008 数值修约规则与极限数值的表示和判定

3 原理

用正己烷在超声波浴中萃取试样中的多氯苯,而后用气相色谱-质谱法(GC-MS)或气相色谱-电子捕获检测器法(GC-ECD)对萃取物进行测定,外标法定量。

4 测定方法

4.1 一般规定

除非另有规定,仅使用确认为分析纯的试剂和GB/T 6682—2008中规定的三级水。检验结果的判定按GB/T 8170—2008中的4.3.3修约值比较法进行。

4.2 试剂和溶液

a) 正己烷;

b) 附录A中所列多氯苯的标准品:含量(质量分数)≥99%。

4.3 多氯苯标准溶液的配制

4.3.1 单一储备标准溶液

分别称取附录A所列多氯苯标准品0.01 g(精确至0.000 1 g),用正己烷溶解,定容至25 mL容量瓶中,配制成单一储备标准溶液。单一储备标准溶液有效期为一年。

4.3.2 混合标准溶液

按表1要求分别吸取上述单一储备标准溶液至25 mL容量瓶中,用正己烷稀释并定容,配制成混合标准溶液。混合标准溶液有效期为三个月。

表1 混合标准溶液配制

单位为毫升

组　分	组分体积值			
单一标准溶液	0.10	0.20	0.50	1.00
正己烷	24.9	24.8	24.5	24.0

4.4 仪器

a) 气相色谱仪:配有质量选择检测器(MSD);

b) 气相色谱仪:配有电子捕获检测器(GC-ECD);

c) 超声波发生器:工作频率 40 kHz;

d) 微量注射器:10 μL;

e) 提取器:由硬质玻璃制成,管状,具有磨口和瓶塞,50 mL;

f) 0.45 μm 聚四氟乙烯薄膜过滤头;

g) 磨口具塞离心管:10 mL;

h) 离心机:4 000 r/min。

4.5 测定步骤

4.5.1 提取

称取 1 g(精确至 0.000 1 g)样品,置于提取器中。往提取器中准确加入 10.0 mL 正己烷,置于超声波浴中萃取 20 min。用 0.45 μm 聚四氟乙烯薄膜过滤头将萃取液注射过滤至 2 mL 的小样品瓶中,供色谱分析。如样品为水溶性,必要时可先在样品中加入 2 mL 水,振荡均匀后再加入 10.0 mL 正己烷;如样品经超声波萃取后混浊,可使用离心设备离心 5 min 待分层后取上层清液进行分析。

4.5.2 色谱分析

4.5.2.1 色谱分析条件

由于测试结果取决于所使用的仪器,因此不可能给出色谱分析的普遍参数。采用下列参数(见表 2、表 3)已被证明对测试是合适的。

表 2 气相色谱-质谱仪器操作条件

控制参数	操作条件		
	升温速度/(℃/min)	温度/℃	保持时间/min
柱温	—	100	2
	10	180	0
	50	280	5
色谱柱[a]	毛细管柱		
进样口温度	320 ℃		
载气	氦气(99.999%)		
流量	1 mL/min		
进样体积	0.2 μL		
进样方式	无分流进样		
离子源温度	230 ℃		
四极杆温度	150 ℃		

[a] 50%苯基甲基聚硅氧烷固定相;如:DB-17MS,30 m×0.25 mm×0.25 μm 或相当者。

表 3 气相色谱分析条件

控制参数	操作条件		
	升温速度/(℃/min)	温度/℃	保持时间/min
柱温		100	2
	10	180	0
	50	280	5
	0		
色谱柱[a]	毛细管柱		

表 3（续）

控制参数	操作条件
进样口温度	320 ℃
检测器温度	300 ℃
载气	氮气
流量	1 mL/min
进样体积	0.2 μL
进样方式	无分流进样
尾吹气	氮气
尾吹气流量	60 mL/min
[a] 50％苯基甲基聚硅氧烷固定相；如：DB-17，30 m×0.25 mm×0.25 μm 或相当者。	

4.5.2.2 测定

根据试样中被测物含量的情况，选取浓度相近的混合标准溶液进行测定。按上述色谱分析条件分别取 0.2 μL 试样溶液和标准溶液进样测定，所得的气相色谱-质谱总离子流图和气相色谱图见附录 B，其中，气相色谱-质谱总离子流图通过特征离子峰面积外标法定量；气相色谱图通过峰高外标法定量。

4.5.3 结果计算

4.5.3.1 气相色谱-质谱法

试样中多氯苯以质量分数 w_i 计，数值用(mg/kg)表示，按式(1)计算：

$$w_i = \frac{A_i \rho_i V}{A_{is} m} \qquad (1)$$

式中：

A_i——样液中多氯苯 i 目标离子的峰面积数值；

ρ_i——标准溶液中多氯苯 i 相当的浓度的数值，单位为微克每毫升(μg/mL)；

V——样液最终定容体积的数值，单位为毫升(mL)；

A_{is}——标准溶液中多氯苯 i 目标离子的峰面积数值；

m——试样质量的数值，单位为克(g)。

计算结果表示到小数点后两位。

4.5.3.2 气相色谱法

试样中多氯苯以质量分数 w_i 计，数值用(mg/kg)表示，按式(2)计算：

$$w_i = \frac{h_i \rho_i V}{h_{is} m} \qquad (2)$$

式中：

h_i——样液中多氯苯 i 的峰高数值；

ρ_i——标准溶液中多氯苯 i 相当的浓度的数值，单位为微克每毫升(μg/mL)；

V——样液最终定容体积的数值，单位为毫升(mL)；

h_{is}——标准溶液中多氯苯 i 的峰高数值；

m——试样质量的数值，单位为克(g)。

计算结果表示到小数点后两位。

5 测定低限、回收率和精密度

5.1 测定低限

本方法中气相色谱-质谱法的测定低限为 0.1 mg/kg，气相色谱法的测定低限为 0.01 mg/kg。

5.2 回收率

采用标准加入法，将 1 mL 的标准混合溶液加入到 1 g 经本标准方法测定确定不含有多氯苯的染料产品中，按本标准的第 4 章操作，测得的各种多氯苯回收率应在 70%～100%之间。

5.3 精密度

在同一实验室，由同一操作者使用相同设备，按相同的测试方法，并在短时间内对同一被测对象相互独立进行的测试获得的两次独立测试结果的绝对差值不大于这两个测定值的算术平均值的 20%。

6 试验报告

试验报告至少应给出以下内容：

a) 试样描述；

b) 使用的标准；

c) 试验结果；

d) 偏离标准的差异；

e) 试验日期。

附 录 A
（规范性附录）
多氯苯种类

表 A.1 多氯苯种类

序号	多氯苯名称	化学文摘编号 CAS RN	分子式	相对分子质量（根据2007年国际原子量表）	特征碎片离子/amu	
					目标离子	特征离子
1	1,2-二氯苯	95-50-1	$C_6H_4Cl_2$	147.00	146	148,111
2	1,3-二氯苯	541-73-1	$C_6H_4Cl_2$	147.00	146	148,111
3	1,4-二氯苯	106-46-7	$C_6H_4Cl_2$	147.00	146	148,111
4	1,2,3-三氯苯	87-61-6	$C_6H_3Cl_3$	181.45	180	182,145
5	1,2,4-三氯苯	120-82-1	$C_6H_3Cl_3$	181.45	180	182,145
6	1,3,5-三氯苯	108-70-3	$C_6H_3Cl_3$	181.45	180	182,145
7	1,2,3,5-四氯苯	364-90-2	$C_6H_2Cl_4$	215.89	216	214,218
8	1,2,4,5-四氯苯	95-94-3	$C_6H_2Cl_4$	215.89	216	214,218
9	1,2,3,4-四氯苯	634-66-2	$C_6H_2Cl_4$	215.89	216	214,218
10	五氯苯	608-93-5	C_6HCl_5	250.34	250	252,215
11	六氯苯	118-74-1	C_6Cl_6	284.78	284	286,282

附 录 B
（资料性附录）
多氯苯标样图

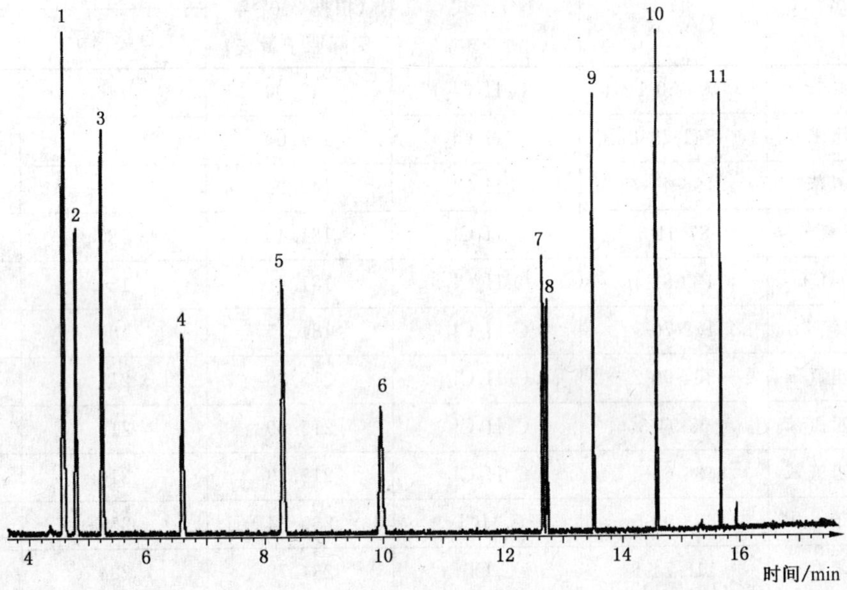

1——1,3-二氯苯；
2——1,4-二氯苯；
3——1,2-二氯苯；
4——1,3,5-三氯苯；
5——1,2,4-三氯苯；
6——1,2,3-三氯苯；
7——1,2,3,5-四氯苯；
8——1,2,4,5-四氯苯；
9——1,2,3,4-四氯苯；
10——五氯苯；
11——六氯苯。

图 B.1 多氯苯标样的 GC/MS 总离子流图

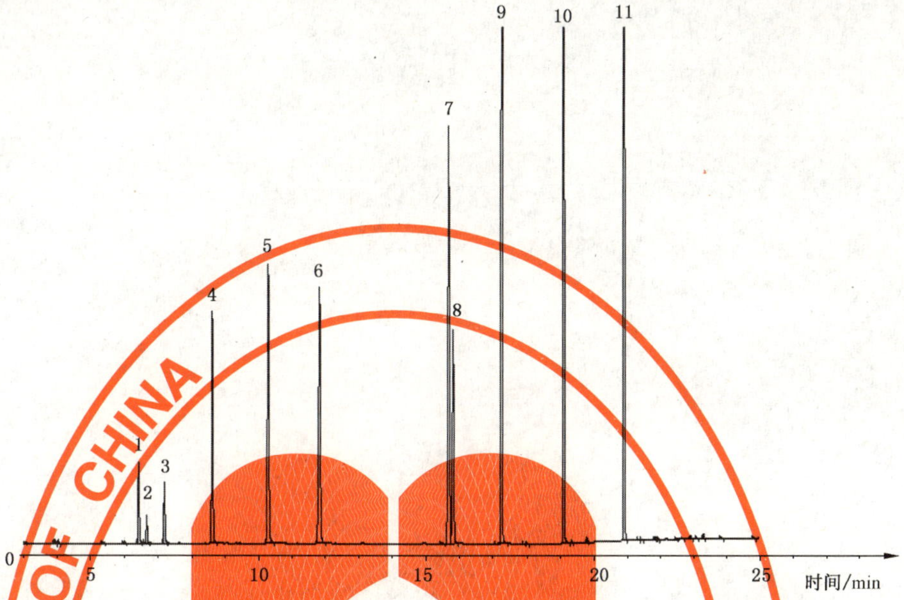

1——1,3-二氯苯；
2——1,4-二氯苯；
3——1,2-二氯苯；
4——1,3,5-三氯苯；
5——1,2,4-三氯苯；
6——1,2,3-三氯苯；
7——1,2,3,5-四氯苯；
8——1,2,4,5-四氯苯；
9——1,2,3,4-四氯苯；
10——五氯苯；
11——六氯苯。

图 B.2　多氯苯标样的气相色谱图

ICS 71.100.01;87.060.10
G 55

中华人民共和国国家标准

GB/T 24165—2009

染料产品中多氯联苯的测定

Determination of the content of polychlorinated biphenyls in dye products

2009-06-25 发布 2010-04-01 实施

中华人民共和国国家质量监督检验检疫总局
中国国家标准化管理委员会 发布

前言

本标准的附录A为规范性附录,附录B为资料性附录。

本标准由中国石油和化学工业协会提出。

本标准由全国染料标准化技术委员会(SAC/TC 134)归口。

本标准起草单位:沈阳化工研究院、大连理工大学精细化工国家重点实验室、国家染料质量监督检验中心。

本标准主要起草人:季浩、彭孝军、沈日炯、姬兰琴。

染料产品中多氯联苯的测定

警告——使用本标准的人员应有正规实验室工作的实践经验。本标准并未指出所有可能的安全问题。使用者有责任采取适当的安全和健康措施,并保证符合国家有关法规规定的条件。

1 范围

本标准规定了检测染料产品中多氯联苯(见附录A)的测定方法。

本标准适用于采用气相色谱-质谱法(GC-MS)或气相色谱法-电子捕获检测器(GC-ECD)对商品染料、染料制品、染料中间体和纺织印染助剂中多氯联苯的测定。

2 规范性引用文件

下列文件中的条款通过本标准的引用而成为本标准的条款。凡是注日期的引用文件,其随后所有的修改单(不包括勘误的内容)或修订版均不适用于本标准,然而,鼓励根据本标准达成协议的各方研究是否可使用这些文件的最新版本。凡是不注日期的引用文件,其最新版本适用于本标准。

GB/T 6682—2008 分析实验室用水规格和试验方法(ISO 3696:1987,MOD)

GB/T 8170—2008 数值修约规则与极限数值的表示和判定

3 原理

用正己烷在超声波浴中萃取试样中的多氯联苯,而后用气相色谱-质谱法(GC-MS)对萃取物进行全扫描(SCAN)和选择离子检测(SIM)测定或用气相色谱-电子捕获检测器法(GC-ECD)对萃取物进行测定。全扫描的总离子流图用于定性,特征离子外标法定量;气相色谱图采用外标法定量。

4 测定方法

4.1 一般规定

除非另有规定,仅使用确认为分析纯的试剂和GB/T 6682—2008中规定的三级水。检验结果的判定按GB/T 8170—2008中的4.3.3修约值比较法进行。

4.2 试剂和溶液

a) 正己烷。

b) 附录A.1中所列含1～10个氯原子的多氯联苯的标准品各取一种:含量(质量分数)≥99%。

c) 附录A.2中所列多氯联苯的标准品:含量≥99%(质量分数)。

4.3 多氯联苯标准溶液的配制

4.3.1 单一储备标准溶液

分别称取附录A.1(气相色谱-质谱法)和A.2(气相色谱法)所列含不同氯原子数的多氯联苯标准品各0.01(精确至0.000 1 g),用正己烷溶解,定容至25 mL容量瓶中,配制成单一储备标准溶液。单一储备标准溶液有效期为一年。

4.3.2 混合标准溶液

按表1要求分别吸取上述单一储备标准溶液至25 mL容量瓶中,用正己烷稀释并定容,配制成混合标准溶液。混合标准溶液有效期为三个月。

表 1 混合标准溶液配制

单位为毫升

组分	组分体积值			
单一标准溶液	0.10	0.20	0.50	1.00
正己烷	24.9	24.8	24.5	24.0

4.4 仪器

a) 气相色谱仪:配有质量选择检测器(MSD),具有选择离子检测功能。

b) 气相色谱仪:配有电子捕获检测器(GC-ECD)。

c) 超声波发生器:工作频率 40 kHz。

d) 微量注射器:10 μL。

e) 提取器:由硬质玻璃制成,管状,具有磨口和瓶塞,50 mL。

f) 0.45 μm 聚四氟乙烯薄膜过滤头。

g) 磨口具塞离心管:10 mL。

h) 离心机:4 000 r/min。

4.5 测定步骤

4.5.1 提取

称取 1 g(精确至 0.000 1 g)样品,置于提取器中。往提取器中准确加入 10.0 mL 正己烷,置于超声波浴中萃取 20 min。用 0.45 μm 聚四氟乙烯薄膜过滤头将萃取液注射过滤至 2 mL 的小样品瓶中,供色谱分析。如样品为水溶性,必要时可先在样品中加入 2 mL 水,振荡均匀后再加入 10.0 mL 正己烷;如样品经超声波萃取后混浊,可使用离心设备离心 5 min 待分层后取上层清液进行分析。

4.5.2 色谱分析

4.5.2.1 气相色谱分析条件

由于测试结果取决于所使用的仪器,因此不可能给出色谱分析的普遍参数。采用下列参数(见表 2、表 3)已被证明对测试是合适的。

表 2 气相色谱-质谱仪器操作条件

控制参数	操作条件		
柱温	升温速度/(℃/min)	温度/℃	保持时间/min
	—	180	2
	10	280	10
色谱柱[a]	毛细管柱		
载气	氦气(99.999%)		
流量	1 mL/min		
进样体积	0.2 μL		
进样方式	无分流进样		
离子源温度	230 ℃		
四极杆温度	150 ℃		
扫描范围	20 amu~50 amu		
离子源电压	70 eV		

[a] 5%苯基甲基聚硅氧烷固定相,如:DB-5MS,30 m×0.25 mm×0.25 μm 或相当者。

表3 气相色谱分析条件

控制参数	操作条件		
柱温	升温速度/(℃/min)	温度/℃	保持时间/min
	—	180	2
	10	280	10
色谱柱[a]	毛细管柱		
进样口温度	320 ℃		
检测器温度	320 ℃		
载气	氮气		
流量	1 mL/min		
进样体积	0.2 μL		
进样方式	无分流进样		
尾吹气流量	60 mL/min		

a 5%苯基甲基聚硅氧烷固定相，如：DB-5，30 m×0.25 mm×0.25 μm 或相当者。

4.5.2.2 **测定**

根据试样中被测物含量的情况，选取浓度相近的混合标准溶液进行测定。按上述色谱分析条件分别取 0.2 μL 试样溶液和标准溶液进样测定，所得的气相色谱-质谱总离子流图和气相色谱图见附录 B。气相色谱-质谱法通过特征离子峰面积外标法定量，气相色谱法通过峰高外标法定量。气相色谱-质谱法检测时先进行选择离子检测，如样品中有目标离子和特征离子检出，需通过全扫描的总离子流图进行定性。

4.5.3 **结果计算**

4.5.3.1 **气相色谱-质谱法**

试样中多氯联苯以质量分数 w_i 计，数值用(mg/kg)，按式(1)计算：

$$w_i = \frac{A_i \rho_i V}{A_{is} m} \qquad \cdots\cdots (1)$$

式中：

A_i——样液中多氯联苯 i 目标离子的峰面积数值；

ρ_i——标准溶液中多氯联苯 i 相当的浓度的数值，单位为微克每毫升(μg/mL)；

V——样液最终定容体积的数值，单位为毫升(mL)；

A_{is}——标准溶液中多氯联苯 i 目标离子的峰面积数值；

m——试样质量的数值，单位为克(g)。

计算结果表示到小数点后两位。计算结果为每种含相同个数氯原子的多氯联苯的总和。

4.5.3.2 **气相色谱法**

试样中多氯联苯以质量分数 w_i 计，数值用(mg/kg)表示，按式(2)计算：

$$w_i = \frac{h_i \rho_i V}{h_{is} m} \qquad \cdots\cdots (2)$$

式中：

h_i——样液中多氯联苯 i 的峰高数值；

ρ_i——标准溶液中多氯联苯 i 相当的浓度的数值，单位为微克每毫升(μg/mL)；

V——样液最终定容体积的数值，单位为毫升(mL)；

h_{is}——标准溶液中多氯联苯 i 的峰高数值；

m——试样质量的数值，单位为克(g)。

计算结果表示到小数点后两位。

5 测定低限、回收率和精密度

5.1 测定低限

本方法的测定低限为 0.01 mg/kg。

5.2 回收率

采用标准加入法，将 1 mL 的标准混合溶液加入到 1 g 经本标准方法测定确定不含有多氯联苯的染料产品中，按本标准的第 4 章操作，测得的各种多氯联苯回收率应在 80%～100%之间。

5.3 精密度

在同一实验室，由同一操作者使用相同设备，按相同的测试方法，并在短时间内对同一被测对象相互独立进行的测试获得的两次独立测试结果的绝对差值不大于这两个测定值的算术平均值的 20%。

6 试验报告

试验报告至少应给出以下内容：

a) 试样描述；

b) 使用的标准；

c) 试验结果；

d) 偏离标准的差异；

e) 试验日期。

附 录 A
（规范性附录）
多氯联苯种类

表 A.1 多氯联苯种类Ⅰ

序号	名称	含氯原子数目	IUPAC 编号	分子式	特征碎片离子/amu	
					目标离子	特征离子
1	一氯联苯	1	PCB1～PCB3	$C_{12}H_9Cl$	188	190,152
2	二氯联苯	2	PCB4～PCB15	$C_{12}H_8Cl_2$	222	224,152
3	三氯联苯	3	PCB16～PCB39	$C_{12}H_7Cl_3$	256	258,150
4	四氯联苯	4	PCB40～PCB81	$C_{12}H_6Cl_4$	292	290,220
5	五氯联苯	5	PCB82～PCB127	$C_{12}H_5Cl_5$	326	328,254
6	六氯联苯	6	PCB128～PCB169	$C_{12}H_4Cl_6$	360	362,290
7	七氯联苯	7	PCB170～PCB193	$C_{12}H_3Cl_7$	394	396,324
8	八氯联苯	8	PCB194～PCB205	$C_{12}H_2Cl_8$	430	428,358
9	九氯联苯	9	PCB206～PCB208	$C_{12}HCl_9$	464	462,392
10	十氯联苯	10	PCB209	$C_{12}Cl_{10}$	498	428,356

表 A.2 多氯联苯种类Ⅱ

序号	IUPAC 编号	多氯联苯名称	化学文摘编号 CAS RN	分子式	相对分子质量（根据 2007 年国际原子量表）
1	PCB28	2,4,4′-三氯联苯	7012-37-5	$C_{12}H_7Cl_3$	257.54
2	PCB52	2,2′,5,5′-四氯联苯	35693-99-3	$C_{12}H_6Cl_4$	291.99
3	PCB101	2,2′,4,5,5′-五氯联苯	37680-73-2	$C_{12}H_5Cl_5$	326.43
4	PCB118	2,3′,4,4′,5-五氯联苯	31508-00-6	$C_{12}H_5Cl_5$	326.43
5	PCB138	2,2′,3,4,4′,5′-六氯联苯	35065-28-2	$C_{12}H_4Cl_6$	360.88
6	PCB153	2,2′,4,4′,5,5′-六氯联苯	35065-27-1	$C_{12}H_4Cl_6$	360.88
7	PCB180	2,2′,3,4,4′,5,5′-七氯联苯	35065-29-3	$C_{12}H_3Cl_7$	395.32

附 录 B
（资料性附录）
多氯联苯气相色谱-质谱总离子流图

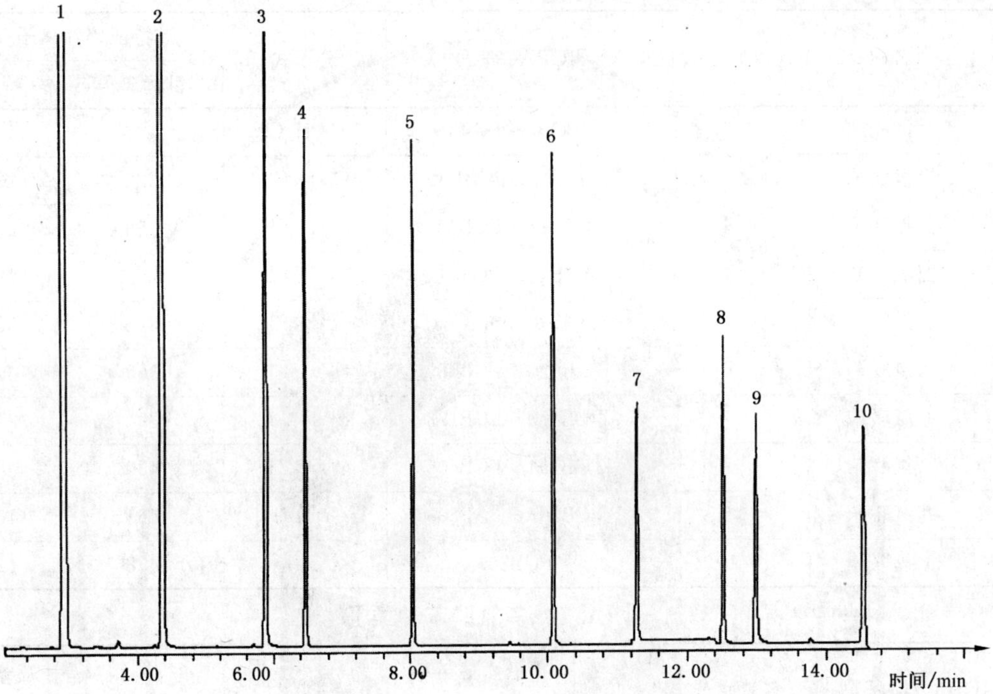

1——一氯联苯；
2——二氯联苯；
3——三氯联苯；
4——四氯联苯；
5——五氯联苯；
6——六氯联苯；
7——七氯联苯；
8——八氯联苯；
9——九氯联苯；
10——十氯联苯。

图 B.1 多氯联苯标样的 GC/MS 总离子流图

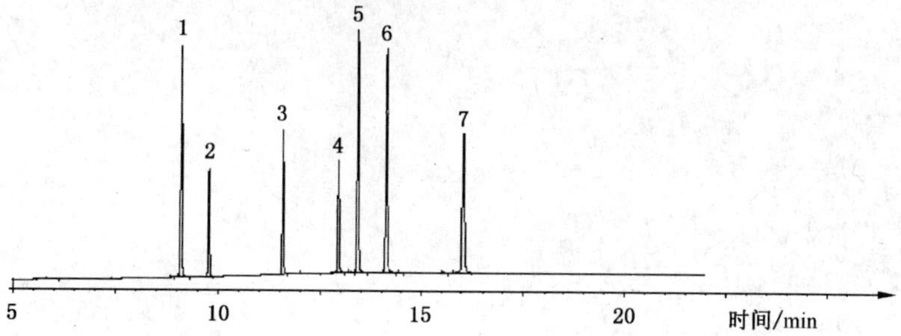

1——2,4,4′-三氯联苯；

2——2,2′,5,5′-四氯联苯；

3——2,2′,4,5,5′-五氯联苯；

4——2,3′,4,4′,5-五氯联苯；

5——2,2′,3,4,4′,5′-六氯联苯；

6——2,2′,4,4′,5,5′-六氯联苯；

7——2,2′,3,4,4′,5,5′-七氯联苯。

图 B.2　多氯联苯标样的气相色谱图

ICS 71.100.01;87.060.10
G 55

GB

中华人民共和国国家标准

GB/T 24166—2009

染料产品中含氯苯酚的测定

Determination of the content of chlorinated phenols in dye products

2009-06-25 发布 2010-04-01 实施

中华人民共和国国家质量监督检验检疫总局
中国国家标准化管理委员会 发布

前　言

本标准的附录 A 为规范性附录，附录 B 为资料性附录。

本标准由中国石油和化学工业协会提出。

本标准由全国染料标准化技术委员会(SAC/TC 134)归口。

本标准起草单位：沈阳化工研究院、国家染料质量监督检验中心。

本标准主要起草人：季浩、沈日炯、姬兰琴。

染料产品中含氯苯酚的测定

警告——使用本标准的人员应有正规实验室工作的实践经验。本标准并未指出所有可能的安全问题。使用者有责任采取适当的安全和健康措施,并保证符合国家有关法规规定的条件。

1 范围

本标准规定了染料产品中含氯苯酚(2,3,5,6-四氯苯酚和五氯苯酚)的测定方法。

本标准适用于采用气相色谱法-质量选择检测器(GC-MSD)和采用气相色谱法-电子捕获检测器(GC-ECD)对商品染料、染料制品、染料中间体和纺织印染助剂中含氯苯酚(2,3,5,6-四氯苯酚和五氯苯酚)的测定。

2 规范性引用文件

下列文件中的条款通过本标准的引用而成为本标准的条款。凡是注日期的引用文件,其随后所有的修改单(不包括勘误的内容)或修订版均不适用于本标准,然而,鼓励根据本标准达成协议的各方研究是否可使用这些文件的最新版本。凡是不注日期的引用文件,其最新版本适用于本标准。

GB/T 6682—2008 分析实验室用水规格和试验方法(ISO 3696:1987,MOD)

GB/T 8170—2008 数值修约规则与极限数值的表示和判定

3 原理

用碳酸钾溶液提取试样中的含氯苯酚,提取液经乙酸酐乙酰化后用正己烷萃取其中的含氯苯酚乙酸酯,而后用气相色谱-质量选择检测器(GC-MSD)和气相色谱法-电子捕获检测器(GC-ECD)对萃取物进行测定,外标法定量。

4 试验方法

4.1 一般规定

除非另有规定,仅使用确认为分析纯的试剂和GB/T 6682—2008中规定的三级水。检验结果的判定按GB/T 8170—2008中的4.3.3修约值比较法进行。

4.2 试剂和溶液

a) 无水碳酸钾;

b) 乙酸酐;

c) 正己烷;

d) 无水硫酸钠:650 ℃烘干4 h,取出后置于干燥器中备用;

e) 碳酸钾溶液:0.1 mol/L水溶液,称取13.8 g无水碳酸钾溶于水中,定容至1 000 mL;

f) 硫酸钠溶液:20 g/L;

g) 附录A中含氯苯酚的标准品:含量(质量分数)≥99%。

4.3 含氯苯酚标准溶液的配制

4.3.1 单一储备标准溶液

分别称取附录A所列含氯苯酚标准品0.01 g(精确至0.000 1 g),用碳酸钾溶液溶解,定容至

25 mL 容量瓶中，配制成单一储备标准溶液。单一储备标准溶液有效期为一年。

4.3.2 混合标准溶液

按表 1 要求分别吸取上述单一储备标准溶液至 25 mL 容量瓶中，用碳酸钾溶液稀释并定容，配制成混合标准溶液。混合标准溶液有效期为三个月。

表 1 混合标准溶液配制

单位为毫升

组 分	组分体积值			
单一标准溶液	0.10	0.20	0.50	1.00
碳酸钾溶液	24.9	24.8	24.5	24.0

4.4 仪器

a) 气相色谱仪：配有质量选择检测器(GC-MSD)；

b) 气相色谱仪：配有电子捕获检测器(GC-ECD)；

c) 超声波发生器：工作频率 40 kHz；

d) 微量注射器：10 μL；

e) 提取器：由硬质玻璃制成，管状，具有磨口和瓶塞，100 mL；

f) 分液漏斗：150 mL；

g) 0.45 μm 聚四氟乙烯薄膜过滤头；

h) 磨口具塞离心管：10 mL；

i) 离心机：4 000 r/min。

4.5 测定步骤

4.5.1 提取

称取 1 g(精确至 0.000 1 g)样品，置于提取器中。往提取器中准确加入 30.0 mL 碳酸钾溶液，充分振荡并置于超声波浴中萃取 20 min。将提取液抽滤，固体部分用碳酸钾溶液 10 mL 洗涤两遍，合并滤液。

4.5.2 乙酰化

将滤液置于 150 mL 分液漏斗中，加入 2 mL 乙酸酐，振摇 2 min，准确加入 10 mL 正己烷，振摇 2 min，静置分层，弃去下层。上层正己烷相加入 50 mL 硫酸钠溶液，振摇 2 min 后弃去下层。将正己烷转移至离心管中，加入 1 g 无水硫酸钠，振摇 1 min，以 4 000 r/min 的速度离心 3 min。取上层清液进行气相色谱分析。

4.5.3 标准工作溶液的制备

移取一定体积适宜浓度的混合标准溶液于 150 mL 分液漏斗中，加入 30 mL 碳酸钾溶液，其余步骤按 4.5.2 进行。

4.5.4 色谱分析

4.5.4.1 气相色谱分析条件

由于测试结果取决于所使用的仪器，因此不可能给出色谱分析的普遍参数。采用下列参数(见表 2、表 3)已被证明对测试是合适的。

表 2 气相色谱-质谱分析条件

控制参数	操作条件		
柱温	升温速度/(℃/min)	温度/℃	保持时间/min
	—	150	2
	10	260	5
色谱柱[a]	毛细管柱		
进样口温度	300 ℃		
载气	氦气(99.999%)		
流量	1 mL/min		
进样体积	0.2 μL		
进样方式	无分流进样		
离子源温度	230 ℃		
四极杆温度	150 ℃		

[a] 5%苯基甲基聚硅氧烷固定相，如：DB-5MS，30 m×0.25 mm×0.25 μm 或相当者。

表 3 气相色谱分析条件

控制参数	操作条件		
柱温	升温速度/(℃/min)	温度/℃	保持时间/min
	—	150	2
	10	260	5
色谱柱[a]	毛细管柱		
进样口温度	300 ℃		
检测器温度	300 ℃		
载气	氮气		
流量	1 mL/min		
进样体积	0.2 μL		
进样方式	无分流进样		
尾吹气流量	60 mL/min		

[a] 5%苯基甲基聚硅氧烷固定相，如：DB-5，30 m×0.25 mm×0.25 μm 或相当者。

4.5.4.2 **测定**

根据试样中被测物含量的情况，选取浓度相近的标准工作溶液进行测定。按上述色谱分析条件分别取 0.2 μL 试样溶液和标准工作溶液进样测定，所得的气相色谱-质谱总离子流图和气相色谱图见附录 B，气相色谱-质谱法通过特征离子峰面积外标法定量，气相色谱法通过峰高外标法定量。

4.5.5 **结果计算**

4.5.5.1 **气相色谱-质谱法**

试样中含氯苯酚以质量分数 w_i 计，数值用(mg/kg)，按式(1)计算：

$$w_i = \frac{A_i \rho_i V}{A_{is} m} \qquad \cdots\cdots(1)$$

式中：

A_i——样液中含氯苯酚 i 目标离子的峰面积数值；

ρ_i——标准溶液中含氯苯酚 i 相当的浓度的数值，单位为微克每毫升(μg/mL)；

V——样液最终定容体积的数值，单位为毫升(mL)；

A_{is}——标准溶液中含氯苯酚 i 目标离子的峰面积数值；

m——试样质量的数值，单位为克(g)。

计算结果表示到小数点后两位。

4.5.5.2 气相色谱法

试样中含氯苯酚以质量分数 w_i 计，数值用(mg/kg)，按式(2)计算：

$$w_i = \frac{h_i \rho_i V}{h_{is} m} \qquad \cdots\cdots(2)$$

式中：

h_i——样液中含氯苯酚乙酸酯 i 的峰高数值；

ρ_i——标准溶液中含氯苯酚 i 相当的浓度的数值，单位为微克每毫升(μg/mL)；

V——样液最终定容体积的数值，单位为毫升(mL)；

h_{is}——标准溶液中含氯苯酚乙酸酯 i 的峰高数值；

m——试样质量的数值，单位为克(g)。

计算结果表示到小数点后两位。

5 测定低限、回收率和精密度

5.1 测定低限

本方法中气相色谱-质谱法的测定低限为 0.1 mg/kg，气相色谱法的测定低限为 0.01 mg/kg。

5.2 回收率

采用标准加入法，将 1 mL 的标准混合溶液加入到 1 g 经本标准方法测定确定不含有含氯苯酚的染料产品中，按本标准的第 4 章操作，测得的各种含氯苯酚回收率应在 90%～110%之间。

5.3 精密度

在同一实验室，由同一操作者使用相同设备，按相同的测试方法，并在短时间内对同一被测对象相互独立进行的测试获得的两次独立测试结果的绝对差值不大于这两个测定值的算术平均值的 20%。

6 试验报告

试验报告至少应给出以下内容：

a) 试样描述；

b) 使用的标准；

c) 试验结果；

d) 偏离标准的差异；

e) 试验日期。

附 录 A
（规范性附录）
含氯苯酚种类

表 A.1 含氯苯酚种类

序 号	含氯有机载体名称	化学文摘编号 CAS RN	分 子 式	相对分子质量（根据 2007 年国际原子量表）
1	2,3,5,6-四氯苯酚	935-95-5	$C_6H_2OCl_4$	231.89
2	五氯苯酚	87-86-5	C_6HOCl_5	266.34

附　录　B
（资料性附录）
含氯苯酚乙酸酯标样图

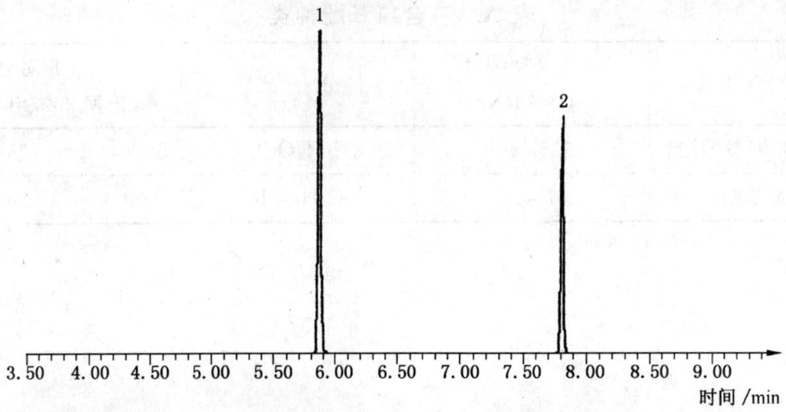

1——2,3,5,6-四氯苯酚乙酸酯；
2——五氯苯酚乙酸酯。

图 B.1　含氯苯酚乙酸酯标样的气相色谱-质谱总离子流图

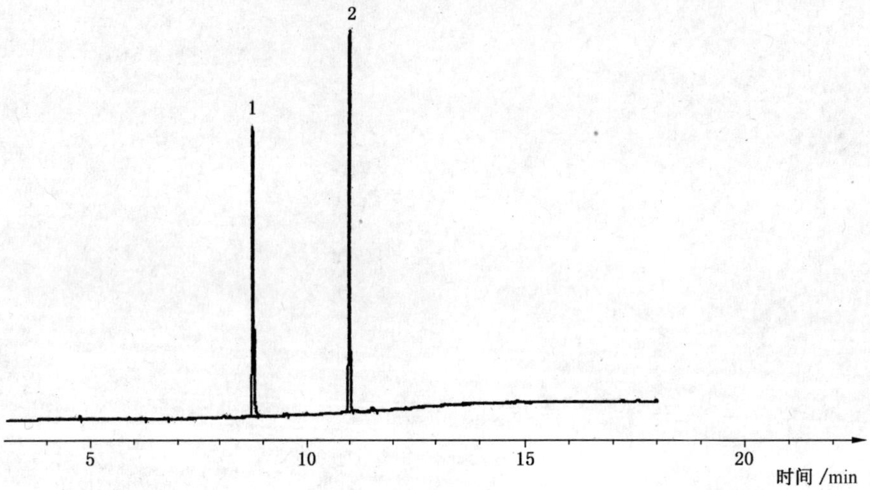

1——2,3,5,6-四氯苯酚乙酸酯；
2——五氯苯酚乙酸酯。

图 B.2　含氯苯酚乙酸酯标样的气相色谱图

ICS 71.100.01;87.060.10
G 55

GB

中华人民共和国国家标准

GB/T 24167—2009

染料产品中氯化甲苯的测定

Determination of the content of polychloriznated toluenes in dye products

2009-06-25 发布　　2010-04-01 实施

中华人民共和国国家质量监督检验检疫总局
中国国家标准化管理委员会　发布

前　言

本标准的附录 A 为规范性附录，附录 B 为资料性附录。

本标准由中国石油和化学工业协会提出。

本标准由全国染料标准化技术委员会(SAC/TC 134)归口。

本标准起草单位：大连理工大学精细化工国家重点实验室、沈阳化工研究院、国家染料质量监督检验中心。

本标准主要起草人：季浩、彭孝军、沈日炯。

染料产品中氯化甲苯的测定

警告——使用本标准的人员应有正规实验室工作的实践经验。本标准并未指出所有可能的安全问题。使用者有责任采取适当的安全和健康措施,并保证符合国家有关法规规定的条件。

1 范围

本标准规定了染料产品中氯化甲苯(见附录 A)的测定方法。

本标准适用于采用气相色谱-质谱法(GC-MS)和采用气相色谱法-电子捕获检测器(GC-ECD)对商品染料、染料制品、染料中间体和纺织印染助剂中氯化甲苯的测定。

2 规范性引用文件

下列文件中的条款通过本标准的引用而成为本标准的条款。凡是注日期的引用文件,其随后所有的修改单(不包括勘误的内容)或修订版均不适用于本标准,然而,鼓励根据本标准达成协议的各方研究是否可使用这些文件的最新版本。凡是不注日期的引用文件,其最新版本适用于本标准。

GB/T 6682—2008 分析实验室用水规格和试验方法(ISO 3696:1987,MOD)

GB/T 8170—2008 数值修约规则与极限数值的表示和判定

3 原理

用正己烷在超声波浴中萃取试样中的氯化甲苯,而后用气相色谱-质谱法(GC-MS)或用气相色谱-电子捕获检测器法(GC-ECD)对萃取物进行测定,外标法定量。

4 测定方法

4.1 一般规定

除非另有规定,仅使用确认为分析纯的试剂和 GB/T 6682—2008 中规定的三级水。检验结果的判定按GB/T 8170—2008 中的 4.3.3 修约值比较法进行。

4.2 试剂和材料

a) 正己烷;

b) 附录 A 中所列氯化甲苯的标准品:含量(质量分数)≥99%。

4.3 氯化甲苯标准溶液的配制

4.3.1 单一储备标准溶液

分别称取附录 A 所列氯化甲苯标准品 0.01 g,精确至 0.1 mg,用正己烷溶解,定容至 25 mL 容量瓶中,配制成单一储备标准溶液。单一储备标准溶液有效期为一年。

4.3.2 混合标准溶液

按表 1 要求分别吸取上述单一储备标准溶液至 25 mL 容量瓶中,用正己烷稀释并定容,配制成混合标准溶液。混合标准溶液有效期为三个月。

表 1 混合标准溶液配制

单位为毫升

组分	组分体积值			
单一标准溶液	0.10	0.20	0.50	1.00
正己烷	24.9	24.8	24.5	24.0

4.4 仪器

a) 气相色谱仪:配有质量选择检测器(MSD);

b) 气相色谱仪:配有电子捕获检测器(GC-ECD);

c) 超声波发生器:工频率 40 kHz;

d) 微量注射器:10 μL;

e) 提取器:由硬质玻璃制成,管状,具有磨口和瓶塞,50 mL;

f) 0.45 μm 聚四氟乙烯薄膜过滤头;

g) 磨口具塞离心管:10 mL;

h) 离心机:4 000 r/min。

4.5 测定步骤

4.5.1 提取

称取 1 g 样品,精确至 0.1 mg,置于提取器中。往提取器中准确加入 10.0 mL 正己烷,置于超声波浴中萃取 20 min。用 0.45 μm 聚四氟乙烯薄膜过滤头将萃取液注射过滤至 2 mL 的小样品瓶中,供色谱分析。如样品为水溶性,必要时可先在样品中加入 2 mL 水,振荡均匀后再加入 10.0 mL 正己烷;如样品经超声波萃取后混浊,可使用离心设备离心 5 min 待分层后取上层清液进行分析。

4.5.2 色谱分析

4.5.2.1 气相色谱分析条件

由于测试结果取决于所使用的仪器,因此不可能给出色谱分析的普遍参数。采用下列参数(见表 2 和表 3)已被证明对测试是合适的。

表 2 气相色谱-质谱仪器操作条件

控制参数	操作条件		
柱温	升温速度/(℃/min)	温度/℃	保持时间/min
	—	60	2
	10	180	10
	20	280	5
色谱柱[a]	毛细管柱		
进样口温度	320 ℃		
载气	氦气(99.999%)		
流量	1 mL/min		
进样体积	0.2 μL		
进样方式	无分流进样		
离子源温度	230 ℃		
四极杆温度	150 ℃		

[a] 50%苯基甲基聚硅氧烷固定相,如:DB-17MS,30 m×0.25 mm×0.25 μm 或相当者。

表 3 气相色谱分析条件

控制参数	操作条件		
柱温	升温速度/(℃/min)	温度/℃	保持时间/min
	—	60	2
	10	180	10
	20	280	5
	0		

表 3（续）

控制参数	操作条件
色谱柱[a]	毛细管柱
进样口温度	320 ℃
载气	氮气(99.999%)
流量	1 mL/min
进样体积	0.2 μL
进样方式	无分流进样
尾吹气流量	30 mL/min
检测器温度	300 ℃
[a] 50%苯基甲基聚硅氧烷固定相，如：DB-17，30 m×0.25 mm×0.25 μm 或相当者。	

4.5.2.2 测定

根据试样中被测物含量的情况，选取浓度相近的混合标准溶液进行测定。按上述色谱分析条件分别取 0.2 μL 试样溶液和标准溶液进样测定，所得的气相色谱-质谱总离子流图和气相色谱图见附录 B，气相色谱-质谱法通过特征离子(见附录 A)峰面积外标法定量，气相色谱法通过峰高外标法定量。

4.5.3 结果计算

4.5.3.1 气相色谱-质谱法

试样中氯化甲苯含量以质量分数 w_i 计，数值用(mg/kg)表示，按式(1)计算：

$$w_i = \frac{A_i \rho_i V}{A_{is} m} \qquad \cdots\cdots(1)$$

式中：

A_i——试样溶液中氯化甲苯 i 目标离子的峰面积的数值；

A_{is}——标准溶液中氯化甲苯 i 目标离子的峰面积的数值；

ρ_i——标准溶液中氯化甲苯 i 相当的浓度的数值，单位为微克每毫升(μg/mL)；

V——试样溶液最终定容体积的数值，单位为毫升(mL)；

m——试样质量的数值，单位为克(g)。

计算结果表示到小数点后两位。

4.5.3.2 气相色谱法

试样中氯化甲苯 i 含量以质量分数 w_i 计，数值用(mg/kg)表示，按式(2)计算：

$$w_i = \frac{h_i \rho_i V}{h_{is} m} \qquad \cdots\cdots(2)$$

式中：

h_i——试样溶液中氯化甲苯 i 的峰高的数值；

h_{is}——标准溶液中氯化甲苯 i 的峰高的数值；

ρ_i——标准溶液中氯化甲苯 i 相当的浓度的数值，单位为微克每毫升(μg/mL)；

V——试样溶液最终定容体积的数值，单位为毫升(mL)；

m——试样质量的数值，单位为克(g)。

计算结果表示到小数点后两位。

5 测定低限、回收率和精密度

5.1 测定低限

本方法的测定低限为 1.0 mg/kg。

5.2 回收率

采用标准加入法，将 1 mL 的标准混合溶液加入到 1 g 经本标准方法测定确定不含有氯化甲苯的染料产品中，按本标准的第 4 章操作，测得的各种氯化甲苯回收率应在 80%～120%之间。

5.3 精密度

在同一实验室，由同一操作者使用相同设备，按相同的测试方法，并在短时间内对同一被测对象相互独立进行的测试获得的两次独立测试结果的绝对差值不大于这两个测定值的算术平均值的 20%。

6 试验报告

试验报告至少应给出以下内容：

a) 试样描述；

b) 使用的标准；

c) 试验结果；

d) 偏离标准的差异；

e) 试验日期。

附 录 A
（规范性附录）
氯化甲苯种类

氯化甲苯种类见表 A.1。

表 A.1 氯化甲苯种类

序号	氯化甲苯名称	化学文摘编号 CAS RN	分子式	特征碎片离子/amu	
				目标离子	特征离子
1	2-氯甲苯	95-49-8	C_7H_7Cl	91	126,63
2	3-氯甲苯	108-41-8	C_7H_7Cl	91	126,63
3	4-氯甲苯	106-43-4	C_7H_7Cl	91	126,63
4	2,3-二氯甲苯	32768-54-0	$C_7H_6Cl_2$	125	160,89
5	2,4-二氯甲苯	95-73-8	$C_7H_6Cl_2$	125	160,89
6	2,5-二氯甲苯	19398-61-9	$C_7H_6Cl_2$	125	160,89
7	2,6-二氯甲苯	118-69-4	$C_7H_6Cl_2$	125	160,89
8	3,4-二氯甲苯	95-75-0	$C_7H_6Cl_2$	125	160,89
9	2,3,6-三氯甲苯	2700-46-5	$C_7H_5Cl_3$	159	194,123
10	2,4,5-三氯甲苯	6639-30-1	$C_7H_5Cl_3$	159	194,123
11	2,3,4,5,6-五氯甲苯	5216-25-1	$C_7H_3Cl_5$	229	264,193

附 录 B
（资料性附录）
氯化甲苯标样图

氯化甲苯标样图见图 B.1 和图 B.2。

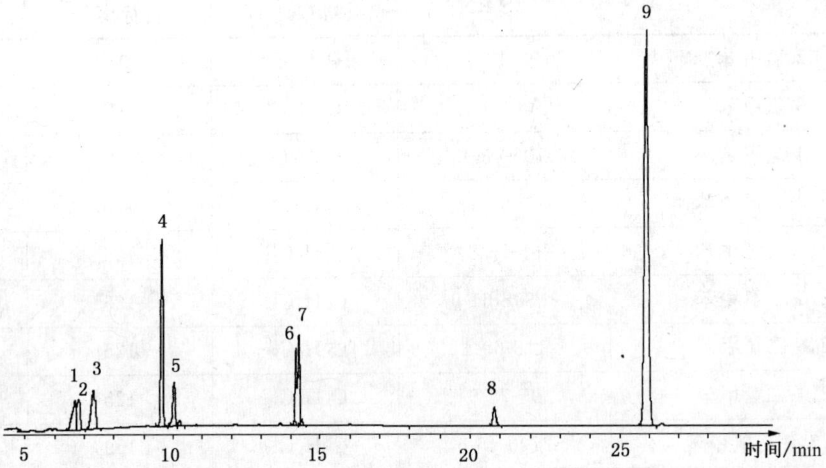

1——2-氯甲苯；

2——3-氯甲苯；

3——4-氯甲苯；

4——2,4-二氯甲苯、2,5-二氯甲苯、2,6-二氯甲苯；

5——2,3-二氯甲苯；

6——3,4-二氯甲苯；

7——2,3,6-三氯甲苯；

8——2,4,5-三氯甲苯；

9——2,3,4,5,6-五氯甲苯。

图 B.1 氯化甲苯标样的 GC/MS 总离子流图

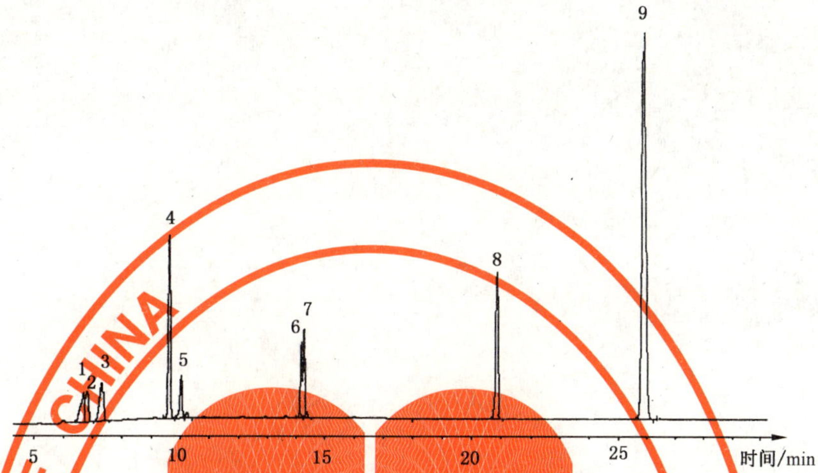

1——2-氯甲苯；

2——3-氯甲苯；

3——4-氯甲苯；

4——2,4-二氯甲苯、2,5-二氯甲苯、2,6-二氯甲苯；

5——2,3-二氯甲苯；

6——3,4-二氯甲苯；

7——2,3,6-三氯甲苯；

8——2,4,5-三氯甲苯；

9——2,3,4,5,6-五氯甲苯。

图 B.2 氯化甲苯标样的气相色谱图

ICS 71.100.40
G 70

中华人民共和国国家标准

GB/T 24168—2009

纺织染整助剂产品中邻苯二甲酸酯的测定

Determination of the content of phthalate in textile dyeing and finishing auxiliaries

2009-06-25 发布　　2010-04-01 实施

中华人民共和国国家质量监督检验检疫总局
中国国家标准化管理委员会　发布

前　言

本标准的附录A为规范性附录，附录B为资料性附录。

本标准由中国石油和化学工业协会提出。

本标准由全国染料标准化技术委员会(SAC/TC 134)归口。

本标准起草单位：杭州下沙恒升化工有限公司、沈阳化工研究院、国家染料质量监督检验中心。

本标准主要起草人：季浩、韩晓琴、刘宏之、李信、沈日炯。

纺织染整助剂产品中
邻苯二甲酸酯的测定

警告——使用本标准的人员应有正规实验室工作的实践经验。本标准并未指出所有可能的安全问题。使用者有责任采取适当的安全和健康措施，并保证符合国家有关法规规定的条件。

1 范围

本标准规定了纺织染整助剂产品中邻苯二甲酸二丁酯(DBP)、邻苯二甲酸丁苄酯(BBP)、邻苯二甲酸二(2-乙基己基)酯(DEHP)、邻苯二甲酸二辛酯(DNOP)、邻苯二甲酸二异壬酯(DINP)、邻苯二甲酸二异癸酯(DIDP)的测定方法。

本标准适用于采用气相色谱-质谱法(GC-MS)对纺织染整助剂产品中上述六种邻苯二甲酸酯的测定。

2 规范性引用文件

下列文件中的条款通过本标准的引用而成为本标准的条款。凡是注日期的引用文件，其随后所有的修改单(不包括勘误的内容)或修订版均不适用于本标准，然而，鼓励根据本标准达成协议的各方研究是否可使用这些文件的最新版本。凡是不注日期的引用文件，其最新版本适用于本标准。

GB/T 6682—2008 分析实验室用水规格和试验方法(ISO 3696:1987,MOD)

GB/T 8170—2008 数值修约规则与极限数值的表示和判定

3 原理

用三氯甲烷或其他适宜的溶剂在超声波浴中萃取试样中的邻苯二甲酸二丁酯、邻苯二甲酸丁苄酯、邻苯二甲酸二(2-乙基己基)酯、邻苯二甲酸二辛酯、邻苯二甲酸二异壬酯、邻苯二甲酸二异癸酯，而后用气相色谱-质量选择检测器(GC-MSD)对萃取物进行测定，特征离子外标法定量。

4 测定方法

4.1 一般规定

除非另有规定，仅使用确认为分析纯的试剂和 GB/T 6682—2008 中规定的三级水。检验结果的判定按 GB/T 8170—2008 中的 4.3.3 修约值比较法进行。

4.2 试剂和材料

a) 三氯甲烷或其他适宜的溶剂；

b) 邻苯二甲酸二丁酯标准品:纯度(质量分数)≥98%；

c) 邻苯二甲酸丁苄酯标准品，纯度(质量分数)≥98%；

d) 邻苯二甲酸二(2-乙基己基)酯标准品:纯度(质量分数)≥98%；

e) 邻苯二甲酸二辛酯标准品:纯度(质量分数)≥98%；

f) 邻苯二甲酸二异壬酯标准品:纯度(质量分数)≥98%；

g) 邻苯二甲酸二异癸酯标准品:纯度(质量分数)≥98%；

h) 标准储备溶液:分别称取适量附录 A 中六种邻苯二甲酸酯标准品，用三氯甲烷溶解并配制成约 10 mg/mL 的标准储备溶液；

i) 单一标准工作溶液:根据需要用三氯甲烷稀释每种标准储备溶液成适当浓度的标准工作溶液；

j) 混合标准工作溶液：根据需要吸取适量的邻笨二甲酸二丁酯、邻苯二甲酸丁苄酯、邻苯二甲酸二(2-乙基己基)酯、邻苯二甲酸二辛酯四种标准储备溶液，用三氯甲烷稀释成适当浓度的混合标准工作溶液。

注：标准储备溶液密封并保存于0 ℃～4 ℃冰箱中，有效期2年；标准工作溶液密封并保存于0 ℃～4 ℃冰箱中，有效期6个月。

4.3 仪器

a) 气相色谱仪：配有质量选择检测器(MSD)；

b) 超声波发生器：工作频率40 kHz；

c) 微量注射器：10 μL；

d) 提取器：由硬质玻璃制成，管状，具有磨口和瓶塞，50 mL；

e) 0.45 μm聚四氟乙烯薄膜过滤头；

f) 磨口具塞离心管：10 mL；

g) 离心机：4 000 r/min。

4.4 测定步骤

4.4.1 提取

称取1 g样品，精确至0.1 mg，置于提取器中。往提取器中准确加入10.0 mL三氯甲烷或其他适宜的萃取剂，摇匀，置于超声波浴中萃取20 min保证萃取完全。用0.45 μm聚四氟乙烯薄膜过滤头将萃取液注射过滤至2 mL的小样品瓶中，供色谱分析。如样品为水溶性，必要时可先在样品中加入2 mL水，振荡均匀后再加入10.0 mL三氯甲烷或其他适宜的萃取剂；如样品经超声波萃取后混浊，可使用离心设备离心至分层后取上层清液进行分析。

4.4.2 气相色谱分析条件

由于测试结果取决于所使用的仪器，因此不可能给出色谱分析的普遍参数。采用下列参数(见表1)已被证明对测试是合适的。

表1 气相色谱-质谱仪器操作条件

控制参数	操作条件		
柱温	升温速度/(℃/min)	温度/℃	保持时间/min
	—	180	2
	10	280	10
色谱柱[a]	毛细管柱		
进样口温度	320 ℃		
载气	氦气(99.999%)		
流量	1 mL/min		
进样体积	1.0 μL		
进样方式	无分流进样		
离子源温度	230 ℃		
四极杆温度	150 ℃		
扫描范围	20 amu～550 amu		
离子源电压	70 eV		

[a] 5%苯基甲基聚硅氧烷固定相，如：DB-5MS，30 m×0.25 mm×0.25 μm或相当者。

4.4.3 测定

4.4.3.1 单个目标化合物测定

如待测样品中已知含有六种邻苯二甲酸酯中的一种，需要测定其含量，按以下方法进行：

根据试样中各种邻苯二甲酸酯含量的情况，分别选取浓度相近的单一标准工作溶液进行测定。按上述色谱分析条件分别取 1.0 μL 试样溶液和需要测定的邻苯二甲酸酯单一标准工作溶液进样测定，所得的气相色谱-质谱总离子流图见附录 B.1～B.6，通过特征离子（见附录 A）峰面积外标法定量。

4.4.3.2 多个目标化合物测定

如待测样品中已知含有六种邻苯二甲酸酯中的几种或者不能确定其含有邻苯二甲酸酯的种类和数量，需要测定其含量，按以下方法进行：

分别吸取 1.0 μL 试样溶液、混合标准工作溶液、邻苯二甲酸二异壬酯单一标准工作溶液和邻苯二甲酸二异癸酯单一标准工作溶液进样测定。所得的气相色谱-质谱总离子流图见附录 B.5～B.7，先通过保留时间和特征离子（见附录 A）对目标化合物进行定性，然后通过特征离子峰面积外标法定量。

4.4.4 结果计算

试样中邻苯二甲酸酯含量以质量分数 w_i 计，数值用（mg/kg）表示，按式（1）计算：

$$w_i = \frac{A_i \rho_i V}{A_s m} \qquad \cdots\cdots (1)$$

式中：

A_i——试样溶液中各种邻苯二甲酸酯目标离子的峰面积的数值；

A_s——标准溶液中各种邻苯二甲酸酯目标离子的峰面积的数值；

ρ_i——标准溶液中各种邻苯二甲酸酯相当的浓度的数值，单位为微克每毫升（μg/mL）；

V——试样溶液最终定容体积的数值，单位为毫升（mL）；

m——试样质量的数值，单位为克（g）。

计算结果表示到小数点后两位。

5 测定低限、回收率和精密度

5.1 测定低限

本方法的测定低限为 10 mg/kg。

5.2 回收率

采用标准加入法，将 1 mL 的邻苯二甲酸酯标准溶液加入到 1 g 经本标准方法测定确定不含有邻苯二甲酸酯的纺织染整助剂产品中，按本标准的第 4 章操作，测得的每种邻苯二甲酸酯回收率应在 80%～120%之间。

5.3 精密度

在同一实验室，由同一操作者使用相同设备，按相同的测试方法，并在短时间内对同一被测对象相互独立进行的测试获得的两次独立测试结果的绝对差值不大于这两个测定值的算术平均值的 20%。

6 试验报告

试验报告至少应给出以下内容：

a) 试样描述；

b) 使用的标准；

c) 试验结果；

d) 偏离标准的差异；

e) 试验日期。

附 录 A
（规范性附录）
邻苯二甲酸酯 CAS 号及特征离子表

表 A.1 邻苯二甲酸酯 CAS 号及特征离子

名称	化学文摘编号 CAS RN	分子式	定量离子/amu	定性离子/amu
邻苯二甲酸二丁酯	84-74-2	$C_{16}H_{22}O_4$	149	150,205
邻苯二甲酸丁苄酯	85-68-7	$C_{19}H_{20}O_4$	149	150,206
邻苯二甲酸二(2-乙基己基)酯	117-81-7	$C_{24}H_{38}O_4$	149	150,167
邻苯二甲酸二辛酯	117-84-0	$C_{24}H_{38}O_4$	279	390,261
邻苯二甲酸二异壬酯	28553-12-0	$C_{26}H_{42}O_4$	293	418,347
邻苯二甲酸二异癸酯	26761-40-0	$C_{28}H_{45}O_4$	307	446,321

附　录　B
（资料性附录）
邻苯二甲酸酯气相色谱-质谱总离子流图

邻苯二甲酸酯标样图见图 B.1～图 B.7。

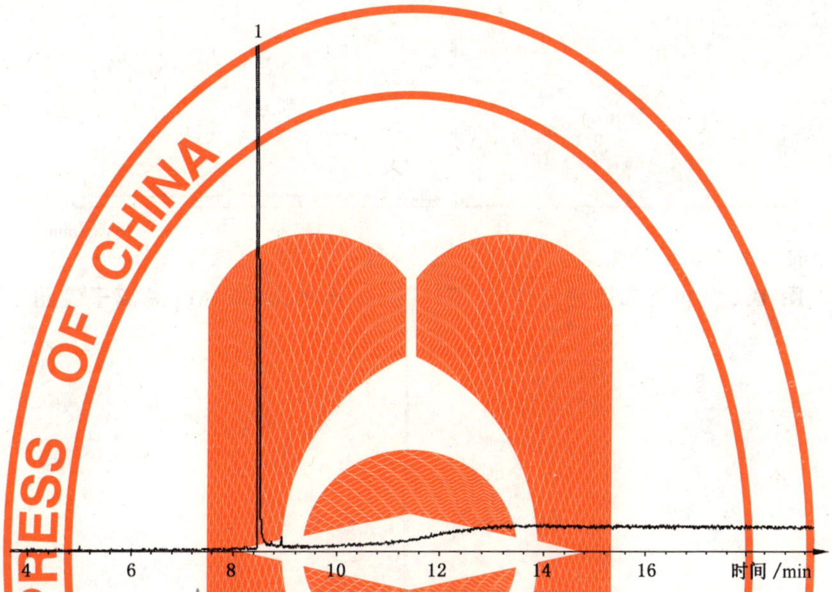

1——邻苯二甲酸二丁酯。

图 B.1　邻苯二甲酸二丁酯标样的 GC/MS 总离子流图

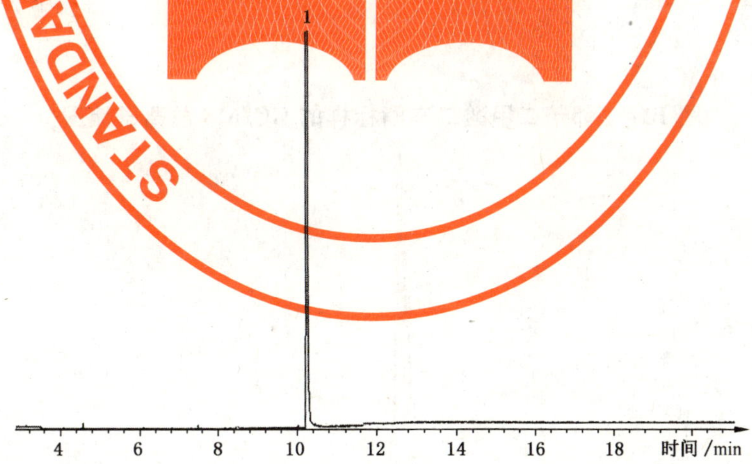

1——邻苯二甲酸丁苄酯。

图 B.2　邻苯二甲酸丁苄酯标样的 GC/MS 总离子流图

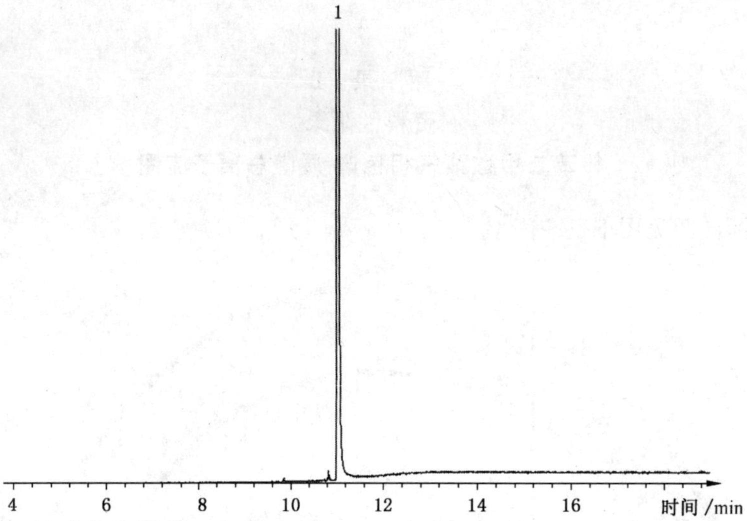

1——邻苯二甲酸二(2-乙基己基)酯。

图 B.3 邻苯二甲酸二(2-乙基己基)酯标样的 GC/MS 总离子流图

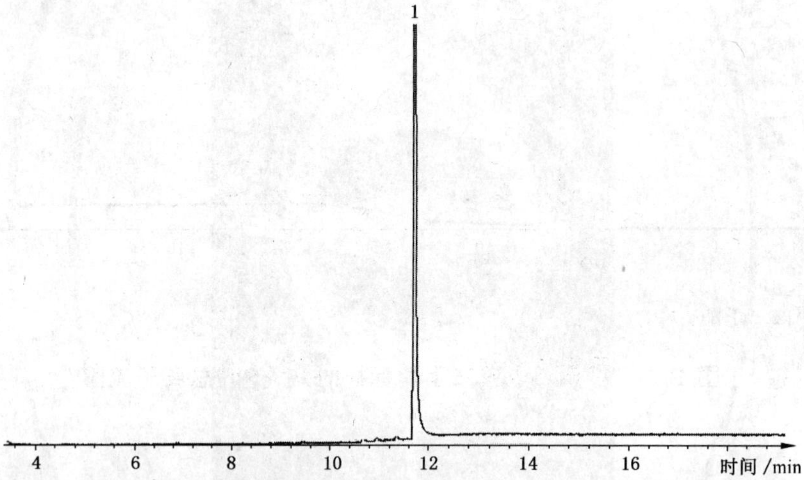

1——邻苯二甲酸二辛酯。

图 B.4 邻苯二甲酸二辛酯标样的 GC/MS 总离子流图

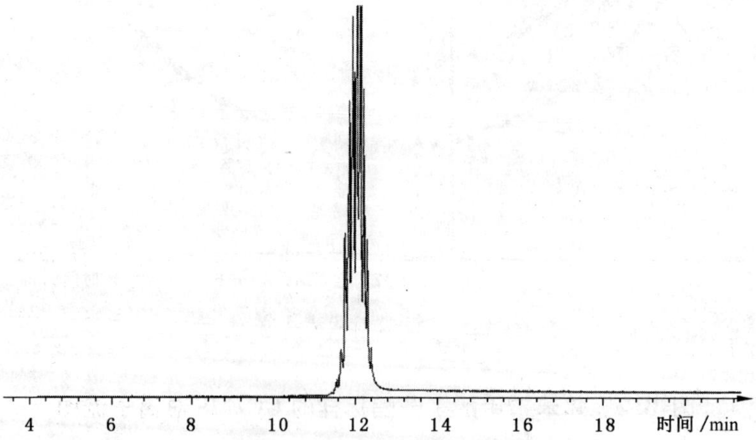

——邻苯二甲酸二异壬酯。

图 B.5 邻苯二甲酸二异壬酯标样的 GC/MS 总离子流图

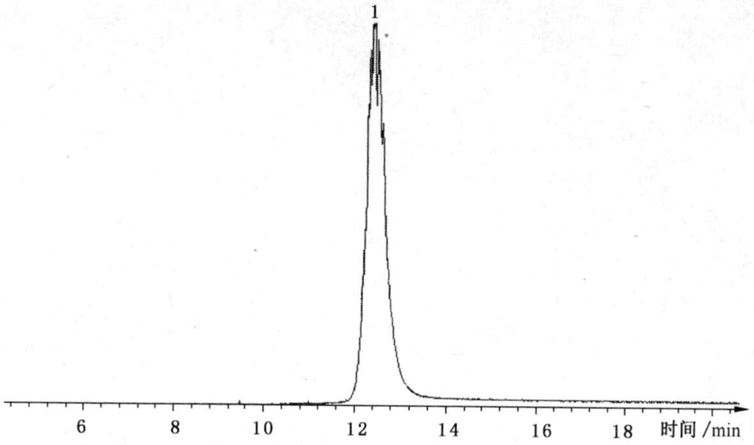

1——邻苯二甲酸二异癸酯。

图 B.6　邻苯二甲酸二异癸酯标样的 GC/MS 总离子流图

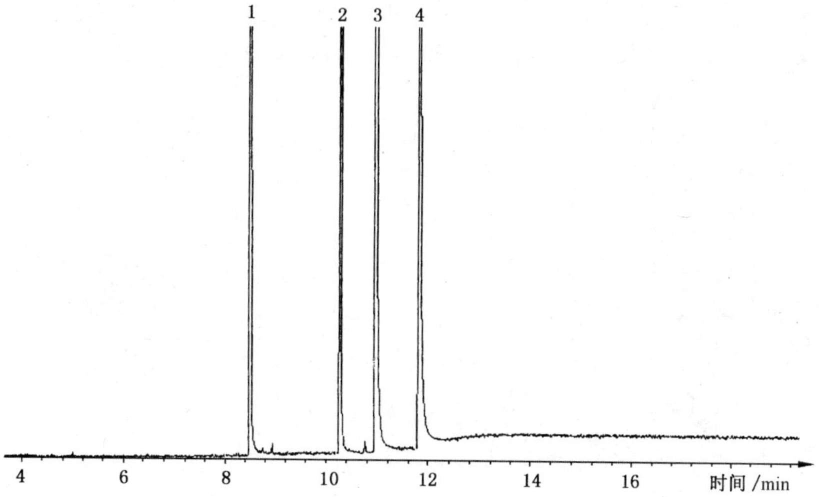

1——邻苯二甲酸二丁酯；

2——邻苯二甲酸丁苄酯；

3——邻苯二甲酸二(2-乙基己基)酯；

4——邻苯二甲酸二辛酯。

图 B.7　混合标准工作溶液的 GC/MS 总离子流图

ICS 71.040.50
G 04

中华人民共和国国家标准

GB/T 24169—2009

氟化工产品和消费品中全氟辛烷磺酰基化合物(PFOS)的测定 高效液相色谱-串联质谱法

Determination of perfluorooctane sulfonates (PFOS) in the fluorine-containing products and consumer products—High performance liquid chromatography-tandem mass spectrometry

2009-06-25 发布　　2010-04-01 实施

中华人民共和国国家质量监督检验检疫总局
中国国家标准化管理委员会　发布

前　言

本标准的附录 A 为资料性附录。

本标准由中国石油和化学工业协会提出。

本标准由全国化学标准化技术委员会归口。

本标准起草单位:国家质检总局进出口化学品安全研究中心、中国检验检疫科学研究院。

本标准主要起草人：陈会明、陈伟、陈冬东、李晓娟、于文莲、李淑娟、周新。

本标准系首次发布。

氟化工产品和消费品中全氟辛烷磺酰基化合物(PFOS)的测定 高效液相色谱-串联质谱法

1 范围

本标准规定了氟化工产品和消费品中全氟辛烷磺酰基化合物(PFOS)的高效液相色谱-串联质谱测定方法。

本标准适用于氟化工产品和消费品中全氟辛烷磺酰基化合物(PFOS)的测定。氟化工产品包括含氟水性涂料、泡沫灭火材料、洗涤剂、织物整理剂;消费品特指不粘炊具。

本标准的方法检出限以全氟辛烷磺酸计,氟化工产品为质量分数0.000 2%,消费品为0.4 μg/m²。

2 规范性引用文件

下列文件中的条款通过本标准的引用而成为本标准的条款。凡是注日期的引用文件,其随后所有的修改单(不包括勘误的内容)或修订版均不适用于本标准,然而,鼓励根据本标准达成协议的各方研究是否可使用这些文件的最新版本。凡是不注日期的引用文件,其最新版本适用于本标准。

GB/T 6682 分析实验室用水规格和试验方法

3 实验方法

3.1 原理

3.1.1 用水超声提取氟化工产品中的全氟辛烷磺酰基化合物(PFOS),高速离心分离,取部分上清液经过固相萃取柱淋洗萃取,定容后注入高效液相色谱-串联质谱仪器分析,外标法定量。

3.1.2 采用快速溶剂萃取仪提取消费品中的全氟辛烷磺酰基化合物(PFOS),提取液浓缩定容后注入高效液相色谱-串联质谱仪器分析,外标法定量。

3.2 试剂

除另有说明外,所有试剂均为分析纯,水为GB/T 6682规定的一级水。

3.2.1 乙腈:色谱级。

3.2.2 乙酸铵溶液(10 mmol/L):称取适量乙酸铵至烧杯中,用水溶解并转移至1 L容量瓶中定容。

3.2.3 全氟辛烷磺酸标准物质。

3.2.4 固相萃取柱:Oasis® HLB或相当者;使用前依次用3 mL甲醇、3 mL水活化。

注:[Oasis® HLB]是由美国Waters公司提供的产品,给出这一信息是为了方便本标准的使用者,并不表示对该产品的认可,如果其他等效产品具有相同的效果则可使用这些等效产品。

3.2.5 微孔滤膜:0.2 μm,有机相。

3.2.6 标准储备液:

准确称取适量全氟辛烷磺酸标准物质(3.2.3),精确至0.1 mg,用乙腈溶解后转移至100 mL容量瓶中,乙腈定容,振荡均匀,配制成全氟辛烷磺酸质量浓度为1 000 μg/mL的标准储备液。

注:全氟辛烷磺酰基化合物(PFOS)在溶液中以全氟辛烷磺酸离子状态存在,样品溶液以及标准溶液以全氟辛烷磺酸定量。

3.2.7 标准溶液:

准确移取标准储备液(3.2.6)1 mL,至100 mL容量瓶中,乙腈定容,振荡均匀,即得全氟辛烷磺酸质量浓度为 10 μg/mL 的标准溶液。

3.3 仪器

3.3.1 高效液相色谱-串联质谱仪，配工作站；

3.3.2 快速溶剂萃取仪：萃取温度：175 ℃，萃取压力：10.34 MPa(1 500 psi)，平衡：7 min，重复 2 次；

3.3.3 旋转蒸发仪；

3.3.4 高速离心机：15 000 r/min 以上。

3.4 样品处理

3.4.1 氟化工产品

3.4.1.1 提取

准确称取 1.000 g 氟化工产品(精确至 1 mg)，用水溶解，超声溶解 20 min 后，用水定容至100 mL，摇匀。取部分溶液转移至离心管中，以 12 000 r/min 高速离心 15 min，上清液做待净化液。

3.4.1.2 净化

准确移取 1 mL 待净化液(3.4.1)转移至固相萃取柱(3.2.4)中。用 10 mL 水淋洗，抽至近干后，用 9 mL 乙腈(3.2.1)洗脱，整个固相萃取过程流速不超过 1 mL/min，保留洗脱液，并用乙腈定容至 10 mL。过微孔滤膜(3.2.5)后，供上机测定。

3.4.2 消费品

将消费品样品切割成方块状数块，样品总表面积 50 cm^2，放入快速溶剂萃取池中，在已设定条件下萃取用乙腈(3.2.1)提取，萃取液放置至室温，浓缩至干，用 1 mL 乙腈(3.2.1)定容。过微孔滤膜(3.2.5)后，供上机测定。

3.5 高效液相色谱-串联质谱测定

3.5.1 高效液相色谱参考条件

3.5.1.1 色谱柱：Atlantis T3 C_{18}或相当色谱柱 2.1 mm×150 mm，i.d.，5.0 μm；

注：[Atlantis T3 C_{18}]是由美国 Waters 公司提供的产品，给出这一信息是为了方便本标准的使用者，并不表示对该产品的认可，如果其他等效产品具有相同的效果则可使用这些等效产品。

3.5.1.2 流动相：乙腈：10 mmol/L 乙酸铵溶液(V：V)＝80：20；

3.5.1.3 流速：0.2 mL/min；

3.5.1.4 柱温：室温；

3.5.1.5 进样量：10 μL。

3.5.2 串联质谱仪条件参考条件

3.5.2.1 离子源：ESI，离子化方式 ES(－)；

3.5.2.2 毛细管电压：3.0 kV；

3.5.2.3 锥孔电压：55.0 V；

3.5.2.4 萃取电压：3.0 V；

3.5.2.5 透镜电压：1.5 V；

3.5.2.6 离子源温度：120 ℃；

3.5.2.7 脱溶剂气温度：350 ℃；

3.5.2.8 扫描模式：多反应监测(MRM)，母离子 m/z 499，定量子离子 m/z 80，定性子离子 m/z 90；

3.5.2.9 碰撞能量：m/z 499＞80 (45 eV)，m/z 499＞99 (38 eV)；

3.5.3 标准工作溶液的制备

准确吸取 2 mL 的标准溶液(3.2.7)于 100 mL 容量瓶中，用乙腈(3.2.1)定容，充分摇匀，得 0.2 μg/mL的标准工作溶液。用乙腈(3.2.1)逐级稀释得到质量浓度为 0.1 μg/mL、0.05 μg/mL、0.02 μg/mL、0.01 μg/mL、0.005 μg/mL、0.002 μg/mL 的标准工作溶液，按质量浓度由稀至浓顺序依次检测，以定量子离子峰面积对质量浓度作图供高效液相色谱-串联质谱测定，做出标准工作曲线回归方程。标准物质的母离子色谱图参见附录 A 中图 A.1,子离子的色谱图参见附录 A 中图 A.2。

3.5.4 测定步骤

样品待测液中全氟辛烷磺酰基化合物(PFOS)的响应值应在标准工作曲线的线性范围内。超过线性范围则应稀释后再进样测定。

3.5.5 定性判定

按照上述条件测定样品和标准工作溶液,如果样品中的质量色谱峰保留时间与标准工作溶液一致(变化范围在±2.5%之内);样品中目标化合物的两个子离子的相对丰度与质量浓度相当标准溶液的相对丰度一致,相对丰度偏差不超过表1的规定,则可判断样品中存在全氟辛烷磺酰基化合物(PFOS)。

表 1 定性离子相对丰度的最大允许偏差

相对离子丰度	>50%	>20%至50%	>10%至20%	≤10%
允许的相对偏差	±20%	±25%	±30%	±50%

3.5.6 空白试验

除不加试样外,均按上述测定条件和步骤进行。

4 结果计算

4.1 氟化工产品结果计算

结果按式(1)计算,计算结果保留两位有效数字。

$$w = \frac{\rho \times V}{m \times 10^6} \times 100 \quad \cdots\cdots (1)$$

式中:

w——样品中全氟辛烷磺酰基化合物(PFOS)的含量,用%表示;

ρ——标准曲线查得的全氟辛烷磺酰基化合物(PFOS)的质量浓度,单位为微克每毫升(μg/mL);

V——样品稀释后总体积,单位为毫升(mL);

m——样品质量,单位为克(g)。

4.2 消费品结果计算

结果按式(2)计算,计算结果保留两位有效数字。

$$X = \frac{\rho \times V}{S} \quad \cdots\cdots (2)$$

式中:

X——样品中全氟辛烷磺酰基化合物(PFOS)的含量,单位为微克每平方米(μg/m²);

ρ——标准曲线查得的全氟辛烷磺酰基化合物(PFOS)的浓度,单位为微克每毫升(μg/mL);

V——样品稀释后总体积,单位为毫升(mL);

S——样品表面积,单位为平方米(m²)。

5 精密度

按本测定方法所确定的实验条件,在添加质量分数为 0.000 2%~0.01% 时,相对标准偏差小于10%。不同实验室对不同水平样品的检验结果,室间的相对标准偏差小于10%。

附 录 A
（资料性附录）
标准物质高效液相色谱-串联质谱色谱图

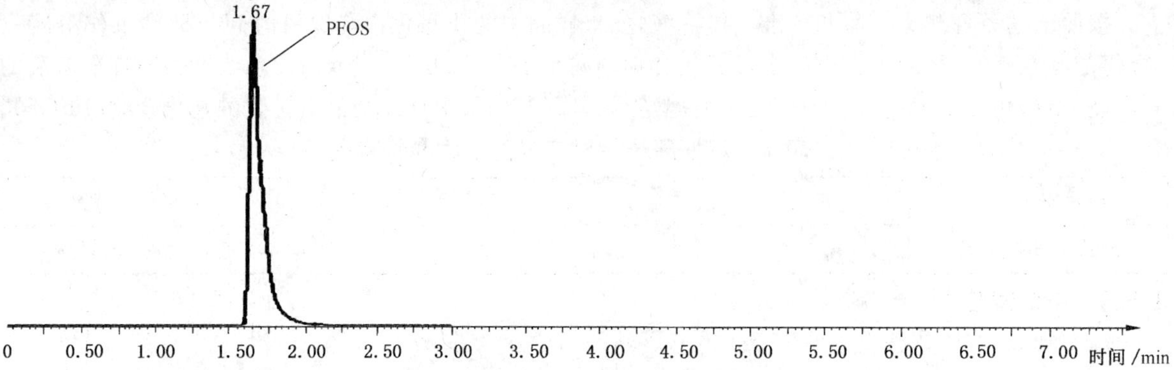

图 A.1 全氟辛烷磺酸标准物质母离子高效液相色谱-串联质谱色谱图
（全氟辛烷磺酸保留时间：1.67 **min**）

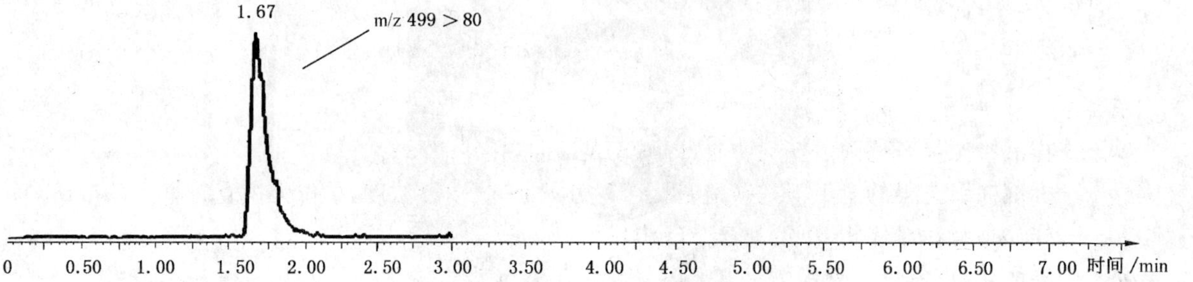

a) m/z 499>80

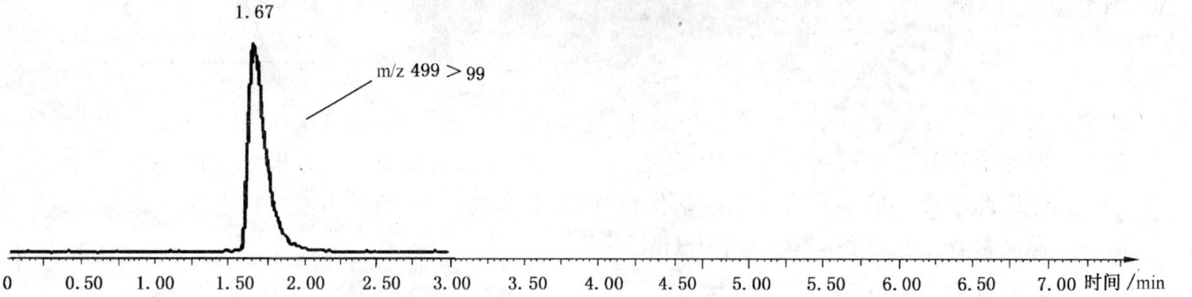

b) m/z 499>99

图 A.2 全氟辛烷磺酸准物质子离子高效液相色谱-串联质谱色谱图
（全氟辛烷磺酸保留时间：1.67 **min**）

ICS 77.140.20
H 40

中华人民共和国国家标准

GB/T 24170.1—2009

表面抗菌不锈钢
第1部分:电化学法

**Surface antibacterial stainless steel—
Part 1:Electrochemical method**

2009-06-25 发布　　2010-04-01 实施

中华人民共和国国家质量监督检验检疫总局
中国国家标准化管理委员会　发布

前言

GB/T 24170《表面抗菌不锈钢》分为3部分，名称预计如下：

——第1部分：电化学法；

——第2部分：等离子体法；

——第3部分：离子注入法。

本部分为GB/T 24170的第1部分。

本部分的附录A为规范性附录。

本部分由中国钢铁工业协会提出。

本部分由全国钢标准化技术委员会归口。

本部分负责起草单位：常州市大平新型不锈钢制品有限公司、中国科学院理化技术研究所。

本部分参加起草单位：冶金工业信息标准研究院、广东省微生物分析检测中心、通标标准技术服务有限公司。

本部分主要起草人：陈方大、周国桢、崔明、陈仪本。

表面抗菌不锈钢
第1部分:电化学法

1 范围

GB/T 24170 的本部分规定了电化学法表面抗菌不锈钢的术语及定义、订货内容、技术要求、试验方法、检验与验收规则、包装、标志及质量证明书等。

本部分适用于以实现表面抗菌性能为主要目的,通过电化学方法在不锈钢表面获得具有无毒、抗菌覆盖层的表面抗菌不锈钢及其制品。

2 规范性引用文件

下列文件中的条款通过 GB/T 24170 的本部分的引用而成为本部分的条款。凡是注日期的引用文件,其随后所有的修改单(不包括勘误的内容)或修订版均不适用于本部分,但鼓励根据本部分达成协议的各方研究是否可使用这些文件的最新版本。凡是不注日期的引用文件,其最新版本适用于本部分。

GB/T 2480 普通磨料 碳化硅

GB/T 5270 金属基体上的金属覆盖层 电沉积和化学沉积层 附着强度试验方法评述

GB/T 6461 金属基体上金属和其他无机覆盖层 经腐蚀试验后的试样和试件的评级

GB/T 6462 金属和氧化物覆盖层 厚度测量 显微镜法

GB/T 10125 人造气氛腐蚀试验 盐雾试验

GB/T 12967.6 铝及铝合金阳极氧化膜检测方法 第6部分:目视观察法检验着色阳极氧化膜色差和外观质量

GB/T 21510—2008 纳米无机材料抗菌性能检测方法

3 术语及定义

下列术语及定义适用于本部分。

3.1

电化学法 electrochemical method

包括电镀、化学镀、金属转化、金属钝化和金属氧化着色等方法。

3.2

抗菌 antibacterial

采用化学或物理方法杀灭或妨碍细菌生长繁殖及其活性的过程。

4 订货内容

按本标准订货的合同或订单应包括下列内容:

a) 标准编号;

b) 产品名称;

c) 基材牌号;

d) 交货的数量(重量);

e) 规格及尺寸;

f) 交货状态;

g) 抗菌等级(A 或 B);

h) 其他特殊要求。

5 技术要求

5.1 基材

基材应符合相关国家标准规定的不锈钢。

5.2 外观质量

覆盖层表面应均匀,不允许有任何到达基材金属的损伤。

5.3 颜色色差

覆盖层的颜色和光泽应一致,颜色色差应符合供需双方确定的实物标样及允许偏差。

5.4 耐腐蚀性能

表面抗菌不锈钢应进行中性盐雾试验,其耐腐蚀能力应不低于基材不锈钢的耐腐蚀能力。

5.5 耐磨性能

根据需方要求,可用落砂试验检验表面抗菌不锈钢的耐磨性能。落砂试验所得磨穿磨料质量推荐不低于 3 000 g。

若需方要求采用其他方法评定覆盖层耐磨性能时,技术要求和检测方法由供需双方商定。

5.6 附着强度

用划格试验检验表面抗菌不锈钢覆盖层的附着强度,划格试验结果应无脱落。

5.7 抗菌性能

覆盖层的抗菌率应符合表 1 的要求。具体要求应在合同中注明。

表 1

级别	抗菌率,不小于	
	金黄色葡萄球菌	大肠杆菌
A	99%	99%
B	90%	90%

5.8 特殊要求

根据需方要求,经供需双方协商,并在合同中注明,也可进行覆盖层厚度的检验。

6 试验方法

6.1 外观质量和色差

外观质量和色差检验按 GB/T 12967.6 的规定进行。

6.2 中性盐雾试验

中性盐雾试验应按 GB/T 10125 的规定执行。腐蚀结果的评级应按 GB/T 6461 的规定进行。

6.3 落砂试验

落砂试验按附录 A 的规定进行。

6.4 划格试验

划格试验按 GB/T 5270 的规定进行。

6.5 抗菌率

抗菌率的测试按 GB/T 21510—2008 附录 C 的规定进行。

6.6 覆盖层厚度

覆盖层的厚度可按 GB/T 6462 的规定进行。

7 检验与验收规则

7.1 检查和验收

表面抗菌不锈钢材及制品的质量由供方技术监督部门进行检查和验收。需方有权按本标准的规定进行检查和验收。

7.2 检验分类

本部分规定的检验分为型式检验和出厂检验。

7.3 型式检验

有下列情况之一时，应进行型式检验：

a) 正式生产后，材料、工艺有较大改变，可能影响产品性能时；

b) 正常生产时，定期或积累一定产量后，周期性进行一次检验；

c) 产品长期停产后，恢复生产时；

d) 新产品试制鉴定时。

型式检验的检验项目、取样数量、取样部位以及相应检验方法应符合表2的规定。

7.4 出厂检验

7.4.1 组批规则

表面抗菌不锈钢材及制品应成批进行检验。每批应由同一基材、同一工艺控制参数的钢材及其制品组成。

7.4.2 取样数量和取样部位

表面抗菌不锈钢材及制品的取样数量和取样部位应符合表2的规定。

表 2

序号	检验项目	检验分类		取样数量	取样部位	试验方法
		出厂	型式			
1	外观质量	×	×	逐个	—	GB/T 12967.6
2	色差	×	×	逐个	—	GB/T 12967.6
3	中性盐雾试验	—	×	每批2个	不同制品	GB/T 10125
4	落砂试验	—	×	每批2个	不同制品	附录A
5	划格试验	×	×	每批3个	不同制品	GB/T 5270
6	抗菌率	×	×	每批5个	不同制品	GB/T 21510—2008 附录C
7	覆盖层厚度	•	×	每批3个	不同制品	GB/T 6462

注："×"为必检项目；"•"为供需双方协商检验项目；"—"为不检项目。

7.4.3 复验与判定规则

7.4.3.1 外观质量及色差检验不合格时，应将该不合格钢材或制品挑出。允许供方逐张或逐个进行检验，合格者交货。

7.4.3.2 附着强度检验不合格时，应将该不合格钢材或制品挑出，并随机从同一批产品中取双倍试样进行复验。如复验结果有一个不合格，则判该批钢材或制品为不合格。

7.4.3.3 抗菌率和厚度检验不合格时，允许取与初检相同数量的试样做不合格项目的复验。若复验结果仍不合格时，则该批产品为不合格品。

8 包装、标志及质量证明书

产品的包装、标志及质量证明书应符合基材相应国家标准规定。

附 录 A
（规范性附录）
落砂试验法

A.1 范围

本附录规定了采用落砂试验测定表面抗菌不锈钢覆盖层耐磨性的方法。

本附录适用于不锈钢基体上抗菌覆盖层耐磨性的测试。

A.2 原理

用规定的磨料在一定高度自由落下，冲刷试样表面的覆盖层，并使之磨穿。用落下磨料的质量评定覆盖层的耐磨性。

A.3 试验用仪器及磨料

A.3.1 试验用仪器的示意图见图 A.1。

单位为毫米

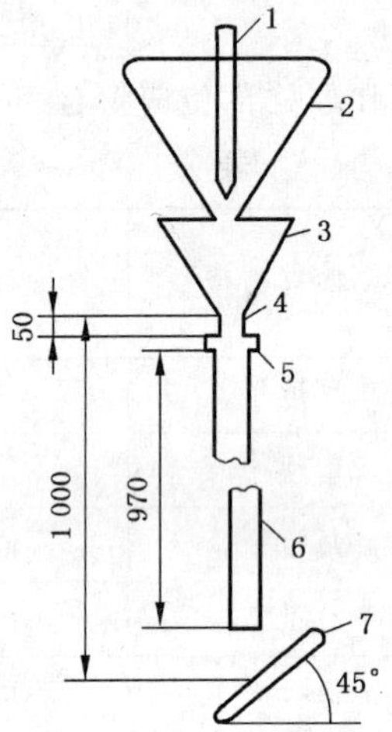

1——流量控制针阀；
2——盛料漏斗；
3——玻璃漏斗：内径 70，内角 60°；
4——内径 5±0.1；
5——开关；
6——导管：内径 20；
7——试片。

图 A.1 落砂试验用仪器示意图

A.3.2 试验用磨料采用 GB/T 2480 规定的 80 号黑碳化硅。可重复使用 50 次，每次使用前应在 105 ℃温度下烘干。

A.4 试样准备

A.4.1 试样应在表面抗菌不锈钢制品的有效面上截取。当不可能直接取样时，亦可采用生产工艺相同、能代表受检制品的试片代替。

A.4.2 试样的尺寸为 50 mm×40 mm。

A.5 试验环境

A.5.1 试验应在相对湿度不大于 80%的环境下进行。

A.5.2 试验时应注意避风。

A.6 试验步骤

A.6.1 将试样固定在试样支座上，其受检面向上，测定覆盖层厚度的区域与导管相对，受检面与导管成 45°角。

A.6.2 把经称量的磨料(精确到 1 g)加入漏斗，打开开关让磨料自由落下，流量控制在 320 g/min 左右，同时观察受检试样，当试样受检面上出现一个小黑点，并逐渐扩大至 2 mm 左右时，立即关上开关停止落砂。再称取所剩磨料的质量。从以上 2 次称量中，计算出磨穿覆盖层所需用的磨料质量。

ICS 77.040.10
H 22

中华人民共和国国家标准

GB/T 24171.1—2009/ISO 12004-1:2008

金属材料　薄板和薄带 成形极限曲线的测定 第1部分:冲压车间成形极限图的测量及应用

Metallic materials—Sheet and strip—Determination of forming limit curves—Part 1:Measurement and application of forming limit diagrams in press shop

(ISO 12004-1:2008,IDT)

2009-06-25 发布　　2010-04-01 实施

中华人民共和国国家质量监督检验检疫总局
中国国家标准化管理委员会　发布

前　言

GB/T 24171《金属材料　薄板和薄带　成形极限曲线的测定》分为两个部分：

——第1部分：冲压车间成形极限图的测量及应用；

——第2部分：实验室成形极限曲线的测定。

本部分为GB/T 24171的第1部分。本部分等同采用国际标准ISO 12004-1:2008《金属材料　薄板和薄带　成形极限曲线的测定　第1部分：冲压车间成形极限图的测量及应用》(英文版)。

为了便于使用，本部分做了下列修改：

a) “本国际标准”一词改为“本部分”；

b) 用小数点“.”代替作为小数点的逗号“,”；

c) 删除了国际标准的前言；

d) 引用文件按对应的国家标准作了变更；

e) 将编号“5.1.7、5.1.8、5.1.9”改为“5.1.6.1、5.1.6.2、5.1.6.3”，使之逻辑性更好；

f) 将附录A、附录B对换，使正文的引用顺序符合习惯。

本部分的附录A、附录B为资料性附录。

本部分由中国钢铁工业协会提出。

本部分由全国钢标准化技术委员会归口。

本部分起草单位：武汉钢铁(集团)公司、上海出入境检验检疫局。

本部分主要起草人：李荣锋、祝洪川、陈士华、涂应宏、吴益文、严龙、杜丽影。

引　言

成形极限图(Forming Limit Diagram/FLD)——包含主应变/次主应变点的图表。

FLD能够分辨某个应变数值对于某种材料来说是安全的还是破裂的,从安全点到破裂点的界线定义为成形极限曲线。

有两种不同的方法可以测定材料的成形极限:

1) 对冲废的零件进行应变分析,测定与零件外形和加工工艺有关的FLCs。

在冲压车间,这些点的应变路径通常是未知的,成形极限曲线FLC依赖于材料、零件和所选择的成形条件。此方法见本标准第1部分。

2) 完善的实验室条件下的FLCs测定:

为了评价其成形性能,需要对给定材料绘制唯一的成形极限曲线FLC。标准规定对FLC的测定需采用不同的线性应变路径。该方法可应用于材料的性能表征,见本标准第2部分。

金属材料　薄板和薄带 成形极限曲线的测定 第1部分:冲压车间成形极限图的测量及应用

1　范围

GB/T 24171 的本部分规定了金属板带的成形极限图和成形极限曲线的测定方法。

本部分适用于厚度为 0.3 mm～4 mm 的金属薄板和薄带。

2　符号和说明

本部分使用的符号及说明见表1,用于测量成形极限图的网格样本见附录A。

表1　符号和说明

符　号	说　　明	单　位
t_0	试样厚度	mm
l_0	网格的初始标距	mm
l_1	网格沿主应变方向上的变形后尺寸	mm
l_2	网格垂直于主应变方向上的变形后尺寸	mm
e	工程应变	%
e_1	主工程应变	%
e_2	次工程应变(垂直于主工程应变)	%
FLD	成形极限图	—
FLC	成形极限曲线	—

3　原理

首先在金属薄板试样表面印制合适大小的精细网格,然后将试样成形直至出现破裂。通过测量网格在主应变方向以及与其垂直的次应变方向的尺寸百分比变化,得到给定应变状态下的成形极限应变值。改变应变状态重复试验可以得到一系列的应变数据,将这些应变数据绘于成形极限图(FLD)上就可以得到成形极限曲线(FLC)(见图1)。

4　试验条件

4.1　建议网格的尺寸大小在 1.5 mm～5 mm 之间,网格的真实尺寸与公称值之间的误差应在±2%以内。

4.2　在试样的成形过程中,关键测量区域的应变在缩颈前应保持均匀一致。

4.3　为满足上述要求,可以采用任何便于施加夹紧力和成形力的试验装置来获得不同极限应变状态。

4.4　成形极限曲线应绘制在成形极限图上。图1是一个成形极限曲线示例。

5　试验程序

5.1　推荐按以下步骤进行成形极限的测定:

5.1.1　对具有代表性的样品进行评估。

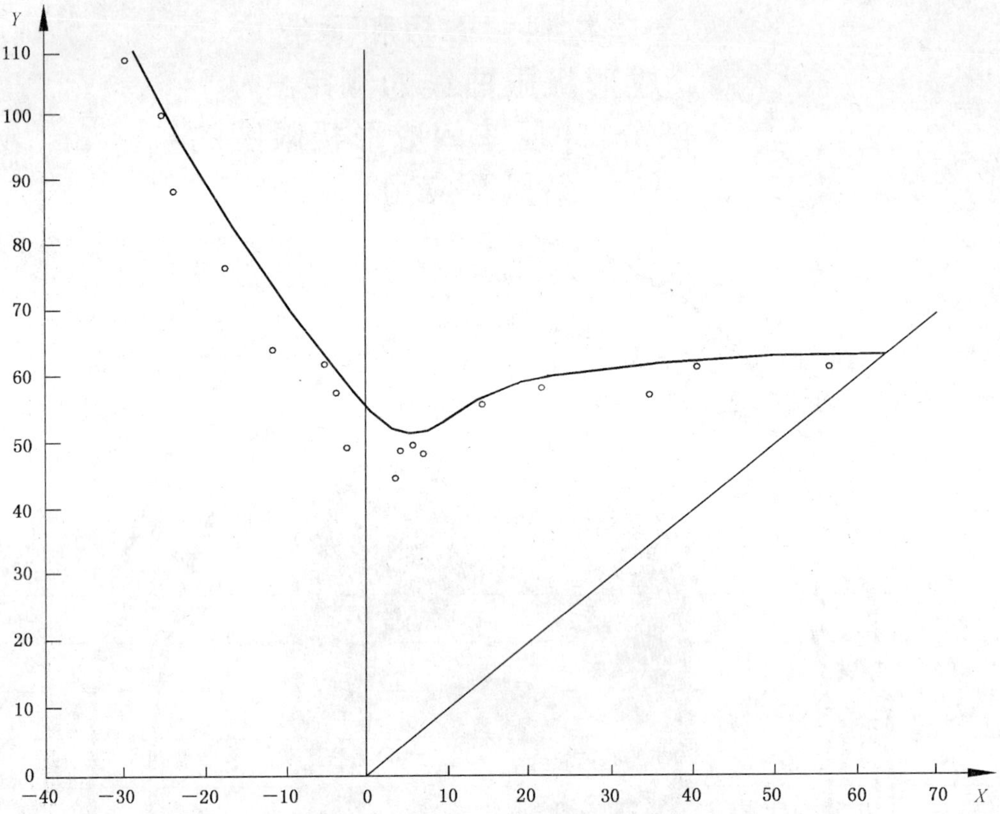

X——次应变，以百分数表示；

Y——主应变，以百分数表示。

图1　典型的成形极限曲线

5.1.2　将合适的网格印制在试样的待变形区域表面或根据经验所确定的重点测量区域表面。网格的初始尺寸须经过检查以满足精度要求。

5.1.3　任何满足第4条的试验装置都可以用来进行试样的成形，像拉伸试验机、冲压试验机、杯突试验机、液压胀形试验机、多功能试验机或其他能够夹紧试样并能在远离边界的区域施加塑性变形力的装置等。可以采用万能试验机进行拉伸试验获得部分成形极限值数据。

5.1.4　测试时，应将薄板试样的四周夹紧，或者将其剪裁成宽窄不等的带状试样以获得不同的应变状态。冲头和试样之间需要采用常规润滑剂进行适当润滑，也可以同时采用聚合物薄膜和润滑剂一同润滑。

5.1.5　在试样首次出现裂纹的瞬间立即停止试验。

5.1.6　采用下述步骤测量应变 e_1 和 e_2。

5.1.6.1　靠近裂纹任一侧，沿着变形前呈直线的主应变方向测量3个相邻网格变形后的标距长度。重复测量直到3个测量值之间的差别小于10%。将这3个测量值的平均值记为 l_1。

注：更精确的方法见GB/T 24171.2。

5.1.6.2　如果3个测量值的差别大于10%，需重新取样成形后进行测量。

5.1.6.3　选取5.1.6.1中已测量的网格，在次应变方向测量其变形后的标距长度，将其记录为 l_2。

5.2　按下面公式计算应变 e_1 和 e_2：

$$e_1 = \frac{l_1 - l_0}{l_0} \times 100 \quad \cdots\cdots(1)$$

$$e_2 = \frac{l_2 - l_0}{l_0} \times 100 \quad \cdots\cdots(2)$$

5.3 在测量了足够数量的试样后绘制成形极限曲线。

6 结果处理

6.1 将 e_1 和 e_2 成对描到成形极限图中。如图 1 所示，主应变 e_1 沿 y 轴方向，次应变 e_2 沿 x 轴方向。

6.2 通过最大的主工程应变 e_1 的数据点绘制出成形极限曲线(见图 1)。

6.3 具体零件的成形效果可以先测量零件临界区域的应变，然后将测量结果与同种材料的成形极限曲线进行比较后得到。

7 试验报告

7.1 试验报告应包括以下内容：

a) GB/T 24171 的本部分编号；

b) 试样标识；

c) 试样厚度；

d) 绘制在成形极限图(FLD)上的成形极限曲线(FLC)(如图 1)；

e) 网格的尺寸；

f) 润滑条件。

7.2 试验报告也可补充如下内容：

a) 试验材料的力学性能；

b) 试验材料的化学成分(主要元素百分比)；

c) 所使用的试验程序说明；

d) 使用的网格类型；

e) 与本部分所规定条件的任何偏离(特别情况见附录 B)。

附　录　A
（资料性附录）
当前使用的网格样式

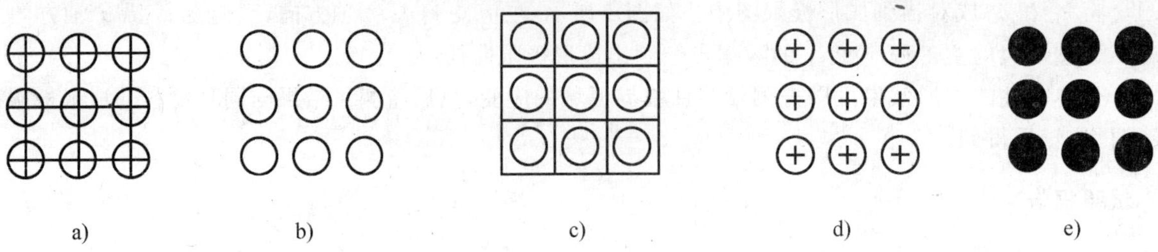

图 A.1　各种不同类型圆形网格示例

图 A.2　圆形网格示例

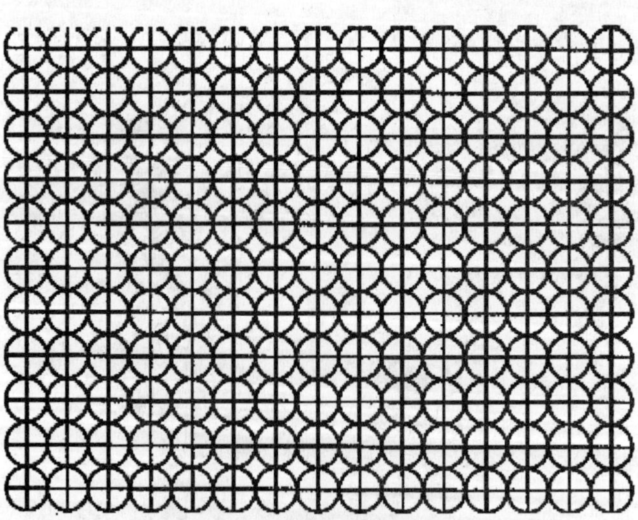

图 A.3　圆形网格示例

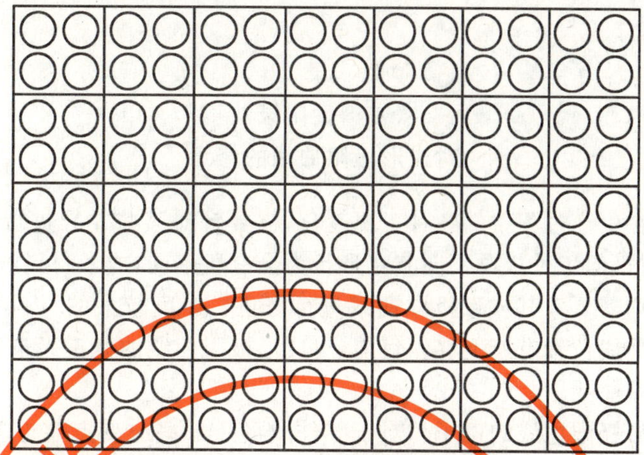

图 A.4 正方块中圆形网格示例

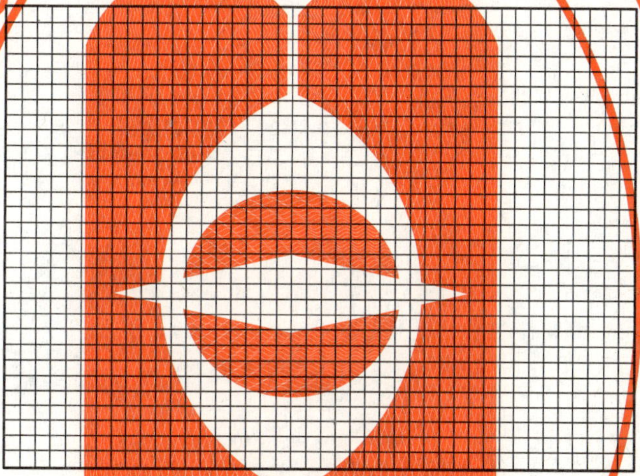

图 A.5 正方形网格示例

附 录 B
（资料性附录）
对成形极限曲线的修正

为了适应特定产品在生产过程中的各种工况变化，需要针对某些差异进行修正。例如采用了同样的成形设备和类似的材料，但工件板厚不同其变形行为会有所不同，或者材料的拉伸应变硬化指数 n 值有所不同。这些情况下均需要对其成形极限曲线进行修正。厚度较大的材料和 n 值（见 GB/T 5028）较高的材料其成形极限曲线位置有所上移。目前，对成形极限曲线的修正尚未正式形成规范，如果进行了修正则需在试验报告中注明。

图 1 是一个典型成形极限曲线的例子。对于零件成形后那些应变点靠近 FLC 的部位要进行重点检查并采取措施减少应变量从而降低冲废率，或者采用具有较高的成形性能的材料。

参 考 文 献

［1］ GB/T 5028 金属材料 薄板和薄带 拉伸应变硬化指数(n 值)的测定(GB/T 5028—2008，ISO 10275:2007，MOD)

ICS 77.040.10
H 22

中华人民共和国国家标准

GB/T 24171.2—2009/ISO 12004-2:2008

金属材料　薄板和薄带 成形极限曲线的测定 第2部分:实验室成形极限曲线的测定

Metallic materials—Sheet and strip—Determinations of forming limit curves—Part 2:Determinations of forming limit curves in laboratory

(ISO 12004-2:2008,IDT)

2009-06-25 发布　　2010-04-01 实施

中华人民共和国国家质量监督检验检疫总局
中国国家标准化管理委员会　发布

前　言

GB/T 24171《金属材料　薄板和薄带　成形极限曲线的测定》分为二个部分：

——第1部分：冲压车间成形极限图的测量及应用；

——第2部分：实验室成形极限曲线的测定。

本部分为GB/T 24171的第2部分。本部分等同采用国际标准ISO 12004-2:2008《金属材料　薄板和薄带　成形极限曲线的测定　第2部分：实验室成形极限曲线的测定》(英文版)。

为了便于使用，本部分做了下列编辑性修改：

a) “本国际标准”一词改为“本标准”；

b) 用小数点‘.’代替作为小数点的逗号‘,’；

c) 删除了国际标准的前言；

d) 删除了国际标准中表1的法语、德语注释和注2；

e) 删除了国际标准中的表2；

f) 将国际标准中表2的公式 $\varepsilon=\ln(1+e)$ 合并到表1中；

g) 在试样报告部分增加了“本标准编号”一项。

h) 删除了附录E中的“下面的数据集和允许的分散度可以在因特网上相关文件中找到(见参考目录)。”一句。

本部分的附录A、附录B、附录C、附录D、附录F、附录H均为规范性附录，附录E、附录G为资料性附录。

本部分由中国钢铁工业协会提出。

本部分由全国钢标准化技术委员会归口。

本部分起草单位：武汉钢铁(集团)公司、太原钢铁(集团)公司。

本部分主要起草人：祝洪川、李荣锋、陈士华、王丽英、邱保文、杜丽影。

引　言

成形极限图(Forming Limit Diagram/FLD)—— 包含主应变/次应变点的图表。

FLD 能够分辨某个应变数值对于某种材料来说是安全的还是破裂的,从安全点到破裂点的界线定义为成形极限曲线。

有两种不同的方法可以测定材料的成形极限:

1) 对冲废的零件进行应变分析,测定与零件外形和加工工艺有关的 FLCs。

   在冲压车间,这些点的应变路径通常是未知的,成形极限曲线 FLC 依赖于材料、零件和所选择的成形条件。此方法见本标准第 1 部分。

2) 完善的实验室条件下的 FLCs 测定:

   为了评价其成形性能,需要对给定材料绘制唯一的成形极限曲线 FLC。标准规定对 FLC 的测定需采用不同的线性应变路径。该方法可应用于材料的性能表征,见本标准第 2 部分。

对于 GB/T 24171 的本部分(关于实验室成形极限曲线的测定),下面的条件也是有效的:

成形极限曲线(FLCs)用于确定指定的材料在受到拉延、胀形或拉延胀形相结合时能够达到的变形程度。这种能力受到裂纹产生、局部缩颈的限制。存在有许多测量材料成形极限的方法,但应指出的是,采用不同的方法得到的结果不能用于比较的目的。

FLC 表征了经过一定热-机械处理后特定厚度材料的变形极限。材料的力学性能和材料在 FLC 测量前的历史等附加信息对于成形性能的判断都是重要的。

为了比较不同材料的成形能力,不仅要判断 FLC,而且下面的参数也是重要的:

a) 至少主方向的力学性能;

b) 最大力塑性延伸率,参照 GB/T 228;

c) 给定变形区间的 r 值,参照 GB/T 5027;

d) 给定变形区间的 n 值,参照 GB/T 5028。

金属材料　薄板和薄带
成形极限曲线的测定
第2部分:实验室成形极限曲线的测定

1　范围

GB/T 24171的本部分规定了在室温和线性应变路径下测定成形极限曲线(FLC)的试验条件及方法。

本部分适用于试验材料是平直的、厚度在0.3 mm～4 mm之间的金属材料。

注:4 mm的厚度上限是由材料最大允许厚度与冲头直径的比值确定的。

对于薄钢板,推荐厚度的最大值为2.5 mm。

2　符号及说明

本部分采用表1中的符号及说明。

表1　符号及说明

符　　号	说　　明	单　位
e	工程应变	%
$\varepsilon=\ln(1+e)$	真实应变(对数应变)	—
ε_1	主真实应变	—
ε_2	次真实应变	—
ε_3	厚向应变	—
σ	标准偏差	—
D	冲头直径	mm
D_{bh}	凹模直径	mm
$X(0),X(1)$ $X(m)\cdots X(n)$	X方向位置	mm
$f(x)=ax^2+bx+c$	最佳抛物线拟合公式	—
$f(x)=1/(ax^2+bx+c)$	最佳反抛物线拟合公式	—
$S(0),S(1)\cdots S(5)$	截面	—
n	X方向位置点数	—
m	失效位置截面数量	—
w	拟合区域宽度	mm
t_0	初始板厚	mm
r	塑性应变比	—

3　原理

FLC用于表示材料在设定的线性应变路径变形条件下的近似的固有极限。为了准确测定FLC,在测量区域需要保持近乎无摩擦的状态。

首先在平直无变形的板料表面印制选定的、尺寸精确的网格或随机斑点图案。然后采用 Nakajima 或 Marciniak 方法对板料进行变形直至破裂、停止试验。

测量宜使用“位置相关”的方法(见 5.2)。

注:“时间相关”方法正在开发中。

测量变形后试样的应变,应变处理时忽略结果中缩颈或者破裂部分,然后通过插值确定材料不发生失效所能承受的最大应变。插值曲线中的最大值被定义为成形极限。

成形极限由几种应变路径(ε_1 和 ε_2 之间的不同比值)测量得到。测量的应变路径范围从单向拉伸到双向拉伸(胀形)。不同应变状态下收集的单个成形极限数据点连接起来即可得到成形极限曲线。绘于图中的曲线表示了薄板表面两真实应变 ε_1 和 ε_2 的一种函数关系,即成形极限图。X 轴代表了次真实应变 ε_2,Y 轴代表了主真实应变 ε_1(见图 1)。

标准的转换公式允许计算主真实应变(ε_1)和次真实应变(ε_2)。下文中,应变指真实应变,也称为对数应变。

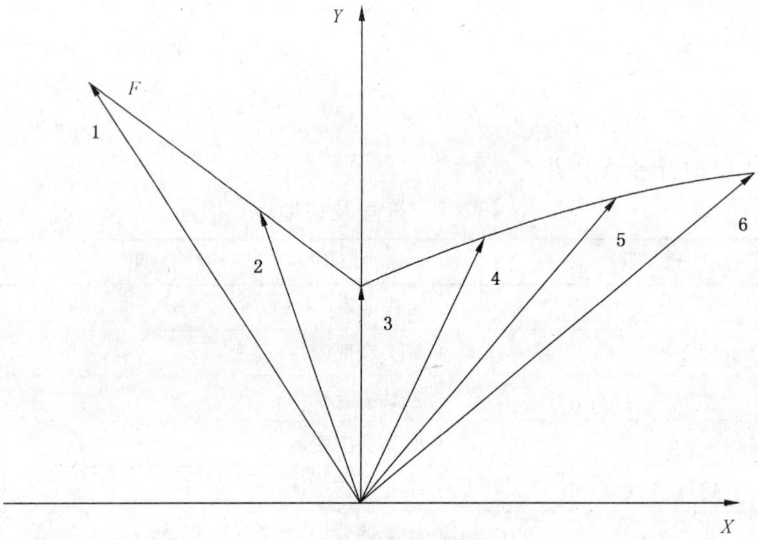

X——次真实应变 ε_2;

Y——主真实应变 ε_1;

F——FLC;

1——单向拉伸 $\varepsilon_2=-[r/(1+r)]\varepsilon_1$;

2——一般拉伸应变;

3——平面应变;

4——一般胀形;

5——一般胀形;

6——等双向拉伸(=胀形应变状态)$\varepsilon_2=\varepsilon_1$。

图 1 六个不同应变路径的示意图

4 试样和试验设备

4.1 试样

4.1.1 试样厚度

本试验使用厚度在 0.3 mm~4 mm 之间的平直金属薄板。

4.1.2 试样几何形状

推荐的试样几何形状如下:

哑铃型的试样在中间有超过冲头直径25%的平行部分(对于100 mm的冲头,建议平行部分的长度为25 mm~50 mm,过度弧半径为20 mm~30 mm),见图2。

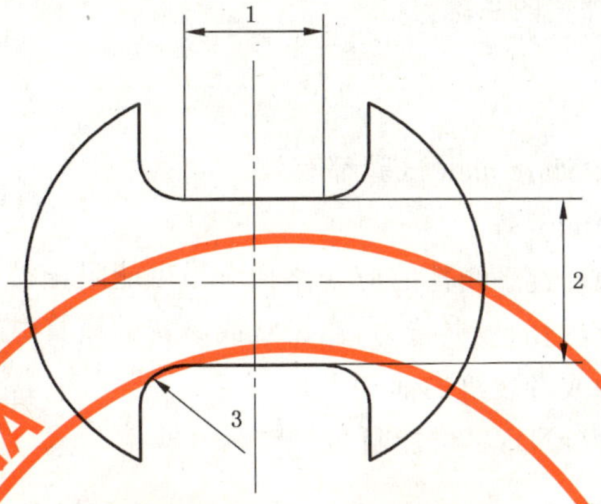

1——平行部分长度;

2——平行部分宽度;

3——过度弧半径:R=20 mm~30mm。

图2 带平行部分的哑铃型试样(狗骨头形状)

$\varepsilon_2>0$时,可以使用不同曲率半圆弧切边得到的试样。

对于钢板(主要是低强度级别的),如果试样在凹模圆角部位不发生破裂,采用不同宽度的矩形薄带试样就足够了,否则采用上述的试样形状。

相比于矩形带状试样,采用外圆弧形状的板料可以获得分布更均匀一致的成形极限试验数据点。

4.1.3 试样的制备

在保证试样边缘不产生裂纹的前提下,可采用铣削、线切割或其他不会产生裂纹、加工硬化和改变显微组织的方法。

4.1.4 不同几何形状试样的数量

为了描述完整的FLC至少需要5组不同几何形状的试样(目的是得到从单向到等双向拉伸分布均匀的FLC)。

如果不需要完整的FLC,不同几何形状试样的数量可以减少但应在测试报告中予以说明。

4.1.5 每种几何形状试样的数量

试样数量应能保证至少3个有效的样本。

4.2 网格的使用

4.2.1 网格尺寸

推荐的网格尺寸取1倍左右的材料厚度(由于缩颈宽度的原因,网格尺寸同材料厚度有关),允许的最大网格尺寸为2.5倍材料厚度,对于100 mm的冲头允许的最大网格尺寸为0.1英寸(2.54 mm)。通常使用的网格尺寸为1 mm或2 mm。小网格由于准确度不高而不常使用(如果未变形的网格在试验前不进行测量的话)。

对于随机图案,虚拟网格的尺寸宜同推荐的网格尺寸相一致,也可以使用更小的虚拟网格。

4.2.2 网格的印制

印制的网格(如:方形、圆形、点阵)宜具有良好的对比度,不会留下刻痕或改变材料的显微结构。一些常用的技术有电化学、照相、丝网印刷和网格转印。

随机图案(散斑)可以喷涂到试样表面,涂料同表面的结合力应在变形后予以检查,喷涂一层薄的、亚光的白色基底可以减少来自试样表面的反光,随后可以喷涂云雾状随机分布的黑色斑点(例如黑色的喷漆或墨粉)。

4.2.3 未变形网格的精度

为了获得2%的系统准确度，基于1倍标准差(1σ)的初始网格的准确度应优于1%。这种情况仅适用于不考虑对未变形条件进行评估的系统。

4.3 试验装置

4.3.1 一般要求

下面的参数对Nakajima和Marciniak试验都有效：

——冲头速度：(1.5±0.5)mm/s；

——防止材料流入：为了保证近乎线性的应变路径应尽可能阻止材料的流入。可行的方法有：用拉延筋，合适的板夹持力，锯齿状或滚花的模具(在最后两种方法不会导致局部应变集中或者裂纹的前提下)；

——板夹持力，单位为千牛(kN)：尽可能阻止材料流入；

——试验温度：(23±5)℃；

——试验方向：对于给定的FLC，所有试样的主方向应取最低极限应变 e_1 或 e_2 的方向并且相对于轧制方向是一致的，见图3；

——铝：纵向的(平行部分平行于轧制方向)；

——钢：除了特殊情况一般为横向的(平行部分垂直于轧制方向)。

如果测试方向(纵向或者横向)未知则应通过双向应变试验或其他合适方法检查；

——冲头表面粗糙度：冲头表面的接触部位需进行抛光；

——凹模材料及硬度：硬化钢；

——压边圈形状：圆环状压边圈，见图4；

——试验停止判据：出现裂纹；

——裂纹检测：目测或载荷下降。

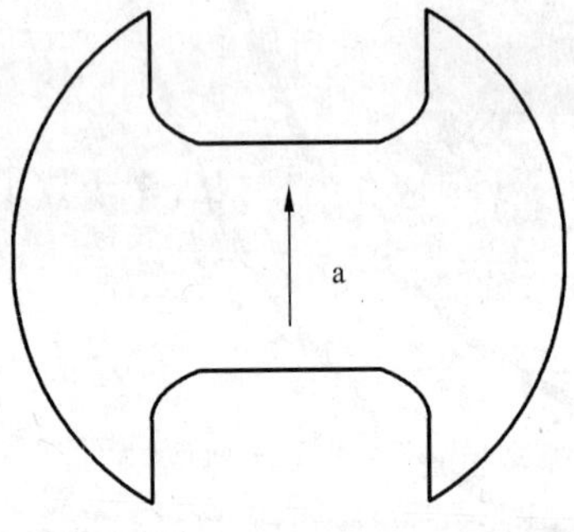

a) 钢

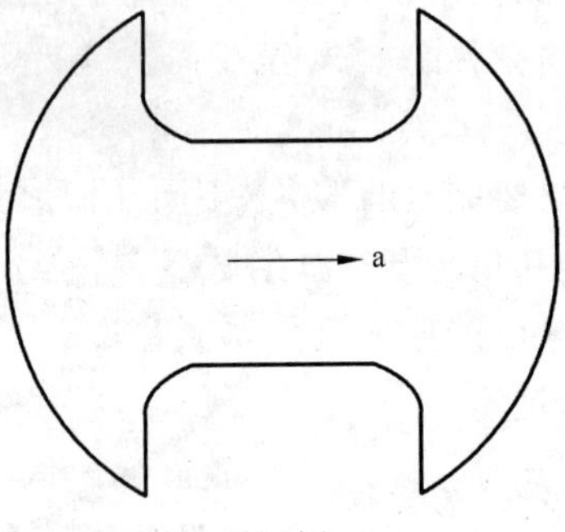

b) 铝

a——轧制方向(RD)。

图3 平行部相对于轧制方向(RD)的取向

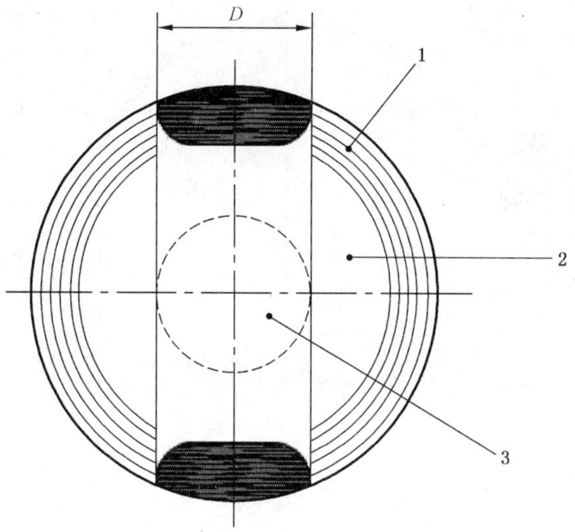

D——落料宽度与冲头直径相等；
1——有切口的锯齿状压边圈；
2——板料；
3——冲头。

注：为了与理想的线性应变路径更接近和获得更均匀的真应变数值分布，可以使用有切口的圆环状压边圈（建议切口宽度等于冲头直径）。

图4　有切口的压边圈

4.3.2　应变测量

a）系统准确度：
测量系统在基于一倍标准偏差（1σ）下的系统准确度宜优于2%（准确度依赖于网格准确度/分辨力、相机分辨率、测量区域、计算方法…）。

b）未变形网格精度：
初始网格在基于一倍标准偏差（1σ）下的准确度宜优于1%（仅对未变形条件不进行评估的系统有要求）。

c）测量装置：
可以采用任何方便的测量装置，测量装置的不确定度应小于测量长度的1%。推荐使用的相机和软件允许的在基于1倍标准偏差（1σ）下的准确度要优于2%。

d）应变测量：
应变测量可以通过测量最终网格的尺寸进行，此时初始网格的准确度是知道的（<1%），或者通过比较最终网格和初始网格的尺寸或采用增量方法进行，即参考初始网格大小计算应变。

4.3.3　Nakajima试验

4.3.3.1　通则

采用半球冲头的Nakajima成形方法见图5。

单位为毫米

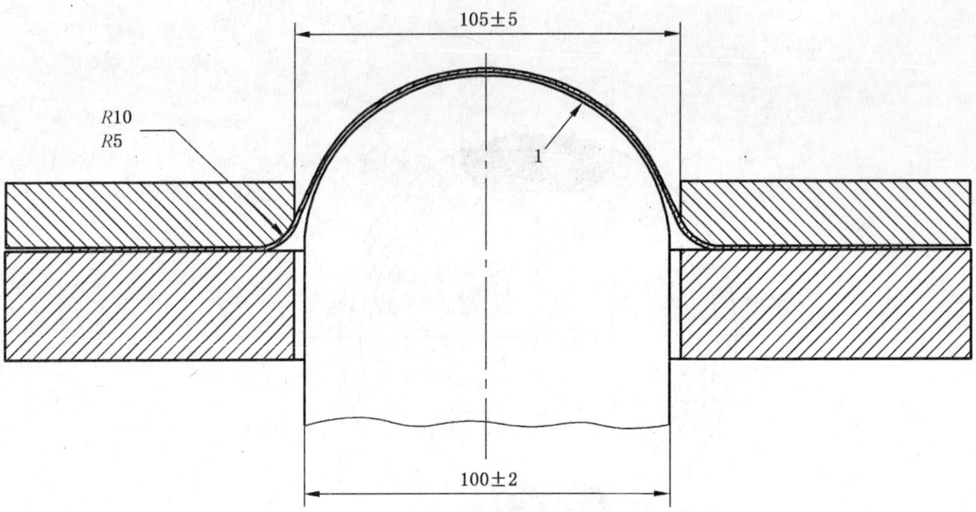

1——润滑层。

图 5 Nakajima 试验模具的横截面示意图

4.3.3.2 模具

a) 冲头直径:(100±2)mm;

b) 凹模直径:优先取 105 mm 并且不小于冲头直径加上 2.5 倍的材料厚度;

c) 凹模圆角半径:优先取 8 mm,最小取 5 mm 或者 2 倍材料厚度两者之中的较大值。

4.3.3.3 试验条件

润滑方式:

只有调整润滑方式,使裂纹产生在距离拱顶 15%的冲头直径范围内试验才有效。采用最佳的润滑方式可以使裂纹产生在非常接近拱顶的位置。在这种情况下,可以显著减少对称于拱顶的双缩颈问题(随后两个缩颈区域中的一个开始起裂),截面应变分布图中严重的双顶点现象可以减少。这使应变对(ε_1-ε_2)的自动测量更准确。在一个特定的 FLC 测量过程中,可不改变润滑方式。

推荐的润滑方式有:

a) 冲头工作力小时(比较薄的钢板或抗拉强度相对低的材料。例如厚度小于 2 mm 的铝板):

1) 油或油脂(如羊脂);

2) 圆形 PE 或 PTFE 薄膜(如 0.05 mm 厚);

3) 油或油脂。

b) 冲头工作力大时(较厚的钢板或抗拉强度更高的材料):

1) 简单的:

与 a)相同但用更软的 PVC 代替 PTFE。

2) 复杂的:

Ⅰ) 油或油脂(如羊脂);

Ⅱ) 圆形 PE 或 PTFE 薄膜(0.05 mm～0.1 mm 厚);

Ⅲ) 油或油脂;

Ⅳ) 软 PVC 薄片(3 mm 厚);

Ⅴ) 油或油脂;

Ⅵ) 圆形 PE 或 PTFE 薄膜(0.05 mm～0.1 mm 厚);

Ⅶ) 油或油脂。

润滑层Ⅰ和Ⅶ是可选的。

使用这两种润滑方式，绝大多数试验都可以满足裂纹出现在拱顶的条件。从以前不同材料的试验情况来看，不存在一种通用的润滑方式(适合所有的材料和所有的厚度范围)。最困难的情况出现在试验厚度大的高强度材料中。根据个人的实践和经验可以使用替换的润滑方式。在这种情况下建议通过球冲胀形对润滑方式进行测试。能够获得最大的极限拱高并使裂纹出现在拱顶的润滑方式被认为是最合适的。

为了防止薄膜起皱，薄膜的直径宜小于冲头的直径。

4.3.4 **Marciniak 试验**

4.3.4.1 **通则**

Marciniak 成形方法使用平冲头，见图 6。

单位为毫米

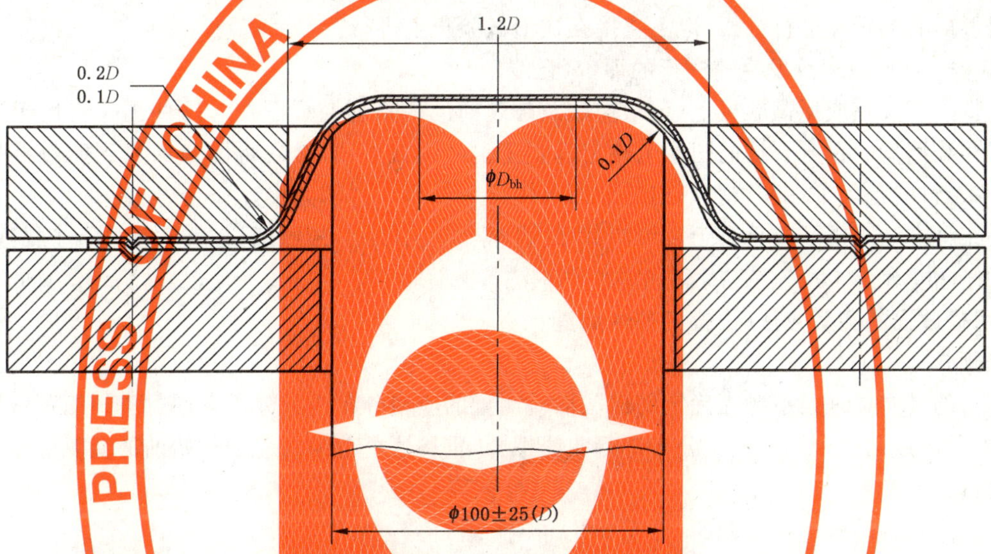

图 6 Marciniak 试验模具的横截面示意图

4.3.4.2 **模具**

a) 冲头直径：直径(100±25)mm 的平冲头；

b) 冲头的圆角半径：建议取 10% 的冲头直径；

c) 凹模直径：建议取 120% 的冲头直径；

d) 凹模圆角半径：10%～20% 的冲头直径。

4.3.4.3 **垫板**

为避免试样与冲头平面接触，必须使用垫板，这样可以确保裂纹出现在正确的位置并且获得均匀的应变分布。

垫板的塑性不低于被试验材料的塑性，垫板通过裁剪获得。在研究的材料出现裂纹前，垫板不应发生破裂。

垫板的最小厚度应为试样厚度的 0.8 倍左右，可以使用一块以上的垫板。

垫板的尺寸宜同试样或者双向应变试验板料的尺寸相等(使垫板的加工和存储更方便)。

垫板应有一个直径 D_{bh}(通常 32 mm～34 mm)的中间孔，并与冲头对中。孔的边部质量必须能够避免早期裂纹的产生。试样发生破裂时垫板的孔径必须保持小于冲头平面部位的直径。如果需要，垫板可以切割为两部分(垂直于应变方向)。

垫板与试样的接触面有更高的粗糙度(例如喷砂)有益于提高垫板与试样间的摩擦力。

4.3.4.4 **试验条件**

垫板同试样之间不允许进行润滑，但通常冲头和垫板之间需要进行润滑。

试验的有效性:破裂必须发生在垫板孔上面的平面区域。

4.3.5 测量装置

相机和软件在基于1倍标准偏差(1σ)下的系统准确度要优于1%。

5 应变截面线分析和应变对(ε_1,ε_2)的测量

5.1 一般说明

使用相机进行的测量可以采用不同的分析方法对横截面数据进行评价。

AM1——破裂试样的评价(离线)

成形以后对图像进行分析,但不直接在成形试验机上进行。

AM2——进行了初始网格尺寸标定的破裂试样的评价(离线)

对成形前后的图像进行分析,但不直接在成形试验机上进行。

AM3——直接在裂纹发生前进行的评价(在线)

相机直接安装在成形试验机上,记录初始及破裂前的一系列变形图像。这些图像将用于进行位置相关性的在线测量。在有裂纹的图像上确定垂直于裂纹的截面线,然后将图像回放到能看见裂纹之前的最后一张,目的是为了在裂纹张开前的截面上搜索应变(ε_1,ε_2)的大小。

以上三种方法采用了在垂直于裂纹的截面上搜索应变(ε_1,ε_2)的原理,在5.2中进行了描述。

注:时间相关的检测方法正在研究,将在标准本部分下次修订时加入。

5.2 采用横截面的测量方法(位置相关性测量)

5.2.1 通则

本方法的基本原理是沿预先确定的横截面对测量的应变分布进行分析。通过去掉缩颈区域的应变点,并对缩颈区域两边剩余的应变分布进行曲线拟合,重构这个范围内缩颈开始前的应变分布。可按以下步骤进行:

——确定包含缩颈的相关截面(见5.2.2);

——采用客观的数学判据标示缩颈范围;如此就可以确定曲线拟合区域的内部边界(见5.2.3);

——确定外部边界以获得最优的拟合区域宽度,使我们在缩颈两边获得最好的曲线近似相关性。

下面的子章节对这些步骤进行了详细的描述(见5.2.4)。

对于最后两步(5.2.3和5.2.4)的数学方法不太熟悉的,5.2.3的图8给出了程序的输出结果。

一些材料表现出非均匀的变形,导致非摩擦引起的多顶点。此类情况下横截面分析方法不能自动进行。附录G给出了一些极端的横截面数据。

如果测量准确度足够的话,其他方法(自动或手动)也可以使用(见附录D)。

5.2.2 测量的位置和程序

为了成形极限测定的可重复性,裂纹两边截面线的长度均不能小于20 mm,两边测量点均不得少于10个,见图7。裂纹中间大约长10 mm的虚线确定了裂纹的起源位置:

1) 当$\varepsilon_2 \geqslant 0$时,截面线应尽可能垂直于裂纹(在±25°内);

2) 当$\varepsilon_2 < 0$时(窄试样),截面线应平行于试样平行部方向,这样可以避免由于裂纹宽度大造成的截面线左右两边的平行位置偏差。

为了起裂后自动测量的稳定性,建议两种情况下插值线都保持与(虚拟的)网格主应变方向一致的取向。

第一条截面线穿过裂纹中心;另外在第一条截面线的两边间隔约2 mm分别布置1条或2条插值线。这些线的位置应与裂纹区主应变ε_1的方向保持一致,使裂纹穿过截面的中心。对于出现多个裂纹线(发散裂纹,对称胀形)的试样必须舍弃。

为了下面的计算,需要X坐标和每个截面点的ε_1、ε_2。X坐标以第一个插值点为开始,根据截面与试样表面计算得到的弧长给出(例如以$X(0)=0$ mm作为截面的起始点)。

单位为毫米

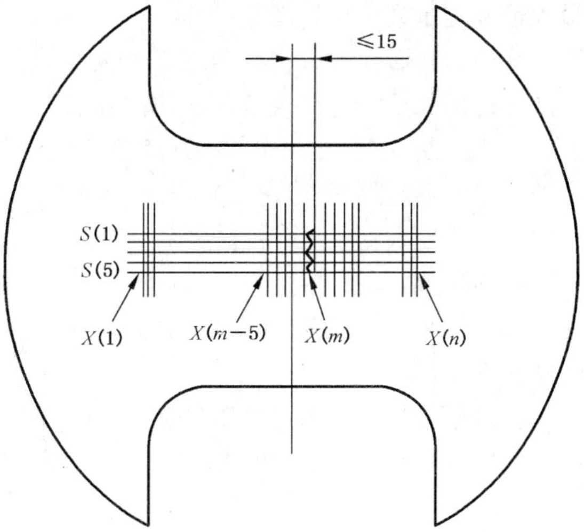

X(1)　X(1)——坐标；
X(m-5)　X(m-5)——坐标；
X(m)　X(m)——坐标；
X(n)　X(n)——坐标；
S(1)　S(1)——截面；
S(5)　S(5)——截面。

图7　横截面的位置

为了便于软件计算以表格的形式存储所有的截面线长度，可以将所有 FLC 数据以 ASCII 码的格式存储在一个文件中或每个截面线(m)分别存储在一个文件中。为方便起见最好将试样几何形状、试样编号和截面编号添加到所有数据中，可以得到下面的文件格式。

X-坐标/mm	ε_1	ε_2	试样几何形状	试样#	截面
X(1)-坐标-截面(m)	ε_1(1)-截面(m)	ε_2(1)-截面(m)	1	A	m
X(2)-坐标-截面(m)	ε_1(2)-截面(m)	ε_2(2)-截面(m)	1	A	m
…	…	…			
X(n)-坐标-截面(m)	ε_1(n)-截面(m)	ε_2(n)-截面(m)	1	A	m
…	…	…			
X(n)-坐标-截面(m)	ε_1(n)-截面(m)	ε_2(n)-截面(m)	2	B	m
…	…	…			

建议 X-坐标格式：##.#。

建议真应变格式：#.###。

试样几何形状编号(1,2,3…)，每种几何形状的试样编号(A,B,C…)及截面(m，以编号 a,b,c…给出)以附录 F 给出的格式同 FLC 数值对齐保存在一个文件中。

5.2.3　根据试验数据点提取“钟形曲线”和确定最佳拟合曲线的内部边界

确定拟合边界时宜遵循下面的步骤：

a)　裂纹位置的确定：

1)　对于 AM1 和 AM2，可以获得截面线上点的实际 X 坐标。如果知道裂纹的实际位置，则根据实际位置确定，否则需要通过一个最佳抛物线拟合进行确定[$f(x)=ax^2+bx+c$]。在进一步计算前，如果裂纹宽度大于 0.5 mm(目视判断，0.5 mm 准确度)的话就需要从钟形插值截面线的中间将其减去。裂纹两侧拟合范围的宽度应至少分别有 4 mm 或 3 个点。抛物线的最大值确定了裂纹的位置。

2) 对于 AM3,裂纹的路径和截面线的方向设定在开始发生起裂后的首张图像上,并转回到记录的裂纹张开之前的图像上。这张裂纹萌发前的标示有截面线的图像被用于确定试样的成形极限应变。对于在线测量,在开裂前的最后阶段需要选择每秒不少于 10 帧的图像记录速度。裂纹的位置要通过抛物线[$f(x)=ax^2+bx+c$]的最佳拟合来确定。测量区域的中心由最高的截面应变数据 ε_1 给出,区域的宽度是 8 mm,但至少有 5 个点,抛物线的最大值确定了裂纹的位置。

b) 不进行平滑和过滤分别在裂纹的两边(确定内部边界需要进行随后的曲线回归)计算应变数据 ε_1 的二阶导数(见附录 A)。

c) 在 6 mm 但至少包含 4 点的范围内确定所有二阶导数(见附录 A)的顶点中最高点(两边较小的局部最大)的位置。如果二阶导数在裂纹的边沿有最高值的话,裂纹边沿的最大值被定义为一个顶点。

d) 使用范围是 5 点的抛物线拟合重复进行"过滤的"二阶导数的计算(见附录 A)。

e) 下面的检查需要对裂纹位置的两侧单独进行:

检查范围 $R=5$ 点[见 d)]的二阶导数的最大值对应的位置是否距离依据 c)得到的原始位置在 ±1 点范围内:

1) 如果是,则用于后续曲线回归的裂纹两侧的内部边界位置由 c)确定。图 8 是这种方法的输出结果,图中显示了主应变的分布,包括它的二阶导数。

2) 如果否,则内部边界定为距离裂纹位置 3 mm[见 5.2.3 a)]。这个位置至少要距离裂纹 1 个点远。

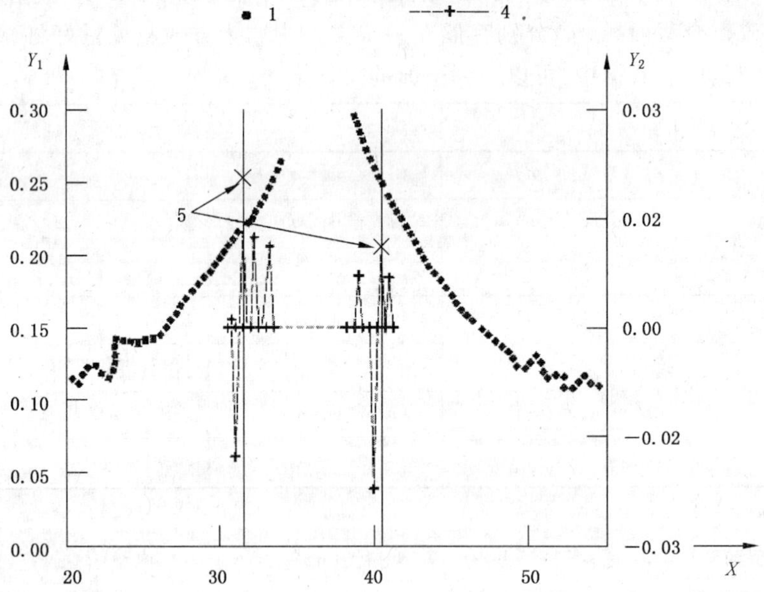

X——弧长,单位为毫米;

Y_1——主真应变 ε_1;

Y_2——主真应变 ε_1 对弧长的二阶导数;

1——测量的应变分布;

4——6 倍原始厚度距离位置的二阶导数;

5——二阶导数的最大值,标识了回归的内部边界。

图 8 分别在裂纹的两边用二阶导数的极大点确定两个内部边界

5.2.4 最佳拟合区域的外部边界确定及“钟形曲线”的最佳拟合反抛物线的计算

a) 上面确定的两个位置是两个拟合区域的两个内部边界[5.2.3 c)～e)]。拟合区域的宽度 w 最少包括 5 点，按照附录 B 所述以区域左右两边 ε_1 和 ε_2 边界值为函数的方式进行确定。通过对规定区域内的应变使用最佳拟合逼近，可以如图 9 和附录 C 中图 C.1 描述的确定极限应变 ε_1 和 ε_2。

b) 每个“钟形曲线”可以确定一对(ε_1,ε_2)。

c) 每个试样可以从不同的横截面上得到所有的应变对(ε_1,ε_2)。举例来说就是，一种几何尺寸，3 个横截面的 3 个试样可以获得 9 对(ε_1,ε_2)；一种几何尺寸，5 个横截面的 3 个试样可以获得 15 对(ε_1,ε_2)。

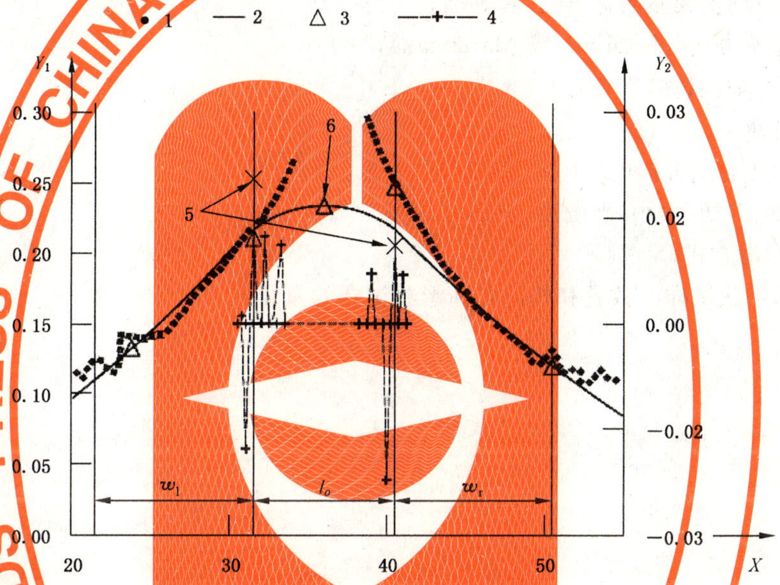

X——原始长度(mm)；

Y_1——主真实应变 ε_1；

Y_2——主真实应变 ε_1 对原始长度的二阶导数；

1——测量的应变分布；

2——基于拟合区域 5,7 和 9 的反抛物线；

3——关于应变分布的拟合区域的标示点；

4——6 倍原始厚度距离的二阶导数；

5——二阶导数的最大值标识了回归的内部边界；

6——主成形极限应变 ε_1；

w_l——左边拟合区域宽度；

l_o——裂纹左右内部拟合极限之间被忽略的长度；

w_r——右边拟合区域宽度。

图 9 两个内部边界(图 8)的确定，外部边界(附录 B)，主应变分布的曲线拟合及极限应变的确定

以上是关于 FLC 检测中如何从试样测量的应变到应变(ε_1,ε_2)的计算的描述。附录 E 是一些用于检验基于本部分开发的实验室计算程序有效性的示例。附录 H 提供了一个总结性的分类流程图，可为那些想编写本方法的计算程序的人员提供参考。

6 文档

试样参数和测量得到的应变值 ε_1、ε_2 以数据表和图的方式存档。图中应使用十进制表示刻度(见附录F)。

图、表中由应变 ε_1、ε_2 计算得到的工程应变也应加上。这些图可以采用百分比尺度。

异于上述的任何参数应记录在文件中。

7 试验报告

试验报告应包括以下信息:

a) GB/T 24171 的本部分编号;

b) 检测 FLD 的实验室名称,操作者姓名;

c) 采用的成形方法(Nakajima 或 Marciniak);

d) 材料标识(如:名称,钢卷号);

e) 薄板的厚度;

f) 试样相对于轧制方向的取向;

g) 使用的网格(如:大小,准确度,应用方式);

h) 采用的润滑方式;

i) 不同几何形状试样的数量和相同几何形状试样的重复数量。

附 录 A
（规范性附录）
二阶导数和“过滤的”二阶导数

为了确定二阶导数提出了下面的方法：

取 3 个连续点 $x_1, y_1; x_2, y_2; x_3, y_3$；通过 3 点确定二次抛物线并使用两倍的二次项系数，这个值就是中间点 x_2 的二阶导数。

$f(x)=ax^2+bx+c \quad \Rightarrow \quad f''(x)=2a$；

这种计算不允许同时从裂纹的两边取点。最接近裂纹（裂纹两边）的点在 $f''(x)$ 上无确定的值。

这种方法使用超过 3 点得到的数据被称为“过滤的”二阶导数。为了得到相同的中间点，使用奇数的点数。在这种情况下使用最小平方抛物线拟合。中间点的二阶导数是平方项系数的两倍。这种方法对二阶导数有“过滤”作用，但不会对初始曲线产生影响。

同时从裂纹的两边取点是不允许的。例如 5 点的范围，最靠近裂纹（两边都是）的 2 点在 $f''(x)$ 上没有确定的值。

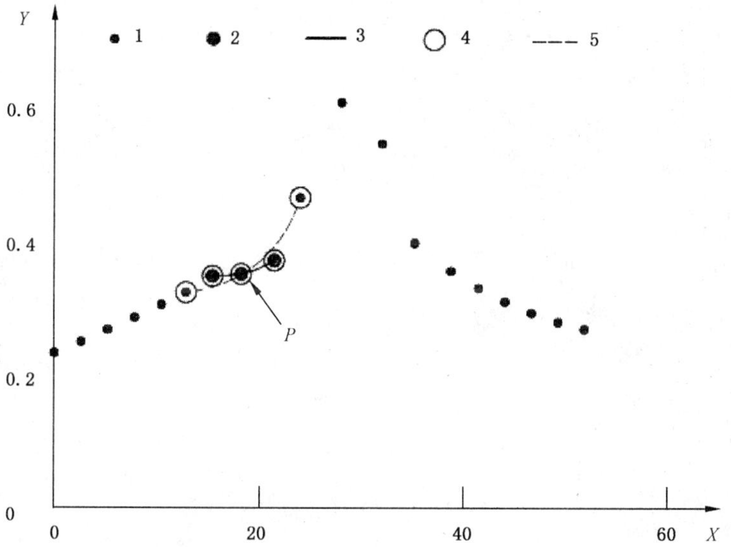

X——弧长，单位为毫米；

Y——主真实应变 ε_1；

P——确定二阶导数的点；

1——测量的主真实应变分布；

2——用于二阶导数测定的 3 点；

3——用 3 点来确定二阶导数的抛物线；

4——用于确定二阶导数的 5 点；

5——用 5 点确定二阶导数的抛物线要比使用 3 点的更平滑。

图 A.1 应变截面线上二阶导数的测定，裂纹左右单独进行

附录B
（规范性附录）
拟合区域宽度的计算

拟合区域的宽度 w 应最少包含5个点，并按式(B.1)计算：

$$w = 10[1 + (\bar{\varepsilon}_2/\bar{\varepsilon}_1)] \qquad \text{(B.1)}$$

式中：

$\bar{\varepsilon}_2 = 1/2(\varepsilon_{2,BL} + \varepsilon_{2,Br})$

$\bar{\varepsilon}_1 = 1/2(\varepsilon_{1,BL} + \varepsilon_{1,Br})$

索引“BL”用于表示 ε_1 和 ε_2 的左边内部边界。索引“Br”用于表示 ε_1 和 ε_2 的右边内部边界。内部边界在5.2.3e)中确定。

附 录 C
（规范性附录）
“钟形曲线”的最佳拟合反抛物线的计算

可按如下步骤进行“钟形曲线”的最佳拟合反抛物线的计算：

a) 使用两个区域的最佳拟合二阶反抛物线 $f_1(x)=1/(ax^2+bx+c)$ 计算应变 ε_1。裂纹位置的结果就是需要的极限应变 ε_1。在拟合的过程中，需进行下面的检查：

1) 必须避免双曲不稳定性，即不能允许函数 $f_1(x)$ 的分母 ax^2+bx+c 等于零。如果 $b^2-4ac<0$ 则这一条件可以充分满足。

2) 对于主应变计算，本方法用于识别最大值，即常数 $a>0$。

如果这些条件不满足就需要决定是否进一步使用这些数据。可以采用线性拟合程序，或采用拟合区域内部极限位置的应变平均值（见图 9）。用这一类特殊方法时需要进行说明。

b) 应变 ε_2 通过厚向真应变 $[f_3(x)]$ 的最佳拟合间接确定，即通过 $\varepsilon_3=-(\varepsilon_1+\varepsilon_2)\{f_3(x)=-[f_1(x)+f_2(x)]\}$ 获得。最佳二阶反向抛物线 $f_3(x)=1/(ax^2+bx+c)$ 在 a) 的范围内进行拟合，在裂纹位置的结果就是极限应变 ε_3。如同 a) 所述也同样需要检查双曲不稳定性。极限应变 $\varepsilon_2[f_2(x)]$ 是通过在裂纹位置得到的极限厚向真应变 $\varepsilon_3[f_3(x)]$ 和真应变 $\varepsilon_1[f_1(x)]$，根据 $\varepsilon_2=-(\varepsilon_1+\varepsilon_3)$ 计算得到的。

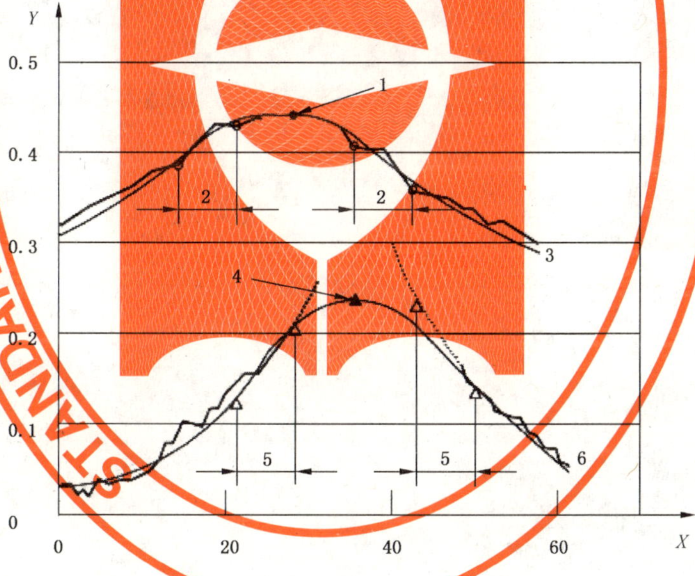

X——弧长，单位为毫米；
Y——主真应变 ε_1；
1——双向应力状态下的成形极限；
2——双向应力下的拟合区域；
3——双向应力下的应变分布；
4——单向应力状态下的成形极限；
5——单向应力下的拟合区域；
6——单向应力下的应变分布。

图 C.1 在单向和双向应变分布下测定 ε_1（缩颈开始）的示例

附 录 D
（规范性附录）
网格的应用和测量
用放大镜或显微镜进行测量

采用放大镜或显微镜进行测量时需要满足下面的技术条件：

——网格类型：有重叠的圆网格；

——未变形网格的准确度：1%的网格大小；

——测量设备：放大镜或显微镜；

——设备准确度：1%的网格大小；

——位置和测量过程：通过测量垂直于裂纹的最大应变位置的椭圆确定“钟形曲线”（大约裂纹两边各 20 mm）。

附　录　E
（资料性附录）
用于验证计算程序的试验数据表

用于验证计算程序的试验数据如表 E.1 所示。

表 E.1

分类	文件名	次应变 ε_2	主应变 ε_1
A)	06-0-4_section5	0.246	0.301
B)	06-0-4_section6	0.244	0.299
C)	06-0-4_section7	0.244	0.300
D)	06-75mod-1_section0	−0.112	0.350
E)	06-75mod-1_section1	−0.121	0.375
F)	06-75mod-1_section2	−0.119	0.372
G)	DC06-45-1_section0	−0.023	0.392
H)	DC06-45-1_section1	−0.019	0.387
I)	DC06-45-1_section2	−0.023	0.413
J)	ZStE-45-1_section0	0.007	0.267
K)	ZStE-45-1_section1	0.008	0.263
L)	ZStE-45-1_section2	0.008	0.275

附 录 F
(规范性附录)
FLC的数学描述和表示

对于所有截面的应变对(ε_1,ε_2)的图形表示,按如下过程进行:

——将 ε_1 和 ε_2 的数值以表格列举(见表 F.1);

——属于相同试样(不同的截面)的(ε_1,ε_2)和具有相同形状的试样都要进行归类标识;如:1Ab,1Ac,1Ba,1Bb,1Bc,1Ca,1Cb,1Cc,2Aa,2Ab……

——计算了对应于每个试样和每种形状的平均值及标准偏差;

——另外采用常用函数也能进行回归,应报告用于确定FLC曲线的数学方法或函数;

——具有相同形状的试样的所有截面分散度的标准偏差需确定。

表 F.1 数据列格式

测量值		试样平均		几何形状平均		试样几何形状	试样号	截面
ε_1	ε_2	ε_1	ε_2	ε_1	ε_2			
#.###	#.###					1	A	a
#.###	#.###					1	A	b
#.###	#.###	#.###	#.###			1	A	c
#.###	#.###					1	B	a
#.###	#.###					1	B	b
#.###	#.###	#.###	#.###			1	B	c
#.###	#.###					1	C	a
#.###	#.###					1	C	b
#.###	#.###	#.###	#.###	#.###	#.###	1	C	c
#.###	#.###					2	A	a
#.###	#.###					2	A	b
#.###	#.###	#.###	#.###			2	A	c
#.###	#.###					2	B	a
#.###	#.###					2	B	b
#.###	#.###	#.###	#.###			2	B	c
#.###	#.###					2	C	a
#.###	#.###					2	C	b
#.###	#.###	#.###	#.###	#.###	#.###	2	C	c

附 录 G
（资料性附录）
极端的横截面数据例子

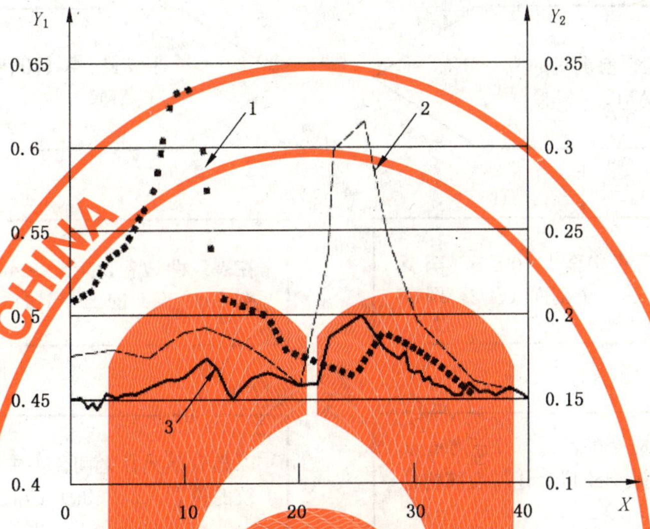

X——弧长，单位为毫米；

Y_1——可变形钢材的主真应变 ε_1；

Y_2——铝镁合金的主真应变 ε_1；

1——测量得到的未进行充分润滑的钢变形后的应变分布，一边有极大点；

2——测量得到的未进行充分润滑的铝镁合金的应变分布，多个极大点；

3——测量得到的各向异性铝镁合金由于动态应变时效的应变分布。

图 G.1 极端的横截面数据示例

测量的应变分布会导致非理想 FLC 数值的三个示例：

1) 有单边极点的可变形钢材：

由于不充分的润滑裂纹没有发生在拱顶的中间位置。在这种情况下，二阶导数的方法有效(5.2.3，图 8)但反向抛物线拟合(5.2.4，图 9)会导致非理想的残余应变分布拟合。而且，使用最佳拟合逼近时裂纹的一边(这里是左边)点数较少。

2) Al-Mg 合金试样上的多极点：

多极点产生的原因同 1)介绍的一样，但问题更严重。拟合区域左边包含了第二极点的一部分，会导致一个错误的最佳反抛物线拟合。在最严重的情形下，计算的最小的最佳拟合逼近会导致对极限应变的低估。

3) 由于动态时效 Al-Mg 合金非均匀的应变分布上有很多小极点，这是此类材料的一种常见效应。

二阶导数方法(5.2.3，图 8)和使用反抛物线的最佳拟合方法都不一定会给出好的结果。计算的最小的最佳拟合逼近会导致对极限应变的低估。

附 录 H
（规范性附录）
从测量应变分布到 FLC 数值的流程图

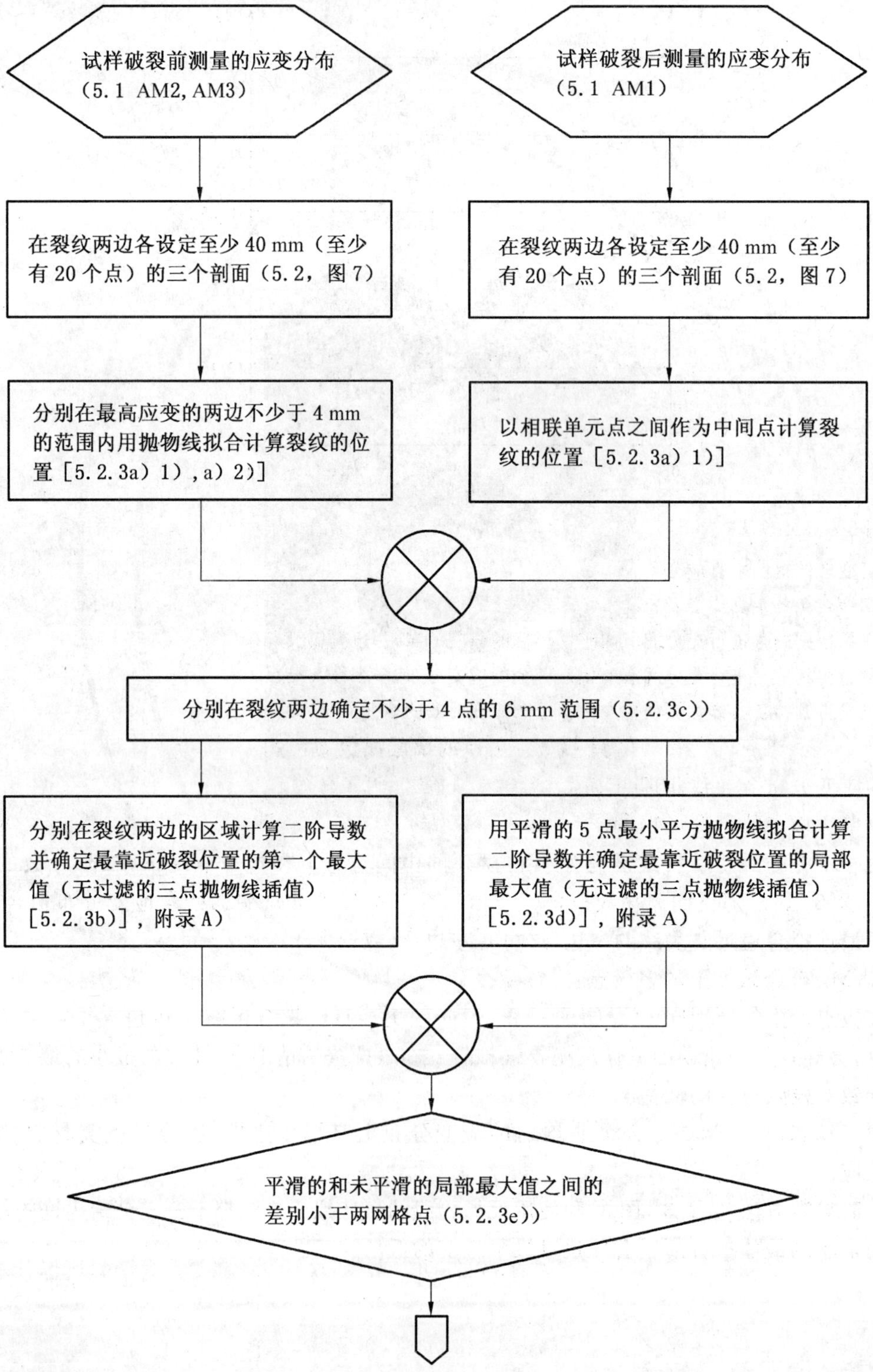

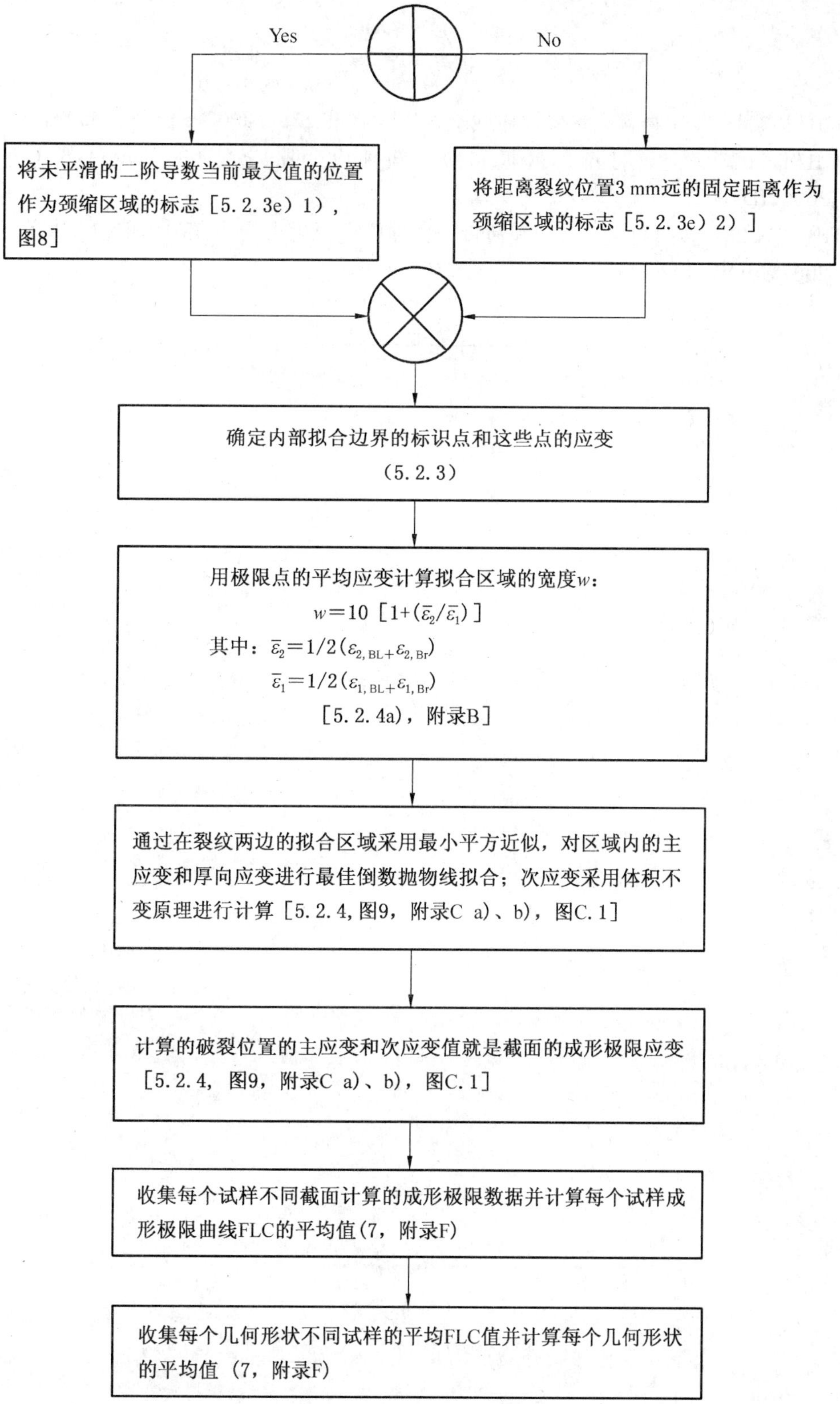
Yes
No
将未平滑的二阶导数当前最大值的位置作为颈缩区域的标志［5.2.3e）1），图8］
将距离裂纹位置3 mm远的固定距离作为颈缩区域的标志［5.2.3e）2）］
确定内部拟合边界的标识点和这些点的应变（5.2.3）
用极限点的平均应变计算拟合区域的宽度w：
$w=10\ [1+(\bar{\varepsilon}_2/\bar{\varepsilon}_1)]$
其中：$\bar{\varepsilon}_2=1/2(\varepsilon_{2,\mathrm{BL}}+\varepsilon_{2,\mathrm{Br}})$
$\bar{\varepsilon}_1=1/2(\varepsilon_{1,\mathrm{BL}}+\varepsilon_{1,\mathrm{Br}})$
［5.2.4a)，附录B］
通过在裂纹两边的拟合区域采用最小平方近似，对区域内的主应变和厚向应变进行最佳倒数抛物线拟合；次应变采用体积不变原理进行计算［5.2.4，图9，附录C a)、b)，图C.1］
计算的破裂位置的主应变和次应变值就是截面的成形极限应变［5.2.4，图9，附录C a)、b)，图C.1］
收集每个试样不同截面计算的成形极限数据并计算每个试样成形极限曲线FLC的平均值(7，附录F)
收集每个几何形状不同试样的平均FLC值并计算每个几何形状的平均值（7，附录F)

参 考 文 献

[1] GB/T 228 金属材料 室温拉伸试验方法(GB/T 228—2002,eqv ISO 6892:1998)

[2] GB/T 5027 金属材料 薄板和薄带塑性应变比(r 值)的测定(GB/T 5027—2007,ISO 10113:2006,IDT)

[3] GB/T 5028 金属材料 薄板和薄带 拉伸应变硬化指数(n 值)的测定(GB/T 5028—2008,ISO 10275:2007,MOD)

ICS 77.040.10
H 22

中华人民共和国国家标准

GB/T 24172—2009

金属超塑性材料拉伸性能测定方法

Method for evaluation of tensile properties of metallic superplastic materials

(ISO 20032:2007,MOD)

2009-06-25 发布　　　　2010-04-01 实施

中华人民共和国国家质量监督检验检疫总局
中国国家标准化管理委员会　发布

前 言

本标准修改采用国际标准 ISO 20032:2007《金属超塑性材料拉伸性能测定方法》(英文版)。

本标准根据 ISO 20032:2007 重新起草,根据我国的实际情况,本标准在采用国际标准时进行了下列修改和补充:

——扩大了本标准的适用范围,增加了圆柱形试样;

——在表 1 中增加了圆柱形试样的符号、术语和定义;

——在“5 试样”中增加了圆柱形试样(图 3),并规定了试样尺寸,对于板材试样增加了可以使用夹持端带销孔的试样;

——在“7 性能测定”中增加了圆柱状试样的测定方法,在 7.2 中补充了应避免夹具自重对试样的影响;

——对于 ISO 20032:2007 引用的其他国际标准中有被修改采用为我国标准的,本标准引用我国的这些标准代替对应的国际标准(见本标准第 2 章)。

这些技术性差异用垂直单线标识在它们所涉及的条款的页边空白处。

为便于使用,本标准还做了下列编辑性修改:

a) “本国际标准”一词改为“本标准”;

b) 用小数点“.”代替作为小数点的“,”;

c) 删除 ISO 20032:2007 的前言;

d) 增加了本标准前言。

本标准由中国钢铁工业协会提出。

本标准由全国钢标准化技术委员会归口。

本标准起草单位:钢铁研究总院、冶金工业信息标准研究院。

本标准起草人:赵俊平、高怡斐、董莉。

引　言

超塑性变形由具有超塑性特性的金属材料所产生。在本标准中所特指的拉伸试验可用来测定材料的超塑性性能：包括超塑性伸长率、流变应力、应变速率敏感性指数（m 值）、应力-应变关系式和流变应力-应变关系式等。

金属超塑性材料拉伸性能测定方法

1 范围

本标准规定了金属超塑性拉伸性能试验方法的符号定义、原理、试样、设备、性能测定及试验报告。

本标准适用于细晶的超塑性无明显加工硬化或无动态微观结构变化的金属材料。该方法采用恒定的横梁位移速率控制方式对板状试样和圆柱状试样进行拉伸试验测定其拉伸超塑性性能。该方法不安装引伸计。

2 规范性引用文件

下列文件中的条款通过本标准的引用而成为本标准的条款。凡是注日期的引用文件,其随后所有的修改单(不包括勘误的内容)或修订版均不适用于本标准,然而,鼓励根据本标准达成协议的各方研究是否可使用这些文件的最新版本。凡是不注日期的引用文件,其最新版本适用于本标准。

GB/T 228 金属材料 室温拉伸试验方法(GB/T 228—2002,eqv ISO 6892:1998)

GB/T 4338 金属材料 高温拉伸试验方法(GB/T 4338—2006,ISO 783:1999,MOD)

GB/T 8170 数值修约规则与极限数值的表示和判定

GB/T 16825.1 静力单轴试验机的检验 第1部分:拉力和(或)压力试验机 测力系统的检验与校准(GB/T 16825.1—2008,ISO 7500-1:2004,IDT)

JJG 141 工作用贵金属热电偶

JJG 351 工作用廉金属热电偶

3 符号、定义及说明

本标准采用表1的符号及定义。

表1 符号、定义及说明

符号	定义	说明	单位
超塑性			
—	超塑性状态	超塑性开始及其持续的变形状态	
试样			
—	R型试样	没有平行部分的普通拉伸试样	—
—	R部分	R型试样伸长的主要部分,两夹持间呈圆弧状	—
d	圆柱状试样直径	圆柱状试样平行部分的原始直径	
b	平行边宽度或 R部分最小宽度	S型试样平行部分的原始宽度或 R型试样的R部分最小原始宽度	mm
$b_o(i)$	R部分分段线 i 的原始宽度	R部分规定的分段线 i 的原始宽度	mm
$b(i)$	R部分分段线 i 的宽度	停止试验后R部分分段线 i 的宽度	mm
A	超塑性伸长率	超塑状态下的断后伸长率	%
B_g	夹持部分宽度	S或R型试样夹持部分的宽度	mm

表 1（续）

符号	定　义	说　明	单位
L_o	原始标距	两标点间的原始距离，所用量具的精确度应不小于原始距离的 1%或 0.01 mm 中的大者	mm
L_u	断后标距	将断后试样仔细对接在一起使其中心线在同一直线上，测量的两标点间的距离	mm
L_c	平行长度	S 型试样或圆柱形试样平行部分的原始长度	mm
L_t	试样总长度	试样的原始总长度	mm
L_g	夹持部分长度	试样夹持部分的长度	mm
L_R	R 部分长度	R 部分的原始长度	mm
ΔL_R	R 部分伸长	试验期间任一时刻 R 部分长度的增量	mm
R	圆角半径或 R 部分半径	S 型试样过渡弧的原始半径或 R 型试样 R 部分的原始半径	mm
S_o	试样缩减面上的原始横截面积	试样的原始横截面积，测量仪器的精确度不大于 2%	mm^2
$S_o(i)$	R 部分分段线 i 的原始横截面积	R 部分规定的分段线 i 的原始横截面积	mm^2
$S(i)$	R 部分分段线 i 的横截面积	试验停止后，R 部分规定的分段线 i 的横截面积	mm^2
t	试样厚度	S 或 R 型试样的厚度	mm
$t_o(i)$	R 部分分段线 i 的原始厚度	按规定将 R 部分分段，分段线 i 的原始厚度	mm
$t(i)$	R 部分分段线 i 的厚度	试验停止后，分段线 i 的厚度	mm
力			
F_{10}	百分之十变形的力	标称应变达到百分之十时的力值	N
应力			
K	K 值	由方程 1 限定的带应力量纲的常数	MPa
σ_{10}	百分之十流变应力	标称应变达到百分之十的真应力	MPa
σ_f	流变应力	超塑性变形期间的真应力	MPa
σ_N	标称应力	对 R 型试样，试样变形过程中力与 R 部分的最小原始横截面积之比	MPa
$\sigma(i)$	真应力	对 R 型试样，试样变形过程中力与 R 部分分段线 i 的横截面积之比	MPa
应变			
$\varepsilon(i)$	真应变	R 部分规定分段内的变形	%
时间			
τ_{inter}	变形时间	从弹性阶段轴向力随应变开始线性增加到 R 部分伸长量 ΔL_R 达到 3 mm 的时间	s
应变速率和 m 值			
$\dot{\varepsilon}_N$	标称应变速率	对于 S 型试样，横梁的分离速度除以原始平行长度 L_c；对于 R 型试样，横梁分离速度除以原始标距 L_o	s^{-1}
$\dot{\varepsilon}$	真应变速率	单位时间真应变的增量	s^{-1}
$\dot{\varepsilon}(i)$	变形期间的真应变速率	R 部分规定的分段 i 变形期间的真应变速率	s^{-1}
m	m 值	超塑性材料流变应力的应变速率敏感性指数	

4 原理

本试验通过对试样施加轴向拉伸力测定超塑性伸长率(A)、流变应力和应变速率敏感指数(m)等超塑性性能。

试验在高温环境和特定的应变速率下进行。

S 型试样或圆柱形试样用于测定普通超塑性材料的力学特性,或其变形初期的特性。

受到加热炉长度的限制,S 型试样更适合于较低应变的超塑性试验。而 R 型试样绝大部分的变形是由试样中心的很小区域产生,因此更适合于较高应变的试验。

5 试样

试样分板状试样和圆柱状试样,其中板状试样包括 S 型试样和 R 型试样。

试样形状和尺寸分别见图 1、图 2 和图 3,表 2、表 3 和表 4。板状试样厚度为原板厚度。尺寸公差参照 GB/T 228 的有关规定。

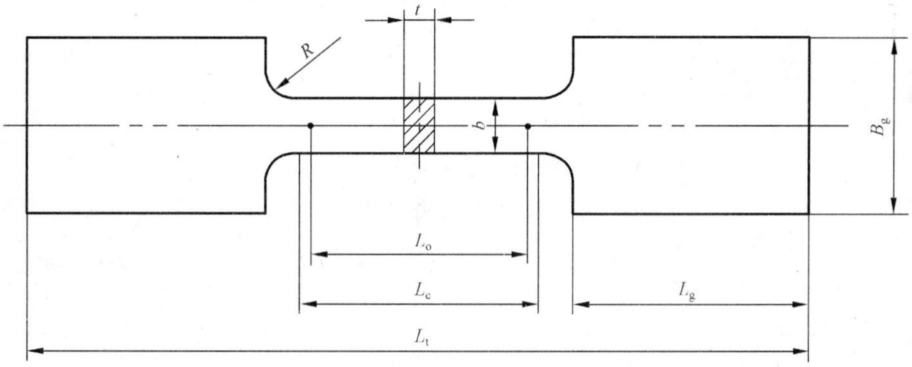

图 1 S 型试样

表 2 S 型试样的尺寸

单位为毫米

标距 L_o	平行长度 L_c	平行部分的宽度 b	圆角半径 R
18	24	6	≤3

推荐的试样尺寸见公式(1)和公式(2):

$$L_t = 2L_g + L_c + 2R \quad \cdots\cdots(1)$$

$$B_g = 3b \quad \cdots\cdots(2)$$

试样厚度为材料的原始厚度。

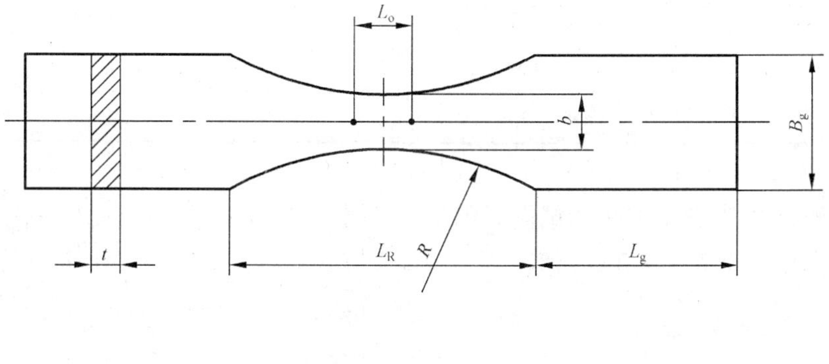

图 2 R 型试样

表 3 R 型试样尺寸

单位为毫米

夹持部分宽度 B_g	R 部分最小宽度 b	R 部分长度 L_R	R 部分半径 R	标距 L_o
16	6	30	25	6
L_g 不小于 20 mm。				

试样厚度为材料的原始厚度。

可以使用夹持端带销孔的试样。

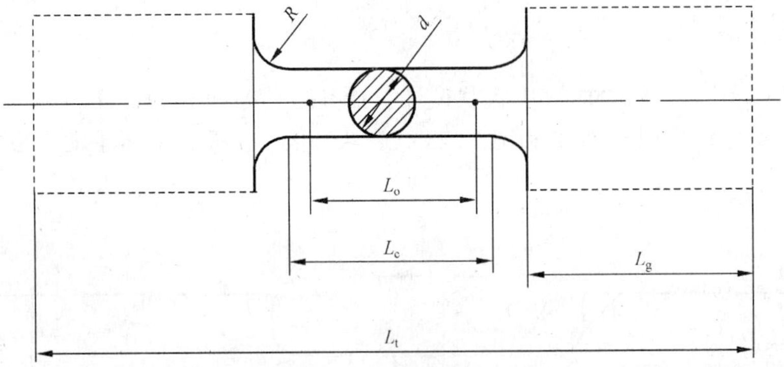

图 3 圆柱形试样

表 4 圆柱状试样尺寸

单位为毫米

平行部分直径 d	标距 L_o	平行长度 L_c	圆角半径 R
5	20	25	≤2.5

6 设备

6.1 试验机

试验机应符合 GB/T 16825.1 的要求。横梁分离速率应保持恒定。根据协议选择合适的实验准确度级。

6.2 试样夹具

试样夹具在高温条件下应不产生塑性变形，并符合 7.2 的要求。

6.3 加热装置

使用带温控器的加热炉加热试样，试验期间加热炉应能保持整个试样标距范围内的温度均匀恒定，温度偏差在表 5 允许范围内。

表 5 温度的允许偏差

单位为摄氏度

试验温度	≤200	>200 ≤600	>600 ≤800	>800 ≤1 000	>1 000
允许偏差	双方协议	±3	±4	±5	双方协议

6.4 气氛

试样尺寸的测量，尤其是试验后的试样标距及分段线间的距离的测量应能得以进行，并应避免仪器在使用环境中被损坏。如果试验在控制的气氛下进行，所测量的力值应通过补偿压力差进行修正。

6.5 测温装置

6.5.1 概述

测温装置包括测温仪和热电偶。

6.5.2 测温仪

测温仪应能够指示试样在表5规定的允许温度范围内的所有温度。

6.5.3 热电偶

热电偶应符合 JJG 141 和 JJG 351 的规定,而且组成热电偶的材料应能够适应实验温度和实验环境的要求。

使用不同于热电偶的测温仪器时,其准确度应不小于热电偶的准确度。

7 性能测定

7.1 概述

试验程序见7.2~7.8。未在其中描述的部分按照 GB/T 228 和 GB/T 4338 相关内容执行。

7.2 试样夹持方法

试样夹持应注意使试样在试验过程中仅受到轴向力的作用,并且在试验加载之前的加热和保温期间,使试样不承受任何压力,承受最小的拉力。同时应避免夹具自身重量作用于试样。

7.3 测温

采用6.5.3规定的热电偶测量试验温度。所测试的温度应该是试样的温度。该温度为测量热电偶在试样表面接触点处的温度。热电偶应避免加热炉的直接热辐射。如果试样表面温度与加热炉中某个特定位置的温度在试验前被标定有对应性,测温方式可以灵活掌握。

更准确地测量至少要在不同的位置安装两只热电偶。

相关当事人应协商试样的加热时间和试验前的保温时间。

在实验过程中,应使试验温度保持在表5规定的偏差范围内。

7.4 施加试验力

试验要求横梁分离速率保持恒定。

7.5 试样尺寸的测量

测量标距的仪器应有足够的精密度,至少为规定尺寸的1%或者0.01 mm,取其大者。应用小标记或细画线标记。原始标距不应用导致试样过早断裂的刻痕作标记。

7.6 超塑性伸长率的测定

试验前S型试样选择标距为18 mm,R型试样选择标距为6 mm,圆柱状试样选择标距为20 mm。按公式(3)计算超塑性伸长率,按照 GB/T 8170 修约至两位有效数字。

$$A = \frac{L_u - L_o}{L_o} \times 100\% \qquad \cdots\cdots(3)$$

式中:

A——超塑性伸长率,以百分数表示(%);

L_u——断后标距,单位为毫米(mm);

L_o——原始标距,单位为毫米(mm)。

测量断后标距时,将断后试样仔细对接在一起,使其轴线在同一条直线上。

7.7 S型试样和圆柱形试样流变应力和 *m* 值的测定

7.7.1 流变应力的测定

通过试验中力所对应的伸长量的变化绘制力-伸长曲线图,测量仪器要有足够的准确度以保证在超塑性条件下所测的力值满足载荷传感器的准确度。

百分之十的流变应力通过公式(4)得到:

$$\sigma_{10} = \frac{1.1F_{10}}{S_o} \qquad \cdots\cdots(4)$$

式中：

σ_{10}——百分之十流变应力，单位为兆帕(MPa)；

F_{10}——百分之十的标称应变下的力值，单位为牛顿(N)；

S_o——试样的原始横截面积，单位为平方毫米(mm^2)。

7.7.2 应变速率敏感性指数(*m* 值)的测定

在特定的温度和微观结构条件下，在超塑性变形过程中，流变应力 σ_f 和应变速率 $\dot{\varepsilon}$ 间的关系可用公式(5)描述。式(5)中未考虑应变硬化的因素，因此公式(5)只有材料的应变硬化影响可以忽略时才成立。

$$\sigma_f = K\dot{\varepsilon}^m \quad \cdots\cdots(5)$$

其中指数 m 可用公式(6)表示：

$$m = \frac{d(\ln\sigma_f)}{d(\ln\dot{\varepsilon})} \quad \cdots\cdots(6)$$

公式(6)中的 m 值为应力-应变速率对数曲线的斜率。通常 m 值取决于试验条件和材料本身，一般为 0～1 之间。m 值越高超塑性伸长率越高。

采用五个或五个以上不同横梁分离速率进行试验，通过描点可绘制出每个横梁分离速率下百分之十流变应力和相应标称应变速率间关系的对数-对数坐标图，用最小二乘法对上述关系做线性回归，求得直线的斜率即 m 值，按 GB/T 8170 将 m 值修约至小数点后两位。经双方协议的试验条件下，最小值为 300%的延伸率应可以被测出。

7.8 R 型试样 *m* 值的测定

应变速率敏感性指数 m 值应通过试验中断前试验力和试样尺寸的测量来测定。采用两个或两个以上的横梁分离速率拉伸试样，当 R 部分的伸长量达到指定值时中断试验。

在选择最小和最大的横梁分离速率时应使他们之间的差值在 2～10 倍之间。R 部分的伸长量通常被指定为 3 mm±0.5 mm，这个变形量可认为是在起始形变过程中的伸长量。对于每一次试验，可以将每一个分段线上(见图 4)的真应力 $\sigma(i)$和的真应变速率 $\dot{\varepsilon}(i)$测出，具体测定在 a)到 g)中叙述。

a) 如图 4 所示，在 R 部分的中间区域，在拉伸轴方向以 3 mm 的间距作五个分段线，将试样拉伸轴沿水平方向放置，R 部分中心部位最小横截面积处的分段线称为 0 线，其左边的分别称为 −6和 −3 线，右边的分别称为 +3 和 +6 线；

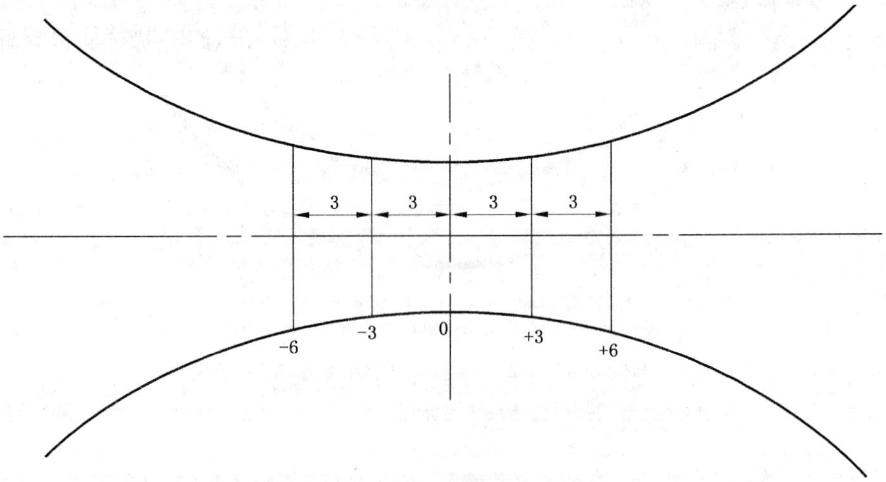

图 4 R 部分的分段线图

b) 试验前测量 R 部分各分段线处相应的宽度 $b_o(i)$ $(i=-6,-3,0,+3,+6)$和厚度 $t_o(i)$，计算相应的横截面积；

c) 当 R 部分的伸长 ΔL_R 达到 3 mm 时停止试验，记录该点力值和所用时间 τ_{inter}，τ_{inter}指力从弹性阶段轴向力开始线性增加到停止试验的时间；

d) 测量停止试验后试样 R 部分相应于各分段线处的宽度 $b(i)$ 和厚度 $t(i)$，计算相应的横截面积 $S(i)$。测量仪器应保证足够的准确度；

e) 按式(7)和式(8)计算每个分段线处的流变应力 $\sigma(i)$ 和真应变 $\varepsilon(i)$：

$$\sigma(i)=\frac{F}{S(i)} \quad\cdots\cdots(7)$$

$$\varepsilon(i)=\ln\frac{S_o(i)}{S(i)} \quad\cdots\cdots(8)$$

f) 由真应变 $\varepsilon(i)$ 和变形时间 τ_{inter} 导出各分段的真应变速率，见公式(9)：

$$\dot{\varepsilon}(i)=\frac{\varepsilon(i)}{\tau_{inter}} \quad\cdots\cdots(9)$$

g) 采用两个或两个以上的横梁分离速率，测得每个分段线上的 $\sigma(i)$ 和 $\dot{\varepsilon}(i)$，绘制对数描点图后，进行线性回归分析，求得直线的斜率即 m 值，保留两位小数(见图 5)。在这种情况下，为了等同地处理横截面的数据，0 分段线的数据应予以两倍加权进行线性回归分析。

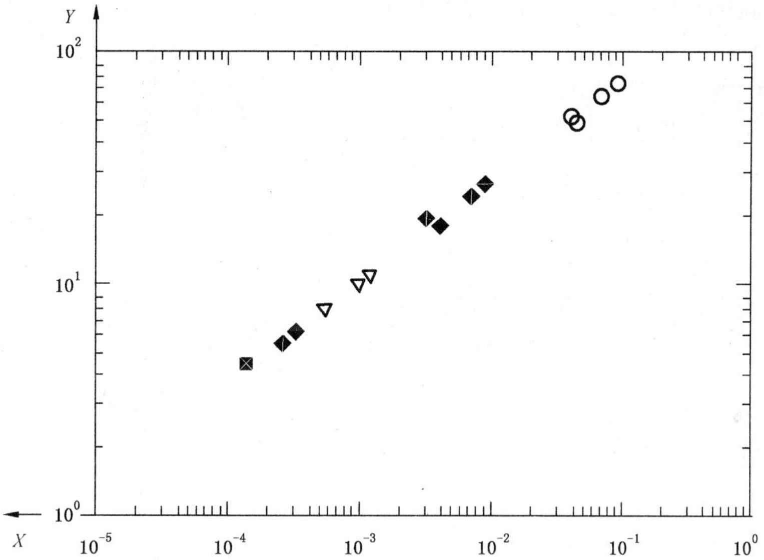

X——真应变速率 $\dot{\varepsilon}(s^{-1})$；

Y——真应力 σ_f(MPa)；

横梁分离速率(m·s^{-1})；

■ 5.0×10^{-6}；

▽ 1.7×10^{-5}；

◆ 1.7×10^{-4}；

○ 1.7×10^{-3}。

图 5 超塑性 74575 合金应力-应变速率关系图例

8 试验报告

依据相关方的协议，实验报告应包括如下内容：

a) 本标准号；

b) 试验材料：

1) 材料的生产厂；

2) 材料的名称；

3) 标记或种类；

4）生产批号。

c）试样尺寸；

d）试验仪器简述；

e）试验条件：

1）试验温度；

2）横梁分离速率；

3）试验气氛；

4）升温速度；

5）试验之前的保温时间；

6）取样位置和方向。

f）试验结果：

——S 型试样：

1）超塑性伸长率；

2）百分之十流变应力；

3）m 值；

4）标称应力和标称应变关系；

5）百分之十流变应力和应变速率的关系。

——R 型试样：

1）超塑性伸长率；

2）最大标称应力；

3）标称应力和位移的关系；

4）m 值(在真应变速率范围内)。

g）附加项目

如需要还可以提供如下信息：

1）材料的化学成分；

2）材料的织构；

3）材料的热处理；

4）材料的晶粒度；

5）材料的室温力学性能。

ICS 77.040.10
H 22

中华人民共和国国家标准

GB/T 24173—2009

钢板 二次加工脆化试验方法

Steel sheets—Secondary work embrittlement testing method

2009-06-25 发布　　　　2010-04-01 实施

中华人民共和国国家质量监督检验检疫总局
中国国家标准化管理委员会　发布

前言

本标准参照美国通用汽车公司 GM9920P:1999《二次加工脆化试验程序》,并结合国内外冲压成形用钢板二次加工脆化试验研究结果制定。

本标准由中国钢铁工业协会提出。

本标准由全国钢标准化技术委员会归口。

本标准起草单位:宝山钢铁股份有限公司。

本标准主要起草人:丁富连、方健。

钢板　二次加工脆化试验方法

1　范围

本标准规定了钢板二次加工脆化试验方法的术语和定义、原理、样杯、试验装置、试验步骤、试验结果准确度和试验报告。

本标准适用于厚度为0.5 mm～2.0 mm的汽车零部件冲压成形用无间隙原子钢和其他具有二次加工脆化特性的冲压成形用钢板的二次加工脆化试验。

2　术语和定义

下列术语和定义适用于本标准。

2.1

二次加工脆化　secondary working embrittlement

SWE

无间隙原子钢(IF钢)和磷强化薄钢板在冲压成形(一次加工)后，具有一定的内应力，再受外力作用时(特别是低温条件下受冲击力作用，二次加工)容易在晶界处发生断裂的现象。

2.2

二次加工脆化温度　secondary working embrittlement temperature

SWET

样杯发生二次加工脆化现象时的温度。

2.3

拉延比　draw ratio

DR

冲压成形时所用的圆形坯料直径与冲头直径的比值。

2.4

样杯　cup sample

将冲压成形用钢板圆形坯料以一定的拉延比冲压成圆柱形，切除制耳后成为具有一定高度的杯状试样，称为样杯。

3　试验原理

将样杯在不同试验温度下保温一定时间后置于底座上，并由一特定锥角的重锤从高处自由落下以特定能量冲击样杯杯口部位。通过不断降低落锤冲击的试验温度直到样杯破裂，测定钢板的二次加工脆化温度。

4　样杯

4.1　样杯尺寸见表1。

表1　样杯尺寸与冲头直径

单位为毫米

样杯号	样杯内径 d	样杯高度 h	冲头直径
1	33±0.5	22±1	33±0.1
2	50±0.5	33±1	50±0.1
注：推荐优先采用1号样杯(d=33 mm)。			

4.2 钢板坯料的选取部位应避开钢板的头、尾部和边缘(有特殊要求的除外),表面应无划伤、辊印等缺陷。1号、2号样杯的坯料宽度分别不小于74 mm、108 mm。

4.3 钢板坯料通常在压力机上用冲压圆形坯料模具冲压成圆形坯料,也可采用其他方式加工成圆形坯料。圆形坯料尺寸是冲杯所用冲头直径的两倍。圆形坯料边缘的毛刺应清除。

注:每次试验需要的圆形坯料数量一般为32片～50片,如估计的SWET比较接近实测的SWET,可取32片圆形坯料,否则需要增加圆形坯料数量。

4.4 圆形坯料冲成圆柱形杯状试样在成形性试验机上进行,采用的拉延比(DR)为2.0∶1,冲头圆角半径应为6.0 mm±0.5 mm,压边力为9.8 kN～14.7 kN,凸模上升速度一般不大于40 mm/min,用厚度为0.040 mm±0.005 mm的聚丙烯薄膜作为润滑剂,用来减少杯状试样的起皱和降低模具磨损。记录冲杯所用的压边力。对于涂镀材料,每次冲杯结束后,应清洁模具。

4.5 在车床上车削加工圆柱形杯状试样边缘的制耳,车削加工成如表1所示的样杯高度。机加工后,应清除车削加工形成的毛刺,如样杯出现起皱、变形、裂纹等任何一种缺陷,则该样杯报废。

5 试验装置

5.1 二次加工脆化试验需要的装置有:冲压圆形坯料模具、压力机、车床、二次加工脆化试验用落锤冲击试验机、冷却装置、聚丙烯薄膜。

5.2 二次加工脆性试验用落锤冲击试验机的示意图如图1所示,落锤冲击试验机包括4个组件:基座、立柱、锤头、释放机构。要求10 kg的锥形锤头从1 m高处落下,提供98 J的冲击能量。1 m(1 000 mm±5 mm)的距离定义为从锤头的底部至支撑样杯的基座的距离。

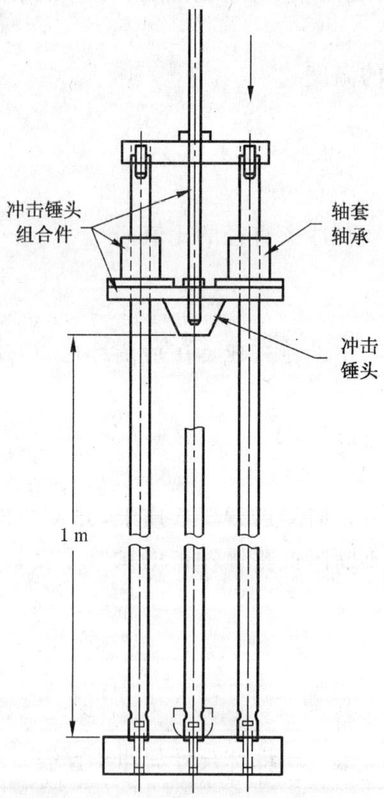

图1 二次加工脆化试验用落锤冲击试验机示意图

5.3 试验机锤头的示意图如图2所示,锤头的锥角为60°±0.5°,锤头小端直径可取ϕ26 mm(用于1号样杯)、ϕ43 mm(用于2号样杯),锤头硬度58 HRC～62 HRC,表面粗糙度Ra不大于0.5 μm,冲击锤头组合件的总质量为10 kg±0.08 kg。

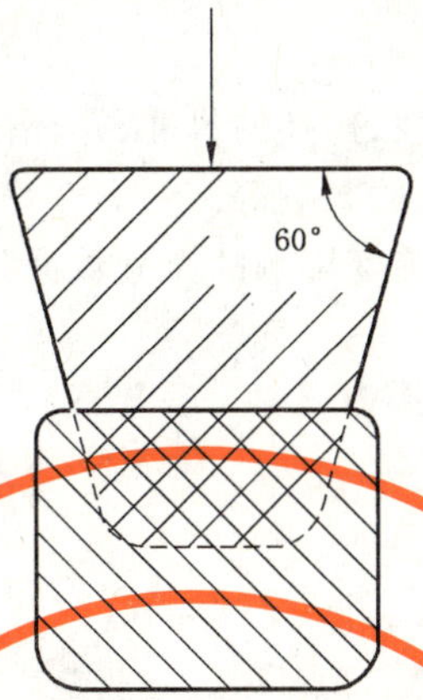

图 2 试验机锤头的示意图

5.4 测温仪器应符合下列要求：

数显式的分辨力应不低于 0.1 ℃，模拟式的最小分度应不低于 1 ℃，误差不大于±1 ℃。测温仪器应定期校准。

6 试验步骤

6.1 将加工后的样杯完全浸入给定试验温度的装有适宜冷却液体的冷却装置内，冷却装置最低温度至少应能达到－60 ℃。试样之间的间距以及试样距冷却装置边缘或底部的距离应至少为 10 mm。槽里的温度波动在±1 ℃内。为保证温度均匀，应使冷却装置内的冷却液体保持流动，样杯在给定的温度下保温至少 5 min。

6.2 试验机锤头提升到 1 000 mm±5 mm 高度，将样杯从冷却装置中取出，杯口朝上放置在锤头正下方的基座上，释放锤头使其自由落下，冲击样杯。样杯从冷却装置中取出至冲击样杯应在 3 s 之内完成。

注：为确保安全，锤头在设定位置固定时，至少能承受一定的外力不落下，如有意外停电也不会落下。落锤冲击试验机装有安全防护门，防止试样飞出。

6.3 先在某一给定温度试验 4 个样杯（开始试验的温度取决于该试验钢种估计的 SWET 和试验方便程度）。每个样杯冲击试验结束后，应仔细检查杯口边缘有无破裂，并记录检查结果。在二次加工脆性温度以上，样杯将表现出塑性扩张，不发生破裂。

6.3.1 如果 4 个样杯均没有发生破裂，则降低温度，重复试验 4 个样杯。温度间隔根据试验人员的经验与方便程度而定（例如 10 ℃或 20 ℃）。

6.3.2 如果 4 个样杯中只有 1 个样杯发生破裂，就应在此温度试验 8 个样杯（增加试验 4 个样杯）。

a) 如果此 8 个样杯中仍只有 1 个样杯发生破裂，则将试验温度降低 5℃（试验温度的最小间隔为 5 ℃），重复试验 8 个样杯，直到 8 个样杯里至少有 2 个样杯发生破裂为止；

b) 如果此 8 个样杯中至少有 2 个样杯发生破裂，则将试验温度提高 5 ℃，重复试验 8 个样杯，直到 8 个样杯里发生破裂的样杯少于 2 个为止。

6.3.3 如果 4 个样杯中至少有 2 个样杯发生破裂，则将试验温度提高 5 ℃，重复试验 4 个样杯。直到 4 个样杯里发生破裂的样杯少于 2 个，在此温度试验 8 个样杯（增加试验 4 个样杯）。如果此 8 个样杯中至少有 2 个样杯发生破裂，则将试验温度再提高 5 ℃，重复试验 8 个样杯，直到 8 个样杯里发生破裂的样杯少于 2 个为止。

在 8 个样杯里至少有 2 个发生破裂（破裂率＝25％）的最高温度即为二次加工脆化温度 SWET（SWET 为 5 ℃的整倍数，例如－35 ℃、－40 ℃、－45 ℃等）。

注：如果在－60 ℃时，不发生样杯破裂，可不做更低温度的试验，该薄钢板的 SWET 记为＜－60 ℃。

7 试验结果的准确度

7.1 试验结果的准确度取决于材料的特性、样杯的尺寸、样杯拉延比、样杯圆角半径、样杯对中、样杯完成冲击的时间、试验温度、试验机有关参数的影响等。

7.2 在缺少上述各种因素对试验结果准确度影响的充分数据分析情况下，目前还不能准确给出试验结果的准确度。

8 试验报告

试验报告应包括如下内容：

a) 本标准编号；

b) 试验材料级别；

c) 材料厚度；

d) 样杯尺寸(直径×高度)；

e) 冲杯的压边力；

f) 润滑剂种类；

g) 二次加工脆化温度 SWET。

ICS 77.040.10
H 22

中华人民共和国国家标准

GB/T 24174—2009

钢　烘烤硬化值(BH_2)的测定方法

Steel—Determination of Bake-Hardening-Index (BH_2)

2009-06-25 发布　　2010-04-01 实施

中华人民共和国国家质量监督检验检疫总局
中国国家标准化管理委员会　发布

前言

本标准与 EN 10325:2006《钢　由热处理效应引起的屈服强度增加量(烘烤硬化值)的测定》的一致性程度为非等效。

本标准由中国钢铁工业协会提出。

本标准由全国钢标准化技术委员会归口。

本标准起草单位:宝山钢铁股份有限公司、首钢总公司。

本标准主要起草人:李和平、周星、李建龙、吴朝晖。

钢　烘烤硬化值(BH_2)的测定方法

1　范围

本标准规定了钢的烘烤硬化值(BH_2)的术语和定义、原理、试验设备、试样、试验步骤、试验报告。

本标准适用于有烘烤硬化现象的钢材。

注：本标准主要用于汽车工业中。

2　规范性引用文件

下列文件中的条款通过本标准的引用而成为本标准的条款。凡是注日期的引用文件，其随后所有的修改单(不包括勘误的内容)或修订版均不适用于本标准，然而，鼓励根据本标准达成协议的各方研究是否可使用这些文件的最新版本。凡是不注日期的引用文件，其最新版本适用于本标准。

GB/T 228　金属材料　室温拉伸试验方法(GB/T 228—2002，eqv ISO 6892:1998)

GB/T 8170　数值修约规则与极限数值的表示和判定

3　术语和定义

GB/T 228 确立的以及下列术语和定义适用于本标准。

3.1

烘烤硬化值　Bake-Hardening-Index

BH_2

烘烤硬化值(BH_2)为经过预拉伸 2.0%总应变的试样在温度 170 ℃下烘烤 20 min 后屈服强度($R_{eL,t}$)相对于试样原始状态屈服强度($R_{t2.0}$)的增加值。预拉伸 2.0%总应变是为了模拟冲压成形的应变，而 170 ℃烘烤 20 min 是为了模拟喷漆后的烘烤处理。

4　符号和说明

本标准中用到的符号和说明见表 1。

表 1　符号和说明

符号	单位	描　　述
$R_{t2.0}$	MPa	试样变形至总应变 2.0%时的应力
$R_{p0.2,t}$	MPa	试样经 2.0%应变并烘烤后，对应塑性应变为 0.2%时的应力(无明显屈服时)
$R_{eL,t}$	MPa	试样经 2.0%应变并烘烤后测量的下屈服强度
BH_2	MPa	烘烤硬化值

5　原理

试样经过 2.0%的预变形及规定的热处理后屈服强度的增加来测定烘烤硬化值。

6　试验设备

拉伸试验机的要求按照 GB/T 228 的规定。

7　试样

试样应符合 GB/T 228 的规定。

8 试验步骤

8.1 试验条件

测量烘烤硬化值时，按照 GB/T 228 的规定，首先对试样进行总应变为 2.0% 的预应变拉伸，同时测得 $R_{t2.0}$。当预拉伸 2.0% 总应变的试样完成规定的热处理后，再次对试样进行拉伸试验，测得 $R_{eL,t}$ 或 $R_{p0.2,t}$（无明显屈服时）。

为了更好地保持测试结果的一致性，宜采用均匀一致的拉伸速度，并推荐按照 5%L_c/min 的横梁位移速率设定拉伸速度，从开始拉伸到测出上述指标的过程中不要进行速度切换。

8.2 热处理条件

加热装置温度达到 170 ℃后放入已经过 2.0% 预应变的试样，待加热装置温度重新达到 170 ℃后，保温（20±0.5）min。温度控制精度保持±2 ℃，温度测量装置的分辨力不超过 1 ℃。加热后试样在空气中冷却至室温。

8.3 烘烤硬化值（BH_2）的计算

烘烤硬化值（BH_2）为试样烘烤后的下屈服强度或塑性延伸 0.2% 对应的屈服强度（无明显屈服时）与烘烤前同一试样 2.0% 总应变对应的强度的差值。测量烘烤后屈服强度的拉伸速率与测量烘烤前屈服强度的拉伸速率相同。BH_2 的计算示意图如图 1 所示，由公式(1)计算的结果按 GB/T 8170 修约。

$$BH_2 = R_{eL,t}（或 R_{p0.2,t}）（烘烤后）- R_{t2.0}（烘烤前） \quad \cdots\cdots(1)$$

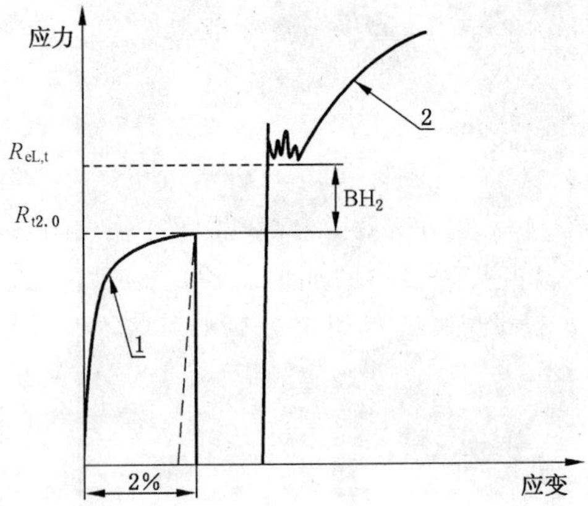

1——预应变 2.0% 的应力-应变曲线；

2——同一试样烘烤后的应力-应变曲线。

图 1 烘烤硬化值计算示意图

9 试验报告

试验报告应至少包括以下内容：

a) 本标准号；

b) 试样的类型和标识；

c) 材料的名称和牌号；

d) 取样位置和方向；

e) 试验结果。

ICS 77.140.99
H 54

中华人民共和国国家标准

GB/T 24175—2009

钢渣稳定性试验方法

Test method for stability of steel slag

2009-06-25 发布 2010-04-01 实施

中华人民共和国国家质量监督检验检疫总局
中国国家标准化管理委员会 发布

前　言

本标准的某些内容有可能涉及专利。本标准的发布机构不应承担识别这些专利的责任。

本标准由中国钢铁工业协会提出。

本标准由全国钢标准化技术委员会归口。

本标准负责起草单位:中冶集团建筑研究总院。

本标准参加起草单位:中国京冶工程技术有限公司、首钢资源综合利用科技开发公司、马鞍山钢铁股份有限公司、宝钢发展有限公司新型材料公司。

本标准主要起草人:夏春、朱桂林、孙树杉、卢忠飞。

钢渣稳定性试验方法

1 范围

本标准规定了钢渣稳定性试验方法的术语和定义、仪器设备、浸水膨胀率测定、压蒸粉化率测定及试验报告等。

本标准中浸水膨胀率测定方法适用于道路路基和基层材料用钢渣、沥青路面集料用钢渣、工程回填用钢渣，压蒸粉化率方法适用于建筑砂浆、建材制品及混凝土中的钢渣。

2 规范性引用文件

下列文件中的条款通过本标准的引用而成为本标准的条款。凡是注日期的引用文件，其随后所有的修改单(不包括勘误的内容)或修订版均不适用于本标准，然而，鼓励根据本标准达成协议的各方研究是否可使用这些文件的最新版本。凡是不注日期的引用文件，其最新版本适用于本标准。

GB/T 750 水泥压蒸安定性试验方法

GB/T 6003.1 金属丝编织网试验筛

GB/T 6003.2 金属穿孔板试验筛

GB/T 8170 数值修约规则与极限数值的表示和判定

GB/T 50123 土工试验方法标准

3 术语和定义

YB/T 804 确立的以及下列术语和定义适用于本标准。

3.1

浸水膨胀率 immersion expansion ratio

钢渣在规定试验条件下，浸水后的体积变化率。

3.2

压蒸粉化率 autoclave chalked ratio

钢渣在规定的压力和时间的条件下，粉化后小于 1.18 mm 的颗粒质量所占的比率。

4 仪器设备

4.1 称量设备

4.1.1 量程不小于 20 kg，最小分度值不大于 10 g。

4.1.2 量程不小于 5 kg，最小分度值不大于 1 g。

4.1.3 量程不小于 0.5 kg，最小分度值不大于 0.01 g。

4.2 击实试验设备

包括内径 152 mm、高 170 mm 的金属圆筒，高 50 mm 的套筒，直径 151 mm、高 50 mm 的筒内垫块，底座，击实仪等。击实锤的底面直径 50 mm，总质量 4.5 kg。击锤在导管内的总行程为 450 mm。

4.3 多孔底座

两侧带支架，中间多孔板布满 2 mm 的圆孔。

4.4 多孔顶板

直径 148 mm，布满 2 mm 的圆孔，不锈钢或黄铜制，中心孔带螺纹。

4.5 半圆形荷载板

直径 150 mm 的空心同心半圆形不锈钢板，厚度为 10 mm，中空圆直径 52 mm，每个 1.25 kg。

4.6 百分表架及百分表

百分表精度为 0.01 mm。

4.7 恒温水浴箱

水浴箱的最小尺寸：长 1 100 mm×宽 330 mm×高 350 mm，控温在 90 ℃以上。

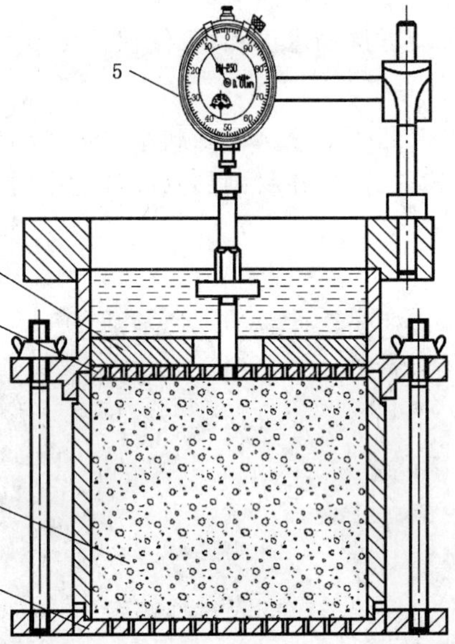

1——多孔底座；

2——钢渣；

3——多孔顶板；

4——半圆形荷载板；

5——百分表。

图 1 浸水膨胀率测定装置示意图

4.8 烘箱

可控温在 105 ℃，精度不低于 5 ℃。

4.9 滤纸

直径 152 mm。

4.10 刮刀

4.11 压蒸釜

设计压力：2.5 MPa；工作压力：2.0 MPa；工作介质：饱和水蒸汽；最小容积 0.008 5 m^3。

4.12 试验筛

符合 GB/T 6003.1 和 GB/T 6003.2 的规定，筛孔尺寸为 31.5 mm、26.5 mm、19.0 mm、16.0 mm、13.2 mm、9.5 mm、4.75 mm、2.36 mm、1.18 mm、0.3 mm、0.075 mm。

4.13 振筛机

振动频率为 221 次/min。

4.14 压蒸屉

底部带有 1.18 mm 筛孔圆形筛，直径 100 mm，高度 90 mm，筛网上有屉布。

5 浸水膨胀率测定

5.1 原理

采用 90 ℃水浴养护的方法，经过一定时间后使钢渣中的游离氧化钙、游离氧化镁消解，产生体积膨胀,通过体积变化率来评定钢渣的稳定性。

5.2 试样的制备

5.2.1 取具有代表性的样品 100 kg,烘干,破碎至全部通过 31.5 mm 方孔筛备用。

5.2.2 将破碎后的样品经过 31.5 mm、26.5 mm、13.2 mm、4.75 mm、2.36 mm、0.3 mm 及 0.075 mm 的方孔筛,将套筛置于振筛机上,振动 10 min;取下套筛,按筛孔大小顺序再逐个用手筛,筛至每分钟通过量小于试样总量 0.1%为止。通过的试样并入下一号筛中,并和下一号筛中的试样一起过筛,这样顺序进行,直至各号筛全部筛完为止。

5.2.3 对粒度进行调整使其满足表 1 中的粒度分布。若钢渣样品最大自然粒度小于表 1 中所规定的值,粒度分布应满足表 1 中钢渣试样最大粒径以下粒度分布的要求。

表 1 粒度分布

筛孔尺寸/mm	31.5	26.5	13.2	4.75	2.36	0.3	0.075
累计筛余/%	0	2.5	30	52.7	65	80	94

5.3 试验步骤

5.3.1 按照 GB/T 50123 中的击实试验方法进行重型击实试验,确定最佳含水率和最大干密度。

5.3.2 按表 1 粒度分布要求称取 3 份钢渣,每份 7 kg,按最佳含水率加水,充分拌和均匀,配制 3 个钢渣试样放在密闭的容器内。

5.3.3 在试模内装入垫块,铺上滤纸,按照 GB/T 50123 中的击实试验方法进行重型击实成型,击实完成后取下套筒,用直尺刮刀刮出多余钢渣,用细料补齐找平试件表面,铺上滤纸,盖上多孔底座。将试模连同多孔底座一起倒置,取走垫块。再次垫上滤纸,装上多孔顶板,擦净试模外部。

5.3.4 在多孔顶板上压 4 块半圆形荷载板,共重 5 kg。其上装置测定浸水膨胀率用的百分表架及百分表。百分表应准确对准中央触点并保持竖直状态。

5.3.5 将试模放进恒温水浴槽中,试模应全部浸没水中。立即读取百分表的初读数 d_0,精确至 0.01 mm。

5.3.6 水浴加热,水浴槽内温度达到(90±3)℃后保持 6 h,停止加热,自然冷却,以后每天按第 1 日的步骤进行,并在每天升温前记录百分表读数,如此持续进行 10 d。

5.3.7 10 d 后读取百分表终读数 d_{10}。

5.4 结果计算

钢渣的浸水膨胀率按式(1)计算:

$$\gamma = \frac{d_{10} - d_0}{120} \times 100 \quad \cdots\cdots(1)$$

式中:

γ——浸水膨胀率,%;

120——试件原始高度,单位为毫米(mm);

d_{10}——百分表的终读数,单位为毫米(mm);

d_0——百分表的初读数,单位为毫米(mm)。

浸水膨胀率取 3 个试验的平均值作为试验结果,精确至 0.1%,数值修约按 GB/T 8170 进行。

6 钢渣压蒸粉化率测定

6.1 原理

钢渣在 2.0 MPa 的饱和蒸汽条件下压蒸,使其中所含游离氧化钙、游离氧化镁消解粉化,通过粉化率来判断钢渣的稳定性。

6.2 试样制备

6.2.1 取粒度大于 4.75 mm 以上的钢渣 10 kg。将渣样破碎,破碎至全部通过 9.5 mm 方孔筛备用。

放在烘箱中于(105±5)℃烘干，冷却至室温。

6.2.2 将试样倒入4.75 mm筛上，将筛置于振筛机上，振动20 min；取下后再进行手筛，筛至每分钟通过量小于试样总量0.1%为止。

6.2.3 从制好的渣样中称取4.75 mm～9.5 mm约800 g钢渣。制3个渣样。

6.2.4 如果渣样的自然粒级小于4.75 mm，则称取自然粒级为4.75 mm～2.36 mm的钢渣800 g，制3个渣样。

6.3 试验步骤

6.3.1 将称好的钢渣颗粒用水冲洗，洗去钢渣表面的浮尘及杂质，并使钢渣完全润湿。将3个湿润的钢渣试样放入压蒸屉，置于压蒸釜中在2.0 MPa的饱和蒸汽压力下蒸3 h，冷却后取出压蒸屉，将蒸后的钢渣小心地从压蒸屉中取出放在盘中，粘在屉布上的钢渣粉末应轻轻抖落在盘中，避免损失。烘干至恒重，称重，记为m_0，精确至1 g。

6.3.2 将烘干后的钢渣过1.18 mm筛，先将筛子置于振筛机上振20 min，再用手摇筛子，筛至每分钟通过量小于试样总量0.1%为止。用天平称量筛下钢渣质量m_1，精确至0.1 g。

6.4 结果计算

分别按下式计算各渣样粉化率f：

$$f = \frac{m_1}{m_0} \times 100 \qquad \cdots\cdots (2)$$

式中：

f——钢渣压蒸粉化率，以百分数表示(%)；

m_0——压蒸后渣样质量，单位为克(g)；

m_1——压蒸后1.18 mm筛下的钢渣质量，单位为克(g)。

压蒸粉化率取3个试样的平均值作为试验结果，精确至0.1%，数值修约按GB/T 8170的规定进行。

7 试验报告

试验报告应包括以下内容：

a) 样品的名称、品种和产地；

b) 采用的试验方法；

c) 试验结果及单值；

d) 试验日期和试验人员。

ICS 77.040.10
H 22

GB

中华人民共和国国家标准

GB/T 24176—2009/ISO 12107:2003

金属材料 疲劳试验 数据统计方案与分析方法

Metallic materials—Fatigue testing—Statistical planning and analysis of data

(ISO 12107:2003,IDT)

2009-06-25 发布　　　　2010-04-01 实施

中华人民共和国国家质量监督检验检疫总局
中国国家标准化管理委员会　发布

前　言

本标准等同采用国际标准 ISO 12107:2003《金属材料——疲劳试验——数据统计方案和分析方法》(英文版)。

本标准与国际标准 ISO 12107:2003 相比,在以下方面做了编辑性修改:

——用中文惯用的小数点符号“.”代替英文采用的小数点符号“,”;

——重新编写了前言,代替 ISO 12107:2003 的前言。

本标准由中国钢铁工业协会提出。

本标准的附录 A、附录 B、附录 C 均为资料性附录。

本标准由全国钢标准化技术委员会归口。

本标准起草单位:钢铁研究总院、冶金工业信息标准研究院。

本标准起草人:高怡斐、董莉。

引　言

众所周知，即使在试验控制得非常精确的时候，疲劳试验结果也显示出很大差异。这种差异部分来自于试样之间的不一致性，包括化学成分、热处理、表面状态等的轻微差别，部分来自于工程材料的内禀特性——疲劳失效的随机过程。

对以上固有差异的精确量化对评价机械设计和结构用材料的疲劳性能是非常必要的。对于实验室比较材料的疲劳性能，包括其中的差异也是必要的。

金属材料 疲劳试验
数据统计方案与分析方法

1 范围

1.1 目的

本标准介绍了疲劳试验设计和结果数据的统计分析方法。目的就是在很高的置信度和试样数下测定金属材料的疲劳性能。

1.2 用于分析的疲劳性能

本标准提供了一种方法分析在不同应力水平下，利用线性关系在合适的坐标下估计材料的疲劳寿命。

特别的应包括以下内容：

a) 给定应力下的疲劳寿命；

b) 给定疲劳寿命下的疲劳强度。

本标准中的术语“应力”可以由“应变”来取代，本方法对应变函数的寿命特性分析也有效。应变控制试验的疲劳强度根据应变来考虑，应力控制试验通常按照应力来理解。

1.3 适用范围

本标准仅限于由于单一疲劳失效机理而展现出的均匀特性材料疲劳数据的分析。本标准所指的试验结果的统计特性与试验条件下的材料特性紧密相关。

实际上，给定材料的试样在不同条件下可能会显现出不同的失效机理。通常情况下，数据结果的统计特性代表着一种失效机理，可以直接分析。对于统计特性不均匀的情况，有必要对所有实例按单一分布的模型进行分析。

同一应力水平的失效既可能从表面也可能从内部发生。相应数据对应于不同失效机理的混合统计特性。这些结果类型因为需要较复杂的综合分析，标准不予考虑。

2 规范性引用文件

下列文件中的条款通过本标准的引用而成为本标准的条款。凡是注日期的引用文件，其随后所有的修改单（不包括勘误的内容）或修订版均不适用于本标准，然而，鼓励根据本标准达成协议的各方研究是否可使用这些文件的最新版本。凡是不注日期的引用文件，其最新版本适用于本标准。

GB/T 3358 统计学术语（所有部分）

3 术语和定义

GB/T 3358 确立的以及下列术语和定义适用于本标准。

3.1 与统计相关的术语

3.1.1

置信度 confidence level

与统计偏差区间相对应的概率值 $1-\alpha$。

3.1.2

自由度 degree of freedom

总的试验项数减去估计的参数为自由度数。

3.1.3

分布函数　distribution function

给出每一 x 值的函数,该函数代表自由变量 X 小于或等于 x 的概率。

3.1.4

估计　estimation

为赋值,从样品中对观测值根据取样分布函数所进行的相关赋值。

3.1.5

总体(样本)　population

被考虑的个体材料或项目的总和。

3.1.6

自由变量　random variable

在制定区域任意取值的变量。

3.1.7

样品　sample

为了提供总样本的信息,从总样本中抽取的一项或多项。

3.1.8

样本大小　size

n

总样本中的项目数、批数、样品数等。

3.1.9

标准偏差　standard deviation

σ

根据算术平均值得到的平均方差的正方根值。

3.2　与疲劳相关的术语

3.2.1

疲劳寿命　fatigue life

N

在指定的应力水平下,试样达到定义的失效标准之前所经历的应力循环数。

3.2.2

疲劳极限　fatigue limit

无限寿命下的疲劳强度。

3.2.3

疲劳强度　fatigue strength

在指定疲劳寿命下,试样发生失效时的应力水平 S 值,以 MPa 表示。

3.2.4

试样　specimen

按照预定的形状和尺寸用于单一测试的材料的一部分。

3.2.5

应力水平　stress level

S

在试验控制条件下的应力强度,例如:应力幅值、最大应力和应力范围。

3.2.6

应力台阶　stress step

d

当用升降法进行试验时，相邻应力水平之间的差值，以 MPa 表示。

4　疲劳性能的统计分布

4.1　疲劳分布的概念

工程用金属材料的疲劳性能通过一组试样在各种应力水平下测定疲劳寿命与应力之间的函数关系来测定。试验结果通常将在合适坐标下的试验点拟合成 *S-N* 曲线。*S-N* 曲线通常是双对数或单对数坐标下的曲线图，寿命值通常以对数形式画在横轴上。

即使在仔细操作试验、尽量减少试验误差的时候，疲劳试验结果通常也显示了很大的分散性。试验结果的分散部分是由于试样之间的化学成分或热处理不均匀，另外还与疲劳过程有关，例如在试验条件下小裂纹的萌生和扩展。

疲劳数据的变化可以用两种方式来表示：给定应力下的疲劳寿命分布和给定疲劳寿命下的强度分布。

4.2　疲劳寿命分布

在给定试验应力 *S* 下疲劳寿命被认为是一自由变量。当疲劳寿命的对数呈正态分布时，关系为

$$P(x)=\frac{1}{\sigma_{(x)}\sqrt{2\pi}}\int_{-\infty}^{x}\exp\left[-\frac{1}{2}\left(\frac{x-\mu_x}{\sigma_x}\right)^2\right]\mathrm{d}x \quad\cdots\cdots(1)$$

式中 $x=\log N$，μ_x 和 σ_x 分别是 x 的平均值和标准偏差。

公式(1)给出了 x 失效的累计概率，即总样本在小于或等于 x 下失效的比例。公式(1)没有考虑在疲劳极限处或附近发生失效的概率。这一区域，一些试样可能失效，而其他试样也可能不失效。分布的形状经常是不对称的，在长寿命侧显示出更大的分散性。分布图也可能被截短，以设定的数据来代表观测列的最大疲劳寿命。

本标准不考虑一定数量的试样可能失效、而剩余试样可能不失效的情况。其他统计分布也可以用于表达疲劳寿命的变化，威布尔分布是经常用于表示不均匀分布的一种统计模型。

图 1 展示了大量试样根据试验统计计划进行的疲劳试验数据。疲劳寿命分布的形状验证了上述目的。

4.3　疲劳强度分布

给定疲劳寿命 *N* 下的疲劳强度被认为是自由变量，通常按照正态分布来表达：

$$P(y)=\frac{1}{\sigma_{(y)}\sqrt{2\pi}}\int_{-\infty}^{y}\exp\left[-\frac{1}{2}\left(\frac{y-\mu_y}{\sigma_y}\right)^2\right]\mathrm{d}y \quad\cdots\cdots(2)$$

式中 $y=S$(在 *N* 下的疲劳强度)，μ_y 和 σ_y 分别是 y 的平均值和标准偏差。

公式(2)给出了 y 失效的累计概率。它定义了疲劳强度低于或等于 y 的样品比例。其他的统计分布也可以用于表达疲劳强度的变化。当应力和疲劳寿命之间用双对数坐标表达呈线性关系时，只要 $x=\log N$ 是正态分布，$y=\log S$ 的分布也被指定为正态分布。图 2 的试验数据与图 1 相同，疲劳性能的变化这里按照典型的疲劳寿命来表达。

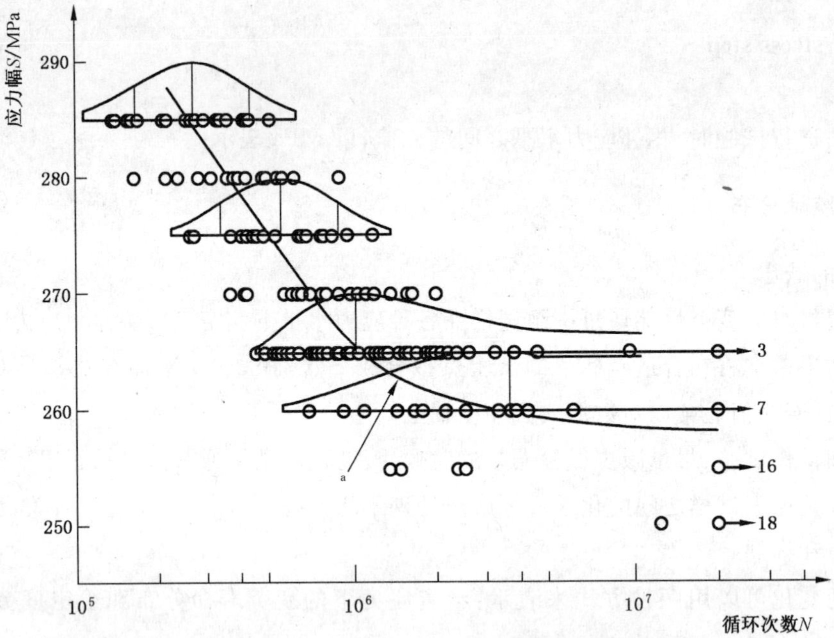

a 中值图。

图 1　疲劳性能的变化概念——含碳为 0.25%的碳素钢旋转弯曲受力方式下，在给定应力水平下的疲劳寿命分布图

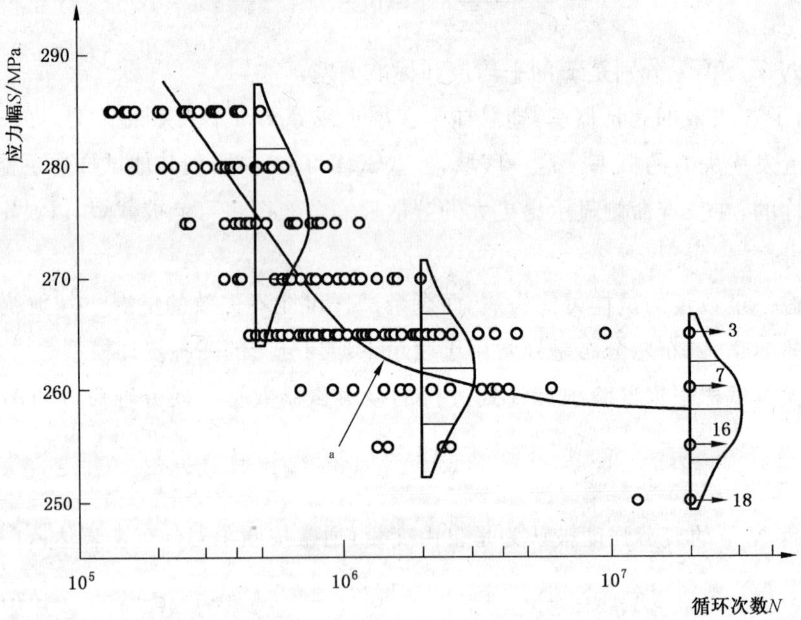

a 中值图。

图 2　疲劳性能的变化概念——典型疲劳寿命下的疲劳强度分布

5　疲劳试验的统计计划

5.1　取样

清楚定义估计疲劳性能统计分布材料的总样本很有必要。从总样本中以随机方式选取被测试样。试样的选取应能准确代表要描述的总样本。如果总样本由几批或几组材料组成，那么试样应根据每一批或组的比例数随机抽取。试样总数应与需要的样本大小(n)相等。

如果总样本显示了一系列特性，例如，如果疲劳性能与加工时间有关，总样本就应根据时间分成几组。每组抽取的自由样品数应与组的大小成比例。

从特定组中抽取的试样会显示出与组的特定变化。这种组内的变化有时与组之间的变化同样重要。当根据经验判断出不同种类的变量是比较重要的时候，取样时应考虑这些。

对于某些材料推荐的硬度测量，如可能，应将材料的总样本分成不同的组来取样。每组的样品数尽可能相等。可以从每组随机抽取相同数目的试样组成一个试验样本(样本数为 n)。根据硬度值采取上述步骤得到的样本均匀地代表总样本。

5.2 被测试样数

试验结果的可靠性主要依赖于被测的试样数。样品数随着试验数 n 的增加而增加。

对于自由变量 x，在概率 P 下总样本取小于或等于 $x_{(P)}$ 的概率为 P，定义 x_1 为从总样本中抽取 n 个试样的观测最小值。$x_1 \geq x_{(P)}$ 的概率小于或等于 α 即 $(1-P)^n$。因此，可以推算 $x_{(P)}$ 大于 x_1 的概率至少为 $1-\alpha$，即至少为 $1-(1-P)^n$。这里给出：

$$n = \frac{\ln\alpha}{\ln(1-P)} \qquad \cdots\cdots(3)$$

对于疲劳寿命试验，公式(3)显示了置信度为 $1-\alpha$，真实疲劳寿命大于从 n 个试样观测到的最小寿命时总样本的失效概率为 P。

同样概念应用于 S-N 曲线的例子，因为从平均 S-N 曲线对于单个的对数寿命数据的偏差可以认为是自由分布的。进一步可以假定对于不同应力的变化是恒定的，S-N 曲线通常按照最小二乘法来拟合。表1给出了一些典型的试样数，对应于95%置信度的试样数用于可靠性的设计目的，50%置信度的试样数用于解释试验，其他置信度用于工程应用。

表1 在指定的失效概率水平不同置信度下试验数据被期待落在总样本真值以下的最少试样数

失效概率 P/%	置信度 $(1-\alpha)$/%		
	50	90	95
	试样数 n[a]		
50	1	3	4
10	7	22	28
5	13	45	58
1	69	229	298

[a] n 值修约到最接近的整数。

5.3 试样的分配

从被测材料中抽取试样并分配到单独的疲劳试验，为了减小期待的统计偏差，原则上采取一种自由的方式。试样的试验次序对于一系列疲劳试验也应是随机的。

当几台试验机并列使用时，在每台机器的试样数应相等或接近相等，次序也是随机的，在试验之前应根据具体性能校验机器的等同性。

当试验程序包括几个独立的试验系列，例如在不同应力水平下试验或不同的材料为了比较的目的，每一系列试验应在相同或接近相同的速率下进行，因此所有试验应在大约同一时间完成。

对于不同应力下给定的被测试样数，在每一应力下重复试验的次数影响对结果变量估计值的统计置信度。

6 给定应力下疲劳寿命的统计估计

6.1 获取疲劳寿命数据的试验

在给定应力 S 下进行疲劳试验，仔细准备一套试样测定每一试样的疲劳寿命值。要求的试样数 n 可以参考表1给出的典型值来确定。选择的试样数依赖于试验目的和被测材料的可靠性。本标准推荐一套至少7个试样用于解释试验，一套至少28个试样用于可靠性设计。

6.2 概率纸上描点

准备疲劳寿命数据，$x=\log N$，对于 n 个试样，按从小到大分等级画图。给每一个数据编一个顺序号，例如：$x_1 \leqslant x_2 \leqslant x_3 \leqslant x_4 \leqslant x_n$。对第 i 级数失效概率可以估计为：

$$P_i = \frac{i-0.3}{n+0.4} \qquad \cdots\cdots(4)$$

在正态概率纸上描取数据点(x_1, P_1)，(x_2, P_2)，…，(x_n, P_n)。如果所有数据点能够很合理地拟合成直线，那么可以推论数据满足 log-log 分布。

如果数据点没有给出直线关系，推荐尝试其他类型。这种情况下建议在威布尔概率纸上画图。

当使用双对数坐标纸时，疲劳寿命 N_i 不需要转化成对数值，直接在对数纸上描点，图3为 log-log 对数纸的例子。附录A中的A.1给出了描取数据点的例子。

对第 i 级数的失效概率按其他方程估计。当 n 足够大时，能够得到几乎相同的结果。经常可以使用：

$$P_i = \frac{i}{n+1}$$

6.3 分布参数的估计

公式(1)为疲劳寿命统计分布参数的定义。定义 $x(P)$ 值为从曲线上可以得到的失效概率 $P(\%)$。平均值 μ_x 和标准偏差 σ_x 的估计，根据 $x_{(10)}$ 和 $x_{(90)}$ 的下面两个关系式：

$$\hat{\mu}_x = \frac{x_{(10)} + x_{(90)}}{2}, \qquad \cdots\cdots(5)$$

$$\hat{\sigma}_x = \frac{x_{(90)} - x_{(10)}}{2.56} \qquad \cdots\cdots(6)$$

这里符号“^”代表它们是估计值。用于标准偏差的自由度数被认为是 $n-1$，这里 n 是数据数。

疲劳寿命的变动系数，按下式估计：

$$\hat{\eta}_N = \sqrt{\exp[(\ln 10)^2 \hat{\sigma}_x^2 - 1]} \qquad \cdots\cdots(7)$$

式中：ln10 是10的自然对数，其平方等于5.302。

平均偏差和标准偏差通过下列不同的计算公式来估计：

$$\hat{\mu} = \frac{\sum_{i=1}^{n} x_i}{n}, \hat{\sigma} = \frac{\sqrt{\sum_{i=1}^{n} (x_i - \hat{\mu})^2}}{n-1}$$

本标准推荐使用做图法，因为它可以在概率纸上标绘数据验证是否符合正态分布。

6.4 疲劳寿命下极限的估计值

在给定的失效概率下，假定是正态分布，根据式(8)在$(1-\alpha)$的置信度下，估计疲劳寿命的下极限值。

$$\hat{x}_{(p,1-\alpha)} = \hat{\mu}_x - k_{(p,1-\alpha,\upsilon)} \hat{\sigma}_x \qquad \cdots\cdots(8)$$

系数 $k_{(p,1-\alpha,\upsilon)}$ 是正态分布的单边误差限，在表B.1中给出。取自由度 υ 来估计标准偏差。

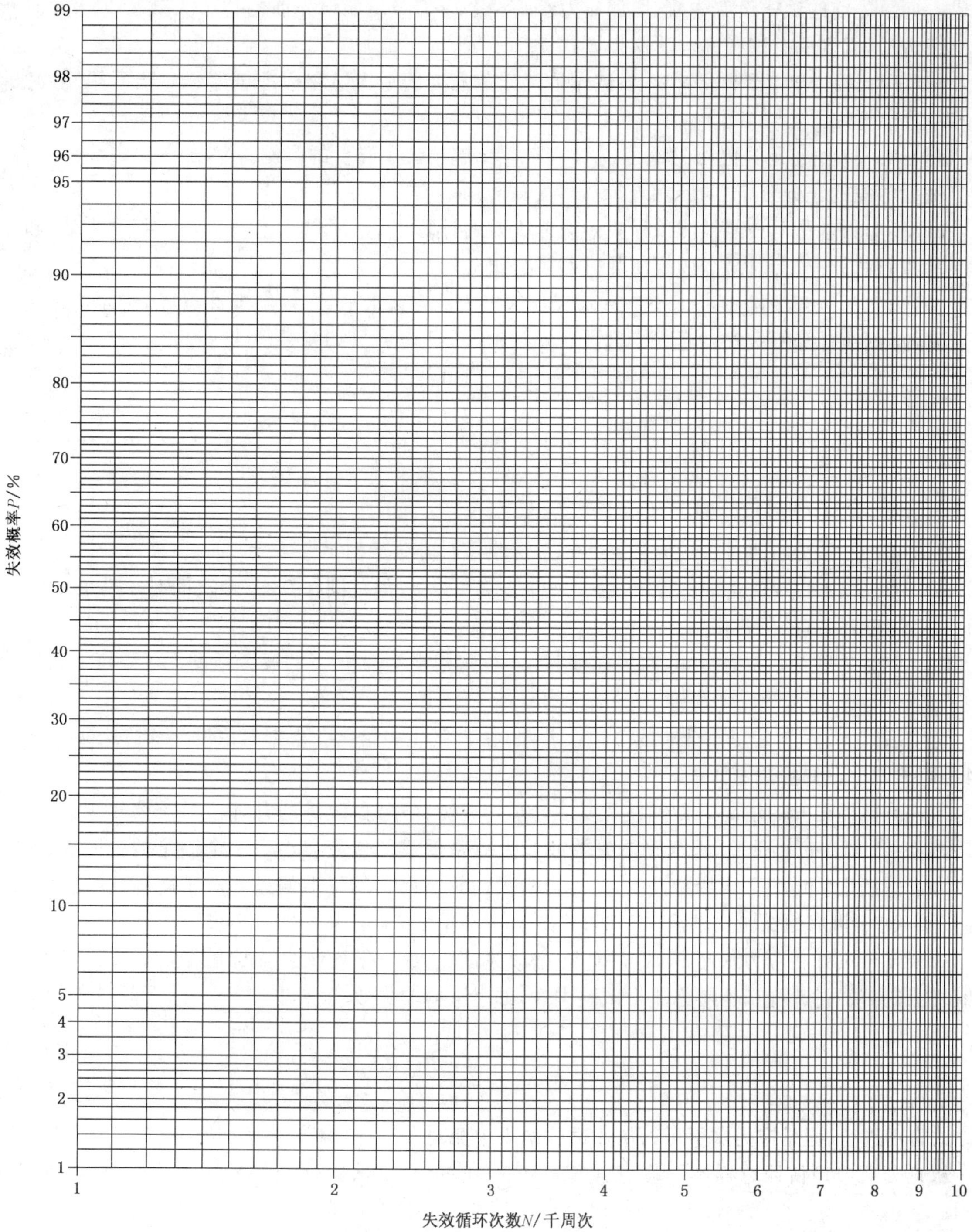

图 3　双对数概率纸的范例

7　给定疲劳寿命下疲劳强度的统计估计

7.1　获取疲劳强度数据的试验

利用升降法得到一套试样的疲劳强度数据。有必要对被测材料的平均疲劳强度和标准偏差进行粗略估计。以估计的平均强度作为第一级应力水平进行试验，应力台阶的选取接近标准偏差。在试验过程中变换不同的应力水平，如果无法得到标准偏差，以估算平均疲劳强度的5%作为应力台阶。

随机选取第一个试样，在第一级应力水平下，试样在给定的循环数下发生失效。同样随机选取第二个试样，如果先前的试样没有失效，增加应力水平一个应力级。如果先前的样子失效了，降低一个应力级，继续试验，直到所有试样都按照这种方式进行了试验。

对于解释性的研究要求最少 15 根试样估计疲劳强度的平均值和标准偏差。对于可靠性数据要求至少 30 个试样。

附录 A.2.1 给出了升降法的例子，7.2 和 7.3 一起给出了分析的范例。

7.2 试验数据的统计分析

在不同应力水平下按照被测试样失效或非失效的计算频率安排试验数据，仅仅对于“失效”和“非失效”事件进行统计分析，对最少的观测数进行了分组分析。

将应力水平按升序排序，$S_0 \leqslant S_1 \leqslant \cdots \leqslant S_l$，这里 l 是应力水平数，指定事件数 f_i，指定应力台阶 d。对疲劳强度的统计分析按式(2)估计参数：

$$\hat{\mu}_y = S_0 + d\left(\frac{A}{C} \pm \frac{1}{2}\right) \qquad (9)$$

$$\hat{\sigma}_y = 1.62d(D + 0.029) \qquad (10)$$

式中：$A = \sum_{i=1}^{l} i f_i$，$B = \sum_{i=1}^{l} i^2 f_i$，$C = \sum_{i=1}^{l} f_i$，$D = \dfrac{BC - A^2}{C^2}$。

在式(9)中，被分析事件失效时取 $-1/2$；被分析事件非失效时取 $1/2$。

式(10)仅仅当 $D > 0.3$ 时才有效，这一条件通常在 d/σ_y 的范围在 0.5～2 之间时才满足。

7.3 估计疲劳强度的下极限

假定疲劳强度符合正态分布，在置信度为 $1-\alpha$、失效概率为 P 下的疲劳强度下极限按下式估计：

$$\hat{y}_{(p,1-\alpha)} = \hat{\mu}_y - k_{(p,1-\alpha,\upsilon)}\hat{\sigma}_y \qquad (11)$$

这里系数 $k_{(p,1-\alpha,\upsilon)}$ 是正态分布的单边误差限，在表 B.1 中给出。根据自由度 υ 来估计标准偏差。

7.4 标准偏差已知的改进方法

当标准偏差已知的情况下和仅仅需要估计平均疲劳强度时，改进的升降法只需要较少试样。按照 7.1 描述的升降法进行试验，根据先前失效或非失效降低或增加应力水平一个固定的台阶。选取最初的应力水平接近估计的平均疲劳强度，应力台阶大约等于已知的标准偏差。对于解释性试验需要至少 6 个试样，对于可靠性试验要求至少 15 个试样。

如果 n 个试样在应力水平 $S_1, S_2, \cdots, S_n$ 按顺序试验，那么平均疲劳强度由试验应力 S_2 到 S_{n+1} 的平均值来测定，跳过第一点，不考虑哪个试验失效，哪个试验非失效。

$$\hat{\mu}_y = \frac{\sum_{i=2}^{n+1} S_i}{n} \qquad (12)$$

S_{n+1} 试验不进行，但是应力水平可以从 n 试验结果中测定。

根据公式(11)估计总样本的疲劳强度下极限，取相应于试验标准偏差的自由度数，如果未知取 $n-1$。

对于改进的升降法，有必要知道疲劳强度的标准偏差，按照第 8 章来估计 S-N 曲线。A.2.2 给出了范例。

8 S-N 曲线的统计估计

8.1 获取 S-N 数据的疲劳试验

为了得到 S-N 曲线，在 50% 的失效概率不同应力水平下进行疲劳试验。假定疲劳寿命对数变量遵循正态分布，并且是应力的函数。

需要的试样总数参考表 1 给出的典型数值，考虑到试验目的和试验材料的可靠性，最少选取 8 根试样用于解释试验，建议在 4 个等间距的应力水平下，每个应力水平测试两个试样。为了可靠性设计目的,至少需要 30 个试样。这时在 5 个等间距的应力水平下,每个应力水平测试 6 个试样。

对于通常的高周疲劳试验,应力水平通常选取疲劳寿命介于 3 个量级之间,例如:从 5×10^4 到 1×10^6 周次。

8.2 *S-N* 数据的统计分析

利用线性的数学模型分析 S-N 关系:

$$x = b - ay$$

这里 $x=\log N$,a 和 b 是常数。对于变量 y,$y=S$ 或 $y=\log S$,根据最好的线性关系来选择。

对总样本平均 S-N 曲线最适合的估计由下式给出:

$$\hat{\mu}_x = \hat{b} - \hat{a}y \quad \cdots\cdots(13)$$

$$\hat{a}_x = -\frac{\sum_{i=1}^{n}(x_i-\overline{x})(y_i-\overline{y})}{\sum_{i=1}^{n}(y_i-\overline{y})^2} \quad \cdots\cdots(14)$$

$$\hat{b} = \overline{x} + \hat{a}\overline{y} \quad \cdots\cdots(15)$$

式中 $\overline{x} = \frac{1}{n}\sum_{i=1}^{n}x_i$,$\overline{y} = \frac{1}{n}\sum_{i=1}^{n}y_i$。

n 是数据点数。

总样本的平均 S-N 曲线的对数疲劳寿命的标准偏差根据下式估计:

$$\hat{\sigma}_x = \sqrt{\frac{\sum_{i=1}^{n}[x_i-(\hat{b}-\hat{a}y_i)]^2}{n-2}} \quad \cdots\cdots(16)$$

式中$(n-2)$为自由度数。

总样本的疲劳强度的标准偏差根据下式估算:

$$\hat{\sigma}_y = \frac{\hat{\sigma}_x}{\hat{a}} \quad \cdots\cdots(17)$$

疲劳强度的标准偏差通过改进的升降法来得到,见 7.4。

8.3 *S-N* 曲线下极限的估计

总样本在$(1-\alpha)$置信度,自由度为 υ,失效概率为 P 下的 S-N 曲线的下极限根据下式来估计:

$$\hat{x}_{(p,1-\alpha,\upsilon)} = \hat{b} - \hat{a}y - k_{(p,1-\alpha,\upsilon)}\hat{\sigma}_x\sqrt{1+\frac{1}{n}+\frac{(y-\overline{y})^2}{\sum_{i=1}^{n}(y_i-\overline{y})^2}} \quad \cdots\cdots(18)$$

式(18)中的平方根值是根据总样本对标准偏差估计值的一个修正,这个修正值依赖于试样数和试验范围。当试样数和范围都足够大时,修正值接近于1,可以忽略。

8.4 线性模型充分性的校验

如果多于一个试样在三个或更多个应力水平下试验,那么就有可能校验线性模型的充分性。

当 m_i 个试样在应力水平 S_i 下试验,从第 j 级试样得到的数据可以写成 x_{ij}。如果

$$\frac{\sum_{i=1}^{l}m_i[(\hat{b}-\hat{a}y_i)-\overline{x}_i]^2(l-2)}{\sum_{i=1}^{i}\sum_{j=1}^{m_i}(x_{ij}-\overline{x}_i)^2(n-l)} > F_{(1-\alpha,\upsilon1,\upsilon2)} \quad \cdots\cdots(19)$$

则线性关系的假设就不成立。这里 $\overline{x}_i = \frac{1}{m_i}\sum_{i=1}^{m_i}x_i$,$n = \sum_{i=1}^{l}m_i$,$l$ 是应力水平数。

表 B.2 给出了置信度$(1-\alpha)$为 95%时的 $F_{(1-\alpha,\upsilon1,\upsilon2)}$ 值。有两个自由度的定义:对于计算者自由度

$\upsilon_1 = l-2$，对于式(19)自由度 $\upsilon_2 = n-1$。

比较观测值与估计值之间的差别($x_i - \hat{x}_i$)是很有用的，根据 $\hat{x}_i$ 画图，如果图形显示大体上一致，这种匹配被认为是满意的。

9 试验报告

9.1 试验结果的表达

9.1.1 总则

根据试验类型，试验报告包括下列信息：

9.1.2 给定应力下的疲劳寿命

a) 试验应力水平、估计的平均疲劳寿命，以及对数疲劳寿命的标准偏差估计值或疲劳寿命的变动系数，应指明试样数，应当在报告中注明估计参数的方法(做图法或计算)；

b) 每支试样在指定试验应力下的疲劳寿命数据，以及观察失效或非失效；

c) 在概率纸上根据试验数据拟合曲线，不允许对曲线进行观测范围以外的外推；

d) 必要时，在概率纸上选取疲劳寿命下极限的估计值。

9.1.3 给定疲劳寿命下的疲劳强度

a) 平均疲劳强度的估计值和标准偏差的估计值，试验的试样数。估计这些参数所采用的方法，例如升降法；

b) 各级应力水平下的试验数据表，每支试样所能承受的循环数，按照试验次序注明失效或非失效；

c) 选定的失效概率下疲劳强度下极限的估计值。

9.1.4 *S-N* 曲线

a) 估算的平均 *S-N* 曲线，试验数据图；

b) 针对每支试样(失效或非失效)的应力水平和循环数的试验数据表；

c) 选定失效概率下的 *S-N* 曲线下极限的估计值。

9.2 相关信息

9.2.1 被测材料

试验报告中应包括被测材料信息，例如材料牌号、加工工艺、化学成分、热处理、显微结构和力学性能等。

9.2.2 被测试样

试验报告中应包括被测试样的信息，例如试样编号、试样尺寸、试样相对于材料的加工取向，表面状态等。

9.2.3 疲劳试验的条件

试验报告中应把包括疲劳试验条件的信息，例如应力类型或应变(如果是应变控制试验)，应力比或其他试验过程的特征参数，应力波形，试验频率，失效定义，试验环境等。

附 录 A
（资料性附录）
应用举例

A.1 疲劳寿命统计估计的范例

表 A.1 给出了一组 7 个数据的范例，数据按照从小到大排序，因此可以根据式(4)计算相应的概率 P_i。

$x_i = \log N_i$ 值画在正态概率纸上，通过视觉检查，进行曲线线性拟合，如图 A.1 所示。

曲线图上对应于 90%和 10%概率下的值分别为 $x_{(90)}$ 和 $x_{(10)}$：

$x_{(90)} = 5.06$

$x_{(10)} = 4.75$

根据式(5)和式(6)计算分布参数如下：

$\hat{\mu}_x = 4.905$，$\hat{\sigma}_x = 0.121$ 或 $\hat{N}_{(50)} = 8.04 \times 10^4$ 周次，$\hat{\eta}_N = 0.63$。

95%置信度，10%失效概率下的疲劳寿命的下极限根据式(8)来估算，表 B.1 给出的取 $k_{(0.1;0.95;6)}$ 为 2.755，$\hat{x}_{(10)} = 4.905 - (2.755 \times 0.121) = 4.572$

或 $\hat{N}_{(10)} = 10^{4.572} = 3.73 \times 10^4$ 周次。

表 A.1 疲劳寿命数据的范例

试样数 i	疲劳寿命 N_i/周次	疲劳寿命的对数 $x_i = \log N_i$	概率 P_i/%
1	6.05×10^4	4.782	9.43
2	6.31×10^4	4.800	22.8
3	7.39×10^4	4.869	36.4
4	8.46×10^4	4.927	50.0
5	9.11×10^4	4.960	63.6
6	9.37×10^4	4.972	77.2
7	1.25×10^5	5.098	90.6

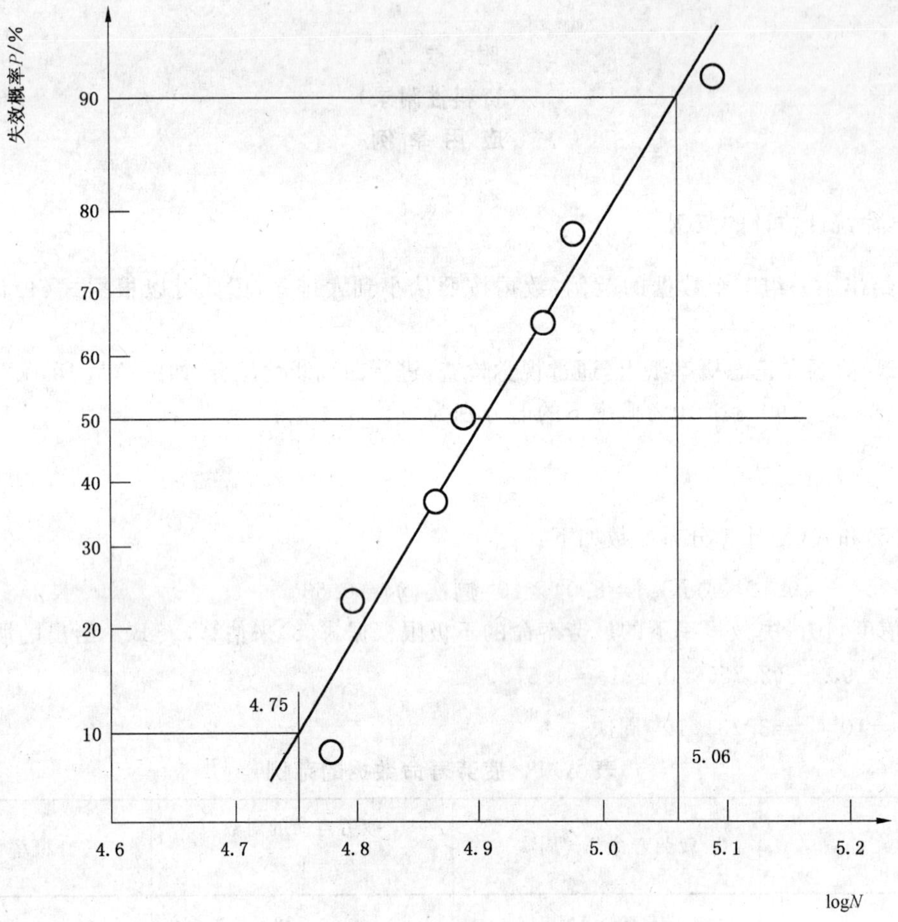

图 A.1 正态概率纸上疲劳寿命数据的图例

A.2 疲劳强度统计估计的范例

A.2.1 升降法

当利用升降法时，被测试样按照逐渐增加的应力水平顺序进行，直到发生失效。表 A.2 给出了一套数据的例子。从开始计算，表 A.2 中不发生失效的第一个有效数据为 500 MPa。在这一系列试验中，有 7 个试样失效，8 个试样没有发生失效。失效试样在分析中被当作一种情况。因此只分析三个应力水平，表 A.3 所示的，$S_0=500$ MPa，应力级 $d=20$ MPa。相关事件数 f_i 在表中的第 3 列给出，A、B、C 和 D 按以下值计算：

$A=7 \quad B=11 \quad C=7 \quad D=0.571$

疲劳强度的平均值和标准偏差根据式(9)和式(10)进行计算，如下：

$\hat{\mu}_y=500+20(7/7-1/2)=510$ MPa

$\hat{\sigma}_y=1.62\times20(0.571+0.029)=19.4$ MPa

和 $\hat{\eta}_s=19.4/510=0.038$

注：套用式(7)，疲劳强度的变动系数可以由下式来估算：

$$\hat{\eta}_s=\sqrt{\exp[(\ln10)^2\hat{\sigma}_y^2-1]}$$

失效概率 10%的疲劳强度的下极限根据式(11)计算，置信度为 95%时，相关系数 $k_{(0.1;0.95;6)}$ 值根据表 B.1 取 2.755。

$\hat{y}_{(10)}=510-(2.755\times19.4)=456$ MPa

在本例子中，应力级与标准偏差估计值足够接近，D 大于 0.3。

表 A.2 试验数据升降法的范例

应力 S_i/MPa	试样系列号																
			1				5					10					15
540									×								×
520				×				○		×		×				○	
500			○		×		○				○		×		○		
480		○ *				○								○			
460	○ *																

× 失效

○ 通过

○ * 未计算

表 A.3 表 A.2 中的数据分析

应力 S_i/MPa	水平 i	值		
		f_i	if_i	$i^2 f_i$
540	2	2	4	8
520	1	3	3	3
500	0	2	0	0
总和	—	7	7	11

A.2.2 改进的升降法

本例子所用的疲劳数据与 A.2.1 相同,但仅仅用了序列 1 到序列 6。表 A.4 给出了这套数据。根据上面计算的,疲劳强度的标准偏差是 19.4 MPa,自由度为 6。试验在应力级为 20 MPa,非常接近标准偏差的条件下进行。根据式(12)计算得到的平均疲劳强度如下:

$\hat{\mu}_y=(520+500+480+500+520+540)/6=510$ MPa

在 10%失效概率,95%置信度条件下根据式(11)计算得到的疲劳强度的下极限。从表 B.1 中取 $k_{(0.1;0.95;6)}$ 值为 2.755,如下:

$\hat{y}_{(10)}=510-(2.755\times19.4)=456$ MPa

表 A.4 改进的升降法的范例

参数	试验序列						
i	1	2	3	4	5	6	7
S_i/MPa	500	520	500	480	500	520	540
事件	○	×	×	○	○	○	—[a]

a 试验实际上没有进行(根据先前值计算的应力水平)。

表 A.5 *S-N* 数据的范例

试样数 i	应力 $y_i=S_i$ MPa	疲劳寿命 N_i/周次	疲劳寿命的对数 $x_i=\log N_i$
1	450	3.41×10^4	4.533
2	450	5.23×10^4	4.719
3	420	9.66×10^4	4.985
4	420	1.50×10^5	5.176
5	390	2.73×10^5	5.436

表 A.5（续）

试样数 i	应力 $y_i=S_i$ MPa	疲劳寿命 N_i/周次	疲劳寿命的对数 $x_i=\log N_i$
6	390	4.12×10^5	5.615
7	360	8.01×10^5	5.904
8	360	1.32×10^6	6.121

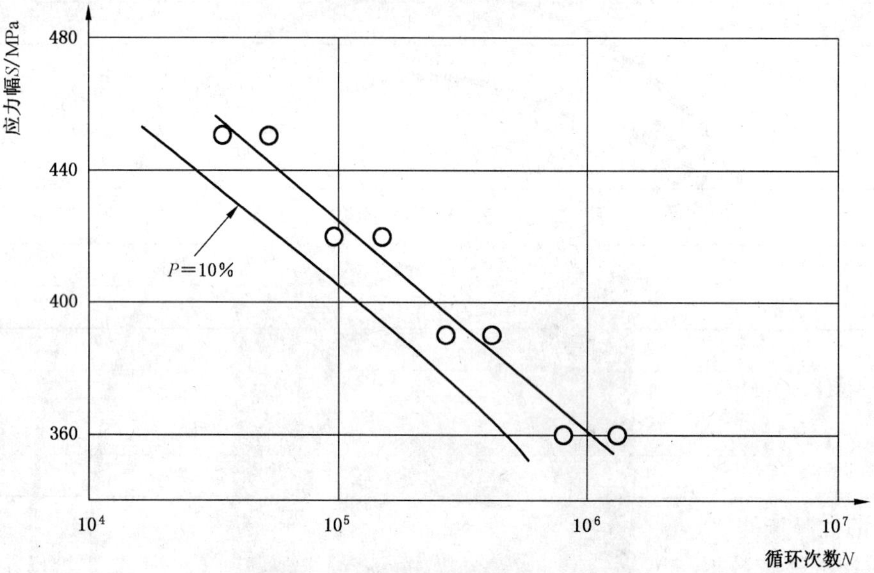

图 A.2　*S-N* 数据分析的范例

A.3　*S-N* 曲线的统计估计

一套 8 个试样的试验数据在表 A.5 中给出，利用线性模型和半对数坐标对 $y=S,x=\log N$ 进行统计分析。

y 和 x 的平均值很容易从表中得到：

$\bar{y}=405\ \text{MPa}\quad \bar{x}=5.311$

然后计算下列数：

$\sum(x-\bar{x})^2=2.196$

$\sum(y-\bar{y})^2=9\ 000$

$\sum(x-\bar{x})(y-\bar{y})=-138.1$

公式(14)和(15)给出了最可能的 *S-N* 平均曲线估计系数，如下：

$\hat{a}=0.015\ 3\qquad \hat{b}=11.527$

对数疲劳寿命和疲劳强度的标准偏差分别根据式(16)和式(17)进行计算：

$\hat{\sigma}_x=0.114\qquad \hat{\sigma}_y=7.5\ \text{MPa}$

10%失效概率，95%置信度下的 *S-N* 曲线的下极限根据公式(18)计算，从表 B.1 中取 $k_{(0.1;0.95;6)}$ 值为 2.755，如下：

$$\hat{x}_{(10)}=11.527-0.015\ 3y-0.314\sqrt{1.166\ 7+\frac{(y-405)^2}{9\ 000}}$$

图 A.2 显示了该曲线。

附　录　B
（资料性附录）
统　计　表

表 B.1　不同概率下的正态分布单侧误差限系数 $k_{(p,1-\alpha,\upsilon)}$ 的取值

自由度 υ	概率 P/%							
	10		5		1		0.1	
	置信度$(1-\alpha)$/%							
	90	95	90	95	90	95	90	95
2	4.258	6.158	5.310	7.655	7.340	10.55	9.651	13.86
3	3.187	4.163	3.957	5.145	5.437	7.042	7.128	9.215
4	2.742	3.407	3.400	4.202	4.666	5.741	6.112	7.501
5	2.494	3.006	3.091	3.707	4.242	5.062	5.556	6.612
6	2.333	2.755	2.894	3.399	3.972	4.641	5.301	6.061
7	2.219	2.582	2.755	3.188	3.783	4.353	4.955	5.686
8	2.133	2.454	2.649	3.031	3.641	4.143	4.772	5.414
9	2.065	2.355	2.568	2.911	3.532	3.981	4.629	5.203
10	2.012	2.275	2.503	2.815	3.444	3.852	4.515	5.036
11	1.966	2.210	2.448	2.736	3.370	3.747	4.420	4.900
12	1.928	2.155	2.403	2.670	3.310	3.659	4.341	4.787
13	1.895	2.108	2.363	2.614	3.257	3.585	4.274	4.690
14	1.866	2.068	2.329	2.566	3.212	3.520	4.215	4.607
15	1.842	2.032	2.299	2.523	3.172	3.463	4.164	4.534
16	1.820	2.001	2.272	2.486	3.136	3.415	4.118	4.471
17	1.800	1.974	2.249	2.453	3.106	3.370	4.078	4.415
18	1.781	1.949	2.228	2.423	3.078	3.331	4.041	4.364
19	1.765	1.926	2.208	2.396	3.052	3.295	4.009	4.319
20	1.750	1.905	2.190	2.371	3.028	3.262	3.979	4.276
21	1.736	1.887	2.174	2.350	3.007	3.233	3.952	4.238
22	1.724	1.869	2.159	2.329	2.987	3.206	3.927	4.204
23	1.712	1.853	2.145	2.309	2.969	3.181	3.904	4.171
24	1.702	1.838	2.132	2.292	2.952	3.158	3.882	4.143
25	1.657	1.778	2.080	2.220	2.884	3.064	3.794	4.022

表 B.2 置信度(1−α)为 95%下的 $F_{(1-\alpha,\upsilon1,\upsilon2)}$ 的取值

υ_2	自由度					
	υ_1					
	1	2	3	4	5	6
1	161	200	216	225	230	234
2	18.5	19.0	19.2	19.2	19.3	19.3
3	10.1	9.55	9.28	9.12	9.01	8.94
4	7.71	6.94	6.59	6.39	6.26	6.16
5	6.61	5.79	5.41	5.19	5.05	4.95
6	5.99	5.14	4.76	4.53	4.39	4.28
7	5.59	4.74	4.35	4.12	3.97	3.87
8	5.32	4.46	4.07	3.84	3.69	3.58
9	5.12	4.26	3.86	3.63	3.48	3.37
10	4.96	4.10	3.71	3.48	3.33	3.22
11	4.84	3.98	3.59	3.36	3.20	3.09
12	4.75	3.89	3.49	3.26	3.11	3.00
13	4.67	3.81	3.41	3.18	3.03	2.92
14	4.60	3.74	3.34	3.11	2.96	2.85
15	4.54	3.68	3.29	3.06	2.90	2.79
16	4.49	3.63	3.24	3.01	2.85	2.74
17	4.45	3.59	3.20	2.96	2.81	2.70
18	4.41	3.55	3.16	2.93	2.77	2.66
19	4.38	3.52	3.13	2.90	2.74	2.63
20	4.35	3.49	3.10	2.87	2.71	2.60
21	4.32	3.47	3.07	2.84	2.68	2.57
22	4.30	3.44	3.05	2.82	2.66	2.55
23	4.28	3.42	3.03	2.80	2.64	2.53
24	4.26	3.40	3.01	2.78	2.62	2.51
25	4.24	3.39	2.99	2.76	2.60	2.49
26	4.23	3.37	2.98	2.74	2.59	2.47
27	4.21	3.35	2.96	2.73	2.57	2.46
28	4.20	3.34	2.95	2.71	2.56	2.45
29	4.18	3.33	2.93	2.70	2.55	2.43
30	4.17	3.32	2.92	2.69	2.53	2.42

附 录 C
(资料性附录)
S-N 全曲线统计估计的组合方法

C.1 范围

本附录介绍了利用实际的试样数统计估计 *S-N* 全曲线的一种方法,包括有限和无限的疲劳寿命范围。假定 *S-N* 曲线由有限疲劳寿命范围的一条斜线和无限疲劳寿命范围的水平直线组成。对于许多工程材料,选择合适的对数或半对数坐标是可行的。

C.2 获取 *S-N* 全曲线的疲劳试验

试验要求至少 14 个试样,8 根试样用于估计有限疲劳寿命范围的 *S-N* 曲线(斜线),6 根试样用于估计无限疲劳寿命范围的疲劳强度(水平线)。图 C.1 为其概念图。

分配到每条线的试样数由每支试样预测的疲劳强度来决定,交点处给出相同的统计置信度。建议要满足下列关系:

$$\frac{n_2}{n_1}=\frac{l+1}{2l-1} \qquad \cdots\cdots\cdots\cdots (\text{C}.1)$$

n_1 是斜线的试样数,n_2 是水平线的试样数,l 是斜线的应力水平数。应保留额外的几支试样,因为试验不总与预测一样。额外试样用于帮助解决一些突发问题。

C.3 有限疲劳寿命范围的疲劳试验

有限疲劳寿命范围的平均 *S-N* 曲线(斜线部分)按照 8.1 描述的过程对 8 根试样试验来估计。

S-N 曲线的斜线部分方程按式(13)到式(15)来测定,疲劳强度的标准偏差按式(16)和式(17)进行计算。

C.4 无限疲劳寿命范围的疲劳试验

无限疲劳寿命范围的疲劳强度(水平部分)按照 7.4 描述的改进的升降法对 6 根试样进行测试估算。试验的应力台阶选择足够接近 C.3 计算的标准偏差。

曲线水平部分的平均疲劳强度按式(12)计算。

C.5 *S-N* 全曲线的估计

S-N 全曲线,包括有限和无限疲劳寿命区,通过组合式(13)和式(11)来得到:

$$\begin{cases} x=\hat{b}-\hat{a}y & \text{当 } y>\hat{\mu}_y \\ y=\hat{\mu}_y & \end{cases} \qquad \cdots\cdots\cdots\cdots (\text{C}.2)$$

C.6 *S-N* 全曲线的下极限

通过组合式(18)和式(11)得到:

$$\hat{x}_{(p,1-\alpha)}=\hat{b}-\hat{a}y-k_{(p,1-\alpha,\upsilon)}\hat{\sigma}_x\sqrt{1+\frac{1}{n}+\frac{(y-\bar{y})^2}{\sum_{i=1}^{x}(y_i-\bar{y})^2}}$$

当 $y>\hat{y}_{(p,1-\alpha)}$

$$\hat{y}_{(p,1-\alpha)}=\hat{\mu}_y-k_{(p,1-\alpha,\upsilon)}\hat{\sigma}_y$$

对于有限和无限疲劳寿命区的自由度数 υ 都是 n_1-2。这是因为疲劳极限的统计不确定度依赖于有限疲劳寿命数据派生出的标准偏差。

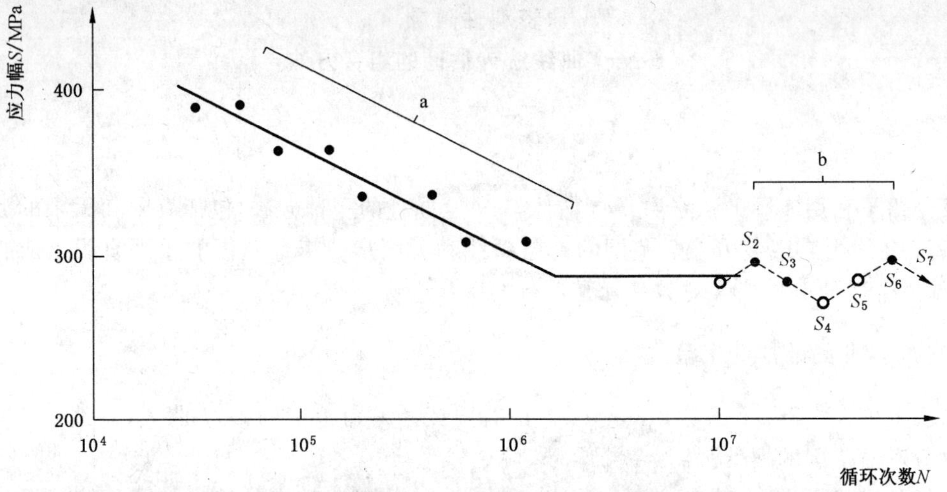

●——失效；

○——1×10^7 周次后通过。

a 8 支试样；

b 升降法的 6 支试样。

图 C.1 14 支试样估计 *S-N* 曲线的组合方法模型

ICS 77.040.99
H 24

中华人民共和国国家标准

GB/T 24177—2009

双重晶粒度表征与测定方法

Standard test methods for characterizing duplex grain sizes

2009-06-25 发布

2010-04-01 实施

中华人民共和国国家质量监督检验检疫总局
中国国家标准化管理委员会 发布

前　言

本标准等同采用 ASTM E1181-02《表征双重晶粒度的标准测定方法》(英文版)。

为了便于使用，本标准对 ASTM E1181-02 作了下列编辑性修改：

a) 删除了 ASTM E1181-02 的前言；

b) 采用相应或相近的国家标准代替 ASTM 标准；

c) 双重晶粒度报告格式中的具体数据采用附录 A 的数据；

d) 根据 GB/T 1.1—2000 要求，调整了原标准中部分章节、条目的设置。

本标准与 ASTM E1181-02 相比主要变化如下：

a) 删除了 ASTM E1181-02 的 1.2；

b) 增设 1.2“本试验方法仅作为推荐试验方法，不对材料验收测试的合格级别范围进行规定”；

c) 删除对 ASTM 附件“测定面积分数的比较图谱”(ASTM 附件号：ADJE1181)的引用；

d) 删除了 ASTM E1181-02 的“关键词”部分；

e) 增加了附录 NA《本标准与 ASTM E1181-02 的差异及其原因》。

本标准的附录 A 为规范性附录，附录 B 和附录 NA 为资料性附录。

本标准由中国钢铁工业协会提出。

本标准由全国钢标准化技术委员会归口。

本标准起草单位：宝山钢铁股份有限公司、冶金工业信息标准研究院、东北特殊钢集团有限责任公司。

本标准主要起草人：谢崇津、栾燕、曾文涛、顾艳、孙时秋、刘振茂。

引　言

对于晶粒尺寸符合单一对数正态分布的产品，已经建立了测定其平均晶粒度（采用 GB/T 6394）和最大晶粒度［采用 ASTM E930-99(2007)］的试验方法，而本标准适用于产品中晶粒尺寸呈其他形态分布的晶粒度的评定。

由于习惯用法和被人们熟知，选用术语“双重晶粒度（duplex grain size）”来表述任何呈其他分布的晶粒度，然而使用本术语并不意味着仅存在两种晶粒度的分布。

本标准用于描述不同于单一对数正态分布的晶粒度的特征，并以合理的精度描述实际存在的晶粒度分布。

双重晶粒度表征与测定方法

1 范围

1.1 本标准规定了判别双重晶粒度的方法。本标准将双重晶粒度分为两大类共六种类型，并分别描述了各类型的特征，提供了相应的表征方法及报告格式。

1.2 本标准仅作为推荐性试验方法，不对材料验收测试的合格级别范围进行规定。

2 规范性引用文件

下列文件中的条款通过本标准的引用而成为本标准的条款。凡是注日期的引用文件，其随后所有的修改单(不包括勘误的内容)或修订版均不适用于本标准，然而，鼓励根据本标准达成协议的各方研究是否可使用这些文件的最新版本。凡是不注日期的引用文件，其最新版本适用于本标准。

GB/T 6394 金属平均晶粒度测定方法(GB/T 6394—2002，ASTM E 112:1996，MOD)

GB/T 13298 金属显微组织检验方法

GB/T 15749 定量金相手工测定方法

ASTM E7 金相学相关术语

ASTM E930-99(2007) 金相检测面上最大晶粒尺寸级别(ALA 晶粒度)测定方法

3 术语和定义

ASTM E7 中确立的以及下列术语和定义适用于本标准。

3.1

带状或条带状组织 bands or banding

晶粒度差异较大的交替区域，这些区域沿着加工方向延伸。

3.2

晶粒度 grain size

等效于晶粒尺寸分布的平均值。

3.3

项链状组织 necklace or necklace structure

一些孤立的粗晶粒被明显较细的晶粒群环绕着的组织。

3.4

拓扑变化 topologically varying

以某种可确定的样式出现的非随机变化，该样式可能与受检试样或产品的形状相关。

4 双重晶粒度分类与特征

双重晶粒度分为随机双重晶粒度与拓扑双重晶粒度两大类，每大类又各分为三种类型。

4.1 随机双重晶粒度 random duplex grain size

包含两种或多种尺寸明显不同，以随机变化形式分布的晶粒。其分布状态有：ALA 状态、宽级差状态和双峰状态。

4.1.1 ALA 状态 ALA(as large as)condition

随机分布的孤立粗大晶粒与基体晶粒的平均晶粒度级差不小于 3 级，且这些孤立粗大晶粒所占试样面积的百分数不大于 5%。如其所占面积百分数大于 5%，则按双峰状态处理。

图 A.1 给出了 ALA 状态的显微照片实例。

4.1.2 宽级差状态 wide-range condition

随机分布的晶粒度出现异常宽的级差，其最大晶粒与最小晶粒的晶粒度级差不小于 5 级。

图 A.2 给出了宽级差状态的显微照片实例。

4.1.3 双峰状态 bimodal condition

随机分布的两种尺寸明显不同的晶粒，两者的晶粒度级差超过 4 级，每种晶粒所占面积分数均大于 5%，并且这两种晶粒所占面积分数之和大于试样总面积的 75%。

图 A.3 给出了双峰状态的显微照片实例。图 B.1 给出了另一个实例。

4.2 拓扑双重晶粒度 topological duplex grain size

包含两种或多种尺寸明显不同，以拓扑变化形式分布的晶粒。其分布状态有：截面状态、项链状态和条带状态。

4.2.1 截面状态 cross-section condition

晶粒度在产品整个截面上呈现规则的变化，以致不同区域间的平均晶粒度级差不小于 3 级；或者在产品截面的特定区域存在不同的晶粒度（例如，在临界应变区域的异常晶粒长大导致的粗大晶粒），以致这些特定区域的晶粒度与大部分截面的晶粒度级差不小于 3 级。

图 A.4 给出了截面状态的显微照片实例。

4.2.2 项链状态 necklace condition

一些孤立的粗晶粒被明显较细的晶粒群所环绕，这些粗大晶粒和较细晶粒的晶粒度级差不小于 3 级。

图 A.5 给出了项链状态的显微照片实例。

4.2.3 条带状态 banding condition

晶粒度差异较大的条带交替区域，其晶粒度级差不小于 3 级。

图 A.6 给出了条带状态的显微照片实例。

5 意义和用途

5.1 某些金属和合金因其热加工过程可能会出现双重晶粒度。为了比较各种状态晶粒度对力学性能的影响，或为了制定技术要求，对这些材料的晶粒度特征进行表征可能是重要的。如用一个平均晶粒度值表征一个双重晶粒度试样并不能充分地表示该试样的晶粒分布形貌特征，甚至可能歪曲其形貌特征。例如，将两个显然不同的晶粒度值进行平均会导致报出在试样中根本不存在的晶粒度。

5.2 本标准可用于试样或产品，而不考虑其再结晶状态。

5.3 本标准描述了与单一对数正态分布的晶粒度的差异及晶粒度的变化特征，所以应评定整个试样面。

5.4 本标准仅限于评定单个抛光和浸蚀试样中可识别的双重晶粒度。如果认为产品中的双重晶粒度变化范围太大，不能以单个试样进行抛光并浸蚀时，则应以宏观浸蚀作为测定的第一步。如果有可能，应将整个宏观浸蚀面作为评定不同晶粒度所占面积分数的基础。如果其后需要进行显微检验，则应对产品整个截面取样进行面积分数和晶粒度测定，以代表整个产品截面。

5.5 本标准用于表征双重晶粒度。多相组织的晶粒尺寸不一定呈双重分布，此时该类晶粒组织不是本标准的研究对象。然而，本标准所述的用面积分数测定的试验方法可用于描述多相晶粒组织。

6 试样及制备

6.1 取样

6.1.1 本标准用于表征试样或产品的晶粒度变化。为了准确地表征这些变化，应对试样或产品的整个截面进行测定。

6.1.2 如产品晶粒度变化太大，无法作为单个试样进行抛光和浸蚀，则应取多个不同的试样以能测定整个产品截面中不同晶粒度所占的面积分数，从而能够测定代表整个截面的晶粒度。取样部位与数量在统计学上应不影响最终检测结果的准确性。

6.2 取样方向

6.2.1 本标准所描述的各类双重晶粒度(见第4章)可在纵向试样(即平行于产品在加工过程中的最大形变方向)上检测到，因此，推荐纵向取样。但是，如果受检面是圆棒的整个截面，则不宜使用纵向截面来评定不同晶粒度所占的面积分数，这种评定只有在横截面上进行才最准确。对于管状产品，无论在纵向截面还是横向截面上进行的面积分数评定，结果都有较好的一致性。而其他形状的产品，纵横向取样的面积分数评定值有相等的准确度。

6.2.2 如果认为某个方向取样具有局限性，则可使用其他试样取向。例如，在一给定试样中存在的带状晶粒分布，在横向取样时可能就难以辨识。

6.2.3 取样方向应随同双重晶粒度特征一起报告。

6.3 制备

按GB/T 13298制备并浸蚀试样，浸蚀应使所有晶界清晰易见。如需显微照片来表征双重晶粒度，按GB/T 13298进行制作。

7 试验方法

7.1 概述

本标准给出了评定不同晶粒度所占面积分数的方法，对特定标识区域内晶粒度的测量规定了现有的方法标准(GB/T 6394和ASTM E930-99(2007))，并为统计测量双重晶粒度试样上的所有晶粒尺寸分布提供了可行的测定方法。

7.2 面积分数的测定

7.2.1 概述

对试样中不同晶粒度所占面积分数的测定(以总面积的百分含量表示)是表征双重晶粒度中最主观性的部分，也是最容易出偏差的部分。本标准给出了四种测定面积分数的方法，采用最简单的方法所得的结果的精度最差，而采用最复杂的方法所得的结果的精度最佳。其中直接测量方法(见7.2.3.4)仅适用于特定的情况。

7.2.2 测定时应采取的预防措施

采用面积分数测定方法的目的在于表征试样内晶粒度的变化，故测定时应采取下列措施：

7.2.2.1 对于随机双重晶粒度，至少采用选定的测定方法测定试样中随机选取的5个区域。

7.2.2.2 对于拓扑双重晶粒度，如有可能，将选定的测定方法应用于全部试样面积。如果实际中无法做到，则应将所选择的测定方法应用于试样中合理大小的面积上。但是应认识到，由于未对所有的试样面积进行测定，测定时会带来一些不确定的偏差：

a) 例如：如果取自板类产品的全厚度试样中出现晶粒条带组织，则从试样外表面到中心，晶粒度可能会有很大的变化。通过评定整个试样截面可以获得每类晶粒度所占面积分数的最精确的测定结果。仅选择部分试样截面可能会无意中排除一些区域，这些区域可能含有占面积分数较高(或低)的一种晶粒度，从而使测定产生偏差；

b) 在上述示例中，整个试样截面可用单个、低放大倍数的图像进行检验，或采用足够数量的高放大倍数的图像进行检验。如果这两者都不切实际，那么，受检试样的最小面积应包括从原始板材一个表面到另一表面的一个完整截面。如果能附加截面进行评定，则可提高面积分数最终测定的精确度。

7.2.3 面积分数测定方法

7.2.3.1 比较法

7.2.3.1.1 仅靠目视观察试样来评定不同晶粒度所占的面积分数容易出现相当大的误差，采用分级面积分数比较图(示意图见图1,这种图谱显示出了暗黑晶粒中明亮晶粒所占的面积分数)进行评定可提高目视测定不同晶粒度所占面积分数的精确度。采用目镜、显微镜投影图像或显微照片来比较时,应使用能够目视分辨粗晶粒区域和细晶粒区域为不同区域的最低放大倍数。注意不必分辨图像中的各个细晶粒,只需测定细晶粒所占的面积。

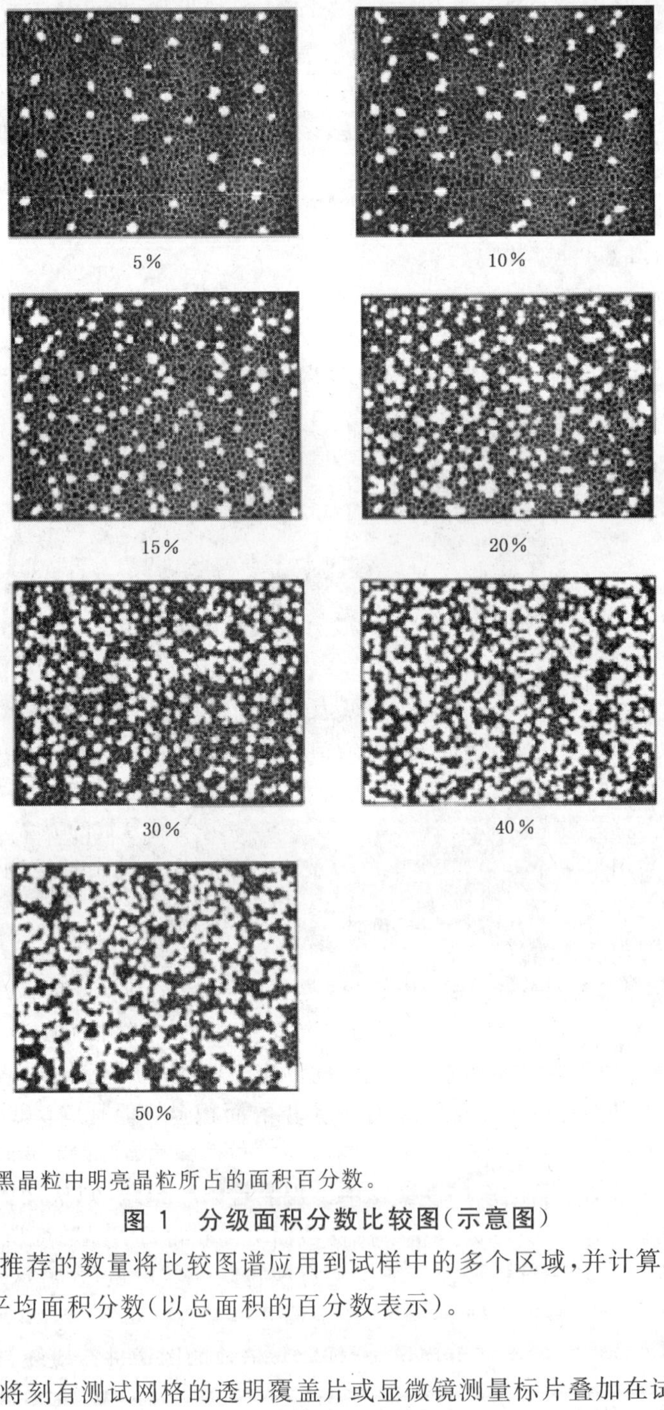

注:图谱显示的是暗黑晶粒中明亮晶粒所占的面积百分数。

图1 分级面积分数比较图(示意图)

7.2.3.1.2 按7.2.2推荐的数量将比较图谱应用到试样中的多个区域,并计算不同晶粒度所占区域面积相对总受检面积的平均面积分数(以总面积的百分数表示)。

7.2.3.2 计点法

7.2.3.2.1 计点法需将刻有测试网格的透明覆盖片或显微镜测量标片叠加在试样的图像上,通过计点过程测定面积百分数。测试网格应由细线相交构成的等距离的点阵组成,GB/T 15749提供了这类网格的使用实例以及推荐的网格间距和网格使用方法等详细内容。在显微镜投影图像或显微照片上使用本方法。

7.2.3.2.2 采用计点法测定面积分数时,首先标出给定图像上某种晶粒度占据的所有区域的轮廓,可标示在放置于投影图像上的透明覆盖片上,或直接标示在显微照片上。这样标出外形轮廓将简化计点过程的判定，从而加快计点过程。在覆盖片上，还要标记出总视场的外形轮廓（图像边界）。然后，将规则的二维网格应用于外形轮廓图像，网格的间距应与图像的放大倍数相匹配以便使用 GB/T 15749 的推荐方法。计算落入待测定的特定晶粒度区域的网格点数，任何落在该外形轮廓区域边界上的网格点计为半个，如果难以判定一个点是落在该外形轮廓区域内部还是外部，则将该点计为半个。将落在该外形轮廓区域之内的网格点数，除以总图像外形轮廓之内的总网格点数（网格应足够大以完全覆盖总图像），计算出受检晶粒度区域的面积分数。

7.2.3.2.3　按 7.2.2 推荐的数量将上述步骤应用于试样中的多个区域，并计算不同晶粒度所占区域面积相对总受检面积的平均面积分数。

7.2.3.3　测面法

7.2.3.3.1　测面法需要使用测面仪（一种测定不规则多边形面积的装置）。采用人工方法在显微照片或透明覆盖片上标出不同晶粒度所占的区域的外部轮廓，然后通过测面仪跟踪其外部轮廓来测定各区域的面积。在显微镜投影图像或显微照片上使用本方法。

7.2.3.3.2　采用测面法测定面积分数时，首先标出给定图像上某种晶粒度占据的所有区域的外形轮廓，可标示在放置于投影图像上的透明覆盖片上，或直接标示在显微照片上，还要在覆盖片上标记出总视场的外形轮廓（图像边界）；然后，使用测面仪测定每个由该晶粒度区域的外形轮廓所包围的面积。同样使用测面仪测定图像的总面积。将该晶粒度的各区域面积之和除以图像总面积，可得出受检晶粒度所占总区域的面积分数。

7.2.3.3.3　按 7.2.2 的推荐数量将上述步骤应用于试样中的多个区域，并计算不同晶粒度所占区域面积相对总受检面积所占的平均面积分数。

7.2.3.3.4　也可以使用数字化写字板或其他类型的图像分析仪按上述步骤测定面积分数。

7.2.3.4　直接测量法

7.2.3.4.1　直接测量法可用于表面层显现为不同晶粒度的拓扑双重晶粒度试样。对给定的表面层至少应进行 10 次（在不同部位）深度测量，并由这些测量值计算平均深度。用该平均值和产品的全尺寸来计算该表面层的面积分数。

7.2.3.4.2　示例 1：某个 19.0 mm 厚的板类产品的每个表面都有一层晶粒度为 0 级的表面层，而剩余截面上的晶粒度为 4 级，如果测量表明每一表面层的平均深度为 3.2 mm，将该层厚度 3.2 mm 除以该产品总厚度 19.0 mm，就得到每个表面层所占面积分数为 16.8%。

7.2.3.4.3　示例 2：某个管状产品的外径为 115.0 mm，壁厚为 7.2 mm，其外表面层的晶粒度为 1 级，而其余壁厚的晶粒度为 6 级，如果测量表明该表面层的平均深度为 1.0 mm，将该层深度 1.0 mm 除以总壁厚 7.2 mm，就得到粗晶粒表面层所占面积分数为 13.9%（近似值，由于与外径相比壁厚很小的管材可视为等效于矩形截面产品，这样，外表面层面积就基本上与内表面层面积相同，从而可简化面积分数的计算）。

7.3　晶粒度级别的测定

根据所判定的双重晶粒度大类和具体类型（见第 4 章），按照 ASTM E930-99(2007) 和 GB/T 6394 进行晶粒度级别的测定。

7.3.1　测定最大晶粒度

需要时，按 ASTM E930-99(2007) 测定粗大晶粒的晶粒度。比较法简单易用，但提供的精确度最差。测量法和仲裁法操作起来比较繁琐，但能提供较好的精确度。

7.3.1.1　比较法

本方法需使用目视辅助装置以测定金相截面上最大晶粒的尺寸。此目视辅助装置可见标准 ASTM E930-99(2007)。

7.3.1.2　测量法

本方法可使用显微镜测量目镜或显微镜测量标片，这些可从显微镜制造方获得。

7.3.1.3 仲裁法

本方法需使用可叠加在试样图像上的带有测量网格的透明覆盖片。测量网格由网格线构成的正方形网络组成，推荐的线间距为 5 mm。ASTM E930-99(2007)叙述了测试网格的使用方法。

7.3.2 GB/T 6394——测定平均晶粒度

需要时，按 GB/T 6394 测定平均晶粒度。其中，比较法简单易用，但提供的精确度最差。面积法并不适用于测定很小区域内的晶粒度，因此不应使用。截点法适用于所有区域内晶粒度的测定。与比较法相比，面积法和截点法操作复杂，但能提供较好的精确度。

7.3.2.1 比较法

7.3.2.1.1 该方法需使用晶粒度比较图谱，或透明覆盖片，或显微镜内置的晶粒度比较标片。

7.3.2.1.2 晶粒度比较标片可从所使用的显微镜制造方获得。

7.3.2.2 截点法

GB/T 6394 的截点法需使用刻有测试线的透明覆盖片。GB/T 6394 详细描述了这些测试网格的使用方法。

7.4 双重晶粒度的表征与报告格式

报告双重晶粒度结果时先要报告试样取向。用英文格式报告时，用“Long.”表示纵向，用“Trans.”表示横向。

7.4.1 随机双重晶粒度

7.4.1.1 ALA 状态

按 ASTM E930-99(2007)测定试样中的最大孤立晶粒的晶粒度。按 GB/T 6394 测定试样中基体晶粒的平均晶粒度。

按“(取向)，双重，ALA，平均__级，最大__级”或“(orientation) Duplex, ALA, No. ____, ALA No. ____”报告结果。在空白栏内填入报告值。

示例：

“纵向，双重，ALA，平均10级，最大4级”

或“Long. Duplex，ALA，No. 10，ALA No. 4”

7.4.1.2 宽级差状态

按 GB/T 6394 测定试样中的平均晶粒度和最小晶粒度。用 ASTM E930-99(2007)测定试样中的最大晶粒度。

按“(取向)，双重，宽级差，平均__级，范围为__级至__级”或“(orientation) Duplex, Wide-Range, No. ____, range No. ____ to No. ____”报告结果。在空白栏内填入报告值。

示例：

“纵向，双重，宽级差，平均4级，范围为0级至7级”

或“Long. Duplex，Wide-Range，No. 4，range No. 0to No. 7”

7.4.1.3 双峰状态

按 GB/T 6394 测定试样中两个不同晶粒度分布各自的平均级别。用 7.2.3 中的一种方法来测定两种晶粒度所占的面积分数。

按“(取向)，双重，双峰，__%__级，__%__级”或“(orientation) Duplex, Bimodal, __% No. ____, __% No. ____”报告结果。在空白栏内填入对应的面积分数和平均晶粒度。

示例：

“纵向，双重，双峰，22%4.5级，78%9级”

或“Long. Duplex，Bimodal，22%No. 4.5，78%No. 9”

7.4.2 拓扑双重晶粒度

7.4.2.1 截面状态

按 GB/T 6394 测定试样中最小晶粒与最大晶粒各自的平均级别，同时注明与这些极限值相关的部位。

按"(取向),双重,截面,(部位) __级,(部位) __级"或"(orientation) Duplex, Cross-Section, No. ____at __, No. ____ at __"报告结果,在空白栏内填入相应的部位和平均级别。

示例:

"纵向,双重,截面,中心 10 级,表面层 2 级"

或"Long. Duplex, Cross-Section, No. 10 at center, No. 2 at surface"

7.4.2.2 项链状态

按 ASTM E930-99(2007)测定孤立粗大晶粒的典型晶粒度级别,用 GB/T 6394 测定细晶粒的平均级别。用 7.2.3 中的一种方法来测定粗晶粒和细晶粒所占的面积分数。

按"(取向),双重,项链,__%__级,__%__级"或"(orientation) Duplex, Necklace, __%No. ____, __% No. ____"报告结果,在前两个空白栏中分别填入粗晶粒的面积分数和典型级别,然后填入细晶粒的面积分数和代表性级别。

示例:

"纵向,双重,项链,48%2 级,52%7.5 级"

或"Long. Duplex, Necklace, 48%No. 2, 52%No. 7.5"

注:对于孤立的粗晶粒应报告典型级别而不是平均值,因为这些晶粒相互之间独立,并且不是某种晶粒分布的一部分。

7.4.2.3 条带状态

按 GB/T 6394 测定两个明显不同区域中晶粒各自的平均级别。用 7.2.3 中的一种方法来测定两个明显不同的晶粒度各自所占的面积分数。

按"(取向),双重,条带,__%__级,__%__级"或"(orientation) Duplex, Banding, __%No. ____, __% No. ____"报告结果,在空白处填入相应的面积分数和平均级别。

示例:

"纵向,双重,条带,22%8 级,78%3.5 级"

或"Long. Duplex, Banding, 22% No. 8, 78% No. 3.5"

8 晶粒尺寸分布的统计测定(参见附录 B)

8.1 晶粒尺寸分布的统计测定需使用可叠加在试样图像上的带有测量网格的透明覆盖片,测量网格由一系列间距为 5 mm 的细平行线组成。

8.2 本方法可应用于显微镜投影图像或显微照片。将含有测试网格的透明覆盖片叠加在显微投影图像或显微照片上,以"不连续线段"方式使用电子铅笔或指针,当一条网格线横截某晶粒边界时,可根据两个交点简便地确定截取长度。按照这样的方法沿一条网格线依次测量每个晶粒,对每条网格线重复这一过程。一个网格位置的测量完成后,将网格旋转到另外位置,然后重复上述过程。推荐采用网格角度间隔相等的四个位置(例如 0°、45°、90°和 135°)。

8.3 将从全部网格位置得到的所有测量结果作为一组数据进行处理,并按预选的分组间隔对截取长度进行分组。这些数据可用于评定所观察到的晶粒度分布的性质,确定平均截取长度和不同部分所占总分布的面积分数。附录 B 给出了这种方法的简单应用实例、计算平均截取长度和面积分数的公式,还给出了数据直方图和频率分布特性曲线。

8.4 本方法应应用于试样的多个区域以表示整个试样的晶粒度分布。只要符合 7.1.2 的要求,由本方法进行的任何面积分数测定对整个试样都是有效的。

8.5 人工测量和计数比较繁琐,通过自动或半自动化图像分析系统,可更加有效地完成这些工作。

8.6 使用本方法测定面积分数或确定晶粒度,并不能完整表征双重晶粒度试样的特征,还需要对双重晶粒度进行分类(见第 4 章和 7.4),并正确地报告必要信息(见 7.4)。

9 精确度和偏差

9.1 晶粒度测定的精确度和偏差在引用标准(ASTM E930-99(2007)和 GB/T 6394)中都给予了考虑。

9.2 面积分数评定的精确度和偏差目前正采用比对评定方法测定。在适当的时候再将比对评定结果纳入本标准。

附 录 A
（规范性附录）
双重晶粒度类型的显微照片实例

本附录提供了本标准定义的不同双重晶粒度类型的代表性显微照片，每张显微照片附有该类双重晶粒度相应的报告格式。在给定报告格式中所示的晶粒度和面积分数值与所示照片的形貌相对应，然而，这些晶粒度和面积分数值是通过检验该试样的整个面积而不是仅仅检验照片中的视场确定的。见图 A.1～图 A.6。

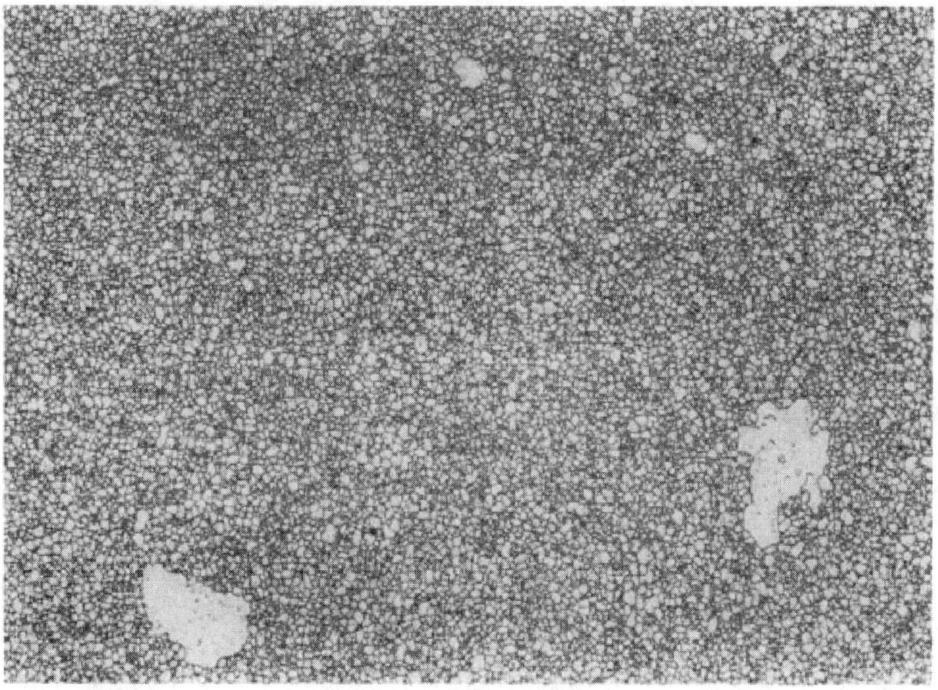

125×

纵向，双重，ALA，平均 10 级，最大 4 级

Long. Duplex，ALA，No. 10，ALA No. 4

图 A.1 ALA 状态

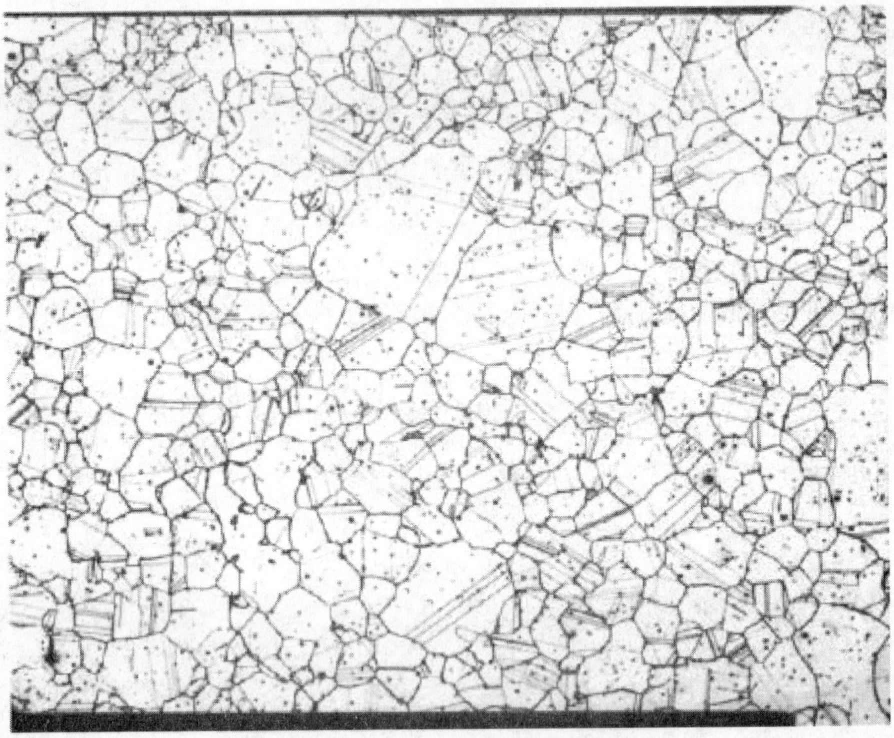

50×

纵向，双重，宽级差，平均4级，范围为0级到7级

Long. Duplex, Wide-Range, No. 4, range No. 0 to No. 7

图 A.2 宽级差状态

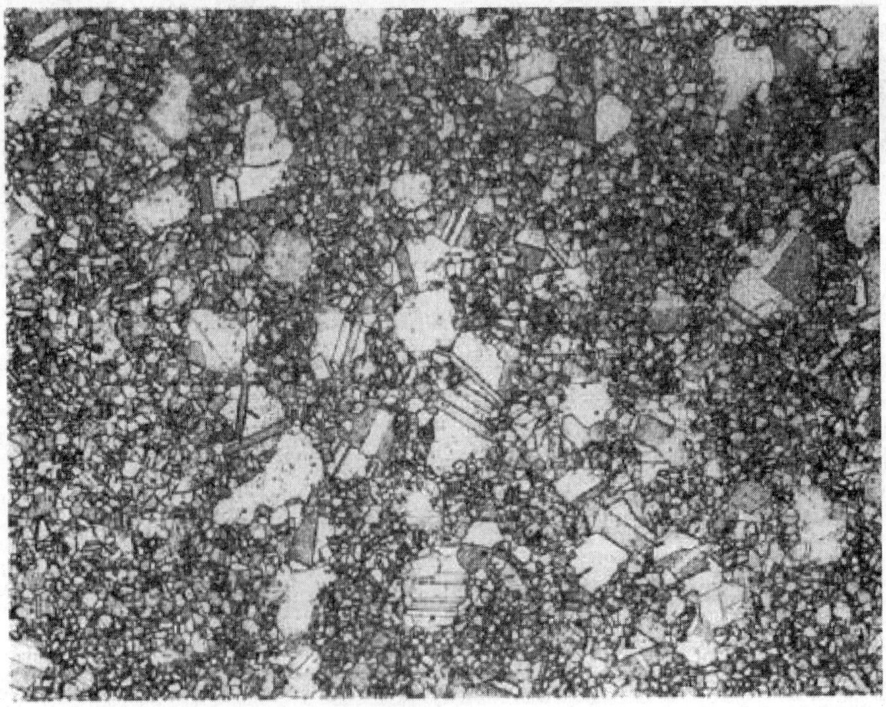

100×

纵向，双重，双峰，22% 4.5级，78% 9级

Long. Duplex, Bimodal, 22% No. 4.5, 78% No. 9

图 A.3 双峰状态

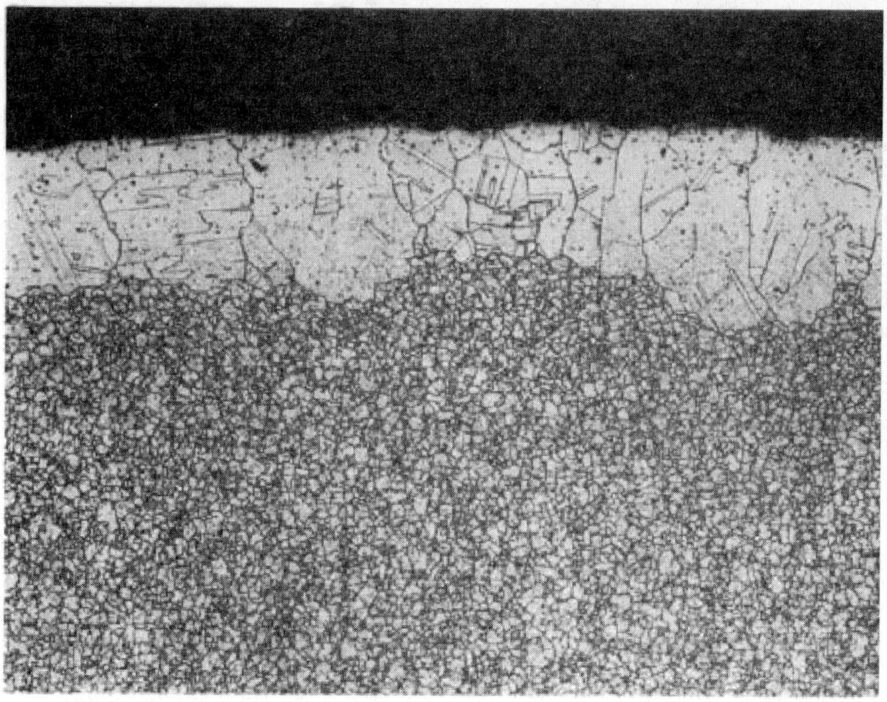

100×

横向，双重，截面，中心10级，表面层2.5 mm 2级

Trans. Duplex, Cross-Section, No. 10 at center, No. 2, 0.100in(2.5 mm) deep from surface

图 A.4 截面状态

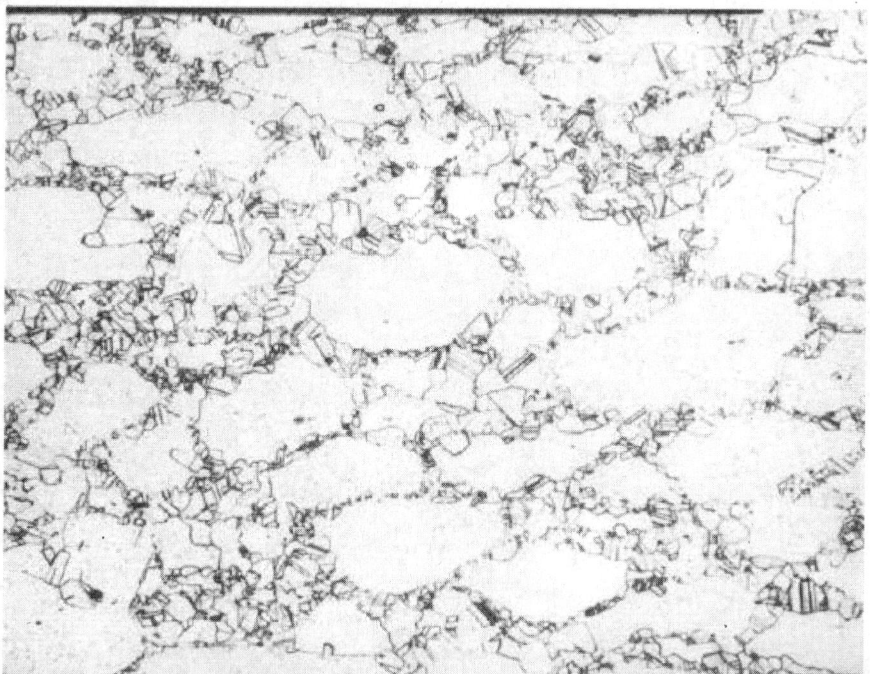

100×

纵向，双重，项链，48% 2级，52% 7.5级

Long. Duplex, Necklace, 48% No. 2, 52% No. 7.5

图 A.5 项链状态

100×

纵向，双重，条带，22% 8级，78% 3.5级

Long. Duplex, Banding, 22% No. 8, 78% No. 3.5

a)

50×

纵向，双重，条带，80% 7级，20% 2.5级

Long. Duplex, Banding, 80% No. 7, 20% No. 2.5

b)

图 A.6　条带状态

附 录 B
（资料性附录）
双重晶粒度类型的其他显微照片实例及晶粒尺寸分布的统计测定方法应用实例

B.1 双重晶粒度类型的其他显微照片实例

B.1.1 本附录提供了在某些钢中可能会出现的双峰状态的显微照片。这些钢呈现“双相”或双组元组织（暗灰——珠光体，白亮——铁素体），但其本身并非本标准的关注所在。不过，这些钢也可能在铁素体晶粒中出现双峰状态。图 B.1 给出了双峰铁素体晶粒度的实例。

B.1.2 显微照片附有该类双重晶粒度相应的报告格式。该报告中的晶粒度和面积分数值与所示照片的形貌相对应，然而，这些晶粒度和面积分数值是通过检验试样的整个面积而不是仅仅检验照片中的视场确定的。

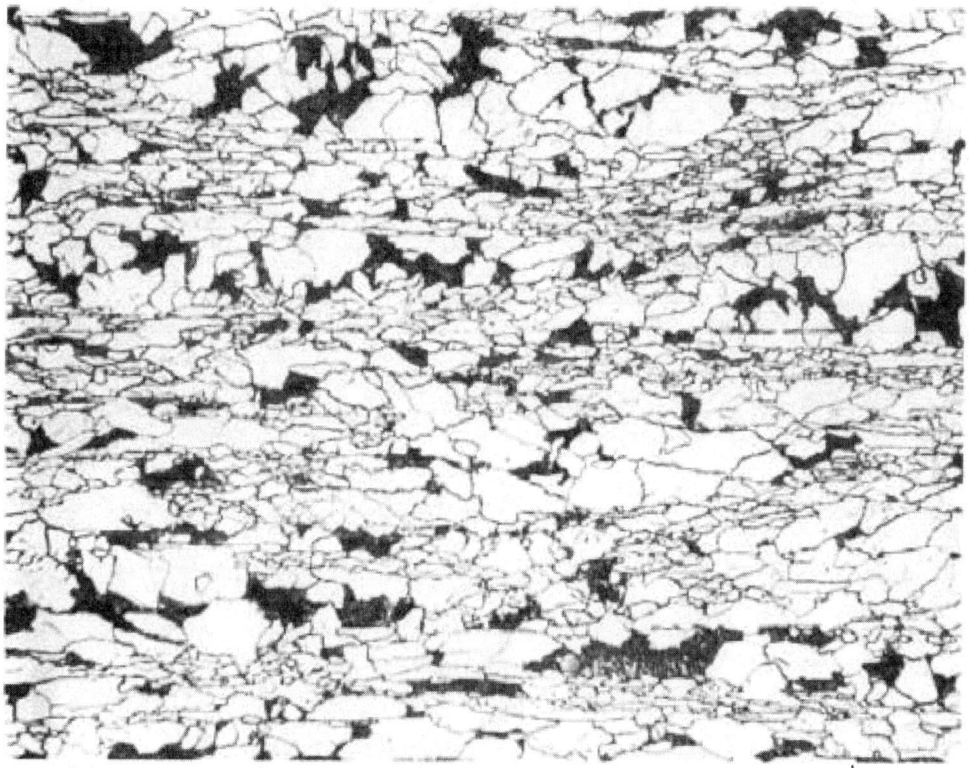

100×

纵向，双重，双峰，46% 5.5 级（铁素体），44% 10 级（铁素体）

Long. Duplex, Bimodal, 46% No. 5.5(ferrite), 44% No. 10(ferrite)

注：对所示组织进行的双重晶粒度评定是因为铁素体（白亮浸蚀区）晶粒尺寸分布呈双峰性质，组织中出现的第二相或组元（暗灰珠光体）与晶粒度评定无关。

图 B.1 某钢的双峰状态

B.2 晶粒尺寸分布的统计测定方法应用实例（参见第 8 章）

B.2.1 本标准的第 8 章描述了采集晶粒截取长度数据的方法，图 B.2 给出了获取截取长度用的试验网格，图 B.3 是双重晶粒度试样的显微照片。本例中的数据是按第 8 章的方法从该显微照片上采集获得的。

B.2.2 当在推荐的四个网格位置测量了全部的截取长度后，按预选的长度间隔分组，如表 B.1 的前五列所示对其分组。本例中，选择的分组间隔是 1 mm。

B.2.3 计算四个网格位置得到的每组间隔截取数的平均值，填入表 B.1 的第六列。

B.2.4 通过将给定分组间隔的平均截取数乘以该分组间隔的长度上限来计算出每个分组间隔的截取长度，将计算结果填入表 B.1 的第七列。例如，在表 B.1 中，分组间隔(2～3)mm 的平均截取数为 89，乘以 3 mm，得到该分组间隔的截取长度为 267 mm。

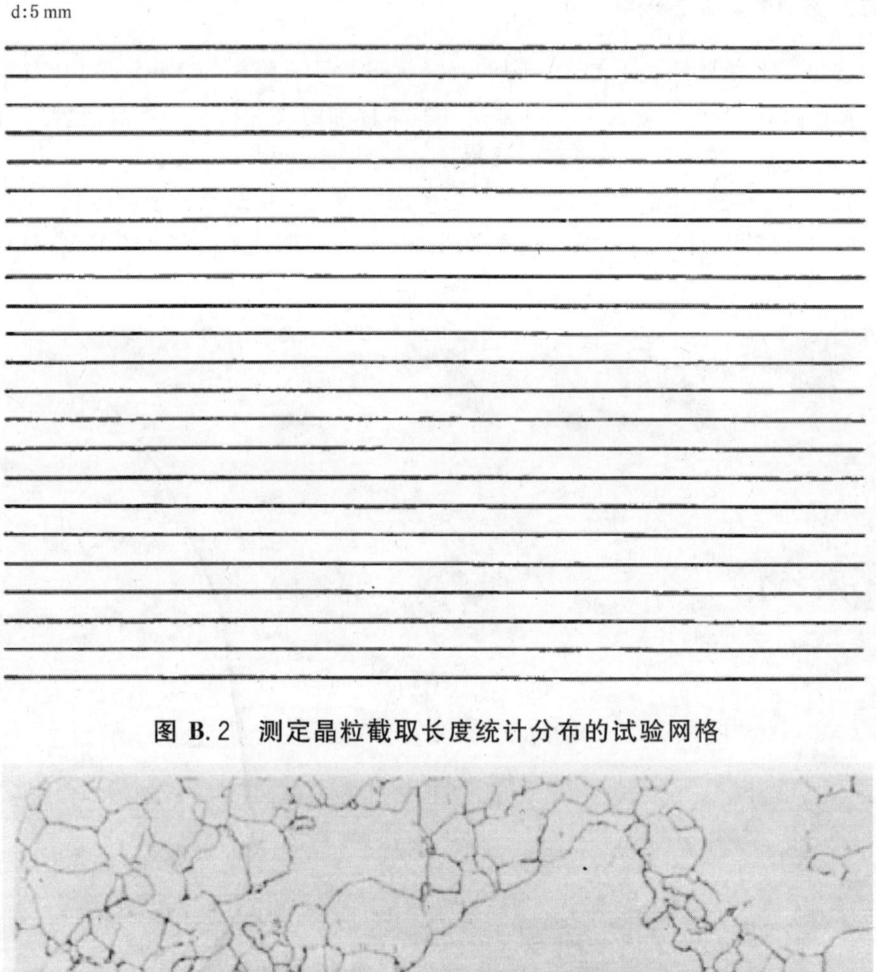

图 B.2　测定晶粒截取长度统计分布的试验网格

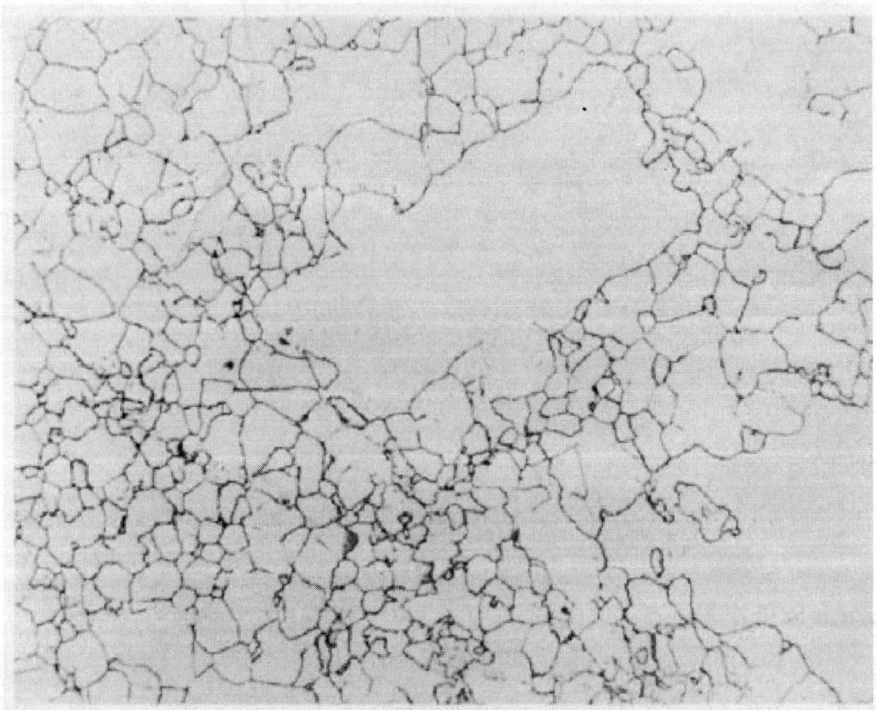

图 B.3　双重晶粒度显微照片实例，放大倍数 200×

表 B.1　按图 B.2 所得的测量值列表(按第 8 章操作)

分组界限/mm	每分组间隔截取数				平均值	每分组间隔截取长度	每分组间隔截取总长度百分数	
	0°	45°	90°	135°				
(0,1]	11	8	12	13	11	11	0.52	
(1,2]	82	65	89	66	75.5	151	7.19	
(2,3]	99	79	85	93	89	267	12.71	
(3,4]	74	83	76	74	76.75	307	14.62	
(4,5]	45	55	49	53	50.5	252.5	12.02	
(5,6]	30	37	26	27	30	180	8.57	
(6,7]	17	18	25	20	20	140	6.67	细晶粒度 Σ(截取数)=401.25 Σ(截取长度)=1 772.75
(7,8]	16	15	23	21	18.75	150	7.14	
(8,9]	17	13	11	10	12.75	114.75	5.46	
(9,10]	4	4	7	4	4.75	47.5	2.26	
(10,11]	4	8	1	5	4.5	49.5	2.36	
(11,12]	3	5	1	3	3	36	1.71	
(12,13]	3	1	2	2	2	26	1.24	
(13,14]	3		1	1	1.25	17.5	0.83	
(14,15]	1	2		1	1	15	0.71	
(15,16]				2	0.5	8	0.38	
								界限选取[a] ⇦
(16,17]		1		2	0.75	12.75	0.61	
(17,18]	2		1		0.75	13.5	0.64	
(18,19]	1		1	1	0.75	14.25	0.68	
(19,20]	1	1			0.5	10	0.48	
(20,21]	1		1	1	0.75	15.75	0.75	
(21,22]		1	1	1	0.75	16.5	0.79	
(22,23]	1		1		0.5	11.5	0.55	
(23,24]	1	4	1		1.5	36	1.71	粗晶粒度 Σ(截取数)=13 Σ(截取长度)=327.75
(24,25]	1	3	4	1	2.25	56.25	2.68	
(25,26]	1				0.25	6.5	0.31	
(26,27]		1	1		0.5	13.5	0.64	
(27,28]		2			0.5	14	0.67	
(28,29]	2		1		0.75	21.75	1.04	
(29,30]			1		0.25	7.5	0.36	
(30,31]								
(31,32]				1	0.25	8	0.38	

表 B.1（续）

分组界限/mm	每分组间隔截取数				平均值	每分组间隔截取长度	每分组间隔截取总长度百分数	
	0°	45°	90°	135°				
(32,33]	1			1	0.5	16.5	0.79	粗晶粒度 ∑(截取数)=13 ∑(截取长度)=327.75
(33,34]		1	1		0.5	17	0.81	
(34,35]				1	0.25	8.75	0.42	
(35,36]			1		0.25	9	0.43	
(36,37]			1		0.25	9.25	0.44	
(37,38]	1				0.25	9.5	0.45	
	∑=422	∑=407	∑=424	∑=404	∑=414.25	∑=2 100.5	∑=100.02	

[a] 选取界限根据截取长度分布的直方图(见图 B.4)或截取长度分布的特性曲线(见图 B.5)确定。

B.2.5 对第六列的值求和得出总截取数(414.25)，对第七列的值求和得出总截取长度(2 100.5)，每个分组间隔的截取长度占总截取长度的百分数由第七列的相应值除以总截取长度(2 100.5)再乘以 100 求出，该值填入第八列，允许对最后小数点位修约。累加表 B.1 中第八列的所有数值，如计算无偏差，其和应为 100.00。

B.2.6 表 B.1 中第八列的数值可用每个截取长度对应其所占总截取长度的百分数作直方图来表示，取每个分组间隔的上限值作为每个截取长度。图 B.4 给出了其直方图的实例，该直方图表明所测试样的晶粒度并非只有一种。

B.2.7 表 B.1 的数据也可用每个截取长度对应其所占总截取长度的百分数作频率分布特性曲线来表示，截取长度使用对数座标。用高斯曲线拟合图中明显不同的两种晶粒度分布图，图 B.5 给出了其特性曲线实例。

B.2.8 表 B.1 的数据可用来进一步表征在显微照片实例中出现的晶粒度。在两种不同晶粒度分布之间人为进行划分，该划分如表 B.1 所示。并求得两种不同分布的(见表 B.1 中的“细晶粒度”和“粗晶粒度”)截取数(第六列)和截取长度(第七列)各自的和。对于细晶粒度，截取数和为 401.25，截取长度和为 1 772.75。对于粗晶粒度，截取数和为 13，截取长度和为 327.75。将细晶粒区域的截取长度之和(1 772.75)除以总截取长度(2 100.5)，乘以 100，即求得细晶粒所占的面积分数为 84.4%。同理，将 327.75 除以 2 100.5，再乘以 100，即求得粗晶粒所占的面积分数为 15.6%。

B.2.9 也可分别计算每种分布中的晶粒平均级别。对于细晶粒，截取长度之和(1 772.75)除以截取数(401.25)得出平均截取长度为 4.42 mm，将该值除以显微照片的放大倍数(200)，得到实际平均截取长度为 0.022 1mm，对照 GB/T 6394 中的表 5，可得细晶粒的晶粒度级别为(7.5～8)级。对于粗晶粒，对应的截取长度和为 327.75，除以截取数 13，再除以显微照片的放大倍数，得出实际平均截取长度为 0.126 mm，可得粗晶粒的晶粒度级别为(2.5～3)级。

B.2.10 上述结果的完整报告需包括试样取向、双重晶粒度的类型、晶粒度和面积分数(见 8.4)。在本示例中，结果应报告为：

“纵向，双重，双峰，84% 8 级，16% 3 级”

或“Long. Duplex，Bimodal，84% No. 8，16% No. 3”

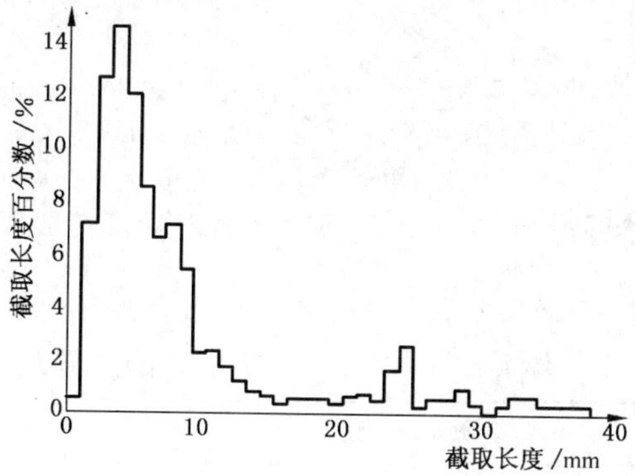

图 B.4 截取长度分布的直方图(基于表 B.1 的数据)

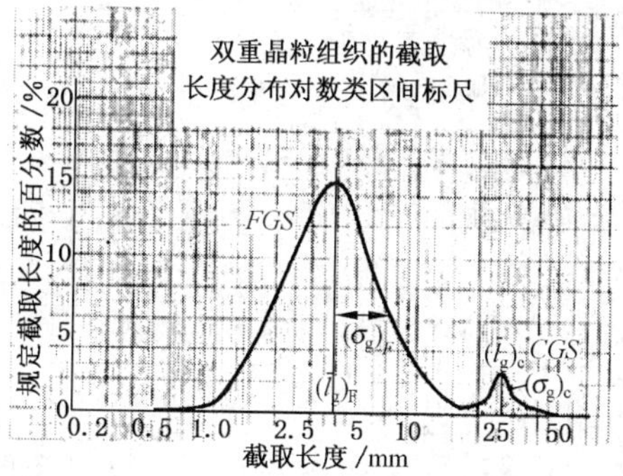

图 B.5 截取长度分布的特性曲线(基于表 B.1 的数据)

附　录　NA
（资料性附录）
本标准与 ASTM E1181-02 的差异及其原因

NA.1　表 NA.1 给出了本标准与 ASTM E1181-02 的差异及其原因。

表 NA.1　本标准与 ASTM E1181-02 的差异及其原因

本标准的章节编号	差　异　性	原　　因
1.1	对应 ASTM E1181-02 的 1.1，并作编辑性修改。	根据我国标准习惯
	删除 ASTM E1181-02 的 1.2	根据我国标准习惯删除
1.2	增加"本试验方法仅作为推荐试验方法，不对材料验收测试的合格级别范围进行规定。"	根据我国标准习惯增加
2	对应 ASTM E1181-02 的第 2 章，并作编辑性修改；删去对 ASTM 附件——"测定面积分数的比较图谱"（ASTM 附件号：ADJE1181）的引用	
3	对应 ASTM E1181-02 的第 3 章，并作编辑性修改	
4	对应 ASTM E1181-02 的 5.2、5.3、8.3，并作编辑性修改	不符合我国标准编写惯例
5	对应 ASTM E1181-02 的 5.1、5.4、5.5、5.6、5.7，并作编辑性修改	ASTM 标准文字较繁琐
6	对应 ASTM E1181-02 的第 7 章、8.1、8.2，并作编辑性修改。本标准 6.1.2 中增加了"取样部位与数量在统计学上应不影响最终检测结果的准确性。"	根据我国标准习惯修改，使标准结构更严谨
7	对应 ASTM E1181-02 的第 4 章、6.1.1～6.1.8、8.4、8.5、8.6，并作编辑性修改	根据我国标准习惯修改，使标准结构更严谨
8	对应 ASTM E1181-02 的 6.1.9、8.7，并作编辑性修改	根据我国标准习惯修改，使标准结构更严谨
9	对应 ASTM E1181-02 的第 9 章	
	删除 ASTM E1181-02 的第 10 章	根据我国标准习惯删除
附录 A	对应 ASTM E1181-02 的附录 A	
附录 B	对应 ASTM E1181-02 的附录 X，增加注，指明分类界限如何选择	便于理解执行标准
附录 NA	增加与 ASTM E1181-02 标准的对照	便于理解执行标准

ICS 77.040.99
H 24

中华人民共和国国家标准

GB/T 24178—2009

连铸钢坯凝固组织低倍评定方法

Macrostructure assessing method for solidification structure of continuous casting blank

2009-06-25 发布　　2010-04-01 实施

中华人民共和国国家质量监督检验检疫总局
中国国家标准化管理委员会　发布

前　言

本标准的附录A是规范性附录。

本标准由中国钢铁工业协会提出。

本标准由全国钢标准化技术委员会归口。

本标准主要起草单位:鞍钢股份有限公司、首钢总公司、冶金工业信息标准研究院。

本标准主要起草人:许庆太、隋晓红、章澎、朴志民、代文科、袁艺魁、吴朝晖、戴强。

连铸钢坯凝固组织低倍评定方法

1 范围

本标准规定了连铸钢坯凝固组织低倍评定的试样制备、凝固组织的分类和评定及检验报告。

本标准适用于连铸钢坯(方坯、板坯、圆坯、矩形坯及异形坯等)凝固组织的低倍评定。

2 规范性引用文件

下列文件中的条款通过本标准的引用而成为本标准的条款。凡是注日期的引用文件,其随后所有的修改单(不包括勘误的内容)或修订版均不适用于本标准,然而,鼓励根据本标准达成协议的各方研究是否可使用这些文件的最新版本。凡是不注日期的引用文件,其最新版本适用于本标准。

GB/T 226—1991 钢的低倍组织及缺陷酸蚀检验法(GB/T 226—1991, neq ISO 4969:1980 Steel—Macroscopic examination by etching with strong mineral acids)

3 试样制备

3.1 试样的截取和腐蚀方法应符合 GB/T 226—1991 的规定。

3.2 枝晶腐蚀试样的截取和制备应符合附录 A 的规定。

4 凝固组织的分类和评定

4.1 细小等轴晶带

4.1.1 形貌特征:连铸坯表面附近细小等轴晶带组织结构致密,无方位性,目视观察不到微细结构,呈现颜色较浅的一层均匀组织。

4.1.2 产生原因:在结晶器上部弯月面附近,钢水与结晶器内壁紧密接触,结晶器有强烈的吸热和散热作用,钢水受到激冷,形核率大于晶核长大速率,形成细小等轴晶带。细小等轴晶带的厚度取决于钢水过热度和结晶器冷却强度。

4.1.3 评定原则:计算细小等轴晶带面积占试样整个检验面的面积百分比,即细小等轴晶率。也可以用直尺(或计算机测量软件)测量细小等轴晶带多点厚度,提供细小等轴晶带的厚度范围及平均厚度值。

4.2 柱状晶带

4.2.1 形貌特征:柱状晶是树枝晶的集合组织。一般都垂直连铸坯表面向内生长,由简单变复杂,由细变粗,由一次晶生长二次晶、由二次晶生长三次晶,直到多次晶。

4.2.2 产生原因:连铸坯进入二次冷却区,表面受到水或气水强烈冷却,造成连铸坯表面和液芯部分有较大的温度梯度,形成垂直连铸坯表面的单向传热,晶体最快的生长方向是与热流平行的方向,抑制了相邻的晶体的生长而优先长大,形成了柱状晶带。

4.2.3 评定原则:计算柱状晶(包括无交叉镶嵌的倾斜柱状晶)面积占试样整个检验面的面积百分比,即柱状晶率。

4.3 等轴晶带

4.3.1 形貌特征:等轴晶(中心等轴晶)带在连铸坯中心部位,呈现圆形、椭圆形、多边形,也有短条形晶粒。无方位性。

4.3.2 产生原因:连铸坯中心部位钢水与柱状晶前沿温度差别随凝壳增厚逐渐减小,柱状晶停止向内生长,在未凝固的钢水中,等轴晶慢慢开始形核和长大。同时,游离的自由晶核和熔断的树枝晶残臂促使未凝固钢水温度进一步降低,并成为结晶核心,不断长大形成等轴晶带。

4.3.3 评定原则:计算等轴晶带面积占试样整个检验面的面积百分比,即等轴晶率。在柱状晶区与中心等轴晶区之间,晶轴处于交叉而又互相镶嵌的树枝晶,按等轴晶面积计算。

4.4 凝固组织面积百分比计算

凝固组织面积百分比一般用“等轴晶率”表示,也可用细小等轴晶率或柱状晶率表示。计算方法如下:

按4.1、4.2、4.3界定三类晶区,采用最小刻度为1 mm的直尺(或计算机测量软件分析处理图像)测量、计算各类晶区的面积,再按公式(1)分别计算各类晶区面积占试样整个检验面的面积百分比,即细小等轴晶率、柱状晶率、等轴晶率。

$$P=\frac{S_N}{S_J}\times 100 \qquad \cdots\cdots(1)$$

式中:

P——等轴晶率(或细小等轴晶率或柱状晶率),以百分数(%)表示;

S_N——凝固组织面积,单位为平方毫米(mm^2);

S_J——检验面总面积,单位为平方毫米(mm^2)。

4.5 结果评定

凝固组织的面积百分比(或细小等轴晶带厚度值)的合格与否,应按有关标准或双方协议的技术条件进行。

5 检验报告

检验报告应包括下列内容:

a) 本标准编号;

b) 委托单位;

c) 牌号、熔炼号、试样规格;

d) 检验方法;

e) 检验结果;

f) 检验者、审核者及检验日期;

g) 凝固组织低倍图像(必要时)。

附 录 A
（规范性附录）
枝晶腐蚀的试样制备

枝晶腐蚀法是一种用冷酸蚀法显示钢坯凝固的枝晶组织形态的低倍检验方法之一。

A.1 取样和试样加工

A.1.1 取样

取样方法应在产品标准或技术协议中规定。如果产品标准或技术协议中没有规定，取样方法可按下列规定执行：

a） 在对应浇铸工艺参数稳定条件下截取连铸坯试样，代表常规取样；

b） 截取横向全截面试样。

A.1.2 试样加工

连铸钢坯检验面距切割面的参考尺寸为：

a） 热锯切时不小于 20 mm；

b） 火焰烧切热坯时不小于 20 mm；

c） 火焰烧切冷坯时不小于 25 mm；

d） 冷锯切割冷坯时不小于 15 mm。

A.1.3 试样检测面要求

A.1.3.1 试样应先经过铣床铣削或刨床刨平，试样检测面粗糙度 Ra 应不大于 2.5 μm，然后，采用磨床磨光，试样检测面粗糙度 Ra 应不大于 0.8 μm。

A.1.3.2 经过磨光后的试样应进行抛光，试样检测面粗糙度 Ra 应不大于 0.1 μm。

A.1.3.3 在腐蚀前的检测面上不应有磨痕和油污。

A.2 试样的腐蚀方法

A.2.1 试样的腐蚀药液和腐蚀方法参考 GB/T 226—1991 中 3.2 冷酸浸蚀法规定。也可以购买或自行配制腐蚀药液，确保能够清楚显示连铸坯树枝晶凝固组织。

A.2.2 对于大试样（如大方坯和厚板坯），可以采用浇蚀或擦蚀两种方式；对于小试样，可以采用浸泡方式。

A.2.3 凝固组织显示清楚后，用流水冲洗，并用脱脂棉擦拭，最后倒上少许无水乙醇擦拭和烘干。

ICS 77.040.10
H 22

中华人民共和国国家标准

GB/T 24179—2009

金属材料 残余应力测定 压痕应变法

Metallic materials—Residual stress determination—The indentation strain-gage method

2009-06-25 发布

2010-04-01 实施

中华人民共和国国家质量监督检验检疫总局
中国国家标准化管理委员会
发布

前　言

本标准的附录 A 为规范性附录,附录 B 为资料性附录。

本标准由中国钢铁工业协会提出。

本标准由全国钢标准化技术委员会归口。

本标准起草单位:中国科学院金属研究所、武汉钢铁(集团)公司、北京航空航天大学。

本标准主要起草人:陈怀宁、李荣锋、陈静、黄春玲、李晓星。

金属材料 残余应力测定 压痕应变法

1 范围

本标准规定了采用压痕应变法测定金属材料表面残余应力的术语和定义、原理、测量设备、测量步骤、标定系数确定、试验报告等。

本标准适用于硬度不大于50 HRC的各种金属材料表面残余应力的测定。

2 规范性引用文件

下列文件中的条款通过本标准的引用而成为本标准的条款。凡是注日期的引用文件，其随后所有的修改单(不包括勘误的内容)或修订版均不适用于本标准，然而，鼓励根据本标准达成协议的各方研究是否可使用这些文件的最新版本。凡是不注日期的引用文件，其最新版本适用于本标准。

GB/T 228 金属材料 室温拉伸试验方法

GB/T 230.2 金属洛氏硬度试验 第2部分：硬度计(A、B、C、D、E、F、G、H、K、N、T标尺)的检验与校准

GB/T 231.2 金属布氏硬度试验 第2部分：硬度计的检验与校准

GB/T 7314 金属材料 室温压缩试验方法

JJG 623 电阻应变仪检定规程

3 术语和定义

下列术语和定义适用于本标准。

3.1

应变增量 strain increment

$\triangle\varepsilon$

在材料表面产生压痕后，由残余应力场和球形压痕共同诱导的应变变化相互叠加后产生的应变变化(输出)量。

3.2

标定系数 coefficients of calibration

A,B

在压痕应变法测量残余应力中，与被测材料、应变花形状、球形压痕大小有关，联系应变增量和弹性应变的关系常数。

4 符号和说明

本标准使用的符号及说明见表1。

表1 符号和说明

符 号	说 明	单 位
$\triangle\varepsilon$	应变增量	
$\triangle\varepsilon_x$	沿x方向的应变增量(沿主应力或平行焊缝方向)	
$\triangle\varepsilon_y$	沿y方向的应变增量(沿主应力或垂直焊缝方向)	

表 1（续）

符　号	说　　明	单　位
ε_e	弹性应变	
ε_{ex}	沿 x 方向的弹性应变	
ε_{ey}	沿 y 方向的弹性应变	
σ_x	沿 x 方向的应力（沿主应力或平行焊缝方向）	MPa
σ_y	沿 y 方向的应力（沿主应力或垂直焊缝方向）	MPa
υ	被测材料的泊松比	
E	被测材料的弹性模量	MPa
$R_{p0.2}$	被测材料的规定塑性延伸强度	MPa
$\varepsilon_{t0.2}$	对应于 $R_{p0.2}$ 的应变	
A	标定系数 A（直线斜率）	
B	标定系数 B（直线截距）	
α	应变片 1 的长度方向与主应力 x 方向的夹角	（°）
α_R^M	采用母材标定系数计算得到的焊缝应力	MPa
σ_R^W	修正后的焊缝应力	MPa
$R_{p0.2}^M$	母材规定的塑性延伸强度	MPa
$R_{p0.2}^W$	焊缝熔敷金属规定塑性延伸强度	MPa
η	与焊缝材料性质有关的修正系数，取值范围 1～1.1	

变会引起受力材料的松弛变形（拉应力区材料缩
的弹塑性区及其周围的应力应变场在残余应力的作用下也要产生相应变化。这两种变形行为的叠加所产生的应变变化量可称之为叠加应变增量（简称应变增量）。利用球形压痕诱导产生的应变增量求解残余应力的方法就叫做压痕应变法。

压痕应变法采用电阻应变花作为测量用的敏感元件，在应变栅轴线中心点通过机械加载制造一定尺寸的压痕（见图 1），通过应变仪记录应变增量数值，利用事先对所测材料标定得到的弹性应变与应变增量的关系得到残余应变大小，再利用胡克定律求出残余应力。

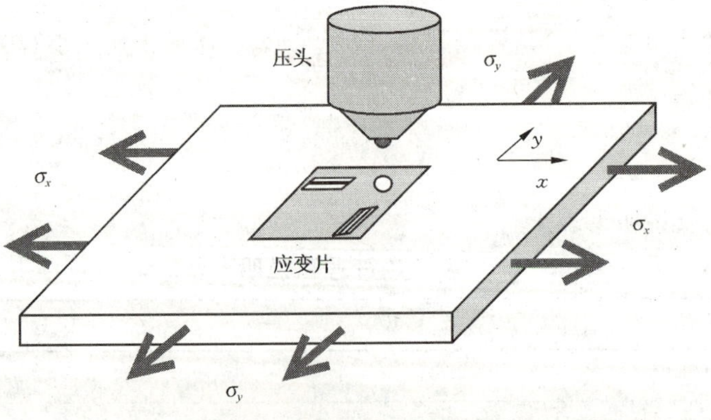

图 1　压痕应变法测量残余应力示意图

研究表明，一定尺寸的球形压痕在残余应力场中产生的应变增量与弹性应变之间存在确定的多项式关系(见图 2 所示的拉伸应变区规律，与压缩应变区类似)，即可将应变增量$\triangle\varepsilon$与弹性应变ε_e的关系用公式(1)表示为：

$$\triangle\varepsilon = B + A_1\varepsilon_e + A_2\varepsilon_e^2 + A_3\varepsilon_e^3 \quad \cdots\cdots (1)$$

式中：

B——零应力下的应变增量；

A_1、A_2、A_3——多项式常数，由标定曲线确定。

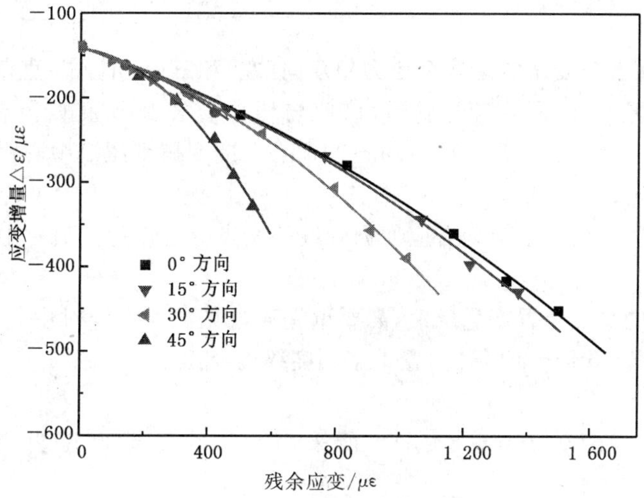

图 2 应变增量随夹角的变化关系

为了数据处理方便，也可将图 2 表示成分段线性形式，而且误差很小。此时的应变增量和弹性应变的关系可用公式(2)简单的线性关系统一表述：

$$\triangle\varepsilon = A\varepsilon_e + B \quad \cdots\cdots (2)$$

注：在不同水平的拉应力作用区以及压应力作用区，A、B 系数可能是不相同的。

当在非主应力方向标定或测量应力时，如果此时主应力大于 $0.3R_{p0.2}$ 或夹角大于 10°，则常数 A 要发生变化(但 B 值不变)，它是一个与主应力方向夹角 α 有关的函数(见图 2)：

$$A = B + B_1\alpha + B_2\alpha^2 \quad \cdots\cdots (3)$$

式中：

B——定义同式(1)；

B_1、B_2——多项式常数，由标定曲线确定。

6 测量设备和材料

6.1 应变记录仪

应变仪至少应满足 JJG 623 中的 1.0 级要求。

6.2 应变花

6.2.1 应选双向或三向直角应变花(见图 3)。图中应变片 1 和应变片 3 成 90°，应变片 2 与应变片 1 成 45°或 135°。应变花电阻值为 120 Ω 或 60 Ω。片基厚度应在 30 μm～60 μm 之间。

6.2.2 为测量的方便性和准确性，所选用的应变花外形尺寸不宜太大，长宽尺寸推荐 5.0 mm～10.0 mm；应变栅尺寸的长宽尺寸为 1.0 mm～2.0 mm。

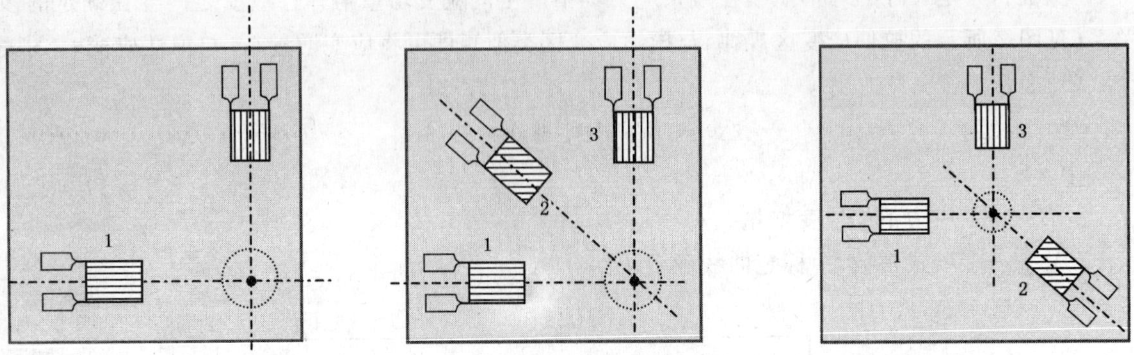

图 3 压痕应变法测量残余应力用双向(左)和三向(中、右)直角应变花

6.2.3 应变栅端到压痕中心的距离要适当,该值与压头直径和压痕直径有关。压头直径一般在 1.0 mm～3.0 mm,对应的压痕直径在 0.8 mm～1.5 mm,应变栅到压痕中心距离在 2.5 mm～4.0 mm 较为适宜。

6.2.4 为便于产生压痕,应变花上应刻有应变栅轴线的交点标记作为压痕对中打击点。

6.3 压痕对中装置

为准确地在应变花的交点位置产生压痕,需要事先通过光学放大镜对中并通过相应装置确保对中精度。建议选用放大倍数 20 倍～40 倍、内置十字刻度线的显微镜。

6.4 压痕产生装置

6.4.1 球形压头直径范围 1 mm～3 mm。所采用硬质合金球形压头应符合 GB/T 230.2 和 GB/T 231.2 中对硬质合金球的要求。

6.4.2 压痕产生可以采用静力加载方式,也可以采用冲击加载方式。无论采用何种加载方式,为确保测量过程中获得确定的压痕尺寸,应保证实测时所用力或能量与试验标定时所用的相同。

6.4.3 压痕深度应控制在 0.1 mm～0.3 mm。

7 测量步骤

压痕应变法测量残余应力的过程可以分为四个步骤:被测构件的表面准备、应变片的粘贴、压痕产生和数据处理。

7.1 被测构件的表面准备

表面准备是指为了满足粘贴应变片和制造压痕的需要而进行的表面平整过程,一般情况下按以下顺序进行:

7.1.1 确定测量位置

测量位置的划定原则是根据应力分析的要求和被测构件表面附近的实际空间状态来确定。

7.1.2 表面粗磨

对测量表面进行平整和除锈处理,打磨时用力要均匀、适当,避免产生新的应力。

7.1.3 表面抛光

对于经过粗磨的或原始含锈等不够清洁光滑的表面,采用抛光布轮进行表面抛光处理,便于粘贴应变片并能减小由于表面粗磨可能造成的附加应力影响。

7.1.4 手工打磨

推荐采用 100#～200# 的砂布,在抛光过的表面作进一步手工打磨处理,打磨时可在两个相互垂直的方向上来回进行。通过此步骤可以使粘贴应变片更方便牢固,也可以进一步减小可能由机械打磨引入的附加应力。

7.2 粘贴应变片

7.2.1 按应变片生产厂商的推荐要求粘贴应变片,建议采用 502 快干胶,保证应变片下方的胶层尽量薄。

7.2.2 待应变片粘贴后 10 min 或更长时间，在压痕周向点附近用刀片划断应变片（见图 4）。仔细观察应变片，确保粘贴牢固，并且表层无多余胶层。

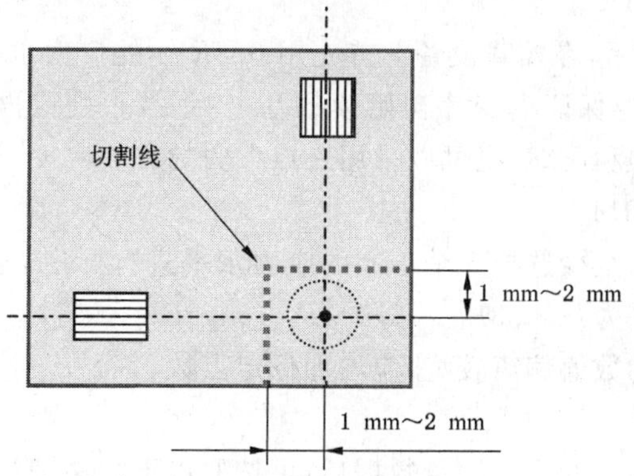

图 4 应变片切割线

7.3 压痕的产生

粘贴应变片 1 h～4 h 后（取决于测量表面温度），将应变片上的压痕中心点与显微镜中心点调节至重合。压痕产生后的对中偏差要求不大于±0.05 mm。调节时可采用与图 5 类似的三爪固定装置。

图 5 显微镜和压头用导向装置

7.4 数据处理

7.4.1 记录压痕产生前后的应变差值（应变增量）。

7.4.2 根据公式（1）或公式（2）或图 6 得到相应的残余应变。

7.4.3 按平面胡克定律计算残余应力，计算方法及其误差修正见附录 A 和附录 B。

8 标定系数确定

应力测量前，需要根据被测材料试验确定公式（1）或公式（2）中的 A、B 标定系数。

8.1 标定试板

8.1.1 标定用试板必须采用与待测结构相同的材料制作，同时标定试板必须是先经过加工、然后再进行消除内应力的试板。采用退火热处理方法消除内应力时，应避免材料性能的变化。

8.1.2 推荐采用的标定试板尺寸为：长 200 mm～500 mm（短长度用于压缩标定），宽 50 mm～100 mm，厚度一般不小于 12 mm。对于厚度不足的薄板，产生压痕时应增加试板刚度的措施，如在试板背面紧贴一块衬板以达到 20 mm 以上的厚度。

8.2 标定方法

8.2.1 从试板中心部位开始，向两头粘贴双向应变花，两个应变花的间距应不小于 20 mm。粘贴应变花时的注意事项如 6.2 节所述。应变花两个相互垂直的应变片方向应与试板的长度(同拉伸方向)和宽度一致。

8.2.2 应变片固化 1 h～4 h 后，在加载设备上首先用 $0.8R_{p0.2}$ 的应力水平拉伸试板一次，卸载后观察各向应变片的应变变化情况，应保证应变片初始读数基本不变，否则应再次拉伸观察或重新粘贴应变片。加载方法可以是单向拉伸和压缩，也可以采用三点弯曲的方法实现。采用单轴拉伸或压缩时，有关要求见 GB/T 228 和 GB/T 7314。

8.2.3 为了拟合出光滑曲线，至少选择 5 个不同的应力水平进行标定，尤其是拉应力下要有足够的标定点数。建议的标定应力水平为：$-0.3R_{p0.2}$、0、$0.3R_{p0.2}$、$0.5R_{p0.2}$、$0.7R_{p0.2}$ 和 $0.9R_{p0.2}$，每个应力状态至少标定 2 点。如果各点之间的数值偏离较大，应增加标定点数。

8.3 标定数据的处理

在取得上述不同应力水平下的应变增量数据后，可按照以下方法进行标定数据的处理：

8.3.1 将所得数据绘制成如图 6 所示的标定曲线。

图 6 中横坐标为标定过程中对应于外加应力的弹性应变 ε_e，纵向坐标为压痕应变增量，即在特定压痕制造系统下(固定的压头尺寸和压力)，与弹性应变对应的输出应变值。

8.3.2 图 6 中虚线是将 $0.5R_{p0.2}$、$0.7R_{p0.2}$ 和 $0.9R_{p0.2}$ 拉应力下横向应变片的应变增量连线后得到的。此时横向应变片受到外加压缩应变(数值等于 $-\upsilon\varepsilon_x$)，但输出的应变增量变化规律与直接受压缩时纵向应变片输出的应变增量有所不同。这是在高值拉伸应力情况下，横向应变输出偏离直线规律的一种现象，此现象在单向高值的双向拉伸应力场中同样存在。

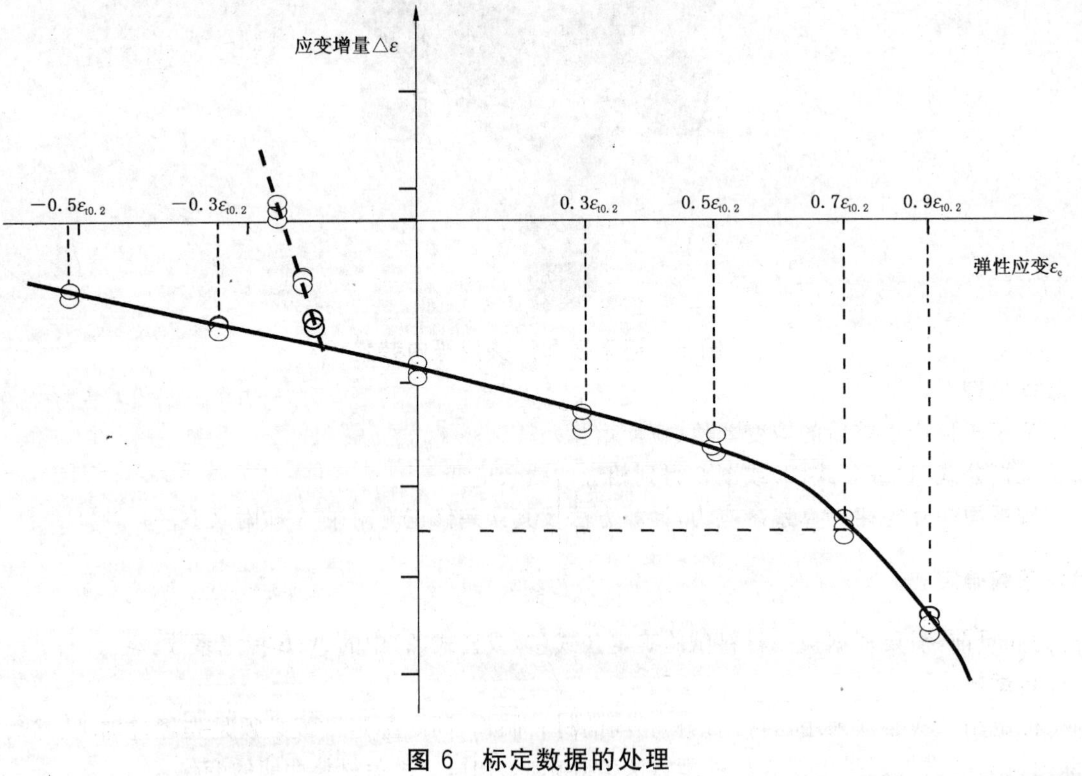

图 6 标定数据的处理

8.4 非主应力方向的标定系数确定

如果还需要进一步确定公式(3)，可以采用类似方法进行不同角度方向的标定，即粘贴三向应变花时将应变栅与拉伸方向成一定夹角，然后推导出如公式(3)所示的关系曲线。或在标定出 A、B 值的基础上，再采用有限元数值方法进行模拟分析，也可得出公式(3)的表达形式。

9 试验报告

试验报告至少应包括如下内容：

a） 本标准编号；

b） 残余应力测量结果及测点位置；

c） 测试材料（包括焊缝金属）的说明，特别应注明材料的实际塑性延伸强度。

附 录 A
（规范性附录）
不同测量条件下的应力计算方法

A.1 已知主应力方向

在已知主应力方向时，可以直接采用双向应变花测量残余应力。

将两个垂直应变栅分别沿主应力方向粘贴，或在测量焊接残余应力时，将应变栅沿与焊缝平行（x 向）和垂直（y 向）方向粘贴。在获得应变增量$\triangle\varepsilon_x$、$\triangle\varepsilon_y$ 后，利用公式(1)或公式(2)求得弹性应变 ε_{ex}、ε_{ey}，然后按公式(A.1)计算残余应力 σ_x、σ_y：

$$\sigma_x=\frac{E}{1-\upsilon^2}(\varepsilon_{ex}+\upsilon\varepsilon_{ey})$$
$$\sigma_y=\frac{E}{1-\upsilon^2}(\varepsilon_{ey}+\upsilon\varepsilon_{ex}) \quad \cdots\cdots(A.1)$$

如果此时计算得到的某方向弹性应变 ε_e 大于 0.5$\varepsilon_{t0.2}$ 或 0.6$\varepsilon_{t0.2}$（具体数值取决于被测材料的标定结果），而另一方向的弹性应变 ε_e 小于 0.5$\varepsilon_{t0.2}$ 或 0.6$\varepsilon_{t0.2}$，则需要对小应变方向的应变增量进行修正，按修正后的应变增量重新计算弹性应变。具体修正过程如下（参见图 A.1，假定此时弹性应变 ε_{ex} 大于 0.5$\varepsilon_{t0.2}$）：

a) 由应变增量$\triangle\varepsilon_x$ 得到弹性应变 ε_{ex}；

b) 按$-\upsilon\varepsilon_{ex}$得到$\triangle\varepsilon_p$；

c) 按$\triangle\varepsilon_y-\triangle\varepsilon_p$（而不是按$\triangle\varepsilon_y$）得到弹性应变 ε_{ey}。

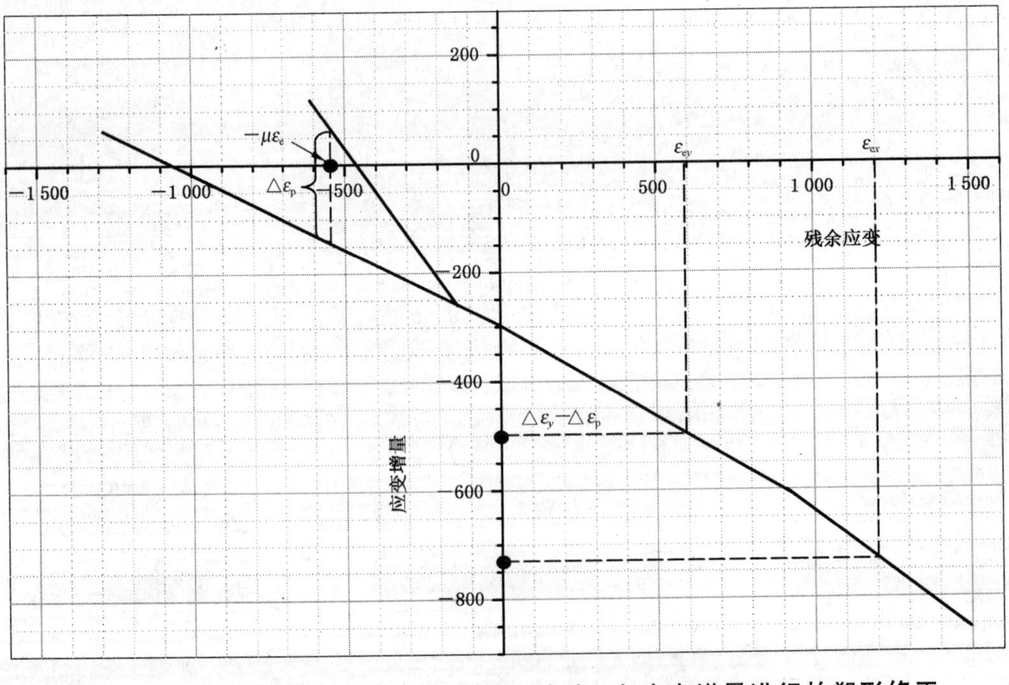

图 A.1 某单向弹性应变大于 0.5$\varepsilon_{p0.2}$时对 y 向应变增量进行的塑形修正

A.2 未知主应力方向

A.2.1 在任意方向的应力场中，如果获得的最大拉伸弹性应变小于 0.3$\varepsilon_{t0.2}$，或者已知所贴应变栅与主方向的夹角小于 10°，则仍可采用单向标定的结果按照上面的方法进行计算。

A.2.2 若不满足上述条件，要求解主应力或任意方向的应力值，就需要采用三向直角应变花，根据标定曲线或有限元计算结果进行迭代计算。

设通过三向应变花分别得到应变增量$\triangle\varepsilon_1$、$\triangle\varepsilon_2$、$\triangle\varepsilon_3$ 后，可先利用公式(1)求得 $\alpha=30°$时对应的弹性应变 ε_{e1}、ε_{e2}、ε_{e3}，然后按公式(A.2)计算夹角 α：

$$\tan 2\alpha=\frac{2\varepsilon_{e2}-\varepsilon_{e1}-\varepsilon_{e3}}{\varepsilon_{e1}-\varepsilon_{e3}} \qquad \cdots\cdots\cdots\cdots(\text{A.2})$$

将此时求得的夹角 α 带入公式(3)求得新的系数 A，再按公式(1)重新计算弹性应变 ε_{e1}、ε_{e2}、ε_{e3}，再带入公式(A.2)中计算新的夹角 α。比较两次夹角差值，如果误差小于 5°，则按照公式(A.3)计算主应变 ε_{ex}、ε_{ey}，最后再利用公式(A.1)计算对应的主应力 σ_x、σ_y。

$$\begin{aligned}\varepsilon_{ex}&=\frac{\varepsilon_{e1}+\varepsilon_{e3}}{2}+\frac{\sqrt{2}}{2}\sqrt{(\varepsilon_{e1}-\varepsilon_{e2})^2+(\varepsilon_{e2}-\varepsilon_{e3})^2}\\ \varepsilon_{ey}&=\frac{\varepsilon_{e1}+\varepsilon_{e3}}{2}-\frac{\sqrt{2}}{2}\sqrt{(\varepsilon_{e1}-\varepsilon_{e2})^2+(\varepsilon_{e2}-\varepsilon_{e3})^2}\end{aligned} \qquad \cdots\cdots\cdots\cdots(\text{A.3})$$

若需直接求解沿应变片 1 和应变片 3 方向的残余应力(见正文图 3)，则可利用公式(A.4)直接进行计算：

$$\begin{aligned}\sigma_1&=\frac{E}{2(1-\upsilon)}(\varepsilon_{e1}+\varepsilon_{e3})+\frac{E}{\sqrt{2}(1+\upsilon)}\sqrt{(\varepsilon_{e1}-\varepsilon_{e2})^2+(\varepsilon_{e2}-\varepsilon_{e3})^2}\cos 2\alpha\\ \sigma_3&=\frac{E}{2(1-\upsilon)}(\varepsilon_{e1}+\varepsilon_{e3})-\frac{E}{\sqrt{2}(1+\upsilon)}\sqrt{(\varepsilon_{e1}-\varepsilon_{e2})^2+(\varepsilon_{e2}-\varepsilon_{e3})^2}\cos 2\alpha\end{aligned} \qquad \cdots\cdots\cdots(\text{A.4})$$

附　录　B
（资料性附录）
与母材强度不匹配的焊缝应力计算方法

在保证各种试验技术要求的情况下，测定焊接残余应力时可能带来的误差往往由焊缝和母材的力学性能差异所造成。例如在测定焊缝中的残余应力时，由于标定所用材料一般均是同质母材，但所测焊缝处的材料往往与母材有所区别（主要是塑性延伸强度上的差别）。例如现场采用 CO_2 气体保护焊来焊接 Q235 钢，若采用 ER49-1 焊丝，则得到的熔敷金属塑性延伸强度和 Q235 母材的塑性延伸强度差别可达到 100 MPa 左右，这样对焊缝的应力计算结果（σ_R^W）会产生很大影响。为解决这一问题，可借用与焊缝塑性延伸强度相等或接近材料（强度误差不大于 5%或 30 MPa）的标定关系进行计算，也可直接采用原母材的标定关系，再利用母材和焊缝塑性延伸强度（分别为 $R_{p0.2}^M$ 和 $R_{p0.2}^W$）之比参照以下公式进行修正（修正前应力为 σ_R^M）：

$$\sigma_R^W = \eta \cdot \frac{R_{p0.2}^M}{R_{p0.2}^W} \cdot \sigma_R^M \quad \cdots\cdots\cdots (B.1)$$

式中：

η——与材料性质有关的修正系数，当所测位置的焊缝金属受母材稀释作用较小时可取 1，否则取 1.1。

需要指出，式（B.1）及其系数 η 并不是唯一确定的，它与采用的压痕系统和材料有关，用户应根据实际标定曲线的规律进行修正，必要时还需参照有限元计算结果。

ICS 77.140.50
H 46

中华人民共和国国家标准

GB/T 24180—2009

冷轧电镀铬钢板及钢带

Cold-reduced electrolytic chromium/chromium oxide coated steel sheet and strip

2009-06-25 发布　　　　2010-04-01 实施

中华人民共和国国家质量监督检验检疫总局
中国国家标准化管理委员会　发布

前 言

本标准参照 JIS G3315:2008《镀铬无锡钢》(日文版)、ASTM A623M-08《镀锡产品一般要求》(英文版)、ASTM A657M-03《一次冷轧、二次冷轧电镀铬产品标准规范》(英文版)、EN 10202:2001《冷轧电镀锡和电镀铬钢板》(英文版)及 ISO 11950:1995《冷轧电镀铬/铬氧化物镀层钢板》(英文版)制定。

本标准的附录 A 为规范性附录,附录 B、附录 C 为资料性附录。

本标准由中国钢铁工业协会提出。

本标准由全国钢标准化技术委员会归口。

本标准主要起草单位:宝山钢铁股份有限公司、冶金工业信息标准研究院、中山中粤马口铁工业有限公司。

本标准主要起草人:孙忠明、李玉光、于成峰、徐宏伟、涂树林、王晓虎、张宏、宋家辉。

冷轧电镀铬钢板及钢带

1 范围

本标准规定了冷轧电镀铬钢板及钢带的分类和代号、尺寸、外形、重量及允许偏差、技术要求、检验和试验、包装、标志及质量证明书等。

本标准适用于公称厚度为0.15 mm～0.60 mm的一次冷轧电镀铬钢板及钢带以及公称厚度为0.12 mm～0.36 mm的二次冷轧电镀铬钢板及钢带(以下简称钢板及钢带)。

2 规范性引用文件

下列文件中的条款通过本标准的引用而成为本标准的条款。凡是注日期的引用文件，其随后所有的修改单(不包括勘误的内容)或修订版均不适用于本标准，然而，鼓励根据本标准达成协议的各方研究是否可使用这些文件的最新版本。凡是不注日期的引用文件，其最新版本适用于本标准。

GB/T 228　金属材料　室温拉伸试验方法(GB/T 228—2002,eqv ISO 6892:1998)

GB/T 230.1　金属材料　洛氏硬度试验　第1部分:试验方法(A、B、C、D、E、F、G、H、K、N、T标尺)(GB/T 230.1—2009,ISO 6508-1:2005,MOD)

GB/T 247　钢板和钢带检验、包装、标志及质量证明书的一般规定

GB/T 708　冷轧钢板和钢带的尺寸、外形、重量及允许偏差

GB/T 2520　冷轧电镀锡钢板及钢带

GB/T 8170　数值修约规则与极限数值的表示和判定

GB/T 17505　钢及钢产品交货一般技术要求(GB/T 17505—1998,eqv ISO 404:1992)

ASTM A657M-03　一次冷轧、二次冷轧电镀铬产品标准规范

3 术语和定义

GB/T 2520确立的以及下列术语和定义适用于本标准。

3.1

电镀铬板　electrolytic chromium/chromium oxide coated steel sheet and strip

通过连续电镀铬作业获得的，在两面镀覆金属铬镀层和铬氧化物镀层的冷轧低碳钢钢板或钢带。

4 分类和代号

4.1 钢板及钢带的分类及代号应符合表1的规定。

表1

分类方式	类　　别	代　　号
原板钢种	—	MR,L,D
调质度	一次冷轧基板	T-1,T-1.5,T-2,T-2.5,T-3,T-3.5,T-4,T-5
	二次冷轧基板	DR-7M,DR-8,DR-8M,DR-9,DR-9M,DR-10
退火方式	连续退火	CA
	罩式退火	BA

表 1（续）

分类方式	类别		代号
表面状态	一次冷轧基板	光亮表面	B
		粗糙表面	R
		无光表面	M
	二次冷轧基板	粗糙表面	R

4.2 牌号及标记示例

钢板及钢带的牌号通常由原板钢种、调质度代号和退火方式构成。例如：MR T-2.5 CA，LT-3 BA，MR DR-8 BA。

5 订货内容

订货时用户应提供如下信息：

a) 产品名称(钢板或钢带)；

b) 本产品标准号；

c) 牌号；

d) 尺寸规格(宽度、长度、内径等)；

e) 表面状态；

f) 包装方式；

g) 用途；

h) 张数或重量；

i) 其他。

6 尺寸、外形、重量及允许偏差

6.1 尺寸

6.1.1 厚度

钢板及钢带的公称厚度小于 0.50 mm 时，按 0.01 mm 的倍数进级。钢板及钢带的公称厚度大于等于 0.50 mm 时，按 0.05 mm 的倍数进级。

6.1.2 如要求标记轧制宽度方向，可在表示轧制宽度方向的数字后面加上字母 W。例如：0.26×832W×760。

6.1.3 钢卷内径可为 406 mm、420 mm、450 mm 或 508 mm。

6.2 尺寸允许偏差

6.2.1 厚度允许偏差

钢板及钢带的厚度允许偏差应不大于公称厚度的±7%。厚度测量位置为距钢板及钢带两侧边部不小于 10 mm 的任意点。

6.2.2 薄边

薄边是钢板及钢带沿宽度方向上厚度的变化，其特征是在靠近钢板及钢带的边缘发生厚度减薄。距钢板及钢带两侧边部 6 mm 处测得的厚度，与沿钢板及钢带宽度方向中间位置测得的实际厚度的偏差，应不大于中间位置测得的实际厚度的 8.0%。

6.2.3 钢板及钢带的宽度允许偏差为 0 mm～+3 mm。

6.2.4 钢板的长度允许偏差为 0 mm～+3 mm。

6.3 外形

6.3.1 脱方度应不大钢板宽度的 0.15%。

6.3.2 每任意 1 000 mm 长度上，镰刀弯应不大于 1 mm。

6.3.3 不平度仅适用于钢板。在钢板任意 1 000 mm 长度上的不平度应不大于 3 mm。

6.4 花边板的边部形状及尺寸、外形允许偏差应由供需双方在订货时协商。

6.5 其他尺寸、外形、重量及允许偏差的规定应符合 GB/T 708 的规定。对于钢带，也可按理论重量交货。

6.6 钢带中的焊缝

6.6.1 在每个钢带中，任意 10 000 m 长度上的焊缝总数不应大于 3 个；

6.6.2 钢带中的焊缝应采用冲孔进行标记，并应附加目视可见的标识，例如在焊缝位置处插入一个软质的标签。经供需双方协商，也可采用的其他标识方法。

6.6.3 焊缝处的厚度应不大于钢带公称厚度的 1.5 倍。

6.6.4 焊缝搭接总长度(a)应不大于 10 mm，自由搭接长度(b)应不大于 5 mm。如图 1 所示。

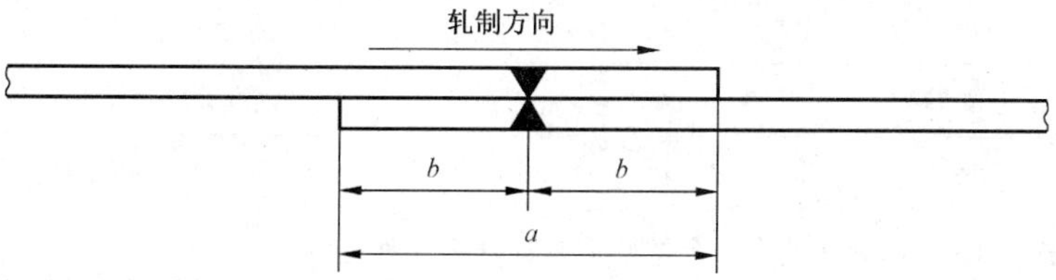

a——搭接总长度；

b——自由搭接长度。

图 1 搭接焊接头

7 技术要求

7.1 镀铬量

7.1.1 钢板及钢带的镀层由金属铬镀层和铬氧化物镀层两部分组成，金属铬镀层量和铬氧化物镀层量应符合表 2 的规定。表 2 中的值适用于三个试样镀层量的算术平均值。

7.1.2 铬氧化物的镀层重量用铬氧化物中铬含量表示。

表 2

单位为毫米每平方米（每面）

金属铬镀层		铬氧化物镀层	
最小平均重量	最大平均重量	最小平均重量	最大平均重量
50	150	5	35

7.2 调质度

7.2.1 一次冷轧钢板及钢带的硬度(HR30Tm)应符合表 3 的规定。二次冷轧钢板及钢带的硬度(HR30Tm)应符合表 4 的规定。钢板及钢带的调质度用洛氏硬度(HR30Tm)的值来表示。

表 3

调质度代号	表面硬度（HR30Tm）[a]
T-1	49±4
T-1.5	51±4
T-2	53±4
T-2.5	55±4

表 3（续）

调质度代号	表面硬度（HR30Tm）[a]
T-3	57±4
T-3.5	59±4
T-4	61±4
T-5	65±4

a 硬度为二个试样的平均值，允许其中一个试验值超出规定允许范围 1 个单位。

表 4

调质度代号	表面硬度（HR30Tm）[a]
DR-7M	71±5
DR-8/DR-8M	73±5
DR-9	76±5
DR-9M	77±5
DR-10	80±5

a 硬度为二个试样的平均值，允许其中一个试验值超出规定允许范围 1 个单位。

7.2.2 当钢板及钢带公称厚度不大于 0.20 mm 时，硬度测定应采用 HR15T，然后按附录 A 的规定换算为 HR30Tm。

7.2.3 如对二次冷轧钢板及钢带的屈服强度有要求，可在订货时协商。各调质度代号的屈服强度目标值可参考表 5 的规定。

表 5

调质度代号	屈服强度目标值[a,b,c]/MPa
DR-7M	520
DR-8	550
DR-8M	580
DR-9	620
DR-9M	660
DR-10	690

a 屈服强度是根据需要而测定的参考值。

b 屈服强度可采用拉伸试验或回弹试验进行测定。屈服强度为两个试样的平均值，试样方向为纵向。通常情况下，屈服强度按附录 B 所规定的回弹试验换算而来的。仲裁时采用拉伸试验的方法测定。

c 对于拉伸试验，试样的平行部分宽度为 12.5 mm±1 mm，标距 $L_0=50$ mm。必要时，试验前试样应在 200 ℃下人工时效 20 min。

7.2.4 退火方法有罩式退火法和连续退火法。对于不同的退火方式，即使钢板及钢带的 HR30Tm 值相等，除硬度以外的其他力学性能指标也不一定相同，如屈服强度、抗拉强度、伸长率等指标。

7.3 表面状态

钢板及钢带的表面状态特征应符合表 6 的规定。

表 6

成　品	代　号	区　分	特　征
一次冷轧钢板及钢带	B	光亮表面	在具有极细磨石花纹的光滑表面的原板上镀铬后得到的有光泽的表面
	R	粗糙表面	在具有一定方向性的磨石花纹为特征的原板上镀铬后得到的有光泽的表面
	M	无光表面	在具有一般无光泽表面的原板上镀铬后得到的无光表面
二次冷轧钢板及钢带	R	粗糙表面	在具有一定方向性的磨石花纹为特征的原板上镀铬后得到的有光泽的表面

7.4　表面涂油

钢板及钢带应在镀铬层表面涂油。涂油种类可以是 DOS、CSO、DOS-A、ATBC 等。除非协议另有规定，通常采用 DOS 油。

7.5　表面质量

镀铬层表面不得有针孔、伤痕、凹坑、皱折、锈蚀等对使用上有影响的缺陷，但轻微的夹杂、刮伤、压痕、油迹、色差等不影响使用的缺欠则允许存在。但对于钢带，由于没有机会切除钢带缺陷部分，因此钢带允许带缺陷交货，但有缺陷部分的长度不得超过每卷总长度的 8%。

7.6　原板钢种类型应符合表 7 的规定。根据需方要求，经供需双方协商，也可使用其他钢种。

表 7

原板钢种类型	特　性
MR	绝大多数食品包装和其他用途镀铬板钢基，非金属夹杂物含量与 L 类钢相近，残余元素含量的限制没有 L 类钢严格
L	高耐蚀性用镀铬板钢基，非金属夹杂物及残余元素含量低，能改善某些食品罐内壁的耐蚀性
D	铝镇静钢，超深冲耐时效用镀铬板钢基，能使垂直于弯曲方向的折痕和拉伸变形现象减至最低程度

8　检验和试验

8.1　钢板及钢带的尺寸、外形应用合适的测量工具测量。

8.2　钢板及钢带的外观用肉眼检测。

8.3　钢板及钢带应按批检验，每个检验批应由不大于 30 t 的同牌号、同规格、同表面状态的钢板或钢带组成。

8.4　每批钢板及钢带的检验项目、试样数量、取样方法和试验方法应符合表 8 的规定。

表 8

检验项目	试样数量（个）	取样位置	试验方法
硬度	2	取样位置见图 2	GB/T 230.1
金属铬[a]	3		ASTM A657M 附录 A.1
铬氧化物[a]	3		ASTM A657M 附录 A.2 或 A.3
拉伸	2		GB/T 228 或附录 B

[a] 通常情况下，可使用合适的方法进行测定，仲裁时，按表中规定的方法。

8.5 对于硬度试验，一个试样通常测定三点。当三点的极差值(即:最大值－最小值)大于1.0时，应再追加测定2点，然后，去掉5点中的最大值和最小值，再求出三点的平均值，作为试验值。当对测定结果提出异议时，应除去镀铬层后再测定。如因表面粗糙度的影响而对测定值提出异议时，应将试样表面研磨后再测定。

8.6 钢板及钢带的复验和判定应符合GB/T 17505的规定。

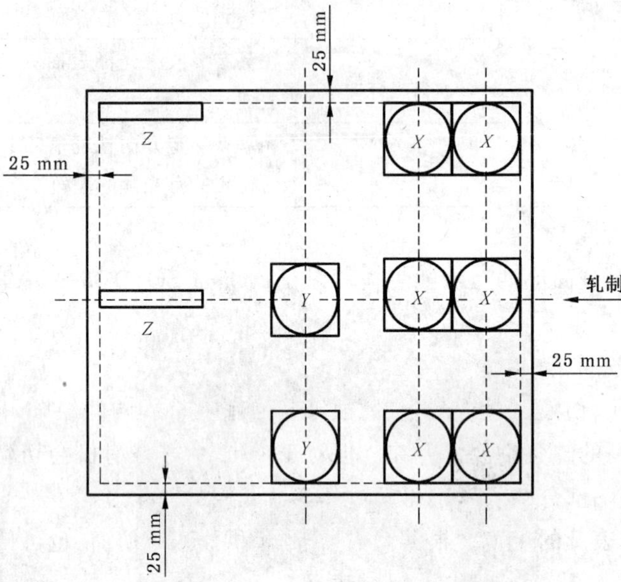

X——金属铬和铬氧化物试验试样；

Y——硬度试验试样；

Z——拉伸试验试样。

图2 试样取样位置

9 包装、标志及质量证明书

钢板及钢带的包装、标志及质量证明书应符合GB/T 247的规定。

10 数值修约规则

数值修约规则应符合GB/T 8170的规定。

11 国内外相关标准调质度代号近似对照

本标准调质度代号与国外国际相关标准调质度代号(或钢级代号)的近似对照可参见附录C。

附　录　A
（规范性附录）
HR15T 和 HR30Tm 换算表

表 A.1

HR15T	换算 HR30Tm	HR15T	换算 HR30Tm
93.0	82.0	83.0	62.5
92.5	81.5	82.5	61.5
92.0	80.5	82.0	60.5
91.5	79.0	81.5	59.5
91.0	78.0	81.0	58.5
90.5	77.5	80.5	57.0
90.0	76.0	80.0	56.0
89.5	75.5	79.5	55.0
89.0	74.5	79.0	54.0
88.5	74.0	78.5	53.0
88.0	73.0	78.0	51.5
87.5	72.0	77.5	51.0
87.0	71.0	77.0	49.5
86.5	70.0	76.5	49.0
86.0	69.0	76.0	47.5
85.5	68.0	75.5	47.0
85.0	67.0	75.0	45.5
84.5	66.0	74.5	44.5
84.0	65.0	74.0	43.5
83.5	63.5	73.5	42.5

附 录 B
（资料性附录）
二次冷轧板回弹试验方法

B.1 原理

先测量矩形试验的厚度，再作绕过圆柱形心轴180°的弯曲，然后松开，测量回弹角，为评定二次冷轧板的屈服强度提供一种简单便捷的方法。

B.2 试样

从二次冷轧电镀铬板的每张试样钢板上，在边部和中部沿轧制方向取两条200 mm×25 mm的试样，边部试样离钢板边部的距离不小于25 mm。试验前，试样在200 ℃下人工时效20 min。

B.3 试验

B.3.1 试验仪器

回弹试验仪。

B.3.2 试验步骤

B.3.2.1 测量试样厚度，精确到0.001 mm。

B.3.2.2 把试样插入回弹试验仪，以适度的压力上好夹紧螺丝，把试样固定在试验位置。

B.3.2.3 平稳摆动成形臂，使试样绕过轴心弯曲180°。

B.3.2.4 使成形臂回复到起始位置，沿着试样直接观察读取和记录回弹角，然后卸去试样。

B.3.2.5 根据试样厚度和回弹角的测定值，在与回弹仪配套的列线图板上测量回弹指数(SBI)。

B.3.2.6 为了保证试样结果的准确性，应当用标准试样或另一台基准回弹试验仪，校准在用的回弹试验仪。

B.4 试验结果报告

在日常检验中，可以用已知$R_{p0.2}$的试样测定回弹指数的方法，得到符合本标准规定的回弹指数范围，直接用回弹指数签发试验报告。

也可以用以下换算公式$R_{p0.2}=6.9\times \mathrm{SBI}(\mathrm{MPa})$，把回弹指数换算为$R_{p0.2}$以后，再签发试验报告。

回弹试验不是仲裁方法，发生异议时，应以拉伸试验为准。

附　录　C
（资料性附录）
本标准调质度代号与相关标准调质度代号（或钢级代号）的对照

表 C.1

标准号		GB/T 24180—2009	JIS G3315:2008	ASTM A657M-03	EN 10202:2001	ISO 11950:1995
调质度代号	一次冷轧基板	T-1	T-1	T-1 (T49)	TS230	TH50+CE
		T1.5	—	—	—	—
		T-2	T-2	T-2 (T53)	TS245	TH52+CE
		T-2.5	T-2.5	—	TS260	TH55+CE
		T-3	T-3	T-3 (T57)	TS275	TH57+CE
		T-3.5	—	—	TS290	—
		T-4	T-4	T-4 (T61)	TH415	TH61+CE
		T-5	T-5	T-5 (T65)	TH435	TH65+CE
	二次冷轧基板	DR-7M	—	DR-7.5	TH520	—
		DR-8	DR-8	DR-8	TH 550	T550+CE
		DR-8M	—	DR-8.5	TH580	T580+CE
		DR-9	DR-9	DR-9	TH620	T620+CE
		DR-9M	DR-9M	DR-9.5	—	T660+CE
		DR-10	DR-10	—	—	T690+CE

ICS 77.140.20
H 46

中华人民共和国国家标准

GB/T 24181—2009

金刚石焊接锯片基体用钢

Steels for diamond welded saw blades

2009-06-25 发布 2010-04-01 实施

中华人民共和国国家质量监督检验检疫总局
中国国家标准化管理委员会 发布

前言

本标准由中国钢铁工业协会提出。

本标准由全国钢标准化技术委员会归口。

本标准主要起草单位:宜昌黑旋风锯业有限责任公司、钢铁研究总院、冶金工业信息标准研究院。

本标准主要起草人:张云才、惠卫军、栾燕、潘天浩、董瀚、李仁德、戴强。

金刚石焊接锯片基体用钢

1　范围

本标准规定了金刚石焊接锯片基体用钢的订货内容、尺寸、外形、重量及允许偏差、技术要求、试验方法、检验规则、包装、标志和质量证明书等。

本标准适用于金刚石焊接锯片基体用热轧和冷轧钢板及钢带。

2　规范性引用文件

下列文件中的条款通过本标准的引用而成为本标准的条款。凡是注日期的引用文件，其随后所有的修改单(不包括勘误的内容)或修订版均不适用于本标准，然而，鼓励根据本标准达成协议的各方研究是否可使用这些文件的最新版本。凡是不注日期的引用文件，其最新版本适用于本标准。

GB/T 222　钢的成品化学分析允许偏差

GB/T 223.3　钢铁及合金化学分析方法　二安替吡啉甲烷磷钼酸重量法测定磷量

GB/T 223.4　钢铁及合金　锰含量的测定　电位滴定或可视滴定法

GB/T 223.5　钢铁　酸溶性和全硅含量的测定　还原型硅钼酸盐分光光度法

GB/T 223.11　钢铁及合金　铬含量的测定　可视滴定或电位滴定法

GB/T 223.12　钢铁及合金化学分析方法　碳酸钠分离-二苯碳酰二肼光度法测定铬量

GB/T 223.13　钢铁及合金化学分析方法　硫酸亚铁铵滴定法测定钒含量

GB/T 223.14　钢铁及合金化学分析方法　钽试剂萃取光度法测定钒含量

GB/T 223.18　钢铁及合金化学分析方法　硫代硫酸钠分离-碘量法测定铜量

GB/T 223.19　钢铁及合金化学分析方法　新亚铜灵-三氯甲烷萃取光度法测定铜量

GB/T 223.23　钢铁及合金　镍含量的测定　丁二酮肟分光光度法

GB/T 223.26　钢铁及合金　钼含量的测定　硫氰酸盐分光光度法

GB/T 223.53　钢铁及合金化学分析方法　火焰原子吸收分光光度法测定铜量

GB/T 223.54　钢铁及合金化学分析方法　火焰原子吸收分光光度法测定镍量

GB/T 223.58　钢铁及合金化学分析方法　亚砷酸钠-亚硝酸钠滴定法测定锰量

GB/T 223.59　钢铁及合金　磷含量的测定　铋磷钼蓝分光光度法和锑磷钼蓝分光光度法

GB/T 223.60　钢铁及合金化学分析方法　高氯酸脱水重量法测定硅含量

GB/T 223.61　钢铁及合金化学分析方法　磷钼酸铵容量法测定磷量

GB/T 223.62　钢铁及合金化学分析方法　乙酸丁酯萃取光度法测定磷量

GB/T 223.63　钢铁及合金化学分析方法　高碘酸钠(钾)光度法测定锰量(GB/T 223.63—1998，neq ISO R 629)

GB/T 223.64　钢铁及合金　锰含量的测定　火焰原子吸收光谱法

GB/T 223.68　钢铁及合金化学分析方法　管式炉内燃烧后碘酸钾滴定法测定硫含量

GB/T 223.69　钢铁及合金　碳含量的测定　管式炉内燃烧后气体容量法

GB/T 223.71　钢铁及合金化学分析方法　管式炉内燃烧后重量法测定碳含量

GB/T 223.72　钢铁及合金　硫含量的测定　重量法

GB/T 223.74　钢铁及合金化学分析方法　非化合碳含量的测定

GB/T 223.76　钢铁及合金化学分析方法　火焰原子吸收光谱法测定钒量

GB/T 224　钢的脱碳层深度测定法(GB/T 224—2008，ISO 3887:2003，MOD)

GB/T 228　金属材料　室温拉伸试验方法(GB/T 228—2002,eqv ISO 6892:1998)

GB/T 230.1　金属材料　洛氏硬度试验　第1部分:试验方法(A、B、C、D、E、F、G、H、K、N、T标尺)(GB/T 230.1—2004, ISO 6508-1:1999,MOD)

GB/T 231.1　金属材料　布氏硬度试验　第1部分:试验方法(GB/T 231.1—2009, ISO 6506-1:2005,MOD)

GB/T 247　钢板和钢带检验、包装、标志及质量证明书的一般规定

GB/T 708　冷轧钢板和钢带的尺寸、外形、重量及允许偏差(GB/T 708—2006,ISO 16162:2000 Continuously cold-rolled steel sheet products—Dimensional and shape tolerances,NEQ)

GB/T 709　热轧钢板和钢带的尺寸、外形、重量及允许偏差(GB/T 709—2006,ISO 7452:2002 Hot-rolled structural steel plates-tolerance on dimensions and shape,ISO 16160:2000 Continuously hot-rolled steel sheet products—Dimensional and shape tolerances,NEQ)

GB/T 2975　钢及钢产品力学性能试验取样位置及试样制备(GB/T 2975—1998,eqv ISO 377:1997)

GB/T 4336　碳素钢和中低合金钢　火花源原子发射光谱分析方法(常规法)

GB/T 6394　金属平均晶粒度测定法

GB/T 10561　钢中非金属夹杂物含量的测定　标准评级图显微检验法(GB/T 10561—2005,ISO 4967:1998,IDT)

GB/T 13299　钢的显微组织检验方法

GB/T 17505　钢及钢产品交货一般技术要求(GB/T 17505—1998,eqv ISO 404:1992)

GB/T 20066　钢和铁　化学成分测定用试样的取样和制样方法(GB/T 20066—2006,ISO 14284:1996,IDT)

GB/T 20123　钢铁　总碳硫含量的测定　高频感应炉燃烧后红外吸收法(常规方法)(GB/T 20124—2006,ISO 15350:2000,IDT)

3　订货内容

按本标准订货的合同应包含以下内容:

a)　本标准号;
b)　牌号;
c)　尺寸;
d)　重量;
e)　交货状态;
f)　精度级别;
g)　其他特殊要求(必要时)。

4　尺寸、外形、重量及允许偏差

4.1　热轧钢板和钢带的尺寸、外形、重量及允许偏差应符合GB/T 709的规定,具体要求应在合同中注明,未注明时按较低精度执行。

4.2　冷轧钢板和钢带的尺寸、外形、重量及允许偏差应符合GB/T 708的规定,具体要求应在合同中注明,未注明时按较低精度执行。

5　技术要求

5.1　牌号及化学成分

5.1.1　钢的牌号、统一数字代号及化学成分(熔炼分析)应符合表1的规定。

5.1.2 钢材的化学成分允许偏差应符合 GB/T 222 的规定。

5.2 冶炼方法

钢的冶炼方法通常由供方选择。根据需方要求，并在合同中注明，可以采用特殊要求的冶炼方法。

5.3 交货状态

钢材以热轧、热轧＋退火或冷轧状态交货，具体要求应在合同中注明。根据双方协议，亦可以热处理状态交货。

表 1 钢的牌号及化学成分(熔炼分析)

序号	统一数字代号	牌号	化学成分(质量分数)/%									
			C	Si	Mn	Cr[a]	Mo	V	Ni[a]	Cu[a]	P	S
									不大于			
1	U21653	65Mn	0.62～0.70	0.17～0.37	0.90～1.20	=0.30			0.25	0.25	0.025	0.025
2	A30302	30CrMo	0.27～0.33	0.17～0.37	0.40～0.70	0.80～1.10	0.15～0.25		0.30	0.20	0.020	0.015
3	A01503	50Mn2V[b]	0.47～0.55	0.17～0.37	1.40～1.80	=0.30		0.08～0.16	0.25	0.25	0.025	0.025
4	A20753	75Cr	0.72～0.80	0.20～0.45	0.60～0.90	0.30～0.60			0.25	0.25	0.025	0.025

a 为提高材料性能而有意识添加的 Ni、Cr、Cu 等元素不受此限制。

b 专利牌号。

5.4 力学性能

5.4.1 以热轧状态交货的钢板和钢带，其硬度或抗拉强度值应符合表 2 的规定。

5.4.2 以冷轧状态交货的钢板和钢带，其硬度或抗拉强度值由供需双方协商并在合同中注明。

5.4.3 钢板和钢带应测定试样淬火、回火状态的硬度或抗拉强度。试样推荐热处理制度和试验结果应符合表 3 的规定。

表 2 热轧态钢板的硬度和强度

序　号	牌　号	布氏硬度 HBW 不大于	抗拉强度 R_m/MPa 不大于
1	30CrMo	269	900
2	50Mn2V,65Mn	302	1 010
3	75Cr	325	1 090

表 3 试样推荐的热处理制度和硬度及强度

牌　号	试样热处理制度				硬度 HRC	抗拉强度 R_m/MPa
	淬　火		回　火			
	温度/℃	冷却剂	温度/℃	冷却剂		
65Mn	810～850	油	400～450	空气	37～45	1 140～1 450
30CrMo	840～880	油	450～500	空气	35～42	1 080～1 320
50Mn2V	810～850	油	410～460	空气	37～45	1 140～1 450
75Cr	770～810	油	400～450	空气	37～45	1 140～1 450

5.5 脱碳层

热轧钢板和钢带应检查脱碳层深度。全脱碳层(铁素体)深度应符合表4的规定。供方如能保证要求,可不作该项检验。

表4 全脱碳层(铁素体)深度

公称厚度/mm	全脱碳层(铁素体)深度不大于公称厚度的百分比/%	
	单面全脱碳层	两面全脱碳层之和
=3	2.0	3.5
>3	1.5	2.5

5.6 显微组织

根据需方要求,30CrMo和50Mn2V钢板和钢带可检查带状组织,结果应不大于3级。

5.7 非金属夹杂物

根据需方要求,可检验钢的非金属夹杂物,其合格级别应符合表5的规定。

表5 非金属夹杂物合格级别

非金属夹杂物级别/级								
A类(硫化物类)		B类(氧化铝类)		C类(硅酸盐类)		D类(球状氧化物类)		DS类(单颗粒球状类)
粗系	细系	粗系	细系	粗系	细系	粗系	细系	—
≤2.0	≤2.5	≤2.0	≤2.5	≤1.5	≤2.0	≤1.5	≤2.0	实测
DS类夹杂物报实测数据,不作判定依据。								

5.8 表面质量

5.8.1 钢板和钢带不允许有分层。表面不允许有裂纹、气泡、结疤和夹杂等对使用有影响的缺陷。

如有上述表面缺陷允许清理,清理深度从钢板和钢带实际尺寸算起,应不大于厚度公差之半,并应保证清理处钢板和钢带的最小厚度。缺陷清理处应平滑无棱角。

5.8.2 其他表面缺陷允许存在,其深度和高度从钢板和钢带实际尺寸算起,应不超过厚度允许公差之半,并应保证缺陷处的厚度不小于钢板和钢带允许最小厚度。

5.8.3 在钢带连续生产的过程中,局部的表面缺陷不易发现并去除,因此允许带缺陷交货,但有缺陷部分应不超过每卷钢带总长度的8%。

5.9 特殊要求

根据需方要求,经供需双方协商,并在合同中注明,可供应下列特殊要求的钢材:

a) 加严对脱碳层的指标要求;

b) 加严对带状组织的指标要求;

c) 检验晶粒度;

d) 其他。

6 试验方法

每批钢材的检验项目及试验方法应符合表6的规定。

7 检验规则

7.1 检验和验收

7.1.1 钢材出厂的检查和验收由供方质量技术监督部门进行。

7.1.2 供方必须保证交货的钢材符合本标准或合同的规定,需方有权对本标准或合同所规定的任一检验项目进行检查和验收。

7.2 组批规则

钢板和钢带应按批检查和验收，每批应由同一牌号、同一炉号、同一厚度、同一交货状态的钢板和钢带组成。

7.3 取样数量及取样部位

每批钢板和钢带的取样数量及取样部位应符合表 6 的规定。

7.4 复验和判定规则

钢板和钢带的复验规则按 GB/T 17505 的规定进行。

表 6 钢板和钢带的检验项目、取样数量、取样部位及试验方法

序号	检验项目	取样数量	取样部位	试验方法
1	化学成分	1/炉	GB/T 20066	GB/T 223(见第 2 章)、GB/T 4336、GB/T 20123
2	布氏硬度	1	GB/T 2975	GB/T 231.1
3	洛氏硬度	1	GB/T 2975	GB/T 230.1
4	拉伸性能	1	GB/T 2975，横向	GB/T 228
5	非金属夹杂物	1	任一钢板或钢带	GB/T 10561
6	脱碳层	1	任一钢板或钢带	GB/T 224(金相法)
7	显微组织	1	任一钢板或钢带	GB/T 13299
8	晶粒度	1	任一钢板或钢带	GB/T 6394
9	尺寸	逐张/逐卷	GB/T 708、GB/T 709	适宜精度的卡尺、千分尺
10	表面	逐张/逐卷	—	目视

8 包装、标志和质量证明书

钢板和钢带的包装、标志和质量证明书应符合 GB/T 247 的规定。

ICS 77.040.10
H 22

中华人民共和国国家标准

GB/T 24182—2009

金属力学性能试验 出版标准中的符号及定义

Mechanical testing of metals—Symbols and definitions in published standard

(ISO/TR 25679:2005,MOD)

2009-06-25 发布 2010-04-01 实施

中华人民共和国国家质量监督检验检疫总局
中国国家标准化管理委员会 发布

前　言

本标准修改采用ISO/TR 25679:2005《金属力学性能试验　出版标准中的符号及术语》(英文版)。

本标准对ISO/TR 25679:2005进行了如下修改和补充:

——将原21项国际标准草案(DIS或FDIS)换成了新发布的正式国际标准,其内容也按新国际标准进行了修改,同时删除了其中已被废止的8项国际标准。

——增加了9项最新发布的国际标准中的符号及定义。

——对于新增加的标准给出了相应的代码。

——增加了附录B“本标准章条编号与ISO/TR 25679:2005章条编号对照一览表”。

为了便于使用,本标准做了下列编辑性修改:

——将“本国际标准”一词改为“本标准”;

——用小数点“.”代替作为小数点的逗号“,”;

——删除了国际标准的前言和引言;

——第3章中由于新增加了条款,在新增序号后,原序号顺延。

本标准的附录A和附录B为资料性附录。

本标准由中国钢铁工业协会提出。

本标准由全国钢标准化技术委员会归口。

本标准起草单位:冶金工业信息标准研究院、钢铁研究总院、长春试验机研究所。

本标准主要起草人:董莉、高怡斐、梁新帮、王学智。

金属力学性能试验 出版标准中的符号及定义

1 范围

本标准规定了金属材料力学试验方法出版标准中采用的术语、符号和定义。符号按字母顺序和编码系统进行索引。附录 A 给出了编码系统与相关国际标准编号对照的附加信息。

2 名称系统

为了有助于索引和查询符号与定义，用一个代码代表一种试验方法。代码的第一位阿拉伯数字代表国际标准化组织(ISO)第 164 技术委员会(即“金属力学试验”技术委员会，ISO/TC 164)的各分技术委员会(负责制修订相关力学试验方法国际标准的分技术委员会，ISO /TC 164/SC)的序号，后面的数字为以升序排列的每个 ISO 国际标准代号或国际标准草案代号。涉及通用试验方法共用同一组符号和定义的国际标准单独给出一个代号。如果存在将要代替现行国际标准的且已经到了 FDIS 阶段的文件，则分配给现行国际标准与 FDIS 文件同一个代码。金属材料各种试验方法和代码见表 1。附录 A 给出了快速参照的代码系统及相应国家标准对照索引。

表 1 力学试验特性及代码

分技术委员会	试验/检验方法	代码	国际标准编号
SC 1	金属材料 单轴拉伸蠕变及持久试验 试验方法	1.01	ISO 204:1997 ISO/FDIS 204:2008
	金属材料 单轴试验机检验用标准测力仪的校准	1.02	ISO 376:2004
	金属材料 高温拉伸试验	1.03	ISO 783:1999
	金属材料 拉伸试验 室温试验方法	1.04	ISO 6892:1998 ISO/FDIS 6892-1:2008
	金属材料 静力单轴试验机的检验 第 1 部分：拉力和(或)压力试验机测力系统的检验与校准	1.05	ISO 7500-1:2004
	金属材料 静力单轴试验机的检验 第 2 部分：拉力蠕变试验机 施加力的检验	1.06	ISO 7500-2:2006
	金属材料 单轴试验用引伸计的标定	1.07	ISO 9513:1999
	金属材料 低温拉伸试验	1.08	ISO 15579:2000
	金属材料 液氦拉伸试验	1.09	ISO 19819:2004
	超塑性金属材料拉伸性能的评价方法	1.10	ISO 20032:2007
SC 2	金属材料 弯曲试验	2.01	ISO 7438:2005
	金属材料 厚度不大于 3 mm 薄板和薄带 反复弯曲试验	2.02	ISO 7799:1985
	金属材料 线材 单向扭转试验	2.03	ISO 7800:2003
	金属材料 线材 反复弯曲试验	2.04	ISO 7801:1984
	金属材料 线材 缠绕试验	2.05	ISO 7802:1983

表 1(续)

分技术委员会	试验/检验方法	代码	国际标准编号
SC 2	金属材料　薄板和薄带　埃里克森杯突试验	2.06	ISO 20482:2003
	金属材料　管(全截面)　弯曲试验	2.07	ISO 8491:1998
	金属材料　管　压扁试验	2.08	ISO 8492:1998
	金属材料　管　扩口试验	2.09	ISO 8493:1998
	金属材料　管　卷边试验	2.10	ISO 8494:1998
	金属材料　管　环形扩口试验	2.11	ISO 8495:1998
	*金属材料　管　环形拉伸试验	2.12	ISO 8496:1998
	金属材料　线材　反复扭转试验	2.13	ISO 9649:1990
	金属材料　薄板和薄带　塑性延伸率(r值)的测定	2.14	ISO 10113:2006
	金属材料　薄板和薄带　拉伸应变硬化指数(n值)的测定	2.15	ISO 10275:2007
	金属材料　制耳试验	2.16	ISO 11531:1994
	金属材料　薄板和薄带　成形极限曲线测定　第1部分:冲压车间中成形极限图的测量及应用	2.17	ISO 12004-1:2009
	金属材料　薄板和薄带　成形极限曲线的测定　第2部分:实验室成形极限曲线测定	2.17	ISO 12004-2:2009
	金属材料　管环液压试验	2.18	ISO 15363:2000
	金属材料　扩孔试验方法	2.19	ISO 16630:2009
	金属材料-薄板和薄带-拉弯回弹评估方法	2.20	ISO 24213:2008
SC 3	金属材料　努氏硬度试验　第1部分:试验方法	3.01	ISO 4545-1:2005
	*金属材料　努氏硬度试验　第2部分:硬度计的检验与校准	3.01	ISO 4545-2:2005
	*金属材料　努氏硬度试验　第3部分:标准硬度块的标定	3.01	ISO 4545-3:2005
	*金属材料　努氏硬度试验　第4部分:硬度值表	3.01	ISO 4545-4:2005
	金属材料　布氏硬度试验　第1部分:试验方法	3.02	ISO 6506-1:2005
	*金属材料　布氏硬度试验　第2部分:硬度计的检验与校准	3.02	ISO 6506-2:2005
	*金属材料　布氏硬度试验　第3部分:标准硬度块的校准	3.02	ISO 6506-3:2005
	*金属材料　布氏硬度试验　第4部分:硬度值表	3.02	ISO 6506-4:2005
	金属材料　维氏硬度试验　第1部分:试验方法	3.03	ISO 6507-1:2005
	*金属材料　维氏硬度试验　第2部分:硬度计的检验与校准	3.03	ISO 6507-2:2005
	*金属材料　维氏硬度试验　第3部分:标准硬度块的标定	3.03	ISO 6507-3:2005
	*金属材料　维氏硬度试验　第4部分:维氏硬度值表	3.03	ISO 6507-4:2005
	金属材料　洛氏硬度试验　第1部分:试验方法(A、B、C、D、E、F、G、H、K、N、T标尺)	3.04	ISO 6508-1:2005

表 1（续）

分技术委员会	试验/检验方法	代码	国际标准编号
SC 3	*金属材料　洛氏硬度试验　第 2 部分：硬度计（A、B、C、D、E、F、G、H、K、N、T 标尺）的检验与校准	3.04	ISO 6508-2:2005
	*金属材料　洛氏硬度试验　第 3 部分：标准硬度块（A、B、C、D、E、F、G、H、K、N、T 标尺）的标定	3.04	ISO 6508-3:2005
	金属材料　硬度和材料参数的仪器化压痕试验　第 1 部分：试验方法	3.05	ISO 14577-1:2002
	*金属材料　硬度和材料参数的仪器化压痕试验　第 2 部分：试验机的检验与校准	3.05	ISO 14577-2:2002
	*金属材料　硬度和材料参数的仪器化压痕试验　第 3 部分：标准硬度块的标定	3.05	ISO 14577-3:2002
	*金属材料　硬度和材料参数的仪器化压痕试验　第 4 部分：金属和非金属覆盖层的试验方法	3.05	ISO 14577-4:2007
	*金属材料　硬度值的换算	3.06	ISO 18265:2003
SC 4	金属材料　夏比摆锤冲击试验　第 1 部分：试验方法	4.01	ISO 148-1:2006
	金属材料　夏比摆锤冲击试验　第 2 部分：试验机的检验	4.01	ISO 148-2:2008
	金属材料　夏比摆锤冲击试验　第 3 部分：摆锤冲击试验机间接检验用夏比 V 型缺口试样的制备和特性	4.01	ISO 148-3:2008
	*金属材料　试样轴线相对于产品织构的标识	4.02	ISO 3785:2006
	金属材料　平面应变断裂韧度的测定	4.03	ISO 12737:2005
	钢　夏比 V 型缺口摆锤冲击试验　仪器化试验方法	4.04	ISO 14556:2000
	金属材料　准静态断裂韧度的统一试验方法	4.05	ISO 12135:2002
	金属材料　低拘束试样测定稳定裂纹扩展阻力的试验方法	4.06	ISO 22889:2007
SC 5	金属材料　疲劳试验　轴向力控制方法	5.01	ISO 1099:2006
	金属材料　旋转弯曲疲劳试验	5.02	ISO 1143:1975
	钢　扭应力疲劳试验	5.03	ISO 1352:1977
	轴向加力疲劳试验机　动态力的校准　应变片技术	5.04	ISO 4965:1979
	金属材料　疲劳试验　轴向应变控制方法	5.05	ISO 12106:2003
	金属材料　疲劳试验　数据的统计方案与分析方法	5.06	ISO 12107:2003
	金属材料　疲劳试验　疲劳裂纹扩展法	5.07	ISO 12108:2002
* 该标准中没有符号及定义。			

3　定义和符号

由 ISO/TC 164 技术委员会制定的所有国际标准及国际标准草案中的符号和定义，以代码组分类列于表 1 中表示力学性能试验或检验方法及代码。如果一个标准具有单独一章的符号和定义条款，首先列出定义，接着是符号表。每一个表中的符号是依字母顺序重新排列。但为了清楚起见，某些独立标准所特有的在定义中具体表达的两种定义和条件除外。

3.1 代码 1.01 金属材料 单轴拉伸蠕变及持久试验 试验方法

3.1.1 定义

参考长度 reference length

L_r

用于计算伸长的基本长度。

原始参考长度 original reference length

L_{r0}

试验前在室温下测定的参考长度。

断后参考长度 final reference length

L_{ru}

试样断裂后在室温下将断开的两部分仔细地对接在一起并使其轴线在同一直线上测得的参考长度。

原始标距 original gauge length

L_0

在试验前室温下测量的试样标距标记间长度。

断后标距 final gauge length after rupture

L_u

试样断裂后在室温下将两部分仔细对接在一起并使其轴线在同一直线上测量的标距长度。

平行长度 parallel length

L_c

试样两头部或两夹持部分(不带头试样)之间平行部分的长度。

引伸计标距 extensometer gauge length

L_e

用引伸计测量试样延伸时所使用试样平行部分的长度。

原始横截面积 original cross-sectional area

S_0

试验前室温下测量试样平行长度的横截面积。

断后最小横截面积 minimum cross-sectional area after rupture

S_u

试样断裂后将两部分仔细对接在一起并使其轴线在同一直线上室温下测量的平行长度的最小横截面积。

初始应力 initial stress,σ_0

施加的试验力除以试样的原始横截面积 S_0。

伸长 elongation

在试验期间任一时刻参考长度的增量。

伸长率 percentage elongation

A

原始参考长度 L_{r0} 伸长的百分率。

初始塑性伸长率 percentage initial plastic elongation

A_i

在试验力作用下原始参考长度 L_{r0} 塑性伸长的百分率。

蠕变伸长率　percentage creep elongation

A_f

在规定温度下，某时刻 t 原始参考长度的增量(ΔL_{rt})与原始参考长度(ΔL_{r0})之比的百分率。

$$A_f = \frac{\Delta L_{rt}}{L_{r0}} \times 100$$

注 1：A_f 宜以规定温度 T[单位为摄氏度(℃)]为上脚标、初始应力 σ_0[单位为兆帕(MPa)]和时间 t[单位为小时(h)]为下脚标来表示。

注 2：习惯上，蠕变伸长测量的起始点是在初始应力 σ_0 施加到试样的时刻。

塑性伸长率　percentage plastic elongation

A_p

某时刻 t 原始参考长度 L_{r0} 的非比例增加值。

$$A_p = A_i + A_f$$

滞弹性伸长率　percentage anelastic elongation

A_k

在某时刻 t 卸除应力导致原始参考长度 L_{r0} 的非比例减小值。

残余伸长率　percentage permanent elongation

A_{per}

卸除指定的应力后，在某一时刻 t 塑性伸与长率滞弹性伸长率的差值。

$$A_{per} = A_p - A_k$$

持久伸长率　percentage elongation after creep rupture

A_u

持久断裂后，原始参考长度残余伸长($L_{ru}-L_{r0}$)与原始参考长度(L_{r0})之比的百分率。

$$A_u = \frac{L_{ru} - L_{r0}}{L_{r0}} \times 100$$

注：A_u 可以规定温度 T[单位为摄氏度(℃)]为上脚标、初始应力 σ_0[单位为兆帕(MPa)]为下脚标来表示。

持久断面收缩率　percentage reduction of area after creep rupture

Z_u

断裂后试样横截面积的最大缩减量(S_0-S_u)与原始横截面积(S_0)之比的百分率：

$$Z_u = \frac{(S_0 - S_u)}{S_0} \times 100$$

注：符号 Z_u 可以规定温度 T[单位为摄氏度(℃)]为上脚标，以应力 σ_0[单位为兆帕(MPa)]为下脚标表示。

蠕变伸长时间　creep elongation time

t_{fx}

在规定温度(T)和初应力(σ_0)下试样获得规定蠕变伸长率(x)所需时间，如 $t_{0.2}$。

塑性伸长时间　plastic elongation time

t_{px}

试样在规定温度(T)和初应力(σ_0)下获得规定塑性伸长率(x)所需时间。

持久断裂时间　creep rupture time

t_u

试样在规定的温度 T 和初应力(σ_0)下发生断裂的时间。

注：符号 t_u 可以表示为规定温度 T[单位为摄氏度(℃)]的上标和初应力(σ_0)[单位为兆帕(MPa)]的下标。

单头试验机　single test piece machine

允许一次试验一个试样的试验机。

多头试验机　multiple test piece machine

在相同温度下允许同时试验超过一个试样的试验机。

表 2　标准中规定的符号及说明，编码 1.01

符号	单位	说　明
D	mm	圆柱试样平行长度内横截面直径
D_n	mm	缺口根部直径
d	mm	光滑和缺口组合试样上标距部分的直径
d_n	mm	光滑和缺口组合试样上缺口部分根部直径，无缺口试样 $d=d_n$
b	mm	正方形或矩形横截面试样平行长度上的宽度
L_r	mm	参考长度
a	mm	正方形或矩形横截面试样厚度
L_{r0}	mm	原始参考长度
L_{ru}	mm	断后参考长度
ΔL_r	mm	伸长
ΔL_{rt}	mm	t 时刻参考长度的增量
L_0	mm	原始标距
L_n	mm	带缺口的平行标距
L_u	mm	断后标距
L_c	mm	平行长度
L_e	mm	引伸计标距
R	mm	过渡半径
r_n	mm	缺口底部半径
S_0	mm^2	平行长度内原始横截面积
S_u	mm^2	断后最小横截面积
σ_0	MPa	初应力
A_e	%	屈服点延伸率
A_i	%	初始塑性伸长率
A_k	%	滞弹性伸长率
A_p	%	塑性伸长率
A_{per}	%	残余伸长率
A_f	%	蠕变伸长率： $A_f=\frac{\Delta L_{rt}}{L_{r0}}\times 100$ 注：一个完整符号的例子如下： $A_{f\,50/5\,000}^{375}$ 表示为：在规定温度375 ℃下用 50 MPa 的初应力 5 000 h 后的蠕变伸长率

表 2（续）

符号	单位	说　明
A_u	%	持久断裂伸长率： $A_u = \frac{\Delta L_{ru} - \Delta L_{r0}}{L_{r0}} \times 100$ 注：一个完整符号的例子如下： $A_{u\,50}^{\,375}$表示为：在规定温度 375 ℃下用 50 MPa 的初应力的蠕变断裂伸长率
Z_u	%	持久断面收缩率： $Z_u = \frac{S_0 - S_u}{S_0} \times 100$ 注：一个完整符号的例子如下： $Z_{u\,50}^{\,375}$表示为：在规定温度 375 ℃下用 50 MPa 的初应力的持久断面收缩率
t_{fx}	h	蠕变伸长时间
t_{px}	h	塑性伸长时间
t_u	h	持久时间 注：一个完整符号的例子如下： $t_{u\,50}^{\,375}$表示为：在规定温度 375 ℃下用 50 MPa 的初应力的持久断裂时间
t_{ue}	h	带缺口试样的持久断裂时间
T	℃	规定温度
T_i	℃	指示温度
x	%	规定蠕变或塑性伸长率
n	—	蠕变指数

3.2　代码 1.02　金属材料　单轴试验机检验用标准测力仪的校准

表 3　标准中规定的符号及说明，代码 1.02

符号	单位	说　明
b	%	转位后的复现性相对误差
b'	%	不转位时的重复性相对误差
F_f	N	传感器的最大容量
F_N	N	最大校准力
f_c	%	插值相对误差
f_0	%	零点相对误差
i_f	—	卸力后指示装置的读数[a]
i_0	—	加力前指示装置的读数[a]

表 3（续）

符号	单位	说　明
r	—	指示装置的分辨力
ν	%	标准测力仪的进回程相对误差
X	—	递增试验力时的变形
X_a	—	变形的计算值
X'	—	递减试验力时的变形
X_{max}	—	最大变形
X_{min}	—	最小变形
X_N	—	与最大校准力对应的变形
$\overline{X}_r$	—	转位后变形的平均值
$\overline{X}_{wr}$	—	不转位时变形的平均值
[a] 与变形对应的读数值。		

3.3　代码 1.03　金属材料　高温拉伸试验

3.3.1　定义

标距　gauge length

试验中任一时刻用以测量试样伸长的平行部分的长度。

原始标距　original gauge length

L_0

施力前在室温下的试样标距。

断后标距　final gauge length

L_u

试样断裂后在室温下的标距。

平行长度　parallel length

L_c

试样两头部或两夹持部分(不带头试样)之间平行部分的长度。

注：对于非机加工试样，平行长度为夹头间的距离。

引伸计标距　extensometer gauge length

L_e

用引伸计测量试样延伸时所使用试样平行部分的长度。

注：该长度可以不同于 L_0，其值可以大于 b,d，或 D，但小于 L_c。

延伸　extension

试验期间任一给定时刻引伸计标距(L_e)的增量。

伸长　elongation

试验期间任一时刻原始标距 L_0 的增量。

伸长率　percentage elongation

原始标距伸长与原始标距(L_0)之比的百分率。

残余伸长率　percentage permanent elongation

卸除指定应力后试样原始标距的增量，以原始标距(L_0)的百分率表示。

断后伸长率　percentage elongation after fracture

A

断后标距的残余伸长(L_u-L_0)与原始标距(L_0)之比的百分率。

断裂总伸长率　percentage total elongation at fracture

A_t

断裂时刻原始标距的总伸长(弹性伸长加塑性伸长)与原始标距(L_0)之比的百分率。

断面收缩率　percentage reduction of area

Z

断裂后试样横截面积的最大缩减量(S_0-S_u)与原始横截面积(S_0)之比的百分率。

最大力　maximum force

F_m

试验期间试样所能抵抗的最大力。

应力　stress

试验期间任一时刻的力除以试样原始横截面积(S_0)之商。

抗拉强度　tensile strength

R_m

相对最大力(F_m)的应力。

屈服强度　yield strength

当金属材料呈现屈服现象时,在试验期间达到塑性变形发生而力不增加的应力点。

上屈服强度　upper yield strength

R_{eH}

试样发生屈服而力首次下降前的最高应力。

下屈服强度　lower yield strength

R_{eL}

在屈服期间不计初始瞬时效应的最低应力。

规定非比例延伸强度　proof strength, non-proportional extension

R_p

非比例延伸率等于规定的引伸计标距(L_e)百分率时的应力。

所规定的符号应附以下脚标说明所规定的百分率,例如,$R_{p0.2}$,表示规定非比例延伸率为0.2%时的应力。

表4　标准中规定的符号及说明,代码1.03

符号	单位	说　明
θ	℃	规定温度
θ_i	℃	指示温度
a^a	mm	矩形横截面试样厚度或管壁厚度
A^b	%	断后伸长率:$\frac{L_u-L_0}{L_0}\times 100$
A_t	%	断裂总延伸率
b	mm	矩形横截面试样平行长度内的宽度或管纵向剖条宽度或扁丝的宽度
d	mm	圆形横截面试样平行长度内的直径、圆丝直径或管内径
D	mm	金属管外径
F_m	N	最大力

表 4（续）

符号	单位	说　明
k	—	比例系数
L_c	mm	平行长度
L_e	mm	引伸计标距
L_0	mm	原始标距
L_t	mm	试样总长度
L_u	mm	断后标距
R_{eH}	N/mm²[c]	上屈服强度
R_{eL}	N/mm²	下屈服强度
R_m	N/mm²	抗拉强度
R_p	N/mm²	规定非比例延伸强度
S_0	mm²	原始横截面积
S_u	mm²	断后最小横截面积
Z	%	断面收缩率

[a] 钢管产品标准也用符号 T。

[b] 对于比例试样，若原始标距不为 $5.65\sqrt{S_0}$（S_0 为平行长度的原始横截面积），$5.65\sqrt{S_0}=5\sqrt{\frac{4S_0}{\pi}}$，符号 A 应附以下脚注说明所使用的比例系数，例如，$A_{11.3}$ 表示原始标距为 $11.3\sqrt{S_0}$ 的断后伸长率。

对于非比例试样，符号 A 应附以下脚注说明所使用的原始标距，以毫米（mm）表示，例如，A_{80} 表示原始标距为 80 mm的断后伸长率。

[c] $1\ N/mm^2=1\ MPa$。

3.4　代码 1.04　金属材料　拉伸试验　室温试验方法

3.4.1　定义

标距　gauge length

L

测量伸长用的试样圆柱或棱柱部分的长度，特别要区分以下长度：

原始标距　original gauge length

L_0

施力前的试样标距。

断后标距　final gauge length

L_u

试样断裂后的标距。

平行长度　parallel length

L_c

试样两头部或两夹持部分（不带头试样）之间平行部分的长度。

注：平行长度即是非机加工试样两夹持部分之间的距离。

伸长　elongation

试验期间任一时刻原始标距的增量。

伸长率　percentage elongation

原始标距的伸长与原始标距之比的百分率。

残余伸长率　percentage permanent elongation

卸除指定的应力后，伸长相对于原始标距的百分率。

断后伸长率　percentage elongation after fracture

A

断后标距的残余伸长（$L_u - L_0$）与原始标距（L_0）之比的百分率。

注：对于比例试样，若原始标距不为 $5.65\sqrt{S_0}$（S_0 为平行长度的原始横截面积），$5.65\sqrt{S_0}=5\sqrt{\frac{4S_0}{\pi}}$，符号 A 应附以下脚注说明所使用的比例系数，例如，$A_{11.3}$ 表示原始标距为 $11.3\sqrt{S_0}$ 的断后伸长率。对于非比例试样，符号 A 应附以下脚注说明所使用的原始标距，以毫米（mm）表示，例如，A_{80mm} 表示原始标距为 80 mm 的断后伸长率。

引伸计标距　extensometer gauge length

L_e

用引伸计测量试样延伸时所使用试样平行长度部分的长度。

注：对于测定屈服强度和规定强度性能，建议 L_e 应尽可能跨越试样平行长度。理想的 L_e 应大于 $L_0/2$ 但小于约 $0.9L_c$。这将保证引伸计能检测到发生在试样上的全部屈服。最大力时或在最大力之后的性能，推荐 L_e 等于 L_0 或近似等于 L_0，但测定断后伸长率时 L_e 应等于 L_0。

延伸　extension

试验期间任一给定时刻引伸计标距的增量。

延伸率　percentage extension

用引伸计标距表示的延伸百分率。

残余延伸率　percentage permanent extension

试样施加并卸除应力后引伸计标距的延伸与引伸计标距之比的百分率。

屈服点延伸率　percentage yield point extension

A_e

呈现明显屈服（不连续屈服）现象的金属材料，屈服开始至均匀加工硬化开始之间引伸计标距的延伸与引伸计标距之比的百分率。

最大力总延伸率　percentage total extension at maximum force

A_{gt}

最大力时原始标距的总延伸（弹性延伸加塑性延伸）与原始标距之比的百分率。

最大力塑性延伸率　percentage plastic extension at maximum force

A_g

最大力时原始标距的塑性延伸与原始标距之比的百分率。

断裂总延伸率　percentage total extension at fracture

A_t

断裂时刻原始标距的总延伸（弹性延伸加塑性延伸）与原始标距之比的百分率。

应变速率　strain rate

$\dot{e}_{Le}$

用引伸计标距 L_e 测量时单位时间的应变增加值。

平行长度应变速率的估计值　estimated strain rate over the parallel length

$\dot{e}_{Lc}$

根据横梁分离速率和试样平行长度计算的试样平行长度的应变单位时间内的增加值。

横梁位移速率　crosshead separation rate

ν_c

单位时间的横梁位移。

应力速率　stress rate

$\dot{R}$

单位时间应力的增加。

注：应力速度只用于方法 B 试验的弹性阶段。

断面收缩率　percentage reduction of area

Z

断裂后试样横截面积的最大缩减量(S_0-S_u)与原始横截面积之比的百分率。

最大力　maximum force

F_m

试样在屈服阶段之后所能抵抗的最大力。对于无明显屈服(连续屈服)的金属材料,为试验期间的最大力。

应力　stress

R

试验期间任一时刻的力除以试样原始横截面积之商。

注：本标准中的应力是工程应力。

抗拉强度　tensile strength

R_m

相应最大力(F_m)的应力。

屈服强度　yield strength

当金属材料呈现屈服现象时,在试验期间达到塑性变形发生而力不增加的应力点。应区分上屈服强度和下屈服强度。

上屈服强度　upper yield strength

R_{eH}

试样发生屈服而力首次下降前的最大应力。

下屈服强度　lower yield strength

R_{eL}

在屈服期间,不计初始瞬时效应时的最小应力。

规定塑性延伸强度　proof strength, plastic extension

R_p

塑性延伸率等于规定的引伸计标距百分率时对应的应力。使用的符号应附下脚标说明所规定的塑性延伸率,例如,$R_{p0.2}$,表示规定塑性延伸率为 0.2%时的应力。

规定总延伸强度　proof strength, total extension

R_t

总延伸率等于规定的引伸计标距百分率时的应力。使用的符号应附下脚标说明所规定的总延伸率,例如 $R_{t0.5}$,表示规定总延伸率为 0.5%时的应力。

规定残余延伸强度　permanent set strength

R_r

卸除应力后残余延伸率等于规定的引伸计标距百分率时对应的应力。使用的符号应附下脚标说明所规定的残余延伸率。例如 $R_{r0.2}$,表示规定残余延伸率为 0.2%时的应力。

断裂　fracture

当试样发生完全分离时的现象。

表 5　标准中规定符号及说明，代码 1.04

符号	单位	说　明
		试　样
a_0	mm	矩形横截面试样原始厚度或原始管壁厚度
b_0	mm	矩形横截面试样平行长度的原始宽度或管的纵向剖条宽度或扁丝原始宽度
d_0	mm	圆形横截面试样平行长度的原始直径或圆丝原始直径
D_0	mm	管原始外直径
L_0	mm	原始标距
$L_0{}'$	mm	测定 A_{wn} 的原始标距
L_c	mm	平行长度
L_e	mm	引伸计标距
L_t	mm	试样总长度
L_u	mm	断后标距
L'_u	mm	测量 A_{wn} 的断后标距
S_0	mm^2	原始横截面积
S_u	mm^2	断后最小横截面积
k	—	比例系数
Z	%	断面收缩率
—	—	夹持端
		伸　长
A	%	断后伸长率
A_{wn}	%	无缩颈塑性伸长率
A_e	%	屈服点延伸率
ΔL_m	mm	最大力总延伸
ΔL_f	mm	断裂总延伸
A_g	%	最大力塑性延伸率
A_{gt}	%	最大力总延伸率
A_t	%	断裂总延伸率
—	%	规定塑性延伸率
—	%	规定总延伸率
—	%	规定残余延伸率
		速　率
$\dot{e}_{Le}$	s^{-1}	应变速率
$\dot{e}_{Lc}$	s^{-1}	平行长度估计的应变速率
ν_c	mm/s	横梁分离速率
$\dot{R}$	MPa/s	应力速率

表 5（续）

符号	单位	说　明
		力
F_m	N	最大力
		屈服强度-规定强度-抗拉强度
R_{eH}	MPa	上屈服强度
R_{eL}	MPa	下屈服强度
R_m	MPa	抗拉强度
R_p	MPa	规定塑性延伸强度
R_r	MPa	规定残余延伸强度
R_t	MPa	规定总延伸强度
E	GPa	弹性模量
m	MPa	应力-延伸率曲线在给定试验时刻的斜率
m_E	MPa	应力-延伸率曲线弹性部分的斜率
注：1 MPa=1 N/mm^2。		

3.5　代码 1.05　金属材料　静力单轴试验机的检验　第 1 部分：拉力和(或)压力试验机测力系统的检验与校准

3.5.1　定义

校准　calibration

在规定的条件下，为确定测量仪器或测量系统所指示的量值，或实物量具或参考物质所代表的量值，与对应的由标准所复现的量值之间关系的一组操作。

注 1：校准结果既可给出被测量的示值，又可确定示值的修正值。

注 2：校准也可确定其他计量特性，如影响量的作用。

注 3：校准结果可以记录在校准证书或校准报告中。

表 6　标准中规定的符号及说明，代码 1.05

符号	单位	说　明
a	%	试验机力指示装置的相对分辨力
b	%	试验机测力系统的示值重复性相对误差
F	N	递增力时，标准测力仪指示的真实力
F'	N	递减力时，标准测力仪指示的真实力
F_c	N	在所使用的最小测力范围以递增力补充一组测量时，标准测力仪指示的真实力
$\overline{F}_i$、$\overline{F}$	N	对同一力值点，F_i 和 F 几次测量的算术平均值
F_i	N	递增力时，被检试验机力指示装置指示的力
$F_i{}'$	N	递减力时，被检试验机力指示装置指示的力
$F_{i\,max}$ $F_{i\,min}$ F_{max}，F_{min}	N	对同一力值点，F_i 或 F 的最大值或最小值
F_{ic}	N	在所使用的最小测力范围以递增力补充一组测量时，被检试验机力指示装置的读数

表 6（续）

符号	单位	说　明
F_{i0}	N	卸除力以后，被检试验机力指示装置的残余示值
F_N	N	试验机力范围的最大力
f_0	%	试验机测力系统的零点相对误差
g_n	m/s^2	标准重力加速度
q	%	试验机测力系统示值相对误差
r	N	试验机力指示装置的分辨力
ν	%	试验机测力系统的示值进回程相对误差
ρ_{air}	kg/m^3	空气密度
ρ_m	kg/m^3	静重砝码的密度

3.6 代码 1.06　金属材料　静力单轴试验机的检验　第 2 部分：拉力蠕变试验机　施加力的检验

表 7　标准中规定的符号及说明，代码 1.06

符号	单位	说　明
a	%	试验机的相对鉴别力阈
b	%	试验机测力系统的示值重复性相对误差
d	N	鉴别力阈
d_1	N	与力范围最大力 F_N 的 20% 力值点相对应的鉴别力阈
F	N	标准测力仪指示的真实力
$\bar{F}$	N	对于同一力值点 F 或 F_i 的，多次测量的算术平均值
F_i	N	施加到蠕变试验机上的力 ——对于静重式试验机：$F_i=mg_n$[a] ——对于杠杆式试验机：$F_i=mg_nR$[a] ——对于活动砝码式试验机，F_i 的值是试验机标度尺上的指示值 ——对于弹簧式试验机，F_i 为施加到弹簧校准装置上的力
F_{max}，F_{min}	N	对于同一力值点，F 或 F_i 的最大值或最小值
F_M	N	由试验机托盘上的质量所施加的力
F_N	N	试验机力范围的最大力
F_v	N	所检验的力范围的下限
q	%	试验机测力系统示值相对误差
R	—	检验时所用的杠杆比

[a] 式中：

m——砝码质量，单位为千克(kg)；

g_n——标准自由落体加速度，单位为米每二次方秒（$g_n=9.806\ 65\ m/s^2$）。该量值以前也称为“标准重力加速度”。

3.7 代码 1.07 金属材料 单轴试验用引伸计的标定

表 8 标准中规定的符号及说明,代码 1.07

符号	单位	说明
E_{max}	mm	标定范围的最大极限值
E_{min}	mm	标定范围的最小极限值
L_e	mm	引伸计标距的标称值
L'_e	mm	引伸计标距的测量值
l_i	μm	引伸计指示的位移
l_t	μm	标定器给出的真实位移
q	%	引伸计的系统相对误差
q_{Le}	%	标距相对误差
r	μm	引伸计分辨力

3.8 代码 1.08 金属材料 低温拉伸试验

3.8.1 定义

标距 gauge length

L

测量伸长用的试样圆柱或棱形部分的长度。

原始标距 original gauge length

L_0

在室温下,施力前的试样标距。

断后标距 final gauge length

L_u

在室温下,试样断裂后的标距。

平行长度 parallel length

L_c

试样两头部分或两夹持部分(不带头试样)之间平行部分的长度。

引伸计标距 extensometer gauge length

L_e

用引伸计测定试样延伸时所使用的试样的平行长度部分的长度。

注:其长度不同于 L_0,它大于 b 或者 d,而小于 L_c。

伸长 elongation

在试验期间任一时刻原始标距(L_0)的增量。

伸长率 percentage elongation

原始标距的伸长与原始标距(L_0)之比的百分率。

残余伸长率 percentage permanent elongation

在试样施加并卸除特定应力后,原始标距的伸长与原始标距(L_0)之比的百分率。

断后伸长率　percentage elongation after fracture

A

断后标距的残余伸长(L_u-L_0)与原始标距(L_0)之比的百分率。

注：若为比例试样，仅当原始标距不同于5.65 $\sqrt{S_0}$时(S_0是平行部分的原始横截面积)，符号A应附以下脚标说明所使用的系数，例如：$A_{11.3}$表示原始标距(L_0)为11.3 $\sqrt{S_0}$的断后伸长率。若为非比例试样，符号A应附以下脚标说明所使用的原始标距，单位为毫米(mm)，例如：$A_{80\ \mathrm{mm}}$表示原始标距(L_0)为80 mm的断后伸长率。

断裂总伸长率　percentage total elongation after fracture

A_t

断裂时刻原始标距的总伸长(弹性伸长加塑性伸长)与原始标距(L_0)之比的百分率。

延伸　extension

试验期间任一给定时刻引伸计标距(L_0)的增量。

残余延伸率　percentage permanent extension

试样施加并卸除特定的应力后，引伸计标距的延伸与原始引伸计标距(L_e)之比的百分数。

断面收缩率　percentage reduction of area

Z

断裂后试样横截面最大缩减量(S_0-S_u)与原始横截面积之比的百分数。

最大力　maximum force

F_m

试样在屈服阶段之后所能抵抗的最大力。对于无明显屈服(连续屈服)的金属材料，为试验期间的最大力。

注：对于脆性材料，其最大力为试验过程中的最大值。

应力　stress

试验期间任一时刻的力除以试样原始横截面积(S_0)之商。

抗拉强度　tensile strength

R_m

相应最大力(F_m)的应力。

屈服强度　yield strength

当金属材料呈现屈服现象时，在试验期间达到塑性变形发生而力不增加的应力点，应去区分上屈服强度和下屈服强度。

上屈服强度　upper yield strength

R_{eH}

试样发生屈服而力首次下降前的最高应力。

下屈服强度　lower yield strength

R_{eL}

在屈服期间，不计初始瞬时效应时的最低应力。

规定非比例延伸强度　proof strength, non-proportional extension

R_p

非比例延伸等于规定的引伸计原始标距(L_e)百分率时的应力。

注：使用的符号通过规定的百分数来表示。例如：$R_{p0.2}$，表示规定非比例延伸率为0.2%时的应力。

表 9　标准中规定的符号及说明，代码 1.08

符号	单位	说　明
θ	℃	规定温度
θ_i	℃	指示温度
a	mm	矩形横截面试样厚度或管壁厚度
A	%	断后伸长率：$\frac{L_u-L_0}{L_0}\times 100$
A_t	%	断裂总延伸率
b	mm	矩形横截面试样平行长度内的宽度或管纵向剖条的平均宽度或扁丝的宽度
d	mm	圆形横截面试样平行长度的直径或圆丝直径
F_m	N	最大力
L_c	mm	平行长度
L_e	mm	引伸计标距
L_0	mm	原始标距
L_u	mm	断后标距
R_{eH}	N/mm^2	上屈服强度
R_{eL}	N/mm^2	下屈服强度
R_m	N/mm^2	抗拉强度
R_p	N/mm^2	规定非比例延伸强度
S_0	mm^2	原始横截面积
S_u	mm^2	断后最小横截面积
Z	%	断面收缩率

3.9　代码 1.09　金属材料　液氦拉伸试验

3.9.1　定义

绝热增温　adiabatic heating

由于试样在一定条件下变形会产生内热，而这些由塑性功所产生的热量并不能很快地消散于环境制冷剂中，这种试样温度的增加称为绝热增温。

轴向应变　axial strain

在试样表面纵轴方向上对称或等间距位置的不同侧面测量的应变的平均值。

注：纵向应变是由两个或多于两个的位于试样平行长度上中间部分的应变传感器所测量的。

弯曲应变　bending strain

试样表面应变与轴向应变之间的差值。

注：试样的弯曲应变在沿着圆周的方向和平行长度的方向上各不相同。

真空瓶　dewar

容纳低温流体的真空绝热容器。

不连续屈服强度　discontinuous yielding strength

R_i

在应力应变曲线上的第一个可测量的锯齿开始时的峰值应力。

低温拉伸恒温器　tensile cryostat

使试样在低温环境中受到拉应力的一种试验装置。

表 10　标准中规定的符号及说明，代码 1.09

符号	单位	说　　明
d	mm	圆形横截面试样平行长度内的直径、圆丝直径或管内径
L_0	mm	原始标距
L_u	mm	断后标距
L_c	mm	平行长度
L_e	mm	引伸计标距
S_0	mm^2	原始横截面积
S_u	mm^2	断后最小横截面积
Z	%	断面收缩率：$$Z=\frac{S_0-S_u}{S_0}\times 100$$
A	%	断后伸长率：$$A=\frac{L_u-L_0}{L_0}\times 100$$
F_m	N	最大力
R_m	N/mm^2	抗拉强度
$R_{p0.2}$	N/mm^2	规定塑性延伸强度
R_i	N/mm^2	不连续屈服强度
注：$1\ N/mm^2=1\ MPa$。		

3.10　代码 1.10　超塑性金属材料拉伸性能的评价方法

表 11　标准中规定的符号及说明，代码 1.10

符号	定义	单位	说　　明
—	超塑性状态		超塑性开始及其持续的变形状态
—	R 型试样	—	没有平行部分的普通拉伸试样
—	R 部分	—	R 型试样伸长的主要部分，两夹持间呈圆弧状
d	圆柱状试样直径		圆柱状试样平行部分的原始直径
b	平行边宽度或 R 部分最小宽度	mm	S 型试样平行部分的原始宽度或 R 型试样的 R 部分最小原始宽度
$b_0(i)$	R 部分分段线 i 的原始宽度	mm	R 部分规定的分段线 i 的原始宽度
$b(i)$	R 部分分段线 i 的宽度	mm	停止试验后 R 部分分段线 i 的宽度
A	超塑性伸长率	%	超塑状态下的断后伸长率
B_g	夹持部分宽度	mm	S 型或 R 型试样夹持部分的宽度
L_0	原始标距	mm	两标点间的原始距离，所用量具的精确度应不小于原始距离的 1% 或 0.01 mm 中的大者

表 11（续）

符号	定义	单位	说 明
L_u	断后标距	mm	将断后试样仔细对接在一起使其中心线在同一直线上，测量的两标点间的距离
L_c	平行长度	mm	S 型试样或圆柱形试样平行部分的原始长度
L_t	试样总长度	mm	试样的原始总长度
L_g	夹持部分长度	mm	试样夹持部分的长度
L_R	R 部分长度	mm	R 部分的原始长度
ΔL_R	R 部分伸长	mm	试验期间任一时刻 R 部分长度的增量
R	圆角半径或 R 部分半径	mm	S 型试样过渡弧的原始半径或 R 型试样 R 部分的原始半径
S_0	试样缩减面上的原始横截面积	mm^2	试样的原始横截面积，测量仪器的精确度不大于 2%
$S_0(i)$	R 部分分段线 i 的原始横截面积	mm^2	R 部分规定的分段线 i 的原始横截面积
$S(i)$	R 部分分段线 i 的横截面积	mm^2	试验停止后，R 部分规定的分段线 i 的横截面积
t	试样厚度	mm	S 型或 R 型试样的厚度
$t_0(i)$	R 部分分段线 i 的原始厚度	mm	按规定将 R 部分分段，分段线 i 的原始厚度
$t(i)$	R 部分分段线 i 的厚度	mm	试验停止后，分段线 i 的厚度
F_{10}	百分之十变形的力	N	标称应变达到百分之十时的力值
K	K 值	MPa	由方程 1 限定的带应力量纲的常数
σ_{10}	百分之十流变应力	MPa	标称应变达到百分之十的真应力
σ_f	流变应力	MPa	超塑性变形期间的真应力
σ_N	标称应力	MPa	对 R 型试样，试样变形过程中力与 R 部分的最小原始横截面积之比
$\sigma(i)$	真应力	MPa	对 R 型试样，试样变形过程中力与 R 部分分段线 i 的横截面积之比
$\varepsilon(i)$	真应变	%	R 部分规定分段内的变形
τ_{inter}	变形时间	s	从弹性阶段轴向力随应变开始线性增加到 R 部分伸长量 ΔL_R 达到 3 mm 的时间
$\dot{\varepsilon}_N$	标称应变速率	s^{-1}	对于 S 型试样，横梁的分离速度除以原始平行长度 L_c；对于 R 型试样，横梁分离速度除以原始标距 L_0
$\dot{\varepsilon}$	真应变速率	s^{-1}	单位时间真应变的增量
$\dot{\varepsilon}(i)$	变形期间的真应变速率	s^{-1}	R 部分规定的分段 i 变形期间的真应变速率
m	m 值		超塑性材料流变应力的应变速率敏感性指数

3.11 代码 2.01 金属材料 弯曲试验

表 12 标准中规定的符号及说明,代码 2.01

符号	单位	说 明
α	度	弯曲角度
a	mm	试样的厚度或者直径(也可以是多边形截面的内切圆直径)
b	mm	试样宽度
D	mm	心轴直径
l	mm	跨距
L	mm	试样长度
r	mm	弯曲后,试样弯曲部分的内半径

3.12 代码 2.02 金属材料 厚度不大于 3 mm 的薄板或薄带 反复弯曲试验

表 13 标准中规定的符号及说明,代码 2.02

符号	单位	说 明
a	mm	试样厚度
h	mm	圆柱支座顶部至拨杆底部的距离
N_b	—	反复弯曲次数
r	mm	圆柱支座半径
y	mm	两圆柱支座轴线所在平面至最近的夹块与试样接触点的距离

3.13 代码 2.03 金属材料 线材 单向扭转试验

表 14 标准中规定的符号及说明,代码 2.03

符号	单位	说 明
d	mm	圆金属线材直径
D	mm	非圆形截面金属线材特征尺寸[a]
L	mm	两夹头之间的标距长度
N_t	—	单向扭转次数

[a] 非圆形截面金属线材特征尺寸是指横截面的最大尺寸,通常在相关标准中规定。

3.14 代码 2.04 金属材料 线材 反复弯曲试验

表 15 标准中规定的符号及说明,代码 2.04

符号	单位	说 明
a	mm	装在两平行夹具间的非圆截面试样最小厚度。
d	mm	圆金属线材直径
d_g	mm	拨杆孔直径
h	mm	圆柱支座顶部至拨杆底部的距离
N_b	—	反复弯曲的次数
r	mm	圆柱支座半径
y	mm	两圆柱支座轴线所在平面至最近的夹块与试样接触点的距离

3.15 代码 2.06 金属材料 薄板和薄带 埃里克森杯突试验

表 16 标准中规定的符号及说明，代码 2.06

符号	单位	说明
a	mm	试样厚度
b	mm	试样直径或宽度
d_1	mm	冲头球形部分直径
d_2	mm	压模孔径
d_3	mm	垫模孔径
d_4	mm	压模外径
d_5	mm	垫模外径
h_1	mm	压模内侧圆形部分高度
h	mm	试验期间压痕深度
IE	—	埃里克森杯突值
R_1	mm	压模外侧倒角圆半径，垫模外侧倒角圆半径
R_2	mm	压模内侧倒角圆半径

3.16 代码 2.07 金属材料 管(全截面) 弯曲试验

表 17 标准中规定的符号及说明，代码 2.07

符号	单位	说明
α	度	弯曲角度
a[a]	mm	管壁厚度
D	mm	金属管原始外径
L	mm	试样的原始长度
r	mm	弯心半径

[a] 在钢管标准中也用符号 T 表示此参数。

3.17 代码 2.08 金属材料 管 压扁试验

表 18 标准中规定的符号及说明，代码 2.08

符号	单位	说明
a[a]	mm	管壁厚度
b	mm	压扁后试样的内宽度
D	mm	金属管原始外径
H	mm	力作用下两压板之间的距离
L	mm	试样长度

[a] 在钢管标准中也用符号 T 表示此参数。

3.18 代码 2.09 金属材料 管 扩口试验

表 19 标准中规定的符号及说明，代码 2.09

符号	单位	说　明
β	度	顶芯角度
a[a]	mm	管壁厚度
D	mm	金属管原始外径
D_u	mm	试验后金属管最大外径
L	mm	金属管原始长度

[a] 在钢管标准中也用符号 T 表示此参数。

3.19 代码 2.10 金属材料 管 卷边试验

表 20 标准中规定的符号及说明，代码 2.10

符号	单位	说　明
β	度	顶芯角度
a[a]	mm	管壁厚度
D	mm	金属管原始外径
D_u	mm	金属管最大卷边外径
L	mm	试样的原始长度
R	mm	卷边模具圆角半径

[a] 在钢管标准中也用符号 T 表示此参数。

3.20 代码 2.11 金属材料 管 环形扩孔试验

表 21 标准中规定的符号及说明，代码 2.11

符号	单位	说　明
a[a]	mm	管壁厚度
D	mm	金属管的原始外径
D_{mmax}	mm	锥形心轴的最大直径
D_{mmin}	mm	锥形心轴的最小直径
D_u	mm	试样扩口部分最大外直径
L	mm	试验前试样的原始长度
k	mm	锥形心轴的锥形长度

[a] 在钢管标准中也用符号 T 表示此参数。

3.21 代码 2.13 金属材料 线材 反复扭转试验

表 22 标准中规定的符号及说明，代码 2.13

符号	单位	说　明
d	mm	圆形金属线的直径
L	mm	两夹头之间的标距长度
N_t	—	双向扭转次数

3.22 代码2.14 金属材料 薄板和薄带 塑性应变比(r值)的测定

3.22.1 定义

塑性应变比 plastic strain ratio

r

在单轴拉伸应力作用下,试样宽度方向真实塑性应变和厚度方向真实塑性应变的比。

塑性应变比加权平均值 weighted average of $r_{x/y}$ values

$\bar{r}$

计算不同取向试样 $r_{x/y}$的加权平均值

塑性应变比各向异性度 degree of planar anisotropy

Δr

计算公式

$$\Delta r = \frac{1}{2}(r_0 + r_{90} - 2r_{45})$$

注:三个方向的 r 值应在相同的应变/应变范围条件下测量。

表23 标准中规定的符号及说明,代码2.14

符号	单位	说明
a_0	mm	试样的原始厚度
b_0	mm	试样的原始宽度[a]
L_0	mm	原始标距
L_e	mm	引伸计标距
ΔL	mm	标距范围内瞬时延伸量
Δb	mm	瞬时宽度缩小量
L	mm	试样进行指定应变后的标距
a	mm	试样进行指定应变后的厚度
b	mm	试样进行指定应变后的宽度
e	%	测定塑性应变比的规定塑性应变水平(用于单应变量测算方法)
$e_{\alpha-\beta}$	%	测定塑性应变比的规定塑性应变范围(线性回归方法,α=百分比表示的塑性应变下限,β=百分比表示的塑性应变上限)
r	—	塑性应变比
$r_{x/y}$	—	相对于轧制方向以 x 度为单位表示的方向和 y%表示应变量条件下的塑性应变比
$\bar{r}$	—	$r_{x/y}$加权平均值
Δr	—	塑性应变比各向异性度
ε_a	—	厚度方向真实塑性应变
ε_b	—	宽度方向真实塑性应变
ε_l	—	长度方向真实塑性应变
F	N	试验力
S_0	mm^2	原始横截面积
S	mm^2	真实截面积

表 23（续）

符号	单位	说　明
ν	—	泊松比
m_E	MPa	拉伸应力应变曲线弹性部分的斜率
m_r	—	真塑性宽度应变对应真塑性长度应变的线性回归斜率
A_g	%	最大力塑性延伸率
α,β,x,y	—	下标变量
注：1 MPa=1 N/mm²。		
[a] 有一些试验设备，也可以采用不同于试样宽度的标距宽度。		

3.23 代码 2.15 金属材料 薄板和薄带 拉伸应变硬化指数（n 值）的测定

表 24 标准中规定的符号及说明，代码 2.15

符号	单位	说　明
ΔL	mm	引伸计标距部分的瞬时延伸
σ	MPa	真实应力
ε	—	真实塑性应变
A_e	%	屈服点延伸率
A_g	%	最大力塑性延伸率
C	MPa	强度系数
e_p	%	测定拉伸应变硬化指数的约定塑性（工程）应变水平（用于单应变量测算方法）
$e_{p\alpha}-e_{p\beta}$	%	测定拉伸应变硬化指数的约定塑性（工程）应变范围（线性回归方式，$e_{p\alpha}$：塑性应变下限，$e_{p\beta}$：塑性应变上限）
F	N	施加于试样上的瞬时力。
L	mm	引伸计标距部分的瞬时长度 $L=L_e+\Delta L$
L_e	mm	引伸计标距
m_E	MPa	应力-应变曲线弹性部分的斜率
N	—	测定拉伸应变硬化指数时的测量点数目
n	—	拉伸应变硬化指数
R	MPa	应力
R_m	MPa	抗拉强度
r	—	塑性应变比
S_0	mm²	试样平行长度部分的原始横截面积
S	mm²	真实横截面积
A,B,x,y	—	采用人工方式测定 n 值的几个变量
注：1 MPa=1 N/mm²。		

3.24 代码2.16 金属材料 制耳试验

表25 标准中规定的符号及说明，代码2.16

符号	单位	说明
a	mm	试样厚度
d_1	mm	冲头直径
d_2	mm	凹模内径
d_b	mm	试样直径
$\bar{h}_e$	mm	平均制耳高度
$h_{e\,max}$	mm	耳高的最大值
$\bar{h}_t$	mm	h_t 的平均值
$h_{t\,max}$	mm	h_t 的最大值
h_t	mm	制耳峰高(制耳顶峰到冲压杯底外表面的垂直距离)
$\bar{h}_v$	mm	h_v 的平均值
h_v	mm	制耳谷高(相邻两个制耳之间的谷底到冲压杯底外表面的垂直距离)
$h_{v\,min}$	mm	h_v 的最小值
R_1	mm	冲头圆角半径
R_2	mm	凹模内侧圆角半径
Ra	μm	表面粗糙度(表面轮廓的数学平均偏差)
Z	%	制耳率(以百分比表示的制耳高度)

3.25 代码2.17 金属材料 薄板和薄带 成形极限曲线的测定 第1部分：冲压车间成形极限图的测量及应用

表26 标准中规定的符号及说明，代码2.17

符号	单位	说明
t_0	mm	试样厚度
L_0	mm	网格的初始标距
l_1	mm	网格沿主应变方向上的变形后尺寸
l_2	mm	网格垂直于主应变方向上的变形后尺寸
e	%	工程应变
e_1	%	主工程应变
e_2	%	次工程应变(垂直于主工程应变)
FLD	—	成形极限图
FLC	—	成形极限曲线

3.26 代码 2.17 金属材料 薄板和薄带 成形极限曲线的测定 第 2 部分:实验室成形极限曲线的测定

表 27 标准中规定的符号及说明,代码 2.17

符号	单位	说明
e	%	工程应变
$\varepsilon=\ln(1+e)$	—	真实应变(对数应变)
ε_1	—	主真实应变
ε_2	—	次真实应变
ε_3	—	厚向应变
σ	—	标准偏差
D	mm	冲头直径
D_{bh}	mm	凹模直径
$X(0),X(1)$ $X(m),\cdots,X(n)$	mm	X 方向位置
$f(x)=ax^2+bx+c$	—	最佳拟合抛物线公式
$f(x)=1/(ax^2+bx+c)$	—	最佳拟合反向抛物线公式
$S(0),S(1),\cdots,S(5)$	—	截面
n	—	X 方向位置点数
m	—	失效位置截面数量
w	mm	拟合区域宽度
t_0	mm	初始板厚
r	—	塑性应变比

3.27 代码 2.18 金属材料 管环液压试验

表 28 标准中规定的符号及说明,代码 2.18

符号	单位	说明
a[a]	mm	管环厚度测量值
A_t	%	规定的环向总应变
d[b]	mm	管环外径测量值
l	mm	管环长度
p	N/mm^2	达到规定环向总应变的静压
R_{At}	N/mm^2	对应规定环向总应变时的环向强度

[a] 在钢管标准中也用符号 T 表示此参数。

[b] 在钢管标准中也用符号 D 表示此参数。

3.28 代码 2.19 金属材料 扩孔试验方法

3.28.1 定义

极限扩孔率 limiting hole expansion ratio

施加载荷使圆锥形扩孔凸模垂直插入试样的冲制圆孔进行扩孔试验,直至穿透试样厚度的裂纹出现时圆孔直径的扩展量与圆孔初始直径的比率。

余隙度　clearance

制备试样时，冲制试样上圆孔所用凹模与凸模之间的相对间隙，即凹模和凸模之间的间隙与试样厚度的比值。

表 29　标准中规定的符号及说明，代码 2.19

符号	单位	说　明
c	%	余隙度
d_d	mm	试样冲制圆孔用的凹模内径
d_p	mm	试样冲制圆孔用的凸模直径
D_d	mm	扩孔装置的凹模内径
D_h	mm	破裂后的圆孔平均直径
D_0	mm	冲制圆孔的初始直径
D_p	mm	扩孔装置的凸模直径
F	N	压边力
R	mm	扩孔装置凹模肩部的圆角半径
t	mm	试样厚度
λ	%	极限扩孔率
$\bar{\lambda}$	%	平均极限扩孔率

3.29　代码 2.20　金属材料　薄板和薄带　拉弯回弹评估方法

3.29.1　定义

曲率　curvature

κ

拉弯试样内表面中间沿纵向测定的曲率半径的倒数，见公式。

$$\kappa = \frac{1}{r}$$

回弹量　amount of spring back

η

试样加载和卸载后曲率的相对变化，见下列公式。

$$\eta = \frac{|\kappa' - \kappa|}{\kappa} = \frac{r' - r}{r'}$$

拉弯　stretch bending

在试样承受拉伸力时进行弯曲的方法。

单位面积压边力　blank holding pressure

p

作用于试样厚度方向上的力除以试样与模具的接触面积。

名义拉伸应力　nominal tensile stress

试样单位横截面上的拉伸力。

表 30　标准中规定的符号及说明,代码 2.20

符号	单位	说　　明
a	mm	试样厚度
b	mm	试样宽度
F_h	N	板料压边力
F_p	N	冲压力
h	mm	冲头行程
p	MPa	单位面积压边力
R_p	mm	冲头半径
r	mm	试样在加载时内表面的曲率半径
r'	mm	试样卸载后内表面的曲率半径
r_d	mm	凹模圆角半径
S	mm^2	试样与模具的总接触面积
T	MPa	作用于试样的名义拉伸应力
W	mm	凹模间距
w	mm	用于测量试样卸载后曲率的量规的支承座宽度
x	mm	用于测量试样卸载后曲率的量规测量得到的数值
κ	mm^{-1}	试样加载时内表面的曲率($=r^{-1}$)
κ'	mm^{-1}	试样卸载后内表面的曲率[$=(r')^{-1}$]
η		回弹量
2θ	rad	试样沿冲头的张开角度

3.30　代码 3.01　金属材料　努氏硬度试验　第 1 部分:试验方法

表 31　标准中规定的符号及说明,代码 3.01

符号	说　　明
F	试验力,单位为牛(N)
d	压痕长对角线长度,单位为毫米(mm)
c	压头常数,与用长对角线长度的平方计算的压痕投影面积相关 压头常数 $c=\dfrac{\tan\dfrac{\beta}{2}}{2\tan\dfrac{\alpha}{2}}$,$c=0.702\ 8$ α 和 β 是相对棱边之间的夹角。
HK	努氏硬度 $=$ 常数[a] $\times\dfrac{\text{试验力}}{\text{压痕投影面积}}$ $=0.102\dfrac{F}{d^2c}=0.102\times\dfrac{F}{0.702\ 8\ d^2}=1.451\dfrac{F}{d^2}$
a　常数$=\dfrac{1}{g_n}=\dfrac{1}{9.806\ 65}\approx 0.102$。 式中:9.806 65 是从力的工程单位公斤力(kgf)转换成力的法定计量单位牛顿(N)时的转换因子。	

3.31 代码 3.02 金属材料 布氏硬度试验 第1部分:试验方法

表 32 标准中规定的符号及说明,代码 3.02

符号	单位	说明
D	mm	硬质合金球直径
F	N	试验力
d	mm	压痕平均直径 $d=\frac{d_1+d_2}{2}$
d_1,d_2	mm	在两相互垂直方向测量的压痕直径
h	mm	压痕深度$=\frac{D-\sqrt{D^2-d^2}}{2}$
HBW	—	布氏硬度=常数[a]$\times\frac{试验力}{压痕表面积}$ $=0.102\frac{2F}{\pi D(D-\sqrt{D^2-d^2})}$
$0.102\times F/D^2$	N/mm²	试验力-球直径平方的比率
[a] 常数$=\frac{1}{g_n}=\frac{1}{9.80665}\approx0.102$ g_n——标准重力加速度。		

3.32 代码 3.03 金属材料 维氏硬度试验 第1部分:试验方法

表 33 标准中规定的符号及说明,代码 3.03

符号	单位	说明
α	—	金刚石压头顶部两相对面夹角(136°)
F	N	试验力
d	mm	两压痕对角线长度 d_1 和 d_2 的算术平均值
HV	—	维氏硬度=常数[a]$\times\frac{试验力}{压痕表面积}$ $=0.102\frac{2F\sin\frac{136^\circ}{2}}{d^2}\approx0.1891\frac{F}{d^2}$
[a] 常数$=\frac{1}{g_n}=\frac{1}{9.80665}\approx0.102$。		

3.33 代码 3.04 金属材料 洛氏硬度试验 第1部分:试验方法(A、B、C、D、E、F、G、H、K、N、T 标尺)

表 34 标准中规定的符号及说明,代码 3.04

符号	单位	说明
F_0	N	初试验力
F_1	N	主试验力
F	N	总试验力
S	mm	给定标尺的单位
N	—	给定标尺的硬度数值
h	mm	卸除主试验力后,在初试验力下压痕残留的深度(残余压痕深度)

表 34（续）

符号	单位	说　　明
HRA HRC HRD		洛氏硬度$=100-\frac{h}{0.002}$
HRB HRE HRF HRG HRH HRK		洛氏硬度$=130-\frac{h}{0.002}$
HRN HRT		表面洛氏硬度$=100-\frac{h}{0.001}$

3.34 代码 3.06 金属材料 硬度和材料参数的仪器化压痕试验 第 1 部分：试验方法

表 35 标准中规定的符号及说明，代码 3.06

符号	单位	说　　明
$A_p(h_c)$	mm^2	从压头顶端到 h_c 处的压头接触投影面积
$A_s(h)$	mm^2	从压头顶端到 h 处的压头表面积
C_{IT}	%	压痕蠕变
E_{IT}	N/mm^2	压痕模量
F	N	试验力
F_{max}	N	最大试验力
h	mm	施加试验力下的压痕深度
h_c	mm	最大试验力下压头与试样的接触深度
h_{max}	mm	最大试验力下的最大压痕深度
h_p	mm	卸除试验力后残余压痕深度
h_r	mm	曲线 b 的最大试验力处的切线 c 与压痕深度坐标轴的交点
H_{IT}	N/mm^2	压痕硬度
HM	N/mm^2	马氏硬度
HM_s	N/mm^2	根据施加试验力-压痕深度曲线的斜率测得的马氏硬度
r	mm	球形压头的半径
R_{IT}	%	压痕松弛
S	N/nm	接触刚度
W_{elast}	N·m	压痕弹性形变功
W_{total}	N·m	压痕总机械功
α	(°)	表征锥形压头形状的角度
η_{IT}	%	W_{elast}/W_{total} 之比
注 1：为了避免数据过长，多重单位或者次级多重单位允许被使用。 注 2：$1\ N/mm^2=1\ MPa$。		

3.35 代码 4.01 金属材料 夏比摆锤冲击试验 第 1 部分:试验方法

3.35.1 定义

实际初始势能(势能) actual initial potential energy(potential energy)

K_p

对试验机直接检验测定的值。

吸收能量 absorbed energy

K

由指针或其他指示装置示出的能量值。

注:用字母 KV 或 KU 表示缺口几何形状,用下标数字 2 或 8 表示摆锤刀刃半径,例如 KV_2。

高度 height

h

开缺口面与其相对面之间的距离。

宽度 width

w

与缺口轴线平行且垂直于高度方向的尺寸。

长度 length

l

与缺口方向垂直的最大尺寸。

表 36 标准中规定的符号及说明,代码 4.01

符号	单位	说 明
K_p	J	实际初始势能(势能)
FA	%	剪切断面率
h	mm	试样高度
KU_2	J	U 型缺口试样在 2 mm 摆锤刀刃下的冲击吸收能量
KU_8	J	U 型缺口试样在 8 mm 摆锤刀刃下的冲击吸收能量
KV_2	J	V 型缺口试样在 2 mm 摆锤刀刃下的冲击吸收能量
KV_8	J	V 型缺口试样在 8 mm 摆锤刀刃下的冲击吸收能量
LE	mm	侧膨胀值
l	mm	试样长度
T_t	℃	转变温度
w	mm	试样宽度

3.36 代码 4.01 金属材料 夏比摆锤冲击试验 第 2 部分:试验机的检验

3.36.1 定义

砧座 anvil

试验机底座上加工成垂直支承面而用以阻挡被摆锤打击试样的部分,该支承面垂直于试样支座的支承面。

底座 base

试验机机架上试样支座支承面以下的部分。

打击中心 centre of percussion

摆锤上的一点,在该点对试样进行打击时所产生的效应和摆锤的全部质量如果均集中在该点对试样进行打击所产生的效应是相同的。

注:当单摆沿水平线通过打击中心做一次打击,摆轴不产生水平方向的反作用力。

打击点　centre of strike

将高度为标准高度一半(即5 mm)的试样或等值量规放在试样支座上,摆锤自由悬挂位置时,冲击刀刃上与该试样或量规的上水平面相接触的点。

工作试验机　industrial machine

工业上、普通试验室或大多数研究实验室进行金属材料试验用的摆锤式冲击试验机。

注:此类试验机不用于给出标准值。

标准试验机　reference machine

用于测定各批有证标准试样标准标定准吸收能量能量值的摆锤式冲击试验机。此类试验机的检验要求严于工作试验机。

摆锤刀刃　striker

锤体接触试样的部分。

注:实际接触试样的有2 mm曲率半径的刀刃(2 mm冲动刀)或8 mm曲率半径的刀刃(8 mm冲动刀)。

试样支座　test piece supports

试验机底座上加工成水平支承面而用于预先放置被摆锤打击试样的部分。该支承面垂直于摆锤的打击中心、冲动刀和砧座的支承面。

总吸收能量　total absorbed energy

K_T

用摆锤冲击试验机冲断试样时所需要的总吸收能量,能量没有对任何能量损失进行修正。

注:它等于摆锤在初始位置的势能与试样断裂后完成第一个半周期时的势能之差。

初始势能(势能)　initial potential energy

K_P

直接检验时测定的,进行冲击试验时释放摆锤以前摆锤的势能与在冲击位置时的势能之差。

吸收能量　absorbed energy

K

使用摆锤冲击试验机冲断试样时所需的能量,该能量已经对摩擦能量损失做了修正。

注:用字母V或U表示试样缺口几何形状,即KV或KU,用数字2或8以下标形式表示冲击刀刃半径,例如KV_2。

计算能量　calculated energy

K_{calc}

用直接检验过程中测得的角度值、长度值和力值计算出的能量值。

初始势能标称值(标称能量)　nominal initial potential energy, nominal energy

K_N

由摆锤冲击试验机制造者给出的能量值。

吸收能量示值　indicated absorbed energy

K_S

由试验机指示装置(显示器或标度盘)指示的能量,该能量可以或不需要对测定的吸收能量K进行摩擦能量损失的修正。

标准吸收能量　reference absorbed energy

K_R

检验摆锤冲击试验机性能用的标准试样吸收能量的标定值。

高度　height

试样带有缺口的面和与之相对的面之间的距离。

宽度 width

垂直于高度且与缺口平行的方向的尺寸。

长度 length

与试样高度方向垂直且与缺口平行的尺寸。

标准试样 reference test piece

通过将被检试验机测得的吸收能量示值与所用试样标定的标准吸收能量值进行比较，检验工作试验机适合性用的冲击试样。

表 37 标准中的规定的符号及说明，代码 4.01

符号	单位	说明
B_V	J	通过间接检验测得的摆锤冲击试验机的示值误差
b	J	重复性
F	N	在与摆轴相距为 l_2 时测得的摆锤的作用力
F_g	N	由重力产生的摆锤的作用力
g	m/s^2	重力加速度
h	m	摆锤下落高度
h_1	m	摆锤上升高度
KV	J	测定的 V 型缺口试样的吸收能量
KV_R	J	间接检验用的有证标准试样的标准吸收能量值
$\overline{KV}_v$	J	间接检验时试验测得的标准试样吸收能量的平均值
K_N	J	初始势能标称值(标称能量)
K_P	J	初始势能(势能)
K_R	J	一组夏比标准试样的标准吸收能量
K	J	吸收能量(表示为 KV_2、KV_8、KU_2、KU_8，以识别规定缺口几何形状和摆锤刀刃半径)
K_T	J	总吸收能量
K_S	J	吸收能量示值
K_{calc}	J	计算能量
K_1 或 β_1	J 或度	支座上不放试样并按常规操作进行试验时，试验机指示的吸收能量或升角
K_2 或 β_2	J 或度	支座上不放试样、指示装置不复位并按常规操作进行试验时，试验机指示的吸收能量或升角
K_3 或 β_3	J 或度	支座上不放试样、指示装置不复位并按常规操作进行试验时，摆动第 11 个半周期以后试验机的指示吸收能量或升角
l	m	摆轴轴线至试样中心(打击点)的距离(摆锤的长度)
l_1	m	摆轴轴线至打击中心的距离
l_2	m	摆轴轴线至力 F 作用点的距离
M	N·m	力矩，等于 F 与 l_2 的乘积
n_V	—	对摆锤冲击试验机进行间接检验时，用于试验的标准试样数目
p	J	由指针摩擦产生的吸收能量损失
p'	J	由摆轴轴承摩擦和空气阻力产生的吸收能量损失
p_β	J	升角为 β 时，吸收能量损失的修正值

表 37（续）

符号	单位	说　明
r	J	指示装置标尺的分辨力
RM	—	标准物质
s_V	J	由 n_V 个标准试样获得的 KV 值的标准偏差
S	J	指示装置标尺的标度误差
t	s	摆锤的周期
T	s	摆锤摆动 100 次的总时间
T_{max}	s	T 的最大值
T_{min}	s	T 的最小值
$u(\overline{KV}_V)$	J	$\overline{KV}_V$ 的标准不确定度
$u(B_V)$	J	由示值误差引入的标准不确定度
$u(F)$	J	测定力的 F 标准不确定度
$u(F_{std})$	J	力传感器的标准不确定度
u®	J	分辨力引入的标准不确定度
u_{RM}	J	试验机间接检验用有证标准试样标定值的标准不确定度
u_V	J	间接检验结果的标准不确定度
α	(°)	摆锤的落角
β	(°)	摆锤的升角
ν_B	—	标准不确定度 $u(B_V)$的自由度
ν_V	—	标准不确定度 u_V 的自由度
ν_{RM}	—	标准不确定度 u_{RM} 的自由度

3.37　代码 4.01　金属材料　夏比摆锤冲击试验　第 3 部分：摆锤冲击试验机间接检验用夏比 V 型缺口试样的制备和特性

3.37.1　定义

工作试验机　industrial machine

工业上、普通试验室或大多数研究实验室进行金属材料试验用的摆锤冲击试验机。

注：此类试验机不用于给出标准值。

标准试验机　reference machine

用于测定各批标准试样标准吸收能量值的摆锤式冲击试验机。此类试验机的检验要求严于工作试验机。

总吸收能量　total absorbed energy

K_T

使用摆锤冲击试验机冲断试样时所需的总吸收能量，该能量没有对任何能量损失进行修正。

注：它等于摆锤在初始位置的势能与试样断裂后完成第一个半周期时的势能之差。

吸收能量　absorbed energy

K

使用摆锤冲击试验机冲断试样时所需的能量，该能量已经对摩擦能量损失做了修正。

注：用字母 V 或 U 表示试样缺口的几何形状，即 KV 或 KU，用数字 2 或 8 以下角标表示冲击刀刃半径，例如 KV_2。

标准吸收能量 reference absorbed energy

K_R

检验摆锤冲击试验机性能用的标准试样吸收能量的标定值。

批 batch

在相同生产条件下制造出的具有共同吸收能量标定值的标准试样的确定数量。

组 set

从一批试样中随机选取的试样组合。

特性组 characterization set

按要求从一批试样中抽取的用来测定该批试样标准吸收能量的试样组。

标准组 reference set

按要求选取的并用于检验摆锤式冲击试验机的试样组。

高度 height

试样带有缺口面和与之相对的面之间的距离。

宽度 width

与试样高度方向垂直且与缺口平行的尺寸。

长度 length

与试样缺口方向垂直的最大尺寸。

标准试样 reference test piece

通过将被检试验机测得的吸收能量示值与所用试样标定的标准吸收能量值进行比较，以检验工作试验机适合性用的冲击试样。

有证标准试样 certified reference test piece

带有标定的标准吸收能量值 K_R 和规定置信水平不确定度证书的冲击试样。

注：标定的标准吸收能量值是由一个经过认可合格的国家或国际机构测定的值

表 38 标准中规定的符号及说明，代码 4.01

符号	单位	说 明
CRM	—	有证标准物质
k	—	包含因子
K	J	吸收能量
K_T	J	总吸收能量
K_R	J	一组夏比标准试样的标准吸收能量
KV	J	测定的 V 型缺口试样的吸收能量
KV_{char}	J	在对批的特性检定中测定的一批夏比 V 型缺口标准试样的 KV 值
KV_{PB}	J	首批标准试样标定的 KV 值
KV_R	J	夏比标准试样标定的 KV 值
KV_{SB}	J	第二批标准试样标定的 KV 值
n_{hom}	—	用于均匀性评定试验的试样数
n_{PB}	—	将第二批与首批比对用的首批试样数
n_{SB}	—	将第二批与首批比对用的第二批试样数
n_V	—	对摆锤冲击试验机间接检验时试验用的标准试样数
p	—	参与实验室比对的实验室或仪器数
PB	—	首批

表 38（续）

符号	单位	说　明
RM	—	标准物质
SB	—	第二批
s_p	J	从 p 个实验室获得的 KV 平均值的标准偏差
s_{PB}	J	将首批试样与 n_{SB} 个第二批试样比对时，获得的 n_{PB} 个首批试样试验结果的标准偏差
s_{RM}	J	在对一批标准试样的均匀性评定中，获得的 n_{hom} 个试样 KV 值的标准偏差
u_{char}	J	KV_{char} 的标准不确定度
$u_{char,PB}$	J	首批 KV_{char} 值的标准不确定度
$u_{char,SB}$	J	第二批 KV_{char} 值的标准不确定度
u_{hom}	J	标准试样均匀性评定的标准不确定度
u_{lts}	J	标准试样长期稳定性评定的标准不确定度
u_{RM}	J	间接检验用的标准试样标定值的标准不确定度
U_{RM}	J	置信水平约为 95%的标准试样标定值的扩展不确定度
u_{sts}	J	标准试样短期稳定性评定的标准不确定度
$u_{\bar{X}PB}$	J	$\bar{X}_{PB}$ 的标准不确定度
$u_{\bar{X}SB}$	J	$\bar{X}_{SB}$ 的标准不确定度
$\bar{X}_{PB}$	J	将第二批与首批试样比对时所用的 n_{PB} 个试样的平均值
$\bar{X}_{SB}$	J	将第二批与首批试样比对时所用的 n_{SB} 个试样的平均值
δKV_{hom}	J	由批的不均匀性引起的 KV 测量值的局部误差
δKV_{lts}	J	由长期稳定性引起的 KV 测量值的局部误差
δKV_{sts}	J	由短期稳定性引起的 KV 测量值的局部误差
ν_{char}	—	u_{char} 的自由度
ν_{hom}	—	u_{hom} 的自由度
ν_{RM}	—	u_{RM} 的自由度

3.38 代码 4.03 金属材料 平面应变断裂韧度的测定

3.38.1 定义

张开型（Ⅰ型）应力强度因子 plane-strain stress intensity factor

K_I

表征了在承受张开型（Ⅰ型）加载的裂纹尖端弹性应力场的大小。它是施加的力、试样尺寸、几何形状和裂纹长度的函数，量纲为力×长度$^{-3/2}$。

平面应变断裂韧度 plane-strain fracture toughness

K_{Ic}

按本试验方法的操作和程序来测定，在裂纹尖端附近的应力状态处于平面应变状态，且裂纹尖端塑性变形受到约束时，材料对裂纹扩展的抗力。

注：K_{Ic}是在塑性变形受到严重约束以增加力的情况下产生裂纹扩展时的 K_I 临界值。

断裂平面方向 crack plane orientation

一种叙述裂纹扩展平面和方向与产品的特定方向相关的方法。

注：在描述垂直于裂纹平面方向时要用连字符连接的符号表示，连字符前面的符号代表裂纹平面的法线方向，连字

符后面的符号表示预期的裂纹扩展方向。对于锻造金属，通常用字符 X 表示产品的主要变形(最大晶粒流动方向)，用字母 Y 表示最小变形方向，用字母 Z 表示 X-Z 平面的第三正交法向。如果试样的方向与产品的特征晶粒流动方向不一致时，用三个字母标记裂纹面的法向方向和预期的裂纹扩展方向。如果没有晶粒流动方向(如铸造材料)，参考轴可以任意指定，但应清晰标明。

缺口张开位移　notch opening displacement

V

在缺口嘴附近测量的张开位移。

表 39　标准中规定的符号及说明，代码 4.03

符号	单位	说　明
ΔK_{I}	MPa·m$^{1/2}$[a]	预制疲劳裂纹时任一循环的最大应力强度因子与最小应力强度因子之差
a	mm	裂纹长度
B	mm	试样厚度
E	GPa	弹性模量
F	kN	施加的力
F_s	kN	特定的力 F 值
F_Q	kN	特定的力 F 值
K_f	MPa·m$^{1/2}$[a]	预制疲劳裂纹时的最大应力强度因子
K_{I}	MPa·m$^{1/2}$	张开型应力强度因子(Ⅰ型)
K_{IC}	MPa·m$^{1/2}$	K_{I} 的临界值(平面应变断裂韧度)
K_Q	MPa·m$^{1/2}$	K_{Ic}的条件值
R	—	在疲劳试验的单一循环中，疲劳断裂力的最小值与最大值之比
$R_{p0.2}$	MPa	0.2%偏置下规定非比例延伸强度
S	mm	弯曲试样跨距
V	mm	缺口张开位移
W	mm	弯曲试样的宽度或紧凑拉伸试样的有效宽度

[a] 0.031 6 MPa·m$^{1/2}$ = 1 N·mm$^{-3/2}$ = 0.031 6 MN·m$^{-3/2}$。

3.39　代码 4.04　钢　夏比 V 型缺口摆锤冲击试验　仪器化试验方法

3.39.1　定义

屈服力　general yield force

F_{gy}

力-位移曲线从直线上升部分向曲线上升部分增加转变点时的力。

注：它表示了力的第一个近似值，在这个力下，屈服在整个未开裂的试样带发生。

最大力　maximum force

F_m

力-位移曲线上力的最大值。

不稳定裂纹扩展起始力　initiation force of unstable crack propagation

F_{iu}

力-位移曲线上急剧下降开始的力。

注：它表示了裂纹非稳定扩展的开始。

不稳定裂纹扩展终止力　crack arrest force of unstable crack propagation

F_a

力-位移曲线急剧下降终止时的力。

屈服位移　general yield displacement

S_{gy}

与屈服力相对应的位移。

最大力时的位移　displacement at maximum force

S_m

与最大力相对应的位移。

不稳定裂纹扩展起始位移　initiation displacement of unstable crack propagation

S_{iu}

不稳定裂纹扩展开始时的位移。

不稳定裂纹扩展终止位移　crack arrest displacement of unstable crack propagation

S_a

不稳定裂纹扩展终止时的位移。

总位移　total displacement

S_t

力-位移曲线结束时的位移。

最大力时的能量　energy at maximum force

W_m

力-位移曲线下，从 $S=0$ 到 $S=S_m$ 的面积。

不稳定裂纹扩展起始能量　initiation energy of unstable crack propagation

W_{iu}

力-位移曲线下，从 $S=0$ 到 $S=S_m$ 的面积。

表 40　标准中的指定符号及说明，代码 4.04

符号	单位	说　明
f_g	Hz	输入频率
F	N	力
F_a	N	不稳定裂纹扩展终止力
F_{gy}	N	屈服力
F_{iu}	N	不稳定裂纹扩展起始力
F_m	N	最大力
g_n	m/s^2	重力加速度
h	m	摆锤撞击中心下降高度
KV	J	测定的 V 型缺口试样的吸收能量
m	kg	摆锤质量
s	mm	位移
s_a	mm	不稳定裂纹扩展终止位移
s_{gy}	mm	屈服位移
s_{iu}	mm	不稳定裂纹扩展起始位移
s_m	mm	最大力时的位移
s_t	mm	总位移

表 40（续）

符号	单位	说　明
t	s	时间
t_0	s	试样开始变形的时间
t_r	s	信号上升时间
v_0	m/s	冲击开始时的冲击速度
v_t	m/s	在 t 时刻时的冲击速度
W_a	J	不稳定裂纹扩展终止能量
W_{iu}	J	不稳定裂纹扩展起始能量
W_m	J	最大力时的能量
W_t	J	总冲击能量

3.40　代码 4.05　金属材料　准静态断裂韧度的统一试验方法

3.40.1　定义

应力强度因子　stress intensity factor

K

对于均匀线弹性体的弹性应力场的大小。

注：应力强度因子是施加力、试样尺寸、几何形状和裂纹长度的函数。

裂纹尖端张开位移　crack-tip opening displacement

δ

在预制疲劳裂纹尖端，裂纹两表面相对于原始未变形的裂纹平面的垂直位移。

J 积分　J-integral

围绕裂纹前缘，从裂纹的一侧表面到另一侧表面的线积分或面积分，用以表征裂纹前缘地区的应力-应变场。

J

负载参数，相当于 J 积分，通过本标准方法测定其特征值（J_c、J_i、J_u 等），用于表征不可忽略的裂纹尖端塑性变形条件下的断裂韧度。

稳定裂纹扩展　stable crack extension

在位移控制的试验条件下，位移保持恒定时，裂纹扩展停止或将停止时的裂纹扩展量。

非稳定裂纹扩展　unstable crack extension

失稳的裂纹扩展，之前可能有或者没有稳定裂纹扩展。

pop-in

在力-位移曲线上的突然不连续性，通常表现为位移的突然增加伴随力降低。

注 1：位移和力的数值在发生 pop-in 之后仍会增加且会超过发生 pop-in 之前的数值。

注 2：当利用本标准进行试验时，预裂纹平面的非稳定裂纹扩展可导致 pop-in 的发生，应将其与 1）垂直裂纹平面的分层和撕裂；2）在三点弯曲试验中的支撑辊滑动或紧凑拉伸试验加力链中的销子滑动；3）引伸计安装不当；4）在低温试验下裂纹表面冰的破碎；5）力和位移的测量与记录设备的电子干扰等区分开。

裂纹扩展阻力曲线（*R* 曲线）　crack extension resistance curves（*R*-curves）

δ 或 J 随裂纹稳定扩展量的变化曲线。

表 41　标准中规定的符号及说明，代码 4.05

符号	单位	说　　明
a	mm	标称裂纹长度(为了疲劳预裂纹的目的，额定值小于 a_0)
a_f	mm	终止裂纹长度($a_0+\Delta a$)
a_i	mm	即时裂纹长度
a_m	mm	机械加工切口长度
a_0	mm	初始裂纹长度
Δa	mm	包括钝化区的稳定裂纹扩展量
Δa_{max}	mm	δ 或 J 控制的裂纹扩展极限
B	mm	试样厚度
B_N	mm	两侧槽之间的试样净厚度
C	m/N	试样的弹性柔度
E	GPa	试验温度下的弹性模量
F	kN	施加的力
F_c	kN	当 Δa 小于 0.2 mm 钝化偏置线时出现非稳定裂纹扩展或 pop-in 时的力
F_f	kN	预制疲劳裂纹时的最大力
J	MJ/m^2	J 积分的试验当量
$J_{c(B)}$	MJ/m^2	当 Δa 小于 0.2 mm 钝化偏置线时出现非稳定裂纹扩展或 pop-in 时的尺寸敏感断裂抗力 J 值(B 为试样厚度)
J_g	MJ/m^2	J 控制裂纹扩展的上极限
J_i	MJ/m^2	稳定裂纹扩展开始时的 J 值
$J_{m(B)}$	MJ/m^2	对于全塑性特性的第一个最大力平台对应的尺寸敏感断裂抗力 J 值 (B 为试样厚度)
J_{max}	MJ/m^2	本标准方法定义的 J-R 材料特性的极限值
$J_{u(B)}$	MJ/m^2	当 Δa 等于或大于 0.2 mm 钝化偏置线时出现非稳定裂纹扩展或 pop-in 时的尺寸敏感断裂抗力 J 值(B 为试样厚度)
$J_{uc(B)}$	MJ/m^2	当稳定裂纹扩展无法测量时出现非稳定裂纹扩展或 pop-in 时的尺寸敏感断裂抗力 J 值(B 为试样厚度)
J_0	MJ/m^2	稳定裂纹扩展对应的未修正的 J 值
$J_{0.2BL}$	MJ/m^2	稳定裂纹扩展为 0.2 mm 钝化偏置线时对应的非尺寸敏感断裂抗力 J 值
$J_{0.2BL(B)}$	MJ/m^2	稳定裂纹扩展为 0.2 mm 钝化偏置线时对应的尺寸敏感断裂抗力(B 为试样厚度)
K	$MPa\sqrt{m}$	应力强度因子
K_f	$MPa\sqrt{m}$	预制疲劳裂纹最后阶段的应力强度因子 K 的最大值
K_{IC}	$MPa\sqrt{m}$	平面断裂韧度
K_Q	$MPa\sqrt{m}$	K_{IC} 的条件值
q	mm	施力点位移
R_m	MPa	在试验温度下材料在垂直于裂纹平面的抗拉强度
$R_{p0.2}$	MPa	在试验温度下材料在垂直于裂纹平面方向的 0.2% 偏置下的规定塑性延伸强度

表 41(续)

符号	单位	说　　明
S	mm	在三点弯曲试验中,外部加力点之间的跨距
T	℃	试验温度
U	J	力和施力点位移曲线下的面积
U_e	J	U 的弹性分量
U_p	J	U 的塑性分量
V	mm	缺口张开位移
V_e	mm	V 的弹性分量
V_p	mm	V 的塑性分量
W	mm	试样宽度
Z	mm	用于测定缺口张开位移的引伸计装卡位置距离试样表面之间的距离
δ	mm	裂纹尖端张开位移(CTOD)
$\delta_{c(B)}$	mm	当 Δa 小于 0.2 mm 钝化偏置线时出现非稳定裂纹扩展或 pop-in 时的尺寸敏感断裂抗力 δ(B 为试样厚度)
δ_g	mm	δ 控制裂纹扩展的极限值
δ_i	mm	稳定裂纹扩展开始时的断裂抗力 δ
$\delta_{m(B)}$	mm	对于全塑性特性的第一个最大力平台对应的尺寸敏感断裂抗力 δ(B 为试样厚度)
δ_{max}	mm	相应标准方法定义的 δ-R 材料特性的极限值
$\delta_{u(B)}$	mm	当 Δa 大于 0.2 mm 钝化偏置线时出现非稳定裂纹扩展或 pop-in 时的尺寸敏感断裂抗力 δ 值(B 为试样厚度)
$\delta_{uc(B)}$	mm	当稳定裂纹扩展无法测量时出现非稳定裂纹扩展或 pop-in 时的尺寸敏感断裂抗力 δ 值(B 为试样厚度)
δ_0	mm	裂纹稳定扩展的未修正的 δ 值
$\delta_{0.2BL}$	mm	稳定裂纹扩展为 0.2 mm 钝化偏置线时对应的非尺寸敏感断裂抗力 δ
$\delta_{0.2BL(B)}$	mm	稳定裂纹扩展为 0.2 mm 钝化偏置线时对应的尺寸敏感断裂抗力 δ(B 为试样厚度)
ν	—	泊松比
注 1:本表格只列举了主要用到的参数符号,其他参数符号将在相应的章节中予以说明。 注 2:除非特别说明,本表格所列举的各参数符号的数值均为试验温度下的测量或计算值。		

3.41 代码 4.06 金属材料 低拘束试样测定稳定裂纹扩展阻力的试验方法

3.41.1 定义

裂纹张开位移 crack opening displacement COD

δ_5

在预制疲劳裂纹尖端,裂纹两表面相对于原始未变形的裂纹平面的垂直位移,通过在试样侧表面5 mm原始标距测量。

裂纹尖端张开角 crack tip opening angle CTOA

ψ

相距现有裂纹尖端 1 mm 处测量的(或计算的)裂纹两表面形成的相对角度。

稳定裂纹扩展　stable crack extension

Δa

在位移控制加载下，裂纹扩展量只随位移量的增加而增加。

裂纹扩展阻力曲线(*R* 曲线)　crack extension resistance curves

δ_5 随裂纹稳定扩展 Δa 的变化曲线。

临界裂纹尖端张开角　critical crack tip opening angle

ψ_c

相距现有裂纹尖端 1 mm 处裂纹尖端张开角 ψ 的稳态值。

注：该值对面内尺寸不敏感，但是可能有厚度依赖性。

表 42　标准中规定的符号及说明，代码 4.06

符号	单位	说　明
a	mm	裂纹长度
a_f	mm	终止裂纹长度($a_0+\Delta a$)
a_m	mm	机械加工切口长度
a_0	mm	初始裂纹长度
Δa	mm	包括钝化区的稳定裂纹扩展量
Δa_{min}	mm	ψ_c 即将接近稳态值时的裂纹扩展量
Δa_{max}	mm	δ 或 J 控制的裂纹扩展极限
Δa_f	mm	最终稳定裂纹扩展量
B	mm	试样厚度
E	GPa	杨氏弹性模量
F	kN	施加的力
F_f	kN	预制疲劳裂纹时的最大力
$R_{p0.2}$	MPa	试验温度下材料在垂直于裂纹平面方向的 0.2%偏置下的规定塑性延伸强度
R_m	MPa	试验温度下材料在垂直于裂纹平面方向的抗拉强度
α	(°)	裂纹路径偏离度
W	mm	紧凑拉伸试样的宽度，中心裂纹拉伸试样的半宽度
$W-a$	mm	无裂纹韧带区长度
$W-a_0$	mm	初始无裂纹韧带区长度
$W-a_f$	mm	最终无裂纹韧带区长度
ψ	(°)	裂纹尖端张开角(CTOA)
ψ_c	(°)	临界裂纹尖端张开角(CTOA)
ν	—	泊松比
δ_5	mm	疲劳预制裂纹尖端 5 mm 标距的裂纹张开位移
注：此处不是一个完整的参数列表，仅列出主要参数，其他参数在正文中定义和引用。		

3.42　代码 5.01　金属材料　疲劳试验　轴向力控制方法

3.42.1　定义

测试直径　test diameter

d

试样或试件最大应力处的直径。

测试横截面厚度　thickness of test section

a

矩形横截面试样或试件的厚度。

测试横截面宽度　width of test section

b

矩形横截面试样或试件的宽度。

平行长度　parallel length

L_c

具有相同测试直径或测试宽度的试样或试件标距部分的长度。

半径　radius

r

从测试直径(d)或者测试宽度(b)到夹持端直径(D)或宽度(B)的测试横截面端的曲率;或者试样或者试件夹持端之间的连续半径。

注:该曲率不一定要求是整个横跨测试横截面的端部和扩大部分开始端之间的真正圆弧。

最大应力　maximum stress

σ_{max},S_{max}

在应力循环中具有最大代数值的应力。

平均应力　mean stress

σ_m,S_m

最大应力和最小应力的代数平均值。

最小应力　minimum stress

σ_{min},S_{min}

一个应力循环内的最小代数值的应力。

应力幅　stress amplitude

σ_a,S_a

最大应力和最小应力代数差的一半。

应力范围　stress range

$\Delta\sigma$,ΔS

最大应力和最小应力代数差。

$$\Delta\sigma = \sigma_{max} - \sigma_{min} \text{或者} \Delta S = S_{max} - S_{min}$$

应力比　stress ratio

R_s

在疲劳试验中任一个单循环的最小应力和最大应力比值。

$$R_s = \sigma_{min}/\sigma_{max}$$

应力循环　stress cycle

应力随时间周期性的等幅变化。

循环次数　number of cycles

N

力-时间,应力-时间,应变-时间等函数的最小循环周期性重复的次数。

疲劳寿命、持续时间　fatigue life,endurance

N_f

按规定的失效准则试验时达到的循环数。

条件疲劳强度　fatigue strength at N cycles

σ_N

在规定应力比下试样具有 N 次循环的应力幅值。

表 43　标准中规定的符号及说明,代码 5.01

符号	说明	定　义
		应力循环
σ_{max}	最大应力	在应力循环中具有最大代数值的应力
σ_{min}	最小应力	在应力循环中具有最小代数值的应力
σ_m	平均应力	应力的静止部分,它是最大应力和最小应力的代数平均值
σ_a	应力幅	应力的变动部分,它是最大应力和最小应力代数差的一半
N	疲劳寿命	在试验中所有阶段的循环次数
R	应力比	最小应力与最大应力的代数比值
$\Delta\sigma$	应力范围	$\sigma_{max}-\sigma_{min}$
		疲劳寿命和强度
N_f	疲劳寿命或耐久性	在特定环境下,应力循环导致其失效的次数
σ_N	在 N 次循环的疲劳强度	一个特定应力比的应力幅值,在这个种情况下,试样有 N 次循环的寿命
σ_D	疲劳极限	应力幅的值,在这个值下,试样在给定概率时被希望可以进行无限次的应力循环[a]
		试样
d		试样应力最大处的直径
L_c		平行长度
r[b]		从试样直径 d 或者试样宽度 b 到夹持端的直径或长度的开始过渡的试样部分的半径;试样夹持端的连续半径
a		矩形截面试样试验部分的厚度
b		矩形截面试样应力最大处的宽度

a　某些材料没有疲劳极限。其他的材料在一定的环境下会显示出疲劳极限。

b　这条曲线不必需要从试验部分结束到这类试样大尾部开始之间的这整段距离的真实圆弧。

3.43　代码 5.02　金属材料　旋转弯曲疲劳试验

表 44　标准中规定的符号及说明,代码 5.02

符号	单位	名　称
D	mm	试样夹持端直径或其螺纹部分的外径
d	mm	试样应力最大部位的直径
N_f	周次	疲劳寿命
r	mm	试样夹持部分与试验部分之间过渡弧半径

3.44　代码 5.03　钢　扭应力疲劳试验方法

表 45　标准中规定的符号及说明，代码 5.03

符号	单位	说　明
D	mm	试样夹持端的直径或相对平面间的距离
d	mm	试样工作部分的最小直径
L_c	mm	试样工作部分的平行长度
r	mm	d 与 D 之间的过渡圆弧半径或夹持端间的圆弧半径
τ_D	MPa	扭转疲劳极限，指定循环基数下的中值扭转疲劳强度。循环基数一般取 10^7 或更高

3.45　代码 5.04　轴向加力疲劳试验机　动态力校准　应变片技术

表 46　标准中规定的符号及说明，代码 5.04

符号	说　明
a	矩形截面试样的厚度
b	矩形截面试样最大应力处的宽度
B	矩形横截面试样上夹持端的宽度
d	试样最大应力处的直径
D	试样夹持端直径或其螺纹部分的外径
$F_{a,max}$	试验机最大力幅($1/2F_{R,max}$)
F_m	平均力
$F_{m,max}$	试验机的最大平均力
F_{max}	试验机的最大力
F_R	动态力范围
$F_{R,max}$	试验机的最大动态力范围
l	电阻应变片的总长度，即应变片基底长度
L_c	试样的平行长度
r	从平行长度到夹持端的过渡半径

3.46　代码 5.05　金属材料　疲劳试验　轴向应变控制方法

3.46.1　定义

真应力　ture stress

σ

瞬时力除以标距内的瞬时横截面积。

$\sigma=F/A$ 或 $\sigma=S(1+e)$ 其中 S 为工程应力 F/A_0，e 为工程应变 $\Delta L/L_0$。

注：在真应变量小于 10%时，真应力近似等于工程应力。

标距　gauge length

引伸计测量点之间的距离。

真应变　ture strain

ε

标距瞬时增量除以标距瞬时长度的积分值。

$\varepsilon=\int_{L_0}^{L}\frac{dL}{L}$ 或 $\varepsilon=\ln(1+e)$ 式中 e 为工程应变 $\Delta L/L_0$，L 指标距的瞬时长度。

注：在真应变量小于 10%时，真应变近似等于工程应变。

循环 cycle

应变-时间函数上周期重复的最小单元。

最大值 maximum

变量在一个循环内的最大代数值。

最小值 minimum

变量在一个循环内的最小代数值。

平均值 mean

变量最大值与最小值代数和的一半。

范围 range

变量最大值与最小值的代数差。

幅值 amplitude

变量范围的一半。

疲劳寿命 fatigue life

N_f

达到失效的循环数 N。

滞后迴线 hysteresis loop

在一个循环内应力-应变的封闭曲线。

表 47 标准中规定的符号及说明,代码 5.05

符号	单位	说明
		试样
L_0	mm	原始标距
L	mm	瞬时标距
A_0	mm^2	原始横截面积
A	mm^2	瞬时横截面积 $A=A_0L_0/L$
A_f	mm^2	失效处的最小横截面积
r	mm	过渡弧半径(从试样平行工作部分到夹持端)
L_t	mm	试样的总长
		圆柱形
d	mm	平行工作部分截面直径
D	mm	试样夹持端直径
L_r	mm	试样截面减小区域长度
		平板形
B	mm	截面的宽度
t	mm	厚度
W	mm	夹持端宽度
		失效测试
E	GPa	弹性模量
E_T	GPa	峰值拉伸应力后的卸载模量
E_C	GPa	峰值压缩应力后的卸载模量

表 47（续）

符号	单位	说　明
		失效测试
N_f	—	到达失效前的总循环数
t_f	S	到达失效前的总时间
σ	MPa	真应力
ε	—	真应变
Δ	—	参量的变化范围
$R_{p0.2}$	MPa	0.2%规定塑性延伸强度
R_Z	μm	平均表面粗糙度
R_σ	—	应力比（$R_\sigma=\sigma_{min}/\sigma_{max}$）
R_ε	—	应变比（$R_\varepsilon=\varepsilon_{min}/\varepsilon_{max}$）
ε'	s^{-1}	应变速率
		结果的表达
σ_y'	MPa	循环屈服强度[a]
n	—	拉伸应变硬化指数
n'	—	循环应变硬化指数
K	MPa	强度系数
K'	MPa	循环强度系数
σ'_f	MPa	疲劳强度系数
b	—	疲劳强度指数
ε'_f	—	疲劳延性系数
c	—	疲劳延性指数
[a] 通常采用 0.2%偏置。		

3.47　代码 5.06　金属材料　疲劳试验　数据的统计方案与分析方法

3.47.1　定义

置信度　confidence level

与统计偏差区间相对应的概率值 1-α。

自由度　degree of freedom

总的试验项数减去估计的参数数为自由度数。

分布函数　distribution function

给出每一 χ 值的函数，该函数代表自由变量 X 小于或等于 χ 的概率。

估计　estimation

为赋值，从样品中对观测值根据取样分布函数所进行的相关赋值。

总体（样本）　population

被考虑的个体材料或项目的总和。

自由变量　random variable

在制定区域任意取值的变量。

样品　sample

为了提供总样本的信息，从总样本中抽取的一项或多项。

样本大小　size

n

总样本中的项目数、批数、样品数等。

标准偏差　standard deviation

σ

根据算术平均值得到的平均方差的正方根值。

疲劳寿命　fatigue life

N

在指定的应力水平下，试样达到定义的失效标准之前所经历的应力循环数。

疲劳极限　fatigue limit

无限寿命下的疲劳强度。

疲劳强度　fatigue strength

在指定疲劳寿命下，试样发生失效时的应力水平 S 值，单位为兆帕(MPa)。

试样　specimen

按照预定的形状和尺寸用于单一测试的材料的一部分。

应力水平　stress level

S

在试验控制条件下的应力强度，例如：应力幅值、最大应力和应力范围。

应力台阶　stress step

d

当用升降法进行试验时，相邻应力水平之间的差值，单位为兆帕(MPa)。

3.48　代码 5.07　**金属材料　疲劳试验　疲劳裂纹扩展法**

3.48.1　**定义**

裂纹长度　crack length

a

裂纹从参考平面到裂纹尖端的主要平面尺寸的线性测量，也叫裂纹尺寸。

循环　cycle

N

力-时间或者应力-时间函数上周期重复的最小单元。

注：条件疲劳循环，力循环和应力循环可交替使用。字母用来表示已发生力循环次数。

疲劳裂纹扩展速度　fatigue crack growth rate

da/dN

每一个力循环裂纹长度增长量。

最大力　maximum force

F_{max}

在循环中，力有一个最大代数值；拉力是正值，压力是负值。

最小力　minimum force

F_{min}

在循环中，力有一个最小代数值；拉力是正值，压力是负值。

力的范围　force range

ΔF

在一次循环中最大力与最小力代数差：$\Delta F = F_{max} - F_{min}$。

力比　force ratio

R

在一次循环中最小力或应力与最大力或应力的代数比。

注：也叫应力比。

应力强度因子　stress intensity factor

K

裂纹尖端应力场的幅值，在这个应力场中，力被施加在一个均匀的线性区域中，而在这个区域中，裂纹的模型仅仅与垂直于裂纹表面的力相关。

最大应力强度因子　maximum stress intensity factor

K_{max}

在一次循环中应力强度因子最高代数值，对应 F_{max}。

最小应力强度因子　minimum stress intensity factor

K_{min}

在一次循环中应力强度因子最底代数值，对应 F_{min}。

注：这个定义同上，不管最小力是拉力还是压力，对于一个负的力比($R<0$)，有一个二中择一，一般采用最小应力强度因子的定义，$K_{min}=0$。

应力强度因子范围　stress intensity factor range

ΔK

在一次循环中应力强度因子最大值与最小值的代数差。

$\Delta K = K_{max} - \Delta K_{min}$

注：ΔK，R 和 K_{max} 力变量的关系是 $\Delta K=(1-R)K^{0}_{max}$。对于一个负的力比($R<0$)，有一个二中择一，一般采用应力强度因子范围的定义 $\Delta K = K_{max}$。

疲劳裂纹扩展极限　fatigue crack growth threshold

ΔK_{th}

当 da/dN 接近零时，ΔK 的渐近值。

注：对于大多数材料，当应力强度因子范围符合 10^{-8} mm/cycle 时，极限是明确的。当报告 ΔK_{th} 时，也应该包括限定中相应的 da/dN 数的最低十进制。

标准 *K*-梯度　normalized *K*-gradient

$C = (1/K)dK/da$

裂纹长度 a 增加时 K 分数变化率。

$C = 1/K(dK/da) = 1/K_{max}(dK_{max}/da) = 1/K_{min}(dK_{min}/da) = 1/\Delta K(d\Delta K/da)$

***K*-递减试验　*K*-decreasing test**

标准 K-梯度 C 是负的试验。

注：K-递减试验是当裂纹生长时通过连续减小或者通过一系列步骤来减小应力强度因子来操作的。

***K*-递增试验　*K*-increasing test**

C 值是正的试验。

注：对于标准试样，一个恒力幅导致一个 K-递增试验，试验中 C 值是正的而且是递增的。

应力强度因子函数　stress intensity factor function

$g(a/W)$

基于试验，数值或分析结果的数学表达式，表明了应力强度因子与力和特定试样结构裂纹长度的关系。

表 48 标准中规定的符号及说明，代码 5.07

符号	单位	名 称
加力		
C	mm^{-1}	标准 K-梯度
E	MPa	弹性拉伸模量
F	kN	力
F_{max}	kN	最大力
F_{min}	kN	最小力
ΔF	kN	力的范围
K	MPa/m^2	应力强度因子
K_{max}	MPa/m^2	最大应力强度因子
K_{min}	MPa/m^2	最小应力强度因子
ΔK	MPa/m^2	应力强度因子范围
ΔK_i	MPa/m^2	初始应力强度因子范围
ΔK_{th}	MPa/m^2	极限应力强度因子范围
N		循环次数
R		力比或应力比
R_m	MPa	试验温度下的极限抗拉强度
$R_{p0.2}$	MPa	试验温度下 0.2%规定塑性延伸强度
几何		
a	mm	裂纹长度或从参考平面到裂纹尖端测得的尺寸
a_{cor}	mm	裂纹尖端曲率校正长度
a_{fat}	mm	从缺口根部测得的疲劳裂纹长度
a_n	mm	加工缺口长度
a_p	mm	初始裂纹长度
B	mm	试样厚度
D	mm	CT，SENT 或者 CCT 试样孔径，弯曲试样用的装载锤头直径
$g(a/W)$	—	应力强度因子函数
h	mm	缺口高度
W	mm	试样宽度，从参考平面到试样边缘的距离
$W-a$	mm	最小未裂开韧带
裂纹扩展		
da/dN	mm/循环	疲劳裂纹扩展速度
Δa	mm	裂纹长度，裂纹扩展变化量

4 按关键词索引

表 49 中列出了国际标准中使用的 3.1～3.48 中出现的某些词或短语。标准中出现了这些关键词，

其对应的标准由表 1 的代码识别。

表 49　关键词索引

关键词	代码
吸收能量　absorbed energy	4.01
实际初始势能(势能)　actual initial potential energy(potential energy)	4.01
绝热增温　adiabatic heating	1.09
回弹量　amount of spring back	2.20
幅值　amplitude	5.05
砧座　anvil	4.01
轴向应变　axial strain	1.09
底座　base	4.01
批　batch	4.01
弯曲应变　bending strain	1.09
单位面积压边力　blank holding pressure	2.20
计算能量　calculated energy	4.01
校准　calibration	1.05
打击中心　centre of percussion	4.01
打击点　centre of strike	4.01
有证标准试样　certified reference test piece	4.01
特性组　characterization set	4.01
余隙度　clearance	2.19
置信度　confidence level	5.06
不稳定裂纹扩展终止位移　crack arrest displacement	4.04
不稳定裂纹扩展终止力　crack arrest force	4.04
裂纹扩展阻力曲线(*R* 曲线)　crack extension resistance curves (*R*-curves)	4.05,4.06
不稳定裂纹扩展起始位移　crack initiation displacement	4.04
不稳定裂纹扩展起始能量　crack initiation energy	4.04
不稳定裂纹扩展起始力　crack initiation force	4.04
裂纹长度　crack length	5.07
裂纹张开位移　crack opening displacement	4.06
裂纹尖端张开角　crack tip opening angle	4.06
裂纹尖端张开位移　crack-tip opening displacement	4.05
断裂平面方向　crack plane orientation	4.03
蠕变伸长时间　creep elongation time	1.01
持久断裂时间　creep rupture time	1.01
临界裂纹尖端张开角　critical crack tip opening angle	4.06
横梁位移速率　crosshead separation rate	1.04

表 49（续）

关键词	代码
曲率　curvature	2.20
循环　cycle	5.05,5.07
真空瓶　dewar	1.09
自由度　degree of freedom	5.06
塑性应变比各向异性度　degree of plannar anisotropy	2.14
不连续屈服强度　discontinuous yielding strength	1.09
最大力时的位移　displacement at maximum force	4.04
分布函数　distribution function	5.06
伸长　elongation	1.01,1.03,1.04,1.08
最大力时的能量　energy at maximum force	4.04
估计　estimation	5.06
平行长度应变速率的估计值　Estimated strain rate over the parallel length	1.04
延伸　extension	1.03,1.04,1.08
引伸计标距　extensometer gauge length	1.01,1.03,1.04,1.08
疲劳裂纹扩展速度　fatigue crack growth rate	5.07
疲劳裂纹扩展极限　fatigue crack growth threshold	5.07
疲劳寿命、持续时间　fatigue life，endurance	5.01,5.05,5.06
疲劳极限　fatigue limit	5.06
疲劳强度　fatigue strength	5.06
条件疲劳强度　fatigue strength at N cycles	5.01
断后标距　final gauge length	1.03,1.04,1.08
断后标距　final gauge length after rupture	1.01
最终参考长度　final reference length	1.01
力的范围　force range	5.07
力比　force ratio	5.07
断裂　fracture	1.04
标距　gauge length	1.03,1.04,1.08,5.05
屈服位移　general yield displacement	4.04
屈服力　general yield force	4.04
高度　height	4.01
滞后迴线　hysteresis loop	5.05
吸收能量示值　indicated absorbed energy	4.01
工作试验机　industrial machine	4.01
初始应力　initial stress	1.01
初始势能　initial potential energy	4.01

表 49（续）

关键词	代码
J	4.05
J-积分　*J*-integral	4.05
K-递减试验　*K*-decreasing test	5.07
K-递增试验　*K*-increasing test	5.07
长度　length	4.01
极限扩孔率　limiting hole expansion ratio	2.19
下屈服强度　lower yield strength	1.03,1.04,1.08
最大值　maximum	5.05
最大力　maximum force	1.03，1.04，1.08，4.04，5.07
最大应力　maximum stress	5.01
最大应力强度因子　maximum stress intensity factor	5.07
平均值　mean	5.05
平均应力　mean stress	5.01
最小值　minimum	5.05
断后最小横截面积　minimum cross-sectional area after rupture	1.01
最小力　minimum force	5.07
最小应力　minimum stress	5.01
最小应力强度因子　minimum stress intensity factor	5.07
多头试验机　multiple test piece machine	1.01
初始势能标称值(标称能量)　nominal initial potential energy,nominal energy	4.01
名义拉伸应力　nominal tensile stress	2.20
缺口张开位移　notch opening displacement	4.03
标准 *K*-梯度　normalized *K*-gradient	5.07
循环次数　number of cycles	5.01
原始横截面积　original cross-sectional area	1.01
原始标距　original gauge length	1.01,1.03,1.04,1.08
原始参考长度　original reference length	1.01
平行长度　parallel length	1.01，1.03，1.04，1.08,5.01
滞弹性伸长率　percentage anelastic elongation	1.01
蠕变伸长率　percentage creep elongation	1.01
伸长率　percentage elongation	1.01,1.03，1.04，1.08
持久伸长率　percentage elongation after creep rupture	1.01
断后伸长率　percentage elongation after fracture	1.03,1.04，1.08
延伸率　percentage extension	1.04
初始塑性伸长　percentage initial plastic elongation	1.01

表 49（续）

关键词	代码
残余伸长率　percentage permanent elongation	1.01,1.03,1.04,1.08
残余延伸率　percentage permanent extension	1.04,1.08
塑性伸长率　percentage plastic elongation	1.01
最大力塑性延伸率　percentage plastic extension at maximum force	1.04
断面收缩率　percentage reduction of area	1.03,1.04,1.08
持久断面收缩率　percentage reduction of area after creep rupture	1.01
断裂总伸长率　percentage total elongation at fracture	1.03,1.08
断裂总延伸率　percentage total extension at fracture	1.04
最大力总延伸率　percentage total extension at maximum force	1.04
屈服点延伸率　percentage yield point extension	1.04
规定残余延伸强度　permanent set strength	1.04
平面应变断裂韧度　plane strain fracture toughness	4.03
张开型(Ⅰ型)应力强度因子　plane strain stress intensity factor	4.03
塑性伸长时间　plastic elongation time	1.01
塑性应变比　plastic strain ratio	2.14
pop-in	4.05
总体(样本)　population	5.06
规定塑性延伸强度　proof strength, non-proportional extension	1.03,1.04,1.08
规定总延伸强度　proof strength, total extension	1.04
半径　radius	5.01
自由变量　random variable	5.06
范围　range	5.05
标准吸收能量　reference absorbed energy	4.01
参考长度　reference length	1.01
标准试验机　reference machine	4.01
标准组　reference set	4.01
标准试样　reference test piece	4.01
样品　sample	5.06
组　set	4.01
单头试验机　single test piece machine	1.01
样本大小　size	5.06
试样　specimen	5.06
稳定裂纹扩展　stable crack extension	4.05,4.06
标准偏差　standard deviation	5.06
应变速率　Strain rate	1.04

表 49（续）

关键词	代码
应力　stress	1.03,1.04,1.08
应力幅　stress amplitude	5.01
应力循环　stress cycle	5.01
应力强度因子　stress intensity factor	4.05,5.07
应力强度因子函数　stress intensity factor function	5.07
应力强度因子范围　stress intensity factor range	5.07
应力水平　stress level	5.06
应力范围　stress range	5.01
应力速率　Stress rate	1.04
应力比　stress ratio	5.01
应力台阶　stress step	5.06
拉弯　stretch bending	2.20
摆锤刀刃　striker	4.01
拉伸低温恒温器　tensile cryostat	1.09
抗拉强度　tensile strength	1.03,1.04,1.08
测试直径　test diameter	5.01
试样支座　test piece supports	4.01
测试横截面厚度　thickness of test section	5.01
总吸收能量　total absorbed energy	4.01
总位移　total displacement	4.04
真应变　ture strain	5.05
真应力　ture stress	5.05
上屈服强度　upper yield strength	1.03,1.04,1.08
非稳定裂纹扩展　unstable crack extension	4.05
塑性应变比加权平均值　weighted average of $r_{x/y}$ values	2.14
宽度　width	4.01
测试横截面宽度　width of test section	5.01
屈服强度　yield strength	1.03,1.04,1.08

5　按字母顺序符号列表

针对国际标准和国际标准草案中出现的识别代码和标准中给出的名称，表 50 按字母顺序列出了从表 2～表 48 中列出的所有符号。

表 50 按字母顺序列出的标准中的所有符号

符号	代码	名称
A	1.03,1.04,1.08,1.09	断后伸长率：$\frac{L_u - L_0}{L_0} \times 100$
A	1.10	超塑性伸长率
A	5.05	瞬时横截面积 $A = A_0 L_0 / L$
A_e	1.01,1.04,2.15	屈服点延伸率
A_f	1.01	蠕变伸长率
A_f	5.05	失效处的最小横截面积
A_g	1.04,2.14,2.15	最大力塑性延伸率
A_{gt}	1.04	最大力总延伸率
A_i	1.01	初始塑性伸长率
A_k	1.01	滞弹性伸长率
A_0	5.05	原始横截面积
A_p	1.01	塑性伸长率
A_{per}	1.01	残余伸长率
$A_p(h_c)$	3.06	从压头顶端到 h_c 处的压头接触投影面积
$A_s(h)$	3.06	压头距离尖端 h_c 处的表面积
A_t	1.03, 1.04, 1.08	断裂总延伸率
A_t	2.18	规定的环向总应变
A_u	1.01	持久断裂伸长率
A_{wn}	1.04	无缩颈塑性伸长率
A, B, x, y	2.15	采用人工方式测定 n 值的几个变量
a	1.01,1.03,1.08	正方形或矩形横截面试样厚度或管壁厚度
a	1.05	试验机力指示装置的相对分辨力
a	1.06	试验机的相对鉴别力阈
a	2.01	试样的厚度或直径(或多边形横截面内切圆直径)
a	2.02, 2.06,2.16,2.20	试样厚度
a	2.04	装在两平行夹具间的非圆截面试样最小厚度
a	2.07, 2.08, 2.09, 2.10, 2.11	管壁厚度(在钢管标准中也用符号 T 表示此参数)
a	2.14	试样进行指定应变后的厚度
a	2.18	管环厚度测量值(在钢管标准中也用符号 T 表示此参数)
a	4.03,4.06	裂纹长度
a	4.05	标称裂纹长度(为了疲劳预裂纹的目的,额定值小于 a_0)
a	5.01,5.04	矩形截面试样试验部分的厚度
a	5.07	裂纹长度或从参考面到裂纹尖端测得的尺寸
a_{cor}	5.07	裂纹尖端曲率校正长度

表 50（续）

符号	代码	名　称
a_{fat}	5.07	从缺口根部测得的疲劳裂纹长度
a_f	4.05,4.06	终止裂纹长度($a_0+\Delta a$)
a_i	4.05	即时裂纹长度
a_m	4.05,4.06	机械加工切口长度
a_n	5.07	加工缺口长度
a_0	1.04	矩形横截面试样原始厚度或原始管壁厚度
a_0	2.14	试样的原始厚度
a_0	4.05,4.06	初始裂纹长度
a_p	5.07	初始裂纹长度
B	4.03,4.05,4.06,5.07	试样厚度
B	5.05	截面的宽度
B	5.04	矩形横截面试样上夹持端的宽度
B_g	1.10	夹持部分宽度
B_N	4.05	两侧槽之间的试样净厚度
B_V	4.01	通过间接检验测得的摆锤冲击试验机的示值误差
b	1.01,1.03,1.08	矩形横截面试样平行长度内的宽度或管纵向剖条平均宽度或扁丝的宽度
b	1.02	转位后的复现性相对误差
b	1.05,1.06	试验机测力系统的示值重复性相对误差
b	1.10	平行边宽度或 R 部分最小宽度
b	2.01,2.06,2.20	试样直径或宽度
b	2.08	压扁后试样的内宽度
b	2.14	试样进行指定应变后的宽度
b	4.01	重复性
b	5.01,5.04	矩形截面试样应力最大处的宽度
b	5.05	疲劳强度指数
b'	1.02	不转位时的重复性相对误差
b_0	1.04	矩形横截面试样平行长度的原始宽度或管的纵向剖条宽度或扁丝原始宽度
b_0	2.14	试样的原始宽度
$b_0(i)$	1.10	R 部分分段线 i 的原始宽度
$b(i)$	1.10	R 部分分段线 i 的宽度
C	2.15	强度系数
C	4.05	试样的弹性柔度

表 50（续）

符号	代码	名　称
C	5.07	标准 K-梯度
C_{IT}	3.06	压痕蠕变
c	3.01	压头常数，与用长对角线长度的平方计算的压痕投影面积相关
c	5.05	疲劳延性指数
c	2.19	余隙度
CRM	4.01	有证标准物质
D	1.01	圆柱试样平行长度内横截面直径
D	1.03，2.07，2.08，2.09，2.10，2.11	金属管原始外径
D	2.01	心轴直径
D	2.03	非圆形截面金属线材特征尺寸
D	2.17	冲头直径
D	3.02	硬质合金球的直径
D	5.02，5.04，5.05	试样夹持端直径或其螺纹部分的外径
D	5.03	试样夹持端的直径或相对平面间的距离
D	5.07	CT、SENT 或者 CCT 试样孔径，弯曲试样用的装载锤头直径
D_{bh}	2.17	凹模直径
D_d	2.19	扩孔装置的凹模内径
D_h	2.19	破裂后的圆孔平均直径
$D_{m\,max}$	2.11	锥形心轴最大直径
$D_{m\,min}$	2.11	锥形心轴最小直径
D_n	1.01	缺口根部直径
D_0	1.04	管原始外径
D_0	2.19	冲制圆孔的初始直径
D_p	2.19	扩孔装置的凸模直径
D_u	2.09，2.10，2.11	试验后金属管最大外径
da/dN	5.07	疲劳裂纹扩展速度
d	1.01	光滑和缺口组合试样上标距部分的直径
d	1.03，1.08，1.09，1.10，5.05	圆形横截面试样平行长度的直径或圆丝直径
d	1.06	鉴别力阈
d	2.03，2.04，2.13	圆金属线材直径
d	2.18	管环外径测量值（在钢管标准中也用符号 T 表示此参数）
d	3.01	压痕长对角线长度

表 50（续）

符号	代码	名　称
d	3.02	压痕的平均直径 $\left(d=\frac{d_1+d_2}{2}\right)$
d	3.03	两压痕对角线长度 d_1 和 d_2 的算术平均值
d	5.01,5.02,5.04	试样最大应力处的直径
d	5.03	试样工作部分的最小直径
d_b	2.16	试样直径
d_d	2.19	试样冲制圆孔用的凹模内径
d_g	2.04	拨杆孔直径
d_n	1.01	光滑和缺口组合试样上缺口部分根部直径，无缺口试样 $d=d_n$
d_0	1.04	圆形横截面试样平行长度的原始直径或圆丝原始直径
d_p	2.19	试样冲制圆孔用的凸模直径
d_1	1.06	与力范围最大力 F_N 的 20% 力值点相对应的鉴别力阈
d_1	2.06	冲头球形部分直径
d_1	2.16	冲孔直径
d_1,d_2	3.02	在两相互垂直方向测量的压痕直径
d_2	2.16	凹模内径
d_2	2.06	压模孔径
d_3	2.06	垫模孔径
d_4	2.06	压模外径
d_5	2.06	垫模外径
E	1.04,4.03,4.06,5.05	弹性模量
E	4.05	试验温度下的弹性模量
E	5.07	弹性拉伸模量
E_C	5.05	峰值压缩应力后的卸载模量
E_{IT}	3.06	压痕模量
E_{max}	1.07	标定范围的最大极限值
E_{min}	1.07	标定范围的最小极限值
E_T	5.05	峰值拉伸应力后的卸载模量
e	2.14	测定塑性应变比的规定塑性应变水平(用于单应变量测算方法)
e	2.17	工程应变
e_p	2.15	测定拉伸应变硬化指数的约定塑性(工程)应变水平(用于单应变量测算方法)
$e_{p\alpha}-e_{p\beta}$	2.15	测定拉伸应变硬化指数的约定塑性(工程)应变范围（线性回归方式，$e_{p\alpha}$：塑性应变下限，$e_{p\beta}$：塑性应变上限）
$e_{\alpha-\beta}$	2.14	测定塑性应变比的规定塑性应变范围

表 50（续）

符号	代码	名　称
e_1	2.17	主工程应变
e_2	2.17	次工程应变（垂直于主工程应变）
$\dot{e}_{Le}$	1.04	应变速率
$\dot{e}_{Lc}$	1.04	平行长度估计的应变速率
F	1.05,1.06	递增力时，标准测力仪指示的真实力
F	2.14,3.01,3.02,3.03,3.06	试验力
F	2.15	施加于试样上的瞬时力
F	2.19	压边力
F	3.04	总试验力
F	4.01	在与摆轴相距为 l_2 时测得的摆锤的作用力
F	4.03,4.04,4.05,4.06,5.07	力/施加的力/作用力
$\overline{F}$	1.06	对于同一力值点 F 或 F_i 的多次测量的算术平均值
F'	1.05	递减力时，标准测力仪指示的真实力
F_A	4.01	剪切断面率
F_a	4.04	不稳定裂纹扩展终止力
$F_{a,max}$	5.04	试验机最大力幅（$1/2F_{R,max}$）
F_c	1.05	在所使用的最小测力范围以递增力补充一组测量时，标准测力仪指示的真实力
F_c	4.05	当 Δa 小于 0.2 mm 钝化偏置线时出现非稳定裂纹扩展或 pop-in 时的力
F_f	1.02	传感器的最大容量
F_f	4.05,4.06	预制疲劳裂纹时的最大力
F_g	4.01	由重力产生的摆锤的作用力
F_{gy}	4.04	屈服力
F_h	2.20	板料压边力
F_i	1.05	递增力时，被检试验机力指示装置指示的力
F_i	1.06	施加到蠕变试验机上的力 ——对于静重式试验机：$F_i=mg_n$ ——对于杠杆式试验机：$F_i=mg_nR$ ——对于活动砝码式试验机，F_i 的值是试验机标度尺上的指示值 ——对于弹簧式试验机，F_i 为施加到弹簧校准装置上的力
$\overline{F}_i$,$\overline{F}$	1.05	对同一力值点，F_i 和 F 几次测量的算术平均值
F_i'	N	递减力时，被检试验机力指示装置指示的力

表 50（续）

符号	代码	名　称
F_{ic}	1.05	在所使用的最小测力范围以递增力补充一组测量时，被检试验机力指示装置的读数
$F_{i\,max}$，$F_{i\,min}$ F_{max}，F_{min}	1.05，1.06	对同一力值点，F_i 或 F 的最大值或最小值
F_{i0}	1.05	卸除力以后，被检试验机力指示装置的残余示值
F_{iu}	4.04	不稳定裂纹扩展起始力
FLC	2.17	成形极限曲线
FLD	2.17	成形极限图
F_M'	1.06	由试验机托盘上的质量所施加的力
F_m	1.03，1.04，1.08，1.09，4.04	最大力
F_m	5.04	平均力
$F_{m,max}$	5.04	试验机的最大平均力
F_{max}	3.06，5.04，5.07	最大力
F_{min}	5.07	最小力
F_N	1.02	最大校准力
F_N	1.05，1.06	试验机力范围的最大力
F_p	2.20	冲压力
F_Q	4.03	特定的力 F 值
F_R	5.04	动态力范围
$F_{R,max}$	5.04	试验机的最大动态力范围
F_s	4.03	特定的力 F 值
F_v	1.06	所检验的力范围的下限
F_i'	1.05	递减力时，被检试验机力指示装置指示的力
F_0	3.04	初试验力
F_{10}	1.10	百分之十变形的力
F_1	3.04	主试验力
f_c	1.02	插值相对误差
f_g	4.04	输入频率
f_0	1.02，1.05	零点相对误差
$f(x)=ax^2+bx+c$	2.17	最佳拟合抛物线公式
$f(x)=1/(ax^2+bx+c)$	2.17	最佳拟合反向抛物线公式
g	4.01	重力加速度
$g(a/W)$	5.07	应力强度因子函数

表 50（续）

符号	代码	名　　称
g_n	1.05,4.04	标准重力加速度
H	2.08	力作用下两压板之间的距离
HBW	3.02	布氏硬度 = 常数 × $\frac{试验力}{压痕表面积}$ $= 0.102\frac{2F}{\pi D(D-\sqrt{D^2-d^2})}$
H_{IT}	3.06	压痕硬度
HK	3.01	努氏硬度＝常数×$\frac{试验力}{压痕投影面积}$ $=0.102\frac{F}{d^2c}=0.102\times\frac{F}{0.7028d^2}=1.451\frac{F}{d^2}$
HM	3.06	马氏硬度
HM_s	3.06	根据施加试验力—压痕深度曲线的斜率测得的马氏硬度
HRA	3.04	洛氏硬度＝$100-\frac{h}{0.002}$
HRB	3.04	洛氏硬度＝$130-\frac{h}{0.002}$
HRC	3.04	洛氏硬度＝$100-\frac{h}{0.002}$
HRD	3.04	洛氏硬度＝$100-\frac{h}{0.002}$
HRE	3.04	洛氏硬度＝$130-\frac{h}{0.002}$
HRF	3.04	洛氏硬度＝$130-\frac{h}{0.002}$
HRG	3.04	洛氏硬度＝$130-\frac{h}{0.002}$
HRH	3.04	洛氏硬度＝$130-\frac{h}{0.002}$
HRK	3.04	洛氏硬度＝$130-\frac{h}{0.002}$
HRN	3.04	洛氏硬度＝$100-\frac{h}{0.001}$
HRT	3.04	洛氏硬度＝$100-\frac{h}{0.001}$

表 50（续）

符号	代码	名　称
HV	3.03	维氏硬度 $=常数\times\frac{实验力}{压痕表面积}=0.102\frac{2F\sin\frac{136°}{2}}{d^2}\approx 0.189\ 1\frac{F}{d^2}$
h	2.02	圆柱支座顶部至拨杆底部的距离
h	2.06	试验期间压痕深度
h	2.20	冲头行程
h	3.02	压痕深度$=\frac{D-\sqrt{D^2-d^2}}{2}$
h	3.04	卸除主试验力，在初试验力下压痕残留的深度(残余压痕深度)
h	3.06	施加试验力下的压痕深度
h	4.01	试样高度
h	4.01,4.04	摆锤下落高度
h	5.07	缺口高度
h_c	3.06	最大试验力下压头与试样的接触深度
h_{emax}	2.16	耳高的最大值
$\bar{h}_e$	2.16	平均制耳高度
h_{max}	3.06	最大试验力下的最大压痕深度
h_p	3.06	卸除试验力后残余压痕深度
h_r	3.06	曲线 b 的最大试验力处的切线 c 与压痕深度坐标轴的交点
h_t	2.16	制耳峰高(制耳顶峰到冲压杯底外表面的垂直距离)
$h_{t,max}$	2.16	h_t 的最大值
$\bar{h}_t$	2.16	h_t 的平均值
h_v	2.16	制耳谷高(相邻两个制耳之间的谷底到冲压杯底外表面的垂直距离)
$h_{v,min}$	2.16	h_v 的最小值
$\bar{h}_v$	2.16	h_v 的平均值
h_1	2.06	压模内侧圆形部分高度
h_1	4.01	摆锤上升高度
IE	2.06	埃里克森杯突值
i_f	1.02	卸力后指示装置的读数
i_0	1.02	加力前指示装置的读数
J	4.05	J 积分的试验当量
J_0	4.05	稳定裂纹扩展对应的未修正的 J 值
$J_{c(B)}$	4.05	当 Δa 小于 0.2 mm 钝化偏置线时出现非稳定裂纹扩展或 pop-in 时的尺寸敏感断裂抗力 J 值(B 为试样厚度)

表 50（续）

符号	代码	名　称
J_g	4.05	J 控制裂纹扩展的上极限
J_i	4.05	稳定裂纹扩展开始时的 J 值
J_{max}	4.05	本标准方法定义的 J-R 材料特性的极限值
$J_{m(B)}$	4.05	对于全塑性特性的第一个最大力平台对应的尺寸敏感断裂抗力 J 值（B 为试样厚度）
$J_{u(B)}$	4.05	当 Δa 等于或大于 0.2 mm 钝化偏置线时出现非稳定裂纹扩展或 pop-in 时的尺寸敏感断裂抗力 J 值（B 为试样厚度）
$J_{uc(B)}$	4.05	当稳定裂纹扩展无法测量时出现非稳定裂纹扩展或 pop-in 时的尺寸敏感断裂抗力 J 值（B 为试样厚度）
$J_{0.2BL}$	4.05	稳定裂纹扩展为 0.2 mm 钝化偏置线时对应的非尺寸敏感断裂抗力 J 值
$J_{0.2BL(B)}$	4.05	稳定裂纹扩展为 0.2 mm 钝化偏置线时对应的尺寸敏感断裂抗力（B 为试样厚度）
K	4.01	吸收能量（表示为 KV_2、KV_8、KU_2、KU_8，以识别规定缺口几何形状和摆锤刀刃半径）
K	4.05,5.07	应力强度因子
K	5.05	强度系数
K	1.10	K 值，由方程 1 限定的带应力量纲的常数
K'	5.05	循环强度系数
K_{calc}	4.01	计算能量
K_f	4.03,4.05	预制疲劳裂纹时的最大应力强度因子
K_I	4.03	张开型应力强度因子（Ⅰ型）
K_{IC}	4.03,4.05	K_I 临界值（平面应变断裂韧度）
K_{max}	5.07	最大应力强度因子
K_{min}	5.07	最小应力强度因子
K_N	4.01	初始势能标称值（标称能量）
K_p	4.01	实际初始势能（势能）
K_Q	4.03, 4.05	K_{IC} 的条件值
K_R	4.01	一组夏比标准试样的标准吸收能量
K_S	4.01	吸收能量示值
K_T	4.01	总吸收能量
KU_2	4.01	U 型缺口试样在 2 mm 摆锤刀刃下的冲击吸收能量
KU_8	4.01	U 型缺口试样在 8 mm 摆锤刀刃下的冲击吸收能量
KV	4.01,4.04	测定的 V 型缺口试样的吸收能量
KV_{char}	4.01	在对批的特性检定中测定的一批夏比 V 型缺口标准试样的 KV 值

表 50（续）

符号	代码	名　称
KV_R	4.01	间接检验用的有证标准试样的标准吸收能量值
KV_R	4.01	夏比标准试样标定的 KV 值
KV_2	4.01	V 型缺口试样在 2 mm 摆锤刀刃下的冲击吸收能量
KV_8	4.01	V 型缺口试样在 8 mm 摆锤刀刃下的冲击吸收能量
KV_{PB}	4.01	首批标准试样标定的 KV 值
KV_{SB}	4.01	第二批标准试样标定的 KV 值
$\overline{KV}_v$	4.01	间接检验时试验测得的标准试样吸收能量的平均值
K_1 或 β_1	4.01	支座上不放试样并按常规操作进行试验时，试验机指示的吸收能量或升角
K_2 或 β_2	4.01	支座上不放试样、指示装置不复位并按常规操作进行试验时，试验机指示的吸收能量或升角
K_3 或 β_3	4.01	支座上不放试样、指示装置不复位并按常规操作进行试验时，摆动第 11 个半周期以后试验机的指示吸收能量或升角
k	1.03，1.04	比例系数
k	2.11	锥形心轴的锥形长度
k	4.01	包含因子
L	2.01，2.07，2.08，2.09，2.10，2.11	试样原始长度
L	2.03，2.13	两夹头之间的标距长度
L	2.14	试样进行指定应变后的标距
L	2.15	引伸计标距部分的瞬时长度 $L=L_e+\Delta L$
L	5.05	瞬时标距
L_c	1.01，1.03，1.04，1.08，1.09，1.10，5.01，5.03，5.04	平行长度
L_E	4.01	侧膨胀值
L_e	1.01，1.03，1.04，1.08，1.09，2.14，2.15	引伸计标距
L_e	1.07	引伸计标距的标称值
L_e'	1.07	引伸计标距测量值
L_g	1.10	夹持部分长度
L_n	1.01	带缺口的平行标距
L_0	1.01，1.03，1.04，1.08，1.09，1.10，2.14，5.05	原始标距
L_0	2.17	网格的初始标距

表 50（续）

符号	代码	名　称
L_0'	1.04	测定 A_{wn} 的原始标距
L_R	1.10	R 部分长度
L_r	1.01	参考长度
L_r	5.05	试样截面减小区域长度
L_{r0}	1.01	原始参考长度
L_{ru}	1.01	断后参考长度
L_t	1.03,1.04,1.10,5.05	试样总长度
L_u	1.01,1.03,1.04,1.08,1.09,1.10	断后标距
L_u'	1.04	测量 A_{wn} 的断后标距
l	2.01	跨距
l	2.18	管环长度
l	4.01	摆轴轴线至试样中心(打击点)的距离(摆锤的长度)
l	4.01	试样长度
l	5.04	电阻应变片的总长度，即应变片基底长度
l_i	1.07	引伸计指示的位移
l_t	1.07	标定器给出的真实位移
l_1	2.17	网格沿主应变方向上的变形后尺寸
l_1	4.01	摆轴轴线至打击中心的距离
l_2	2.17	网格垂直于主应变方向上的变形后尺寸
l_2	4.01	摆轴轴线至力 F 作用点的距离
M	4.01	力矩，等于 F 与 l_2 的乘积
m	1.04	应力-延伸率曲线在给定试验时刻的斜率
m	1.10	m 值，超塑性材料流变应力的应变速率敏感性指数
m	2.17	失效位置截面数量
m	4.04	摆锤质量
m_E	1.04,2.14,2.15	应力-延伸率曲线弹性部分的斜率
m_r	2.14	真塑性宽度应变对应真塑性长度应变的线性回归斜率
N	2.15	测定拉伸应变硬化指数时的测量点数目
N	3.04	给定标尺的硬度数
N	5.01	疲劳寿命，在试验中所有阶段的循环次数
N	5.07	循环次数
N_b	2.02,2.04	反复弯曲次数
N_f	5.05	到达失效前的总循环数
N_f	5.01,5.02	疲劳寿命或耐久性
N_t	2.03,2.13	扭转次数

表 50(续)

符号	代码	名　称
n	1.01	蠕变指数
n	2.15,5.05	拉伸应变硬化指数
n	2.17	X方向位置点数
n'	5.05	循环应变硬化指数
n_{hom}	4.01	用于均匀性评定试验的试样数
n_V	4.01	对摆锤冲击试验机进行间接检验时,用于试验的标准试样数目
n_{PB}	4.01	将第二批与首批比对用的首批试样数
n_{SB}	4.01	将第二批与首批比对用的第二批试样数
PB	4.01	首批
p	2.20	单位面积压边力
p	4.01	参与实验室比对的实验室或仪器数
p	4.01	由指针摩擦产生的吸收能量损失
p'	4.01	由摆轴轴承摩擦和空气阻力产生的吸收能量损失
p_β	4.01	升角为β时,吸收能量损失的修正值
q	1.05,1.06	试验机测力系统示值相对误差
q	1.07	引伸计系统相对误差
q	4.05	施力点位移
q_{Le}	1.07	标距相对误差
R	1.01	过渡半径
R	1.06	检验时所用的杠杆比
R	1.10	圆角半径或R部分半径
R	2.10	卷边模具圆角半径
R	2.15	应力
R	2.19	扩孔装置凹模肩部的圆角半径
R	4.03	在疲劳试验的单一循环中,疲劳断裂力的最小值与最大值之比
R	5.01	应力比
R	5.07	力比或应力比
Ra	2.16	表面粗糙度(表面轮廓的数学平均偏差)
R_{At}	2.18	对应规定环向总应变时的环向强度
R_{eH}	1.03,1.04,1.08	上屈服强度
R_{eL}	1.03,1.04,1.08	下屈服强度
R_i	1.09	不连续屈服强度
R_{IT}	3.06	压痕松弛
R_m	1.03,1.04,1.08,1.09,2.15	抗拉强度
R_m	4.05,4.06	在试验温度下材料在垂直于裂纹平面的抗拉强度

表 50（续）

符号	代码	名　　称
R_m	5.07	试验温度下的极限抗拉强度
R_p	1.03,1.04,1.08	规定非比例延伸强度
R_P	2.20	冲头半径
$R_{p0.2}$	1.09,4.03	规定塑性延伸强度
$R_{p0.2}$	4.05,4.06	在试验温度下材料在垂直于裂纹平面方向的0.2%偏置下的规定塑性延伸强度
$R_{p0.2}$	5.05,5.07	0.2%规定塑性延伸强度
R_r	1.04	规定残余延伸强度
R_t	1.04	规定总延展强度
Rz	5.05	平均表面粗糙度
R_1	2.16	冲头圆角半径
R_1	2.06	压模外侧倒角圆半径，垫模外侧倒角圆半径
R_2	2.06，2.16	压模内侧圆角半径
R_σ	5.05	应力比（$R_\sigma=\sigma_{min}/\sigma_{max}$）
R_ε	5.05	应变比（$R_\varepsilon=\varepsilon_{min}/\varepsilon_{max}$）
RM	4.01	标准物质
$\dot{R}$	1.04	应力速率
r	1.02,1.05	指示装置的分辨力
r	1.07	引伸计分辨力
r	2.01	弯曲后，试样弯曲部分的内半径
r	2.02，2.04	圆柱支座半径
r	2.07	弯心半径
r	2.14,2.15,2.17	塑性应变比
r	2.20	试样在加载时内表面的曲率半径
r	3.06	球形压头的半径
r	4.01	指示装置标尺的分辨力
r	5.01	从试样直径 d 或者试样宽度 b 到夹持端的直径或长度的开始过渡的试样部分的半径；试样夹持端的连续半径
r	5.02	试样夹持部分与试验部分之间过渡弧半径
r	5.03	d 与 D 之间的过渡圆弧半径或夹持端间的圆弧半径
r	5.04	从平行长度到夹持端的过渡半径
r	5.05	过渡弧半径（从试样平行工作部分到夹持端）
$\bar{r}$	2.14	$r_{x/y}$ 的加权平均值
r'	2.20	试样卸载后内表面的曲率半径
r_d	2.20	凹模圆角半径

表 50（续）

符号	代码	名　　称
r_n	1.01	缺口底部半径
$r_{x/y}$	2.14	相对于轧制方向以 x 度为单位表示的方向和 y%表示应变量条件下的塑性应变比
S	2.14,2.15	真实截面积，$S=S_0\left(\frac{L_e}{L}\right)$
S	2.20	试样与模具的总接触面积
S	3.04	给定标尺的单位
S	3.06	接触刚度
S	4.01	指示装置标尺的标度误差
S	4.03	弯曲试样跨距
S	4.05	在三点弯曲试验中，外部加力点之间的跨距
SB	4.01	第二批
S_0	1.01,1.03,1.04,1.08,1.09,2.14,2.15	平行长度内原始横截面积
S_0	1.10	试样缩减面上的原始横截面积
$S_0\ (i)$	1.10	R 部分分段线 i 的原始横截面积
S_u	1.01,1.03,1.04,1.08,1.09	断后最小横截面积
$S(i)$	1.10	R 部分分段线 i 的横截面积
$S(0),S(1)\cdots S(5)$	2.17	截面
s	4.04	位移
s_a	4.04	不稳定裂纹扩展终止位移
s_{gy}	4.04	屈服位移
s_{iu}	4.04	不稳定裂纹扩展起始位移
s_m	4.04	最大力时的位移
s_p	4.01	从 p 个实验室获得的 KV 平均值的标准偏差
s_{PB}	4.01	将首批试样与 n_{SB} 个第二批试样比对时，获得的 n_{PB} 个首批试样试验结果的标准偏差
s_{RM}	4.01	在对一批标准试样的均匀性评定中，获得的 n_{hom} 个试样 KV 值的标准偏差
s_t	4.04	总位移
s_V	4.01	由 n_V 个标准试样获得的 KV 值的标准偏差
T	1.01	规定温度
T	2.20	作用于试样的名义拉伸应力
T	4.01	摆锤摆动 100 次的总时间
T	4.05	试验温度

表 50（续）

符号	代码	名 称
T_i	1.01	指示温度
T_{max}	4.01	T 的最大值
T_{min}	4.01	T 的最小值
T_t	4.01	转变温度
t	1.10,2.19	试样厚度
t	5.05	厚度
t	4.01	摆锤的周期
t	4.04	时间
t_f	5.05	到达失效前的总时间
t_{fx}	1.01	蠕变伸长时间
t_0	2.17	试样厚度
t_0	4.04	试样开始变形的时间
$t_0(i)$	1.10	R 部分分段线 i 的原始厚度
t_{px}	1.01	塑性伸长时间
t_r	4.04	信号上升时间
t_u	1.01	持久时间
t_{ue}	1.01	带缺口试样的持久断裂时间
$t(i)$	1.10	R 部分分段线 i 的厚度
U	4.05	力和施力点位移曲线下的面积
U_e	4.05	U 的弹性分量
U_p	4.05	U 的塑性分量
U_{RM}	4.01	置信水平约为 95%的标准试样标定值的扩展不确定度
$u(B_V)$	4.01	由示值误差引入的标准不确定度
u_{char}	4.01	KV_{char} 的标准不确定度
$u_{char,PB}$	4.01	首批 KV_{char} 值的标准不确定度
$u_{char,SB}$	4.01	第二批 KV_{char} 值的标准不确定度
$u(F)$	4.01	测定力的 F 标准不确定度
$u(F_{std})$	4.01	力传感器的标准不确定度
u_{hom}	4.01	标准试样均匀性评定的标准不确定度
u_{lts}	4.01	标准试样长期稳定性评定的标准不确定度
$u(r)$	4.01	分辨力引入的标准不确定度
u_{RM}	4.01	试验机间接检验用有证标准试样标定值的标准不确定度
u_V	4.01	间接检验结果的标准不确定度
$u_{\overline{KV}_v}$	4.01	$\overline{KV}_v$ 的标准不确定度

表 50（续）

符号	代码	名　称
u_{sts}	4.01	标准试样短期稳定性评定的标准不确定度
$u_{\bar{X}PB}$	4.01	$\bar{X}_{PB}$的标准不确定度
$u_{\bar{X}SB}$	4.01	$\bar{X}_{SB}$的标准不确定度
V	4.03，4.05	缺口张开位移
V_e	4.05	V的弹性分量
V_p	4.05	V的塑性分量
ν	1.02	标准测力仪的进回程相对误差
ν	1.05	试验机测力系统的示值进回程相对误差
ν_B	4.01	标准不确定度$u(B_V)$的自由度
ν_c	1.04	横梁分离速率
ν_0	4.04	冲击开始时的冲击速度
u_{RM}	4.01	标准不确定度u_{RM}的自由度
ν_t	4.04	在t时刻时的冲击速度
ν_V	4.01	标准不确定度u_V的自由度
ν_{char}	4.01	ν_{char}的自由度
ν_{hom}	4.01	ν_{hom}的自由度
ν_{RM}	4.01	ν_{RM}的自由度
W	2.20	凹模间距
W	4.03	弯曲试样的宽度或紧凑拉伸试样的有效宽度
W	4.05,5.07	试样宽度
W	4.06	紧凑拉伸试样的宽度，中心裂纹拉伸试样的半宽度
W	5.05	夹持端宽度
W-a	4.06	无裂纹韧带区长度
W-a	5.07	最小未裂开韧带
W-a_0	4.06	初始无裂纹韧带区长度
W-a_f	4.06	最终无裂纹韧带区长度
W_a	4.04	不稳定裂纹扩展终止能量
W_{elast}	3.06	压痕弹性形变功
W_{iu}	4.04	不稳定裂纹扩展起始能量
W_m	4.04	最大力时的能量
W_t	4.04	总冲击能量
W_{total}	3.06	压痕总机械功
w	2.17	拟合区域宽度
w	2.20	用于测量试样卸载后曲率的量规的支承座宽度
w	4.01	试样宽度

表 50（续）

符号	代码	名　　称
X	1.02	递增试验力时的变形
$X(0),X(1)$ $X(m)\cdots X(n)$	2.17	X 方向位置
X'	1.02	递减试验力时的变形
X_a	1.02	变形的计算值
X_{max}	1.02	最大变形
X_{min}	1.02	最小变形
X_N	1.02	与最大校准力对应的变形
$\overline{X}_{PB}$	4.01	将第二批与首批试样比对时所用的 n_{PB} 个试样的平均值
$\overline{X}_{SB}$	4.01	将第二批与首批试样比对时所用的 n_{SB} 个试样的平均值
$\overline{X}_r$	1.02	转位后变形的平均值
$\overline{X}_{wr}$	1.02	不转位时变形的平均值
x	1.01	规定蠕变或塑性伸长率
χ	2.20	用于测量试样卸载后曲率的量规测量得到的数值
y	2.02,2.04	两圆柱支座轴线所在平面至最近的夹块与试样接触点的距离
Z	1.03,1.04,1.08,1.09	断面收缩率
Z	2.16	制耳率(以百分比表示的制耳高度)
z	4.05	用于测定缺口张开位移的引伸计装卡位置距离试样表面之间的距离
Z_u	1.01	持久断面收缩率
α	2.01,2.07	弯曲角度
α	3.03	金刚石压头顶部两相对面夹角(136°)
α	3.06	表征锥形压头形状的角度
α	4.01	摆锤的落角度
α	4.06	裂纹路径偏离度
α,β,x,y	2.14	下标变量
β	4.01	摆锤的升角度
β	2.09, 2.10	顶芯角度
Δ	5.05	参量的变化范围
Δa	5.07	裂纹长度,裂纹扩展变化量
Δa	4.05,4.06	包括钝化区的稳定裂纹扩展量
Δa_f	4.06	最终稳态裂纹扩展量
Δa_{max}	4.05,4.06	δ 或 J 控制的裂纹扩展极限
Δa_{min}	4.06	ψ_c 即将接近稳态值时的裂纹扩展量
Δb	2.14	瞬时宽度缩小量
ΔF	5.07	力的范围

表 50(续)

符号	代码	名 称
ΔK	5.07	应力强度因子范围
ΔK_i	5.07	初始应力强度因子范围
ΔK_I	4.03	预制疲劳裂纹时任一循环的最大应力强度因子与最小应力强度因子之差
ΔK_{th}	5.07	极限应力强度因子范围
ΔL	2.14	标距范围内瞬时延伸量
ΔL	2.15	引伸计标距部分的瞬时延伸
ΔL_f	1.04	断裂总延伸
ΔL_m	1.04	最大力总延伸
ΔL_R	1.10	R 部分伸长
ΔL_r	1.01	伸长
ΔL_{rt}	1.01	t 时刻参考长度的增量
Δr	2.14	塑性应变比各向异性度
$\Delta\sigma$	5.01	应力范围:$\sigma_{max}-\sigma_{min}$
δ	4.05	裂纹尖端张口位移(CTOD)
δ_5	4.06	疲劳预制裂纹尖端 5 mm 标距的裂纹张开位移
$\delta_{c(B)}$	4.05	当 Δa 小于 0.2 mm 钝化偏置线时出现非稳定裂纹扩展或 pop-in 时的尺寸敏感断裂抗力 δ(B 为试样厚度)
δ_g	4.05	δ 控制裂纹扩展的极限值
δ_i	4.05	稳定裂纹扩展开始时的断裂抗力 δ
$\delta_{m(B)}$	4.05	对于全塑性特性的第一个最大力平台对应的尺寸敏感断裂抗力 δ(B 为试样厚度)
δ_{max}	4.05	相关标准方法定义的 δ-R 材料特性的极限值
δKV_{hom}	4.01	由批的不均匀性引起的 KV 测量值的局部误差
δKV_{lts}	4.01	由长期稳定性引起的 KV 测量值的局部误差
δKV_{sts}	4.01	由短期稳定性引起的 KV 测量值的局部误差
$\delta_{u(B)}$	4.05	当 Δa 大于 0.2 mm 钝化偏置线时出现非稳定裂纹扩展或 pop-in 时的尺寸敏感断裂抗力 δ 值(B 为试样厚度)
$\delta_{uc(B)}$	4.05	当稳定裂纹扩展无法测量时出现非稳定裂纹扩展或 pop-in 时的尺寸敏感断裂抗力 δ 值(B 为试样厚度)
δ_0	4.05	裂纹稳定扩展的未修正的 δ 值
$\delta_{0.2BL}$	4.05	稳定裂纹扩展为 0.2 mm 钝化偏置线时对应的非尺寸敏感断裂抗力 δ
$\delta_{0.2BL(B)}$	4.05	稳定裂纹扩展为 0.2 mm 钝化偏置线时对应的尺寸敏感断裂抗力 δ(B 为试样厚度)

表 50（续）

符号	代码	名　称
ε	2.15	真实塑性应变
$\varepsilon=\ln(1+e)$	2.17	真实应变(对数应变)
ε	5.05	真应变
ε_1	2.17	主真实应变
ε_2	2.17	次真实应变
ε_3	2.17	厚向应变
ε'	5.05	应变速率
ε_a	2.14	厚度方向真实塑性应变
ε_b	2.14	宽度方向真实塑性应变
ε_l	2.14	长度方向真实塑性应变
$\varepsilon_f{}'$	5.05	疲劳延性系数
$\varepsilon(i)$	1.10	真应变
$\dot{\varepsilon}$	1.10	真应变速率
$\dot{\varepsilon}_N$	1.10	标称应变速率
$\dot{\varepsilon}(i)$	1.10	变形期间的真应变速率
η	2.20	回弹量
η_{IT}	3.06	W_{elast}/W_{total}之比
2θ	2.20	试样沿冲头的张开角度
κ	2.20	试样加载时内表面的曲率($=r^{-1}$)
κ'	2.20	试样卸载后内表面的曲率($=(r')^{-1}$)
λ	2.19	极限扩孔率
$\bar{\lambda}$	2.19	平均极限扩孔率
θ	1.03,1.08	规定温度
θ_i	1.03,1.08	指示温度
ρ_{air}	1.05	空气密度
ρ_m	1.05	静重砝码的密度
σ	2.15	真实应力， $\sigma=F\left(\frac{L}{L_e S_0}\right)$
σ	2.17	标准偏差
σ_D	5.01	疲劳极限
σ	5.05	真应力
σ_a	5.01	应力幅
σ_f	1.10	流变应力
σ'_f	5.05	疲劳强度系数
σ_m	5.01	平均应力

表 50（续）

符号	代码	名　称
σ_{max}	5.01	最大应力
σ_{min}	5.01	最小应力
σ_{N}	1.10	标称应力
σ_{N}	5.01	在 N 次循环的疲劳强度
σ_{0}	1.01	初应力
σ'_{y}	5.05	循环屈服强度
σ_{10}	1.10	百分之十流变应力
$\sigma(i)$	1.10	真应力
τ_{inter}	1.10	变形时间
τ_{D}	5.03	扭转疲劳极限，指定循环基数下的中值扭转疲劳强度。循环基数一般取 10^7 或更高
ν	2.14，4.05，4.06	泊松比
ψ	4.06	裂纹尖端张开角(CTOA)
ψ_{c}	4.06	临界裂纹尖端张开角(CTOA)
$0.102\times F/D^2$	3.02	试验力-球直径平方的比率

附　录　A
（资料性附录）
索　　引

本附录中的索引按国际标准编号的升序排列，同时列出了第2章中的识别代码和相对应的国家标准编号，以便于查询。

表 A.1　本标准中使用的所有国际标准（包括国际标准草案）与相应国家标准对照索引

国际标准编号	代码	国家标准编号
ISO 148-1:2006	4.01	GB/T 229—2007
ISO 148-2:2008	4.01	GB/T 3808—2002
ISO 148-3:2008	4.01	GB/T 18658—2002
ISO 204:2009	1.01	GB/T 2039—1997
ISO 376:2004	1.02	GB/T 13634—2008
ISO 783:1999	1.03	GB/T 4338—2006
ISO 1099:2006	5.01	GB/T 3075—2008
ISO 1143:1975	5.02	GB/T 7733—1987
ISO 1352:1977	5.03	GB/T 12443—2007
* ISO 3785:2006	4.02	GB/T 20832—2007
ISO 4545-1:2005	3.01	GB/T 18449.1—2009
ISO 4545-2:2005	3.01	GB/T 18449.2—2001
ISO 4545-3:2005	3.01	GB/T 18449.3—2001
* ISO 4545-4:2005	3.01	GB/T 18449.4—2009
ISO 4965:1979	5.04	
ISO 6506-1:2005	3.02	GB/T 231.1—2009
* ISO 6506-2:2005	3.02	GB/T 231.2—2002
* ISO 6506-3:2005	3.02	GB/T 231.3—2002
* ISO 6506-4:2005	3.02	GB/T 231.4—2009
* ISO 6507-1:2005	3.03	GB/T 4340.1—2009
* ISO 6507-2:2005	3.03	GB/T 4340.2—1999
* ISO 6507-3:2005	3.03	GB/T 4340.3—1999
ISO 6507-4:2005	3.03	GB/T 4340.4—2009
ISO 6508-1:2005	3.04	GB/T 230.1—2009
* ISO 6508-2:2005	3.04	GB/T 230.2—2002
* ISO 6508-3:2005	3.04	GB/T 230.3—2002
ISO 6892-1:2009	1.04	GB/T 228—2002
ISO 7438:2005	2.01	GB/T 232—1999
ISO 7500-1:2004	1.05	GB/T 16825.1—2008

表 A.1(续)

国际标准编号	代码	国家标准编号
ISO 7500-2:2006	1.06	GB/T 16825.2—2005
ISO 7799:1985	2.02	GB/T 235—1999
ISO 7800:2003	2.03	GB/T 239—1999
ISO 7801:1984	2.04	GB/T 238—2002
* ISO 7802:1983	2.05	GB/T 2976—2004
ISO 8491:1998	2.07	GB/T 244—2008
ISO 8492:1998	2.08	GB/T 246—2007
ISO 8493:1998	2.09	GB/T 242—2007
ISO 8494:1998	2.10	GB/T 245—2008
ISO 8495:1998	2.11	
* ISO 8496:1998	2.12	
ISO 9513:1999	1.07	GB/T 12160—2002
ISO 9649:1990	2.13	GB/T 239—1999
ISO 10113:2006	2.14	GB/T 5027—2007
ISO 10275:2007	2.15	GB/T 5028—2008
ISO 11531:1994	2.16	GB/T 24183—2009
ISO 12004-1:2009	2.17	GB/T 24171.1—2009
ISO 12004-2:2009	2.17	GB/T 24171.2—2009
ISO 12106:2003	5.05	
ISO 12107:2003	5.06	GB/T 24176—2009
ISO 12108:2002	5.07	
ISO 12135:2002	4.05	GB/T 21143—2007
ISO 12737:2005	4.03	GB/T 4161—2007
ISO 14556:2000	4.04	GB/T 19748—2005
ISO 14577-1:2002	3.05	GB/T 21838.1—2008
* ISO 14577-2:2002	3.05	GB/T 21838.2—2008
* ISO 14577-3:2002	3.05	GB/T 21838.3—2008
* ISO 14577-4:2007	3.05	GB/T 21838.4—2008
ISO 15363:2000	2.18	GB/T 20568—2006
ISO 16630:2009	2.19	GB/T 24524—2009
ISO 15579:2000	1.08	GB/T 13239—2006
* ISO 18265:2003	3.06	
ISO 19819:2004	1.09	GB/T 24584—2009
ISO 20032:2007	1.10	GB/T 24172—2009
ISO 20482:2003	2.06	GB/T 4156—2007

表 A.1（续）

国际标准编号	代码	国家标准编号
ISO 22889:2007	4.06	GB/T 24522—2009
ISO 24213:2008	2.20	GB/T 22565—2008
* 标准正文中没有符号和定义。		

附 录 B

（资料性附录）

本标准章条编号与 ISO/TR 25679:2005 章条编号对照

表 B.1 给出了本标准章条编号与 ISO/TR 25679:2005 章条编号的对照一览表。

表 B.1 本标准章条编号与 ISO/TR 25679:2005 章条编号对照表

本标准章条编号	对应的国际标准章条编号	本标准章条编号	对应的国际标准章条编号
3.10	—	3.31	3.28
3.11	3.10	3.32	3.29
3.12	3.11	3.33	3.30
3.13	3.12	3.34	3.31
3.14	3.13	—	3.32
3.15	3.14	3.35	3.33
3.16	3.15	3.36	3.34
3.17	3.16	3.37	3.35
3.18	3.17	3.38	3.36
3.19	3.18	3.39	3.37
3.20	3.19	3.40	3.38
3.21	3.20	—	3.39
3.22	3.21	3.41	—
3.23	3.22	3.42	3.40
3.24	3.23	3.43	3.41
3.25	3.24,3.26	3.44	3.42
3.26	3.24,3.26	3.45	3.43
3.27	3.25	3.46	3.44
3.28	—	3.47	3.45
3.29	—	3.48	3.46
3.30	3.27		
注：表中的章条以外的本标准其他章条编号与 ISO/TR 25679:2005 其他章条编号均相同且相对应。			